国家体育场工程

国家体育场制冷机房

国家大剧院工程

国家大剧院变配电室安装

首都国际机场 3 号航站楼工程

首都机场 3 号航站楼综合管线

国家体育馆工程

国家体育馆空调机房

奥林匹克篮球馆工程

奥林匹克篮球馆消防泵房

奥运村工程

奥运村太阳能换热站

中央电视台文化艺术中心

中央电视台文化艺术中心综合管线

地铁环线改造工程

地铁环线改造工程轨行区大型风管、水管空间布置

曹旭明　主编

大型公建及综合场馆机电安装施工技术

中国建筑工业出版社

图书在版编目（CIP）数据

大型公建及综合场馆机电安装施工技术/曹旭明主编.
北京：中国建筑工业出版社，2009
ISBN 978-7-112-10959-3

Ⅰ.大… Ⅱ.曹… Ⅲ.公共建筑—机电设备—建筑安装
工程—工程施工 Ⅳ.TU85

中国版本图书馆CIP数据核字（2009）第071189号

全书共用6个篇幅涵盖了现代化城市大型公共建筑及场馆机电安装各专业的施工技术，用40个实例详述了超大型公共建筑（首都机场3号航站楼）、超高层综合楼（中央电视台新址、北京银泰中心）、国际综合性剧院（国家大剧院）、国际综合性赛事场馆（国家体育场、国家体育馆、北京奥林匹克篮球馆）、国际综合性酒店（奥运村）、国际化城市轨道交通（北京市环线地铁改造）等在机电安装各专业中的核心技术。书中用大量工程实例及实物图片详述了国内机电安装的前沿技术，在新工艺、新材料、新技术应用方面大力遵循建设部推广的《建筑业10项新技术》，在节能减排、绿色施工方面起到了示范作用。对国内无规范和验收标准的特殊机电安装技术进行了总结，有些专业技术已总结成特殊工法，对今后国内同类工程的建设具有重要的指导意义。本书既可供工程技术人员施工参考，也可供工程技术人员继续教育培训、院校师生教学参考用书。

* * *

责任编辑：姚荣华
责任设计：张政纲
责任校对：兰曼利　梁珊珊

大型公建及综合场馆机电安装施工技术
曹旭明　主编
*
中国建筑工业出版社出版、发行（北京西郊百万庄）
各地新华书店、建筑书店经销
北京千辰公司制版
世界知识印刷厂印刷
*
开本：880×1230毫米 1/16 印张：27¼ 插页：4 字数：865千字
2009年7月第一版　2009年7月第一次印刷
印数：1—3000册　定价：**69.00**元
ISBN 978-7-112-10959-3
（18204）

编委会成员

主　　编： 曹旭明

副 主 编： 王志伟

编　　委： 陈　洁　高红岩　李海军　罗国强　骆　实　孟凡辉　王　京
闫同军　张士彤　赵景宇　赵书亮

参编人员： 蔡秋运　郝　斌　何新华　孔德钦　刘国营　吕　卓　孙　亮
田　健　王京京　王　帅　王一男　徐　梅　严　巍　杨春生
殷战伟　张　东　张　蹇　张晓东　张云骧　赵佐进　周庆昌

前　言

随着社会的发展和经济的进步以及全球经济一体化步伐的加快，国际化城市的建筑所负有的功能元素愈发宽泛，所承载符号的内涵愈加深广。国际现代化城市要求，对城市功能起到标志性主导作用的大型公共建筑及场馆在满足城市的政治、经济、民生等功能需要的同时，还必须符合社会发展的理念。在国家“十一五”发展规划中要把建设资源节约型，环境友好型社会贯穿在城市发展中。作为城市的感官窗口——大型公共建筑及场馆的建设就必须贯穿这一理念，同时要践行奥运所倡导的“绿色、科技、人文”三大理念。

本书通过近年来北京市大型公共建筑及综合场馆的建设，尤其是奥运工程及其配套工程的建设，对建筑机电安装中技术的实施，以实例的形式展现给大家。这些工程规模宏大，技术艰繁先进，是目前国内建筑安装技术前沿的展示，也是我国机电安装技术向国际水平靠拢的标志。通过本书介绍使广大的工程技术人员进一步了解国内建筑安装行业先进技术的状况，了解国内建筑机电安装先进技术实施的范例，对国内建筑机电安装行业的发展具有促进作用。

目　　录

第 1 篇

通风空调

1　首都机场 T3A 通风空调施工技术

首都机场 3 号航站楼 T3A 主楼工程位于机场航安路，首都机场现东跑道东侧。建筑平面呈“Y”形，南北长约 940m，东西宽约 765m，总建筑面积 48 万 m^2，地下 2 层、地上 5 层，建筑物高度为 45m。地下结构为框架——剪力墙结构、地上主体结构为框架结构。建筑物主要功能有机电用房、行车走道、乘客到达值机大厅、航空公司办公用房、公共走廊及大厅、候机厅、接机大厅、办理登机手续大堂、行李提取大厅、海关检查大堂、零售及餐饮、贵宾设施、旅客捷运月台、行李处理用房及登机桥。本工程为一类建筑，耐火等级为一级，防雷等级为二级。

本工程一次中温热水 120℃/70℃ 由机场主能源中心提供，通过航站楼内的热交换站中的四个定水温空调热水循环环路为空气处理机组和登机桥风机盘管等设备服务。楼内冷冻水 7℃/14℃ 由机场能源中心提供，在楼内设置中继站，站内设四个夏季供冷空调冷冻水环路，为空气处理机组、新风机组和风机盘管服务，设一个全年供冷空调冷冻水环路，为零售风机盘管和通讯计算机房空调系统以及内区办公类风机盘管系统服务。在非供冷期由楼内的冷水机组供应冷冻水。空调风系统从停机坪层新风口分别进入地下 2 层、地下 1 层和首层各空调机房，经过处理后通过风管送至室内各功能区域，为保证新风质量所有空气处理机组都装有活性炭过滤装置。

本工程除 VIP、CIP 贵宾接待区域、风机盘管配管等部分风管采用玻璃纤维复合风管，其余风管均采用钢板制作。

1.1　金属风管

1.1.1　工艺流程

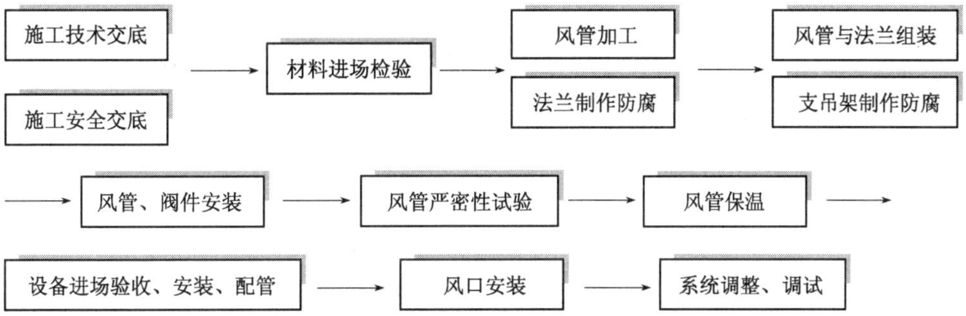

1.1.2　材料采用

（1）按照设计要求，空调回风兼排烟系统为高压系统；正压送风系统、空调送回风、新风及送排风系统、新（送）风兼排烟补风和排烟补风管为中压系统，采用镀锌钢板制作。排烟风管、排风兼排烟风管、安装防火阀的穿墙管采用普通钢板，这部分也属高压系统。板材厚度见表 1-1-1。

风管钢板厚度　　　　**表 1-1-1**

空调送回风管、新风管、排风管、正压送风管道、新（送）风兼排烟补风和排烟补风管		空调回风兼排烟风管		排烟风管、排风兼排烟管	
圆形风管直径或矩形风管大边长 L（mm）	镀锌钢板厚度（mm）	圆形风管直径或矩形风管大边长 L（mm）	镀锌钢板厚度（mm）	圆形风管直径或矩形风管大边长 L（mm）	钢板厚度（mm）
$L \leqslant 320$	0.5	$L \leqslant 630$	0.75	$200 < L \leqslant 500$	1.0
$320 < L \leqslant 630$	0.6	$630 < L \leqslant 1250$	1.0	$500 < L \leqslant 1120$	1.5
$630 < L \leqslant 1000$	0.75	$1250 < L \leqslant 2000$	1.2	$L > 1120$	2.0
$1000 < L \leqslant 2000$	1.0	$2000 < L \leqslant 4000$	1.5		
$2000 < L \leqslant 4000$	1.2				

（2）空调送回风管、新风管、送排风管、正压送风管、新（送）风兼排烟补风和排烟补风管系统，当矩形风管大边长小于和等于1600mm时，采用共板法兰（薄钢板法兰）连接；风管大边大于1600mm采用角钢法兰连接，其材料按中压系统选用。回风兼排烟、排烟系统、排风兼排烟系统风管用角钢法兰连接，其材料按高压系统选用。见表1-1-2、表1-1-3。

中压矩形风管法兰及螺栓规格 **表1-1-2**

风管长边尺寸 b（mm）	法兰用料规格（mm）	螺栓规格	铆钉规格	螺栓及铆钉间距
$1600<b\leqslant2500$	L 40×4	M8	$\phi4$	≤100mm
$2500<b\leqslant3000$	L 50×5	M10	$\phi5$	
$3000<b$	L 50×5			

高压矩形风管法兰及螺栓规格 **表1-1-3**

风管长边尺寸 b（mm）	法兰用料规格（mm）	螺栓规格	铆钉规格	螺栓及铆钉间距
$b\leqslant630$	L 25×3	M6	$\phi4$	≤100mm
$630<b\leqslant1250$	L 30×3	M8		
$1250<b\leqslant1600$	L 40×4			
$1600<b\leqslant2500$	L 50×5	M8		
$2500<b$	L 50×5	M10	$\phi5$	

（3）风管支吊架：支吊架的规格按照《通风管道技术规程》JGJ 141—2004选用，横担、吊杆规格见表1-1-4。

风管横担、吊杆规格 **表1-1-4**

矩形风管			圆形风管		
风管长边 b（mm）	横担规格（mm）	吊杆规格（mm）	风管直径D（mm）	抱箍规格（mm）	吊杆规格（mm）
$b\leqslant400$	L 25×3	$\phi8$	$D\leqslant630$	−25×0.75	$\phi8$
$400<b\leqslant1250$	L 30×3	$\phi8$	$630<D\leqslant900$	−25×1.0	$\phi8$
$1250<b\leqslant2000$	L 40×4	$\phi10$	$900<D\leqslant1250$	−25×1.0	$\phi10$
$2000<b\leqslant2500$	L 50×5（或5号槽钢）	$\phi10$	$1250<D\leqslant1600$	−25×1.5	$\phi10$
$2500<b\leqslant3500$	5号槽钢	$\phi12$	$1600<D\leqslant2000$	−25×2.0	$\phi10$
$3500<b\leqslant4500$	6号槽钢	$\phi12$			

1.1.3 角钢法兰风管制作

（1）风管制作

1）风管咬口采用联合角咬口，金属板材的拼接、圆形风管的闭合缝均采用单咬口。风管板材拼接的咬口缝应错开，不能有十字形交叉缝。风管连接咬口处做密封处理。

2）风管咬口缝应紧密，宽度一致。风管表面应平整，凹凸不大于10mm。

3）风管路开三通处加工成圆弧面或45°面，以减小阻力。

4）风管配件的制作。矩形风管的弯头、三通、异径管及来回弯管等配件所用材料的厚度、连接方法及制作要求应符合风管制作的相应规定；弯头内的导流片制作应符合JGJ 141—2004第35~36页要求。

5）普通钢板风管制作。钢板厚度小于1.5mm采用咬口连接，大于等于1.5mm采取焊接连接；风管连接焊缝接口形式如图1-1-1所示。

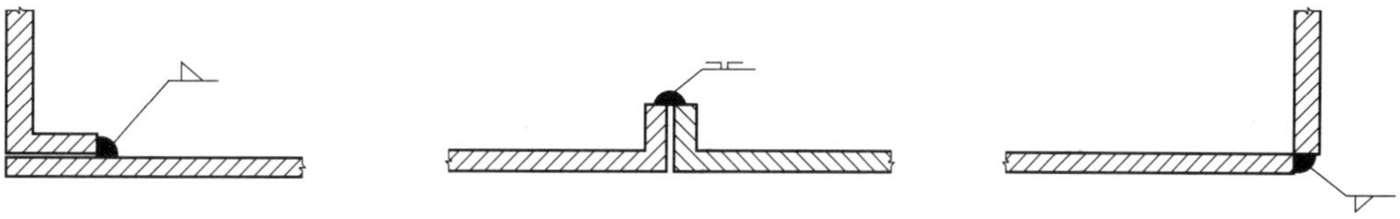

图 1-1-1　风管连接焊缝接口形式

6）风管制作允许偏差见表 1-1-5。

风管制作允许偏差　　**表 1-1-5**

项　目	风　管　规　格	允　许　偏　差
风管外径或外边长	小于或等于 300mm	2mm
	大于 300mm	3mm
管口平面度		2mm
矩形风管对角线长度差		不大于 3mm
圆形法兰任意正交两直径差		不大于 2mm

（2）风管法兰

1）加工风管法兰时，一般情况下，法兰内径比风管外径略大 2～3mm。

2）法兰焊缝应饱满，无夹渣与孔洞；法兰表面要平整，平面度偏差为 2mm。

3）矩形风管法兰的四角都应设置螺栓孔，螺栓孔直径应比连接螺栓直径大 2mm，螺栓及铆钉的间距不应大于 100mm。螺栓孔的位置处于角钢（减去厚度）中心，相同规格法兰的螺孔排列应一致，并具有互换性。

4）风管与角钢法兰连接采用 $\phi 4\times 8$ 铆钉翻边铆接，铆接应牢固，铆接部位应在法兰外侧；翻边尺寸应为 6～9mm，翻边应平整、宽度一致，咬缝不得有孔洞。

（3）风管加固

1）中压系统角钢法兰风管的加固：1600mm＜长边≤2500mm 的风管采用∟30×3 的角钢外加固，加固间距不大于 625mm，长边大于 2500mm 的风管采用∟40×4 的角钢框外加固，加固间距不大于 625mm。见图 1-1-2。

图 1-1-2　中压系统角钢法兰风管的加固

2）镀锌钢板高压系统角钢法兰风管的加固：长边大于630mm的风管加固采用外加固角钢框，角钢框的规格比法兰小一号，加固间距不大于625mm。普通钢板高压系统风管采用内加固，见图1-1-3，同时采用外加固角钢框，角钢框的规格比法兰小一号，加固间距不大于625mm。

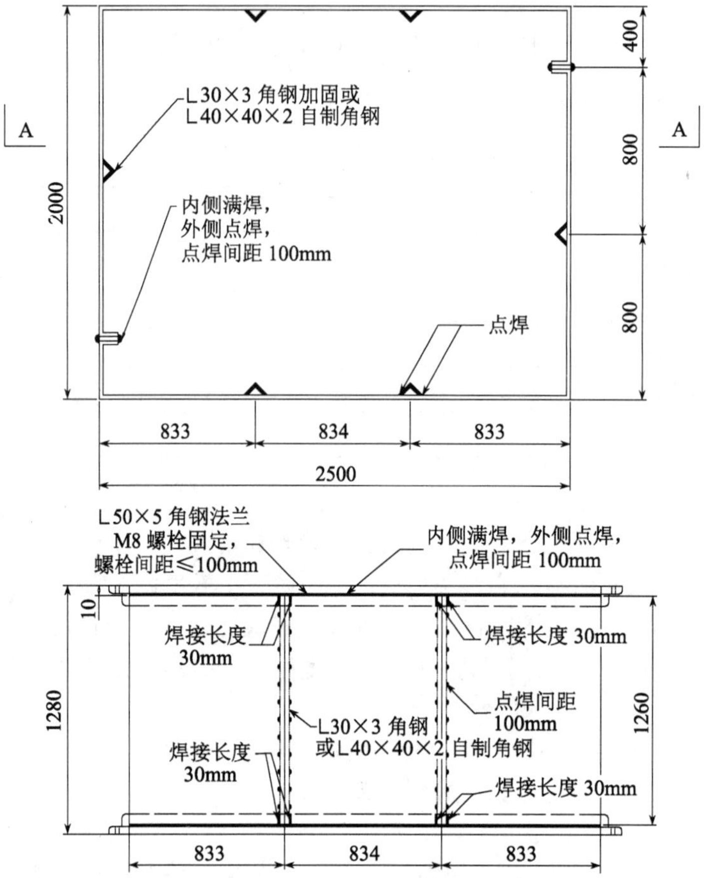

图1-1-3 普通钢板风管内加固图

3）镀锌钢板风管外加固型材的高度不宜大于风管法兰高度，且间隔应均匀对称，与风管的连接应牢固，铆点间距不应大于220mm。外加固框的四角处应连接为一体。

4）普通钢板外加固框采用点焊，点焊间距不大于100mm。

1.1.4 共板法兰（薄钢板法兰）风管制作

（1）基本概念

1）共板法兰矩形风管（TDC1法兰）：镀锌钢板矩形风管在成形时，同时在管壁的端面将本体轧制出法兰用于风管的连接使用，法兰高度30mm。

2）角码：连体法兰或法兰条，用在矩形风管四个角的连接件。

3）勾码：用于连体法兰风管和法兰条，矩形风管安装连接时除螺栓外，还采用镀锌钢板轧制的钩状物，经使用专用工具进行管段的连接。

（2）制作过程

共板法兰风管主要是依据图纸所给风管尺寸，采用全自动生产线来制作完成。经常采用宽1250mm的卷材，板材厚度一般为0.5~1.2mm。当制作风管大边小于等于1600mm时，风管成型为TDC1法兰，标准管长1170mm。

1）直管制作工艺流程

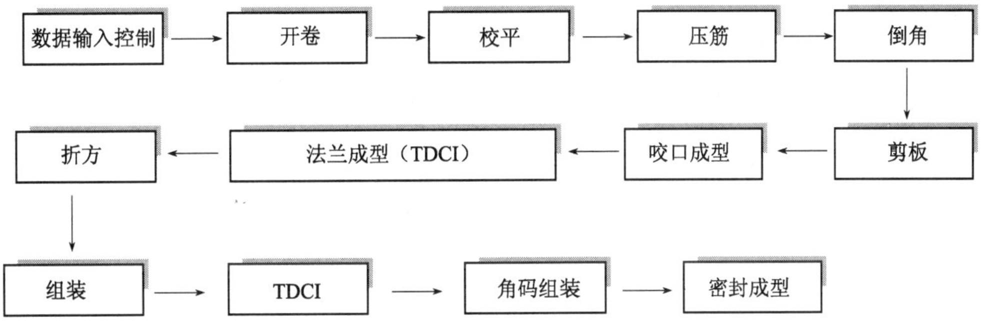

2）配件制作工艺流程

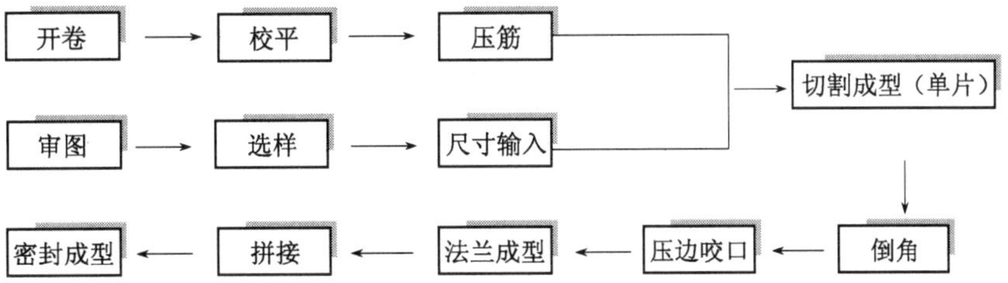

3）共板法兰风管（TDC1）

风管两端通过设备扳边可自成法兰，现场操作人员将半成品件通过咬口组装成矩形管道，在风管的四个角装上角码，并在四角填充密封胶以避免漏风，最后构成成品风管，如图 1-1-4 所示。

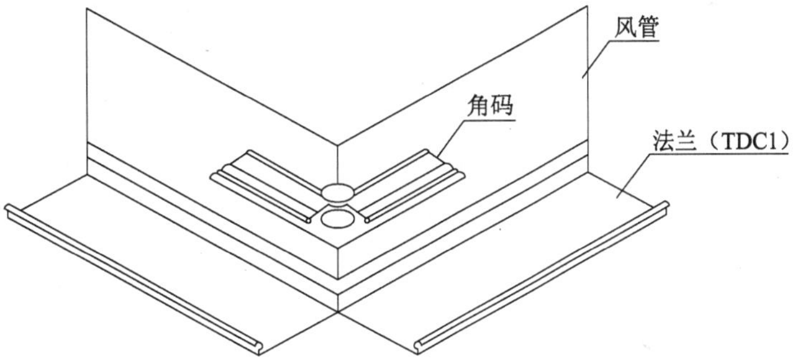

图 1-1-4　共板法兰风管组装

4）共板法兰风管的加固

薄钢板法兰风管宜轧制加强筋，加强筋的凸出部分应位于风管外表面，排列间隔应均匀，板面不应有明显变形；压筋间距≤300mm。1250mm≤长边≤1600mm 的风管在采用加强筋的同时还要采用－25×3 扁钢作内支撑加固，加固间距符合《通风管道技术规程》JGJ 141—2004 要求。

5）组合法兰风管加工时的要求

组合法兰风管在加工之前应根据施工图纸和对施工现场的测量，把所要安装的风管按系统进行拆分，以节为单位列出风管加工清单。为节约板材，直管最好做成标准长度，但是考虑到生产线本身对轧制法兰的要求，直管段应不小于200mm。管件包括：三通、四通、大小头、乙字弯、弯头等，在对管件进行拆分时，要与加工厂家统一管件名称和图例，并注明管件的各接口尺寸、内弧大小、是否加导流叶片以及上平、下平、侧平等，其最终目的是让厂家能够按照清单加工出的风管，必要时还要附以大样图加以说明。这里需要注意的是，对于带内弧的管部件，也需要满足 $R \geqslant 200$mm 以使生产线能够轧出法兰，当 R 过小无法加工时，可以采用在该管件一端加长直管的方法来达到要求。另外，在拆分风管时还需注意避免法兰接口在墙内，以满足安装要求。

组合法兰风管的接口及附件，其尺寸应准确，形状应规则，接口处应严密。法兰的折边（或法兰条）应平直，弯曲度不应大于5/1000；勾码应与风管法兰匹配；角码与风管共扳法兰四角接口固定稳固、紧贴，端面平整、相连处不应有缝隙大于2mm的连续缝。

组合法兰风管制作，弹簧夹应具有相应的弹性强度，形状和规格应与共扳法兰匹配，长度宜为120～150mm，间距150mm时最外端连接件距风管边缘不应大于100mm，弹簧夹厚度大于或等于1.0mm。

组合式法兰风管搬运是很重要的一个环节，特别是这种风管法兰强度不高，在搬运时一定注意避免磕碰。

1.1.5　风管及部件安装

（1）矩形风管为管下表面标高。安装前要进行现场实测，保证风管安装位置、标高、走向正确。

（2）风管安装前应清除管内、外杂物，保证风管的清洁。

（3）风管安装前要先检查现场预留孔洞的位置、尺寸是否符合图纸要求，有无遗漏现象，发现问题，及时请相关方解决。

（4）风管安装时法兰间垫料为：输送空气低于70℃的风管法兰间垫料为阻燃8501密封胶带；输送空气高于70℃的风管法兰间垫料为耐热橡胶板，其厚度为3～5mm。

（5）风管接口的连接应严密、牢固，法兰垫料应在螺栓孔里侧，法兰垫料不能挤入或凸入风管内，连接法兰的螺栓应均匀拧紧，螺母方向一致。

（6）风管连接应平直、不扭曲。机房明装风管水平安装，水平度允许偏差为3/1000，总偏差不大于20mm。吊顶内风管位置应正确，无明显偏差。见图1-1-5。

图1-1-5　法兰风管安装

（7）风管穿防火墙或楼板时，应外加$\sigma=1.6$mm钢板防护套管，风管与防护套管间用不燃烧的柔性材料封堵。

（8）柔性软管的制作选料为硅钛合成软接头，风管穿越沉降缝和变形缝的风管两侧，以及与通风机、空气处理机组的进出口处应设置长度为150～300mm的硅钛合成普通软接头；防排烟风机等输送70℃以上气体的风机进出口均设耐高温硅钛合成软接头，长度为150～300mm，见图1-1-6。

图 1-1-6　硅钛合成软接头安装

(9) 组合法兰风管的安装

对运至现场的风管进行检查，修正个别由于运输等原因造成的法兰变形，检查法兰角处密封胶是否有脱落、漏涂现象，并进行补修。另外在风管安装前要把内外擦拭干净。

风管连接时，接口应严密、牢固，风管连接两面应平直，不得错位及扭曲。

组合法兰风管安装的连接件主要有螺栓和勾码：螺栓用于组对后风管的四角；勾码用于风管法兰各边的连接，它是利用大于等于 1.0mm 厚的钢板轧制而成，长度 120 ~ 150mm，安装时采用专用工具卡在组对的风管法兰上，勾码间距不大于 150mm，且分布均匀，无松动现象，最外端连接件距风管边缘不大于 100mm。组合法兰连接如图 1-1-7、图 1-1-8 所示。

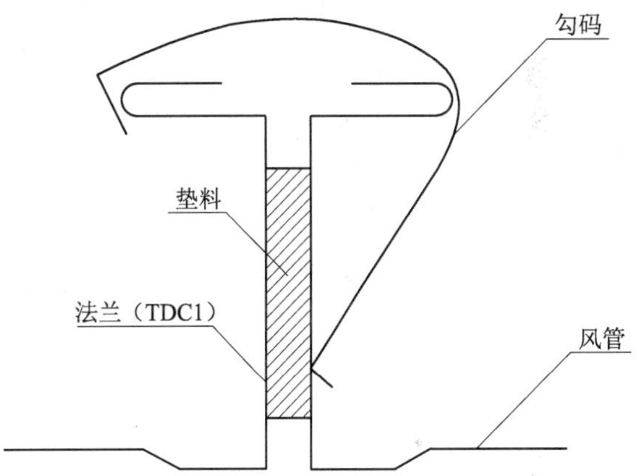

图 1-1-7　组合法兰风管连接

图 1-1-8　共板法兰风管安装

当无设计要求时，组合法兰风管支吊架的间距不应大于3m。吊杆距离保温层的间隙不小于10mm，风管末端设置的吊架悬空距离不得大于1m，也不得小于100mm。组装后的风管安装无特殊要求时，应采用整体吊装方式，但长度不得超过5m，以防止风管在法兰处变形。

在布置吊架时，除了要遵守最大的跨度距离规定外，还应注意吊架离法兰或者风口的距离不应小于100mm，以防止保温层压缩变形影响拼接处粘接胶带位移。

风管系统中外购的阀部件、消声器等与风管连接时一律采用法兰连接。

（10）部件安装

系统中部件与风管连接主要采用法兰连接形式，其连接要求和所用垫料与法兰风管连接相同。各类风阀安装在便于操作及检修的部位，安装后操作装置应灵活，阀板关闭严密，防火阀方向应正确。见图1-1-9～图1-1-12。

图1-1-9　防火阀安装

图1-1-10　消声器安装

图 1-1-11　百叶风口安装

图 1-1-12　喷口安装

风口安装前要与土建装饰单位配合，风口中心位置由土建装饰单位确定。风口与风管的连接应严密、牢固，与装饰面紧贴；连接表面平整、清洁、无变形。风口水平安装时，水平度偏差不大于 3‰；风口垂直安装时，垂直度偏差不大于 2‰。

风管水平安装，直径或长边小于等于 400mm，吊架间距不超过 4m；大于 400mm，吊架间距不超过 3m。支吊架形式见图 1-1-13，先制作后安装，安装前刷灰色防锈漆两遍。保温风管下加 1mm 厚的镀锌钢板垫板，具体做法见图 1-1-14。

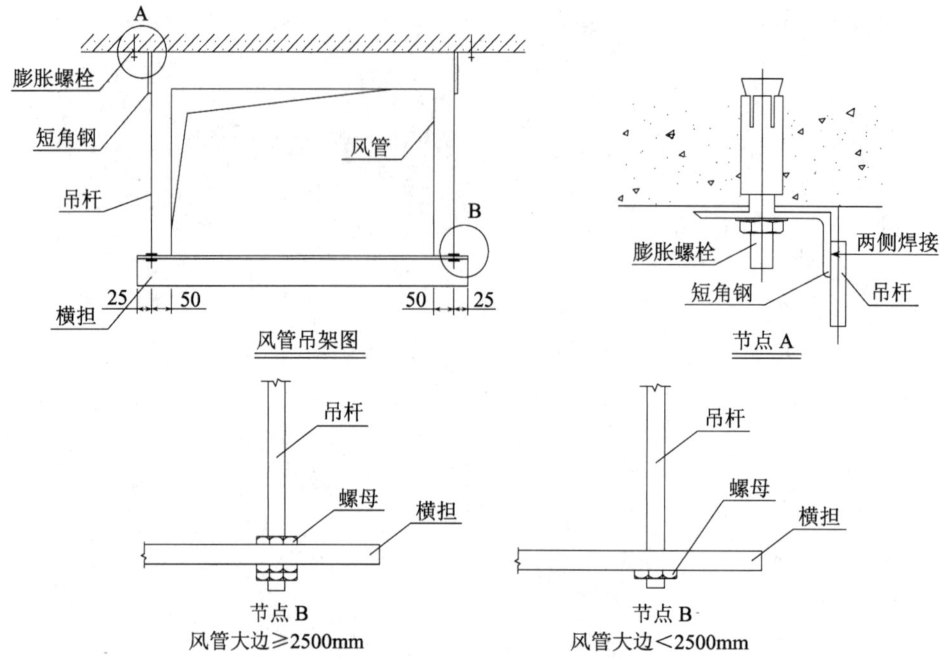

图 1-1-13　风管吊架形式

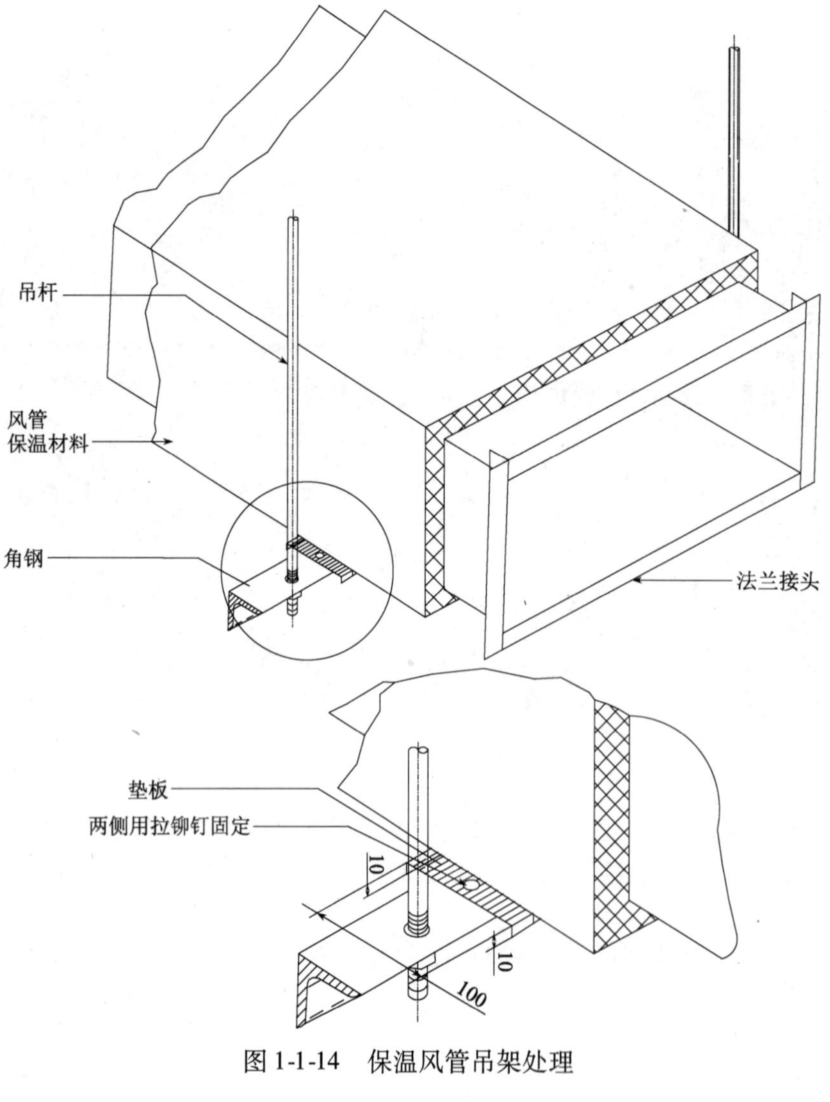

图 1-1-14　保温风管吊架处理

风管吊架不得设置在风口、阀门、检查门处，不得影响阀件的操作，离风口距离大于200mm。风管吊架不得直接吊在法兰上，保温风管的支吊架设在保温层外部，并不得损伤保温层。防火阀的安装要求设独立吊架。水平悬吊的主干风管长度超过20m时，每个系统设1～2个防晃吊架。风管弯头在45°角方向上设一吊架，在三通、四通、风管的末端0.5m处均设吊架。风管支、吊架在除锈后刷防锈漆两遍，明装部分再刷面漆两遍。

1.1.6 风管保温

（1）保温材料

1）空调送回风管、新风管采用厚度为30mm橡塑海绵保温，外缠玻璃丝布刷防火漆两道；消防排烟风管、空调回风兼排烟风管（吊顶内、罗盘箱及管井内）、厨房排油烟管采用厚度为40mm超细离心玻璃棉保温，外缠玻璃丝布刷防火漆两道。正压送风管、送排风管不保温。

2）保温材料要具备出厂合格证或质量检验报告，并有消防局检验证明。保温材料应密实、无裂纹、空隙等缺陷，表面平整。

（2）橡塑保温板保温

橡塑保温板与风管粘接采用专用的胶粘剂。胶粘剂应均匀涂在风管、部件的外表面上，橡塑保温板与风管、部件表面紧密贴实，无空隙。见图1-1-15。

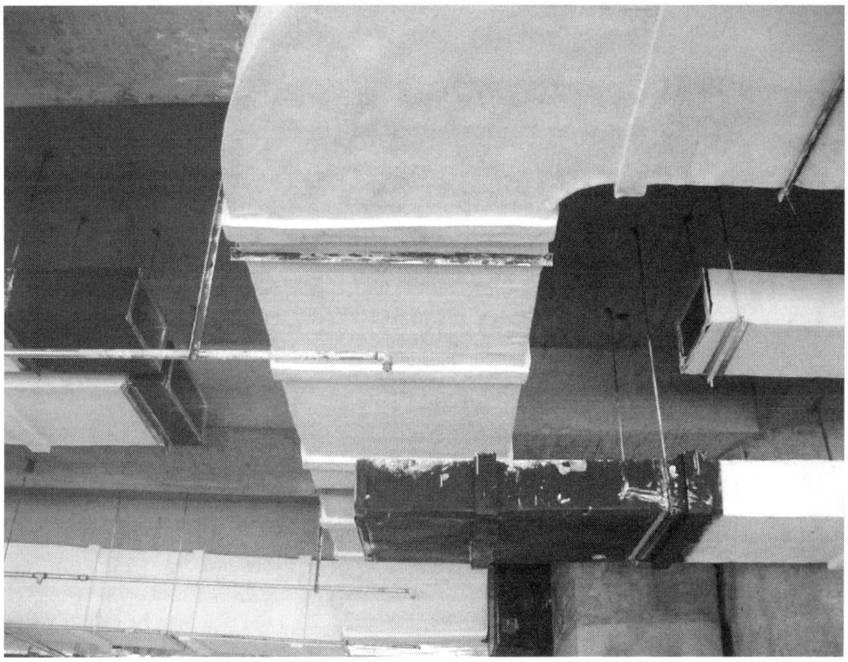

图1-1-15 橡塑保温板保温

（3）玻璃棉板保温

玻璃棉板采用金属保温钉与风管连接、固定。保温前风管表面要擦拭干净，保温钉分布均匀、呈梅花形排列，数量为：风管下表面每平方米16个、风管侧面每平方米10个、风管上面每平方米8个。首行保温钉至风管边沿距离小于120mm。见图1-1-16。保温材料和风管要密贴，接缝处用铝箔胶带封严。见图1-1-17。玻璃布搭接宽度为30～50mm，松紧适度。

防火涂料应分层涂抹，厚度均匀，无气泡和漏涂，表面应光滑、无缝隙。

（4）质量要求

保温后表面应平整，允许偏差为5mm。保温材料下料要准确，切割面平齐，水平与垂直面搭接处以短边顶在大面上。保温材料的纵、横向接缝应错开。阀件保温同风管保温，防火阀保温应露出执行机构。见图1-1-18。

图 1-1-16　粘贴保温钉

图 1-1-17　铺设保温板

图 1-1-18　保温完成效果

1.2 玻璃纤维风管

本工程 VIP、CIP 区域送风、回风、新风管道及风机盘管配管采用复合玻璃纤维风管，风管最小截面积为 320mm×320mm，最大截面积为 1600mm×800mm。

1.2.1 工艺流程

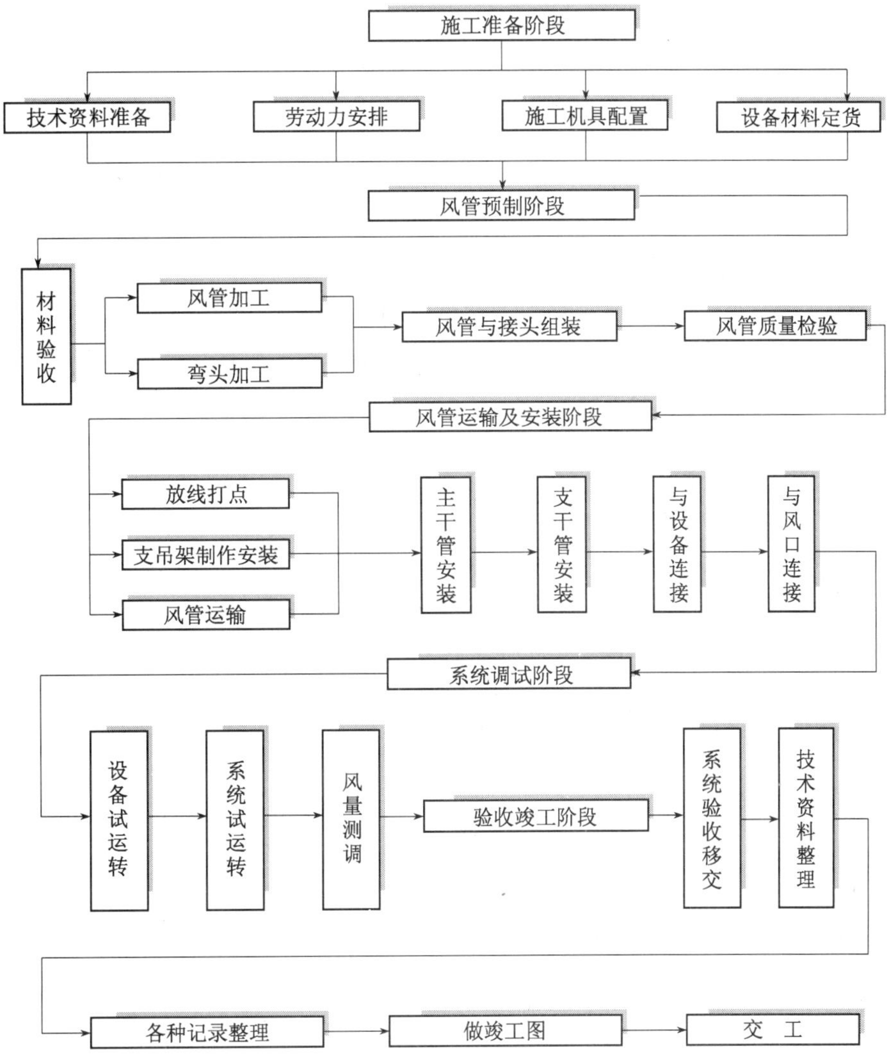

1.2.2 使用材料要求

（1）板材结构（见图 1-1-19）

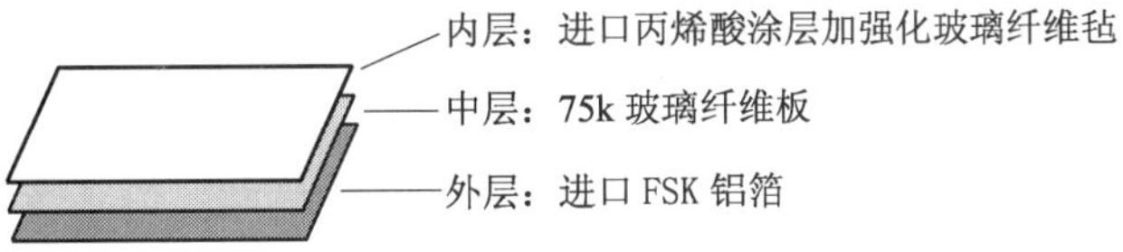

图 1-1-19 板材结构

1）内层涂层的特点：具防水、憎水性，保证风管长年使用不会因水汽渗入管壁而使风管变形、强度下降和保温性能降低；抑制微生物带来的污染。

2）空气输送安静，无风管膨胀、收缩或振动的噪声，即运行时能吸声，最大限度减少噪声。

（2）板材型号规格

本次使用的复合风管玻璃纤维板材型号为 475 型，厚度为 25mm，尺寸为 1219mm×3048mm；产品的适用压力范围（不加固情况下）为 -500 ~ 1200Pa。

（3）产品质量保证

风管的生产是完全以 ISO 9001 的标准自动化生产（认证号 No. 02404Q10005R0M），从贴面到内涂层及雌雄双密度接口都是在生产线上一次完成，质量稳定。同时辅材的选用、生产、制造完全符合美国 UL181 质量认证要求，取得了美国 UL181 认证。在每块板材上均有美国 UL181 的质量标签，接受美国 UL181 认证组织的定期检查。

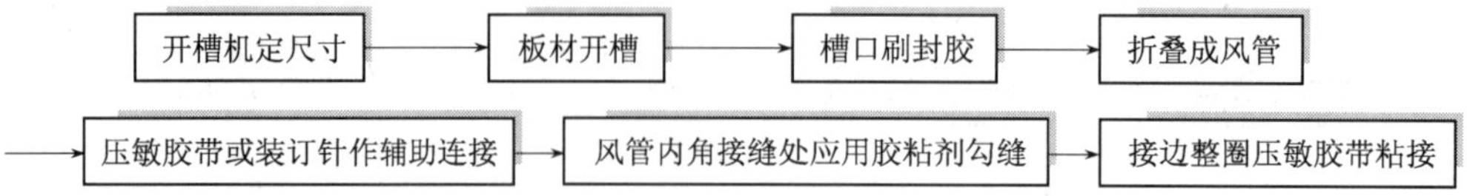

1.2.3 风管制作

（1）用进口专业机具开槽，开出的槽口为雌雄口，既保证了尺寸的准确性，又能使切割平整、规范，使成管后管径一致、管体密实挺直。局部部位可以用雌雄刀搭接口，手工刀具在玻璃纤维板上或在封闭管道上作出雌雄搭接口，可以减少凸起的接头，代之以更牢、更紧的搭接。各槽口不开到底，只需封一边台阶形槽口，抗张性能好；在开好的槽口涂上专用的封口胶，将槽口的玻璃纤维密封，形成封闭层即可折成风管。

（2）用此板材制作接头，几乎所有以 1197mm 为中心线的弯管、变径管和迂回管都可以由一个整管段制成，大部件也可以用两个或更多的整管制成。

（3）在现场切割支管开孔，可以对支管周围连接处加以切割，从而保持该部分风管的完整性。

（4）当变径管与支管位置相邻时，变径管位于支管下游位置。

（5）送往现场的 T 形管和 90°弯管都是无喉的，以便现场切割与安装。

（6）变径接头注意雌端边缘修剪整齐；迂回管注意纵向搭接胶带以加强强度；靴形支管注意封好支管与主管道的接缝处。

1.2.4 风管加固方法

（1）按照超级风管技术规程的规定，本工程宽度在 800mm 以下的风管加固使用 $\phi6$ 镀锌螺杆，800mm 以上的用 $\phi8$ 镀锌螺杆加固。

（2）为了确保工程质量，本工程所有宽度大于 1.2m 的风管，需要使用 50 镀锌龙骨配合 $\phi8$ 镀锌螺杆进行加固，见图 1-1-20。

（3）螺杆最大无加固间距约为 600mm。

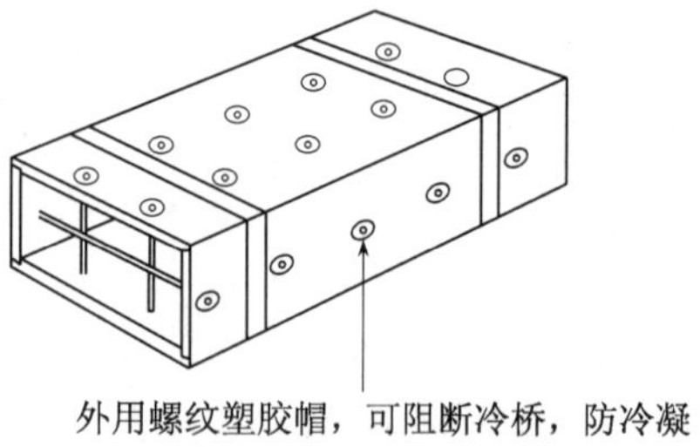

图 1-1-20　超级风管加固

1.2.5 风管组装

（1）准备好接口，先切开接口角，翻开折边，接着修齐对角便于连接（不能切入内层），最后准备连接的管角；

（2）清洁好组装风管工作面，不能将风管放在粗糙的工作面上以免损坏或弄脏其表面；

（3）在吊装前尽量将风管组装好；为了保证接缝的紧密，在安装前最好将管段雄口朝下暂时堆放，以便于组装；此道工序最多连接 3 个管段；

（4）水平组装风管时，各管段往一处倾斜，以便在一侧装订和粘贴胶带；把胶带粘贴到一段风管上，水平将另一管道平顺插入使雌雄口紧密连接，然后用压敏胶带做加强肋或用专用装订针钉牢，再用压敏胶带将加强压敏胶带或装订针覆盖，顺接口位置将四边环绕粘贴，完成接口连接并用刮子刮紧，完成组装连接；

（5）吊装时将梯形吊架的一头固定，这样用最少的人力就可以完成大量的安装工作；利用脚手架将完成连接的风管段平顺提升到预定标高的位置上；

（6）在空中使用胶带连接风管，特别是大尺寸风管，第（4）项说明十分重要；

（7）吊装前检查好各风管段加固是否完善；

（8）如图纸出现90°弯头时，应采用导流片。导流片导向叶片由坚固的、树脂粘合的阻燃玻璃纤维棉模压而成；导流片采用了自支持、高密度翼片空气动力学设计，以最低的流动能量损失将气流折转90°。由于叶片表面全部覆盖了约翰斯曼威尔独有的黑色丙烯酸聚合材料，因而与金属叶片或纯玻璃棉叶片相比其空气流动效率有较大提高。

1.2.6 风管的吊装方法

（1）工艺流程

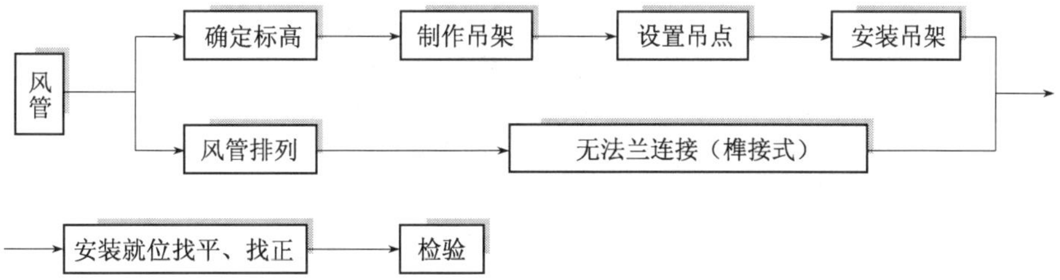

（2）制作吊架

标高确定后，按照风管系统所在的空间位置，确定风管支、吊架形式。本工程宽度大于1.2m的风管支托为40×40的角钢、吊杆为ϕ8镀锌螺杆，其余为50镀锌龙骨、吊杆为ϕ8镀锌螺杆；吊架间距取决于管道尺寸和内径，见表1-1-6。

复合风管的吊架间距 **表1-1-6**

风管尺寸 mm	最大吊架间距 mm
宽≥1200	1200
宽<1200，高<300	1800
600<宽<1200，高<600，深度>305	1800
宽<1200，300<高<600	2400
宽≤600，高>300	2400

吊杆严格按照图纸管道走向定位，通线控制直线度，在顶棚上打记号定点，再通知承包单位施工专业人员进行复核检查。

（3）吊装

所有的接缝必须在一条线上，改变接缝会导致不正确的风管走向；风管有稍微不直和不水平，可以通过调整螺杆吊杆和支托来保证风管直线度和水平度。如果管道扭曲呈现某个角度，不能对准吊架时，每隔2至4节管段用一个对角螺杆支撑风管。见图1-1-21。

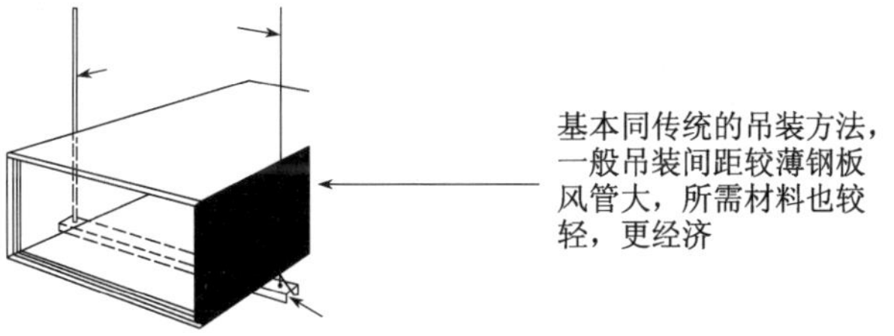

图1-1-21 超级风管吊装

为了在底部和顶部安装支管，测得开口的深度为内径加38mm，在中部安装支管时，切孔的尺寸为内径加25mm，在任何情况下径向切口的尺寸为内径加25mm。超过762mm的支风管在分管的第一个1.22m内，用两个吊钩以消除支管同主管连接处的压力。

在安装无喉弯管时，在吊装前切割长度并将剩余部分（或相连的整段支管）附接到喉管上。检查玻璃纤维管道是否正确连接和加固，用密封材料修补好管道表面的破损。超级风管安装见图1-1-22、图1-1-23。

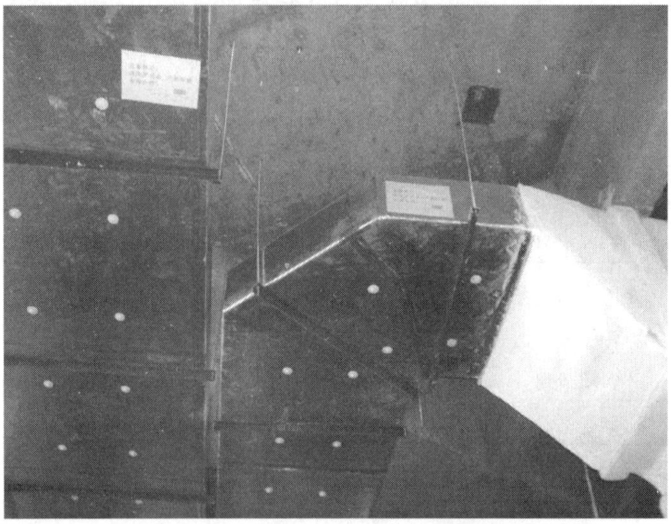

图 1-1-22　超级风管安装

图 1-1-23　超级风管安装

1.2.7　风管与设备的连接方法

（1）与散流器连接，见图 1-1-24 ~ 图 1-1-26。

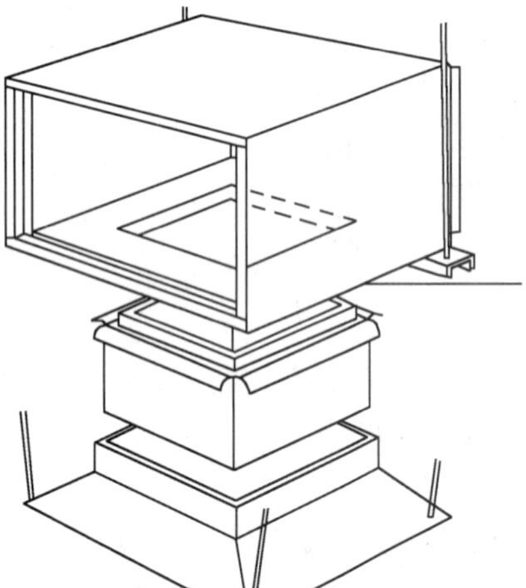

图 1-1-24　与散流器连接

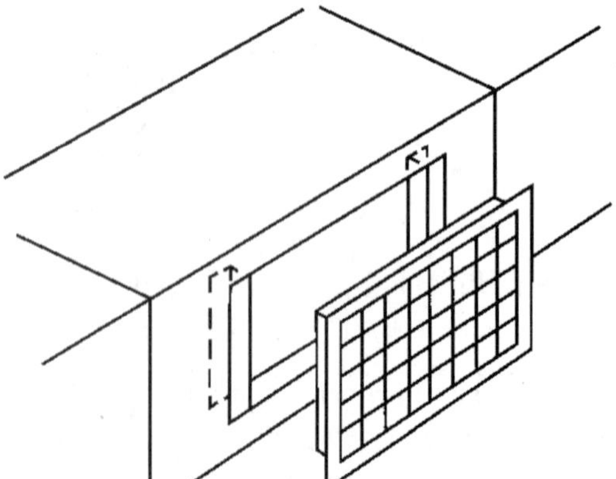

图 1-1-25　与散流器连接

（2）与防火阀连接，见图 1-1-27。

图 1-1-26　风机盘管玻璃纤维风管配管

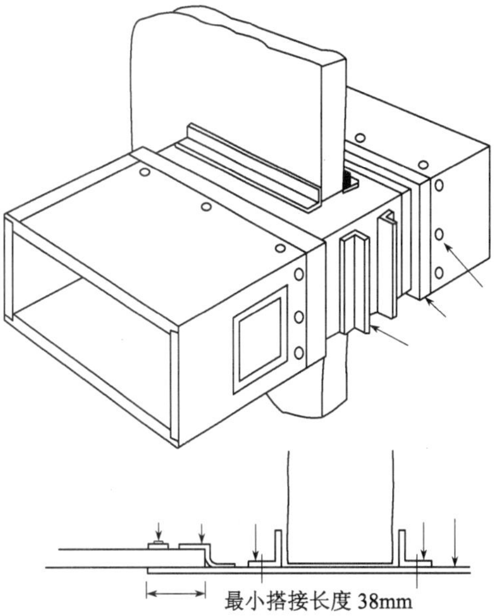

图 1-1-27　与防火阀连接

1.2.8　风管维修方法

系统更改修补简单灵活，“超级风管”可任意切割，对系统施工和使用中的更改极易操作，一旦破损可简单快捷地修复。见图 1-1-28。

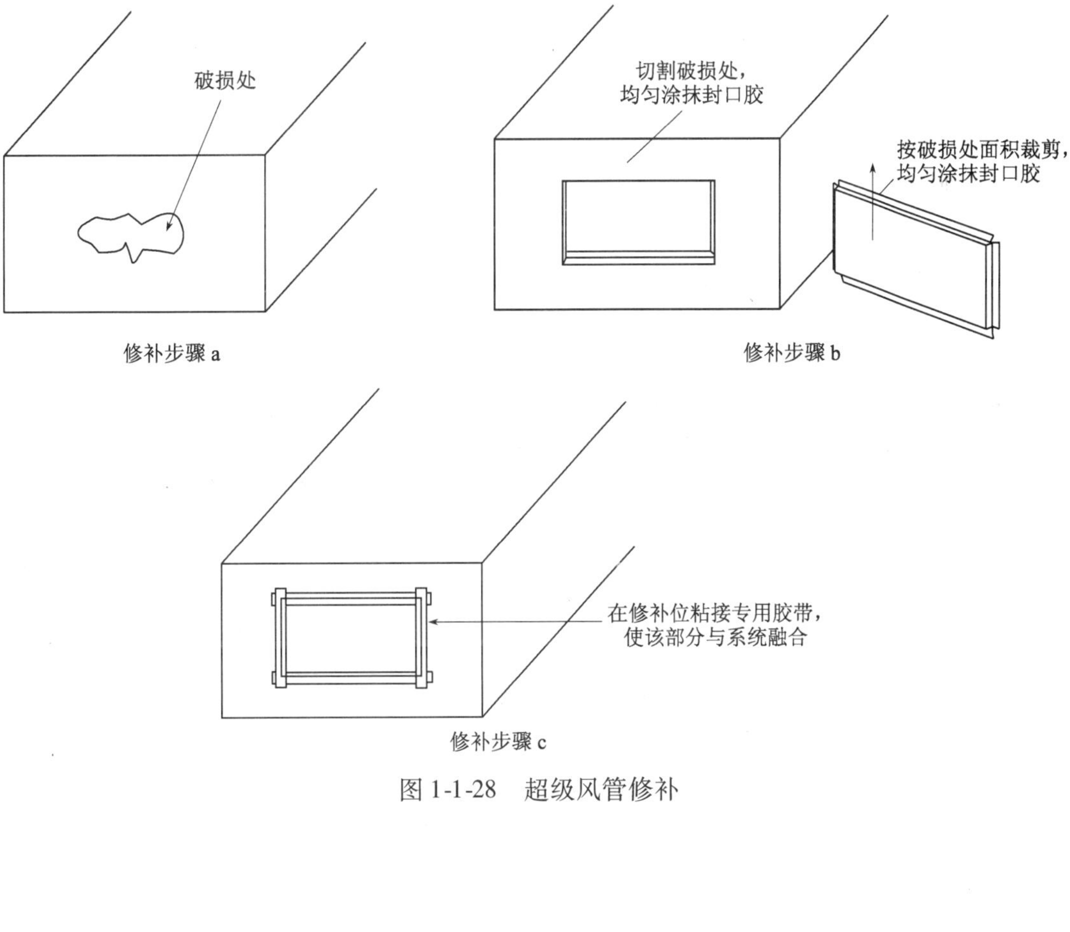

图 1-1-28　超级风管修补

1.3 空调水管道安装

1.3.1 工艺流程

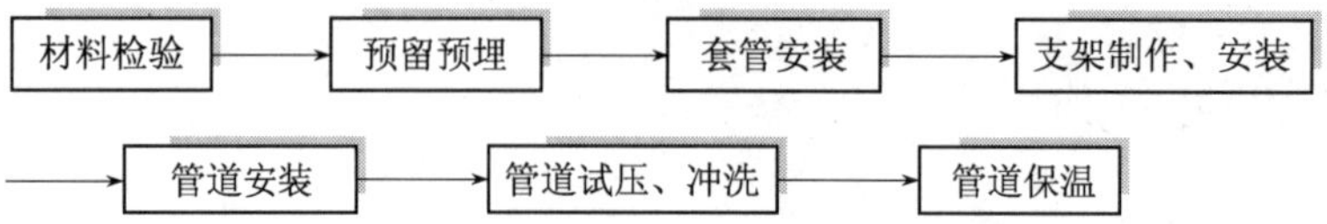

1.3.2 材料检验

（1）材料选用及连接形式

1）空调冷冻水供回水管、空调热水供回水管、采暖热水供回水管、冷却水供回水管、膨胀管使用碳素钢管，公称直径 $DN<80$mm 时使用焊接钢管，80mm$\leqslant DN<500$mm 时使用无缝钢管，$DN\geqslant 500$mm 时使用螺旋电焊钢管。凝结水管、软化水管使用热浸镀锌钢管。

2）无缝钢管和螺旋缝电焊钢管采用电焊连接。焊接钢管 $DN\leqslant 32$mm 采用螺纹连接，$DN>32$mm 采用电焊连接。热浸镀锌钢管 $DN<100$mm 采用螺纹连接，$DN\geqslant 100$mm 采用沟槽卡箍连接。

（2）材质要求

1）各种管材、型钢及各种阀部件在进场后认真检查，必须符合国家或部颁标准，有质量、技术要求并有产品合格证。

2）所有钢管在使用前应做外观检查，镀锌钢管及管件表面无划痕，管壁内外镀锌均匀。焊接钢管、无缝钢管壁厚均匀，厚度符合设计要求，无弯曲锈蚀。

1.3.3 支架制作、安装

（1）管道支、吊架的间距及做法根据现场实际情况设置。结构条件允许时，支吊架的规格、形式及设置位置必须保证管道的稳定性、强度和刚度要求。根据规范 GB 50243—2002 要求，竖井内的立管，中段设固定支架，在固定支架外，每两层设一导向支架。水平安装的管道，支架最大间距见表 1-1-7。

支架间距 **表 1-1-7**

公称直径（mm）		15	20	25	32	40	50	70
支架间距（m）	保温	1.5	2.0	2.5	2.5	3.0	3.5	4.0
	不保温	2.5	3.0	3.5	4.0	4.5	5.0	6.0
公称直径（mm）		80	100	125	150	200	250	≥300
支架间距（m）	保温	5.0	5.0	5.5	6.5	7.5	8.5	9.5
	不保温	6.5	6.5	7.5	7.5	9.0	9.5	10.5

（2）管道及其部件必须用支吊架固定稳固，不得把管道及其部件的重量传递给设备承受，如连接设备水泵等需提供附加支架，以防设备过度受力。

（3）如管卡和管子为不同材料时，两者之间应安装垫片。

（4）空调冷冻水管等需绝热的管道敷设在金属支架时，与金属支架之间必须垫以经沥青蒸煮过的硬垫木，其厚度应与保温层厚度相同。见图 1-1-29。

（5）水平安装的管道支吊架一般应设置在建筑物的钢筋混凝土结构上。

（6）在直段管廊内，按设计图纸和规范要求，测定好吊卡位置和标高，找好坡度，将预制好的型钢吊架用膨胀螺栓固定在混凝土梁、楼板或墙面上；支、吊架安装应平整、牢固，与管道接触良好；所有金属支吊架都做防腐处理。

（7）所有水平和垂直的管道在适当位置配有导向支架，以能有效地控制因热胀冷缩所产生的移动和配合伸缩圈及伸缩器的效能，导向支架的布置和间距应根据伸缩器制造厂的建议设置。

图 1-1-29　空调水管道支、吊架

(8) 管道固定支架

依照设计或有关图集要求，正确选用支架材料和制作安装形式。固定支架在建筑结构上生根。管道固定点的设置，按照设计图纸要求进行，以能有效地将管道系统因膨胀、收缩及内压力所产生的推力和回应力传递到建筑结构上。管道固定支架同时要承受管道水压试验时所产生的较高轴向推力。管道安装时，应及时固定和调整支吊架，支吊架位置应准确，安装应平整牢固，与管子接触应紧密；导向支架或滑动支架的滑动面应洁净平整，不得有歪斜和卡涩现象，其安装位置应从支撑面中心向位移反方向偏移，偏移量应为位移值的 1/2。支吊架的焊接人员，需持有焊工上岗证。焊接并不得有漏焊、咬边、夹渣、气孔、裂纹等缺陷，管道与支架焊接时，管子不得有咬边、烧穿等现象。

1.3.4　管道安装

(1) 安装准备

1) 根据图纸要求，空调系统管道 $DN<80$ 使用焊接钢管，$DN80\sim DN450$ 使用无缝钢管，$DN\geqslant500$ 使用螺旋缝管，凝结水管、软化水管使用热镀锌钢管。

2) 管道组成件及管道支承件必须具有制造厂的质量证明书，其质量不得低于国家现行标准的规定。

3) 钢管在安装前，管壁内、外表面应仔细清理，除去铁锈、渣质和污物，呈现金属光泽，再按设计要求做防腐处理。

4) 空调水系统管路的放水点与放气点，除图中已标明的，若在安装过程中出现局部的最高点和最低点时，应在相应的位置分别装设放气或放水设施。

(2) 螺纹连接

1) 空调加湿镀锌管、凝结水镀锌管以及 $DN\leqslant32$ 的空调水系统末端焊接管，使用螺纹连接。

2) 螺纹应用符合要求的套丝机加工，套丝过程中应经常加油，从最后的 1/3 长度处起，板牙应逐渐放松，以便形成锥状。

3) 加工好的钢管螺纹，表面应清洁、规整、光滑，不得有毛刺、断丝和缺丝长度不得超过螺纹长度的 10%。

4) 螺纹连接时，应在管段螺纹外面敷上填料聚四氟乙烯带，也可用麻丝加铅油作为密封填料。连接时先用手拧入 2～3 扣，再用管钳一次装紧，不得倒回，装紧后应留有丝尾，接口处根部外露螺纹 2～3 扣。

5) 管道连接后，应把挤到螺纹外的填料清除掉，填料不得挤入管腔，以免阻塞管路。

6) 无论使用何种填料，在螺纹里只能使用一次，若螺纹拆卸，重新装紧时，应更换新填料。

7）管路连接后，外露丝扣部分应刷防锈漆，做防腐处理。

（3）法兰连接

1）法兰与管子焊接装配时，法兰端面应与管子中心线垂直，其偏差度可用角尺和钢尺检查，当 $DN \leqslant 300$mm时，允许偏差度为1mm；当 $DN > 300$mm 时，允许偏差度为2mm。

2）管子插入法兰内距密封面应留出一定距离，一般为法兰厚度的1/2，最多不超过法兰厚度的2/3，以便于内口焊接。

3）法兰连接时应保持平行，其偏差不大于法兰外径的1.5‰，且不大于2mm，不得用强紧螺栓的方法消除偏斜。

4）法兰连接应保持同一条轴线，其螺孔中心偏差一般不超过孔径的3%，并保证螺栓自由插入。

5）法兰垫片应符合标准，不允许使用斜垫片或双层垫片。

6）法兰连接应使用同一规格的螺栓，安装方向一致，紧固螺栓应对称均匀，松紧适度，紧固后外露长度不低于螺母平面，且不大于螺栓直径的1/2。

7）螺栓紧固后，应与法兰紧贴，不得有楔缝；需要加垫圈时，每个螺栓所加垫圈不应超过一个。

8）法兰不允许装在楼板、墙壁和套管内，为了便于装拆，法兰与支架边缘或建筑结构间距一般不小于200mm。

9）高温或低温管道法兰连接螺栓，在试运行时要进行热紧和冷紧。热紧或冷紧应在保持工作温度24小时后进行；紧固螺栓时，管内最大内压应根据设计压力确定；设计压力大于6MPa时，热紧最大内压为0.5MPa，冷紧一般应卸压。

（4）钢管焊接

1）对焊工的要求：由于空调水管道是承压管道，凡参加此项工程施工的焊工应具有劳动局颁发的焊工证。

2）钢管坡口形式　V形；焊接母材　ϕ235；焊接材料　E4303（结422）。

3）管道安装点固前应将坡口内外表面（不大于10mm范围内）的油污、锈垢等清理干净。再次检查管道有无裂纹、夹层、锈蚀等缺陷。

4）对接管道坡口形式及间隙

坡口角度（度）	间隙（mm）	钝边（mm）	点焊长度（mm）
60°±2	1.5~4	1~2	10~25

5）焊接工艺参数

管径（mm）	焊接层次	焊条直径（mm）	焊接电流（A）	焊条角度
ϕ38~ϕ57	1	2.5	一层70~80	应随焊接空间位置不断变化
	2	2.5	二层65~75	
ϕ159	1	3.2	一层110~120	
	2	3.2	二层90~100	

6）焊缝加强面高度和宽度（法兰内侧的焊缝不得凸出法兰密封面）

壁厚 σ（mm）		3~4	5~6	7~10
V形坡口	焊缝加强面高 h（mm）	1±1		2±1
	焊缝宽度 b（mm）	盖过每边坡口约1~2mm		

7）管子对口时，应在距接口中心200mm处测量平直度，当管子公称直径小于100mm时，允许偏差为1mm；当管子公称直径大于或等于100mm时，允许偏差为2mm。但全长允许偏差为10mm。

8）管道连接时，不得用强力对口、加片垫或加多层垫等方法来消除接口端面的空隙、偏斜、错口或不同心等缺陷。见图1-1-30。

图 1-1-30　空调水管道焊接

9）保证管道的保温层能够穿过套管，管道接口焊缝不宜置于套管内，穿墙套管的长度不得小于墙厚。穿楼板套管应高出楼板面 20mm，穿过屋面的管道应有防水肩和防雨帽，管道与套管之间的空隙应采用不燃材料填塞。

（5）管道敷设

1）冷冻水管道与吊架之间要设木托，以防止结露，木托的厚度与保温层相同。

2）管道安装时，不宜使用临时支吊架，当使用临时支吊架时，不得与正式支吊架冲突，并应有明显标记，在管道安装完后拆除。

3）管道和管件安装前，将其内、外壁的污物和锈蚀清除干净。管段安装间断时，及时封闭敞开的管口。

4）管道布置要严格按图纸施工，位置、标高、坡向应准确。冷凝水管道的坡度大于等于 3‰，坡向排水方向。

5）机房内明装水平管道平直度：当 $DN \leq 100$mm 时，允许偏差 < 2L‰，最大 40mm；当 $DN >$ 100mm 时，允许偏差 < 3L‰，最大 60mm。立管垂直度允许偏差 < 5L‰，最大 25mm（L 为管道长度）。吊顶内暗装管道位置应正确，无明显偏差。

6）管道穿墙体或楼板处应加钢制套管，套管用 $\sigma = 2.0$mm 厚钢板制作，内部刷防锈漆。管道接口不得设在套管内。

（6）阀门安装

1）一次高温热水采用耐高温聚四氟乙烯密封蝶阀，一次冷冻水采用可调节型聚四氟乙烯密封蝶阀。$DN \leq 50$ 的空调水管采用全铜闸阀，$DN > 50$ 的空调水管采用可调节型聚四氟乙烯密封蝶阀。

2）阀门安装前必须进行外观检查。对于工作压力大于 1.0MPa 及在主干管上起切断作用的阀门，应进行强度和严密性试验，合格后方可使用。其他阀门可不单独进行试验，待在系统试压中检验。

3）阀门强度试验压力为工作压力的 1.5 倍，持续时间不少于 5min，以阀体、填料无渗漏为合格标准。严密性试验压力为工作压力的 1.1 倍。在规定的持续时间内，以阀瓣密封无渗漏为合格标准。阀门严密性试验的持续时间见表 1-1-8。

阀门严密性试验时间 **表 1-1-8**

公称直径 *DN*（mm）	最短试验持续时间（s）	
	严密性试验	
	金属密封	非金属密封
≤50	15	15
65~200	30	15
250~450	60	30
≥500	120	60

4）阀门应在关闭状态下进行安装，阀门的安装位置、高度应便于操作及检修，进出口方向必须正确。见图 1-1-31。

图 1-1-31 阀门、过滤器安装

1.3.5 管道试压和清洗

（1）管道试压

1）管道系统试验前应具备以下条件：

A. 管路系统施工安装完毕，且符合设计和规范的要求。

B. 全部支、吊架安装完毕且合格。

C. 焊接工作结束，并经外观检验合格；焊缝等接口部位未经刷漆和隐蔽。

D. 管道的位置、标高、坡度、坡向等经复查合格；试验用的临时加固措施经检查确认安全可靠。

E. 试验用的压力表经校验合格，并做好标记；精度不低于 1.5 级，表的满刻度值为最大被测压力的 1.5~2 倍；试验压力表不少于 2 块。

F. 将不能参加试压的设备及阀件、仪表等管道附件加以隔离；试压泵已设置好。

G. 具有完善合理并经报批的试压方案。

该工程空调水设计工作压力为 1.6MPa，依据国标 GB 50243 要求，空调水试验压力为 2.1MPa。

2）试压操作方法

系统充满水且放净空气后进行加压，先把管网或管段的压力分 2~3 次升至试验压力，系统试压时以最低点压力为准，升至试验压力后，稳压 10min，压力下降不得大于 0.02MPa，再将系统压力降至工作压力，在60min内压力不得下降、外观检查无渗漏为合格。通知有关人员验收、办理相关验收手续，并填写压力试验记录，然后把水泄净、拆除试压泵和水源。

试压过程中如发现渗漏等问题，作好印记，在泄压后再行修理；焊缝渗漏必须铲掉重焊，缺陷修复后须重新试压；外露丝扣处须补做防腐处理再进行隐蔽工作。

冷凝水管管网安装完毕后，应进行充水试验，不渗不漏为合格。

（2）管道冲洗

水系统主干管必须开式进行冲洗排污，反复多次直至甲方、监理确认清洁，然后才允许转入封闭式循环过滤（管网、机组、设备整体进行），反复清理过滤器，直到整个系统干净、清洁。

管道冲洗进水口及排水口应选择适当位置，并能保证将管道系统内的杂物冲洗干净，排水管截面积不小于被冲洗管道截面的60%。

冲洗前，应将系统中不宜参加冲洗的设备、仪表、阀件加以妥善处理，并在冲洗后复位。

冲洗要求一般以系统内可能达到的最大流量或不小于1.5m/s流速进行，直至出水水色和透明度与入水水色和透明度目测一致为合格。

冲洗水应排入指定的泄水点，避免出现跑水事故。冲洗合格后，应及时填写冲洗试验记录单。

1.3.6 管道保温

（1）空调水管保温做法见表1-1-9。

空调水管保温做法 **表1-1-9**

序	系统类别	保温材料	厚度（mm）	保护层
1	空调冷热供回水管	橡塑	$DN \leqslant 125$ $\delta=30$ $DN \geqslant 150$ $\delta=40$	外缠玻璃丝布，刷两道防火漆
2	吊顶内空调凝结水管	橡塑	$\delta=10$	外缠玻璃丝布，刷两道防火漆
3	全年供冷冷却水管	超细离心玻璃棉	$\delta=40$	外缠玻璃丝布，刷两道防火漆
4	分集水器	橡塑	$\delta=50$	外缠玻璃丝布，刷两道防火漆

（2）空调水管保温应在管路安装完毕，水压试验合格后进行。保温前，管路上焊口及外露丝扣应补刷防锈漆。

（3）保温管壳的拼接缝隙不应大于5mm，并用胶粘剂勾缝填满；纵缝应错开，水平接缝设在侧上方。所有保温接口、接缝处必须用胶带粘接严密。见图1-1-32。

图1-1-32 空调水管橡塑保温

（4）保温后管路与套管间用保温材料填塞密实。

（5）在管道系统中的法兰、阀门和其他管道配件需以与相连管道的保温厚度和规格相同的保温材料进行保温。阀门保温后，应保证阀门便于操作、拆卸和维修。见图 1-1-33。

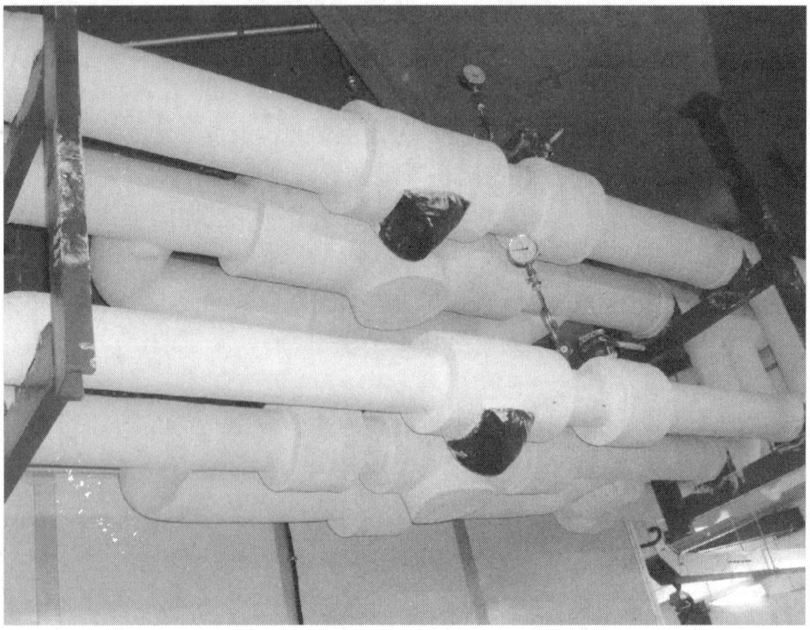

图 1-1-33　阀门、过滤器保温完成效果

（6）所有用于空调水系统的阀门、存水弯、过滤器、法兰和其他配件等应按其连接管道的保温厚度作相同厚度之保温，过滤器的保温需允许在清理过滤器时不会使有关保温材料受破损。阀门的保温需覆盖至阀帽。保温完成效果见图 1-1-34。

图 1-1-34　空调水管道保温完成效果

（7）管托支座保温

1）采用与管道相同厚度和规格的保温材料，剪裁成一块比管道外径和管托支座间的空隙稍大的保温材料。

2）用手将有关保温充塞在管外壁及支座间的空隙内，以使保温稍微超出支座两端。

3）把保温与支座齐口切平。

4）不能用填充物或其他物料去填补空隙或不完整的保温层。

（8）固定支架保温

1）固定支架由于不能避免冷桥，为防止结露，需在支架表面包覆一层保温材料，拟采用30mm厚橡塑板粘贴工艺实现防结露功能。

2）所有穿越保温层的管道支撑需提供妥善和足够的保温，以确保不产生结露。见图1-1-35。

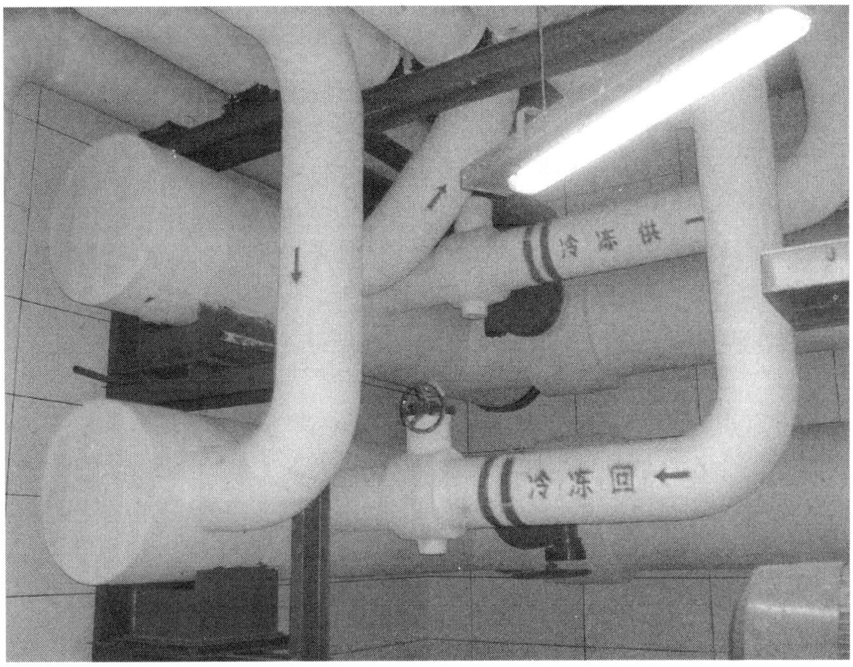

图1-1-35　空调水管道支座保温

1.4　成品保温管安装

1.4.1　工程概况

管廊采暖与空调水干线管道，公称直径在$DN100\sim900$mm范围内采用成品保温管，总长度约2万米。成品保温管是由专业厂家将管道保温结构预先在裸管上施工完毕，室外冷热水管线使用最多，安装方式通常是直接在地下埋设，所以也称为直埋保温管。该工程所用成品保温管，其保温结构分为两层，内层为聚氨酯发泡保温层，外层为玻璃钢保护层。管道采用钢架敷设。施工难点主要集中在对管道保温结构的保护，所采取的保护措施贯穿管道安装的整个过程。

1.4.2　现场搬运方法

（1）运输路线

管子从室外存放点移至室内安装地点时，用自制车辆作水平运输。两侧翼廊和装卸区安装的管道，从东、西坡道进入地下室；北段直指廊安装的管道，先运至首层预留洞口处，再从洞口垂直放入地下一层。

（2）运输工具

制作可移动门式起重架4副，其中2副用于东西翼廊装卸车，2副用于北指廊首层洞口向地下一层垂直运输。制作平板拖车2部，用于运输$DN350\sim DN900$较大口径的管子，配用12马力四轮拖拉机牵引；制作运管“炮车”4部，用于运输$DN300$以下较小口径的管子，人力拖拉。

（3）运输步骤

人力可及的小口径管子直接用人力装运。重量较大的管子，先将支垫物（方木或槽钢）在靠近管子两端的地方分放稳妥，以滚动方式将管道平移至支垫物上方，并使支垫物处于管子两端不保温的裸管部分，以防止管道保温层受压破损。然后将可移动门式起重架移至管子中端，在管子重心处系挂好尼龙吊装带，用倒链提到合适高度，再将运管拖车移至管子下方，管子下落放稳后即可用机动车辆牵引。卸车时同样先放好支撑物，余下步骤与装车过程相反。

（4）首层洞口垂直运输

在洞口支稳门形起重架，设置倒链和绳索，管子吊起后，先将一端沉入洞口，然后在地下一层配合牵拉引导，首层配合下放，最后将管道平稳放入地下一层。如洞口尺寸过小，对于12m长的管子，此方法实施困难，可将管道从中断为6m长，再依此方法完成洞口垂直运输。

1.4.3 管道吊装

由于是在管廊支架完成制作安装后吊装管道，管子上架只能采用穿行方法才能实现初步就位，也就是管子需在支架横梁上作纵向移动，最终到达安装位置。为避免管道保温层表面与支架横梁直接磕碰摩擦，预先在支架横梁上设置荷载导轮，使管道在牵引力下沿导轮前进。为适应不同管径和横梁布置等情况，同时又方便拆装，对导轮形式与功能有下列要求：充气轮胎，胎宽约100mm，2只为一组，轴倾角20°，轮距可变，可接力使用；对于装卸区不垂直于管道轴线的横梁，导轮加装30°调向机构。

具体操作步骤是：根据需要设置好导轮，从管廊一端或支架的预留空缺处，用门形起重架将管子提升到导轮以上高度，移动起重架使管子重心越过第一道导轮，然后依靠人力在地面牵引穿行，到达地点后，缓慢撑大导轮轴距，使管子降落在支架横梁上。对于装卸区，方法类似。

1.4.4 支座设置

为减少对管道保温层的破坏，专门设计了用于成品保温管支撑的管道支座。支座按功能分为固定式、主导向式、次导向式（设置在补偿器一端的第一、第二导向支座为主导向式；设置在大托架上的导向支座为次导向式）以及滑动式，除固定式和主导向式支座支撑在钢管外壁上外，后两种直接支撑在成品保温管的玻璃钢保护层上，在支撑长度约等于管道直径时，玻璃钢保护层不会受压变形。除固定支架外，所有$DN \geq 150$的管道支座，摩擦面均设有减阻板，这样可减少管道冷热运行中对支架的水平作用力，也可避免管道在支座上的滑移。

（1）固定支座安装

在支座设置点，将成品保温管下部的保温层局部去除，去除边缘以距支座边缘约100mm为宜。支座下部的垫板，连同支座一起置于管道下方，找准位置后，先把支座底板、垫板、支架三者焊成一体，在环境温度不低于15℃时，再将管道与支座焊牢。见图1-1-36。

图1-1-36　固定支座安装

（2）主导向支座安装

主导向支座和固定支座因相邻较近应同时安装。与固定支座安装的主要区别在于，导向支座下方带有托板，托板与垫板和支架横梁对中设置，支座主体则需要预留一定的位移量，也称为偏置量。导向支座偏置量按管线在此处发生位移尺度的1/2确定，此数值通过计算获取。偏置方向与管道轴向位移方向相反。计算管道轴向伸长或缩短长度，按管线长度（m）×（介质温度－环境温度）×0.012计算，单位取mm。这里所说管线长度是指两处固定支架之间的距离。见图1-1-37。

图1-1-37　导向支座安装

（3）次导向支座安装

次导向支座一般设在两处固定支座中间的大托架上，偏置量应比主导向支座减少1/2。较小口径的管道，次导向支座设置较多，各自的偏置量有所不同，应分别计算和确定其偏置量数值。次导向支座安装定位后，上部与管道保温结构用卡固定。

（4）滑动支座安装

滑动支座的特点是不限制管道任意水平方向的位移，但安装时和导向支座一样应有轴向偏置量。其他内容同次导向支座安装。见图1-1-38。

图1-1-38　滑动支座安装

(5) 注意事项

1) 安装支座需提升管子时，用倒链或用自制升降机进行。

2) 所有支座与钢架或与管子的施焊处，在焊接完毕后及时剔除焊缝药皮，涂刷防锈漆两遍，灰色面漆两遍。

3) 支座外加工时，一律为成品件进场，标有规定的型号，安装时根据需要选取，对号入座。

4) 在导向和滑动支座托板上装有两块以上的氟塑减摩板，安装时不得缺少，同时要避免玻璃钢保护面的磕碰划伤。

5) 所有支座在安装完毕后不准悬空。因支架横梁在支架安装时已经找平，支座的高度在支座制作时已经严格把握，所以不会使管线发生较大高度偏差。如因管线直度缺陷造成支座悬空或径向移位，需对管道进行校直。

6) 需要去除管道保温层的地方，如固定式和主导向式支座的支撑处，应先将玻璃钢保护层用锯切出轮廓线，然后再清除保温层，并应尽可能使去除的保温层形状规则，大小合适，避免随意性操作。

7) 次导向和滑动式支座，上下耳板的连接螺栓需拧紧，并使在单个支座上所用的螺栓长度适中，外露螺纹长度一致。

8) 所有固定和主导向式支座，需要与支架钢梁焊接时，均在环境温度不低于15℃时进行。

1.4.5 管道焊接

(1) 因支座加工需要时间，成品保温管可在支座安装前先进行分段焊接，也就是将数根管道先行施焊连接，然后在支座安装后再进行全面焊接。对于较大直径的管道，因为重量关系先期不宜连接过长，以免安放支座时管子提升困难。见图1-1-39。

图1-1-39 成品保温管焊接

(2) 管道应多焊固定口（死口），以尽量减少管子在支架横梁上的反复滚动，有利于保护管道保温层，大口径管道更是如此。

(3) 有阀门和补偿器等管路附件的管段，可事先在适当位置预留出适当空段，在阀门和附件未到场时，空段长度依据其产品样本而定，只需稍作负偏差调整，以免空段尺寸留大。预留空段可减少或避免管道再次窜动。

（4）主管与连接支管的三通开口，先将保温层去处一定长度和面积，保持焊口距离保温层断面有10～15cm的距离作为热影响区，避免发泡材料烧损，从而散发有害气体。焊口部分裸露的管段，将在管道试压后补做保温。

（5）其他焊接操作与裸管相同。

1.4.6 保温层修补

管道安装后，在管道接口等地方存在着一定数量的保温层缺失情况，需要进行修补。保温层修补工作在管道试压完成后进行。直管接头处，先用预制的玻璃钢护套将裸管部分包封严密，并留好进料孔，然后根据所需要的保温体积和聚氨酯发泡率，确定和配制发泡材料液体，搅匀后迅速倒入护套进料孔，发泡体硬化后，清理溢流余料，最后用玻璃钢材料封堵进料口，除去固定护套的临时捆扎物，直管接头保温修补即告完成。对于弯头、三通等异型管接头，则需先作发泡保温层，再作玻璃钢保护层，最终使管道保温结构形成一体。见图1-1-40。

图1-1-40　成品保温管安装完成效果

1.5 设备安装及配管

1.5.1 制冷机组运输、安装

（1）概况

T3A空调冷冻机房在地下一层西侧Ga-H轴/08b-10轴之间。水冷螺杆式冷水机组型号为：LSH1180Z；输入功率为：252kW；制冷剂种类：R407C；冷却器介质：25%乙二醇溶液。机组外形参数：外形尺寸（长×宽×高）：4200mm×1410mm×2350mm；机组重量6300kg。冷冻机组共3台。

（2）施工部署及准备

1）人员组织

由于冷冻机组属于大型设备、比较贵重，三台设备同时到场。所以要求在运输前进行合理的人员组织，设置现场总指挥、技术负责人、安全负责人、成品保护负责人、后勤保障人员、运输人员26人，保证设备安全运输就位。

运输时有专人指挥，统一行动。运输过程中各岗位人员应尽职尽责，遇有情况及时联系。运输前，安全负责人应首先检查各运输工机具是否安全可靠，检查无误后方能运输。运输前要把地下一层机房内和机房外汽车进场的场地清理干净，保证地面无杂物，机房内坑洞封堵好。机房顶板吊装受力要经过计算，运输尺寸要严格控制，运输人员要合理安排，以确保将制冷机安全地运输到机房。

2）运输机具（见下表）

名　　称	单　　位	数　　量	名　　称	单　　位	数　　量
8t 卡车	台	1	自制运输小车	台	1
对讲机	台	2	大撬杠	根	6
5t 倒链	台	2	ϕ12 钢丝绳	m	50
ϕ16 钢丝绳套	个	2	50m 长麻绳	根	2
5t 跨顶	台	4	10m 长 ϕ80 钢管	根	2

（3）机组运输及安装

1）方案确定

冷冻机房在地下一层，设计未预留吊装孔洞，可以借用旁边的汽车运输坡道用卡车运至机房外，再换装自制运输小车运至基础上。经现场测量运输坡道处吊顶最低点为坡道入口处一层的结构梁。该结构梁为斜梁，与坡道地面间距离最低约为4.1m最高约为4.6m。地下一层现已施工完成的电气桥架和水管最低点距地面约为4.5m。由厂家机组样本得知制冷机高为2.3m，运输卡车车厢高约为1.4m，总高度在4m以内，卡车可以直接开到地下一层。

考虑地下室空间有限，运输汽车为大型卡车，汽车不能在地下室内调头，汽车下坡道可采用倒车下行（便于冷冻机的卸车），车开到地下室后冷冻机起吊，汽车可以直接开出坡道。地下一层梁上有预埋铁，但汽车不一定能正好赶到有预埋铁的位置，所以，用在顶板上打透眼，然后挂上倒链的方式吊装。打透眼要事先测量好位置，便于汽车到达，方便起吊且不会破坏建筑结构。透眼处用 ϕ16 钢丝绳套穿过，下挂倒链，在一层顶板上用10m 长 ϕ80 钢管穿过钢丝绳套以分散承重。钢管一定要跨越在承重梁上。

运输过程中运输人员要及时运输并要注意交通安全。吊装过程中各岗人员应尽职尽责，一层承重钢管要有专人看管，遇有情况及时联系。吊装前，安全负责人应首先检查各吊装工机具是否安全可靠，钢丝绳、倒链等是否生根牢固且无安全隐患，检查无误后方能施工。

2）运输步骤

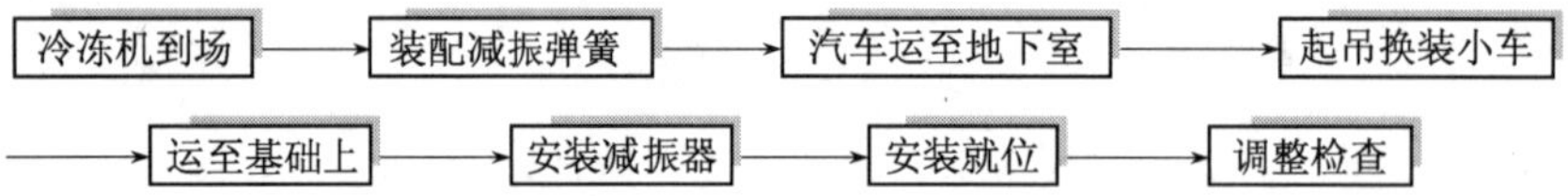

3）机组运输

机组到场后，首先检查其合格证、使用说明书等技术资料是否齐全有效，设备型号是否符合设计要求，无误后方可进行运输、就位。机组到场后装卡车由航站楼西侧汽车运输坡道运至地下一层，在设备装上卡车后要用麻绳捆绑固定，防止汽车运输途中设备滑落、磕碰。卡车在运输设备时，要经过坡道，要求车速不超过5km/h 不能超速行驶。

汽车开到地下一层，运到已制好的起吊点处，挂好倒链，拴紧钢丝绳，两倒链同时起吊，机组完全吊起后汽车开走。把自制小车放在机组下，两倒链同时下放，将机组放在小车上。由人工推、撬杠撬等方式将机组推至基础上。小车运输时要在小车两边有专人看护设备。运输过程见图1-1-41～图1-1-44。

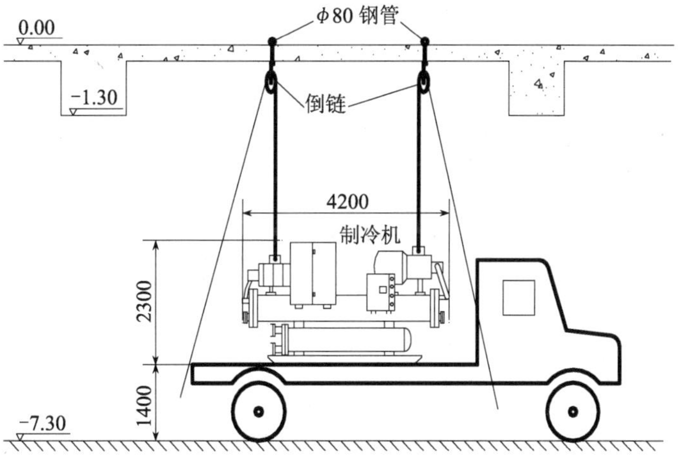

图 1-1-41　制冷机组运输

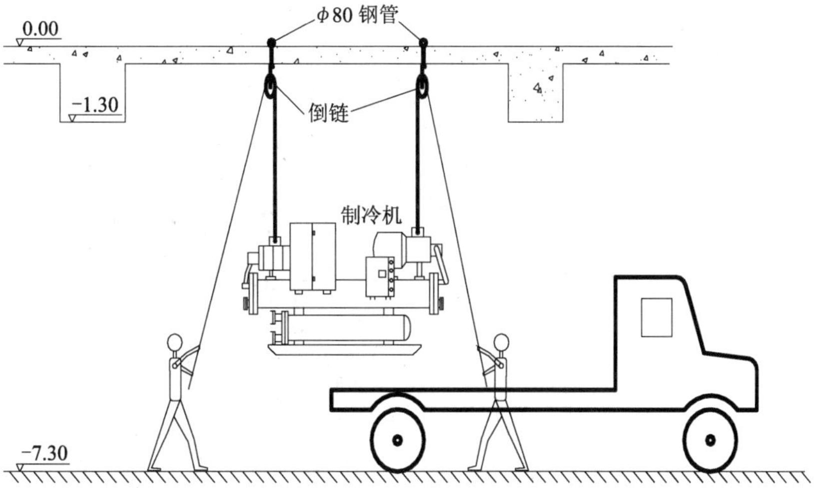

图 1-1-42　制冷机组运输

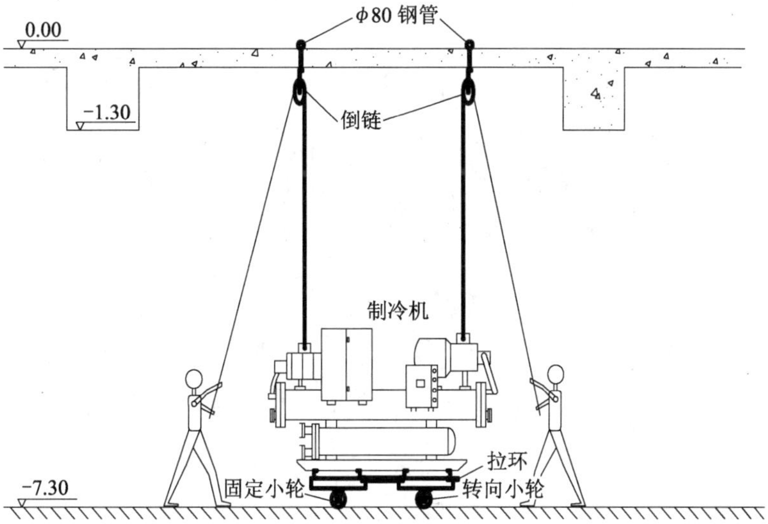

图 1-1-43　制冷机组运输

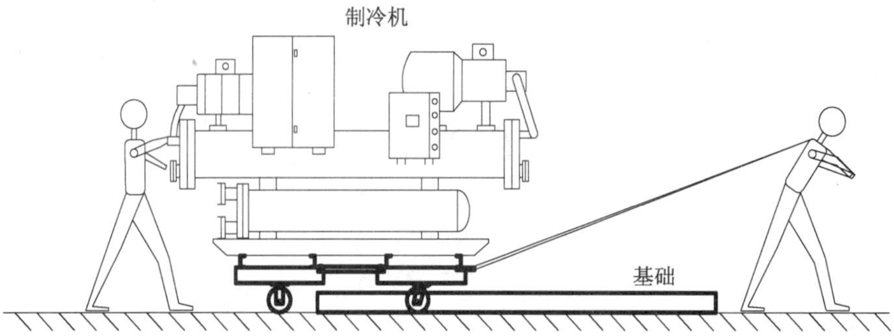

图 1-1-44　制冷机组运输

机组到基础上后，用跨顶从机组两侧四角处，同时起跨将机组从小车上架起，然后将小车拉出，再将机组放回基础上。跨顶起跨机组时一定从机组两侧同时起重，切忌不可从一侧起重，以免机组发生侧翻事故。起垮时要有专人在旁边看护，发现倾斜及时调整。

三台机组用此方法依次运至机房内，注意要运好第一台机组后再开始运第二台，运好第二台后再开始运第三台。见图 1-1-45、图 1-1-46。

图 1-1-45　制冷机运输

图 1-1-46　制冷机运输

4）运输小车的制作

使用12号和16号槽钢为骨架焊制运输小车，车轮用钢制小轮（每个小轮最大承重量为2t）。小车分为前后两个，以便运输后从机组下撤出。前半部分2个小轮使用可转向的万向轮，后半部分使用固定小轮，在12号槽钢上平铺20mm厚木条（起防滑作用），小车形式见图1-1-47。小车地盘高300mm左右，略高于机组基础（基础高为200mm），小车宽度要大于基础宽，以便于直接将机组运至基础上。

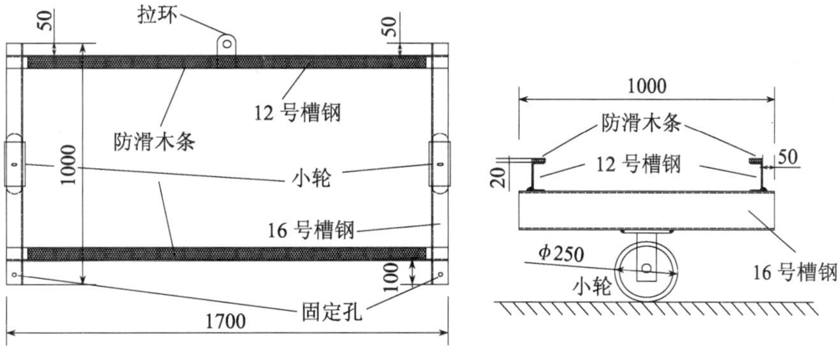

图1-1-47 运输小车

5）机组安装

按照厂家机组安装使用说明书要求，事先在基础上打好减振弹簧用的膨胀螺栓的孔洞。膨胀螺栓用M10钢膨胀螺栓，孔直径为ϕ14.5，深度60mm，具体尺寸位置见图1-1-48。待机组运至基础上后，跨顶把制冷机抬起来撤出小车，在基础上铺上两根枕木，在枕木上垫上两根16号槽钢。枕木要垫在制冷机两头，注意不要压住膨胀螺栓的预制孔；槽钢要平铺在枕木上，以便于制冷机在上面滑动；然后将膨胀螺栓埋入提前打好的预制孔中，将弹簧减振器安装到基础上，调整好制冷机与弹簧减振器的相对位置，最后将制冷机放到减振器上，上紧安好减振器与机组连接螺栓。

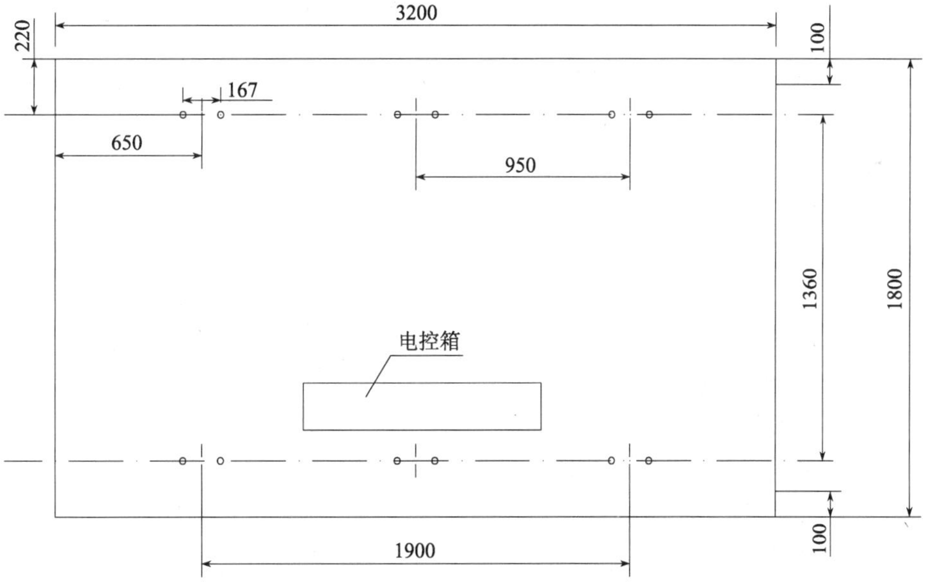

图1-1-48 减振弹簧安装孔的位置

6）受力计算

选用直径为12mm的6×7+IWS型钢丝绳，抗拉强度为1570MPa。冷冻机重6.3t，用两个倒链起吊，也就是4根钢丝绳同时受力，每根钢丝绳平均受力为6.3×10×1000÷4=15.75kN，远小于钢丝绳最小破断拉力98.46kN，考虑可能存在的冲击拉力按5倍正常受力计算15.75×5=78.75kN，也小于钢丝绳的破断拉力，所以钢丝绳是完全满足强度要求的。

牵引力计算：用小车运输时车轮与地面是静摩擦力，轮轴与车轮之间是滚动摩擦。轮轴和车轮都是钢质的，查得摩擦系数为$\mu=0.1$左右，那所需牵引力为$N=\mu\times G=0.1\times6.3\times10\times10^{3}=6.3\mathrm{kN}$，所以由人拉和撬杠撬是完全能够搬运的。

1.5.2 冷却器运输与安装

冷却器用于冷却水系统，工作介质为25%乙二醇溶液。和冷却塔相比，冷却器属于闭式设备，也是利用空气冷却循环工质，因此也叫风冷闭式冷却器。该设备共有6台，型号为FLQ-700，安装于首层西侧专用机房。设备单重5150kg，外形尺寸4750mm×2520mm×2110mm，包装尺寸4970mm×2740mm×2320mm。

根据现场情况，冷却器由室外进入室内只需作水平运输，普通吊装设备无法利用，因此需要制作一种简易起重和运输工具。以往类似设备的地面搬运多采用滚杠加牵引的方式，效率很低。本工程利用自制吊装架，快速高效完成了冷却器搬运和就位工作。

制作架子车的结构是，用槽钢制作车架，上部横梁挂倒链，下部横梁可拆装，底脚安装转向轮。使用时，将吊装架推入设备中间，用倒链把设备提升所需高度，之后装上下部横梁，操作倒链使设备平稳落在横梁上，用人力撬动和牵拉方法使之行进到设备基础上方，操作倒链提升设备，抽去下部横梁，下降吊钩使设备落于基础上，最后退出吊装架。见图1-1-49、图1-1-50。

图1-1-49 冷却器运输

图1-1-50 冷却器运输

在设备基本就位后，进行安装位置的精细调整，同时完成减振垫的设置。此种设备属于自稳定型，即依靠设备自重对基础的静止摩擦力实现运行稳定。至此设备安装完毕。

1.5.3　空调机组运输、安装

（1）空调机房分布概况

1）地下二层共有 E1 ~ E7、W1 ~ W7 十四个空调机房，共 58 台新风、空调机组。其中 E1 ~ E6 机房集中分布在东侧 M-Qb 轴/08-12 轴，W1 ~ W6 机房集中分布在西侧 G-Kb 轴/08-12 轴，E7、W7 分布在运输坡道下两侧 Ma-N 轴/13b-14b 轴、K-Kb 轴/13b-14b 轴。

2）地下一层有 L-B1-1 一个空调机房，共 3 台新风、空调机组，在 La-Lb 轴/15b-16a 轴之间，两条运输坡道中间。

3）首层有 A-05-5 ~ A-05-8、N-01-1 ~ N-01-9、M-01-1 ~ M-01-10 21 个空调机房，共 46 台新风、空调机组。均匀分布在 D、E、F 区 K-M 轴/13b-27 轴东西两侧。

（2）机组参数

1）空调机组整体尺寸最大为 12170mm × 3310mm × 2610mm

2）新风、空调机组根据设计选型每台最多分为 8 段，最大段外形尺寸为 3510mm × 3510mm × 2610mm。

3）运输设备部件最重为 45kW 送风机及其电动机，重约 4000kg。

4）运输设备最大部件为 45kW 电动机，其外形尺寸约为 2000mm × 2000mm × 1000mm。

（3）运输机具（见下表）

名　　称	单　　位	数　　量	名　　称	单　　位	数　　量
5t 叉车	台	1	滚杠	根	10
5t 卡车	台	1	大撬杠	根	4
平板车	辆	2	25 号工字钢	M	30
水平尺	把	2	50m 钢卷尺	把	1
对讲机	对	1	50m 麻绳	条	2

（4）机组运输及组装

1）由于地下室空间有限，且有行李分检系统在施工，要求所有新风机组、空调机组均采用散件进场，厂家现场组装。厂家送货车为大型货车，不能直接运至机房内，因此安排厂家送货车进场后直接将设备换装小卡车由运输通道运至空调机房外，卸车后用平板车将设备运至机房内，再组装就位。

2）机组运输

A. 机组到场后，首先检查其合格证等技术资料是否齐全有效，设备型号是否符合设计要求，无误后方可进行运输、安装。平面运输采用平板小车、滚杠、人工搬运等方式。

B. 地下二层共有 14 个空调机房 58 台新风、空调机组。厂家送货车进场后在候机楼外直接将设备换装小卡车，小卡车由预留运输通道（通道宽度不小于 5m），运至地下二层机房外。再换装平板车，由工人拉进机房内，搬卸在基础旁。

C. 地下一层有一个空调机房 3 台空调机组。地下一层空调机房在运输坡道旁边，其机组运输与地下二层基本相同，先由卡车运至机房门口，再用平板车运至机房内。

D. 首层有 21 个空调机房 46 台新风、空调机组。其机组运输路线为首层东西各有一条运输通道，通道宽度不小于 5m，卡车沿着运输通道把机组运至机房外，再换装平板车拉入机房内卸货。

3）机组现场组装

A. 机组安装前，检查混凝土基础的位置、尺寸、平整度等是否符合设计、厂家及规范要求，若有不符之处及时处理。

B. 按照设计和机组厂家要求做好减振装置的安装，隔振采用 10mm 厚橡胶板，按机组底座宽度切割成条状，铺设在机组基础下。

C. 机组现场组装后厂家要提供机组现场漏风量检测报告及性能测试报告。漏风量检测的检查数量为总数的20%，其漏风量必须符合现行国家标准《组合式空调机组》GB/T 14294 的规定。

D. 机组各功能段的组装，应符合设计规定的顺序和要求；各功能段之间的连接应严密，整体应平直。

E. 机组组装完成后应清扫干净，箱体内应无杂物、垃圾和积尘。

1.5.4 风机盘管安装

（1）工艺流程

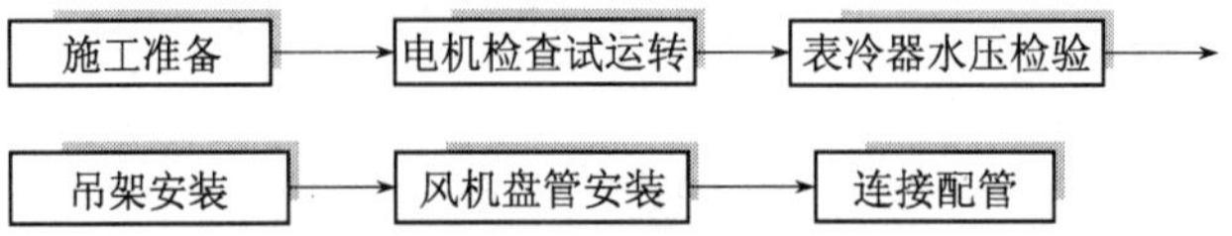

（2）风机盘管在安装前应检查每台电机壳体及表面交换器有无损伤、锈蚀等缺陷。

（3）风机盘管应每台进行通电试验检查，机械部分不得有摩擦、卡住现象，电气部分不得有漏电现象。

（4）暗装的卧式风机盘管，吊顶应留有活动检查门，便于机组能整体拆卸和维修。

（5）卧式吊装风机盘管，吊架安装平整牢固，位置正确。吊杆不应自由摆动，吊杆与托盘相连应用双螺母紧固找平找正。

（6）冷热媒水管与风机盘管接管应平直。凝结水管宜甲软管连接，软管长度一般不大于300mm。材质宜用透明胶管，并用喉箍紧固，严禁渗漏，坡度应正确，凝结水应畅通地流到指定位置。凝结水盘不得倒坡，应无积水现象。

（7）风机盘管同冷热媒管连接，应在管道系统冲洗完毕后进行，以防堵塞热交换器。

1.5.5 真空脱气机安装

首都机场3号航站楼工程设计时在空调水系统和采暖水系统中都加装了真空脱气机，可以做到自动排除水中的自由气体和溶解气体，从而避免了管路返弯处的积气。

真空脱气机的工作原理是：真空泵将循环系统中的一部分水抽到真空脱气机的水罐内，进行真空脱气，脱除了气体的水重新被注回循环系统中。这部分具有高度吸收性的不饱和水，为达到汽水平衡将吸收系统中的气体，使之平衡。真空脱气机间歇地自动运行，重复进行循环，这样水中的自由气体和溶解气体就在循环中被排除了。

全自动真空脱气机的优点：没有复杂的人工排气设施，没有排气噪声，系统始终处于满负荷运行状态，无需机械空气分离装置，有效地防止水泵被气体腐蚀，锅炉加热表面没有气泡，加热效率更高。

脱气机的固定：脱气机内设有离心水泵，但其内部已经做好隔振设施，所以外部不需要特别隔振，只需将其放在混凝土基础上就可以。另外脱气机底部有安装孔，可以用膨胀螺栓将其固定在基础上。

真空脱气机通过2根 *DN*20 的钢管与系统相连。原则上真空脱气机可以安装在循环系统的任何位置，一般情况优先考虑安装在系统回水管路上。注意进入脱气机的管道在水流上游，从脱气机出来的水管在主管路的水流下游。如果脱气机安装在冷水管路上，在脱气机下要加装橡胶垫，脱气机下的集水槽要引入排水沟内，避免产生的冷凝水外溢。

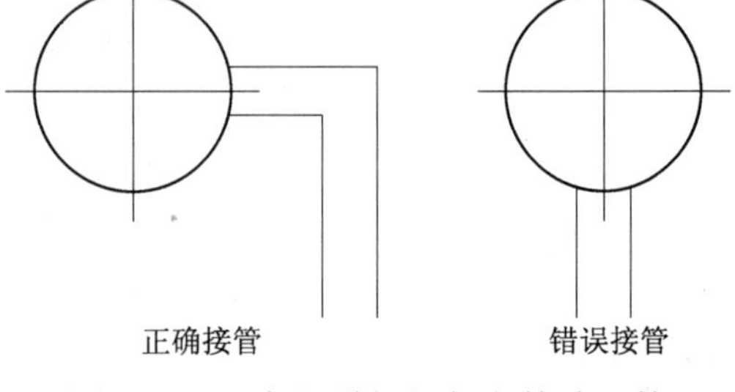

图1-1-51 真空脱气机与主管路配管

脱气机的进、出水管路之间要保证大于0.5m 的间距，避免脱气机的水路发生短路，影响脱气机的正常工作。脱气机的进出水管连接到主管路上时应水平接入主管路，不要从主管道下部接入，以避免系统中的杂质流入脱气机，接法见图1-1-51。系统与真空脱气机之间要加装隔离阀门，用以脱气机的拆卸维修。

脱气机的使用，在开启脱气机之前要确保系统内已经注满水。在系统初次投入使用时，可以把脱气机设置为连续工作，待系统内存留的空气脱净之后将脱气机设置为定时开启、间歇工作。见图 1-1-52。

图 1-1-52 真空脱气机安装

1.5.6 设备配管

（1）通风机、空气处理机组的进出口相连接处采用硅钛合成普通软接头连接，排烟风机和正压送风机采用硅钛合成高温耐火软接头。软接头长度应为 200～300mm，其接合缝应牢固、严密，并不得作为异径管使用。见图 1-1-53。

（2）机房管道安装

1）机房的设备吊运就位、找平找正完毕后，对设备进行管道碰头。为确保质量，使之布置合理美观且操作方便，现场技术人员应根据实测数据分部位绘制出配管大样图用以指导施工，确保关键部位效果。

2）与设备连接的管道，安装前必须将管内外清理干净；管道与设备口连接时，不得用强力对口；固定焊口应尽量远离设备，以减弱焊接应力的影响；管道与设备连接后，做好附加支架，以防设备过度受力。

图 1-1-53　通风机配管

3）设备拆箱后，各口加盲板封堵，施工中注意各种管道口的封闭，以防止杂物进入系统。

4）机房明装管道安装完毕后，应根据设计要求涂色漆，并于明显部位注明管道的名称及用箭头标明管内介质流向。

5）空调机组的凝结水管安装应结合现场实际情况做返水弯（水封），返水弯（水封）应满足功能要求且与外管路连接正确，以克服机内负压，使凝结水能够顺畅流出；水封高度 = 机外余压（Pa）+ 500（mm）。

6）管道安装见图 1-1-54 ~ 图 1-1-57。

图 1-1-54　空调机组风配管

图 1-1-55　空调机组水配管

图 1-1-56　冷却器水配管

图 1-1-57　换热机房水泵配管

1.6　设备及管道减振

由于航站楼内的冷冻机房空间有限，在尽可能合理利用空间的前提下，水泵进出口处的软接头装到了水泵出口后的弯头上方，这样就要在水泵出口处的立管上加装减振支架。由于水泵进出口的安装形式多样，市场也没有成品的弯头减振支架可以使用，所以自己发明了可调节高度的弯管道隔振隔冷支架。支架最顶端与弯头管道接触处，用两块 $\delta = 10$ 钢板沿弯头形状切割成纵横放置的圆弧形接触面的支撑板。在支撑板下部加装一层防腐木块起到隔冷桥的作用，木块四边比钢板短 20mm，在上下两层钢板和木块相邻的四角用 30×30 短角钢焊在钢板上起固定木块的作用，要注意的是上下两层钢板上的角钢固定块不能接触，防止产生冷桥，在木块与上下层钢板之间刷上万能胶水使木块和钢板粘为一体。如果实际使用时隔振的效果不好的话，还可以再加装减振垫来提高隔振效果，做法就是在两层 SD 减振垫之间加垫一块 10mm 厚钢板，在钢板两面涂上橡胶胶水，使钢板和两层减振垫成为一体，叠加的减振垫可以提高隔振的效果。

图 1-1-58、图 1-1-59 是扩散式过滤器底部的隔振支架。如果系统里的介质是热水，那就可以不用木块隔冷，直接由钢板支撑过滤器。因为过滤器底部的螺栓就是作支撑用的，而且可以调节高度，所以就不需要额外的调节装置了。

图 1-1-58　扩散式过滤器隔振支架

图 1-1-59　扩散式过滤器隔振支架

图 1-1-60 的隔振支架是典型的水泵出口处弯头管道上用的可调节高度管道隔振隔冷支座，通过调节中段的连接螺栓可以调节支架的高度，方便安装、拆卸及使用中随时调节，木块和减振垫分别起着隔冷和隔振的作用。

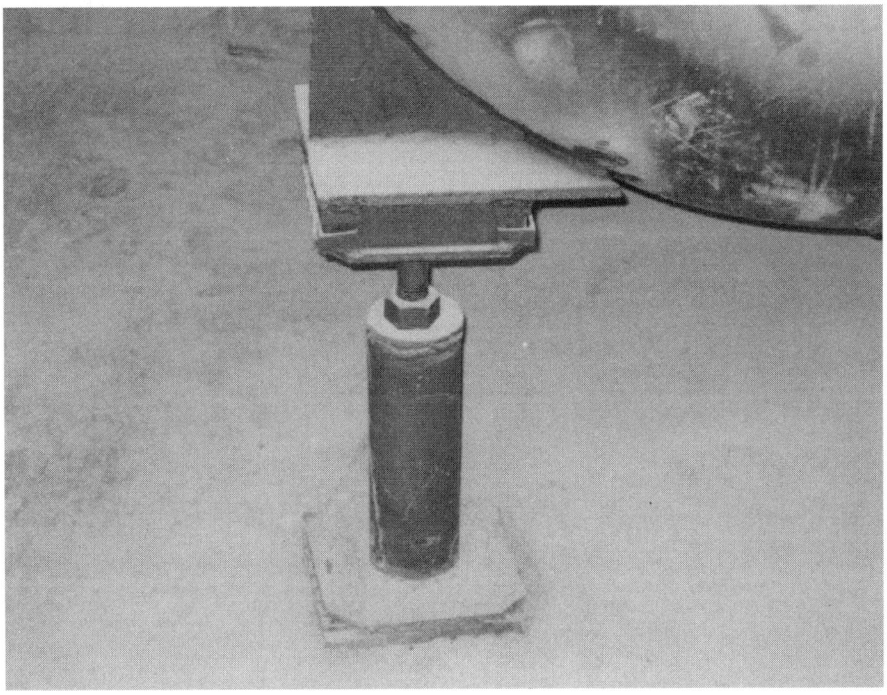

图 1-1-60　水泵出口管道隔振隔冷支座

图 1-1-61 是一般冷却水等不需要保温的管道的隔振支架做法。

图 1-1-61　不保温管道隔振支架

图 1-1-62 是本工程遇到的扩散式过滤器正好赶在机房排水沟处，所以用槽钢做了一个探出式支架，将减振垫放在上面，同样起到减振的作用。

图 1-1-62　排水沟处探出式支架

2　国家体育馆空调系统结构风道施工技术

国家体育馆工程看台板下采用 $\delta=1.5$mm 的镀锌薄钢板将看台结构风道封堵闭合后形成空调风道。看台板结构面保温用 $\delta=25$mm 的玻璃纤维卷毡（卷毡带聚丙烯保护层），封堵的镀锌薄钢板外保温用 $\delta=40$mm 的铝箔加筋离心玻璃棉，+6.00m 标高以下的镀锌薄钢板的外保温外再贴 $\delta=12$mm 的防火板。

2.1　封堵的施工流程

根据看台板封堵的特点，封堵的施工流程如下：

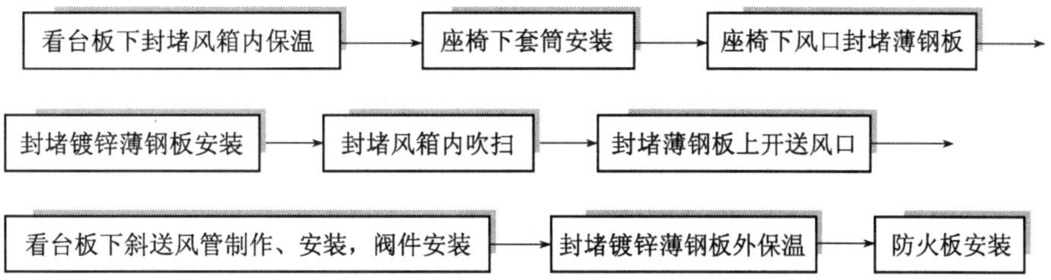

2.2　单排封堵的风箱内保温技术

看台板下风箱内结构面满贴带聚丙烯保护层的玻璃纤维卷毡，内保温与封堵薄钢板接头处聚丙烯保护层要翻边覆盖薄钢板 15mm，为防止纤维脱落及抑制微生物生长，玻璃纤维卷毡切口处抹 401 胶，内保温所有切口处聚丙烯保护层要比玻璃纤维卷毡宽 30mm（包括圆形风口处），以便将其覆盖粘接到玻璃纤维卷毡的切口，保温钉与看台板间采用 401 胶粘接，保温钉每平方米不少于 18 只。具体做法如图 1-2-1 所示。

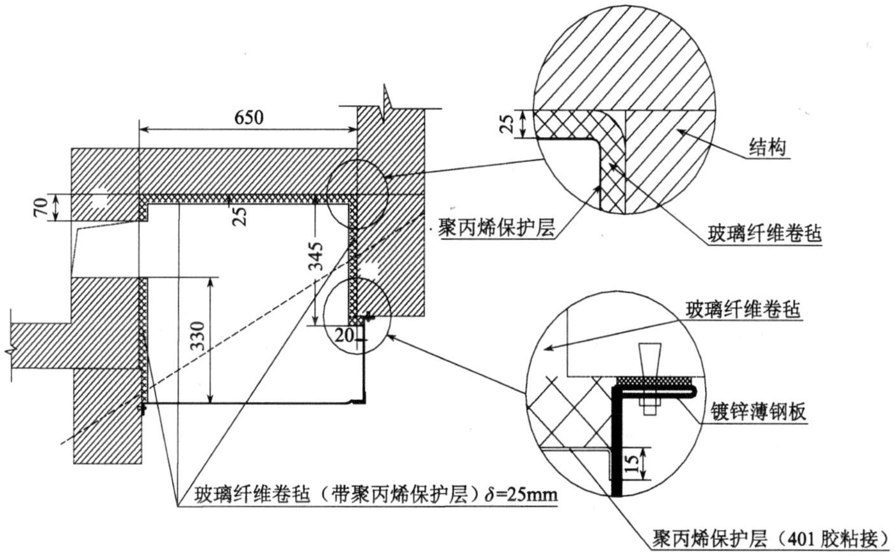

图 1-2-1　封堵的风箱内保温做法（一）

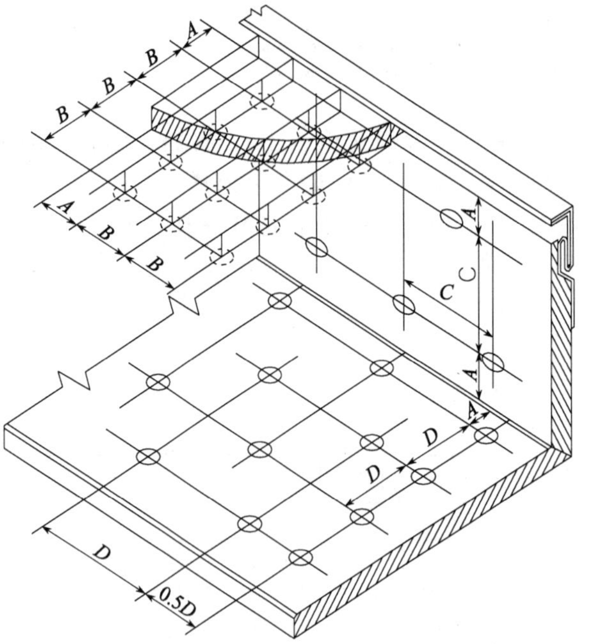

图 1-2-1 封堵的风箱内保温做法（二）

2.3 座椅下风口的处理

看台板下风口预留洞内用0.6mm 镀锌薄钢板做成长220mm，直径155mm的套筒，套筒前端翻边5mm，后端翻边10mm，在风口安装前为防止杂物进入风箱内，风口处用边长175mm的方形薄钢板封堵，用4个 M4×16mm的自攻螺钉和ϕ4 塑料胀管将封堵薄钢板固定在座椅结构面外侧，如图1-2-2所示。

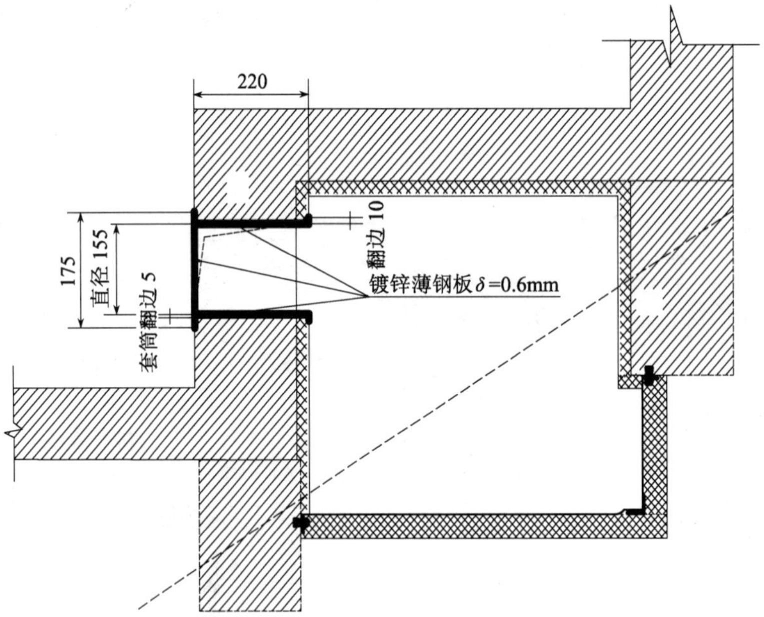

图 1-2-2 座椅下风口的处理方法

2.4 镀锌薄钢板封堵的制作安装

看台板下钢板封堵均采用$\delta=1.5$mm 的镀锌薄钢板封堵，镀锌薄钢板咬口采用联合角咬口，镀锌薄钢板与看台板连接处都有30mm的翻边，用 M6×60mm 的膨胀螺栓将薄钢板固定在看台板下，膨胀螺栓间距均为100mm；为保证其严密性，镀锌薄钢板与看台板间垫$\delta=3$mm 厚的普通橡胶板（耐热温度为

70℃)。风管与封堵钢板间采用联合角咬口连接，具体做法如图 1-2-3 所示。

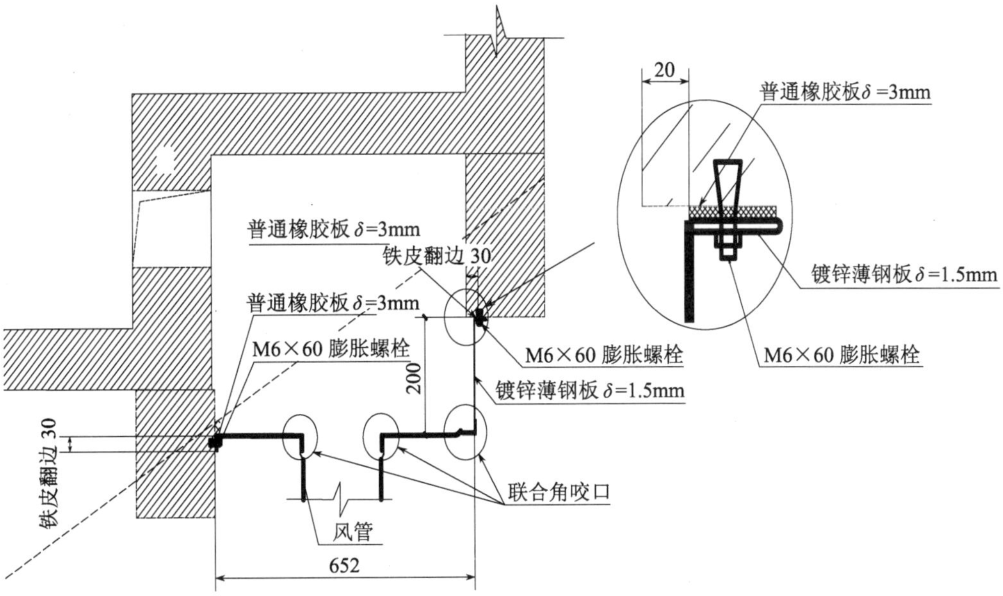

图 1-2-3　镀锌薄钢板封堵的制作安装

2.5　单排封堵的镀锌薄钢板外保温做法

镀锌薄钢板外保温采用铝箔加筋离心玻璃棉板 $\delta=40$mm，保温钉粘接密度和粘接形式与内保温相同，保温钉与薄钢板间采用 401 胶粘接，保温棉切口处与风管用 401 胶粘接，如图 1-2-4 所示。

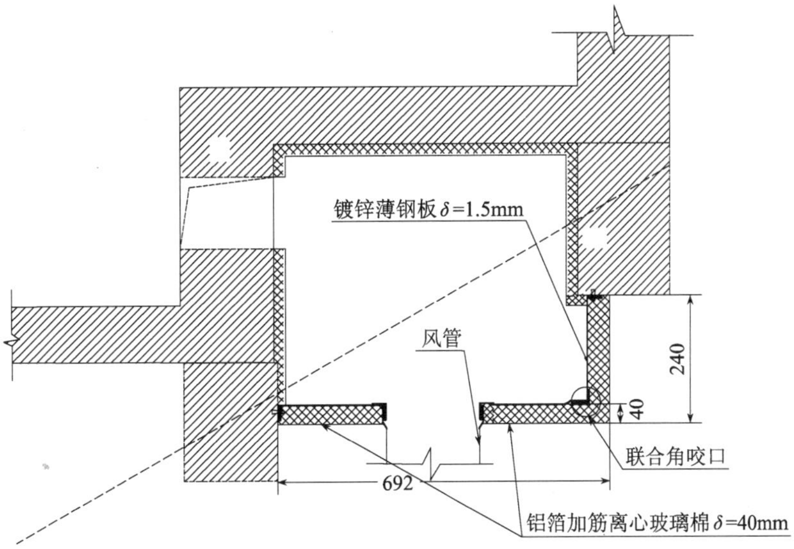

图 1-2-4　单排封堵的镀锌薄钢板外保温做法

2.6　+6.00m 以下的防火板安装方法

依据设计补充、变更图纸通知单（2004002-建补 010）的内容，+6.00m 以下离心玻璃棉板外加 $\delta=12$mm防火板（硅酸盐板），防火板的安装用铝合金靠边龙骨连接固定，防火板与龙骨用 M4×16 mm 的自攻螺丝连接，龙骨与看台板用 $\phi5$ 的塑料胀管和 M5×30mm 的自攻螺丝固定；考虑防火板的重量，防火板下要用角钢支架，支架间距 2.5m，（图中塑料胀栓和自攻螺丝间距均为 100mm），防火板的拼缝处外附 100mm 宽的防火板，用 M5×20mm 的自攻螺丝固定，防火板切口与风管间及防火板拼缝处抹防火密封胶（硅酮阻燃密封胶），其具体做法如图 1-2-5～图 1-2-7 所示。

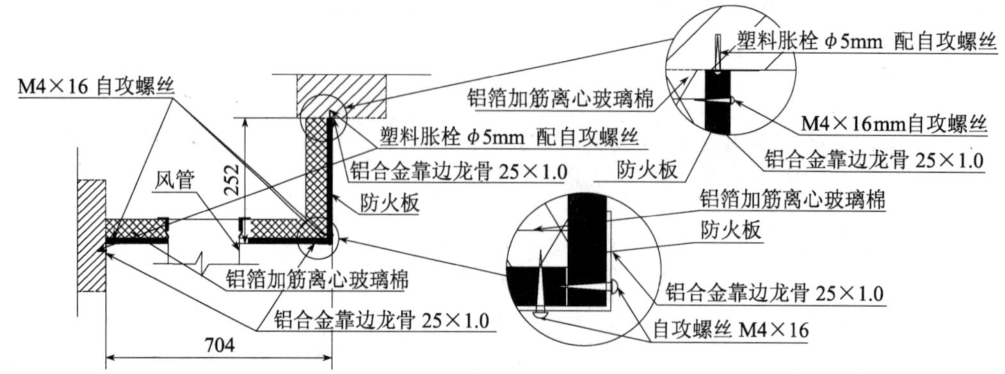

图 1-2-5　防火板安装方式

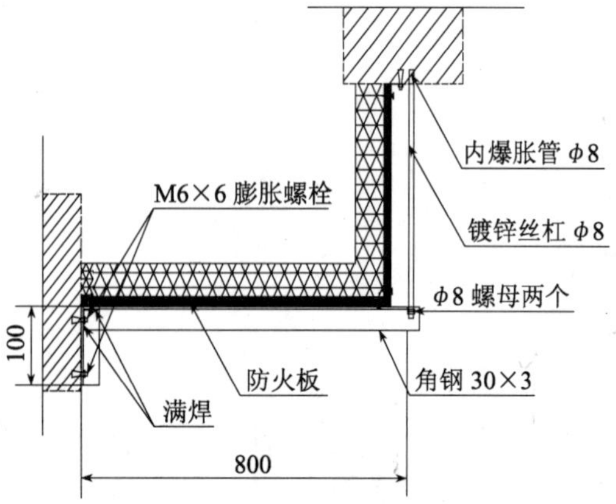

图 1-2-6　防火板承重方式

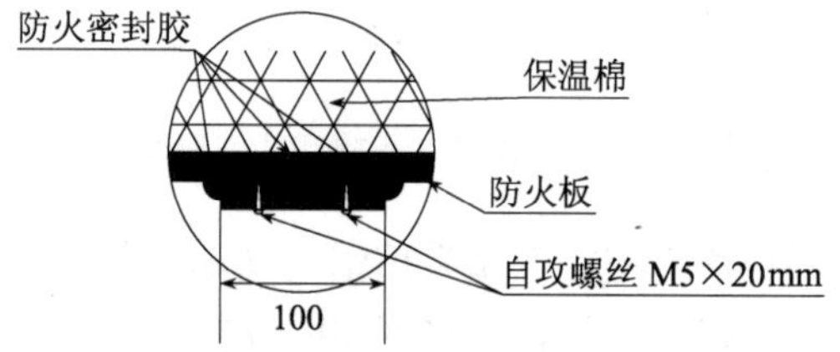

图 1-2-7　防火板安装方法

2.7　多排封堵的风箱内、外保温方法

二排、三排及三排以上看台封堵成一个风箱的内、外保温及土建风箱的内保温形式、具体做法与单排封堵形式相同，风箱内结构面上满贴带聚丙烯保护层的玻璃纤维卷毡（包括风箱内的地面）。如图1-2-8所示。

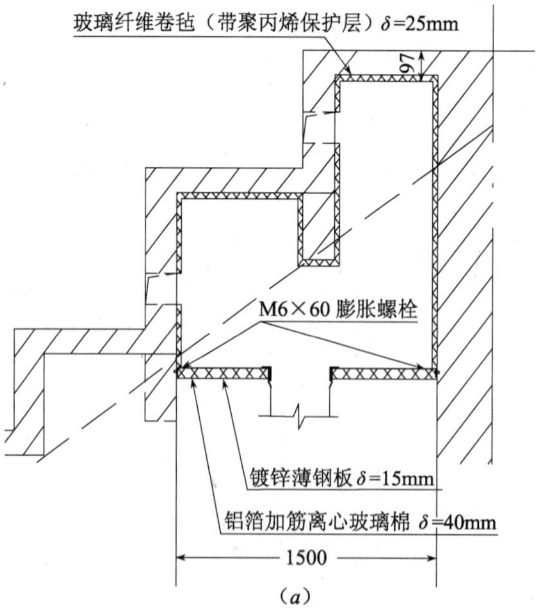

（a）

图 1-2-8　多排封堵的风箱内、外保温方法（一）

（a）两排一封的封堵、保温形式

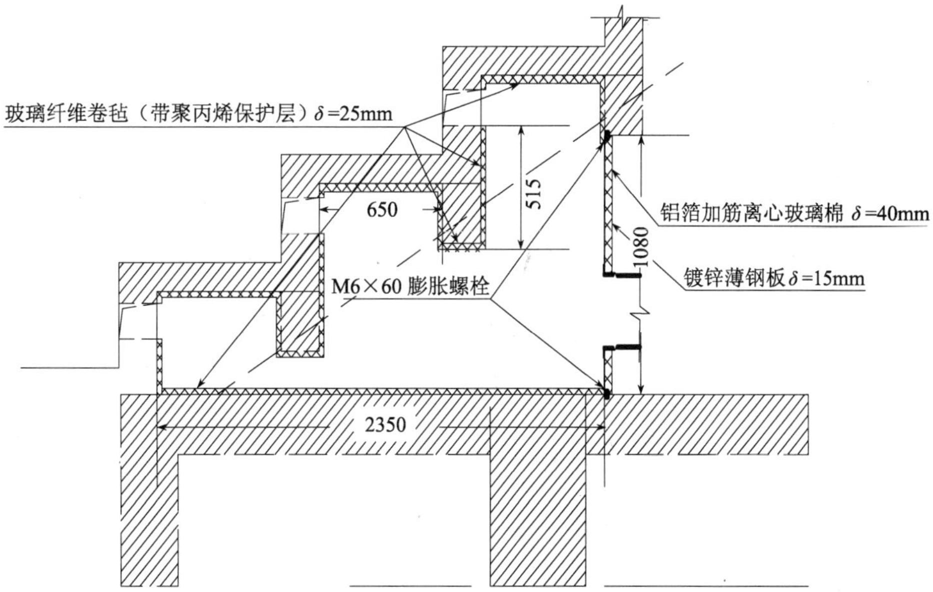

(*b*)

图 1-2-8　多排封堵的风箱内、外保温方法（二）

(*b*) 三排一封的封堵、保温形式

3　北京银泰中心空调水立管施工技术

3.1　相关说明

北京银泰中心最高高度249.9m，作为超高层建筑，给水排水、暖通专业的立管安装具有不同其他工程的特殊性，以下以银泰中心C座办公楼为例，详细介绍银泰中心空调水立管施工技术。

3.1.1　空调水立管基本情况

（1）北京银泰中心C座办公楼空调水管道竖井全部集中在办公楼内核心筒的空调机房管井内。分3个竖井，共6条管道，相应管道标识为：冷冻水供水管—CHWS、冷冻水回水管—CHWR、冷冻水回水折返管—CHWRR、空调热水供水管—HWS、空调热水回水管—HWR、空调热水回水折返管—HWRR。

（2）各空调水立管平面位置如图1-3-1所示。

图1-3-1　空调水立管平面布置图

（3）空调水系统分高低两区，低区1~29层，竖井高度115.5m，高区30~43层，竖井高度52m。首层层高5.5m，2层层高6m，29、43层层高为4.5m，其余各层层高均为4m。

（4）6条空调水管道中：1号—最大管径为*DN*450，2号—最大管径为*DN*350，3号—最大管径为*DN*450，4号—最大管径为*DN*250，5号—最大管径为*DN*200，6号—最大管径为*DN*250。

（5）*DN*150及*DN*150以下的管子管径和重量不大，可以直接通过人力来搬运，故只考虑对*DN*200以上管径的管子进行垂直运输和安装。Ⅲ号井结构预留洞尺寸为1300mm×3540mm；Ⅰ、Ⅱ号井结构预留洞尺寸为ϕ700。在Ⅲ号井北侧还有一个新风管竖井，预留洞尺寸为1300mm×2300mm；各层需安装的管路通过Ⅲ号管井运至空调机房内后，再进行安装。本文以最大管径*DN*450管道作为管道垂直运输安装方案为考虑对象。

（6）空调水立管管径分布详见图1-3-2和图1-3-3。

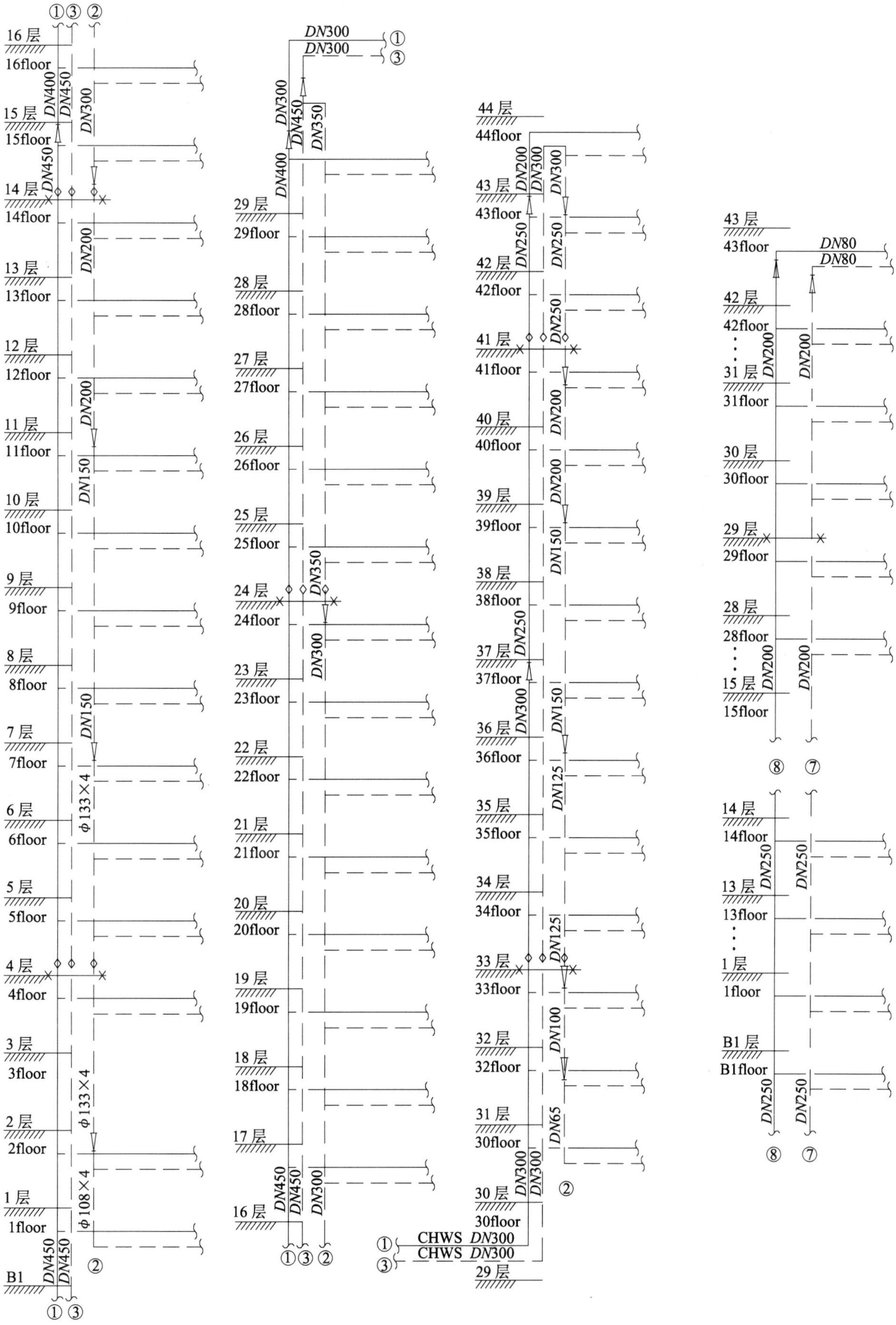

图 1-3-2　空调冷冻水系统竖井管道管径图

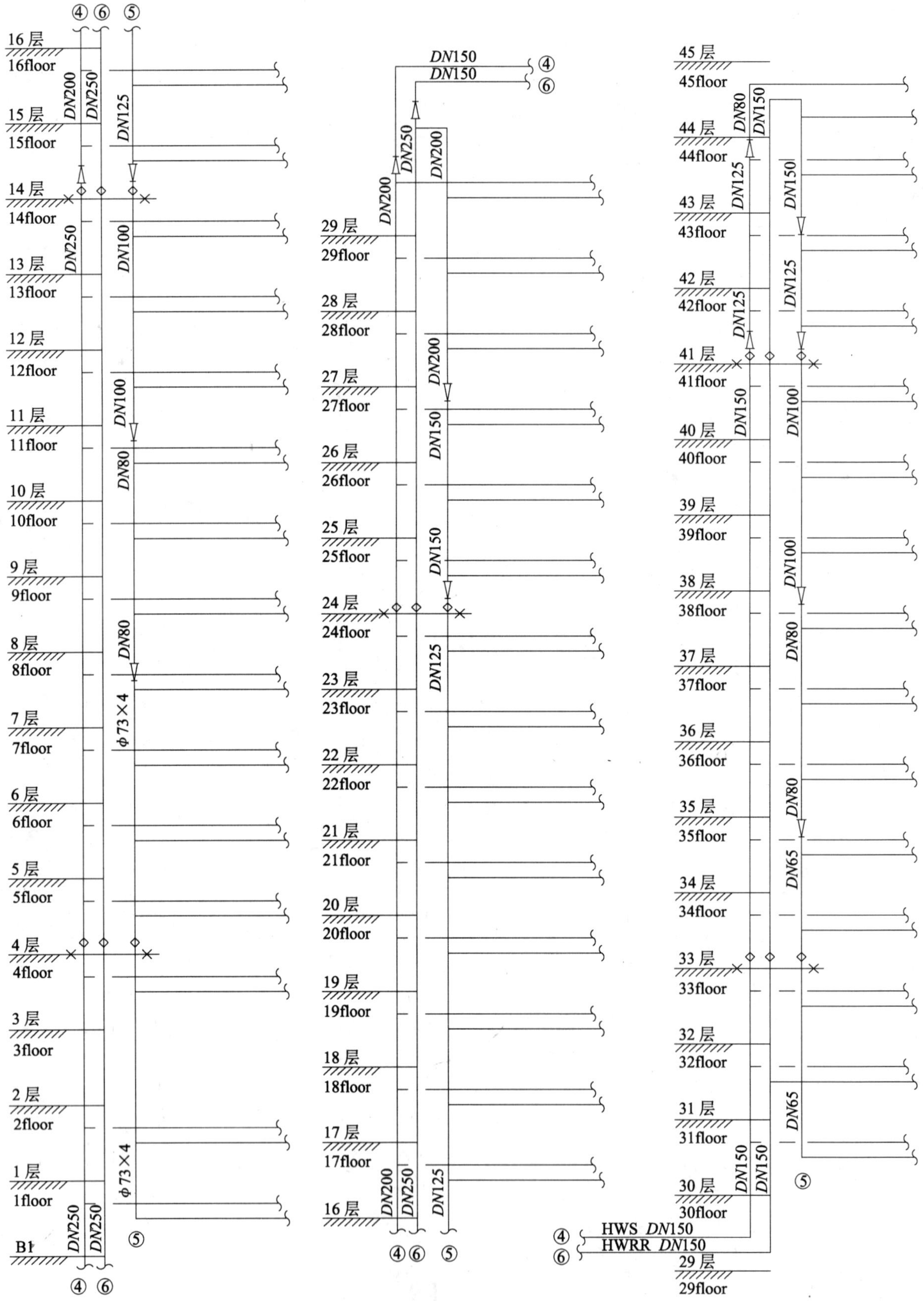

图 1-3-3　空调热水系统竖井管道管径图

3.1.2　空调水管材质及主要工程量

（1）空调冷冻水 2 号：B1～1 层 *DN*100 管道采用无缝钢管 φ108×4，1～6 层 *DN*125 管道采用无缝

钢管 ϕ133×4，无缝钢管管材符合 GB/T 8163 标准；7 层以上管径≥*DN*200 的管道采用螺旋缝焊接钢管，管材符合 SY5037 标准；7 层以上管径≤*DN*150 的管道采用焊接钢管，管材符合 GB/T 3091 标准。

（2）空调冷冻水 1 号和 3 号：管径≥*DN*200，管道采用螺旋缝焊接钢管，管材符合 SY5037 标准。

（3）空调热水 5 号：B1～7 层 *DN*65 管道采用无缝钢管 ϕ73×4，8 层以上管径≥*DN*200 的管道采用螺旋缝焊接钢管，管材符合 SY5037 标准；7 层以上管径≤*DN*150 的管道采用焊接钢管，管材符合 GB/T 3091 标准。

（4）空调热水 4 号和 6 号：管径≥*DN*200 的管道采用螺旋缝焊接钢管，管材符合 SY5037 标准；管径≤*DN*150 的管道采用焊接钢管，管材符合 GB/T 3091 标准。

（5）主要工程量详见表 1-3-1。

主要材料表 **表 1-3-1**

编号	材料名称	型号和规格	数量	单位	备注
1	焊接钢管	*DN*65	m	40	
2	焊接钢管	*DN*80	m	56	
3	焊接钢管	*DN*100	m	72	
4	焊接钢管	*DN*125	m	128	
5	焊接钢管	*DN*150	m	306	
6	螺旋缝焊接钢管	*DN*200	m	428	
7	螺旋缝焊接钢管	*DN*250	m	556	
8	螺旋缝焊接钢管	*DN*300	m	252	
9	螺旋缝焊接钢管	*DN*350	m	50	
10	螺旋缝焊接钢管	*DN*400	m	120	
11	螺旋缝焊接钢管	*DN*450	m	366	
12	无缝钢管	ϕ73×4	m	64	5 号热水回水
13	无缝钢管	ϕ108×4	m	10	2 号冷冻水回水
14	无缝钢管	ϕ133×4	m	46	2 号冷冻水回水

3.2 波纹补偿器选型和支架受力计算及设置

3.2.1 波纹补偿器选型

（1）根据施工图纸要求，波纹补偿器采用内外压平衡型。

（2）1、2、3、4、5、6 号井在 13、24、29、42 层分别设置波纹补偿器。

3.2.2 固定支架受力计算

（1）冷冻水管固定支架受力计算

B2～B3 之间支架受力：

供水管：水的重力：20t

管道重力：1t

合力：21t 向下

折返管：同供水管

2 层～3 层之间支架受力：

供水管：水的重力：18t

管道重力：1.5t

合力 19.5t 向下

折返管：同供水管

回水管：水的重力 2t

管道重力：0.5t

合力 2.5t 向下

4 层支架受力：补偿器安装在 14 层支架下方
供水管：管道收缩弹性力：4t 向上
管道重力：4.5t 向下
合力：0.5t 向下
折返管：同供水管
回水管：管道重力：2.5t 向下
管道收缩弹性力：3.6t 向上
合力：1.1t 向上
14 层支架受力：补偿器安装在 24 层支架下方
供水管：管道重力：3.5t 向下
管道收缩弹性力：0.6t 向下
合力：4.1t 向下
折返管：管道重力：4t 向下
合力：4t 向下
回水管：管道重力：2.5t 向下
管道收缩弹性力：0.5t 向上
合力：2t 向下
24 层支架受力：补偿器安装在 29 层（低位）支架下方
供水管：管道重力：1.6t 向下
合力：1.6t 向下
折返管：管道重力 1.5t 向下
合力：1.5t 向下
回水管：管道重力：1.5t 向下
合力：1.5t 向下
29 层支架受力（低区）：
供水管：管道收缩弹性力：3.6t 向下
合力：3.6t 向下
折返管：管道收缩弹性力：3.5t 向下
合力：3.5t 向下
回水管：管道收缩弹性力：4t
合力：4t 向下
29 层（高区）支架受力：
供水管：管道重力：1t 向下
水的重力：5t 向下
合力：6t 向下
折返管：同供水管
33 层支架受力：补偿器安装在 42 层支架下方
供水管：管道重力：2t 向下
管道收缩弹性力：3t 向上
合力：1t 向上
折返管：同供水管。
回水管：管道重力：2.5t 向下
管道收缩弹性力：3.6t 向上

合力：1.1t 向上

42 层支架受力：

供水管：管道重力：0.4t 向下

管道收缩弹性力：3t 向下

合力：3.4t 向下

回水管：同供水管

折返管：管道重力：0.4t 向下

管道收缩弹性力：3.6t 向下

合力：4t 向下

（2）空调热水管固定支架受力计算同冷冻水管道，管道弹性力为伸长弹性力，方向相反。

3.2.3 固定支架做法及安装位置

（1）根据支架的受力计算及补偿器位置，确定在空调冷冻水立管、空调热水立管分别在 4、14、24、29、33、42 层设置固定支架。

（2）固定支架做法详见图 1-3-4，图 1-3-5。

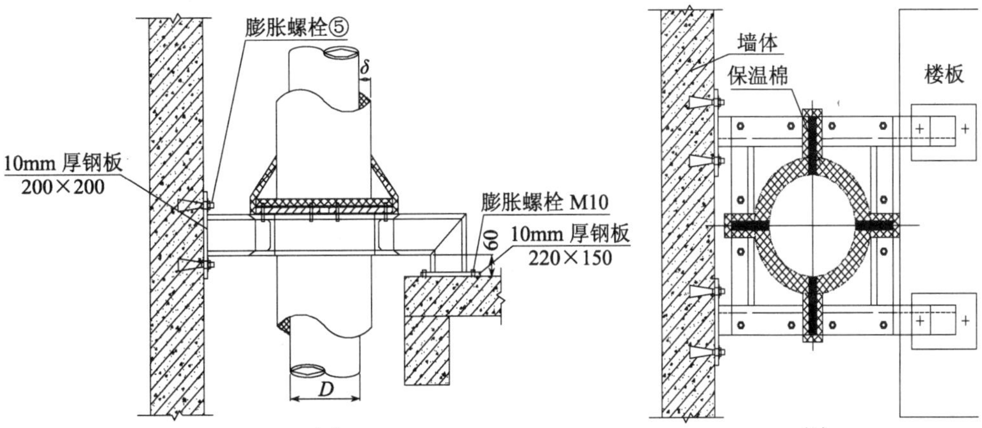

（*a*）　　（*b*）

图 1-3-4　固定支架做法详图

（*a*）立面图；（*b*）平面图

图 1-3-5　现场安装的固定支架

3.2.4　导向支架做法及安装位置

（1）根据固定支架及波纹补偿器位置，在波纹补偿器处向上的 4 倍立管直径处和 14 倍立管直径处以及最远端处均设置导向支架。

（2）导向支架做法详见图 1-3-6。

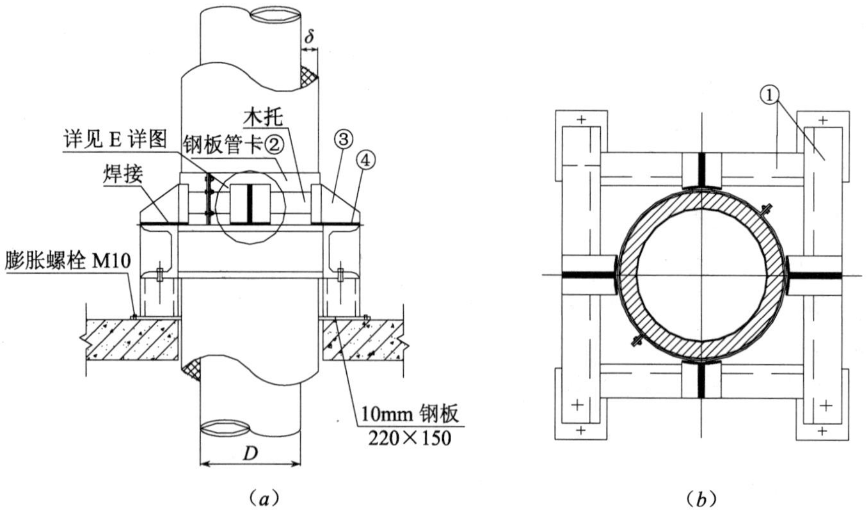

图 1-3-6　导向支架做法详图

（a）导向支架立面图；（b）导向支架平面图

3.2.5　活动支架做法及安装位置

（1）根据规范要求，除固定支架、导向支架的其余位置每 2～3 层设置活动支架。

（2）活动支架做法详见图 1-3-7。

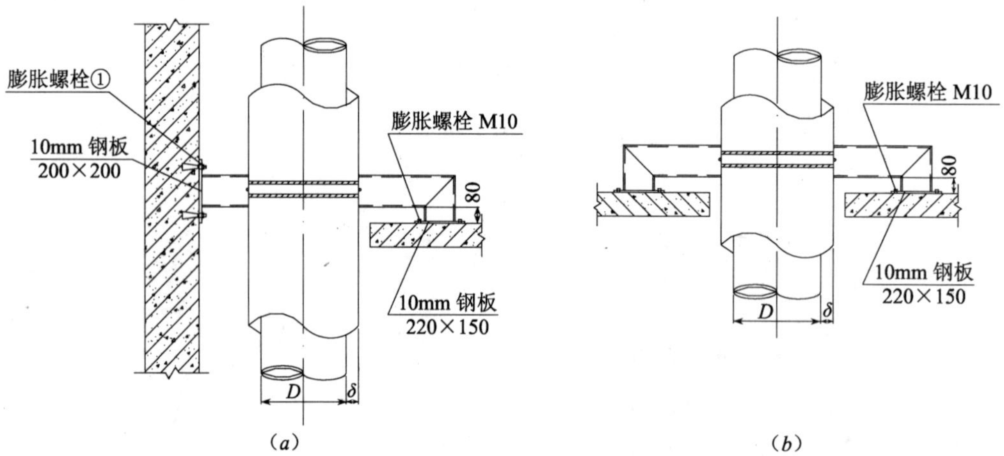

图 1-3-7　活动支架做法详图

（a）活动支架形式 1；（b）活动支架形式 2

3.3　空调水管道运输

3.3.1　管道水平运输

（1）材料运至现场后，分别卸到 B、C 楼附近，然后运至楼内核心筒位置。

（2）*DN*450 管材为 12m 长一根，受到每层层高 4m 的限制，决定将 *DN*450 管道切割为 4m 一根进行运输和安装。

3.3.2　管道垂直运输

（1）管材运到内核心筒后，卸至首层空调机房地面上，等待进行垂直运输。

（2）1号井和2号井分别位于两个$\phi700$的圆形预留孔洞内，这两个洞从二层开始一直通至43层，3号井与4号井、5号井和6号井位于一个长条形预留洞内，孔洞尺寸为3500mm×1300mm，从一层一直通至43层。冷冻水供水管、冷冻水管回水管、冷冻水管折返管二层拐弯后在另一个竖井接至一层。

（3）利用卷扬机和倒链进行管子的垂直运输。因竖井管路开始施工时，土建结构只施工到36层，因此29层及以下管路先行施工。将卷扬机设在30层，将每根管子（$DN450$，4m/根）分别运至各层后，用倒链将管子拉至各层地面，等待安装。

（4）29层及以下的管子都运到指定层次后，开始从下向上安装管道。

（5）30层及以上的管道施工时，再将卷扬机设在43层，然后通过新风井预留孔洞（此时29层及以下层水管已经安装完毕，Ⅲ号井已被管路占满）将管道从上往下运至各层，再从下向上安装管道。

3.3.3 钢丝绳、倒链及索具卸扣等的选用

1）钢丝绳的选用

$DN450$钢管每根4m，重量G为104.53×4=418.12kg，所以钢丝绳所要承受的荷载为4.18kN，考虑6倍安全系数（《建筑施工安全技术手册》要求不小于6的安全系数），则钢丝绳的钢丝破坏拉力总和不小于4.18×6=25.08kN，查《建筑施工安全技术手册》$\phi6\times19$的钢丝绳的主要数据，决定采用直径是7.7mm，钢丝绳的单根钢丝直径为0.5mm，抗拉强度为155kg/mm^2，钢丝绳钢丝破断拉力总和不小于3460kg（34.6kN），故$\phi6\times19$钢丝绳合适。

2）卷扬机的选用

（1）钢丝绳自重：假定使用200m钢丝绳，查《五金手册》$\phi6\times19$钢丝绳每百米的重量为21.14kg，则钢丝绳的重量为$G_1=21.14\times2=42.28$kg。

（2）吊装中的动荷载：查《建筑施工安全技术手册》，其取值为重量荷载的0.5倍，则其值为$G_2=0.5\times(418.12+42.28)=230.2$kg。

卷扬机的牵引力为：$F=G+G_1+G_2=418.12+42.28+230.2=690.6$kg

故选用2t的卷扬机进行管道的吊装可行。

3）索具卸扣的选用

（1）依据受力计算，索具卸扣所受的力为$N=G+0.5G=418.12+209.06=627.18$kg，查《建筑施工安全技术手册》。其经验计算公式为$Q=4d^2$，其中

Q——索具卸扣允许起重量（kg）；d——索具卸扣横销的直径（mm）。

计算结果如下：$627.18=4\times d^2$

$d=(627.18/4)^{1/2}=13$mm

（2）依据计算结果，查《五金手册》，0.9号卸扣许用负荷930kg，适用钢丝绳最大直径9.5mm，横销直径$\phi16$mm，符合条件，故选用0.9号、横销直径$\phi16$mm的索具卸扣。

4）倒链的选用

（1）进行各层管道就位和安装时使用倒链进行牵引，假定使用20m钢丝绳，计算如下：

钢丝绳自重：查《五金手册》$\phi6\times19$钢丝绳每百米的重量为21.14kg，则钢丝绳的重量为

$$G_1=21.14\times0.2=4.23\text{kg}$$

动荷载：$G_2=0.5\times(G+G_1)=0.5\times(418.12+4.23)=211.18$kg

倒链的牵引力为：$F=G+G_1+G_2=418.12+4.23+211.18=633.53$kg

（2）二层至四层的管道要将两根管道吊起进行安装，倒链的总牵引力为1267.06kg，故选用2t的倒链进行管道的安装。

3.4 空调水立管安装

3.4.1 准备工作

（1）管材分批进场后，整齐码放在料场，先进行除锈刷漆、打坡口等工作，经监理、业主验收合

格后方可进行下一道工序。

（2）根据需要的尺寸，将管材切割分段，通过水平运输，运至安装地点。

（3）检查垂直运输和安装使用的机具和设备是否符合安全管理规定，确认符合要求方可施工。

（4）参加施工的各类人员配备齐全，相互联系，工机具畅通有效。

（5）每个参加施工人员对整个施工流程都已认真学习。

3.4.2 安装方法

（1）所有管道运输到位后统一进行安装，安装顺序由下至上。

（2）先在二层把竖井管和弯头焊接好，在三层楼板上事先制作槽钢支架固定在楼板或墙体上，并安装套管。

（3）用倒链（设置在三层）吊起二层的管子使其竖立在管井中，并穿过套管。

（4）通过倒链调整二层弯头水平方向的标高，使其符合图纸要求，在管子上焊接肋板，临时支撑在三层槽钢支架上。

（5）在四层不放置管子，先做好槽钢支架固定在楼板或墙体上，并安装好套管，用倒链（设置在六层）吊起五层放置的管子使其竖立在竖井中，慢慢下降，穿过套管，降至三层，与三层管子对好口，点焊，达到牢固的程度。

（6）通过调整倒链和转动管子，调整二层弯头水平方向，使其符合图纸要求，并且立管达到垂直，这时在支架上安装木托和钢板，并在管子上焊接肋板，与支架钢板焊接，完成垂直管道固定支架的制作与安装。

（7）在三层完善管子的焊缝接口，使其达到焊接要求，连接严密。

（8）依此类推，从下至上，将各层管子就位并安装牢固。

（9）调整摆正管道穿结构楼板处的套管，填堵管洞。

（10）管道安装完成后，应将所有管口封闭严密，防止杂物进入，造成管道堵塞。

（11）管道安装未完成而中途中断施工的部位，要在立起的立管上加设临时支架防止立管晃动或倾倒伤人，并对管口端进行封堵，防止进入杂物。

4 北京银泰中心设备减振和空调系统消声技术

4.1 银泰中心设备的消声和减振要求

本工程是大型集群建筑，设备先进，功能齐全，是有相当影响力的工程，质量品质要求高。特别是对设备的减振和消声有着极高的要求。在建筑物内各场所所有机电设备及系统所产生的噪声及振动需符合表 1-4-1 的要求。

噪声要求　　表 1-4-1

序号	场地	NC	dB（A）
1	客房/服务式公寓		
	—风机盘管低风速	30	37
	—风机盘管中风速	32	39
	—风机盘管高风速	35	42
2	会议室/商务中心/委员会议室/小礼堂	32	39
3	宴会厅/宴会厅前厅/办公室	35	42
4	大堂/走廊/接待/休息区/前厅/商铺	38	45
5	美食广场/酒楼/餐厅包间区	38	45
6	推拿房/理疗室	35	42
7	健身房/运动区/食品行	38	45
8	室内游泳池	38	45
9	地下隧道连接处	40	47
10	后勤地区/储物室/行李房	45	52
11	厨房	45	52
12	车库	60	67
13	机电房（制冷机房/发电机房除外）	60	67

注：1. 以上指定的噪声水平、标准应用于距离地面 1～2m 处，距出风口或机电设备 1.5m。
2. 以上指定的噪声水平专为负责提供此房间之机电设备而设，称为背景噪声。其他非提供此房间之机电设备，需确定其噪声不会影响该房间及造成任何滋扰（即此背景噪声水平低于 10dB 或以上）。

根据以上要求，项目部除在设备采购过程中明确设备的噪声标准，并在施工前，技术人员进行相应的消声及减振计算，在施工过程中严格控制。

4.2 设备减振

银泰中心工程设备减振类型根据设备的不同参数、不同安装方式及位置而采用不同的减振方式，以尽量减小设备振动的传递及降低噪声。

4.2.1 橡胶块减振

对于处在地下四层（最底层）和不常用的设备（如消防水泵）以及设备内部已经采取减振措施的或本身基本无振动的设备采用橡胶垫减振，在设备与基础之间垫减振橡胶块（如板式换热器、空调机组），而达到减振消声的目的。见图 1-4-1。

4.2.2 惯性地台减振

对于持续运行的卧式水泵，例如空调水循环泵等，选用惯性地台减振。下面以银泰中心 C 楼 29 层空调水泵的惯性地台为例，介绍惯性地台。

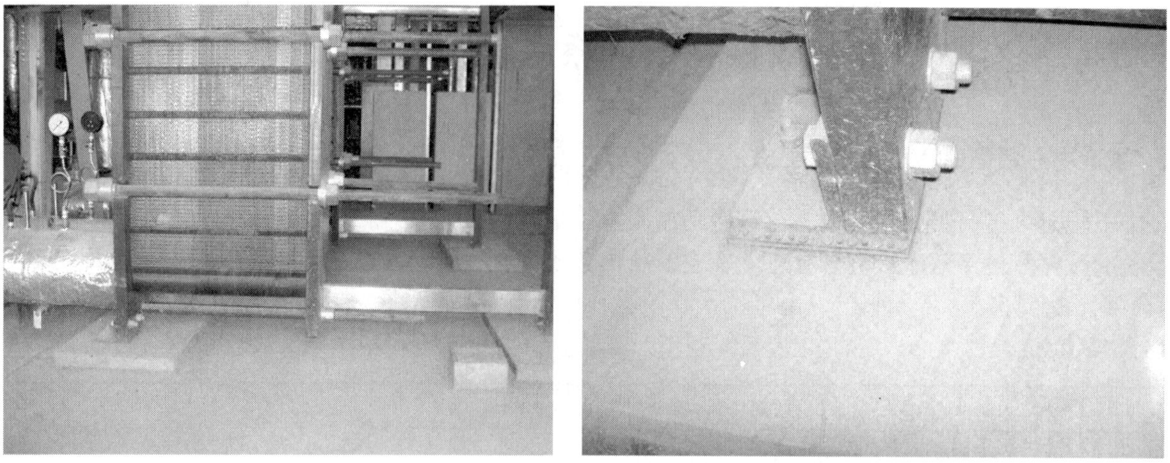

图 1-4-1　使用减振橡胶块的板式换热器支腿

（1）构造：惯性地台主要由惯性块及减振弹簧组成。用弹簧托起惯性块，设备安装在减振块上。见图 1-4-2 所示。

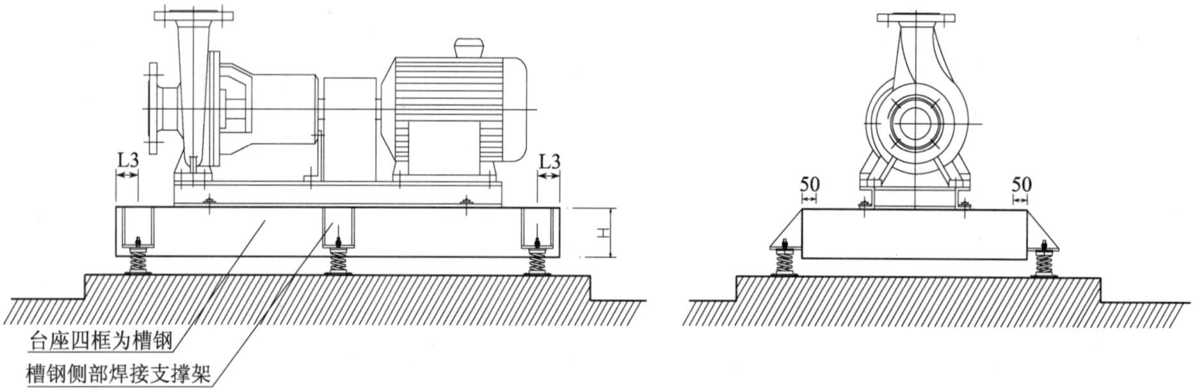

图 1-4-2　惯性地台示意图

（2）制作：惯性块的制作，惯性块做法多样，本项目采用混凝土惯性地台，混凝土密度最少为每立方米 2240～2400kg。一般情况下，惯性地台的长度和宽度需大过所承托设备的长度和宽度 150mm；惯性地台的重量至少为承托设备重量的 2.5 倍或采用 150mm 厚的混凝土基底；惯性地台的框架必须由 150mm 厚或与地台同厚的槽钢焊接而成，并在距中心 150mm 处用 12mm 钢条或角钢支撑。同时预留锚栓位置。见图 1-4-3 和图 1-4-4。

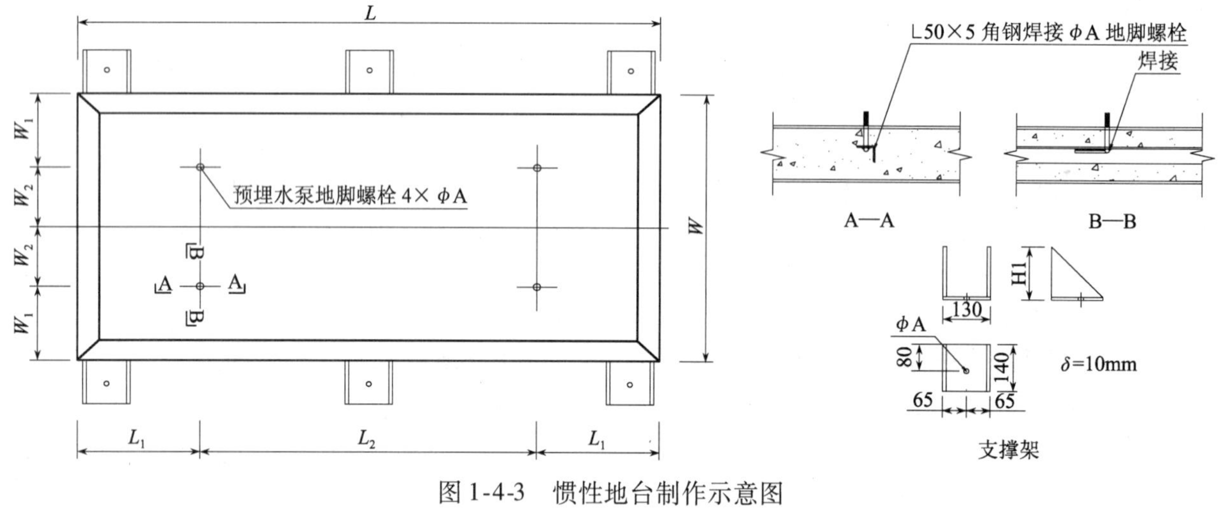

图 1-4-3　惯性地台制作示意图

图 1-4-4　卧式水泵使用的惯性地台

（3）减振弹簧的选型计算：　　　　　　　　干扰频率 $f=\frac{v}{60}$

式中　v——设备转速，r/min。

计算重量 M = 设备的运行重量 + 惯性块重量。

$$支点载荷\ P=\frac{M}{n}$$

式中　M——为计算重量，kg；n——减振器数量。支点载荷是弹簧减振器的选型依据。

减振器刚度 S 为减振器弹簧的本身特性，通常在弹簧减振器的选型单中列出。

变形量 $\delta=\frac{P}{S}$，指弹簧受压后的收缩长度，用于计算设备运行时惯性块距基础的距离。

固有频率 $f_0=\frac{\sqrt{\frac{9800}{\delta}}}{2\times\pi}$，单位 Hz

频率比 $F=\frac{f}{f_0}$

$$隔振效率\ \eta=1-\sqrt{\frac{1+\left(2D\frac{f}{f_0}\right)^2}{\left(1-\frac{f^2}{f_0^2}\right)^2+\left(2D\frac{f}{f_0}\right)^2}}\times100\%$$

式中　D——弹簧特性参数，取 0.06。隔振效率应大于 95%。

	水　泵　参　数			减振器参数							
设备序号	转速 v（r/min）	干扰频率 f（Hz）	计算重量 M（kg）	减振器型号	减振器数量 n	支点载荷 P（kg）	减振器刚度 S（kg/mm）	变形量 δ（mm）	固有频率 f_0（Hz）	频率比 F（f/f_0）	隔振效率 η（%）
1	1450	24.2	830	BT1-150	6	138.3	3.0	46.1	2.32	10.42	98.51%

4.2.3　浮动地台

对于持续运行的立式水泵、变频补水装置、变压器等，应选用浮动底座减振。以C楼29层变频补水装置浮动地台为例介绍如下：

（1）构造：浮动底座由惯性块、CDM减振块及混凝土围堰构成。如图1-4-5所示。

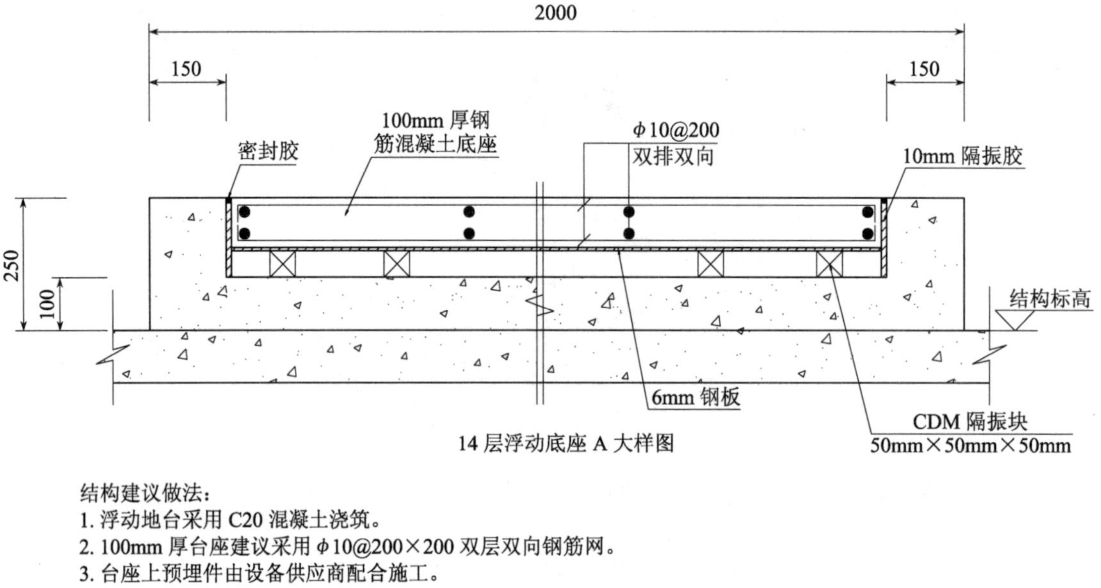

图1-4-5　浮动地台

（2）浮动地台计算

浮动底座设计计算书

（A）静态载荷（混凝土板）　297kg

密度（kg/m^3）　2400kg/m^3

（125mm平板）

设备总质量　188kg

（B）活载荷　250kg/m^2

活载荷总和　247.5kg

（C）静态载荷和活载荷总和＝733kg

向下载荷＝7186N

向下载荷　含20%安全系数＝8623N

隔振胶选择CDM-ISO-FLOAT-MM（50mm×50mm×50mm厚）

初步设计评估：

设计参考负荷：0.4MPa

隔振胶受压挠曲度：4.5mm（数据表读数）

隔振胶共振频率：12Hz（数据表读数）

设计载荷下的向下压力＝1000N

隔振胶数量＝9nos.（最小值）

具体设计方案：

假定：隔振胶的覆盖面积只达90%

	L	*W*
每块减振胶垫实际间隔	300mm	350
减振胶垫排列数量	4nos.	3

支持板层所需隔振胶数量 = 12nos.（见设计图）
平均隔振胶实际载荷 = 0.29MPa
平均隔振胶实际受力 = 719N
平均隔振胶受压挠曲度 = 3.8mm
平均共振频率 = 13Hz
静态载荷（惯性块）= 惯性块体积 × 混凝土密度
设备总质量 = 减振设备的运行总量
活载荷由厂家根据产品确定
活载荷总和 = 活载荷 × 惯性块表面积
静态载荷和活载荷总和 = 静态载荷 + 设备总质量 + 活载荷总和
向下载荷 = 静态载荷和动载荷。
浮动地台见图 1-4-6 ~ 图 1-4-8。

图 1-4-6　CDM 减振块的排布

图 1-4-7　浮动地台盖钢板

图 1-4-8　完成后的浮动地台

4.2.4　弹簧吊架减振

对于吊装风机、空调机组以及振动较大的管道均应在吊架上安装减振弹簧装置，见图 1-4-9，减振计算与惯性地台相同。

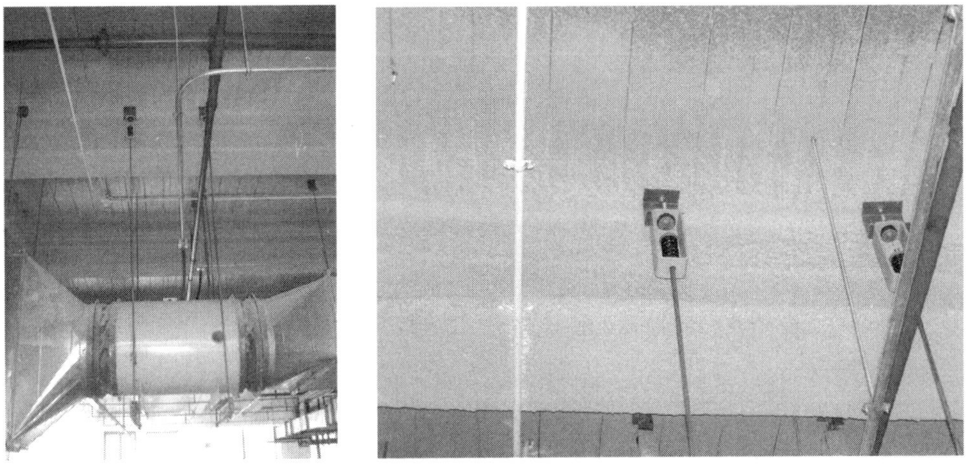

图 1-4-9　使用弹簧吊架减振的风机

4.2.5　其他形式减振

对于本身配有弹簧减振和减振措施的空调机组、VAV、风机盘管等设备，采用在其底座或吊杆上加减振橡胶块减振。

4.3 空调系统的消声

以银泰中心C座办公楼标准层为例，描述空调系统的消声计算。

4.3.1 确定空调风系统图纸

C座7层空调风管布局经深化设计后，如图1-4-10所示。

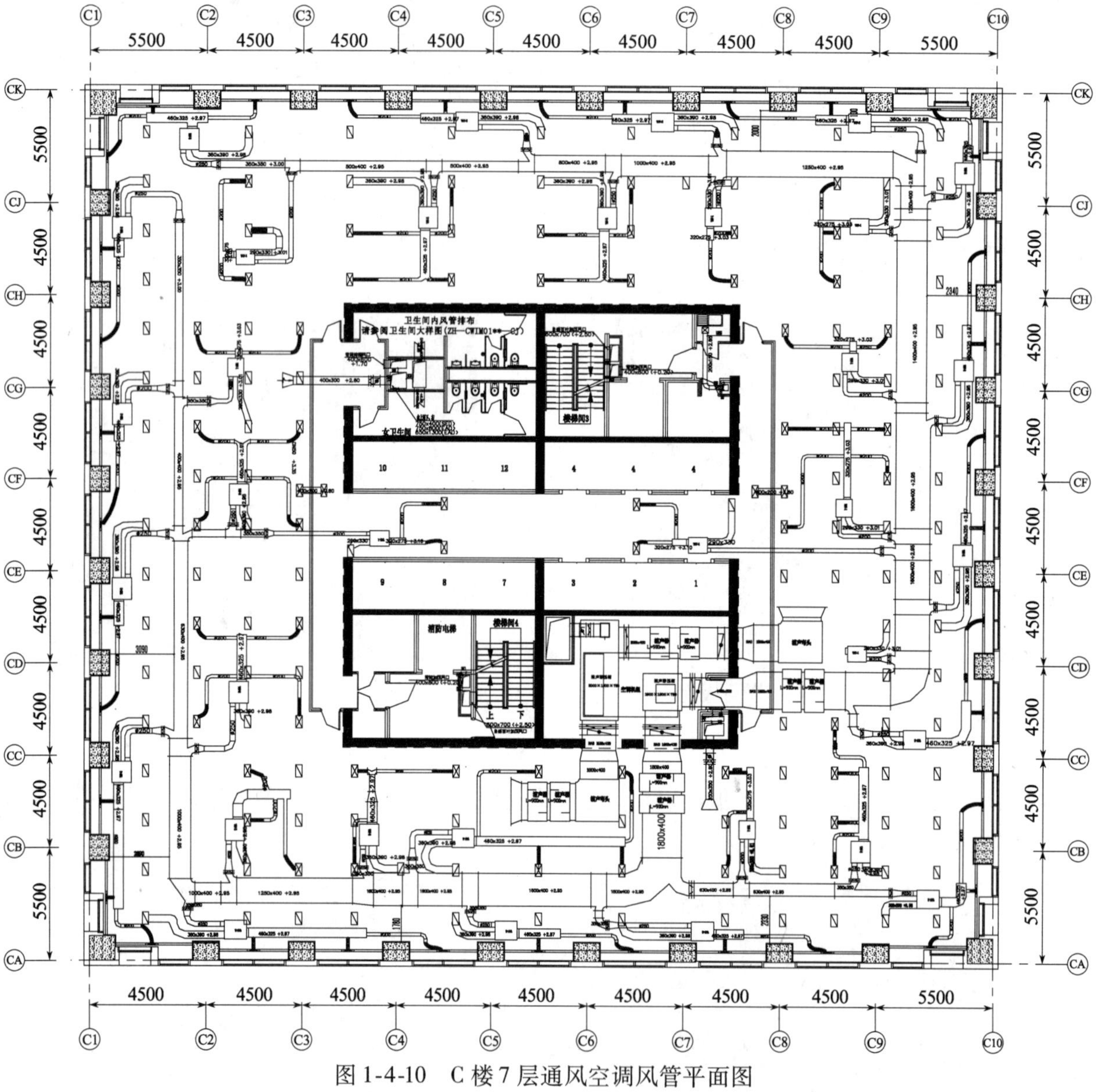

图1-4-10 C楼7层通风空调风管平面图

4.3.2 噪声源特性分析

该工程空调机组选用开利空调机组，品牌为开利，型号39CBF1830，风量40000m^3/h，机外余压550Pa。噪声值如表1-4-2表示。

空调机组噪声值 **表1-4-2**

频谱（Hz）	63	125	250	500	1000	2000	4000	8000
声功率级 L_w（dBA）	93	90	88	87	85	83	81	76
声压级 L_p（dBA）	86	83	81	80	78	76	74	69

从数据可以看出，空调机组噪声为全频带噪声，其中低频噪声更强烈。在噪声控制上，低频噪声波长长，渗透性能强，不容易衰减，高频噪声波长短，很容易衰减，因此，如何控制低频噪声是设计的关键。

4.3.3 消声设计及计算书

消声设计及计算书，见表 1-4-3 所示。

消声设计及计算书 **表 1-4-3**

项目	1		2	计算方法	倍频程中心频率							风量（CMH）	风压（Pa）
	K-CL7（回风）				63	125	250	500	1000	2000	4000	20500	600
1	声源噪声声功率级 Lw				93	90	88	87	85	83	81	声功率级计算	103
2	管道	规格（mm）	长度（个）									风管 A_0（mm）	B_0（mm）
3	直管衰减	m	2		-1	-1	-1	0	0	0	0	1600	450
4	直管段气流噪声				48	47	46	45	44	43	40	当量直径	702
5	消声静压箱		1		-6	-8	-11	-9	-6	-6	-6	管道风速（m/s）	7.9
6	弯头气流噪声				48	48	47	43	43	32	35		
7	三通衰减	$S_1/S=$			0	0	0	0	0	0	0		
8	三通气流噪声	$V_a=$			0	0	0	0	0	0	0	弯头带导流（Y/N）	Y
9	变径				0	0	0	0	0	0	0	送风（S）/回风 R	R
10	风口（长宽 mm）	2200	400		-5	-1	0	0				风口形式	7
11	风口气流噪声				22	18	20	24	24	16	7	风口风量（CMH）	700
12	至房间管道噪声总和				44	48	48	44	45	39	38		
13	房间自然衰减				-10	-10	-8	-8	-8	-8	-8	房间参数	
14	室内接收点噪声声压级			12 项 + 13 项	34	38	40	36	37	31	30	长（m）	40
15	室内允许噪声标准			NC38	60	52	45	40	37	35	33	宽（m）	10
16	房间计算允许噪声级			15 项 14 项能量差	60	52	44	38	27	33	30	高（m）	3
17	设计安全余量				5	5	5	5	5	5	5	内表面积（m^2）	1100
18	房间内风机剩余噪声声功率级				71	70	68	70	71	69	67	r（m）	1.5
19	需要的消声量				16	23	30	37	49	41	42	平均吸声系数	0.1
20	消声器类型与规格（法兰）			个								房间常数（m^2）	122
	阻性片式				0	0	0	0	0	0	0		
	阻抗复合式	1900×650×900		2	12	16	34	38	56	64	56	A_1（mm）	300
	消声静压箱				0	0	0	0	0	0	0	B_1（mm）	200
	消声弯头	1600×450		1	7	8	16	11	9	8	9	占空比	0.66
21	富余消声量			11 项—10 项	3	1	20	12	16	31	23	消声器法兰	
22	华通消声器			阻力（Pa）	消声量（dB）							A_2（mm）	1900
	ZP 阻性片式消声器			7	8	6	11	17	36	33	30	B_2（mm）	650
	701 阻抗复合式消声器			7	6	8	17	19	28	32	28	消声器风速（m/s）	7.0
	消声静压箱			5	4	5	7	8	10	11	9	总阻力（Pa）	23
	消声弯头			5	7	8	16	11	9	8	9		

项目	2		2	计算方法	倍频程中心频率							风量（CMH）	风压（Pa）
	K-CL7（送风）				63	125	250	500	1000	2000	4000	20500	600
1	声源噪声声功率级 Lw				98	97	96	91	86	81	77	声功率级计算	103
2	管道	规格(mm)	长度/个									风管 A_0（mm）	B_0（mm）
3	直管衰减	m	2		-1	-1	-1	0	0	0	0	1800	450
4	直管段气流噪声				46	45	44	43	42	41	38	当量直径	720
5	消声静压箱		1		-6	-8	-11	-9	-6	-6	-6	管道风速（m/s）	7.0
6	弯头气流噪声				46	46	45	38	32	30	33		
7	三通衰减	$S_1/S=$	0.04		-14	-14	-14	-14	-14	-14	-14		
8	三通气流噪声	$V_a=$	2		40	40	37	31	27	13	6	弯头带导流（Y/N）	Y
9	变径				0	0	0	0	0	0	0	送风（S）/回风 R	S
10	风口（长宽 mm）	300	200		-12	-7	-3	-2				风口形式	1
11	风口气流噪声				47	44	43	42	42	39	32	风口风量（CMH）	450
12	至房间管道噪声总和				47	44	44	42	42	39	32		
13	房间自然衰减				-10	-10	-10	-10	-8	-8	-8	房间参数	
14	室内接收点噪声声压级			12项+13项	37	35	34	32	34	31	24	长（m）	40
15	室内允许噪声标准			NC35	60	52	45	40	36	34	33	宽（m）	10
16	房间计算允许噪声级			15项14项能量差	60	52	45	39	31	31	32	高（m）	2.6
17	设计安全余量				5	5	5	5	5	5	5	内表面积（m^2）	1060
18	房间内风机剩余噪声声功率级				55	57	58	56	58	53	49	r（m）	1.5
19	需要的消声量				0	10	18	22	31	27	21	平均吸声系数	0.1
20	消声器类型与规格（法兰）			个								房间常数（m^2）	118
	阻性片式	2100×550×900		1	8	6	11	17	36	33	30		
	阻抗复合式	2100×550×900		1	6	8	17	19	28	32	28	A_1（mm）	300
	消声静压箱				0	0	0	0	0	0	0	B_1（mm）	100
	消声弯头				0	0	0	0	0	0	0	占空比	0.66
21	富余消声量			11项-10项	14	4	10	14	33	38	37	消声器法兰	
22	华通消声器			阻力（Pa）	消声量（dB）							A_2（mm）	2100
	ZP 阻性片式消声器			7	8	6	11	17	36	33	30	B_2（mm）	550
	701 阻抗复合式消声器			7	6	8	17	19	28	32	28	消声器风速（m/s）	7.5
	消声静压箱			5	4	5	7	8	10	11	9	总阻力（Pa）	27
	消声弯头			5	7	8	16	11	9	8	9		

4.3.4 计算结论

根据计算结果，若使系统达到噪声要求，需采用安装消声器、消声弯头、消声静压箱三种减噪措施才能满足噪声要求。消声器选用阻抗复合式与微穿孔板式消声器，两种消声器各有优缺点，相互配合使用能获得更好的效果。从消声性能上比较，阻抗复合消声器高频消声性能优于微穿孔板式消声器，而低频则略差于微穿孔板式消声器。

最终确定在回风系统安装两节900mm长消声器、一个消声弯头和回风静压箱；在送风系统上安装两节900mm长消声器、一个消声弯头和送风静压箱即可满足噪声要求。

4.3.5 实际效果

现C楼已交付使用，经现场实际测量，噪声均达到消声的设计效果。

5 国家体育场环廊 ϕ480mm 空调水主管道施工技术

5.1 系统概述

国家体育场工程属国内罕见的大型椭圆形公共建筑物，其空调水系统主干管沿建筑物的形状呈椭圆形闭合式分布，承担体育场主体构筑物内的所有盘管和空调机组的冷热负荷。空调水主管道沿着车道呈不规则椭圆形闭合敷设。与以往空调管路连接方式不同的是，全部采用沟槽连接。全长 1600m，共 528 段管道，1362 个各类型沟槽连接件，其中包括 39°、22.5°、11.25°、7.5°、5°五种带角度异形沟槽件。系统最大工作压力为 0.9MPa。夏季供水温度：5℃；夏季回水温度：13℃；冬季供水温度：60℃；冬季回水温度：50℃。

国家体育场基座部分一次结构为对称不规则椭圆形，相应部分空调水管道也呈不规则椭圆形分布，管道定位难度大。由于曲线管道数量多，加工难度大，施工要求高，所以质量控制难度大。同时施工高度高，不利于工人操作，也为施工带来一定的难度。

按设计要求采用沟槽连接形式，无波纹补偿器，管道热补偿完全由沟槽连接件吸收。在国内尚无空调双温水的成功案例，国家也无相应的施工验收规范，现执行的《通风与空调工程施工质量验收规范》GB 50243—2002 对沟槽连接形式无相应条文，《沟槽式连接管道工程技术规程》CECS 151：2003 无 *DN*300 以上口径的相应条文，且要求沟槽连接管道使用波纹补偿器补偿热膨胀。对此段管道只能依照沟槽连接供应商和深化设计方——唯特利公司的厂家技术要求施工及验收。

此次施工，管道按区域划分为 8 个段，4 个施工段和 4 个转换段，如图 1-5-1 和表 1-5-1 所示。

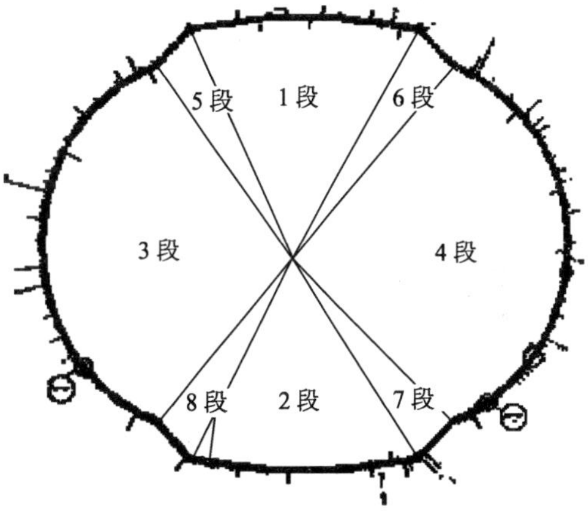

图 1-5-1　施工管道区段划分图

区段及位置　　　　**表 1-5-1**

段　号	位　置	段　号	位　置
1 段	40 轴～73 轴	5 段	73 轴～77 轴
2 段	96 轴～17 轴	6 段	92 轴～96 轴
3 段	17 轴～21 轴	7 段	21 轴～36 轴
4 段	36 轴～40 轴	8 段	77 轴～92 轴

5.2 施工方案比较

由于空调主管路为不规则椭圆形闭合敷设，为解决冷热补偿问题，有如下两种方案：

（1）采用焊接方式，使用一般的补偿器进行冷热补偿。

优点：造价低，应用较为广泛，适用性强。管道渗漏风险低。

缺点：由于管线形状的不规则性产生的冷热补偿无法计算和控制。

（2）采用沟槽连接，利用挠性接头可曲挠的特性来吸收管道热补偿。

优点：安装与拆卸简易，省工省时。将不可预见的集中补偿分散至可控的各点。

缺点：缺乏类似系统的施工经验，施工难度较大，施工质量控制难度大。

对比两种方案，第 2 种方案虽然施工难度大，但受控性优于第 1 种方案，能很好地满足系统要求。因而采用了第 2 种方案。

5.3 材料的选取

空调水主干管承担着体育场主体构筑物内的所有盘管和部分空调机组的冷热负荷。其夏季供水温度为5℃，夏季回水温度为13℃；冬季供水温度为60℃，冬季回水温度为50℃。因而对沟槽件的质量，特别是密封圈耐热性能要求较高。若温度超过所推荐的限度，对垫圈会产生分解作用，所以温度对垫圈使用的连续性及其寿命有一定的关系。通过比选，唯特利公司的产品，垫圈采用EPDM材质，使用温度范围－34℃至＋110℃，符合系统要求，最终确定为中标供货商。但是国内原材料质量能否满足唯特利公司要求，尚无权威性定论。诚然，沟槽连接用钢管对椭圆度、外径误差、壁厚误差均有一定要求。满足环形管廊施工所用的无缝钢管为 $\phi480\times9$，与国家标准不同。北京地区主要由鞍钢、包钢、天津、成都产品构成。其中，鞍钢为国有大型钢厂，产品范围68～219mm；包钢为国有大型钢厂，产品范围108～426mm，480mm需热扩而成，且包钢不负责热扩；天津大无缝为国有大型钢厂，产品范围48～720mm，351mm以下为热轧，315mm以上为热扩；真正具有480mm热轧工艺的仅成钢一家。相对于热轧成形的无缝钢管，通过小管径热扩工艺制成的管道质量较难控制，但是可通过定径工序，降低椭圆度、外径误差，以达到唯特利沟槽件对钢管标准的要求。从施工成本与技术可行性综合考虑，热扩工艺是可行的。

5.4 施工布局与技巧

空调水主干管 $\phi480\times9$ 沿零层环形车道呈椭圆形闭合状分布，为满足弧度的需要，管线采用若干折线找弧。经布排后，整个管道由4处39°、4处22.5°、2处11.25°、34处7.5°、3处5°弯头及47段直管段组合而成。如图1-5-2所示。

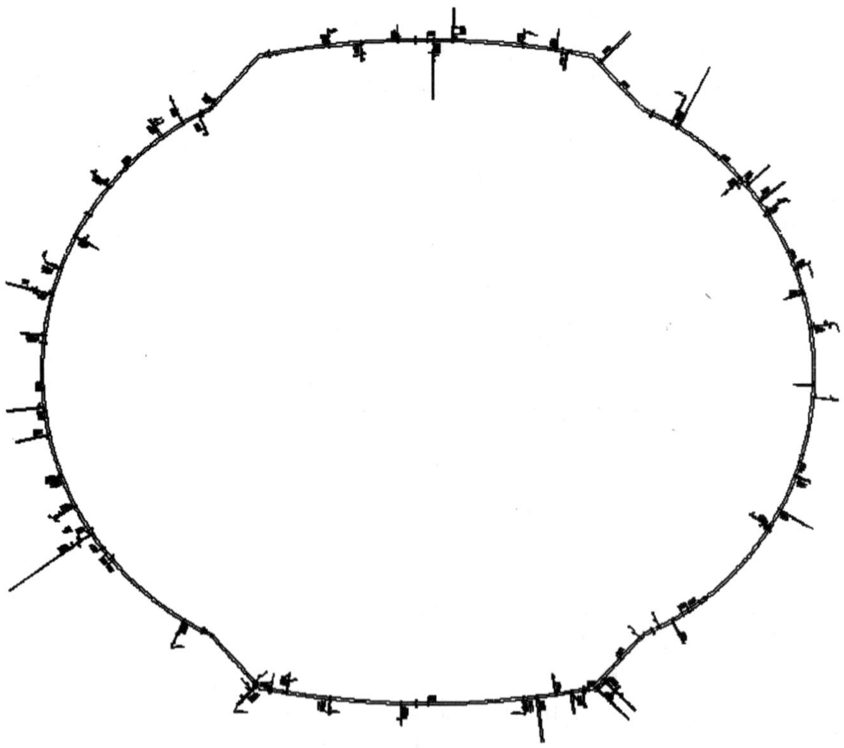

图1-5-2 环形车道呈椭圆形闭合状分布

如此形状的沟槽式大口径管道安装，为施工带来困难，主要的问题如下：

（1）施工过程当中难免会存在误差，如何保证环形管线精确地闭合是一大问题。

（2）众所周知，施工现场的大口径管道的下料切割工具，一般采用电动自爬式锯管机，其切割一个 $\phi480\times9$ 无缝钢管切口耗时15～20min，所需时间较长。并且本工程中切割数量约为250道，无法满足工期要求。如何在有限的工期内提高生产效率，顺利完成安装工作。

（3）针对上述问题，提出了有效的解决方法。

1）为解决闭合问题，采取定点定段施工。47 个折点为定点，两点间为一施工段，尽量在施工段中减少误差，避免误差的积累传播。具体操作如下：

由于空调水主干管 ϕ480 沿环形车道呈环形闭合状敷设，其所采用的沟槽接头为挠性接头，具有角度偏转的特性，但考虑到这个系统同时也承担冬季采暖，管路需利用挠性接头满足管道热膨胀，不能利用其来找弧，只能通过 47 个折点接合，因此要保证环形管道的闭合，必须确保现场每一折点角度的准确性。针对本次管路的放线工作，分两个阶段进行。第一阶段是以土建单位所施放的基准点引测，按图将每一折点的定位投测到现场，目的为确定弯头的位置。第二阶段是测量复核，主要控制好折点角度，尽可能减少误差。

第一阶段

平面定位

根据工程特点，空调水主干管 ϕ480 标高为 4.9m 是架空设置，为了加强测量的可操作性及测量的精确度，现将管路投放至地面施测。以环形车道两边轴线为主控方向，将其作为区域控制的主轴线，利用吊线锤逐点引测并放出主控制线，将主控制线轴弹至地面，并用红油漆做好醒目标记，然后按照施工图所标示的折点坐标投测到施工场地上。

标高控制

高程控制采用水准仪配合 7m 塔尺进行，根据土建单位提供的水准点 ±0.000 引测。在选取基准点时，必须保证其准确且不易被扰动。为达到精确控制的目的，建立控制网。做法是在每一折点位置引测 3 个基准点，在柱子上弹好墨线并用红色油漆做好标记。在施工阶段应对墨线和红色油漆标记保护完好，发现油漆脱落或墨线不清时应重新弹好并复核。见图 1-5-3。

图 1-5-3　现场效果

第二阶段

本阶段主要校核折点的角度，确保管路的闭合。现将环形管线分 6 段，具体为 FP47 ~ FP3，FP4 ~ FP13，FP13 ~ FP22，FP23 ~ FP27，FP28 ~ FP37，FP37 ~ FP46。第一步先调整和确定 FP3（39°）、FP4（22.5°）、FP13（11.25°）、FP22（22.5°）、FP23（39°）、FP27（39°）、FP28（22.5°）、FP37（11.25°）、FP46（22.5°）和 FP47（39°）等折点的角度。第二步在上述所分的 6 个区域内进行剩余折点角度的调节和确定。这样做有利于消除误差的积累。

2）解决切口耗时的问题，有效的办法是尽可能减少现场切割量。依据上述定点定段的施工方法，将测量、放线所得出的施工段里管段的长度进行定尺订制。并以 FP48 位置弯头后第一段钢管为起点，外侧回水管编号为：段号—W—分段编号，内侧供水管编号为：段号—N—分段编号。同时，前侧设置总编号：W×××、N×××为原则。对所有管段进行编号管理，方便安装工作。但由于钢管定尺长度偏差：+20～-0mm，为减少施工段中的误差，防止误差的积累，施工段中最后一段钢管实行现场下料切割。见图 1-5-4 和图 1-5-5。

图 1-5-4　管道压槽

图 1-5-5　管道切割

5.5 管道安装

5.5.1 安装程序

按照先装总管，后装分管的原则，在安装过程中，必须按管道标号安装，不可错乱，以免出现段与段之间连接困难和影响管路整体性能。因 *DN*480 管道管径较大，水冲洗时流速无法达到规范要求，故管道安装前，需清洁管道内壁，清除管端油渍、划痕和污垢，经现场负责人检查后方可安装。管子的吊装采用在楼板底打膨胀螺栓作为吊点，利用倒链将管子吊装到安装高度的方式。

5.5.2 施工技术

（1）检查管道末端：管道外表面从末端到沟槽经过除锈后，必须是光滑且无缺口的、无凸出表面并且无滚槽痕迹，以确保垫圈的密封防漏。一切油渍油脂划痕和污垢都必须清除。

（2）检查垫圈和使用润滑剂：检查垫圈，确保其能够投入使用。在垫圈的边缘以及外表面薄薄地涂上一层润滑剂（使用唯特利专用润滑剂）。

（3）放置垫圈：将垫圈放置在管道的末端。

注意：为了使垫圈更容易卡在管道末端上，可以把垫圈由里向外翻，但务必确保垫圈不能悬在管道末端上。

（4）固定管道的末端：把两根管道的末端对齐并紧靠在一起。在两管末端的中间插入一个厚度为 2.3～2.4mm 的金属隔片，然后再插入 2 个金属隔片，三个隔片均相距 120°，这些隔片可提供适当的管道间隙。深化设计图纸说明中，热系数为 0.0113mm/(m·℃)，1 月份施工温度为零下 5℃，热膨胀量为 0.7345mm/m，3m 长的管道热膨胀量约为 2.2mm。

（5）固定管道：当管道末端固定以后，需固定管道，然后把金属隔片由两管道末端的中间移除。

（6）放置垫圈：把垫圈滑到正确的位置。如果垫圈是按照第三步的方法从里往外翻的，则把垫圈滚到正确的位置。务必确保垫圈放置在各管道沟槽的中间并且保证任何一根管道沟槽中的垫圈都没有空隙。

（7）安装卡箍片：将卡箍片卡在垫圈上。并将卡箍凸边送进沟槽内，用力压紧上下卡箍耳部，在卡箍螺孔位置，上螺栓并均匀轮换拧紧螺母，在拧螺母过程中用木榔头锤打卡箍，确保橡胶密封圈不会起皱，卡箍凸边需全圆周卡进沟槽内。在安装时，两根水管接头位置尽量安装在同一直线上。

（8）安装螺栓螺母：安装螺栓并用手指将螺母拧在螺栓上。应确保螺栓上的卯型座正确地拧在螺栓孔上。

（9）拧紧螺母：交替旋转螺母使其均匀拧紧，直到螺栓垫上金属与金属紧贴。务必保证上下片完全紧贴在沟槽上。均匀拧紧所有螺母以防止垫圈的收聚。

5.6 管道支架体系概述

ϕ480 管道支吊架采用喜利得公司成品支吊架，产品资料报验齐全。支架现场安装前，委托中国建筑科学研究院结构实验室做了导向支架整体荷载试验，及固定支架抗推力整体试验，试验结果表明，整个支架体系有 2 倍以上的安全系数。

5.6.1 唯特利公司提供的 ϕ480 管道支吊架设计条件

（1）ϕ480 管道固定支架最大间距 39m，单根管固定点最大推力设计值为 18.8kN。

（2）固定支架布置在弯头两侧，距接头 200mm。固定支架共有 94 处，每根水管分别设置固定支架，故共有 188 个固定支架。

（3）导向支架布置在固定支架之间，距接头不大于 200mm，最大间距 3m。

（4）由于两根水管接头位置不统一，部分区域单根管需单独做导向支架。

（5）每个导向支架仅考虑接头间距范围内产生的温差变形最大 6mm。

（6）三通位置在任意一侧接头位置设置导向支架，无需两端都加。

5.6.2 支吊架设计说明

（1）ϕ480 管道固定支架按唯特利图纸中位置，固定支架管束与钢管需在两侧焊接三角片，以抵抗产生的双向推力。

（2）导向支架位置按唯特利设计条件布置，间距不大于3m。

（3）固定支架保温采用外保温方式。导向支架采用管束内衬50mm木托的方式保温。

（4）23～26轴由于风管分布密集，采用悬臂支架，支架间距1.5m左右一道。

5.6.3 φ480管道支吊架计算书

（1）荷载设计依据

按满水保温考虑，每根管荷载标准值：350kg/m，导向支架间距3m一道，即350×3=10.5kN。23～26轴导向支架间距1.5m。固定支架最大间距39m，唯特利公司提供的最大推力值为18.8kN。

（2）支架荷载验算

1）固定支架

采用喜利得公司标准定型产品MFP固定支座中的MFP3固定支座套件，推力推荐值为20kN>18.8kN，满足设计要求。

2）导向支架

导向支架采用门式架，底座采用HST M12固定，竖向槽钢选用MQ-72和MQ-41D，横担为MQ-124XD，斜撑为MQ-41及其他组件。导向支座采用MRG4，支吊荷载推荐值为4kN，每根水管由3个MRG4悬吊，10.5/3=3.5kN<4kN，满足要求。

导向支架分以下几种，应分别计算，仅需验算最不利项即可，见表1-5-2。具体计算书见表1-5-2。

各种导向支架的计算 **表1-5-2**

应用说明	最大跨度（mm）	容许变形（mm）	计算最大变形（mm）	容许最大反力（kN）	最大支座反力（kN）	结论
双φ480导向支架	920	4.6	0.2	20	18.69	满足要求
单φ480导向支架	940	4.7	0.4	10	7.4	满足要求
23～26轴φ480导向支架1	1192	6.0	1.2	20	12.11	满足要求
23～26轴φ480导向支架2	940	4.7	0.1	10	3.7	满足要求
23～26轴φ480导向支架3	1192	6.0	2.0	20	8.9	满足要求

3）热膨胀变形量核算

根据维特利提供的资料，管道热膨胀量轴向最大为6mm，导向支座选用MRG4，位移范围为120mm，即往复60mm，满足要求。

4）斜撑验算

加斜撑方式为MQ-41配合MQP-45连接件，每个支架在一侧加设两个斜撑，即在每根管中心下方加设一个。所受摩擦力为双向轴向力。

当斜撑为受拉受压时，最薄弱均为MQM-M12，最大容许承载力为5kN（2个MQN可承受9kN，锚栓HST可承受24kN，MQ-41杆件长2m时容许轴向受压13.97kN），也就是每个支架最大容许荷载为5×2/1.44=6.9kN。

支吊架采用MRG4滚动支座，根据喜利得公司资料，摩擦系数=0.08。单根φ480管道满水含保温每m 350kg，间距3m一道。则每个导向支架所需承受的摩擦力为350×3×2×0.08=1.68kN<6.9kN满足要求。

综上所述，φ480管道支架设计满足要求。支吊架形式图见图1-5-6、图1-5-7。

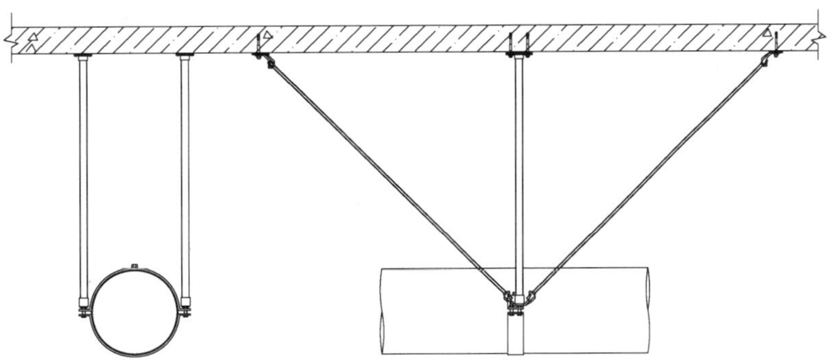

图 1-5-6　支吊架形式

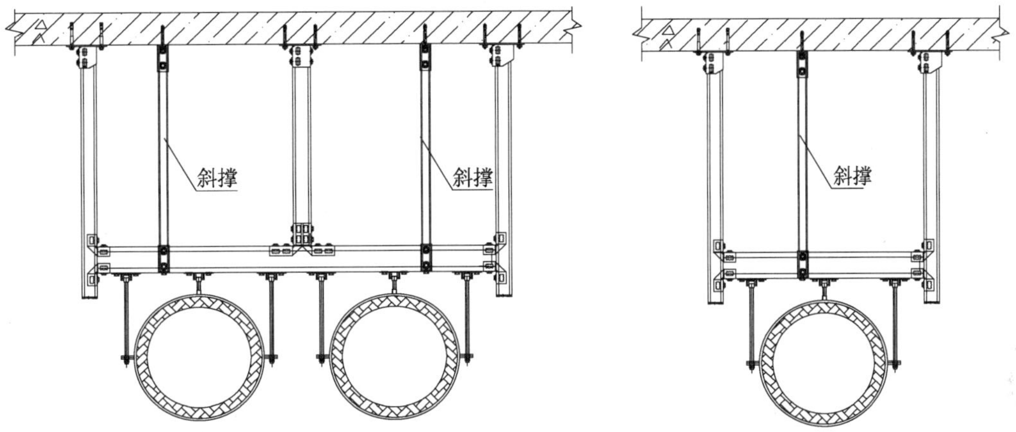

(*a*)　　(*b*)

图 1-5-7　支吊架形式

(*a*) 双管导向支架；(*b*) 单管导向支架

5.7　分段打压出现问题时的方案分析与调整

2007 年 4 月 1 日，17 ~ 37 轴管道分段试压，37 轴处固定支架一斜拉杆发生断裂。进行方案调整。

5.7.1　推力设计值重新取值

固定支架最大推力设计值原为唯特利提供的 18.8kN，由于打压时固定支架位置出现问题，唯特利将固定支架的推力值调整为：7.5°弯头位置为 21.3kN；11.25°弯头位置为 31.9kN；22.5°弯头位置为 63.6kN；39°弯头位置为 108.8kN。现场打压按工作压力的 1.5 倍进行，总包要求设计值按唯特利提供值的 1.5 倍计算。即：7.5°弯头位置为 32kN；11.25°弯头位置为 48kN；22.5°弯头位置为 95kN；39°弯头位置为 163kN。

5.7.2　需加强的部位确定

喜利得固定支架的推力设计值为 20kN，安全系数为 2.5 左右。7.5°弯头位置推力值为 32kN，现有支架承载力能够满足要求，无需加强。11.25°、22.5°、39°弯头位置推力值较大，需要加强。

5.7.3　加强做法说明

拆下现有的斜拉组件，对于 11.25°弯头需要换为刚性支撑；对于 22.5°和 39°弯头除转换为刚性支撑外，尚应加竖向拉接。

5.7.4　荷载计算

(1) 22.5°和 39°弯头加强计算

1) 竖向支撑计算

竖向加 1 个[8 号拉接。

[8 号槽钢力学参数：

$A = 10.24\text{cm}^2$，$i_x = 3.15\text{cm}$，$i_y = 1.27\text{cm}$

竖向荷载 $N = 163 - 19 = 144\text{kN}$

杆件长度为 1.2m，$\lambda = 1200/12.7 = 94$，$\lambda(f_y/235)$ 0.5 = 90

查 b 类截面轴心受压构件的稳定系数 $\phi = 0.621$

$N/\phi A = 144000/0.621/1024 = 121\text{N/mm}^2 < 215\text{N/mm}^2$，满足要求

2）斜向支撑计算

斜向加 2 个双[10 号拉接，按最不利情况考虑，即两根受压杆件每根承受 $163 \times 1.414/2 = 114\text{kN}$

[10 号槽钢力学参数：

$A = 12.74\text{cm}^2$，$i_x = 3.95\text{cm}$，$i_y = 1.41\text{cm}$

杆件长度为 2.1m，$\lambda = 2100/14.1 = 149$，$\lambda(f_y/235)$ 0.5 = 143

查 b 类截面轴心受压构件的稳定系数 $\phi = 0.333$

$N/\phi A = 114000/0.333/1274/2 = 134\text{N/mm}^2 < 215\text{N/mm}^2$，满足要求

3）锚栓计算

锚栓采用 4 根 HST M16，钢板为 250×250 的 20mm 厚钢板，单个节点抗剪承载力为 40kN。边间距调整系数为 0.8

$40 \times 4 \times 0.8 = 128\text{kN} > 114\text{kN}$，满足要求

综上，22.5°和 39°弯头加强措施满足要求。

（2）11.25°弯头加强计算

1）竖向支撑计算

竖向为喜利得 1.25″丝杠，为 4.8 级钢，力学参数为：

$A = 2.66\text{cm}^2$，$i_x = 1\text{cm}$，$i_y = 1\text{cm}$

竖向荷载 $N = 48/2 - 10/2 = 19\text{kN}$

杆件长度为 1.5m，$\lambda = 1500/10 = 150$，$\lambda(f_y/235)$ 0.5 = 175

查 b 类截面轴心受压构件的稳定系数 $\phi = 0.236$

$N/\phi A = 19000/0.236/266 = 302\text{N/mm}^2 < 320\text{N/mm}^2$，满足要求

2）斜向支撑计算

斜向加 2 个[8 号拉接，按最不利情况考虑，即两根受压杆件每根承受 $48 \times 1.414/2 = 34\text{kN}$

[8 号槽钢力学参数：

$A = 10.24\text{cm}^2$，$i_x = 3.15\text{cm}$，$i_y = 1.27\text{cm}$

杆件长度为 2.1m，$\lambda = 2100/12.7 = 165$，$\lambda(f_y/235)$ 0.5 = 158

查 b 类截面轴心受压构件的稳定系数 $\phi = 0.282$

$N/\phi A = 34000/0.282/1024 = 118\text{N/mm}^2 < 215\text{N/mm}^2$，满足要求

3）锚栓计算

锚栓采用 4 根 HST M16，钢板为 250×250 的 20mm 厚钢板，单个节点抗剪承载力为 34kN。边间距调整系数为 0.8。

$40 \times 4 \times 0.8 = 128\text{kN} > 34\text{kN}$，满足要求

综上，11.25°弯头加强措施满足要求。

5.8 首次闭环打压出现问题时的方案分析与调整

2007 年 6 月 18 日对零层空调水主干管 480 管道内环进行了管道强度及严密性试验，19 日凌晨，当内环管道压力升至 0.87MPa 时观察到多处管道偏移，最大偏移在 26 轴处，垂直于管道方向向外偏移约

100mm，其余位置管道偏移约 20 ~ 30mm。

2007 年 6 月 19 日晚上对外环管道进行试验时，加强了对各支架变化的观察，当压力升至 0.42MPa 时，就观察到支架的明显变化，压力升至 1.0MPa 时共观察到 10 处支架明显变化。

针对以上情况，最终决定对东西两侧相对直线段的管道弯头处加固后进行水压试验。

加强做法见图 1-5-8。

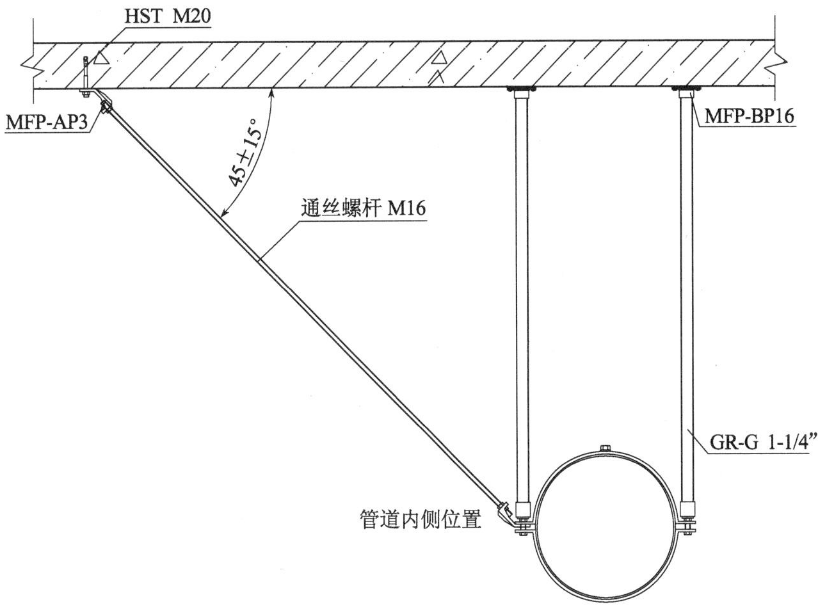

图 1-5-8　加强做法

5.9　第二次闭环打压出现问题时的方案分析与调整

2007 年 7 月 4 日晚对外环管道再次进行试验，试验中对前两次试验发生管道偏移的位置重点进行观察，最大发生的位移量约 30mm，当压力升至 1.2MPa 时，76 轴处原轴向加固的一根固定支架斜拉槽钢件顶部焊缝脱开，另一根固定支架根部膨胀螺栓被拉松动。

5.9.1　支架体系调整方案

（1）仅限内外环 39°、22.5°、11.25°弯头位置固定支架的调整。

（2）弯头位置 FP47、FP3、FP27、FP23 的固定支架需拆除原加强时焊接的轴向双 ⊏10 号槽钢、竖向 ⊏8 号槽钢及斜拉的 M16 螺杆，在侧向设置斜拉组件，并加设柔性吊架。

（3）22.5°弯头位置 FP22、FP28、FP46、FP4 的固定支架需在侧向设置斜拉组件。

（4）11.25°弯头位置 FP37、FP13 的固定支架需拆除原加强时焊接的轴向 ⊏8 号槽钢及斜拉的 M16 螺杆，在侧向设置斜拉组件，并加设柔性吊架。

（5）FP42、FP31、FP29、FP21、FP19、FP15、FP7、FP5 弯头位置内外环固定支架均拆除原维持斜拉的 M16 螺杆。FP10 弯头位置内环固定支架需拆除原维持斜拉的 M16 螺杆。拆除原竖向空心套筒，并利用原锚栓位置加柔性吊架。

（6） FP6、FP8、FP9、FP10、FP11、FP12、FP13、FP14、FP16、FP17、FP18、FP20、FP30、FP32、FP33、FP34、FP35、FP36、FP37、FP38、FP39、FP40、FP41、FP43、FP44、FP45、及 FP10 的外环的弯头位置固定支架均需在侧向设置斜拉组件。

（7）FP47 ~ FP48、FP2 ~ FP3 管段长度约 39m，需在 39m 的近中间位置加设顶部支撑。

（8）管道上翻位置导向支架调整为底座直接和楼板连接，由于空间限制，改为两滚动支座，并在相对位置加一导向支架。

（9）固定支架在前期安装时移位的按移位后的位置加设侧向斜拉组件。见图 1-5-9。

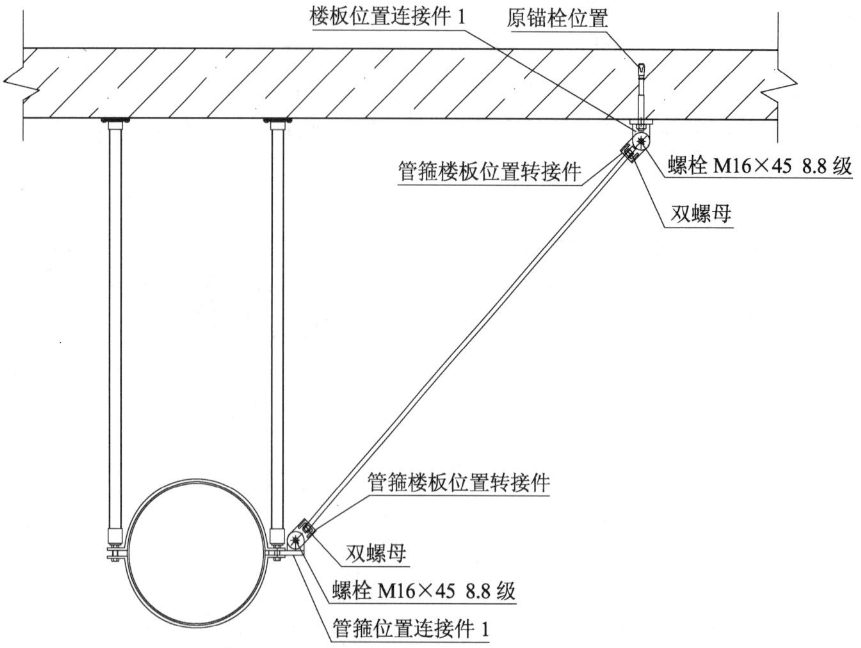

图 1-5-9　侧向拉结示意图

5.9.2　侧向斜拉组件的设置原则

侧向斜拉组件平面外角度允许偏转角度范围为5°。斜拉组件生根位置优先考虑梁侧，尽可能不在板跨中位置和梁底设置。生根位置按图纸标注位置，但可根据现场实际条件小范围调整。对于斜拉杆与楼板夹角不能满足要求的，需在距固定支架 1500mm 左右范围加管箍，并设置斜拉，斜拉杆与楼板夹角30°～45°。

（1）7.5°、11.25°弯头在弯头两端原固定支架抱箍上各设置 1 套斜拉组件。其中，FP9、FP17、FP18、FP30、FP32、FP33 斜拉杆与楼板夹角为 30°～37°，其余斜拉杆与楼板夹角 30°～45°。生根在梁侧的斜拉杆与水平夹角为 30°～45°。

（2）22.5°弯头两端原固定支架的一个抱箍上设置 2 套斜拉组件。另外需加 3 个抱箍，每个抱箍设置 2 套斜拉组件。斜拉杆与楼板夹角为 30°～37°。生根在梁侧的斜拉杆与水平夹角为 30°～45°。如因现场空间限制，加抱箍位置无法安装竖向空心内丝套筒，可按特殊位置固定支架侧向拉结做法示意图安装。

（3）39°弯头在弯头两端原固定支架的一个抱箍上设置 2 套斜拉组件。另外需加 7 个抱箍，每个抱箍设置 2 套（部分设置 1 套）斜拉组件。斜拉杆与楼板夹角为 30°～37°。生根在梁侧的斜拉杆与水平夹角为 30°～45°。

在上述原则范围内，对于因现场实际条件需要进行的调整，经支架厂家确认调整方案后即可实施。

5.9.3　其他特殊位置的调整

对于 FP27 弯头位置，在内环加设三个竖向支撑，在外环加设一个竖向支撑。

5.10　方案调整的荷载计算

5.10.1　固定支架侧向力外力设计值取值

根据唯特利提供的设计力值，空调水管在试压 1.35MPa 时，每个不同角度弯头最大受力如下：

5°和 7.5°弯头每个固定支架位置侧向力 32kN

11.25°弯头每个固定支架位置侧向力 48kN

22.5°弯头每个固定支架位置侧向力 95kN

39°弯头每个固定支架位置侧向力 163kN

设计院对唯特利提供的受力取值进行了验算（附件），取值如下：

5°和7.5°弯头每个固定支架位置侧向力15.9kN

11.25°弯头每个固定支架位置侧向力23.8kN

22.5°弯头每个固定支架位置侧向力47kN

39°弯头每个固定支架位置侧向力78.3kN

5.10.2 固定支架侧向调整方案验算

原两根拉结的按单根拉结承受斜拉56kN荷载进行验算，对于39°弯头来说，共有3根拉结点，考虑在两根拉结点共同作用下即可承受弯头受力，另一根拉结点作为安全储备。

原单根拉结的按承受斜拉36kN荷载进行验算。

（1）主要技术参数

Q235钢板　抗剪强度为125N/mm^2　抗拉强度为215N/mm^2

角焊缝抗拉抗剪强度为160N/mm^2

4.8级螺杆屈服强度为320N/mm^2，设计强度为320/1.1 = 290N/mm^2

8.8级标准件普通螺栓抗剪强度为320N/mm^2

（2）斜拉组件承载力设计值

对于11.25°、22.5°和39°弯头，斜拉组件由工厂定制加工的连接件（转接件）、M16通丝螺杆、HST M20锚栓组成。

对于7.5°和5°弯头，斜拉组件由AP3（喜利得公司标准件）、M16通丝螺杆、HST M20锚栓组成。

1）螺杆承载力

螺杆为4.8级镀锌通丝螺杆，截面积为3.14 × 8 × 8 = 201N/mm^2，则可承受拉力为201 × 290 = 58kN

2）锚栓承载力

锚栓选用HST M20，混凝土强度等级为C40，锚栓极限承载力为抗拉为76kN，抗剪为119kN。

3）斜拉件AP3最大承载力为50kN。

4）工厂定制加工的连接件（转接件）受力计算

① 钢板抗剪验算

对于拉结两根螺杆的连接件，耳板采用12mm厚度钢板，钢板孔壁距边缘尺寸为25mm，受剪截面为25 × 12 × 2 = 600mm^2，则可承受剪力为600 × 215 = 129kN/2 = 64.5kN。

对于拉结单根螺杆的连接件，耳板采用8mm厚度钢板，钢板孔壁距边缘尺寸为25mm，受剪截面为25 × 8 × 2 = 400mm^2，则可承受剪力为400 × 215 = 86kN。

与管箍连接的底板采用16mm厚度钢板，钢板孔壁距边缘尺寸为30 − 18/2 = 21mm，受剪截面为21 × 16 × 2 = 672mm^2，则可承受剪力为672 × 215 = 144kN/2 = 72kN，对于两点和单点拉结均满足要求。

② 焊缝验算

主要焊缝要求6mm高，采用双面角焊缝。

对于单点连接，焊长共60 × 2 = 120mm，除去起落弧长度20mm，有效焊缝长度为120 − 20 = 100mm，则焊缝最大承载力为100 × 6 × 0.707 × 160 = 67kN。

对于双点连接，焊长共70 × 4 = 280mm，除去起落弧长度40mm，有效焊缝长度为280 − 40 = 240mm，则焊缝最大承载力为240 × 6 × 0.707 × 160 = 162/2kN = 81kN。

③ 管箍抗剪

两片管箍一侧采用2根8.8级普通标准件，普通螺栓抗剪强度为320N/mm^2，螺栓有效截面积为3.14 × 8 × 8 = 201N/mm^2，则可承受剪力为201 × 320 = 64kN。

管箍为6mm钢板，上下两片均承受剪力，抗剪截面积为（30 − 9）× 6 × 2 = 252mm^2，对于单点连接，由于两个抗剪面，则可承受剪力为252 × 215 = 54 × 2 = 108kN。

对于两点拉结，需要新加工8mm厚度钢板的管箍。抗剪截面积为（30 − 9）× 8 × 2 = 336mm^2，则可承受剪力为 336 ×215 =72kN。

综合得出，工厂定制加工的连接件（转接件）最大受力值为 64kN。

5）两种组件的承载力验算

综上分析，对于 7.5°和 5°弯头，斜拉组件由 AP3（喜利得公司标准件）、M16 通丝螺杆、HST M20 锚栓组成的系统，单根最大斜向承载力为 50kN，实际最大荷载为 15.9/cos45° =18.3kN <50kN 满足要求。

对于 11.25°、22.5°和 39°弯头，斜拉组件由工厂定制加工的连接件（转接件）、M16 通丝螺杆、HST M20 锚栓组成的系统，单根最大斜向承载力为 58kN，实际最大荷载为 78.3/cos37° =49kN <50kN 满足要求。

5.10.3 FP27 内环竖向支撑承载力验算

FP27 内环竖向支撑共 3 个，共承受 78.3 ×2 =156.6kN。

竖向支撑和斜撑均为双⊏10 号槽钢，竖向支撑底座锚栓为 6 根 HST M20，斜撑底座锚栓为 4 根 HST M20。

竖向支撑侧向受力简化为一端固结的悬臂梁，固结点为斜撑与竖向支撑联结点。斜撑仅作为固结点，受力作为安全储备。

（1）支架验算，见图 1-5-10。

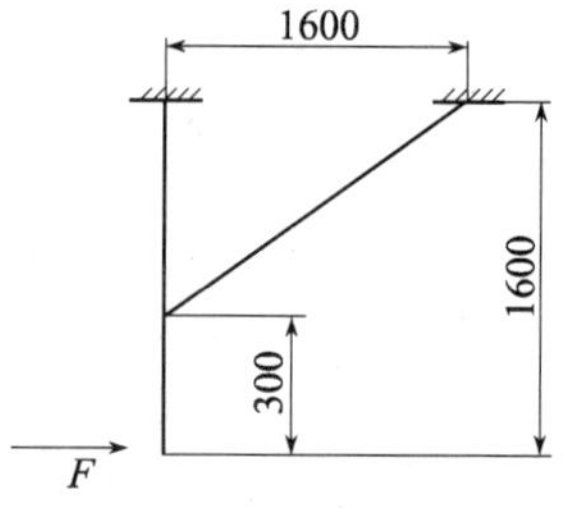

图 1-5-10 支架受力图

主要技术参数：

$F = 156.6/3 = 52.2\text{kN}$

$L = 0.3\text{m}$

惯性矩 $I = 198.3 \times 2 = 396.6\text{cm}^4$

抵抗矩 $W = 39.7 \times 2 = 79.4\text{cm}^3$

$[\sigma] = 215\text{N/mm}^2$

弹性模量 $E = 206000\text{N/mm}^2$

根据《建筑结构静力计算手册》，$M_{max} = FL$

$\sigma = M_{max}/W = 52.2 \times 0.3 \times 1000000/79.4/1000 = 197\text{kN} \leqslant [\sigma] = 215\text{N/mm}^2$

在此力作用下，杆件末端变形为：

$f_{max} = PL3/3EI = 52.2 \times 1000 \times (0.3 \times 1000)3/3/206000/(396.6 \times 10000) = 0.7\text{mm}$

变形可以忽略。

支架受力满足要求。

（2）锚栓验算

锚栓选用 HST M20，混凝土强度等级为 C40，单根锚栓极限承载力抗拉为 76kN，抗剪为 119kN。

竖向支撑底座 6 根锚栓，剪力为 $F = 156.6/3 = 52.2\text{kN}$，弯矩为 $52.2 \times 0.3 = 15.7\text{kN}\cdot\text{m}$

剪力验算：$119 \times 6 = 714\text{kN} > 52.2\text{kN}$，满足要求

拉力验算：$76 \times 2 \times (0.2 + 0.4) = 91.2\text{kN}\cdot\text{m} > 15.7\text{kN}\cdot\text{m}$，满足要求

拉剪复核验算：

$(52.2/714)\ 2 + (15.7/91.2)\ 2 = 0.03 < 1$

锚栓拉剪复核满足要求。综上，支架满足要求。

5.10.4 FP27 外环竖向支撑承载力验算

FP27 内环竖向支撑共 1 个，共承受 78.3kN

竖向支撑为双⊏16 号槽钢，斜撑和横撑均为双⊏12.6 号槽钢，竖向支撑底座锚栓为 9 根 HST M20，斜撑底座锚栓为 6 根 HST M20。

竖向支撑侧向受力简化为一端固结的悬臂梁，固结点为斜撑与竖向支撑联结点。斜撑仅作为固结点，受力作为安全储备。

（1）支架验算，支架受力图，见图 1-5-11。

主要技术参数：

$F=78.3\text{kN}$

$L=0.4\text{m}$

惯性矩 $I=866.2\times2=1732.4\text{cm}^4$

抵抗矩 $W=108.3\times2=216.6\text{cm}^3$

$[\sigma]=215\text{N/mm}^2$

弹性模量 $E=206000\text{N/mm}^2$

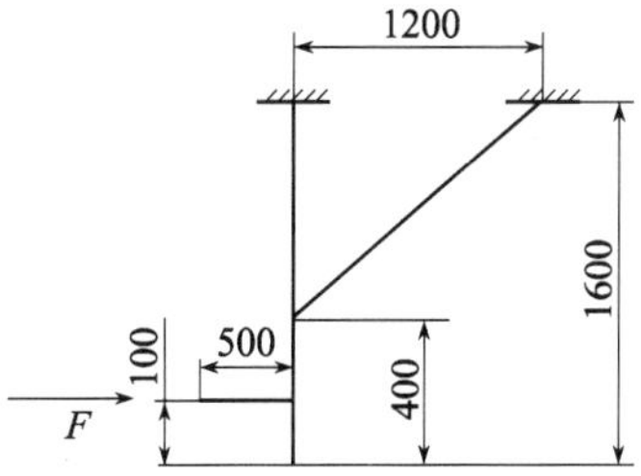

图 1-5-11　支架受力图

根据《建筑结构静力计算手册》，$M_{max}=FL$

$\sigma=M_{max}/W=78.3\times0.4\times1000000/216.6/1000=145\text{kN}\leqslant[\sigma]=215\text{N/mm}^2$

在此力作用下，杆件末端变形为：

$f_{max}=PL3/3EI=78.3\times1000\times(0.4\times1000)3/3/206000/(1732.4\times10000)=0.2\text{mm}$

变形可以忽略。

支架受力满足要求。

（2）锚栓验算

锚栓选用 HST M20，混凝土强度等级为 C40，单根锚栓极限承载力抗拉为 76kN，抗剪为 119kN。

竖向支撑底座 9 根锚栓，剪力为 $F=78.3\text{kN}$，弯矩为 $78.3\times0.4=31.3\text{kN}\cdot\text{m}$

剪力验算：$119\times9=1071\text{kN}>78.3\text{kN}$ 满足要求

拉力验算：$76\times3\times(0.2+0.4)=136.8\text{kN}\cdot\text{m}>31.3\text{kN}\cdot\text{m}$ 满足要求

拉剪复核验算：

$(78.3/1071)2+(31.3/136.8)2=0.06<1$

锚栓拉剪复核满足要求。

综上，支架满足要求。

5.10.5　固定支架侧向调整后轴心受压稳定性分析

固定支架设置侧向斜拉组件后，斜拉 M16 螺杆承受拉力，竖向空心内丝套筒承受轴心压力。由于斜拉杆和竖向空心内丝套筒形成稳定的三角形结构，所以只要验算空心内丝套筒的轴心受压满足要求就可以说明整个支架体系是稳定的。

$\phi32\times3\text{mm}$ 的空心内丝套筒的力学参数：

$A=2.73\text{cm}^2$，$i_x=1.03\text{cm}$，$i_y=1.03\text{cm}$

杆件长度为 1.5m，$\lambda=1500/10.3=145$，$\lambda(f_y/235)\ 0.5=138$

查 b 类截面轴心受压构件的稳定系数 $\phi=0.353$

假定钢管对整个结构受力无贡献，经分析，39°弯头条件最不利。每个固定支架位置侧向力 $78.3/3\times2=52.2\text{kN}$，拉杆角度为 30°，则竖向压力 $52.2\times\sin300=26.1\text{kN}$（满水管道自重为 9kN，计算时未考虑其正向影响）。

则 $\sigma=N/\phi A=26100/0.353/273/2=135\text{N/mm}^2<215\text{N/mm}^2$　轴心受压满足要求。

压杆变形 $\Delta L=FL/EA=26100\times1500/206000/273=0.7\text{mm}$，$\Delta L/L=0.7/1500=0.00047$。变形予以忽略。

综上，支架稳定性满足要求。

5.10.6　固定支架侧向调整后位移分析

固定支架设置侧向斜拉组件后，斜拉 M16 螺杆承受拉力，假定其他杆件对杆件变形无抗力影响，斜拉螺杆按最大荷载 50kN 计算，拉杆长度按最大 3000mm 计算，则变形量为 $\Delta L=FL/EA=50000\times3000/206000/200=3.6\text{mm}$。由于拉杆伸长造成管道侧向偏移量最大为 3.6mm。（由于拉杆与楼板有角度，当角度为 30°时，水平位移为 $3.6\times0.866=3.1\text{mm}$）

由于该位移较小，且在弹性变形范围内，位移分析满足要求。

综上所述，调整后整个支架体系满足要求。

6 国家大剧院空调冷冻机房安装施工技术

6.1 冷水机组吊运

6.1.1 工程概况

制冷机房位于国家大剧院203区S4段，-14.5m至-8.5m空间内，制冷机房正上方至-2.5m空间为热力机房。

施工内容：制冷机房内共有制冷机组5台，分布在机房内71-1/71轴，3B-3C轴之间。制冷机组外形尺寸分别为5251mm×2713mm×3280mm和4343mm×1880mm×2330mm，制冷机组重量分别为17t、9.3t。

在制冷机房和热力机房顶板上已预留6240mm×3600mm的设备吊装洞，吊装洞口旁边的墙体高出洞口约2m。墙外侧是汽车坡道，坡道宽度为11m，坡道底部平缓处墙高为9m，将吊车置于坡道底部的平缓处。需要根据情况使用液压汽车吊车将机组从吊装孔放入制冷机房内，并搬运至基础上就位。

6.1.2 吊运方案选择

针对制冷机房的独特安装位置和机组本体尺寸及重量均较大的特殊情况，设计了三种吊装方案，见表1-6-1。

吊装施工方案对比 **表1-6-1**

编　　号	方　案　1	方　案　2	方　案　3
施工方案名称	斜立人字桅杆提吊	自行式起重机提吊	龙门桅杆单点提吊
有无设备	有	租赁	无
场地空间	允许	允许	不允许
建筑结构	不允许	允许	允许
高空作业	较多	少	较多
劳力消耗	较大	少	较大
工期（天）	20	5	25
对比分析	高空拆除作业多，缆风绳及锚点多，结构空间难点多	安全、可靠，但租赁费用大	制作费用高，拆装工程量大，占用通道、场地

对比结论：1号、3号方案高空危险作业多，费工费时，不可预见因素较多。对进口设备采用此方法吊装，可靠性差，危险性大，不宜采用。故选用自行式汽车起重机吊装方案，机械化程度高、工期短、安全可靠，本市具备大型自行式起重机可供选择。

6.1.3 吊装机具主要参数选择

（1）根据现场测量吊车操作台距吊装洞口距离为20m，坡道西侧墙体高度为9m，设备最大高度3.3m，吊绳长度4m，墙体上的围沿高出洞口约2m，吊车杆头至吊钩最小长度约2m，所以吊车伸臂后垂直高度为9+3.3+4+2+2=20.3m。吊车必须满足回转半径在10m时，提升高度在25m以上，起重吨位能达到20t以上。

（2）可供选择的汽车起重机主要参数，详见表1-6-2。

汽车起重机主要参数 **表1-6-2**

序　　号	1	2
规格型号	NK1200	LTMI160/2
最大额定起重量（t）	120	160

续表

序　　号	1	2
外形尺寸（m）长×宽×高	15.4×3×4	17.2×3×4
自重（t）	51.8	62
左右支腿伸出宽（m）	8	8.4
起升高度（m）	27m 时	27m 时
起重量（t）	9.9	19.1
回旋半径（m）	10	15

对比以上参数，在此次施工中选用 LTMI160/2 型 160t 汽车起重机吊装冷水机组。

（3）吊装机具计算及选择详见表 1-6-3 吊装机具计算及选择。

吊装机具计算及选择　　**表 1-6-3**

名　　称	代　　号	数　　值	单　　位	来源及公式	选　择　机　具
机组本体重量	Q	18	t	设计资料	
动载系数	K_1	1.1		查手册取值	
计算载荷	Q_1	19. 8	t	$Q_1 = Q \times K_1$	
机组吊耳间距	L_1	3	m	设计资料	
机组吊索长度	L_2	3	m	设计取值	
吊索与水平面夹角	α	60	度	$\alpha = \arccos\ (1.5/3)$	
机组吊耳数量	n	4	个	实际数值	
每个吊耳拉力	f	5.75	t	$F = Q/n/\sin\alpha$	
卡环直径	d	31	mm	$d = \sqrt{f/60}$	选用 7t 螺旋式卸扣
吊绳安全系数	K	6		设计取值	
吊绳破断拉力	P_b	34.5	t	$P_b = f \times K_1$	
钢丝绳捻制折减系数	ϕ	0.82		按绳结构 6×37 取值	
钢丝公称抗拉强度	σ_b	1250	N/mm^2	设计取值	
钢丝断面面积和	$\sum F$	276	mm^2	$\sum F = P_b/\phi\sigma_b$	
吊绳直径	D_1	22.5	mm	破断拉力 607.5kN	

6.1.4　机组吊装设计

根据 LTMI160/2 型 160t 汽车起重机的特性曲线、起重表可知道，当主臂长度 30m 时起升高度 25m，回转半径 20m，吊车额定起重量为 25t。

（1）吊装作业中的计算载荷

吊装的计算载荷，按下式计算：$Q_{计} = K_1\ (Q + q)$

式中　K_1——起升机构动载荷系数：起升速度控制在小于 0.16m/s，取 $K_1 = 1.1$；

Q——被吊设备重量，18.0t；

q——绳索吊具的重量，1.0t。

将有关数值代入后，得 $Q_{计} = 20.9t$，小于吊车额定起重量，满足吊装工艺要求。

（2）平面布置及落点位置设计及计算

机组卸车示意图如图 1-6-1 所示，吊装孔直径 3.6m，孔边至 2/3*B* 轴 2.5m，所以吊装孔中心距 2/3*B* 轴 4.3m。

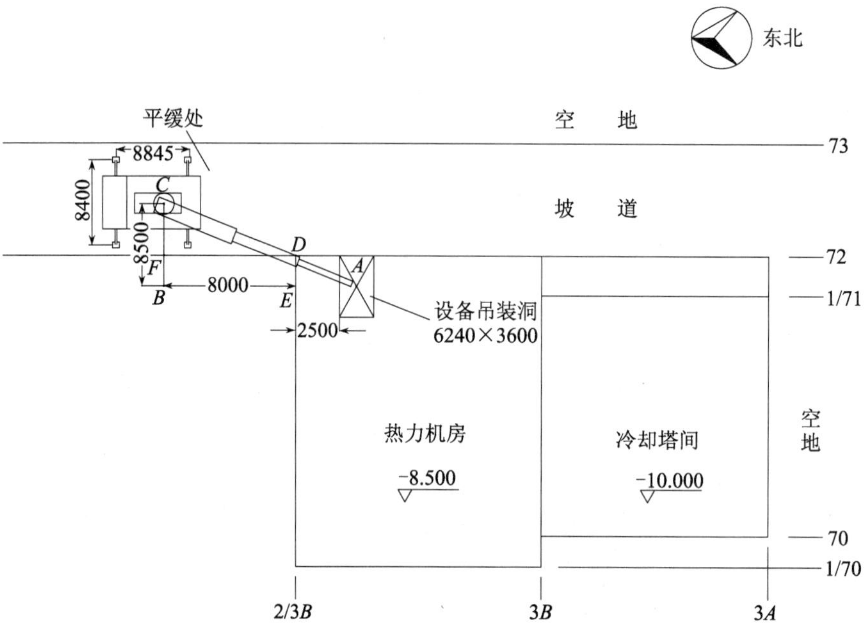

图 1-6-1 机组卸车位置示意图

考虑起重机配重的回转，取 $BE=8\text{m}$，则 $AB=12.3\text{m}$。由于吊臂回转半径 $AC=15\text{m}$，则 $BC=8.5\text{m}$。由于吊装孔为 6.24m 长，所以 $CF=BC-BF=8.5-6.24/2=5.38\text{m}$，取值 5.4m。

由以上计算可知，起重机回转中心 C 点定位尺寸为：距 72 轴 5.4m，距 2/3B 轴 8m。吊装中心 A 点的尺寸为：距 72 轴 3.12m，距 2/3B 轴 4.3m。

吊装示意图如图 1-6-2 所示，当吊臂长 50m，回转半径 14m 时，其水平夹角为 α，计算得 $\cos\alpha=0.332$，则 $\alpha=70.6$ 度。计算得 N 点标高为 49.16m，则 $AF=4.24\text{m}$，$AD=3.04\text{m}$，满足机组吊装要求。

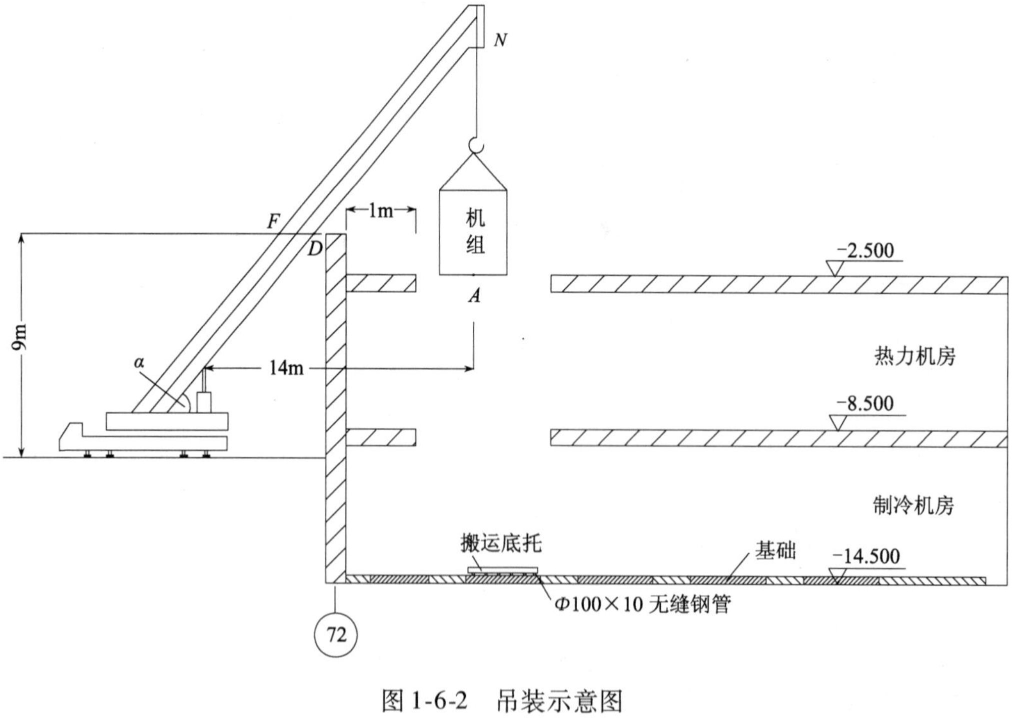

图 1-6-2 吊装示意图

当吊臂箱体厚度取 1m，在无载荷变形、理想情况下，吊臂边缘与 2/3B 轴最大间隙经计算为 0.6m，则该间隙不会产生抗臂，能够满足工艺要求。

6.1.5 吊装施工程序

吊装施工程序如图 6.1.5 所示。

6.1.6 机组吊装准备

（1）进行现场勘查，确定吊车架设位置，停车时车头朝向东北方，将吊车支腿伸出为最大距离 8.4m，在吊车支腿下铺设枕木增大受力面积。检查吊装设备情况，使机具能够处于良好的工作状态。

（2）制冷机房内土建专业应完成设备基础及地面的施工。在制冷机房内利用 1/3B 轴、2/70 轴交点处的 1200mm × 1000mm 的混凝土柱作为固定慢速卷扬机的锚点，在机组南侧靠近 3B 轴、基础北侧靠近 2/3B 轴、及机房内的地面制作滑轮组使用的地锚点 6 处，需要做地锚的地方使用水钻打孔，打穿混凝土面层后，在洞内插入 ϕ48 架子管作为地锚。

（3）根据机组厂家提供的数据可知，机组基础上的加强肋高出整体基础 150mm。整体基础约高出地面 100mm。在制冷机房内地面上基础间铺设 100mm × 300mm 枕木（机组水平搬运枕木布置见图 1-6-3），使整体基础与地面处于同一水平高度，在整体基础上基础加强肋两侧，沿机组前进方向纵向平铺 300mm × 200mm 枕木，枕木上放置滚杠。

6.1.7 冷水机组吊装过程

施工准备工作全部就绪，机组全部到场指定位置。160t 吊车在夜间进入现场停入指定位置，次日吊装前按吊装设计方案及有关安全、技术规程要求检查机械设备、起重机具、吊索具。确认完好无误后，先进行无负荷模拟吊装实验以校验设计方案数据，检查指挥联络信号传递情况，各操作岗位配合协调程度，确认无误后进行机组本体离地 100mm 试吊，再次检查起重机、吊具、索具及前后支腿稳固情况。

各方面没问题后方可进行调运。

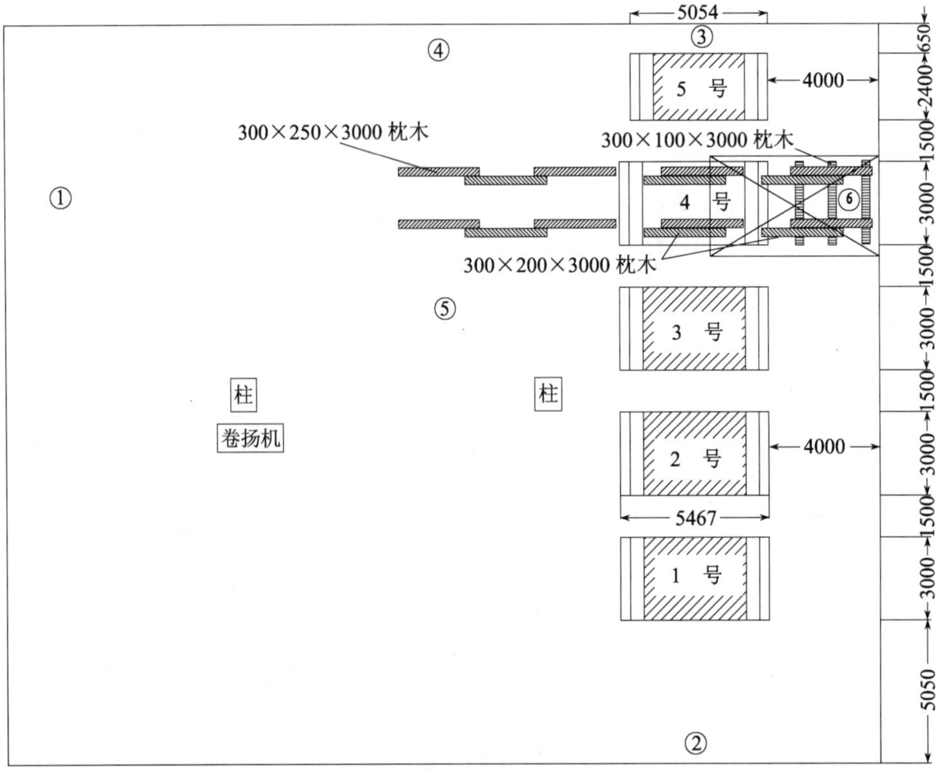

图 1-6-3　机组水平搬运枕木布置图

(1) 机组垂直运输

1) 吊装时，选用160t液压汽车吊进行施工。汽车吊支车点选在坡道下坡后的平缓处，车头朝向东北方停稳，将支腿伸出，吊车宽度为8.4m。在吊车的4个支腿下，加装1500mm×1500mm支撑底盘，地面用200mm×200mm枕木摆一层2000mm×2000mm垫木。将吊车的支撑底盘落在钢板上使支点受力分散，并在吊车支腿的中间用枕木垛支撑，作为附腿用来减少每个支腿受力，确认支腿受力地点地面做法能够承受支腿力量。将吊车支起，并检查吊车各运转部位。起重车将吊具、钢丝绳（直径22.5）拴挂在冷水机组的4个吊点上。

2) 160t吊车将吊臂旋转至机组摆放位置的上方，吊车伸出吊臂，放下吊钩，起重工将已拴挂好冷水机组的钢线绳挂在吊钩之上。吊车起吊，待设备将要离开地面时，检查吊车各部位和设备各拴挂点，确认无误后开始吊装。离地100mm时再次检查吊车支点及设备吊点拴挂处是否稳定牢固。确认无隐患后指挥吊车将设备吊起。

3) 吊车将设备吊起，达到移动高度，转动吊臂，将机组转至洞口的正上方时，将机组按安装方向确定机组的进入方向，并将机组扶稳。将机组缓慢放入吊装洞内，并缓慢下降，将机组平稳放落在制冷机房内，放置在滚杠上的搬运底托上。

(2) 机组水平运输

1) 水平运输时，利用设在制冷机房内的慢速卷扬机作为牵引动力，利用机房内的混凝土柱脚或在地面使用架子管做好的地锚固定导向及牵引滑轮组。

2) 水平移动前，沿机组前进方向基础与地面间已用枕木垫平。沿前进方向再纵向铺设枕木滚道，外边宽度稍大于搬运底托宽度。枕木上再安放 $L=3000$mm 的滚杠。

3) 机组从预留洞吊运到制冷机房内落在搬运底托上，导向滑轮与机组相连。驱动卷扬机使搬运底托平稳滚动，并保持每个搬运底托下不少于6根滚杠。充分利用地形地物做地锚不断变换导向滑轮，当导向滑轮已不能发挥作用时，可改用撬杠人工驱动至基础平台上。先使机组到达4号机组的基础平台。

然后再将机组横向移至对应的基础之上。

4）当1号机组水平移动时，首先在1号地锚点处设置导向滑轮，运至4号机组的基础上之后，将机组的一端用千斤顶起，撤出搬运底托、枕木、滚杠，将底托、滚杠和枕木调转90度角后重新放置于机组下方，将机组缓慢放落于搬运底托之上，机组另一端同样使用这种方法将下面的底托、滚杠、枕木转向。使用2号锚点设置导向滑轮，将机组运至基础之上（滑轮组示意如图1-6-4所示）。2号、3号机组水平移动时，运输步骤与1号机组相同。5号机组移动时，同样先使用1号锚点运至4号基础之上，撤出机组下的搬运底托，调整好机组下的滚杠、枕木方向后使用3号地锚点设置导向滑轮，将5号机组运至基础之上。由于在制冷机组吊装施工完成后，还有其他设备及管道要利用吊装洞运入制冷机房，所以当4号制冷机吊入制冷机房后暂不就位，4号机组运入制冷机房后，利用1号、4号地锚点设置导向滑轮，将机组移至5号机组西侧的墙边。待所有设备吊装完成后，利用5号地锚点将4号机组平移至基础西侧，然后利用6号地锚点设置导向滑轮，将4号机组平移至基础之上。

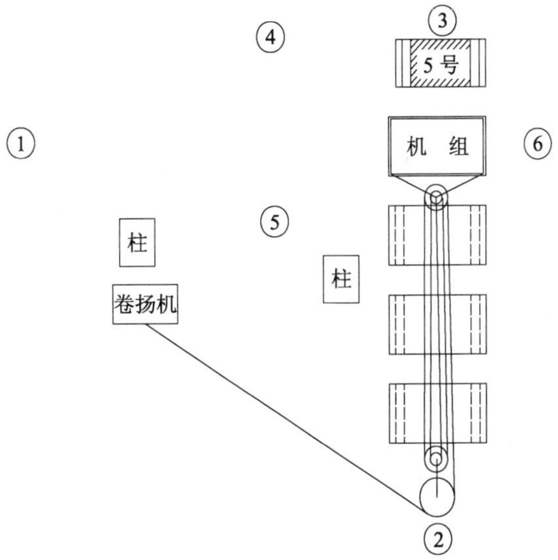

图1-6-4　滑轮组示意图

6.1.8　机组就位

（1）当机组运到基础平面上时，机组两端各用2台10t垮顶，顶升机组，用撬杠撬起搬运底托的同时退出滚杠、枕木。

（2）再次降低垮顶高度，使机组与搬运底托保持10~15mm间隙撤出搬运底托，同时用四块200mm×200mm×50mm的木方垫在机组底座下面。搬运底托安全退出后，缓慢降低垮顶高度，使机组落在方木上。将垮顶移至机组两端，在机组上选择临时支撑点将机组顶起，同时取出50mm厚木方，降低垮顶高度直至机组落至基础平台的橡胶减振垫上。机组上所选择的临时支撑点应经厂家、监理、分部认可。每台机组均应按上述方法进行操作。

（3）机组就位后，纵向和横向安装水平偏差均不应大于1/1000，并应在底座或与底座平行的加工面上测量。

6.2　空调冷冻机房安装

6.2.1　工程概况

机房位置：制冷机房位于国家大剧院203区S4段，-14.5m至-8.5m空间内，制冷机房正上方至-2.5m空间为热力机房。

施工内容：本制冷机房是国家大剧院空调冷水系统的中心，担负着大剧院空调系统中空调冷水（ACL）、地板辐射冷水（RCL）、风机盘管冷水（FCL）的制冷工作。制冷机房主要工作量：制冷机组5台（其中离心式冷水机组4台，螺杆式冷水机组1台）、水泵安装21台、分集水器安装2台、水处理设备安装 5 套、气压罐安装 1 个、水箱安装 2 个、管道安装 1400m。

6.2.2　施工技术要求

（1）工艺流程

管道组成件及管道支承件的检验——管道放线、放样——管道支吊架制作——管道支吊架安装——管道安装——管道试压——管道冲洗——管道保温

（2）管道安装

1）管道安装说明：详见管道使用材料、保温材料表（表 1-6-4）和管道保温层厚度要求表（表 1-6-5）。

管道使用材料、保温材料表　　　　表 1-6-4

序　号	管道名称	管道材料	保温材料	备　注
1	空调采暖热水管	热镀锌管（*DN*25～*DN*40） 无缝钢管（*DN*50～*DN*500）	柔性泡沫橡塑管壳	
2	空调冷水管			
3	室内冷却水管	焊接钢管	/	
4	室外冷却水管		自控电热线	防冻

管道保温层厚度要求表　　　　表 1-6-5

序　号	管道类型	管　径	保温厚度	保温材料
1	空调冷水管	≤*DN*100	30mm	柔性泡沫橡塑管壳
2		≥*DN*125	40mm	
3	室外冷却水管		75mm	铝箔玻璃棉

2）管道安装方案选择、支吊架制作、安装

根据现场情况，原图纸位置施工距离不足无法施工，现将冷却水泵（CP3、CP3'）基础北移 1.1m。拟将水泵位置略作调整，将制冷机自南向北分别编号为 1 号、2 号、3 号、4 号、5 号，1 号～4 号制冷机对应的冷却水泵按原图纸位置，自东向西分别为 1 号～4 号冷却水泵，原图纸中 1 号～4 号制冷机对应的冷冻水泵自西向东排列，现调整为自东向西排列，水泵进出口方向按原设计图纸保持不变。

3）管道支吊架形式确定

根据图纸中管道标高、走向，确定管道支吊架形式。

制冷机房管道安装时以 2/70 轴为界限，轴线东西两侧划分为两个区域。东区管道主要分 3 层，最高 4.1m，为冷却水管道和冷冻水总管。第二层标高 3.5m，为编号 CP3 的冷冻水泵出水管、旁通管。第三层管道标高 3.1m，为 CP1 水泵出水管。西区管道主要分两层，标高 3.6m 为系统循环水泵出水管道总管，标高 2.9m 为系统循环水泵进水管道总管。

管道安装时，首先安装 *DN*600 冷却水回水管道和 *DN*500 冷冻水供水管道，原设计中，*DN*600 冷却水回水管道标高为 4.2m，*DN*500 冷冻水供水管道标高 2.5m，现将两管道提到同一标高 4.1m，管道上皮距主梁下皮 250mm，以便于电专业施工。

上述两管道使用同一龙门吊架，龙门架使用 16 号槽钢制作，龙门架生根钢板使用 6 个 12 号膨胀螺栓固定在梁的侧面（详见图 1-6-5）。

东墙旁边 *DN*250 的 FCL1、FCL2 管道原设计标高分别为 2.9m、3.25m，在 3.95m 标高还有一根相同走向的 *DN*150 消火栓管道。现考虑电器专业施工，将这三根管道标高进行调整，*DN*250 的 FCL1、FCL2 管道标高为 3.6m，消火栓管道标高降低，与上述两根管道使用同一支架。使用 16 号槽钢制作 L 形吊架，吊架一端生根在墙上，另一端生根在顶板上，生根钢板焊接在预埋钢板上，无法使用预埋钢板的位置使用 M12 膨胀螺栓固定（详见图 1-6-6）。

冷却水泵入口前 *DN*800 的 CD1 管道中心标高与水泵进口管道中心标高一致，此管道使用 16 号工字钢制作门形支架（详见图 1-6-7）。

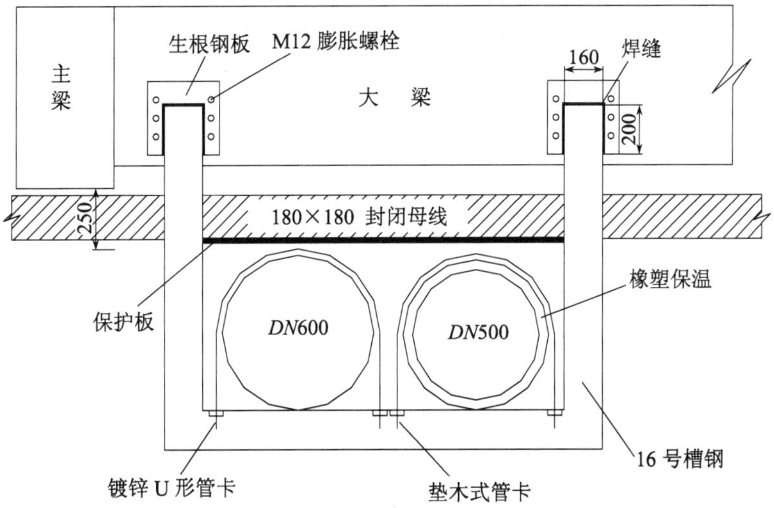

图 1-6-5　龙门吊架

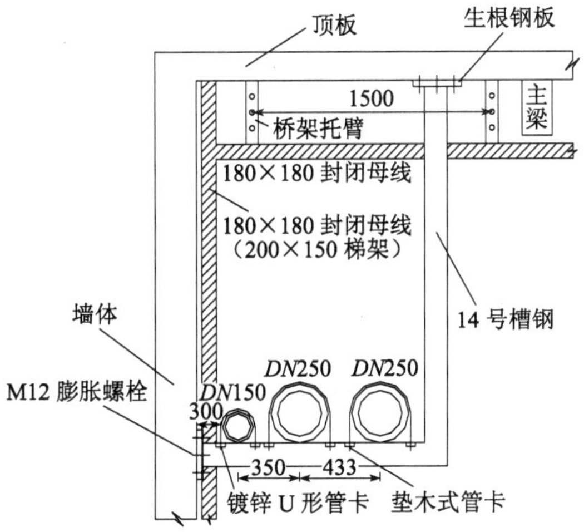

图 1-6-6　L 形吊架

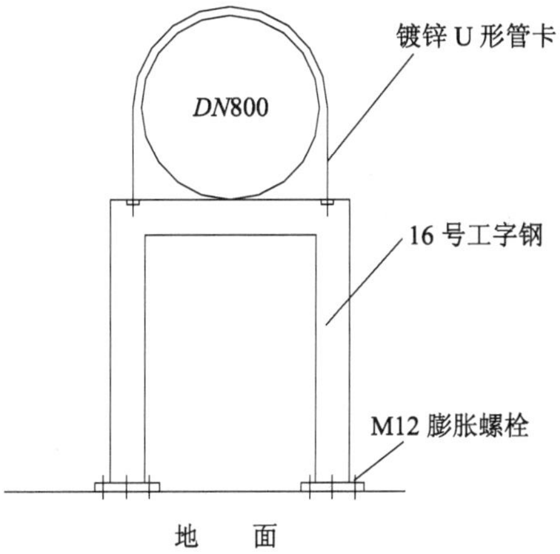

图 1-6-7　门形支架

支架制作前，应根据图纸管道位置、走向放线，遇到距离紧张的位置应根据阀门、管件等的具体尺寸放线、测量，然后确定支架形式、位置。

4）管道支吊架制作、安装

管道支、吊架应利用原墙体和顶板及梁上的预埋铁，如无法使用预埋铁，应在墙体、顶板、梁上制作预埋铁生根。生根钢板使用 $\delta=10$ 或 12mm 钢板，钢板大小为 350mm×350mm，每块钢板使用 6 个不小于 M12 的膨胀螺栓固定，槽钢与生根钢板必须满焊，焊缝高度满足规范要求。

支架拐角处应使用一根槽钢折 45°角后满焊，不得采用两槽钢拼接的方式。

门形支架和龙门吊架下料后，焊接前使用角钢或钢管点焊在支架两端立柱上固定，待支架安装后再将角钢或钢管切除，防止支架焊接冷却后出现收口现象。

根据不同管道使用不同形式管卡，管卡螺栓孔必须使用台钻打孔，不得使用气焊割孔。

5）受力载荷分析

A. 膨胀螺栓受力校核

图 1-6-5 所示吊架膨胀螺栓所受为剪切力，受力分析如下：

支架间距 4.5m，管道质量：

$\phi530\times12$　153.29kg/m　$153.29\times4.5=689.805\text{kg}=0.69\text{t}$

$\phi 630\times 12$　183.88kg/m　$183.88\times 4.5=827.460\text{kg}=0.83\text{t}$

管道内水重量：

$DN500$ 管道内水重量：$0.265^2\times 3.14\times 4.5=0.9923\text{t}$

$DN600$ 管道内水重量：$0.315^2\times 3.14\times 4.5=1.4020\text{t}$

两管道满水时质量：

$0.69+0.83+0.9923+1.4020=3.9143\text{t}$

M12 金属膨胀螺栓允许剪力：

$7.3\text{kN}=7.3\times 102\text{kg/kN}=744.6\text{kg}=0.7446\text{t}$

每块生根钢板使用 6 个 M12 膨胀螺栓固定，每个龙门架使用两块钢板，共 12 个膨胀螺栓。

12 个膨胀螺栓能够承受的剪切力为 $0.7446\times 12=8.9352\text{t}$

安全系数：$8.9352/3.9143=2.28$

每块钢板使用 6 个 12 号膨胀螺栓能够满足受力要求。

B. 焊缝受力校核：

焊缝长度：$200+200+160=560\text{mm}$

16 号槽钢厚度 8.5mm，拉力 $3.9143\text{t}=3914.3\text{kg}$　$f=38966.02=39\text{kN}$

材料许用切应力 $[\tau]=108\text{MPa}$。

$F_Q=F=39\text{kN}$，$A=2\delta\cos 45°$

$\tau=F_Q/A=FQ/2\delta l\cos 45°\leqslant[\tau]$

$l\geqslant F_Q/2\delta l\cos 45°=39\times 10^3/(2\times 108\times 10^6\times 8.5\times 10^{-3}\times\cos 45°)=0.03\text{m}=30\text{mm}$

焊缝强度满足受力要求。

6）焊接管道安装：

成排管道安装时，要尽量做到不同管径管道保温后间距相同。

A. 焊接钢管的管子接口准备工序

清除接口处的浮锈污垢及油脂。钢管切割时，其割口的断面层与管子中心线垂直，以保证管子焊接完毕的同心度。

切割坡口是为了保证施焊过程中，管壁能充分焊透，坡口常用的对口形式及对口的要求应符合表 1-6-6对口形式及对口要求。

对口形式及对口要求　　**表 1-6-6**

接头名称	对口形式	接头尺寸				备注
管接头为 V 形坡口	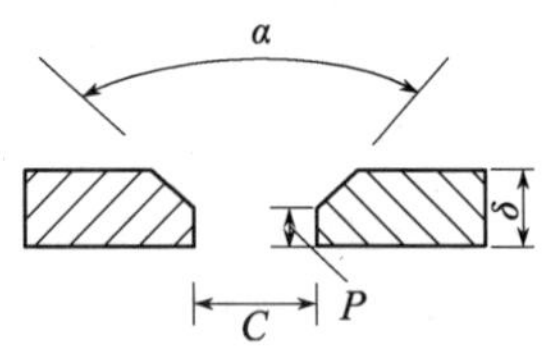	壁厚	间距	钝边	角度	$\delta\leqslant$4mm 管子对接如能保证焊透可不开坡口
		δ	C	p	α	
		5~8	1.5~2.5	1~1.5	60~70	
		8~12	2~3	1~1.5	60~65	

坡口成形可采用气割或使用坡口机加工，但应清除渣屑和氧化铁并用手持砂轮机打磨至露出金属光泽。

B. 管道表面处理

管道在安装前应对管道进行表面清理，表面清理方法一般是除油除锈。当管道表面有较多油污时，应先去处油污，干燥后进行除锈，除锈时如金属表面浮锈较厚，应先用锤敲掉锈层，但不得损伤金属表面，锈蚀不厚时，直接用钢丝刷、砂纸擦拭表面，直至露出金属本色，再用棉纱擦干净。去除管道表面浮尘。

C. 管道刷漆

表面处理完成后，可对管道刷漆，人工刷漆要求涂料均匀，用力往复涂刷，不应有“花脸”和局部堆积现象。涂漆时环境温度不得低于5℃，否则应采取相应的保温措施，遇雨雾露霜及大风天气不宜在室外涂漆施工，当漆层数在两层或两层以上时，要在前一层干燥后再刷下一层，每层厚度均匀，涂漆时，管道焊口处应留出不小于15cm，待打压工作完成，验收合格后再将焊口刷漆。

D. 管道焊接

直径相同的管子对焊时，两管壁厚度差不应大于3mm，异径管对焊时应使用成品大小头进行焊接。管道焊接应有加强高度和遮盖宽度，一般应符合表1-6-7管道焊接应有加强高度和遮盖宽度的要求。

管道焊接加强高度和遮盖宽度 **表1-6-7**

厚度		2~3	4~6	7~10	焊缝形式
无坡口	焊缝加强高度 h	1~1.5	1.5~2	—	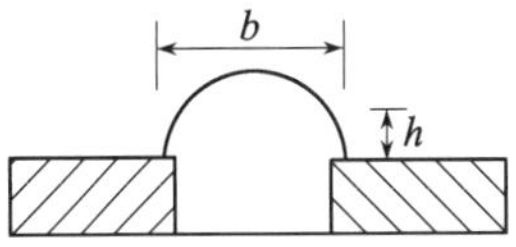
	焊缝宽度 b	5~6	7~9	—	
有坡口	焊缝加强高度 h	—	1.5~2	2	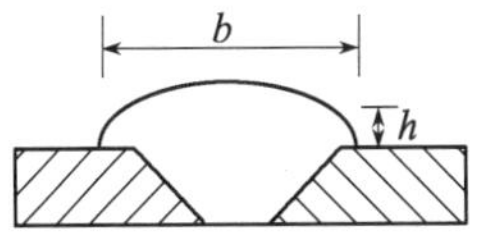
	焊缝宽度 b	盖过每边坡口约2mm			

管道焊口尺寸允许偏差应符合表1-6-8的要求。

管道焊口尺寸 **表1-6-8**

项目		允许偏差
焊口平直度	管壁厚度<10mm	管壁厚度的1/4
焊缝加强面	高度	1mm
	宽度	
	深度	<0.5mm
咬边长度	连续长度	25mm
	总长度	小于焊缝长度的10%

管道焊接后，应作外观检查，如焊缝缺陷超过规定标准，应按表1-6-9焊缝缺陷来修改。

焊缝缺陷 **表1-6-9**

序号	缺陷种类	允许程度	修整方法
1	焊缝尺寸不符合标准	不允许	焊缝加强部分如不足，应补焊，如过高过宽则作修整
2	焊瘤	严重的不允许	铲除
3	咬肉	深度大于0.5mm连续长度大于25mm	清除后补焊
4	焊缝及热影响区有裂纹	不允许	铲除缺陷后补焊
5	焊缝表面弧坑夹渣气孔	不允许	将焊口铲除后重焊
6	管子中心线错开或弯折	超过规定的不允许	修整

E. 管道三通制作方法

在大管径管道上开小管径管道三通时，保证不同管径管道开三通时焊口紧密结合（见图1-6-8异径三通和图1-6-9同径三通）

在主管道上开相同管径支管时，主管道上开支管统一使用同径开三通的方法。

（3）管道阀门、压力表、温度计安装

1）主管道上起切断作用的阀门以及输送设计压力大于1MPa的阀门，应逐个进行壳体压力试验和密封试验，不合格者不得使用。

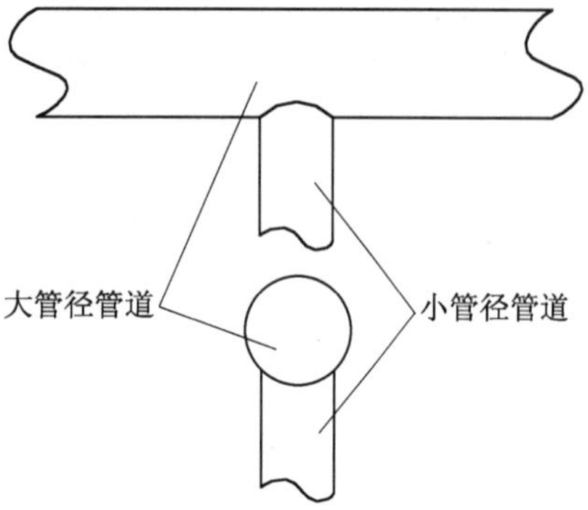

图 1-6-8　异径三通

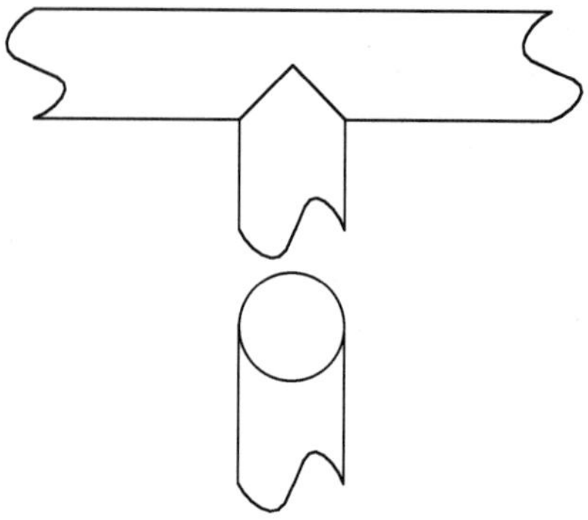
图 1-6-9　同径三通

2）阀门的壳体试验压力不得小于公称压力的 1.5 倍，试验时间不得少于 5min，以壳体填料无渗漏为合格；密封试验以公称压力进行，以阀瓣密封面不漏为合格。

3）普通阀门安装

A. 阀门安装前，应检查填料是否密实、完整，其压盖螺栓应留有调节余量。

B. 按设计文件核对其型号，并应按介质流向确定其安装方向。安装连接螺栓时，螺栓按水流方向连接，在制冷机出口、水泵出口等没有位置穿螺栓时，供回水阀门螺栓可按同一方向安装，同一法兰上螺栓方向必须一致，螺栓上完螺母后螺杆露出长度应为 1～2 扣，不得长于 5mm。

C. 当阀门与管道以法兰或螺纹方式连接时，阀门应在关闭状态下安装。

D. 水平管道上的阀门，其阀杆应安装在上半周范围内。

E. 阀门传动杆（伸长杆）轴线的夹角不应大于 30°，其接头应转动灵活。

F. 阀门的操作机构和传动装置应进行必要的调整，使之动作灵活，指示准确。

G. 安装阀门时，大口径管道上的阀门，应设有专门支架，不得以管道承重。

4）安全阀安装

A. 安全阀应垂直安装。

B. 安全阀的最终调校宜在系统上进行，应按设计文件规定的开启压力进行试调。试调时压力应稳定，每个安全阀启闭试验不得少于 3 次。

C. 安全阀经最终调校合格后，应作铅封。

5）压力表、温度计安装

A. 压力表、温度计安装时应符合规范、图集要求、安装在便于观察的位置。

B. 压力表、温度计安装在相同设备时，安装方向、形式和标高应一致。

（4）管道试压、冲洗

管道系统安装完毕，外观检查合格后，应进行管道水压试验。

空调采暖冷热水系统工作压力 0.8MPa，空调冷却水系统工作压力 0.4MPa。

根据机电分部 2003 年 10 月下发的《给水排水、空调水管道试压方案》，管道系统试验压力（强度试验）最高为 1.5MPa，最低为 1.0MPa。根据《通风与空调工程施工质量验收规范》GB 50243—2002，工作压力小于等于 1.0MPa 时，管道试验压力为 1.5 倍工作压力，但最低不小于 0.6MPa。综合上述内容，机房内空调水管道试验压力为 1.2MPa，冷却水管道试验压力为 1.0MPa。

管道使用水冲洗，以清除管道内的焊渣等杂物。

冲洗前，应拆除管道上所有调节阀，仪表用临时短管代替，局部区域加装临时短管，使系统构成完整回路（可利用冷却水水箱作为水冲洗的临时集水箱）。

管道分支较多，末端截面积较小时，可将干管中的阀门拆掉 1～2 个，分段进行冲洗，如管道分支不多，排水管可从管道末端接出。排水管截面积不应小于冲洗管道截面积的 60%。排水管应接入可靠的排水井或排水沟中，并应保证排泄畅通和安全。

水冲洗时，以系统内可能达到的最大流量或不小于1.5m/s的流速进行，不定时拆除、清洗过滤器中滤网，直到出口处的水色和透明度与入口处目测一致为合格。

管道冲洗后应将水排净。

（5）管道保温

管道保温时拼缝间隙不得大于2mm。同层错缝，上下层压缝，角缝为封盖式搭缝。各层表面应做严缝处理，缠绕紧密、牢固，多压缝，搭接尺寸应为带宽1/2。

（6）水泵的安装

1）泵安装应严格按照基础位置及尺寸，安装前应在水泵基础上放线，确定水泵中心线，安装后要保证同规格水泵在同一直线，水泵出口标高一致。水泵吊装时，吊钩、锁具、钢丝绳等应挂在底座或泵体和电机吊环上；不允许挂在水泵或电机的轴、轴承座及水泵进、出口法兰上。整体安装的水泵，纵向安装水平偏差不应大于0.10/1000，横向安装的水平偏差不应大于0.20/1000，并应在泵的进出口法兰面或其他水平面上进行测量。

2）水泵的吸入和排出管路的配置。

3）所有与泵连接的管路应具有独立、牢固的支撑，以消减管路的振动和防止管路的重量压在泵上。

4）与水泵连接的管道直径不应小于泵的入口和出口直径。

5）当采用变径管时，变径管的长度不应小于大小管径差的5~7倍，泵入口处须使用偏心变径。

6）吸入管路内不应有窝存气体的地方。当泵的安装位置高于吸入液面时，吸入管路的任何位置都不应高于泵的入口；水平支管段应有倾斜度（泵的入口处高），并不应小于5/1000。

（7）制冷机组安装

安装时要将机组就位找平、找正、稳好，机组上位前应根据底座外形尺寸，检查基础的相应尺寸。机组上位后，其中心应与基础轴线重合，四台离心机组应在同一基准标高线，允许偏差为±10mm。机组应在法兰等加工面上找平，允许偏差为1/1000。水平位置应以出口法兰面找平，机组应在同一水平线上。安装水泵偏差不应大于0.20/1000，测量部位在主轴外露部分或其他基准面上。

（8）箱、罐、分集水器的安装

1）箱、罐、分集水器安装前应检查管口的方向与位置、地脚螺栓孔与基础的位置，并应符合设计要求。

2）卧式设备的安装水平偏差和立式设备的铅垂度偏差均不宜大于1/1000。

6.2.3 制冷机组的试运转

（1）制冷机组系指包括压缩机、电动机及其成套附属设备在内的整体式或组装式制冷装置。

（2）制冷机组应在底座的基准面上找正、找平。

（3）制冷机组的自控元件、安全保护继电器、电器仪表的接线和管道连接应正确。

（4）制造厂出厂但未充灌制冷剂的制冷机组，应按有关的设备技术文件的规定充灌制冷剂；设备技术文件上没有规定的应按以下的顺序进行充灌：

1）气密性试验；

2）采用真空泵将系统抽至剩余压力小于5.3332kPa；

3）充灌制冷剂并检漏。

（5）制冷机组的气密性试验，应符合下列要求：

1）当按表1-6-10的规定区别试验压力为高低压系统有困难时，可统一按低压系统试验压力进行系统气密性试验；

气密性试验压力［MPa（kgf/cm^2）］ **表1-6-10**

制　冷　剂	高压系统试验压力	低压系统试验压力
R717＼R22	1.764	1.176
R12	1.568	0.98
R11	0.196	0.196

2）在规定压力下保持24h，然后充气6h后开始记录压力表读数，再经18h，其压力不应超过按式（6-2-3）计算的计算值。如超过计算值，应进行检漏，查明后消除泄漏，并应重新试验，直至合格。

$$\Delta P = P_1 - P_2 = P_1 \times (1 - (273 + t_2)/(273 + t_1)) \quad (6\text{-}2\text{-}3)$$

式中 ΔP——压力降［MPa（kgf/cm^2）］；

P_1——试验开始时系统中的气体压力［MPa（kgf/cm^2）］；

P_2——试验结束时系统中的气体压力［MPa（kgf/cm^2）］；

t_1——试验开始时系统中的气体温度（℃）；

t_2——试验结束时系统中的气体温度（℃）。

3）气密性试验中应采用氮气或干燥空气进行系统升压，试验压力见表1-6-10。

（6）制冷机组的气密性试验合格后，应采用真空泵将系统抽至剩余压力小于5.332kPa（40mmHg），保持24h，系统升压不应超过0.667kPa（5mmHg）。

（7）制冷机组充灌制冷剂时，应将装有质量合格的制冷剂钢瓶与机组的注液阀接通，利用机组的真空度，使制冷剂注入系统；当系统内的压力升至0.196～0.294MPa（2～3kgf/cm^2）（氟利昂）或0.098～0.196MPa（1～2kgf/cm^2）（氨）时，应对系统进行检漏；查明泄漏处后应予以修复，再充灌制冷剂；当系统压力与钢瓶压力相同时，即可开动压缩机，加快充入速度，直至符合有关设备技术文件的规定。

（8）制冷机组的试运转应符合下列要求

1）试运转前

A. 检查安全保护继电器的整定值；

B. 检查油箱的油面高度；

C. 开启系统中相应的阀门；

D. 给设备供冷却水；

E. 向蒸发器供载冷剂液体；

F. 将能量调节装置调到最小负荷位置或打开旁通阀。

2）启动运转

A. 启动压缩机，并应立即检查油压，待压缩机转速稳定后，其油压符合有关设备技术文件的规定（专门供油泵的先启动油泵）；

B. 容积式压缩机启动时应缓缓开启吸气截止阀和节流阀；

C. 安全保护继电器的动作应灵敏；

D. 应根据现场情况和设备技术文件的规定，确定在最小负荷下所需运转的时间；

E. 运转过程中应进行一系列各项检查，并做好记录：油箱油面的高度和各部位供油的情况；润滑油的压力和温度；吸、排气的压力和温度；进、排水温度和冷却水供应情况；运动部件有无异常声响，各连接部位有无松动、漏气、漏油、漏水等现象；电动机的电流、电压和温升；能量调节装置动作是否灵敏，浮球阀及其他液位计工作是否稳定；机组的噪声和振动。

F. 停车：应按设备技术文件规定的顺序停止压缩机的运转，最后关闭水泵或风机系统，并应排放所有易冻积水。

（9）制冷机组试运转后，应拆洗吸气过滤器和滤油器，并更换润滑油。

7 国家大剧院地板辐射采暖（制冷）系统安装施工技术

7.1 低温热水地板辐射采暖系统

7.1.1 地板采暖范围

国家大剧院部分地域的辅助采暖。

7.1.2 热源采用集中热水提供

（1）允许地板采暖施工高度≤90mm。

（2）采暖：供水温度44℃，回水温度34℃。

（3）总建筑面积：约194000m²，建筑高度：46.285m，其中：地板采暖系统施工面积5770m²。

7.1.3 系统形式

本工程采用分户地板辐射采暖方式。管道采用德国欧文托普（Oventrop）铝塑复合管，管道弯曲处弯曲半径不小于6*d*。分水器为德国“Oventrop”品牌，各环路设内置阀，集水器带环路接口装置，分、集水器上各环路支管阀门采用具有调节性能良好的配套球阀。地面铺设自熄型聚苯保温板，密度20kg/m³；聚苯板上铺0.2mm厚的真空镀铝聚酯薄膜。主要作用为保温、隔热、防潮、隔声、防水、并增强反射热量，为管材安装提供坐标和防止聚苯板在施工中损伤。边角保温、卡钉、护管、胶带和膨胀缝等辅材严格按照图纸设计及施工工艺要求有序安装。

7.1.4 采暖系统情况

热源：市政管网热水。热负荷：689.7kW。计算数据见表1-7-1。

国家大剧院地板辐射采暖计算数据　　表1-7-1

位　置	层　数	分集水器编号	面积（m²）	负荷（W）	房　间　号	地面做法	备　注
戏剧院	B1	RT-T1	300	34200	B1T-1001	楼13（145mm）	南部
	1	RT-T2	250	28500	1T-1001		南部
歌剧院	B1	RT-O1	440	50160	B1O-1001	楼13（150mm）	北部
		RT-O2	440	50160			
	1	RT-O3	700	79800	1O-1001	楼13（145mm）	南部
		RT-O4	580	66120			
		RT-O5	580	66120			
		RT-O6	700	79800			
		RT-O7	700	79800	1O-1002		北部
		RT-O8	700	79800			
音乐厅	B1	RT-C1	360	41040	B1C-1001		南部
	1	RT-C2	300	34200	1C-1001		南部
合计			6050	689700			

注：计算数据如下：
1. 地板采暖向上散热量为114W/m²；
2. 供回水温度为44/34℃；
3. 室温为8℃（值班采暖）；
4. 加热管外径为20mm；
5. 加热管间距约为500mm（供参考）；
6. 系统工作压力为0.6MPa。

7.1.5 施工工艺流程

材料进场验收→材料出库→施工准备→安装分、集水器→固定边界保温带→铺设保温板→铝塑复合管环路铺设→保温板打洞→冲洗→外观检验及水压试验→绑扎钢筋→安装膨胀缝→回填细石混凝土→二次试压→系统调试→成品保护。

7.1.6 地暖施工安装方法

（1）地面凹凸处剔除找平，砂土、杂物清理干净，保证地面平整，墙脚、柱脚与地面呈90°直角。

（2）冷/热媒集配装置应加以固定。

1）当水平安装时，将分水器安装在上，集水器安装在下，中心距为200mm，集水器中心距地面应不小于300mm。

2）当垂直安装时，分、集水器下端距地面应不小于150mm。

（3）边界保温带用的是20mm厚的聚苯板，其高度是由地面做到高出豆石混凝土层10mm处。

（4）绝热层应铺设平整、搭接严密，铺设接缝应错开，边界如果不是结构墙就采用10号槽钢做边界固定。

（5）铝箔保护层的铺设，在聚苯板上均匀抹胶，过5~10min待胶略干后再铺设铝箔保护层，铺设时除将管道固定在绝热层上的塑料卡钉穿越外，不得有其他破坏。

（6）按设计图纸的要求，进行放线并配管。同一通路的管路应保持水平，管间距的安装误差不应大于10mm。

（7）欧文托普铝塑复合管的弯曲半径，不应小于6倍管外径。

（8）填充层内的欧文托普铝塑复合管不应有接头。

（9）采用专用工具断管，断口应平整，断口面应垂直于管轴线。

（10）加热管固定点的间距，直管段不应大于700mm，弯曲管段不应大于350mm，圆弧的顶端用卡钉进行固定。

（11）辐射采暖系统安装间断或完毕的敞口处，要随时封堵。

（12）加热管出地面至分/集水器连接处，弯管部分不宜露出地面装饰层。加热管出地面至分水/集水器下部球阀接口之间的明装管段，外部应加装塑料套管。套管应高出装饰面150~200mm。

（13）在分/集水器附近以及其他局部加热管排列比较密集的部位，当管间距小于100mm时，加热管外部应设置柔性套管。

（14）加热管的环路布置不宜穿越填充层内的伸缩缝。必须穿越时，伸缩缝处应设长度不小于200mm的柔性套管。

（15）在40mm厚的豆石混凝土下面的保温层内做500mm×500mm间隔的小支墩，支墩高为40mm，含在保温层内，支墩为ϕ100mm圆形。

（16）在40mm厚的豆石混凝土现浇板内设置ϕ6.5-200单层双向钢筋网。指示灯周围应做加固筋。周边加一圈维护钢筋。

（17）在与内外墙、柱等垂直构件交接处应留不间断的伸缩缝，伸缩缝填充材料应采用搭接方式连接，搭接宽度不应小于10mm；伸缩缝填充材料与墙、柱应有可靠的固定措施，与地面连接应紧密。

（18）当地面面积超过30m^{2}或边长超过6m时，应按不大于6m间距设置伸缩缝，伸缩缝宽度不应小于8mm。

（19）伸缩缝应从绝热层的上边缘做到填充层的上边缘。

（20）一次水压试验的试验压力0.9MPa，稳压1h无漏水现象后，补压至0.9MPa且15min压力降不超过0.05MPa无渗漏为合格。

（21）混凝土填充层施工中，系统应保持不小于0.6MPa的压力，混凝土填充层养护过程中，系统应不小于0.4MPa的压力。

（22）填充层的养护周期，应不小于48h。

（23）混凝土填充层养护期满之后，做第二次水压试验的试验压力0.9MPa，稳压1h无漏水现象后，补压至0.9MPa且15min压力降不超过0.05MPa无渗漏为合格。

7.2 地板辐射制冷系统

7.2.1 地板制冷范围

国家大剧院部分地域的辅助制冷。

7.2.2 冷源采用集中冷水提供

（1）允许地板制冷施工高度≤90mm。

（2）制冷冷媒：供水温度 17.5℃，回水温度 20.5℃。

（3）制冷系统管材采用聚丁烯 PB 管。

（4）总建筑面积：约 194000m²，建筑高度：46.285m，地板制冷系统工程施工总面积为 9005m²。

7.2.3 制冷系统情况：

（1）冷源：国家大剧院制冷机房。

（2）冷负荷：129.672kW。

（3）国家大剧院地板制冷计算数据，见表 1-7-2。

国家大剧院地板制冷计算数据　　表 1-7-2

位置	层数	分集水器编号	面积（m²）	负荷（W）	房间号	地面做法	备注
戏剧院	2	RT-T3	125	1800	2T-1001	楼 14（110mm）	南部
戏剧院	2	RT-T4	290	4176	2T-1001	楼 14（110mm）	南部
戏剧院	2	RT-T5	100	1440	2T-1001	楼 14（110mm）	南部
戏剧院	2	RT-T6	260	3744	2T-1002	楼 14（110mm）	北部
戏剧院	3	RT-T7	165	2376	3T-1001	楼 14（110mm）	南部
戏剧院	3	RT-T8	180	2592	3T-1001	楼 14（110mm）	南部
戏剧院	3	RT-T9	90	1296	3T-1002	楼 14（110mm）	北部
戏剧院	4	RT-T10	120	1728	4T-1001	楼 14（110mm）	北部
戏剧院	4	RT-T11	170	2448	4T-1001 4T-1201	楼 14（110mm）	南部
戏剧院	4	RT-T12	250	3600	4T-1001 4T-1201	楼 14（110mm）	南部
戏剧院	4	RT-T13	280	4032	4T-1001 4T-1201	楼 14（110mm）	南部
歌剧院	2	RT-O9	210	3024	2O-1001	楼 13（110mm）	北部
歌剧院	2	RT-O10	210	3024	2O-1001	楼 13（110mm）	北部
歌剧院	2	RT-O11	170	2448	2O-1001	楼 13（110mm）	北部
歌剧院	2	RT-O12	170	2448	2O-1001	楼 13（110mm）	北部
歌剧院	3	RT-O13	210	3024	3O-1001	楼 13（145mm）	北部
歌剧院	3	RT-O14	210	3024	3O-1001	楼 13（145mm）	北部
歌剧院	3	RT-O15	170	2448	3O-1001	楼 13（145mm）	北部
歌剧院	3	RT-O16	170	2448	3O-1001	楼 13（145mm）	北部
歌剧院	4	RT-O17	310	4464	4O-1001	楼 13（145mm）	北部
歌剧院	4	RT-O18	310	4464	4O-1001	楼 13（145mm）	北部
歌剧院	5	RT-O19	230	3312	5O-1001	楼 13（145mm）	南部
歌剧院	5	RT-O20	230	3312	5O-1001	楼 13（145mm）	南部
歌剧院	5	RT-O21	300	4320	5O-1001	楼 13（145mm）	西部
歌剧院	5	RT-O23	220	3168	5O-1001	楼 13（145mm）	西部
歌剧院	5	RT-O22	300	4320	5O-1001	楼 13（145mm）	东部
歌剧院	5	RT-O24	220	3168	5O-1001	楼 13（145mm）	东部
歌剧院	5	RT-O27	240	3456	5O-1001	楼 13（145mm）	北部
歌剧院	5	RT-O28	240	3456	5O-1001	楼 13（145mm）	北部

续表

位　置	层　数	分集水器编号	面积（m^2）	负荷（W）	房　间　号	地面做法	备　注
歌剧院	5.1	RT-025	310	4464	5.1O-1002	楼 26（140mm）	中部
		RT-026	310	4464			
		RT-029	185	2664			
音乐厅	2	RT-C3	360	5184	2C-1002	楼 14（110mm）	南部
		RT-C4	270	3888			北部
	3	RT-C5	300	4320	3C-1001		南部
	4	RT-C6	390	5616	4C-1001	楼 15（140mm）	北部
		RT-C7	440	6336			东部
		RT-C8	290	4176			南部
合计			9005	129672			

注：计算数据如下：
1. 地板供冷管吸热量为 144W/m^2；
2. 供回水温度为 17.5/20.5℃；
3. 室温为 26℃；
4. 供冷管外径为 16mm；
5. 供冷管间距约为 350mm（供参考）；
6. 系统工作压力为 0.6MPa。

7.2.4　施工工艺流程：

材料进场验收→材料出库→施工准备→安装分、集水器→固定边界保温带→铺设保温板→铺钢筋网→聚丁烯 PB 管环路铺设→冲洗→外观检验及水压试验→安装膨胀缝→回填细石混凝土→二次试压→系统调试→成品保护。

7.2.5　地冷施工安装方法

（1）施工人员必须熟悉图纸，并按照设计图纸进行施工。

（2）绝热层应铺设平整、搭接严密，铺设接缝应错开，边界如果不是结构墙就采用 10 号槽钢做边界固定。

（3）铝箔保护层的铺设应整齐，接缝用透明胶带粘接。

（4）按设计图纸的要求，进行放线并配管。同一通路的管路应保持水平，管间距的安装误差不应大于 10mm。

（5）聚丁烯 PB 管的弯曲半径，不应小于 6 倍管外径。

（6）采用专用工具断管，断口应平整，断口面应垂直于管轴线。

（7）聚丁烯 PB 管采用专用工具熔接。

（8）聚丁烯 PB 管固定方法，用扎带将管道绑扎在铺设于绝热层表面的钢丝网上。

（9）制冷管固定点的间距，直管段不应大于 700mm，弯曲管段不应大于 350mm，圆弧的顶端用扎带进行固定。

（10）冷媒集配装置应加以固定：

1）当水平安装时，将分水器安装在上，集水器安装在下，中心距为 200mm，集水器中心距地面应不小于 300mm。

2）当垂直安装时，分、集水器下端距地面应不小于 150mm。

（11）制冷管出地面至分/集水器连接处，弯管部分不宜露出地面装饰层。制冷管出地面至分水/集水器下部球阀接口之间的明装管段，外部应加装塑料套管。套管应高出装饰面 150～200mm。

（12）管道穿越填充层内的伸缩缝时，伸缩缝处应设长度不小于 200mm 的柔性套管。

（13）边界保温带用的是 20mm 厚的聚苯板，其高度是由地面做到高出豆石混凝土层 20mm 处。

（14）在与内外墙、柱等垂直构件交接处应留不间断的伸缩缝，伸缩缝填充材料应采用搭接方式连接，搭接宽度不应小于 10mm；伸缩缝填充材料与墙、柱应有可靠的固定措施，与地面连接应紧密。

（15）当地面面积超过 30m^2 或边长超过 6m 时，应按不大于 6m 间距设置伸缩缝，伸缩缝宽度不应小于 8mm。

（16）伸缩缝应从绝热层的上边缘做到填充层的上边缘。

（17）一次水压试验的试验压力为 0.9MPa，稳压 1h 无漏水现象后，补压至 0.9MPa 且 15min 压力降不超过 0.05MPa 无渗漏为合格。

（18）混凝土填充层施工中，系统应保持不小于 0.6MPa 的压力，混凝土填充层养护过程中，系统应不小于 0.4MPa 的压力。

（19）填充层的养护周期，应不小于 48h。

（20）混凝土填充层养护期满之后，做第二次水压试验的试验压力 0.9MPa，稳压 1h 无漏水现象后，补压至 0.9MPa 且 15min 压力降不超过 0.05MPa 无渗漏为合格。

7.3 试压

上述工程完成后，将进行质量自检，具体做法如下：查看保温板是否平实、管材有无外伤、管间距是否符合设计要求，然后进行水压试验，试验压力为工作压力的 1.5 倍，但不小于 0.6MPa（升压时间不应小于 15min），稳压 1h 后再补压到规定压力值，在 15min 内压力降不超过 0.05MPa，且不渗不漏为合格。关键是地板辐射采暖系统试压后并不像其他采暖空调系统，打开泄水阀和排气阀系统就可将水完全泄掉，而是有相当一部分水（即加热盘管中存的水）不能泄掉，如果加热盘管中的水不能彻底及时排走，很可能因水结冰而破坏整个加热盘管，因此在试压或冲洗后，应用压缩空气将加热盘管中的水全部吹出，以防冻坏管路。混凝土填充层浇捣和养护过程中，管道系统内压力应保持不小于 0.4MPa 的压力，进行观测。

7.4 调试

7.4.1 地板辐射采暖系统未经调试，严禁运行使用。

7.4.2 具备供热条件时，调试应在竣工验收阶段进行；不具备供热条件时，经与工程使用单位协商，可延期进行调试。

7.4.3 调试工作由施工单位在工程使用单位配合下进行。

7.4.4 调试时初次通暖应缓慢升温，先将水温控制在 25～30℃范围内运行 24h，以后再每隔 24h 升温不超过 5℃，直至达到设计水温。

7.4.5 调试过程应持续在设计水温条件下连续通暖 24h，并调节每一通路水温达到正常范围。

8 国家体育场橡塑保温施工技术

8.1 施工部位

国家体育场工程的空调水系统中热水管、冷水管、冷热水共用管、空气凝结水管均采用橡塑海绵管材保温绝热；空调风系统中送风管、回风管、新风管采用橡塑海绵板材保温绝热。保温材料采用难燃胶与风管、水管粘接方式。

8.2 橡塑海绵保温材料的规格与要求

（1）空调水管及冷凝水管保温材料为难燃型橡塑海绵保温管，保温厚度为：

管径 < *DN*50 为 25mm，管径≥*DN*50 为 32mm。

（2）本工程环行车道上空的空调水主管道直径为 *D*480mm，采用橡塑海绵板保温，由于保温板厚度为 25mm，因此采用两层板保温。

（3）异径管件用异径管壳保温。

（4）风管保温厚度为 25mm。

8.3 空调水管保温的技术要求

（1）保温前确认管道表面已除锈，并刷两道防锈漆。同时，保温前要擦去管道表面的浮土及油污。

（2）保温管壳的剖缝口安装在不显眼处，各段保温管壳的纵向接缝错开，两节以上管壳接缝不得连续在一条直线上。

（3）所有的刀口处，接头处都要用橡塑专用胶粘接密封。胶水粘接时不要太用力挤压，所有材料间的接口在轻微挤压下粘合。

（4）安装时应按照先大管后小管，先弯头、三通后直通，最后阀门、法兰的顺序进行保温。直管段立管自下而上顺序进行，水平管应从一侧或弯头的直管段处顺序进行。

（5）安装后所有的三通、弯头、阀门、法兰和其他部件都需达到设计厚度。

（6）弯头的保温方法：

1）管径 < *DN*50 弯头，用保温管壳割为 45°角对拼为 90°角，如图 1-8-1 所示。

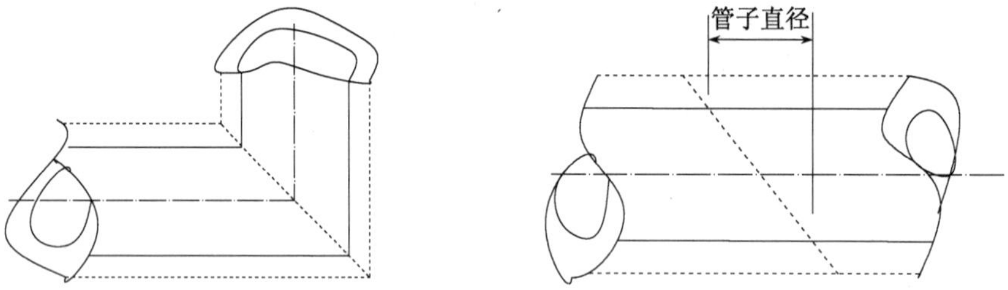

图 1-8-1　对拼角度

2）管径 *DN*50 ~ *DN*80 弯头施工方法同上，由三块组成，如图 1-8-2 所示。

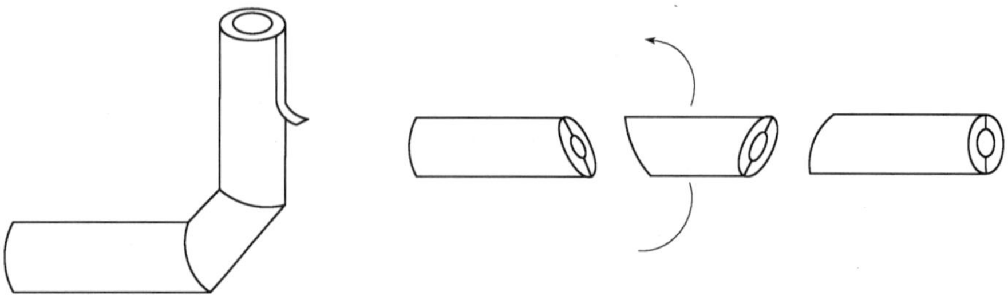

图 1-8-2　弯头施工方法

3）管径 > $DN80$ 用合适的材料切 3 ~ 5 个角度（总和 90°）形成一个弯管，如图 1-8-3 所示。

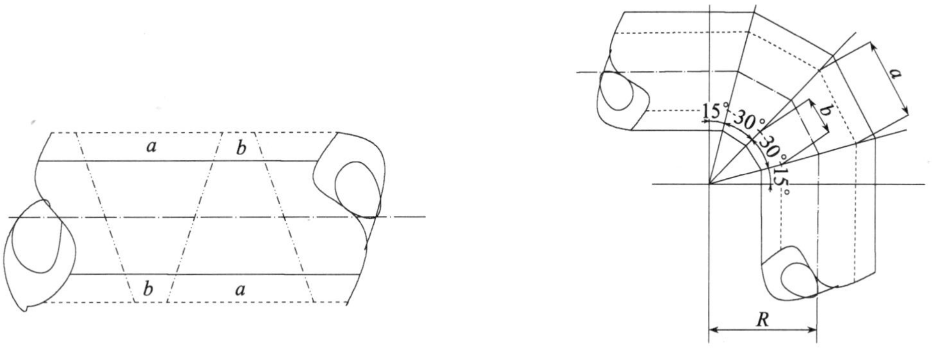

图 1-8-3　对拼角度

（7）设备管道上的阀门及其他可拆卸部件保温两侧应留出螺栓长度加 25mm 的空隙。阀门部位应单独进行保温，见图 1-8-4。

（8）遇到三通先做主干管，后做支管。三通保温见图 1-8-5。

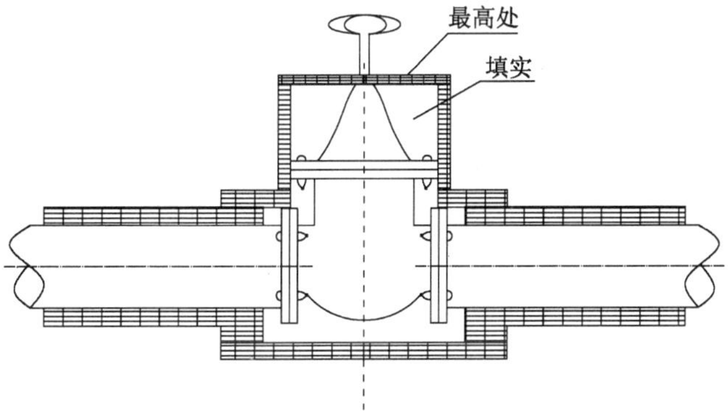

图 1-8-4　阀门部位保温

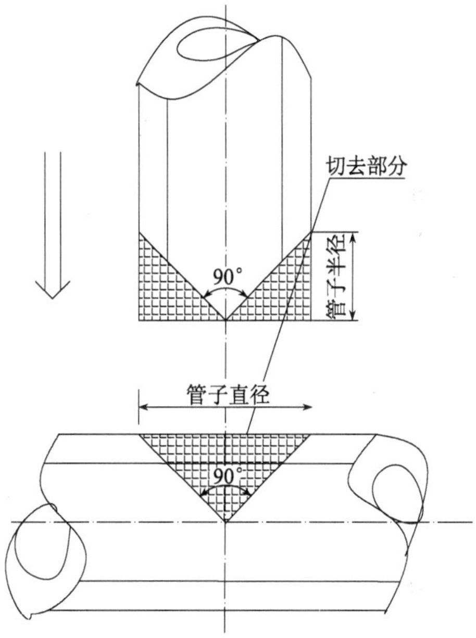

图 1-8-5　三通保温

（9）竖井固定支架保温，见图 1-8-6。

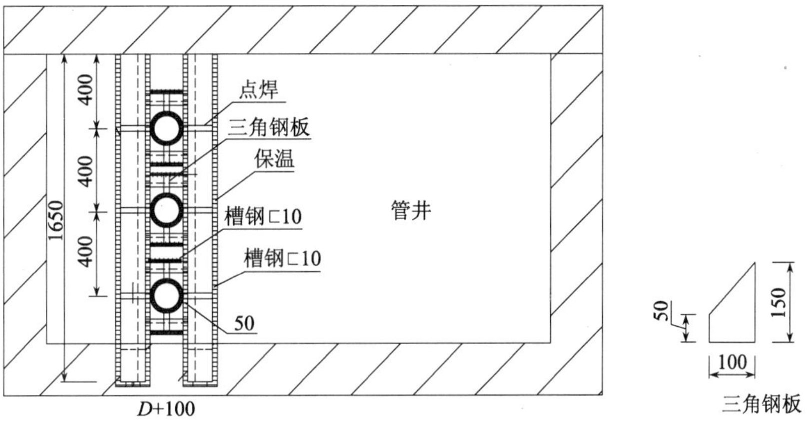

图 1-8-6　竖井固定支架保温

注：D 为管道外径

（10）凡穿过建筑物楼板和防火隔墙的保温管道套管与管子四周间隙用玻璃棉填塞紧密，穿过其他隔墙时，保温层不间断，保温材料与套管四周间隙用玻璃棉填塞紧密。

（11）保温时，要保证管道的表面干净，防锈漆脱落的要进行补漆。

（12）空调水管道保温质量标准：

1）保温材料的材质、规格及防火性能必须符合设计和防火要求；

2）阀门、法兰及其他可拆卸部件的两侧必须留出空隙，再以相同的隔热材料填补整齐；

3）保温层的端部和收头处必须做封闭处理；

4）橡塑海绵保温管壳，粘接应牢固、无断裂，管壳之间的拼缝应均匀整齐、平整一致，横向接缝错开、接缝处胶布缠绕不宜过紧，只要保证裹严即可；

5）保温层平整度、绝热层厚度的允许偏差和检验方法应符合表1-8-1的规定。

允许偏差　　表1-8-1

项　次	项	目	允许偏差（mm）	检验方法
1	保温层表面平整度	卷材或板材涂抹或其他	5 10	用1m直尺楔形塞尺检查
2	保温厚度		$+0.10\delta$ -0.05δ	用钢针刺入绝热层和尺量检查

8.4　风管保温施工技术

（1）风管橡塑海绵保温工艺流程

擦风管→领料→下料→刷胶→粘贴→检验。

首先应将风管表面擦拭干净，擦去表面的灰尘、污垢、积水，并使其干燥。根据风管尺寸裁剪橡塑海绵板，下料要准确，裁割要均匀，断面要平整。

（2）保温材料下料

保温材料下料示意，见图1-8-7。

（3）橡塑海绵与风管粘贴采用橡塑海绵保温胶，胶水的性能应符合使用温度和环境要求。

（4）保温施工时胶水要均匀地涂抹在风管、部件外表面上，晾置2~3min后将橡塑海绵与风管、部件表面紧密贴实、无空隙，小块的橡塑海绵块要用在风管水平面上。

（5）橡塑海绵纵横向接缝要错开，拼缝要严密平整。

（6）安装完毕后对保温外观进行检查，如有缺陷要及时修补。

（7）核心筒竖井内风管保温时需将支吊架共同保温，防止产生凝结水，保温材料与相应的风管保温材料相同，厚度为25mm。核心筒内支吊架保温示意，如图1-8-8所示。

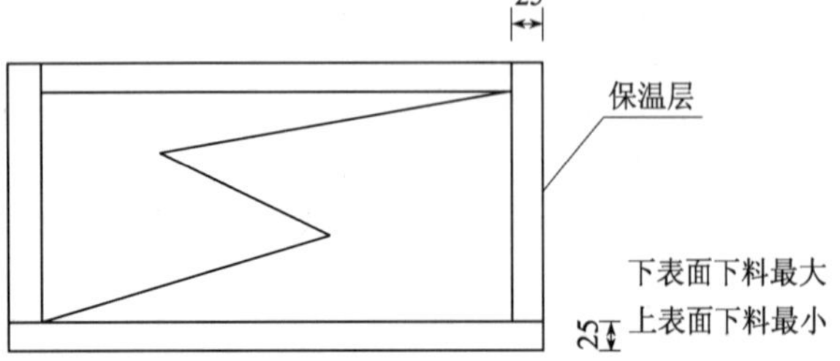

图1-8-7　保温材料下料示意

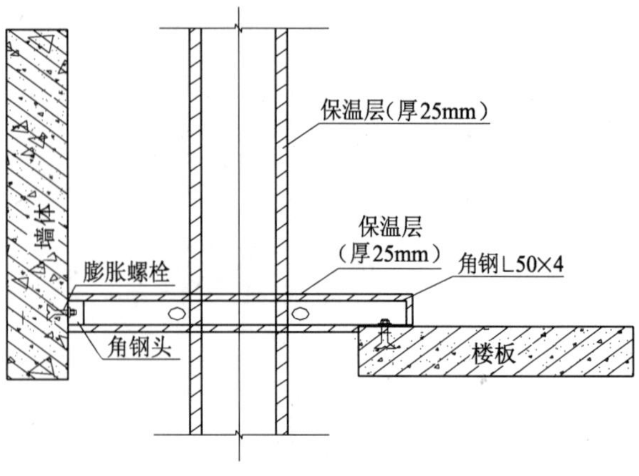

图1-8-8　核心筒内支吊架保温

（8）风管法兰处高出保温层位置要单独设置保温条，并在保温条内侧开槽使外表面平整，保温条宽度为100mm。见图1-8-9。

（9）保温风管在穿防火墙或楼板时，风管与套管间缝隙使用玻璃棉封堵填实。

（10）保温风管横担处要设置垫木，垫木厚度为30mm、宽度与横担宽度相同、长度为风管截面底边长度加50mm，保温时垫木与保温材料接触面粘接在一起，见图1-8-10。

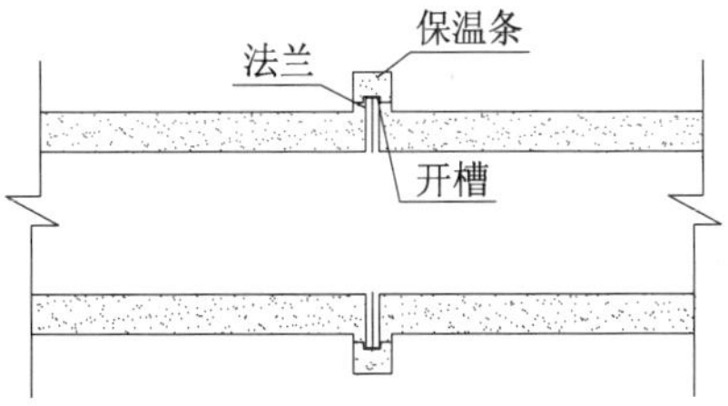

图1-8-9　法兰接口保温

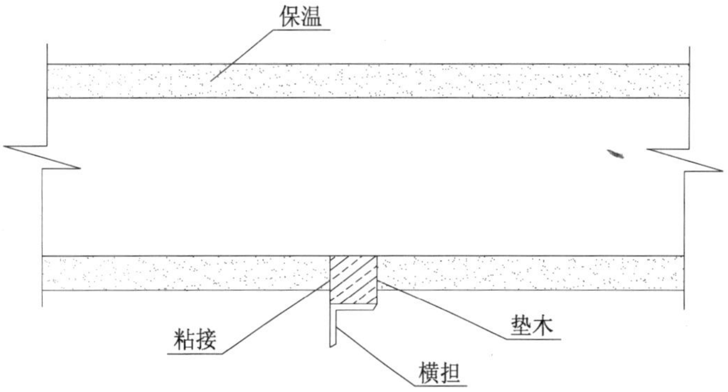

图1-8-10　横担保温

（11）风管保温质量标准

1）保温材料的材质、规格及防火性能必须符合设计和防火要求，要查验材料的合格证书。

2）风管与设备等的接头处以及易产生冷凝水的部位，必须保温良好。

3）橡塑海绵保温要粘贴牢固，拼缝用胶填嵌饱满、密实，拼缝均匀整齐，平整一致，纵向缝错开。

4）风管上阀部件保温后不得妨碍阀杆的正常操作，启闭标志明确清晰。

8.5　质量控制

（1）在施工中我们发现橡塑海绵保温容易出现以下几种质量问题：

1）保温拼接缝处容易开口，产生裂缝；

2）保温层表面不平整、出现褶皱现象，影响美观；

3）保温材料切口不平齐；

4）保温材料纵横接缝未相互错开等。

（2）针对上述几点常出现的质量问题，经过分析成因，并进行了多项对比性试验，总结出了几点经验：

1）在进行保温时使用橡塑海绵保温专用胶，保温材料表面涂胶前要擦掉浮土及油污，在涂胶后要晾晒2～3min再进行粘贴，这样粘贴效果好，接缝处不易开裂。

2）在按尺寸裁剪下料时要预留一定的余量，可以克服橡塑海绵保温材料的表面张力，保证接缝不易开裂。

3）保温板裁剪时尽量使用专用的锋利刀具，保证裁剪无毛边。

9　地铁2号线站台停靠轨行区大型通风、排烟风管安装技术

9.1　工程概况

北京地铁2号线始建于20世纪六七十年代，为了提高地铁的安全运营和防灾、抗灾能力，同时改善地铁的乘车环境，需对2号线车辆、设备进行消隐改造。地铁2号线改造范围是：18个车站及区间，同时还包括叉线、库线、车辆段东西连线等。

车站主风道内原车站主风机在通风季时为排风，两台 $Q = 198000m^3/h$，$N = 55kW$ 主风机在平时交替运行，互为备用并兼作火灾时的排烟风机。通过风阀转换使每台风机能单独和并联运行，满足空调季节和通风季节的通风运行工况的风量要求及火灾时的排烟要求。

北京地铁2号线消隐改造工程：18个车站的站台两侧列车停靠轨行区上部每侧均安装2～3排高1600～1800mm，宽1200mm的矩形大型排烟风管，在靠近主结构风道沿边处，安装2800mm×2350mm×1850mm静压箱。该管道与站台原主风道相连，风管上设单层1000mm×800mm百叶风口均匀布置。风口设手动风量调节阀。该风道兼作排烟道，排风口兼作排烟口，其一端在车站的站厅顶部的风道平台内与原设结构风道相连接，另一端接至站厅层。风管上开设常闭电动排烟防火阀加单层百叶风口，满足站厅的排烟需要。详见图1-9-1和图1-9-2。

图1-9-1　站台列车停靠轨行区大型风烟管空间布置

图1-9-2　站台列车停靠轨行区大型风烟管道完成后的实景效果

9.2 施工的特点与难点

9.2.1 特点

站台列车停靠轨行区上部每侧均并排安装有2~3排高1600~1800mm，宽1200mm的矩形大型排烟风管，该风管使用1.2mm的镀锌钢板加工制作，因列车的频繁的高速穿行，使地铁站区内形成强劲的活塞式气流，这样悬吊在站台两侧轨行区上部的大口径防火排烟管道承受着各个方向的外力推动，摇晃、颠簸、振动。这就要求安装在该处的防火排烟风道及其部件必须坚固、防振。

9.2.2 风管托、吊架固定点的选择难度

由于本工程属于改造工程，所以处在站台停靠轨行区上部的风管托吊架固定点的选择非常重要。从安装位置的确定、放线到吊点的设定、电锤钻洞位置，都必须事先用金属探测仪测定，选取两根钢筋之间隙，不能随意钻孔，否则遇上钢筋又得重新钻孔，既误工又误时，而且影响风管道的平直及整体观感。

9.2.3 施工过程的安全保障

由于施工位置处在站台停靠轨行区上部，晚间施工完成撤场后不得留有任何安全隐患，如缺托吊架、托吊架螺栓未拧到位、新装风管或水管端部悬挑、风管或水管法兰螺栓缺失或未拧紧。还有新安装的风管设备留置任何材料、工具、散件物料未清理，都有可能影响当天的地铁列车运行安全。

9.3 关键及重点分项施工方法

9.3.1 站台停靠轨行区大型风管材料的选取

风管制作前，要检查采用的材料质量是否达到《地下铁道施工验收规范》的要求，有无合格证或质量鉴定文件，进行外观检查；板材表面应平整，厚度均匀，不得有裂纹、砂眼、刺边及严重锈蚀情况；尤其是镀锌钢板不得有损伤和锈蚀的痕迹。

风管材质必须按设计、建设单位，监理、施工单位依据国家相关规范、标准，结合地铁施工改造特点共同论证认定的要求选用。站台两侧列车停靠轨行区上部防火排烟风管道选择1.2mm的镀锌钢板，其他部位防火排烟风管道必须按高压风管选材要求选择镀锌钢板。镀锌钢板镀锌层厚为235~385g/m^2的热镀锌钢板。

风管与法兰连接翻边处裂缝和孔洞应涂密封胶进行密封，两节风管连接间的垫料采用6mm耐热阻燃橡胶板。角钢、槽钢、圆钢及其他各种型钢应等型、均匀，不应有裂纹、气泡、窝穴及其他影响质量的缺陷。其他材料不能因具有缺陷导致成品强度的降低或影响其使用效能。

9.3.2 站台停靠轨行区大型风管的加工

本工程风管制作工艺为镀锌钢板咬口制作，风管间连接采用角钢法兰连接，具体要求如下：

当风烟管道大边长或直径≤630mm，法兰选用∟25角钢。

当风烟管道大边长或直径>630且≤1500mm，法兰选用∟30角钢。

当风烟管道大边长或直径>1500且≤2500mm，法兰选用∟40角钢。

风烟管道的法兰连接螺栓选用M8规格。

风烟管道的法兰螺栓及铆钉的间距：排烟风管按照高压风管加工，法兰螺栓及铆钉的间距应小于或等于100mm。

矩形风管法兰的四角都应设置螺栓孔。

站台停靠轨行区上部排烟风管每个管段加工长度为1200mm，排烟风管的两端采用∟40×40×4的角钢做连接法兰。加工时考虑到双排风管之间的间距较小，不能拧紧法兰螺栓，所以根据工程特点和时间要求，每晚确定安装风烟管道工程量为6节，每节长度约为1.25m。据此为了安装的方便，将每晚完成量的最末一节即第六节风烟管的其中一端采用内置法兰，再在风管外表设置假性装饰法兰。

为确保排烟风管的流通面积，将每节风烟管沿高度方向加100mm。

站台停靠轨行区上部主排烟风管末端，由于变径后上部和左右离墙边或顶板间距变宽，所以主排烟风管恢复原设计尺寸。

站台停靠轨行区上部排烟风管大边长度为1600（1800）mm，采取在大边中部用角钢进行加固。加固角钢规格略小于角钢法兰规格，角钢框、角钢与风管采用镀锌铆钉铆接。详见表1-9-1。

加固角钢规格表 **表1-9-1**

风管角钢法兰规格（mm）	加固角钢框规格（mm）
25×4	25×4
30×4	25×4
40×4	30×4

金属风管的外径或外边长的允许偏差：

当小于或等于300mm时偏差为-1～0mm；当大于300mm时偏差为-2～0mm。其法兰内径或内边长尺寸的允许偏差为+1～+3mm，平面度的允许偏差为2mm。矩形法兰两对角线之差不应大于3mm。

风管的密封，以板材连接的密封为主，以密封胶嵌缝方法密封为辅。密封胶性能应符合具体使用环境要求，密封面设在风管的正压侧。

9.3.3 风管道法兰的加工

在加工法兰时，在一般情况下，其内径比风管外径略大2～3mm；法兰表面要平整。矩形风管法兰的四角都应设置螺栓孔，螺栓孔直径应比连接螺栓直径大2mm，螺栓及铆钉的间距不应大于100mm。螺栓孔的位置处于角钢（减去厚度）或扁钢的中心，孔的排列，要使正方法兰任意旋转时，四面的螺栓孔都能对准；矩形法兰两对边的螺栓孔都能对准。

连接用的螺栓和铆钉采用同样规格，螺栓M8，铆钉$\phi4$。风管与角钢法兰铆接应牢固，翻边应平整、宽度一致，且不应小于6mm，铆接部位应在法兰外侧；风管与法兰连接，如采用翻边，不得盖住法兰螺孔，翻边应平整，翻边处裂缝和孔洞应涂密封胶。风管法兰批量加工详见图1-9-3。

图1-9-3 风管法兰批量加工

9.3.4 风管运输

（1）运输路线：由于工程地处较繁华地段，是属于北京市交通管制区，大部分材料、设备的运输均需安排在夜间进行。地铁2号线加工基地选择在丰台区吴家村城建安装公司材料基地，因此运输路线是：加工基地→张仪村路→莲石路→长春街→二环→至地铁各站。

（2）运输方法：站台停靠轨行区上部的排烟风管为方形风管道，风管尺寸按 1000mm × 1600mm × 1200mm，风口 1000mm ×600 ~800mm。静压箱大边尺寸 2800mm ×2350mm ×1850mm。经过计算风管加工成 1250mm 长，其单节重量为：(1 ×2 +1.6 ×2) ×1.2 ×9.42 =59kg，加上∟40 ×40 ×4 的角钢法兰重量约为 5.5 ×2.422 ×2 =26.642kg，加固用∟30 ×30 ×3 角钢约 5m，重量为 5 ×1.4 =7kg，每节 1200mm 风管总重量约为 59 +27 +7 =93kg；单台风口重量为 5 ~20kg，所以该工程所有镀锌钢板风管均采用人工卸车和运输至地铁站台，其他设备及运输也采用同样手段。

（3）运输的防护：大尺寸风管、风口运输，最重要的是车站的保护。根据这个情况采取从地铁进站口至站台地面铺设一条地毯运输行走路线，宽度为 1500 ~2000mm 之间。风管的运输必须采用肩扛手抬的方法，不得使用地面滚动或拖拉的野蛮施工方法。另在运输所经过的扶梯、大门和门玻璃、扶手、大厅圆柱必须采取保护措施。风管运输的防护详见图 1-9-4。

图 1-9-4　风管运输的防护

9.3.5　搭设操作平台

搭设站台列车停靠轨行区上部风烟管安装使用的轨道移动式快速组装（拆卸）操作平台，该操作平台是采用北京城建集团公司设计制造的移动脚手架的材质、材料规格和尺寸，再充分考虑本工程的施工条件进行了深化改造制作的。其承重能力在 1000kg 以上。

该安全操作平台是横向制作成片，包含站台板部分平台架。安装时成片组装，以提高搭设速度。经过试验该操作平台搭设时间为 20min，拆卸时间约 20min，从时间上来说符合规定 3h 的施工要求。站台停靠轨行区上部风烟管安装使用的轨道移动式快速组装（拆卸）操作平台详见图 1-9-5。

9.3.6　测量放线及设置吊点

测量放线的作用是确定平行风管在安装部位的具体位置尺寸，以确定风管的各个边线的相对位置。测量放线首先放出站台停靠轨行区上部靠墙排烟风管的内侧边线，然后放出外侧边线，间隔 100mm 放出外侧风管的内侧边线，最后确定外侧风管的外边线。

边线放出后，还应放出风管的吊架支撑点的中线，该线共为 3 根，每根距风管边线为 50mm。支撑点中线放出后，还应在该线上确定单个吊架的具体位置。根据 GB 50243—2002 规定，考虑到该处排烟风管位置的特殊性，对于 1000mm ×1600mm ×1200mm 风管，其吊架间距为 2000mm，为了美观和施工的方便，500mm ×300mm 规格排风管也采用 2000mm 的间距。

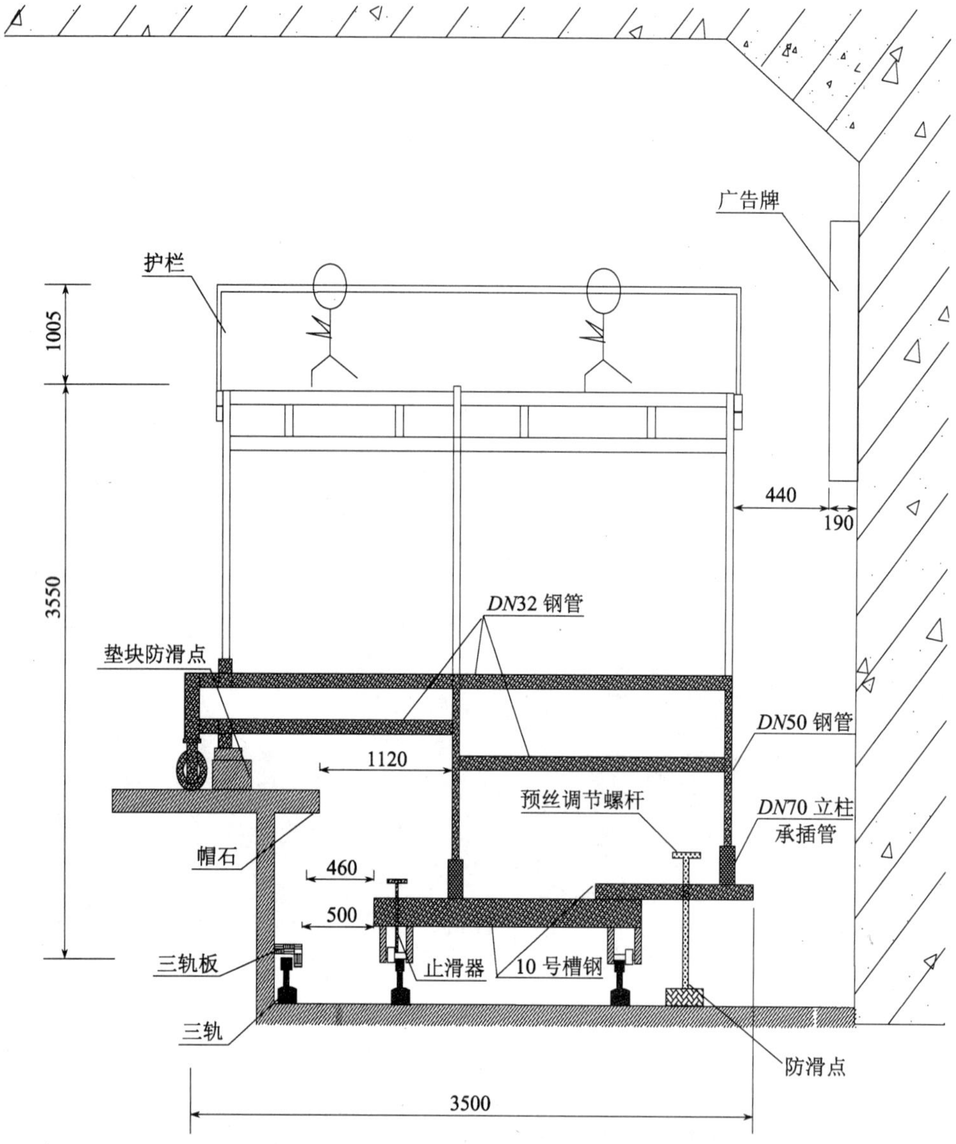

图 1-9-5　站台停靠轨行区上部风烟管安装使用的轨道移动式快速组装（拆卸）操作平台

注：各车站轨道车底座尺寸相同轨道车架子的高低根据现场高度调整。

9.3.7　风管支吊点排列图

站台停靠轨行区上部排烟风管支吊架固定点的确立必须严格策划，不得在排列时发生支架靠法兰边太近，不得小于 200mm，必须确保支吊架间距在 2000mm ± 150mm 范围内波动。每 2000mm 做一个支吊架，每隔两个普通支吊架做一个防晃支架。出于考虑，从静压箱与分支风管连接的法兰处为 0 点起始点，第一个支架固定点设在第一节排烟风管的中心点位置。以这种排列方法可以使最不利点也离风管有 200mm 的间距。具体排列方法详见图 1-9-6 风烟管道支吊点排列图。

9.3.8　安装普通托吊架

当吊架支撑点确定后开始用电锤钻孔。孔径要求为 ϕ14，孔深必须确保膨胀螺栓的螺杆有 75mm 长被固定在真正的结构层内。打孔前用钢筋探测仪测定混凝土内钢筋的位置及深度，在没有钢筋处作出红色标记。用电锤打孔的操作员必须对准红色标记处进行打孔，不得随意用电锤在墙上、楼板上打孔，以防伤及墙内或顶板内的钢筋、穿线管、电源线、信号线等。在支吊架固定点处遇有钢筋时，可以将支吊架两侧固定点平行沿轴向移动 ±150mm。

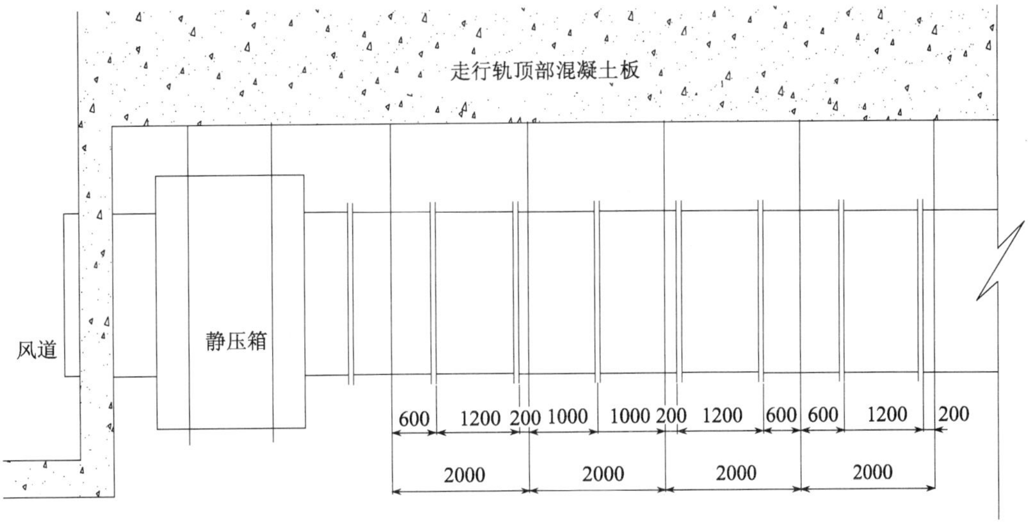

图 1-9-6　风烟管道支吊点排列图

考虑到双排平行管的安装间隙可能使顶部和两管间的法兰紧固螺栓不能拧紧，经建设单位、设计、施工单位多次研讨论证，最终确定将 1000mm × 1500mm 双排管每隔 7.2m 做一个内置法兰，为了确保排烟风管的流通截面积，在高度方向加 100mm，即原 1000mm × 1500mm × 1000mm 风管变成 1000mm × 1600mm × 1200mm 的风管。

站台停靠轨行区上部排烟风管的支吊架依据华北标 91SB6-1 第 252 页 A 图的要求，结合本工程特殊性，采取第一种方案是各管单吊，但必须使内外两管的吊架处在同一条线上。待该处排烟风管全部安装完成后视情况将内外横担槽钢用电焊焊接起来。依据华北标 91SB6-1 第 254 页的要求，结合本工程特殊性，每副吊架采用 4 个 M12 × 150 规格的吊架固定膨胀螺栓，即每侧均用 2 个膨胀螺栓进行固定。两个螺栓的间距为 100mm，螺杆固定在结构内不小于 75mm，螺杆长度为 150mm，套管长度为 110mm，平光垫和弹簧垫的厚度符合要求，套管厚度为 1.5 ~ 2mm。对于 500mm × 300mm 单管吊架采用一个 M10 × 125 规格的吊架固定膨胀螺栓。对于 1000mm × 1600mm 单管吊架依据华北标 91SB6-1 第 254 页的要求，吊杆选用 ϕ12 规格的圆钢。对于 500mm × 300mm 单管吊架采用 M10 × 125 规格的吊架固定膨胀螺栓，吊杆选用 ϕ8 规格的圆钢。角钢法兰和吊杆等均在加工前刷防腐漆两道，外刷银粉漆一道。

站台停靠轨行区上部排烟风管的支吊架依据华北标 91SB6-1 第 253 页 G 图的要求，结合本工程特殊性，采取第二种方案是双管合一的形式做吊架，即两排管共用一个支架，但在安装时每晚必须将同一区段内的两排并列风管吊装完成。吊装前做几个单吊的横梁，等两排风管均吊装完成后再换回一根通长横梁，具体方法见下面章节的内容。

依据华北标 91SB6-1 第 254 页的要求，结合本工程特殊性，每副吊架采用 6 个 M12 × 150 规格的吊架固定膨胀螺栓，即每副支架采用 3 个支点固定，每个固定支点用 2 个膨胀螺栓固定。两个螺栓的间距为 100mm，螺杆固定在结构内不小于 75mm，螺杆长度为 150mm，套管长度为 110mm，平光垫和弹簧垫的厚度符合要求，套管厚度为 1.5 ~ 2mm。角钢法兰和吊杆等均在加工前刷防腐漆两道，外刷银粉漆一道。对于 500mm × 300mm 单管吊架采用一个 M10 × 125 规格的吊架固定膨胀螺栓。对于 1000mm × 1600mm 单管吊架依据华北标 91SB6-1 第 254 页的要求，吊杆选用 ϕ12 规格的圆钢。

9.3.9　防晃托架安装

防晃托架依据 GB 50243—2002 第 6.3.4 款第 5 条的规定，再考虑本工程排烟风管的具体安装位置的特殊性选择 7.2m 做一个防晃托架。

依据华北标 91SB6-1 第 253 页 G、H 图以及华北标 91SB6-1 第 254 页 DD、EE 图的要求，结合本工程特殊性，托架形式是将支吊架的三个支撑点均固定在顶板上，以槽钢做吊架，膨胀螺栓采用 M12 × 150 规格，两个螺栓的间距为 100mm，螺杆固定在结构内不小于 75mm，螺杆长度为 150mm，套管长度为 110mm，平光垫和弹簧垫的厚度符合要求，套管厚度为 1.5 ~ 2mm。

防晃托架膨胀螺栓采用一个普通的膨胀螺栓，一个化学膨胀螺栓。依据建设单位组织的工程会议纪录和华北标 91SB6-1 第 244 页“风管支吊架的说明”的要求，结合本工程特殊性，在吊杆横担上不加耐火橡胶垫，但在防晃吊架上部风管 4 号角钢抱箍与风管之间加 6mm 厚的耐火橡胶板。

防晃托架横担采用[6.3 号槽钢，吊杆采用[5 号槽钢，顶部固定板采用 L63 × 6 角钢。斜撑采用 L50 × 5 角钢。防晃托架吊杆与 L63 × 6 角钢顶部固定板成 90°角焊接，然后用 L50 × 5 角钢在顶部固定板另一端成 45°与防晃托架吊杆焊接牢固。

防晃托架顶部固定板用 1 个普通膨胀螺栓和 1 个化学锚固螺栓固定，角钢法兰和吊杆等均在加工前刷防腐漆两道，外刷银粉漆一道，所有风管要做接地连接。

静压箱均采用防晃托架固定，防晃托架的单侧直角斜支撑顺轨道行走方向。安装形式只在整趟风管的中部加一个。其他防晃托架的直角斜支撑均垂直于风管轴线安装。

无论是普通吊架还是防晃支架，其固定的膨胀螺栓的螺母、吊架的吊杆固定螺母均采用弹簧垫、平光垫、然后双螺母固定。具体如图 1-9-7 ~ 图 1-9-9 所示。

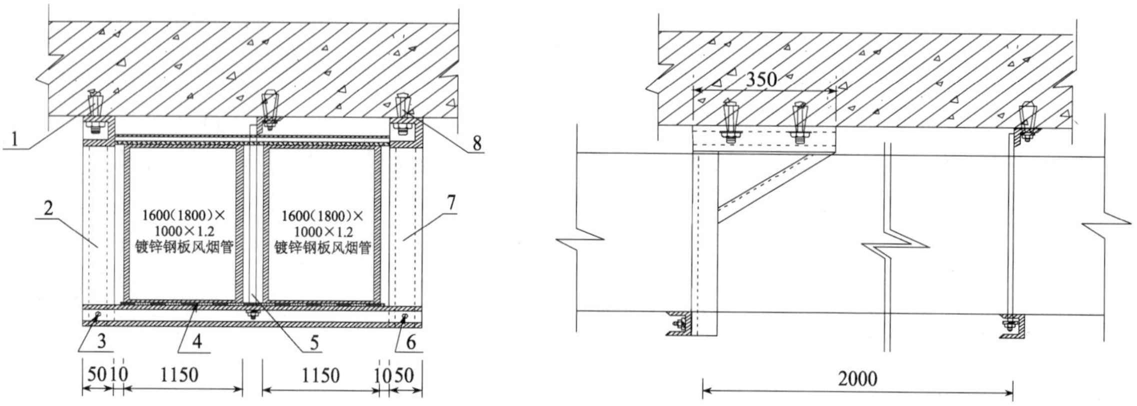

图 1-9-7　风烟管道防晃托、吊架安装图

1—膨胀螺栓；2—50 × 50 × 5 槽钢；3—M12 螺栓；4—耐火橡胶板；5—圆钢吊杆；6—M12 螺栓；7—50 × 50 × 5 槽钢；8—化学锚固螺栓

图 1-9-8　轨行区风烟管道防晃托架实景图

图 1-9-9　轨行区风烟管道防晃托架与普通吊架实景图

对于 1000mm×1600(1800)mm 单管托架横梁，依据 91SB6-1 第 254 页和第 245 页的要求，选用[6.3 号槽钢，对于 500mm×300mm 单管托架的横梁，依据 91SB6-1 第 254 页和第 245 页的要求，选用 L36×4 角钢。

托吊架的选型：依据 91SB6-1 第 253 页 A 图的要求，选用单管托架。托架之吊架选用[5 号槽钢，顶部固定采用 L63 角钢。500mm×300mm 选用单管托架。

由于轨行区间距离限制，风管安装间距不够，经与设计协商，将两风管间距 200mm 改为 100mm，详见通风空调专业图纸会审记录。

根据设计要求风管支吊架做法采用 91SB6-1　P244-255 做法，91SB6-1　P244-255 要求对 1000mm×1600mm 风管应采用三根吊杆吊架，查三根吊杆吊架型钢为[5 号槽钢，吊杆为 ϕ12mm 吊杆，本工程采用[6.3 号槽钢比规范要求增加一个等级。

另外，风管吊架间距离不大于 150mm，两风管间距 100mm 也符合设计要求，而且因两风管间距离缩小，力矩减小更趋于合理。根据图集中此吊架间距为 3m 一个，我们为 2m 一个，大大减少其吊架的载荷，减少量为 1/2，故无论风管间距为 100mm 或 200mm 均无需作两根吊杆，过多吊杆增加结构孔洞，危险因素增加。

9.3.10　承重件要求及受力计算

对安装使用的膨胀螺栓、螺母、垫圈及吊杆、横担必须符合设计及规范规定，必须符合产品质量要求，特别是膨胀螺栓应具有出厂合格证。固定件采用镀锌件，镀锌要均匀无漏镀，必须符合国家标准。打膨胀螺栓孔的电锤头，必须与选用与膨胀螺栓配套。

(1) 风管重量的计算

风管规格为：1000mm(b)×1600mm(a)×1200mm，长度 $L=1.2$m 的基础上进行计算，材质为镀锌钢板，板厚 $\delta=1.2$mm，根据《五金手册》理论重量 $=9.420$kg/m^2。那么 1.2m 长的风管质量为：$(1\times2+1.6\times2)\times1.2\times9.42=59$kg，加上 L40×40×4 的角钢法兰重量约为 $5.5\times2.422\times2=26.642$kg，加固用 L30×30×3 角钢约 5m 重量为 $5\times1.4=7$kg，每节 1200mm 风管总重量约为 $59+27+7=93$kg。

(2) 吊架重量计算

一副吊架杆（ϕ12 圆钢+[6.3 号槽钢]的质量为：每米 ϕ12 圆钢的理论重量为 0.88kg，查《五金手册》得出。每副吊杆为 3 根，每根按 1.8m 计算，总长度为：$L=1.8\times3=5.4$m。其理论重量为：$F_1=5.4\times0.88=4.752$kg。

一副吊架所用的[6.3 号槽钢长度为 $L\approx2.5$m，防晃支架立吊杆采用[5 号槽钢。

第1篇 通风空调

[6.3 号槽钢理论重量为：$F_2=2.5\times6.634=17$kg。

[5 槽钢理论重量为：$F_2=5.4\times5.438=29.365$kg，则一副吊架杆的质量为：$G_3=17+29.365=46$kg。

（3）膨胀螺栓抗拉力计算

M12 的膨胀螺栓抗拉力为：$10100\times2=20200$N，查《五金手册》得出。

根据风管的吊架形式，每副吊架上的生根件为 6 个 M12 的膨胀螺栓，承受 2m 长的风管重量。

一副吊架承受的抗拉力为：$G_4=86\times2+46=210$kg（1000mm × 1600mm 风管）。

一副吊架承受的抗拉力为：$G_4=12.56\times2+10.2=35.32$kg（500mm × 300mm 风管）。

一个膨胀螺栓承受的抗拉力为：$G=210\div6\approx35$kg。

1kg = 9.8N，$35\times9.8\approx343$N（1000mm × 1600mm 风管）。

一个膨胀螺栓承受的抗拉力为：$G=35.32\div2\approx17.66$kg

1kg = 9.8N，$17.66\times9.8\approx173.1$N（500mm × 300mm 风管）。

（4）验算膨胀螺栓的抗拉力是否安全

验算 500mm × 300mm 风管，每侧一个用 M10 的膨胀螺栓的抗拉力是否安全：

$6860\div173.1\approx40$（倍）

验算 1000mm × 1600mm 风管，每侧用两个 M12 的膨胀螺栓的抗拉力是否安全：

$10100\div343\approx29.4$（倍）

9.3.11 站台停靠轨行区大型排烟风管起重倒链设置

计划每天夜间施工工作量（以安装位置空间距离）为 7.2m，即两根 1000mm × 1600mm × 1200mm 排烟风管同时安装。首先一部分施工人员组装安全操作平台，然后在预先栽好的两个膨胀螺栓上挂上并固定 ∟100 × 10 的角钢；角钢上焊上 $\phi16$ 的圆钢吊耳，并在吊耳上挂上一个起重能力为 2 ~ 3t 的倒链并采取措施固定牢固，起重用的倒链共 4 个。起重采用 6 × 37 的钢芯、$\phi16$ 的钢丝绳及其配套的相应规格的绳卡扣。倒链安装好后将安全操作平台推离风管安装区域。

9.3.12 站台地面组装并吊装主排烟风管

站台地面组装主要是为加速组装速度而采取的技术处理方法，根据计算，每节 1000mm × 1600（1800）mm × 1200mm 风管总重量约为 59 + 27 = 86kg。由于主排烟风管地处站台列车停靠轨行区，吊装施工必须在地铁停止运行且整个 2 号线供电轨停电之后才能进行。

为了提高功效，加快安装速度，项目部采取工序提前交叉进入准备阶段，即施工人员必须在白天将当晚待吊装的排烟风管以及相应数量的配件如数提前装车，然后用运输车在晚间 23 时前运至安装所在站的进、出口；末班车停运后立即将风管及配件运至站厅或站台，由于当晚安装排烟风管数量有限，所以这项工作不会影响地铁内末班车的通行环境；待一切就绪后，施工管理人员和地铁值班人员对参加施工人员点名，核查施工通行证，无证人员必须清出施工车站；然后，进行施工前 10 分钟的安全、质量教育，布置当晚的施工任务，讲解当晚专业施工应注意的事项，参加施工全体人员在质量安全教育之后，履行登记和签字手续；待乘客全部撤出车站后，施工人员开始铺设地毯，在站台板上组装风管，一部分人员搬运操作平台至站台上，一部分人准备施工机具设施。等到三轨全线停电的广播通知且地铁值班人员发令可以下隧道时，施工人员开始组装两台施工用的“自制快速拆装轨道车操作平台”，组装完成后，分别放置于待装风管部位的两端待命；在列车停靠轨行区风管安装位置上安放三组略高于站台板的金属板凳式马扎，每隔 3m 左右放置一个，马扎上放置木板，木板与马扎相对应，木板上铺地毯，以防硬木板擦坏排烟风管。

在两排待安装部位顶板上 7.2m 左右区域内，即离组装后的主排烟风管端部各 1.5m 处用电锤打孔，安装 M16 膨胀螺栓 4 个作为起吊固定点，固定点上各安装一块加工预制好的 ∟100 × 10 的角钢吊耳。吊耳上各挂一个 2 ~ 3t 的倒链作为起重主排烟风管的起重器。

每晚吊装两排 7.2m 左右的大型主排烟风管，风管连接组装好后，用人工将风管置于金属板凳式马扎平台上。然后采用 2 ~ 3 组 12 号槽钢制作的“吊装横担”，该横担两端各焊有一个 $\phi16$ 的圆钢半环形吊耳，准备挂钢丝绳用。将“吊装横担”置于大型主排烟风管下，离组装后的主排烟风管端部各 1.5m 处。在前期已安装好的吊架上挂上细绳，用作起吊风管时，防止吊杆内夹阻碍风管起吊时牵拉之用。在主排烟风管端部适当位置也系两根绳子用作控制起吊时风管摆动之用。一切就绪，工长对施工人员开始重新安排工作，并讲解吊装中的注意事项，然后各就各位进行起吊。起吊至吊杆横担之上 50 ~ 100mm 高度时，停止起吊，将操作平台移至起吊后的风管底部，开始安装吊架横担，待吊架横担全部安装好后，调整风管位置，对正前期安装好的风管，开始连接螺栓，一切就绪后取下倒链进行下一组风管的吊装。参见图 1-9-10 ~ 图1-9-14。

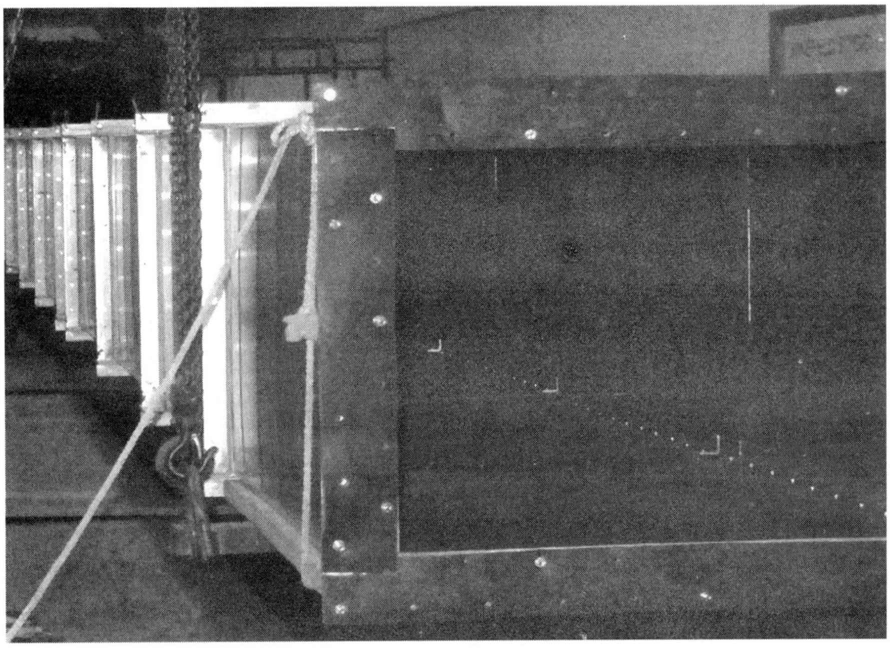

图 1-9-10　站台轨行区待起吊的主排烟风管

图 1-9-11　吊装中的站台列车轨行区主排烟风管

图 1-9-12　站台停靠轨行区风烟管道施工完成后实景效果

图 1-9-13　站台停靠轨行区施工完成后实景效果

图 1-9-14　站台施工完成后实景效果

9.3.13　后续风管连接安装

后续风管即第二天夜间施工的风管安装工作的步骤与前一天基本相同，不同之处是如何将后续风管用螺栓连接，螺栓连接主要是两管之间和管顶与顶板之间的螺栓，由于间距小而无法伸进手拧紧螺栓。办法是在每6节风管的开始一节和最后一节的一端采取内置法兰，后续管段连接时采用两节风管的内置法兰进行风管的连接。

9.3.14　风管的等电位连接

待风管全部安装完毕后，由于两节风管间有绝缘胶皮，在两节风管法兰连接两端用4mm^{2}软地线进行接地连接。整趟风管全部安装完后，在整趟风管的首尾端采用40×4镀锌扁钢与就近等电位端子箱连接。如离等电位箱较远时，就近从结构墙内找出两根不小于ϕ16的钢筋作为接地点，将40×4扁钢引至接地点，并与之连接紧密，使之与结构钢筋连成一体，完成风管的局部等电位连接。详见图1-9-15。

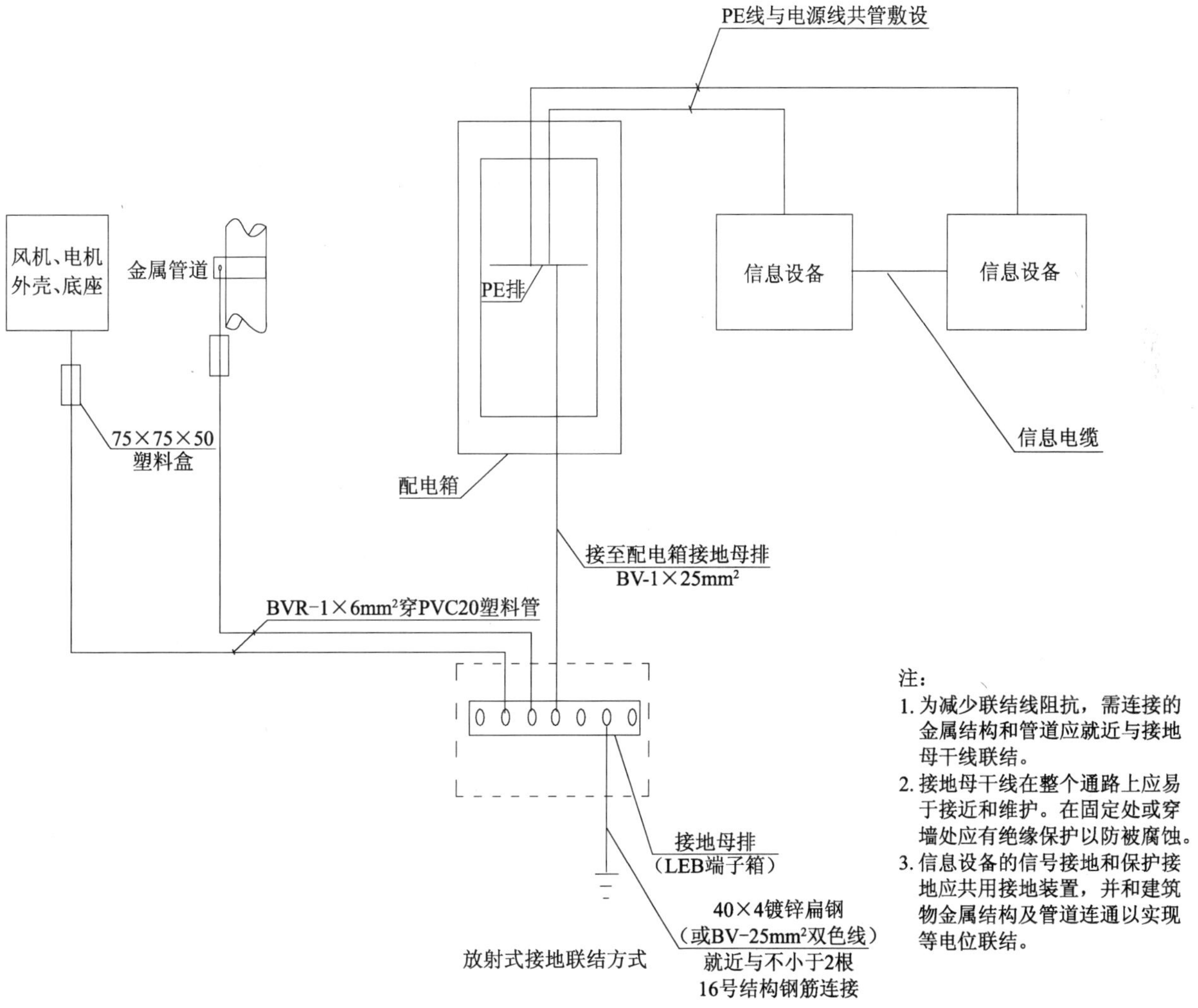

图1-9-15　等电位连接图

9.4　静压箱安装中的运输与吊装

9.4.1　静压箱运输

静压箱在运输前必须用棉毡或地毯包裹，以防运输途中碰撞。装车时必须轻吊轻放，放置地面前必须用木板找平地面，不得直接放在凹凸不平的地面上。捆绑钢丝绳时必须用木方包裹软布作隔垫，防止紧绳时压伤静压箱表面。

9.4.2　静压箱在车站运输途中的防护

由于静压箱尺寸大，所以运输途中有可能对地铁站内的成品设施造成伤害，因此要加强对车站内的保护。

静压箱运输路线计划从地铁进站口进入，通过楼梯至站厅站台。所以沿途地面铺设地毯，包括楼梯都要铺设地毯，宽度为2500~3000mm之间。

另在运输所经过的扶梯、大门和门玻璃、扶手、大厅圆柱、检票机等处必须用塑料薄膜遮盖，然后用干净地毯或棉被包裹。检票机必须采取隔离桩保护，任何人不得靠近该设备。

9.4.3　吊装区域的防护

吊装区域在吊装前必须采取安全围栏或隔离带进行安全隔离防护，任何非施工吊装人员不得进入吊装施工区域。在吊装区域下面的行走轨必须用木板或枕木覆盖。

9.4.4　加工基地至地铁站途中水平运输

静压箱加工基地吊装采用8t吊车将静压箱装在5t载重汽车上，用$6\times7\phi10.5$钢丝绳将静压箱与载重汽车固定，钢丝绳与静压箱接触处用木板夹垫，防止将静压箱钢板勒坏，钢丝绳采用紧绳器拉紧，注意松紧适度。

运输途中应缓慢前行，遇有桥洞或过街天桥处应停车测量高度，确信可行后再缓慢通过。

9.4.5　地铁站内上下楼梯运输和水平运输

（1）路线选择

由于静压箱其体积大，运输方案选择阜成门车站东北口进站。该进站口步行楼梯斜面高度2.5m，楼梯总宽度为2.8m。静压箱的2800mm方向冲楼梯的纵向方向，静压箱的2300mm方向冲楼梯的横向，静压箱的高度方向冲楼梯的斜面预顶板方向。

（2）运输手段

由于静压箱的2300mm方向为楼梯的横向方向，而楼梯的横向宽度为2.8m，两者之差为2800－2350＝450mm，这样静压箱两侧还有225mm，这个尺寸不利于运输中的操作者的活动空间。因此该方案要求在运输前制作一个静压箱托底“排子”，排子采用6号槽钢制作，排子尺寸约为3302mm×1400mm×210mm，具体尺寸视静压箱和施工现场的最终实际尺寸来定。运输时静压箱置于“排子”上，“排子”两端焊接两个50mm×5mm×300mm的角钢，作用是运输中将静压箱卡住，角钢上用ϕ10mm钢筋焊吊耳，用绳索将静压箱捆住，防止静压箱发生倾翻的危险。角钢与静压箱、槽钢排子与静压箱接触处放木板或橡胶垫隔离，防止将静压箱镀锌层刮坏。

（3）运输方法

静压箱卸车可采用8t吊车也可以利用木板、绳索撬棍缓慢将静压箱滑落到地面，具体方法在汽车尾部槽帮放两根木板，垫好滚杠将静压箱用绳索捆好每边10个人拉住，统一指挥，缓慢放绳，将静压箱滑落到地面。

根据现场具体情况勘查，选用离吊装点较近或车站地面站口宽阔的进出站口。先在在踏步上铺设地毯保护台阶，在地毯上平行铺设两根300mm×45mm木板，间距1.5m，方法一是直接用“排子”上的车轮下滑，重点是做好减速控制措施。即在“排子”上两侧各焊上ϕ10mm钢筋耳，在耳上用大麻绳捆好，一边10人拉好，由总指挥直接指挥送绳，缓慢将绳索放下，使静压箱沿木板缓慢下滑到踏步底下为止。

方法二是将“排子”上的车轮拆除，直接将托底“排子”置于木板上，用撬棍慢慢将“排子”一起下滑。重点是在支撬棍的地方必须铺上木板，以防损伤梯阶。

（4）运输中的重点保护

本运输路线关键部位是检票口处，其楼梯口宽度2.4m，高度2.5m，设备（静压箱）宽度2.35m，与楼梯扶手间距只有50mm，因此，要求检票机必须用塑料薄膜遮盖，然后用干净地毯或棉被包裹。检票机必须采取隔离桩保护，任何人不得靠近该设备。

9.4.6 吊装运输工具、机具

吊装运输工具、机具表，见表1-9-2。

吊装运输工具、机具 **表1-9-2**

序号	机具名称	型号规格	数量	备注
1	汽车起重机	8t	1台班	
2	载重汽车	5t平板	1台班	
3	倒链	5t	2台	
4	底托（槽钢排子）	特制专用	1个	
5	木板	300mm×50mm	50m	
6	麻绳	ϕ30×30	4根	

9.4.7 静压箱吊装

吊装时采用两个5t倒链吊装，现场测量间距2.8m安装两个吊耳，吊耳采用ϕ16mm钢筋，焊接长度大于6倍的钢筋直径，两面焊接，底板采用200mm×100mm $\delta=10$mm厚的钢板，用4根ϕ12mm膨胀螺栓将吊耳固定，将倒链挂到吊耳上，将静压箱连同底托一起起吊。待静压箱吊到安装高度后，将横担从静压箱底部空隙穿进，与吊杆连接。起吊前将静压箱与底托垫起100mm（即有100mm间隙），作为横担穿过的空间。此做法可以在地面试验成功后再行操作。

第2篇

建筑给水排水及采暖

1　首都机场 T3A 给水排水系统施工技术

1.1　给水薄壁不锈钢管安装

该工程生活给水系统及热水管道的材质为薄壁不锈钢管，公称直径大于 100mm 的连接方式为气体保护焊接，公称直径小于 100mm（包括 100mm）的连接方式为卡压式连接。

1.1.1　管材的选择

（1）0Cr8Ni9（304 型），适用于输送饮用净水、生活饮用水、常温热水，其水质氯化物含量小于 200mg/L（冷）或小于 50mg/L（热）。

（2）0Cr17Ni12Mo2（316 型）、00Cr17Ni14Mo2（316L 型），适用于输送饮用净水、生活饮用水、热水或外界有耐腐蚀要求，其水质氯化物含量小于 1000mg/L（冷）或小于 250mg/L（热）。若输送氯化物含量较高或软水水质时采用（316 型）。

（3）薄壁不锈钢的线膨胀系数为 0.0173mm/(m·℃)，作热水干管使用时，要有防热胀冷缩的技术措施，其导热系数为 14.5W/(m·℃) 或 0.035cal/(cm·s·℃)。

（4）供水系统的管材、管件应整体使用薄壁不锈钢材制作，但与附件、卫生器具和用水设备（如热水器）连接，使用不锈钢或铜合金材质产品，可避免引起电化学腐蚀。

1.1.2　操作工艺

（1）工艺流程

预制加工──→干管安装──→立管安装──→支管安装──→管道试压──→防腐和保温──→管道冲洗──→通水试验。

（2）管道布置与敷设

明装立管应靠近用水器具的墙角、柱旁或管道井内。薄壁不锈钢管管材与管件不得与水泥、水泥砂浆、混凝土直接接触。为防止氯化物对管道腐蚀，可在管外壁套塑料膜或缠绕防腐胶带保护，也可选用塑覆薄壁不锈钢管。嵌墙敷设的管径不宜大于 25mm。在管线转折处，应预留 5～10mm 的净空，补偿管路因热胀冷缩引起的伸缩量变化。

管道穿越楼板、承重墙和内隔墙时，应加设套管。除穿地下室外墙处采用金属套管外，其他可以用塑料套管。薄壁不锈钢管加设钢套管时，应在不锈钢管外壁套橡胶或塑料护套，不锈钢管外壁不得与铁件直接接触。管道不宜穿越建筑物的沉降缝、伸缩缝和变形缝。当不可避免时，应采取防止管道被破坏的技术措施。管道不得敷设在配电间、强弱电管道井、烟道、风道和排水沟内。管道不宜穿越卧室、储藏间、橱窗、壁柜等处。

横管应有 0.002～0.003 的坡度，坡向泄水装置。

1.1.3　管道安装

（1）根据设计图纸，现场实测长度配管，下料应精确，切割可用旋转砂轮切割机，切口应垂直，切割后要修平，并去除管口内外毛刺，并以专用工具整圆。

（2）薄壁不锈钢管道公称直径小于或等于 100 时，采用卡压式连接；公称直径大于或等于 100 时，采用承插氩弧焊（简称 TIG）连接，配套的专用工具由供货商提供。

（3）安装前对管材、管件的配合公差按供货商提供的企业标准（不得低于现行国家标准或行业标准）作复查，有明显伤痕的管材、管件不得使用。

（4）管道穿越墙壁、楼板时，需配合土建留洞、预埋套管。嵌墙暗敷时，需配合土建预先留槽或开凿墙槽。预留孔洞尺寸宜比管外径大 50～100mm，嵌墙暗管墙槽尺寸的宽度可为管道外径加 40～50mm，深度为管道外径加 20mm。

（5）预埋套管宜伸出楼板面 50mm，套管下端应与楼板底齐平，穿墙套管两端应与饰面平齐，套管管径应比管道大两号。

（6）管道与不锈钢或黄铜铝合金材质的水嘴、角阀、球阀、水表、阀门和其他用水设备等附件螺纹连接时，应尽可能采用带支座的接头，该支座可与墙体固定，或采用固定支架与墙体固定。

（7）施工安装间歇或完成后，管子敞口处均应临时封堵。安装完毕的干管不得有明显的起伏、弯曲等现象，管外壁应无损伤。

（8）不锈钢管材或管件与碳钢构件之间的接触面，需用3mm厚橡胶衬垫或塑料套管阻断，防止电化学腐蚀。

（9）管道一般采用就地加工安装。尺寸相同而且成批的管段可集中加工组装，做好标记，编号码放整齐，然后运至现场按编号顺序进行安装。

（10）干管安装，先安装支架，可在主干管中心线上定出各分支主管的位置，标出主管的中心线及甩口位置，然后逐段进行安装。

（11）水平管道要按规定的坡度安装，给水管以2‰的坡度坡向配水点，室内管道图纸标高为管道中心标高。

（12）沿墙面或楼面敷设的管道采用角钢固定，角钢固定在墙体或楼板上。管道安装完，检查坐标、标高、预留口位置和管道变径等是否正确。

（13）立管安装应垂直，支管甩口方向应正确、标高准确。立管管卡安装高度为：给水立管支架*DN*20~25的2m一个，*DN*32~40的2.5m一个，*DN*50~65的3m一个，*DN*80~100的4m一个。

（14）立管上的阀门要考虑便于开启和检修，下供式立管上的阀门安装距离地面350mm，且阀柄应便于操作，阀门上部应安装可拆卸的连接件。

（15）水平支管安装，当冷热水管或冷热水龙头并行安装时，上下平行安装，热水管应在冷水管的上方，垂直安装时热水管应在冷水的左侧。

1.1.4 薄壁不锈钢管卡压式安装

（1）管道切割时采用专用砂轮机切割，为避免毛刺刺伤密封圈，必须使用锉刀或细砂布将锯管端部打磨光滑。管子插入长度值见表2-1-1。

管子插入长度 **表2-1-1**

公称直径	*DN*15	*DN*20	*DN*25	*DN*32	*DN*40	*DN*50
插入长度值（mm）	21	24	24	39	47	52
公称直径	*DN*65	*DN*80	*DN*100			
插入长度值（mm）	53	60	75			

（2）使用画线器在管子端部画标记线一周，以确认管子的插入长度。管道端部插入管件内的长度应满足表2-1-1的规定。

（3）管道卡压前应先往管件内放好橡胶密封圈，橡胶圈位置应正确。安装时严禁使用润滑油。

（4）将管子垂直插入卡压式管件中，不得歪斜，注意不要碰坏橡胶圈，以免O形橡胶密封圈割伤或脱落造成漏水。插入后，应确认管子上所画的标记线距端部的距离，公称直径在15~25mm时为3mm；公称直径在32~65mm时为5mm。

（5）与卫生器具连接和设备连接的过渡连接配件，均采用螺纹式连接或法兰式连接的不锈钢或黄铜合金管件。

（6）薄壁不锈钢管卡压式连接示意见图2-1-1~图2-1-6。

（7）卡压连接注意事项

1）卡压工具钳口的凹槽应与管件凸部靠紧，工具的钳口应与管子轴心线呈垂直状。开始作业后，凹槽部应咬紧管件，直到产生轻微振动才可结束卡压连接过程。卡压连接完成后，应采用六角量规检查卡压操作是否完好。

2）如卡压连接不能到位，应将工具送修。卡压不当处，可用正常工具再做卡压，并应再次用六角量规确认。

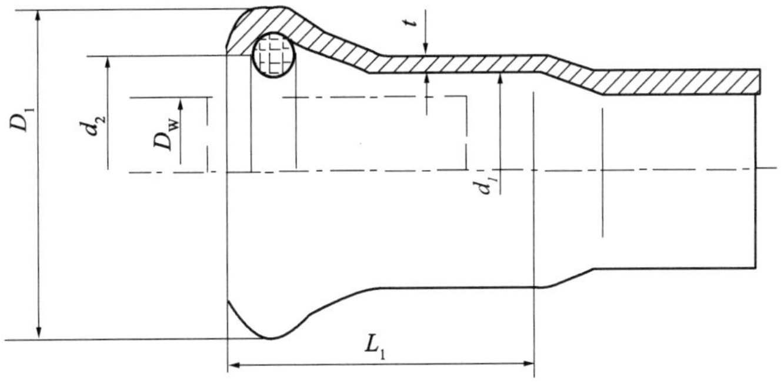

图 2-1-1　卡压式连接管件示意图

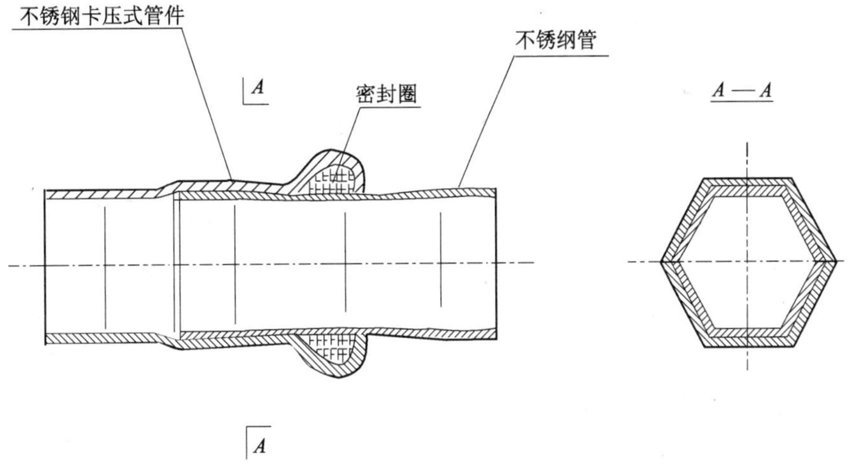

图 2-1-2　管材与管材连接示意图

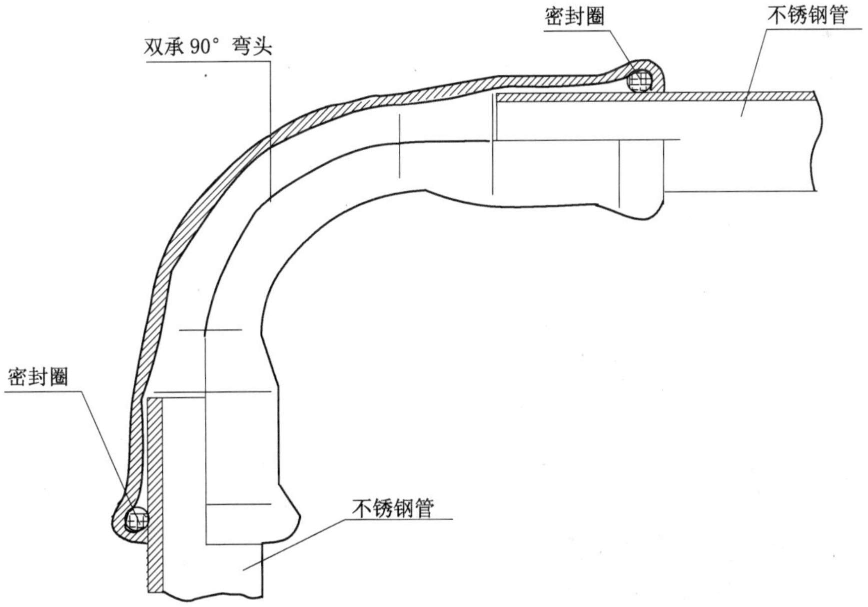

图 2-1-3　管件与管材连接示意图

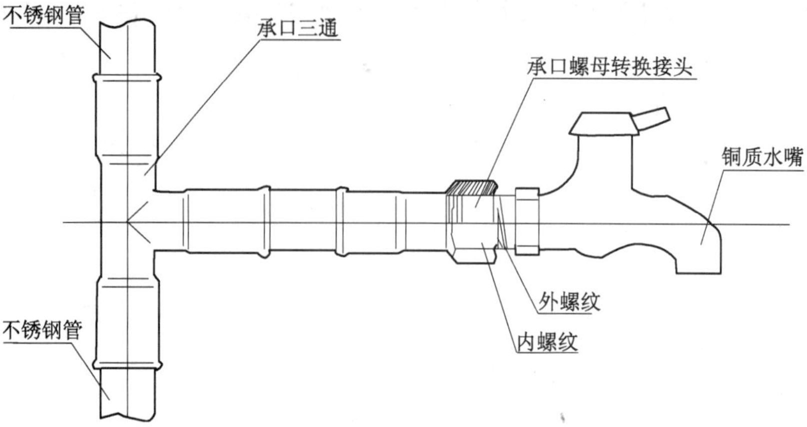

图 2-1-4 管件与附件连接示意图

图 2-1-5 不锈钢管三通卡压连接

图 2-1-6 不锈钢管弯头卡压连接

3）当与转换螺纹接头连接时，应在锁紧螺纹后再进行卡压。

4）管道明敷时，应在土建工程粉饰完毕后进行安装。安装前，应首先复核预留孔洞的位置是否正确。

5）管道穿过楼板和穿墙时应设置套管，套管可采用塑料管；穿过卫生间地面的套管应高出地面50mm，穿墙套管两端应与墙饰面平齐，套管规格应比安装管道大两号。

6）暗敷的管道，应在隐蔽前做好试压和隐蔽工程的验收记录。在试压合格后方能隐蔽。

7）管道敷设时，不得有轴向弯曲和扭曲，穿过墙或楼板时不得强制校正。当与其他管道平行时，应按设计要求预留保护距离，当设计无规定时，其净距不宜小于100mm。

8）暗敷设的热水薄壁不锈钢管的直线段长度超过15mm时，宜采取管道轴向的补偿措施。当公称直径大于50mm时，宜设置不锈钢波形膨胀节，其补偿量按1.21mm/m计算（供水温度不大于75℃时），或采用不锈钢线性温度补偿器。

9）立管和横支管优先采用管道折角的Z形、Π形等连接方式。利用自然补偿法弥补允许的伸缩量。

1.1.5 不锈钢管焊接

（1）不锈钢管应采用机械方法切割或等离子切割。切口符合下列规定：

1）管道切口表面应平整，无裂纹、重皮、毛刺、凸凹、缩口、熔渣、氧化物、铁屑等。

2）切口端面倾斜偏差 a（见图2-1-7）不大于管子外径的1%，且不超过3mm。

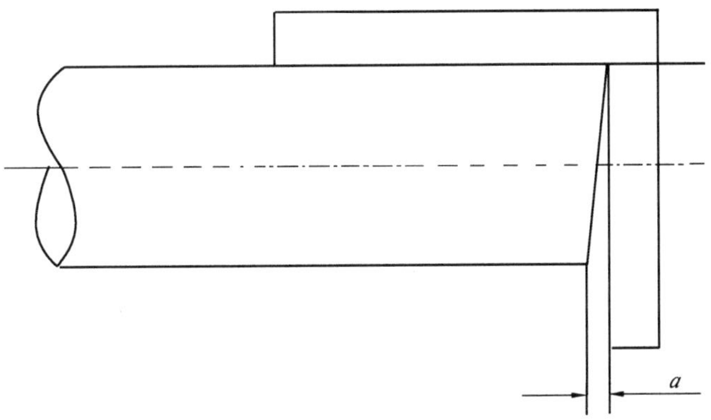

图2-1-7 切口端面倾斜偏差

（2）不锈钢管焊缝位置的工艺要求

1）同一直管段上两个对接焊口中心面间的距离，当公称直径大于或等于150mm时，不应小于150mm；当公称直径小于150mm时，不应小于管子外径。

2）环焊缝距支、吊架净距不应小于50mm。

3）施焊前对焊缝的坡口及其内外表面进行清理，清理范围大于10mm，清理对象主要为油、漆、锈、水分、毛刺等污物。当有油类等有机污染物时，应采用丙酮或无水酒精擦净。

4）由壁厚大于或等于3mm的等厚管道组成件组对时，管子、管件的坡口形式和尺寸见图2-1-8。

5）管道对接焊口的组对应做到内壁齐平，内壁错边量不超过壁厚的10%，不等厚焊件组对时，外壁错边量不大于3mm，否则应按图2-1-9修整。由于管件且长度条件限制时，图2-1-9中的15°角可改为30°角。

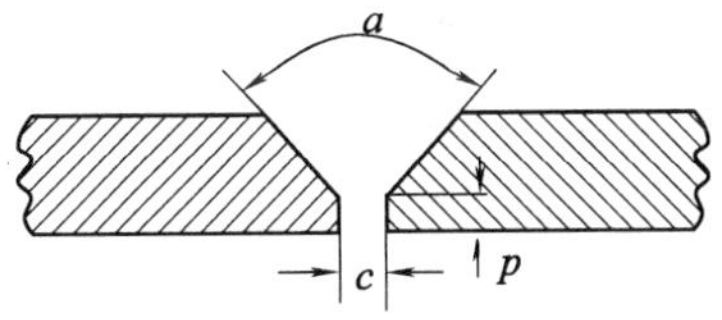

图2-1-8 管子、管件的坡口形式和尺寸

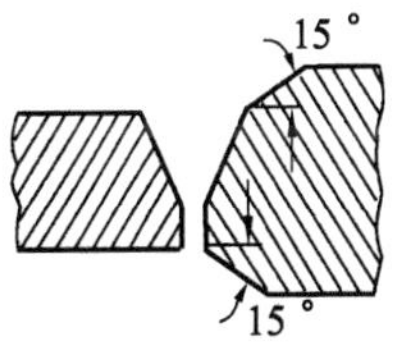

图2-1-9 管道外壁错边量的修整

6）管道坡口采用机械方法加工，应该用角磨机打磨坡口，不得用碳钢工具直接接触不锈钢管。

7）该工程的不锈钢管（304材质）焊接采用氩弧焊（焊丝、焊条E308）。并根据管材的厚度来调节焊机电流，焊接时的坡口要比碳素钢短。清除焊接熔渣时应使用不锈钢刷。

8）不锈钢管管道焊口允许偏差和检验方法见表2-1-2。

焊口允许偏差和检验方法 **表2-1-2**

项次	项目			允许偏差	检验方法
1	焊口平直度	管壁厚10mm以内		1/4管壁厚	焊接检验尺和游标卡尺检查
2	焊缝加强面	高度		+1mm	
		宽度			
3	咬边	深度		小于0.5mm	直尺检查
		长度	连续长度	25mm	
			总长度（两侧）	小于焊缝长度的10%	

9）不锈钢管道焊接完毕后由于经过超高温的作用，会在局部表面生成氧化物，为防止局部腐蚀或降低强度，有必要对焊口进行研磨处理与洗涤作业。在施工现场，采用专用的不锈钢清洗剂（酸洗钝化膏）进行清洗，这些清洗剂常温下都适用于不锈钢焊缝清洗以及高温发热管氧化皮的清除。特点是清洗快，对金属基体基本不腐蚀。一般是把清洗剂搅匀后，用毛刷或毛笔取少许涂于焊缝上，根据温度来选择停留时间，常温下为10～15min，冬季为20～30min，然后用抹布抹去残余清洗剂并用水冲洗即可。这样可彻底清除不锈钢焊缝（焊道处）的黄、蓝、黑色焊斑和污迹，对不锈钢管焊缝进行酸洗钝化，表面形成钝化保护膜，提高不锈钢管的抗腐蚀能力。

1.1.6 管道支架安装

（1）薄壁不锈钢管固定支架间距不宜大于15m，热水管固定支架间距的确定应根据管线热胀量、膨胀节允许补偿量等确定。固定支架宜设置在变径、分支、接口及穿越承重墙、楼板的两侧等处。

（2）薄壁不锈钢管活动支架的间距可按表2-1-3确定。

支架的最大间距 **表2-1-3**

公称直径 *DN*（mm）	15	20～25	32～40	50～65	80～100
水平管（mm）	1000	1500	2000	2500	4000
立管（mm）	1500	2000	2500	3000	4500

（3）采用金属管卡或吊架时，金属管卡或吊架与管道之间应采用塑料管套或橡胶等软物隔垫，见图2-1-10和图2-1-11。

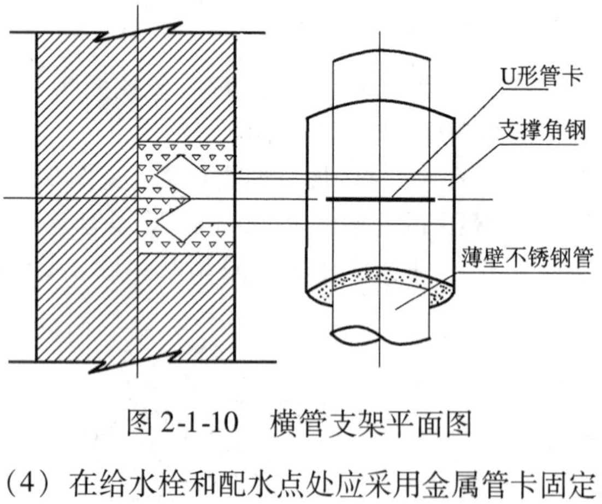

图2-1-10 横管支架平面图

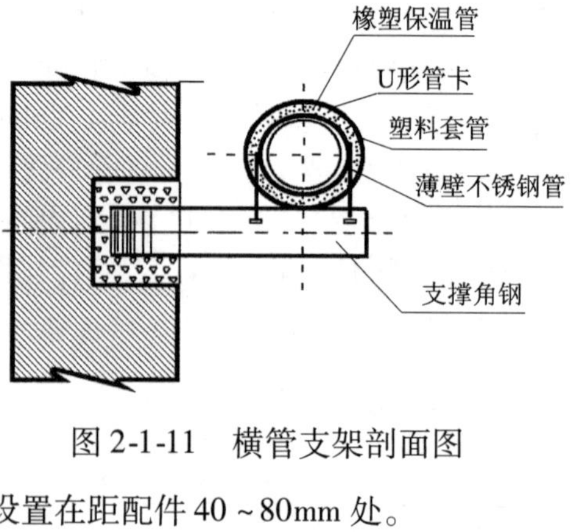

图2-1-11 横管支架剖面图

（4）在给水栓和配水点处应采用金属管卡固定，管卡宜设置在距配件40～80mm处。

1.1.7 管道保温

暗敷设及热水薄壁不锈钢管均采用橡塑保温管作防结露保温。保温管外层缠玻璃丝布，面层作两道防火漆。在有雨水侵入或湿度高的场所还要作防水层，应采用不腐蚀的并且不会使氯化物渗透到管壁上的材质。

1.1.8 系统试压

(1) 试压准备

1) 水压试验前应对系统连接方式、管线走向进行核对，检查支吊架构造、设置位置。

2) 试压用的压力表不应少于 2 只，精度不应低于 1.5 级，量度应为工作压力的 1.5 ~2 倍。

3) 对不参与试压的设备、仪表、阀门及附件应加以隔离或拆除；加设的临时盲板应有明显的标志，并记录临时的盲板数量。

4) 各系统在管道安装的同时，应准备好试压用的试压泵、配电箱、耐压胶管及放水阀、压力表等机具。

5) 管道系统压力试验前应检查活动及固定支架是否合理、牢固；塑料套管或金属套管、波形膨胀节、支承配件等设置是否到位、正确和牢靠。

(2) 试压方法

给水、热水系统设计工作压力为 0.6MPa，试验压力为 0.9MPa。热水系统安装完毕，管道保温之前应进行水压试验。系统强度试验按设计要求的试验压力（0.9MPa）作强度试验，系统满水后，缓慢升压至工作压力，再升至试验压力，观察 10min，压力降不大于 0.02MPa，然后降至工作压力，检查管道接口应无渗漏。

1.1.9 系统通水试验

(1) 系统通水试验可根据管道布置，分层、分段进行。

(2) 饮用水管道在试压合格后用生活饮用水以不小于 1m/s 的流速对管道进行连续冲洗，直至出口处浊度、色度与入口处相同为止。

(3) 给水系统宜采用 0.03% 高锰酸钾消毒液或采用氯离子浓度为 20mg/L 的清洁水灌满管道进行消毒。消毒液在管道中应静止 24h，排空后，再用饮用水清洗。饮用水的水质需经有关部门取样检验符合《生活饮用水卫生标准》(GB 5749) 的要求后方可使用。

(4) 管道系统清洗后，各类阀门、滤网、仪表等启闭必须灵活，可控制。

1.2 消防水系统安装

1.2.1 消火栓及消防水炮系统安装

(1) 消火栓给水管道 $DN \leqslant 70$ 时采用焊接钢管，连接方式采用螺纹连接；$DN > 70$ 时采用焊接钢管，连接方式采用焊接连接。消防水炮全部采用加厚无缝钢管，焊接连接。

(2) 安装工艺流程

施工准备及现场勘测──→支吊架制作、安装──→消防水干管安装──→管道分区、分系统强度试验──→消防设备安装 ──→系统强度试验──→管道冲洗──→消火栓箱安装──→系统通水调试 。

(3) 管道安装

1) 干管安装

安装前根据图纸及建筑标高定位线进行测量放线，确定干管位置。干管安装一般在支架安装完成后进行。可先在主干管中心线上定出各分支主管的位置，标出主管的中心线，然后将各主管间的管段长度测量记录并在地面进行下料和预制组装，预制时同一方向的主管保证在同一直线上，且管道的变径应在分出支管之后进行。组装好的管子，应在地面进行检查，若有歪斜扭曲，则应进行调直。上管时，应将管道放置在支架上，用预制好的管卡将管子固定，防止管道滚落伤人。干管安装后，还应进行最后的校正调直。干管按 0.002 ~0.005 的坡度敷设，坡向泄水装置。

2) 支管安装

安装支管前，先按立管上预留的管口在墙面上画出（或弹出）水平支管安装位置的水平线，并在水平线上按图纸要求画出各分支线或给水配件的位置中心线，再根据中心线测出各支管的实际尺寸进行编号记录，根据记录尺寸进行下料和预制，检查调直后进行安装。

(4) 管道连接

1）焊接连接

焊接前要将两管轴线对中，先将两管端部点焊牢，管径在100mm以下可点焊3个点，管径在150mm以上点焊4个点。

管材壁厚在5mm以上者应对管端焊口部位铲坡口，如用气割加工管道坡口，必须去除坡口表面的氧化皮，并将影响焊接质量的凹凸不平处打磨平整。接头尺寸见表2-1-4。

接头尺寸 **表2-1-4**

接头名称	接头尺寸（mm）			
	壁厚	间隙	钝边	坡口角度
	T	C	P	α
管子对接V形坡口	5～8	1.5～2.5	1～1.5	60～70
管子对接V形坡口	8～12	2～3	1～1.5	60～65

2）螺纹连接

管道螺纹连接时应根据图纸及现场实际情况绘制草图，按其配管下料并将断口处铁锈、毛刺清理干净，按管径尺寸分次套丝，然后选用适当工具装配管件，将已装好管件的管段在安装前进行调直，然后按照图纸位置进行就位安装。螺纹连接的密封填料应均匀附着在管道的螺纹部分，填料选用四氟乙烯生胶带。拧紧螺纹时，不得将填料挤入管道内；连接后，应将连接处外部清理干净。

（5）支、吊架安装

1）按不同管径和要求设置相应管卡，位置应准确，埋设应平整。管卡与管道接触紧密，但不得损伤管道表面。

2）固定支、吊架应有足够的刚度和强度，不得产生弯曲、变形等缺陷。

3）钢管水平支、吊架间距见表2-1-5。

管道水平支、吊架间距 **表2-1-5**

序号	安装管径（mm）	保温管道支架间距（m）	不保温管道支架间距（m）
1	*DN*15	2	2.5
2	*DN*20	2.5	3
3	*DN*25	2.5	3.5
4	*DN*32	2.5	4
5	*DN*40	3	4.5
6	*DN*50	3	5
7	*DN*70	4	6
8	*DN*80	4	6
9	*DN*100	4.5	6.5
10	*DN*125	6	7
11	*DN*150	7	8
12	*DN*200	7	9.5
13	*DN*250	8	11
14	*DN*300	8.5	12
15	*DN*350	9	9
16	*DN*400	9	9

（6）消火栓箱安装

1）消火栓箱体采用符合设计要求的产品，产品均应有消防部门的制造许可证及合格证方可使用。消火栓支管要以栓阀的坐标、标高定位甩口，核定后再稳固消火栓箱，箱体找正稳固后再把栓阀安装好，箱门开启应灵活。

2）消火栓箱安装时，应先在墙体或柱体设固定螺栓。消火栓安装要求接口一律朝外，快速接头绑扎紧密，水龙带挂放整齐，配置好消防卷盘。消火栓阀安装高度为阀中距地 1.1m；距箱侧面距离为140mm，距前后内表面 100mm，见图 2-1-12 和图 2-1-13。

图 2-1-12　墙内暗装消火栓箱安装

图 2-1-13　罗盘箱内暗装消火栓箱安装

3）消火栓配件应在交工前进行安装。消防水龙带每根长度不大于 25m，应折好放在挂架上，盘紧放在箱内。箱内设有电控按钮，需注意与电气专业配合施工。

1.2.2　自动喷水（雾）灭火系统安装

（1）自动喷水（雾）给水管道 $DN \leq 100$ 时采用热镀锌钢管，连接方式采用螺纹连接；$DN > 100$ 时采用热镀锌钢管，连接方式采用卡箍沟槽连接。

（2）安装工艺流程

施工准备及现场勘测⟶支吊架制作、安装⟶水平干、支管安装⟶分层水压试验⟶立管安装⟶消防水泵、水泵接合器安装⟶系统水压试验⟶管道冲洗⟶水流指示器、信号蝶阀安装⟶报警阀安装⟶喷头安装⟶系统通水调试。

（3）管道安装

1）管路连接

① 沟槽连接。管道沟槽连接时应使用专用机械在管道末端压制出标准沟槽，安装时检查垫圈并涂刷润滑剂，对准管道，将垫圈套在管端，使垫圈滑入两管凹槽定位，然后进行接头装配，将卡箍接头在垫圈上定位并使之进入两边管道的凹槽内，确保螺栓导槽头进入外壳槽深处，轮流上紧螺帽使对角的螺栓垫间距相等，压接密实，从而保证其强度及严密性。

② 螺纹连接。管道螺纹连接时应根据图纸及现场实际情况绘制草图，按其配管下料并将断口处铁锈、毛刺清理干净，按管径尺寸分次套丝，然后选用适当工具装配管件，将已装好管件的管段在安装前进行调直，然后按照图纸位置进行就位安装。螺纹连接的密封填料应均匀附着在管道的螺纹部分，填料选用四氟乙烯生胶带。拧紧螺纹时，不得将填料挤入管道内；连接后，应将连接处外部清理干净。

2）管道安装注意事项及要求

管道的安装应符合以下要求：管道横向安装设 0.002 ~ 0.005 的坡度；配水干管、配水管应做红色或红色环圈标志；管网在安装中断时，应将管道的敞口封闭。

喷洒干管用法兰连接，每根配管长度不超过 6m，直管段可把几根连接在一起，但不得过长，调直后按编号依次使用倒链吊装。吊装时，应先吊起管道一端，待稳定后再吊起另一端。

报警阀安装在明显且易于操作的位置，报警阀处地面有排水措施，环境温度不应低于 5℃。报警阀组装符合产品说明书和设计要求，控制阀有启闭指示装置，并使阀门处于常开状态。

消防喷洒管在竖井内时，在管井内预埋铁件上安装卡件固定，立管底部的支架要牢固，防止立管下坠。立管明装时每层楼板要剔凿孔洞。

消防喷洒分层干管安装时，管道的分支预留口在吊装前应先预制好，用三通定位预留口，调直后吊装。所有预留口均加好临时封堵。

吊顶内的管道安装与其他管道的位置要协调好。喷洒管道不同管径连接采用异径管箍、异径弯头，不得使用补芯变径。喷洒分支水流指示器后不得连接其他用水设施。

喷洒头支、立管不能与分支干管同时顺序完成，要与吊顶装修同步进行。吊顶龙骨装完，根据吊顶材料厚度定出喷洒头预留口标高，并保证喷洒头坐标准确。喷头与吊顶接触密贴。支管装完，预留口用丝堵拧紧，准备系统调试。

3）支吊架制作、安装要求

喷洒管道的固定支架安装位置以不妨碍喷头喷洒效果为原则。为防止喷头喷水时管道产生大幅度晃动，干管分支处、支管末端均应加防晃固定支架。干管或分层干管可设在直管段中间；单杆吊架长度小于150mm时可不加防晃固定支架。防晃固定支架应能承受管道、零件、阀门及管内水的总重量和50%水平方向推动力而不损坏或永久变形。

管架制作、安装应结合实际情况，确定支吊架形式，予以下料制作。安装时，在构件上弹出管道轴向直线，列出支、吊架固定点。对于因流体动力因素可能产生位移的管线，应设置固定支架。支、吊架的选用，应考虑管道的稳定性、强度和刚度要求，其布置和类型应满足管道荷重、补偿和位移及坡向的要求，在安全可靠的条件下尽量采用较简单的结构，以节省钢材和便于制作安装，见图2-1-14～图2-1-16。

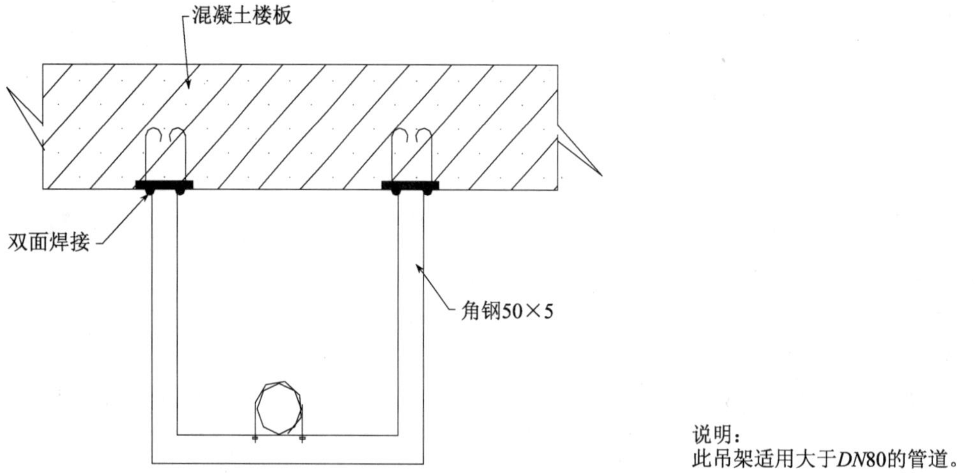

图2-1-14　喷洒防晃吊架构造图

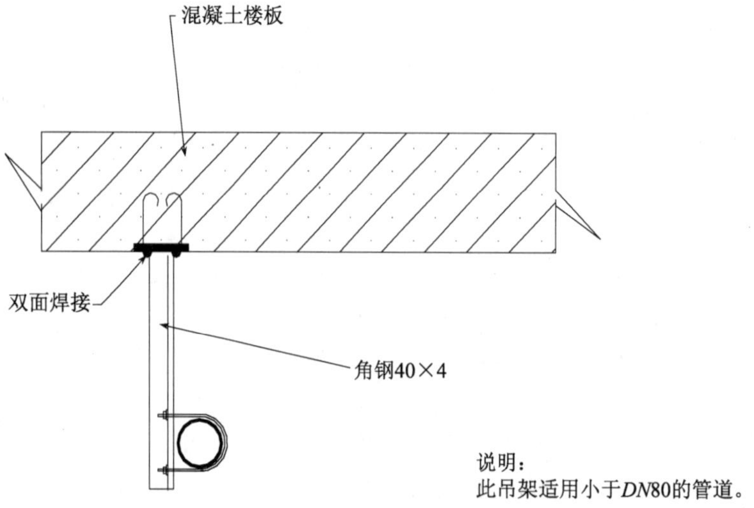

图2-1-15　消防滑动吊架构造图

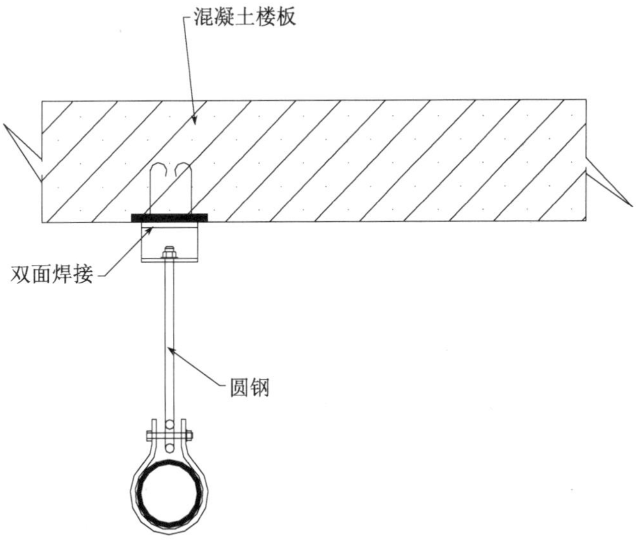

图 2-1-16　消防滑动吊架构造图

支、吊架安装前，应进行外观检查，外形尺寸及形式必须符合设计要求；不得有漏焊或各种焊接缺陷。支、吊装位置标高应正确，安装要平整、牢固，管子与支架接触良好，一般不得有间隙。支吊架刷防锈漆两道，明装的刷面漆一道。

当管子的公称直径等于或大于 50mm 时，每段配水干管或配水管设置防晃支架不应少于 1 个；当管道改变方向时，应增设防晃支架。竖直安装的配水干管应在其始端和终端设置防晃支架或采用管卡固定。

4）附属设备安装

水流指示器的安装应在管道试压和冲洗合格后进行，水流指示器的规格、型号应符合设计要求；水流指示器应竖直安装在水平管道上侧，其动作方向应和水流方向一致，倾斜度不宜过大，保证叶片活动灵敏，水流指示器前后应保持有 5 倍于安装管径长度的直管段。安装后的水流指示器桨片、膜片应动作灵活，不应与管壁发生碰擦。信号阀应安装在水流指示器前的管道上，与水流指示器之间的距离不应小于 300mm。

水泵接合器安装：规格应根据设计选定，其安装地点应有明显标志，阀门位置应便于操作，接合器附近不得有障碍物。安全阀应按系统工作压力定压，接合器应装有泄水阀。

报警阀配件应在交工前进行安装，阀组的安装应先安装水源控制阀、报警阀，然后再进行报警阀辅助管道的连接。水源控制阀、报警阀与配水干管的连接，应使水流方向一致。报警阀组安装的位置应符合设计要求。止回阀、截止阀应安装在充气连接管上；报警水流通路上的过滤器应安装在延迟器前便于排渣操作的位置。延迟器安装在报警阀与水力警铃之间的信号管道上。水力警铃安装在报警阀附近，见图 2-1-17 和图 2-1-18。

图 2-1-17　报警阀组安装

图 2-1-18　报警阀组安装

喷头安装应在系统试压、冲洗合格后进行，其规格、类型、动作温度要符合设计要求，方向排列应整齐规则。安装喷洒头应使用特制专用扳手，喷头的框架、溅水盘产生变形或释放原件损伤时，应及时更换。填料采用聚四氟乙烯生料带，喷头安装时，不得对喷头进行拆装、改动，并严禁给喷头附加任何装饰性涂层。喷头安装见图 2-1-19。

图 2-1-19　喷头安装

5）管道试压及冲洗

管道系统施工完毕，经检查符合设计要求之后，根据施工进展情况可分段进行管道强度试验和严密性水压试验，需要隐蔽的管道，试压须在隐蔽前做完。

试压前应将不能参与试压的系统、设备、仪表及管道附件等加以隔离，加置盲板的部位应有明显标记和记录。

消防管道试压可分层、分段进行，上水时最高点要有排气装置，高低点各装一块压力表，上满水后检查管路有无渗漏，如有法兰、阀门等部位渗漏，应在加压前紧固，升压后再出现渗漏时做好标记，卸压后处理，必要时要泄水处理，冬季试压环境温度不得低于5℃。试压合格后及时办理验收手续。

喷洒系统试压：封吊顶前进行系统试压，为了不影响吊顶装修进度，分层、分段试压，试压完后冲洗管道，合格后可封闭吊顶。吊顶面板安装时在喷头甩口处开一个30mm的孔，把预留口露出，配合吊顶面板安装把丝堵卸下安装喷洒头。

消防喷洒系统设计水压试验压力为工作压力的1.5倍。水压强度试验的测试点应设在系统管网的最低点，试压前安好跑风、泄水及堵板，打开管路阀件。对管网注水时应将管网内的空气排净，管网内充满水后开始缓慢升压，压力升至试验压力一半时检查管路，如无异常，继续升压至试验压力，达到试验压力后稳压30min，目测管网应无泄漏和变形，且压力降不应大于0.05MPa为合格。水压严密性试验的试验压力为设计工作压力，稳压24h应无泄漏。

在试验过程中如遇泄漏，不得带压修理，消除缺陷后，应重新试压。试压完毕后，应及时拆除所有临时盲板、核对记录，并填写管道系统试压记录。

管道系统强度试验合格后，应进行清洗。清洗用泵采用自备水泵，水源采用自来水冲洗，以清除管道内的焊渣等杂物。冲洗前先将系统中的流量减压孔板、过滤装置拆除，冲洗水质合格后重新装好，冲洗出的水要有排放去向，不得损坏其他成品。

冲洗前，应将系统中不宜参加冲洗的设备、仪表、阀件加以妥善处理，并在冲洗后复位。冲洗时，应用木槌敲打管子，对焊缝、死角和管底等部位重点敲打，但不得损伤管子。

冲洗应反复进行，直到出口处的水色和透明度与入口处一致为合格。排水管应接入可靠的排水系统中，并保证排泄畅通和安全。管道冲洗后应将水排尽。

管网冲洗所采用的排水管道应与排水系统可靠连接，其排放应畅通和安全。排水管道的截面面积不得小于被冲洗管道截面面积的60%。

管网冲洗的水流量按系统的设计最大流量进行冲洗，管网冲洗的水流速度不小于3m/s。当施工现场冲洗流量不能满足要求时，应按系统的设计流量进行冲洗。

管网冲洗的水流方向应与灭火时管网的水流方向一致。

1.3 排水管道安装

1.3.1 排水管材及连接方式（见表2-1-6）

排水管材及连接方式　　表2-1-6

<table>
<tr><th>序号</th><th>管道名称</th><th>安装部位</th><th>管径</th><th>管材</th><th>连接方式</th><th>备注</th></tr>
<tr><td>1</td><td rowspan="2">重力污水排水管</td><td>明装或暗装</td><td>全部</td><td>机制铸铁排水管</td><td>不锈钢卡箍连接</td><td rowspan="6">外包专业公司施工</td></tr>
<tr><td>2</td><td>混凝土中埋设</td><td>全部</td><td>加厚无缝管</td><td>焊接</td></tr>
<tr><td>3</td><td rowspan="3">雨水管</td><td>结构柱中埋设</td><td>DN=150</td><td>不锈钢管</td><td>焊接</td></tr>
<tr><td>4</td><td>屋面下明装</td><td>DN≤150</td><td>不锈钢管</td><td>焊接</td></tr>
<tr><td>5</td><td>地下悬吊明装</td><td>全部</td><td>热浸镀锌钢管</td><td>卡箍沟槽连接</td></tr>
<tr><td>6</td><td>压力排水管</td><td>明装或暗装</td><td>全部</td><td>热浸镀锌钢管</td><td>卡箍沟槽连接</td></tr>
</table>

1.3.2 工艺流程

安装准备⟶预制加工⟶干管安装⟶立管安装⟶支管安装⟶闭水试验⟶通水试验⟶设备调试。

1.3.3 排水干管安装

安装在管道沟内的铸铁排水干管可根据设计要求做托、吊架或砌砖墩架设。安装干管要先搭设架子，将托架按设计坡度栽好或栽好吊卡量准吊棍尺寸，将预制好的管道托、吊牢固，并将立管预留口位置及首层卫生洁具的排水预留管口，按室内地平线、坐标位置及轴线找好尺寸，接至规定高10度，将预留管口装上临时封堵。排水管坡度应符合施工规范规定。

1.3.4 排水立管安装

根据施工图校对预留管洞尺寸无差错。安装立管时上下配合就位，在复核立管垂直度后，将立管临时固定牢固。立管接口连接完毕后，安装支架，再配合土建将洞口与管道间隙灌满堵实。立管每层设检查口，高度距安装地面1m。

1.3.5 排水支管安装

支管安装应先搭好架子，并将托、吊架按坡度栽好，量准吊架尺寸，将预制好的管道抬到架子上，再将支管组对安装。设在吊顶内、末端有清扫口的支管，按规定的坡度进行安装，不允许有倒坡、平坡的现象。支管安装完毕后，可将卫生洁具或设备的预留管安装到位，找准尺寸并配合土建将楼板孔洞堵严，预留管口装上临时封堵。

1.3.6 管道闭水试验

（1）吊顶内排水管道、管井排水管道等隐蔽工程在隐蔽前进行闭水试验。

（2）闭水试验前应将各预留口堵严，在系统最高点灌水。

（3）由灌水口将水灌满后，满水15min水面下降后，再灌满观察5min，液面不降，对管道系统的管材、管件及接口进行检查无渗漏为合格，请有关单位验收，办理签认手续。

（4）楼层吊顶内管道的闭水试验应在下一层立管检查口处用橡胶皮堵将立管封堵，由本层预留口处灌水试验。

2 北京奥林匹克篮球馆虹吸雨水系统二次设计及施工技术

2.1 系统概况

篮球馆屋面雨水系统由汇水面积、压力（虹吸）雨水斗、管材及敷设、防腐设施四部分组成，均按虹吸压力流设计。屋顶面积为1.74hm^2，按照屋顶造型需要分为25个24m×24m的方格，雨水主排水沟8条，副排水沟4条，主排水沟内设40个虹吸式雨水斗，东西两侧还有2条溢流天沟，设有16个虹吸式雨水斗。雨水排水管道由排水管道和溢流管道组成，排水管道为不锈钢管，直接埋设在钢筋混凝土柱子内。

2.2 二次设计及施工技术

2.2.1 施工流程

为便于施工组织分组作业施工，在现有施工图纸等资料基础上，根据设计意图和系统功能情况等，合理划分并规定各系统施工流程如下：

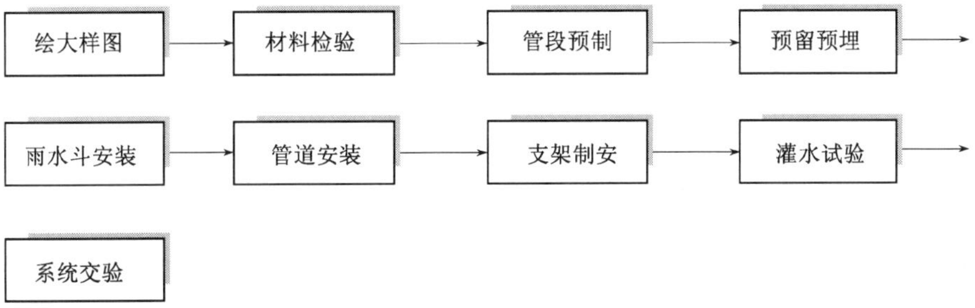

2.2.2 管道安装基本要求

（1）管道施工前应具备下列条件：

1）施工前做好材料、机具的检查工作，保证正常施工。

2）保证施工场地及施工用电、用水、材料贮放场地等临时施工设施能满足施工需要。

3）施工技术人员应掌握相应施工技术及理论，包括钢管、管件的主要物理力学性能和连接技术等，并对安装工人进行培训上岗。

4）管道安装施工前应进行图纸交底，熟悉建设项目的建筑结构，和其他相关专业根据施工前的配合协调情况，按图施工，如根据现场实际情况需要方案变更时，应先做好设计变更再按其施工。

5）做好成品保护准备工作，对在安装期间和验收前的管道系统（含雨水斗）敞口处应随时封堵，防止建筑垃圾等杂物进入管道系统。

6）管材、管件等主材在安装前进行检查清理工作，做到管材、管件外表面清洁，管内无杂物。

7）安装前发现管材有纵向弯曲的管段时，应采用手工方法进行校直，不得采用锤击方式校直，避免管材划伤，做好施工中管道保护工作，不得抛、摔、踏踩。

（2）管道系统的配管与连接应按下列步骤进行：

1）按设计图纸规定的坐标和标高线绘制实测施工图；

2）按实测施工图进行配管；

3）制定管材和管件的安装顺序，进行预装配。

（3）安装完毕的干管，不得有明显的起伏、弯曲等现象，管外壁应无损伤。

（4）管道穿过楼板时应设置套管，套管可采用钢管，套管管径比管道大两号，套管应高出地面50mm。管道穿过防水楼板、地下室和地下构筑物外墙时应采用钢性防水套管。预留孔洞的尺寸宜比管外径大50～100mm。

2.2.3 雨水斗的安装

应用于该工程的泰宁压力（虹吸）流雨水斗适用于钢天沟，详见图2-2-1（雨水斗以实物为准，参照国家标准图集《雨水斗》01S302）。

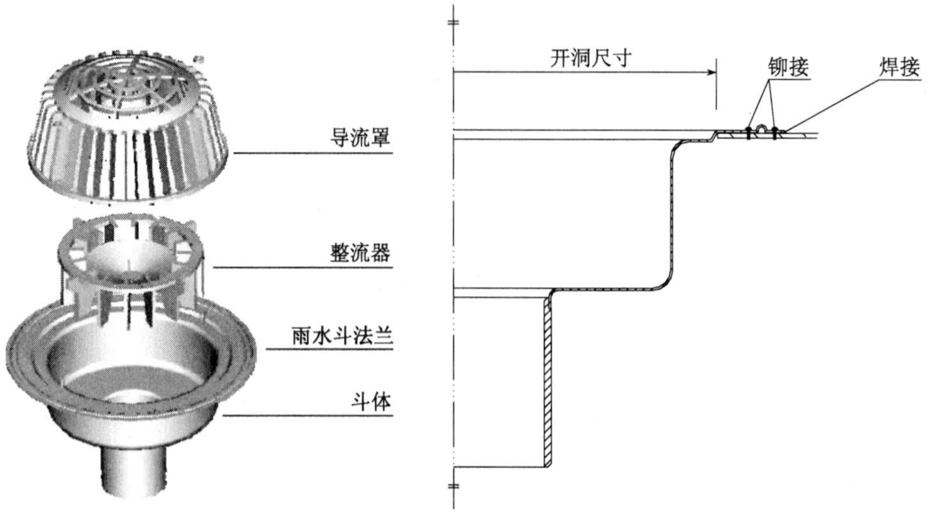

图2-2-1 雨水斗安装

B型雨水斗的安装：

雨水斗安装前在钢天沟开孔，开孔为圆形，直径300mm，误差不大于5mm。

雨水斗在天沟的开孔位置：横向位置应位于天沟中央或根据现场实际情况确定，误差小于或等于5mm。纵向位置按照施工图确定，纵向偏移误差小于或等于10mm。

雨水斗安装到钢板或不锈钢钢板天沟时采用氩弧焊接，焊接线为雨水斗法兰的外边缘。采用镀锌钢板或铝合金板天沟时用铆钉连接。

采用不锈钢管雨水斗，与系统连接采用氩弧焊。

2.2.4 雨水系统安装

（1）立管焊口甩口的标高详见图2-2-2。

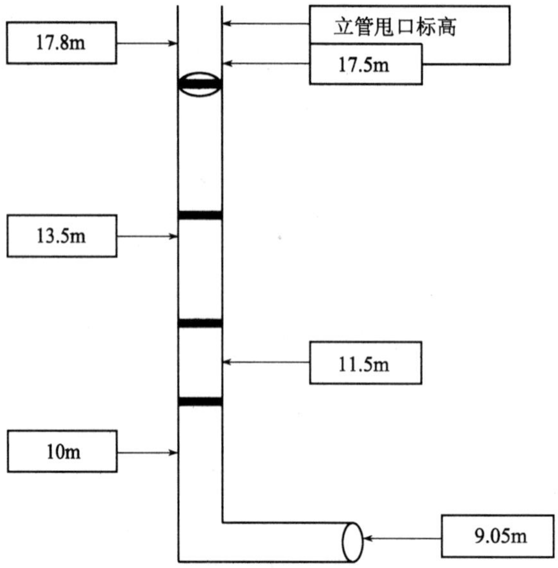

图2-2-2 雨水立管焊口甩口标高

（2）吊架间距应按规范进行施工，支、吊架必须牢固有效，与管道接触紧密。并且管道支、吊架不得设在管道接头上，水平管道任意两个接头间必须有支、吊架。

（3）悬吊雨水管道坡度规定为可以水平安装（可不设坡度），不可以出现倒坡。

（4）水斗管的连接应固定在屋面承重结构上，雨水斗边缘与屋面相连处应严密不漏。

（5）水斗四周防水应伸入雨水斗短管内，斗下短管应牢固固定在屋面板上。雨水斗作用是汇集和排除屋面雨水、雪水，并截留杂物，防止管道堵塞。安装雨水斗时，应先在屋面板上预留好孔洞，将雨水斗安放在预留孔内，屋面防水层应伸入环形管下，雨水斗下的短管应牢固固定在屋面承重结构上。以避免由于屋面水流冲击，以及由于连接管自重的作用而削弱破坏雨水斗与天沟沟体连接处的强度，造成接缝处漏水。

（6）水立管在室内地面以上 0.5m 处设检查口。

2.2.5　不锈钢管道焊接要求

（1）不锈钢管应采用机械方法或等离子切割。切口符合下列规定：

1）管道切口表面应平整，无裂纹、重皮、毛刺、凸凹、缩口、熔渣、氧化物、铁屑等。

2）切口断面倾斜偏差 a 不大于管子外径的 1%，且不超过 3mm，详见图 2-2-3。

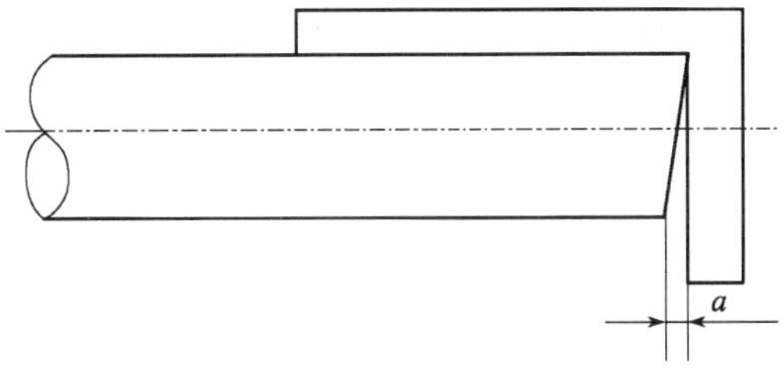

图 2-2-3　切口断面倾斜偏差

（2）不锈钢管焊缝位置工艺要求。

1）同一直管段上两个对接焊口中心面间的距离，当公称直径大于或等于 150mm 时，不应小于 150mm；当公称直径小于 150mm 时，不应小于管子外径。

2）环焊缝距支、吊架净距不应小于 50mm。

（3）施焊前对焊缝的坡口及其内外表面进行清理，清理对象主要为油、漆、锈、毛刺等污物。当有油类等有机污染物时，应采用丙酮或无水酒精擦净。

（4）管道对接焊口的组对应做到内壁齐平，内壁错边量不超过壁厚的 10%，否则应按图 2-2-4 修整，由于管件长度条件限制时，下图中的 15°角可改为 30°角。

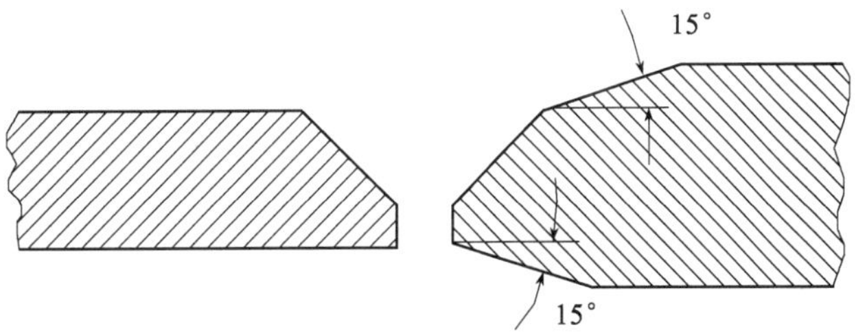

图 2-2-4　焊口组对内壁错边调整

（5）管道坡口采用机械方法加工。

（6）不锈钢管焊接时全部采用氩弧焊施焊，以达到密封效果。

（7）不锈钢管管道焊口允许偏差和检验方法详见表 2-2-1。

焊口允许偏差和检验方法　　　　表 2-2-1

项次	项目			允许偏差	检验方法
1	焊口平直度	管壁厚 10mm 以内		1/4 管壁厚	焊接检验尺和游标卡尺检查
2	焊缝加强面	高　度		+1mm	
		宽　度			
3	咬边	深　度		小于 0.5mm	直尺检查
		长度	连续长度	25mm	
			总长度（两侧）	小于焊缝长度的 10%	

2.2.6 钢筋混凝土柱内不锈钢雨水立管施工技术

（1）不锈钢管在柱内的安装固定

混凝土柱内 *DN*150 和 *DN*125 不锈钢管虹吸雨水立管长度约 18m，立管顶部及底部的转向弯头，转角均为 90°。

不锈钢管在混凝土柱的固定应在浇注混凝土前进行。雨水立管在混凝土柱内埋设，安装固定方法是在间距约 6m 内用 4 根 ϕ12 不锈钢棒做支撑，一端与不锈钢管材焊接，另一端与混凝土主筋（或接地主筋）焊接，搭接面长度大于 10 倍直径，管道连接采用氩弧焊接，支撑件与管道的连接采用 E1-23-12-16（A302）不锈钢焊条手工电弧焊，详见图 2-2-5 和图 2-2-6。

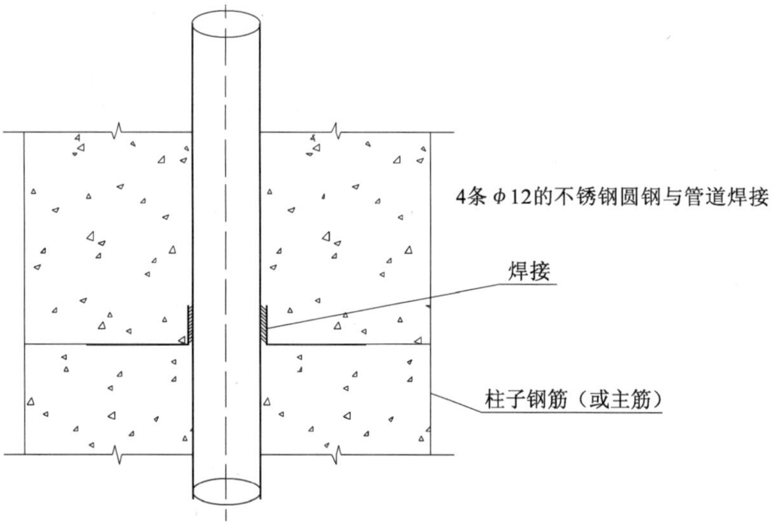

图 2-2-5　柱内不锈钢管固定示意

图 2-2-6　柱内不锈钢管固定实例

预埋管道（混凝土浇筑）之前须进行着色渗透试验，以保证预埋管道及焊缝不渗不漏。

（2）吊装

该工程施工吊装方法采用两种：

1）管道上焊接吊装点，用吊车将管道吊到安装位置，待管道固定后撤离吊车。

2）水平管道采用卷扬机通过滑轮、牵引绳将管道吊装到安装位置，待管道固定好后撤离卷扬机。

为保证吊装点处的质量，焊点采用不锈钢钢筋进行焊接，分别向两边弯成90°，到起吊装点的作用，吊装完毕后与结构钢筋进行绑扎，起到临时固定点的作用，同时在焊口处进行钝化处理和进行防腐处理，详见图2-2-7。

（3）对口

为防止管道晃动，保证对口质量采用临时抱卡固定，详见图2-2-8。

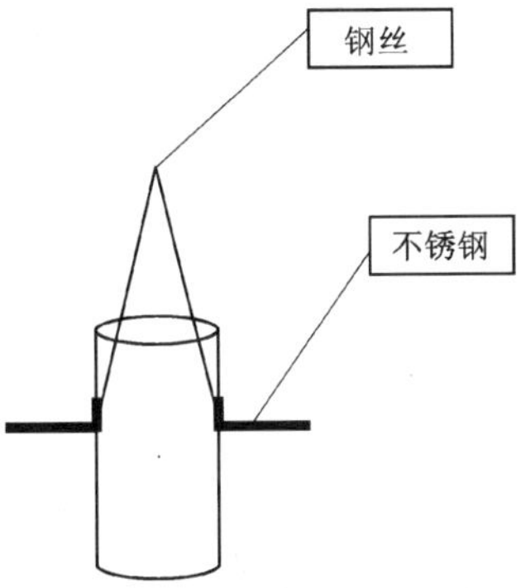

图2-2-7 吊点

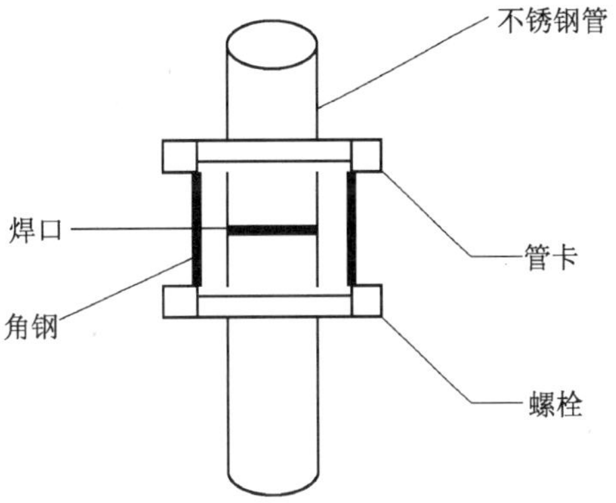

图2-2-8 临时不锈钢管抱卡

（4）焊接

采用氩气保护焊方法进行焊接。焊接前应保证对口准确，纵焊缝错开45°以上。

因立柱钢筋太密，使焊工无法操作，让甲方协调在绑立筋时，一面先少绑4根立筋，等不锈钢管安装完毕，土建再进行立柱钢筋绑扎收尾。

检查方法：由于管道的上甩口距层面约1.5m，当系统灌满水后，可以很容易观察到管道上口的水面。

（5）等电位防雷

采用$\phi12$的不锈钢圆钢在四面与不锈钢管焊接后，因与接地主筋焊接形成了等电位体，则不需另行设置防雷措施，详见图2-2-9。

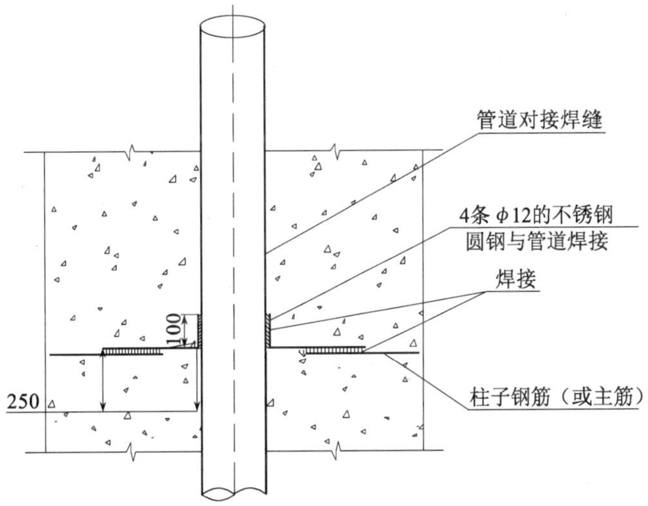

图2-2-9 等电位防雷

（6）柱内不锈钢管的防腐

因为在钢筋混凝土柱内，不锈钢管以及焊缝已经经过了酸洗钝化处理，具有良好的耐腐蚀性能。因为钢筋混凝土柱内较为干燥，完好管道的外表与混凝土间没有水的存在，管道被腐蚀的可能性就极小。

现设计提出采取防腐处理，在不锈钢管道外表面使用 GH401 环氧煤沥青冷缠带对管道表面进行包裹。涂胶前钢管表面必须干燥，要求涂胶量足、不得漏涂，涂胶后立即缠冷缠带，搭接宽度为 20 ~ 25mm，必须拉紧，表面平整无鼓包，部分胶液从带面渗出（否则表明涂胶量不足），缠带后立即在带上均匀涂刷一层定型胶，详见图 2-2-10。

图 2-2-10　柱内不锈钢管道防腐

（7）酸洗钝化

1）用提高 pH 而不产生氢氧化铁沉淀的溶液来中和酸浸期间有可能吸附于设备和管道内壁上的铁锈，从而在设备和管道内壁表面形成钝化薄膜，钝化结束后，要用偏碱的水冲洗。

2）钝化液通常采用硝酸钠溶液。

3）酸洗和钝化的过程是一个连续循环过程。酸洗前去除焊缝上的焊渣，将钝化膏涂在焊缝上，根据气温，夏天约 10min，冬天约 30 ~ 50min 的滞留时间，然后用毛刷或不锈钢钢丝刷在焊缝上来回擦去锈蚀后，再用清水冲洗干净，详见图 2-2-11。

图 2-2-11　酸洗钝化

2.2.7 系统检测

所有管道安装完毕后，对整个系统进行灌水实验，将雨水管排出口封堵严密，从雨水斗处注入清水至水面与天沟底相平，经15min后，如水面下降，则加水到原水面，直至水面不下降为止，保持1h，同时检查管道及接口，不渗不漏为合格。在温度低于5℃的环境下进行灌水试验时，应采取可靠的防冻措施，试验结束后，应将存水放净。

2.2.8 管道支（吊）架的布置

（1）管道支（吊）架材料选用符合国家标准和企业质量标准的产品。现场制作的支（吊）架按照国家标准图集03S402的相应要求进行，支架应位于直线管段上。

（2）所有金属管卡或吊架与管道之间采用塑料制品或橡胶等软物垫，以防止噪声污染。

（3）管道支架的最大间距不应大于表2-2-2的规定。

管道支架间距 表2-2-2

公称直径	50	70	80	100	125	150	200	250
最大间距（m）	5	6	6	6.5	7	8	9.5	11

（4）立管底部的弯头或三通处应设支墩或与建筑墙柱用固定支架固定牢固，支墩应在坚固的地基上修筑。

（5）室外埋地管道施工时，应在夯实土壤后开挖管沟进行敷设。管道敷设后，应通过隐蔽工程验收合格后方可回填。在管周围的回填土中应无大颗粒坚硬石块，当回填到距管顶100mm以上后进行常规回填和施工。

（6）管道不得用于挂、攀、支吊件，不得用于系安全带、搭设脚手架，也不得有其他可能损伤管道的行为。

（7）该工程屋面不锈钢水平管道支架间距为4m。每榀桁架纵横间距均为12m，在管道与桁架垂直交叉的地方在桁架上弦设置吊点，详见图2-2-12。

在与管道垂直交叉的两榀桁架之间，管道紧贴着与之平行的另一方向的桁架安装，在该桁架的上弦侧面间隔4m设置2个吊点，详见图2-2-13。

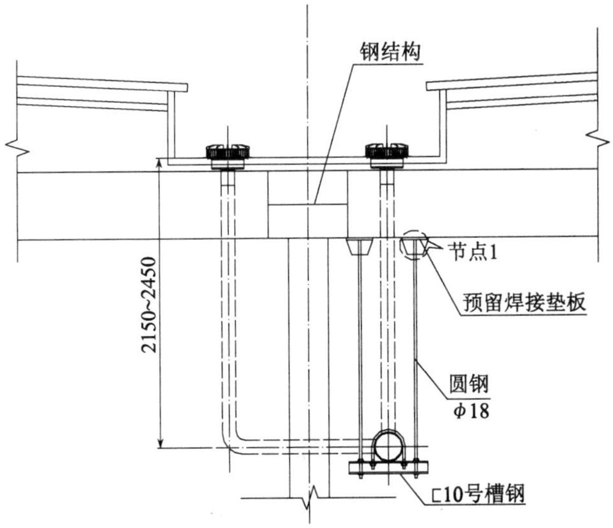

图2-2-12 管道与桁架垂直交叉处吊点

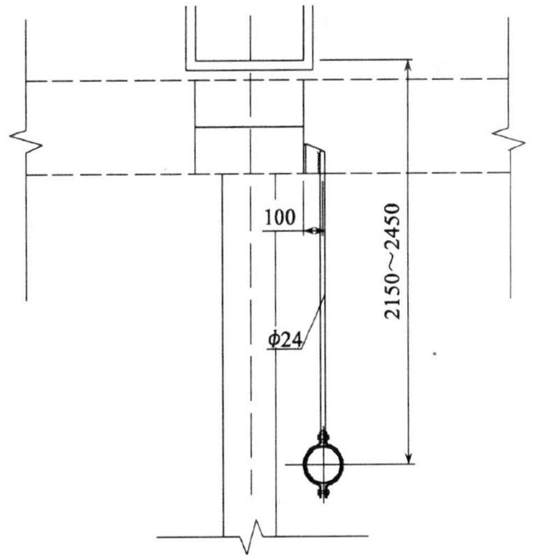

图2-2-13 与管道垂直交叉的两榀桁架间吊点

（8）天桥下的悬吊管间距不大于表2-2-3所示的要求，支架形式按标准图集《室内管道支架及吊架》（03S402）P40双杆吊架图（一）制作。

悬吊管支架间距 **表 2-2-3**

公称直径（*DN*）	125	150	200
支架间距（m）	7	8	9.5

2.2.9 埋地管的施工

（1）室外埋地管道施工时，应在夯实土壤后开挖管沟进行敷设。管道敷设后，应通过隐蔽工程验收合格后方可回填。

（2）回填前对管沟基础土层应夯实。

（3）用素土回填，回填土中保证无大颗粒坚硬石块，当回填到管顶上方100mm以上后进行常规回填和施工，厚度达300mm以上时方可采用机械回填和夯实。

（4）对穿越道路的室外埋地管道，当管顶埋设深度不大于650mm时，应按设计要求加设金属套管或钢筋混凝土保护。

2.2.10 施工技术措施

（1）由于立管隐蔽在钢柱的内部，一旦堵塞就难以疏通，因此做好防堵塞措施非常重要。

1）在安装时对所有的管口及时封堵，采用1mm厚的圆形钢板盖在管口上并用氩弧焊点焊。

2）对于已经完成的雨水斗使用专用的PVC网板封堵，详见图2-2-14。最外围的8个孔穿在雨水斗的螺柱上，用螺帽拧紧，防止施工垃圾堵塞管道。

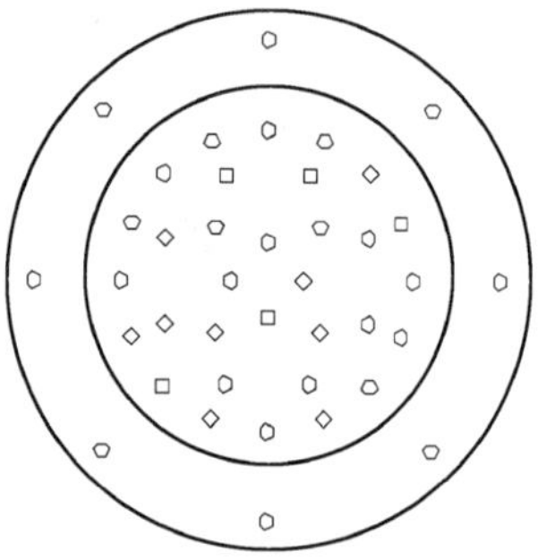

图 2-2-14 PVC 网板

（2）管道穿过结构变形缝的伸缩补偿措施

悬吊管在穿越变形缝时，采用1m长的波纹管顺坡10cm安装，在结构伸缩、沉降、振动时用以补偿一定的活动范围，详见图2-2-15。

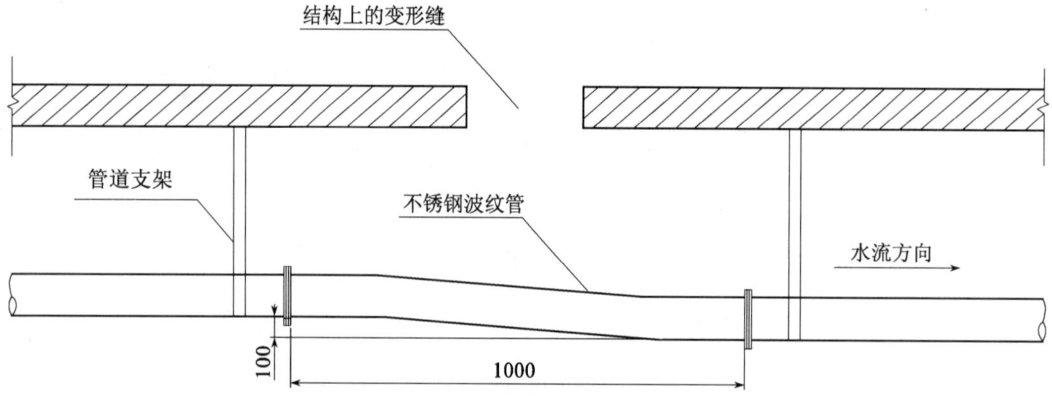

图 2-2-15 管道穿过变形缝的补偿措施

2.2.11 管材的技术性能要求（见表2-2-4～表2-2-6）

管材的技术性能指标 **表 2-2-4**

牌号	抗拉强度（MPa）	延伸率（%）	
		纵向	横向
0Cr18Ni9（304）	≥520	≥35	≥25

管材的牌号和化学成分（%） **表 2-2-5**

牌号	C	Si	Mn	P	S	Ni	Cr
0Cr18Ni9（304）	≤0.07	≤1.00	≤2.00	≤0.035	≤0.030	8.0～11.0	17.0～19.0

不锈钢管管壁厚度 表 2-2-6

公称直径（mm）	80	125	150	200	250
外径×壁厚（mm）	89×1.5	133×2.5	159×2.5	219×3.0	273×3.5

2.2.12 雨水斗的技术性能指标

YG100B 雨水斗（21℃）：

斗前水深65mm，排量15.0L/s；

斗前水深105mm，排量35.0L/s；

斗前水深125mm，排量41.5L/s。

2.2.13 焊接材料的选用

（1）氩弧焊丝为H0Cr20Ni10Ti。

（2）不锈钢焊条采用E1-23-13-16（A302）焊条。

3 中央电视台电视文化中心给水紫铜管道安装技术

3.1 施工技术说明

室内冷水管、热水管、热水回水管管径大于25mm时采用硬态薄壁紫铜管，管径小于或等于25mm时采用半硬态薄壁紫铜管。薄壁紫铜管的连接方式为钎焊连接。为防止管道外凝结水产生，铜管在吊顶内敷设时，冷水管道外做10mm厚聚乙烯保温，热水管道外做30mm厚聚乙烯保温；机房内的铜管安装，冷水外包10mm厚聚乙烯保温材料，热水管道外包50mm厚聚乙烯保温。管道在客房卫生间内的嵌墙部分采用封塑紫铜管，冷水管及热水管均采用保温紫铜管，保温材料采用内缠电伴热，外包聚乙烯管壳。

3.2 铜管管道安装流程

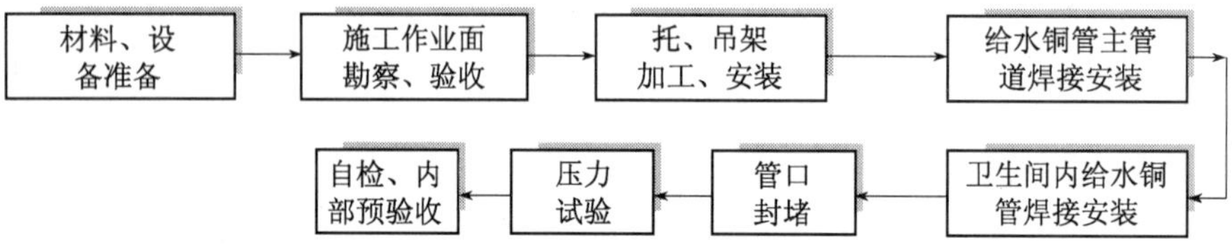

3.3 铜管管道焊接技术

（1）薄壁紫铜管钎焊注意事项

1）安装前必须邀请建设单位及监理工程师对紫铜管及其管件进行严格检查，并做好材料检验记录。

2）发现铜管有压扁或有凹坑等变形现象，应及时通知生产厂家进行更换。

3）管道安装前必须先做好支托件，然后才能安装管路。

4）紫铜管焊接前必须将焊接部位用细目砂纸打磨光亮好后，才能进行下一工序。

5）钎焊连接因其强度小，所以一般焊口采用搭接形式。搭接长度为管壁厚的6~8倍，管道外径小于或等于28mm时，搭接长度为（1.2~1.5）D（mm），铜管与铜合金管件或铜合金管件与铜合金管件间焊接时，应在铜合金管件焊接处使用助焊剂，并在焊接完成后清除管外壁的残余熔剂。

6）当紫铜管为覆塑铜管时，在焊接时应先剥出不小于200mm的裸铜管，并在要对焊连接的两端用湿布缠绕，焊接完成后复原覆塑层。钎焊后的管件必须在8h内进行清洗，除去残留的熔剂和熔渣。

（2）铜管安装施工工艺

1）管道切割

按需要的尺寸，将管材切割、管道切割用砂轮切割机切割。切割时，夹持铜管必须用木垫块衬垫，以免夹伤管壁。管道切割，必须注意断面应垂直于管轴。用圆锉清除管口内外毛刺，修正管口垂直度，见图2-3-1。

2）管道调整

管材在切割后，检查其是否平直，如有弯曲，则应进行调直。管道调直宜在平整的木垫板或木工作台上进行，不能在金属板或水泥地上操作，以免损伤管壁，留下痕迹。操作时，用木榔头轻轻敲击需调直的部位，逐级调直。

3）配管

将管材、管件按需要的尺寸和管件进行配管。配管时，应注意将焊接部位尽可能设置在垂直管道上，如设置在水平管道上，一定要考虑到便于焊接操作，以保证焊接质量。

（3）钎焊焊接（见图2-3-2）

1）用干抹布清除管材接口处和管件承口处的垃圾、泥土以及氧化物等杂质，并抹净。

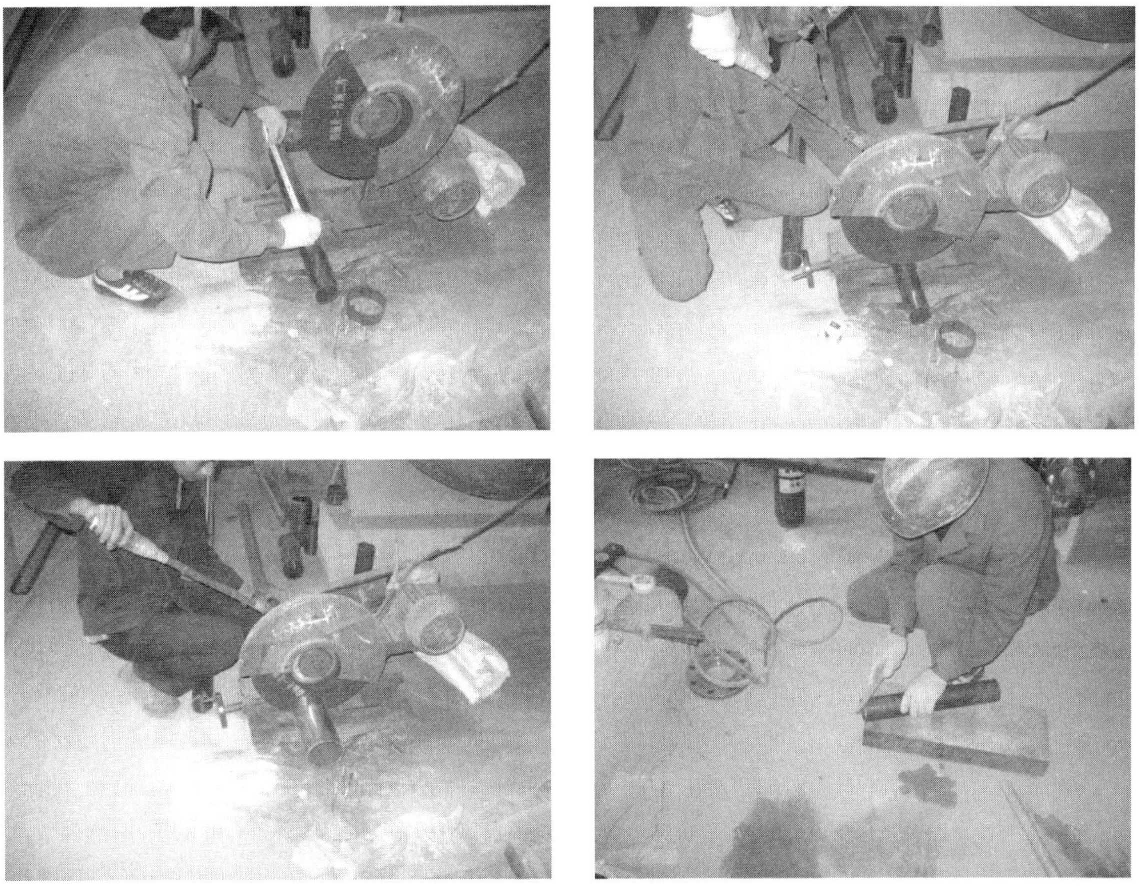

图 2-3-1　铜管切割现场照片

图 2-3-2　铜管钎焊现场照片

2）将管子插入承插管件，充分插入后，旋转90°，并看其配合是否松紧适宜。

3）用焊炬（一般3号嘴用得较多），将火焰条调成中性焰，在铜管插口至上方150mm处进行局部预热，在管件下部也做局部加热作用，加热时，应不断将火焰上下移动，并作圆周运动，使管子、管件受热均匀，加热至40～50℃左右，将火焰在承插口部位集中加热，加热要均匀，加热温度在700～750℃左右。

4）将钎焊剂投入承插交接处的焊缝口，使钎焊条受热熔融成液态，在毛细作用下，焊剂被充分吸入环缝内。

5）焊剂在毛细作用下流动并被吸入环缝内壁，直至焊缝内焊料饱满。在这个过程中，应逐步减弱加热。

6）当焊料在管道环缝内壁逐渐冷却时，焊工应仔细检查焊缝是否有缺陷，如有缺陷，可趁接口处温度较高，进行修补焊接。

7）在焊料充分凝固，但尚未完全冷却时，用细砂纸擦除留在焊口周围的焊剂。

8）检查连接是否平直，如不够平直，则应调直。

9）将焊好的管段，堆放在管架上，以防止受损。

（4）横管安装

1）按管道走向，检查穿过墙体的预留洞位置、尺寸是否符合要求，错位的应修正到位，并在孔洞处设置套管。

2）在孔洞设置套管，套管长度应和墙面平，冷水管道套管大于铜管2号，热水管道套管大于铜管3号。

3）按铜管的走向确定支架的位置，并安装支架。

4）尽头管离管端200～250mm处必须设支架，铜管固定用扁钢抱箍。

5）水平管道支架必须装出坡度，以保证管道坡度，坡度为0.003，坡向介质流向相反的方向（抬头走）。

6）将预制好的管段依次放到支架上，并由焊工将预先定好位置的连接处进行钎焊。

7）横管敷设要考虑到保温层厚度，并保证保温层离墙净距在50mm以上。管道与管道保温后的间距尽量保持一致，以达到美观的效果。

8）横管安装要注意平直，其纵横弯曲允许偏差值为每米不大于1mm，全长不大于20mm。

（5）立管安装

1）设置在管道井内的立管在安装前须拉好垂直安装基准线（一般设置在管道井内），明管则应检查留洞位置，对错位的孔洞修正到位，同样在墙体上弹好垂直安装基准线。

2）确定支架位置，并且埋设好支架，过楼板孔洞处，设置套管，安装在楼板内的套管，其顶部应高出装饰地面20mm；安装在卫生间及厨房内的套管，其顶部应高出装饰地面50mm，底部应与楼板底面相平。管道的接口不得设在套管内。

3）层高小于或等于4m，每层设1个支架；层高大于4m，每层设2个支架固定。

4）立管敷设要考虑保温层厚度，保温层和墙面净距应不小于50mm。

5）由焊工将按层预制好的管段，用钎焊方法焊接见图2-3-3。

6）立管安装要注意垂直度，其规定是每米不大于2mm，全长（5m以上）不大于10mm。

（6）支管安装

1）在转角处离管端100mm处，均设支架，在各配水点离龙头100mm也要设支架。

2）支管敷设要考虑到保温层厚度，保温层离墙净距要保持50mm的距离。

3）由焊工将预制好的管段，焊到立管或主管上。

（7）铜管安装及铜管与设备连接见图2-3-3、图2-3-4

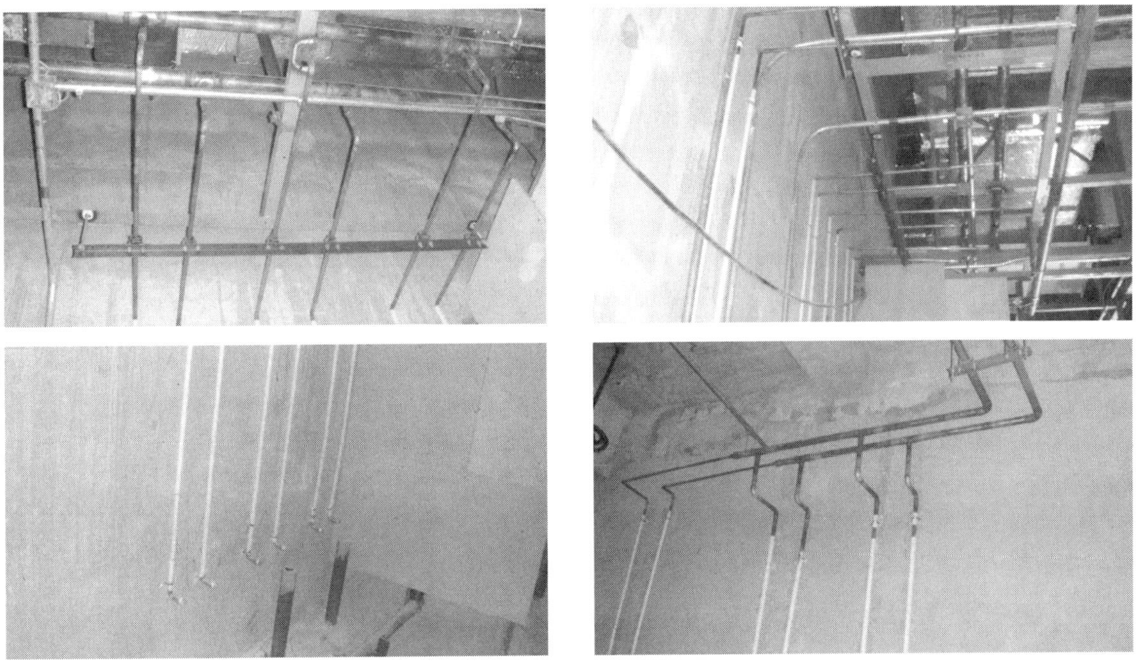

图 2-3-3　铜管覆塑与不覆塑钎焊

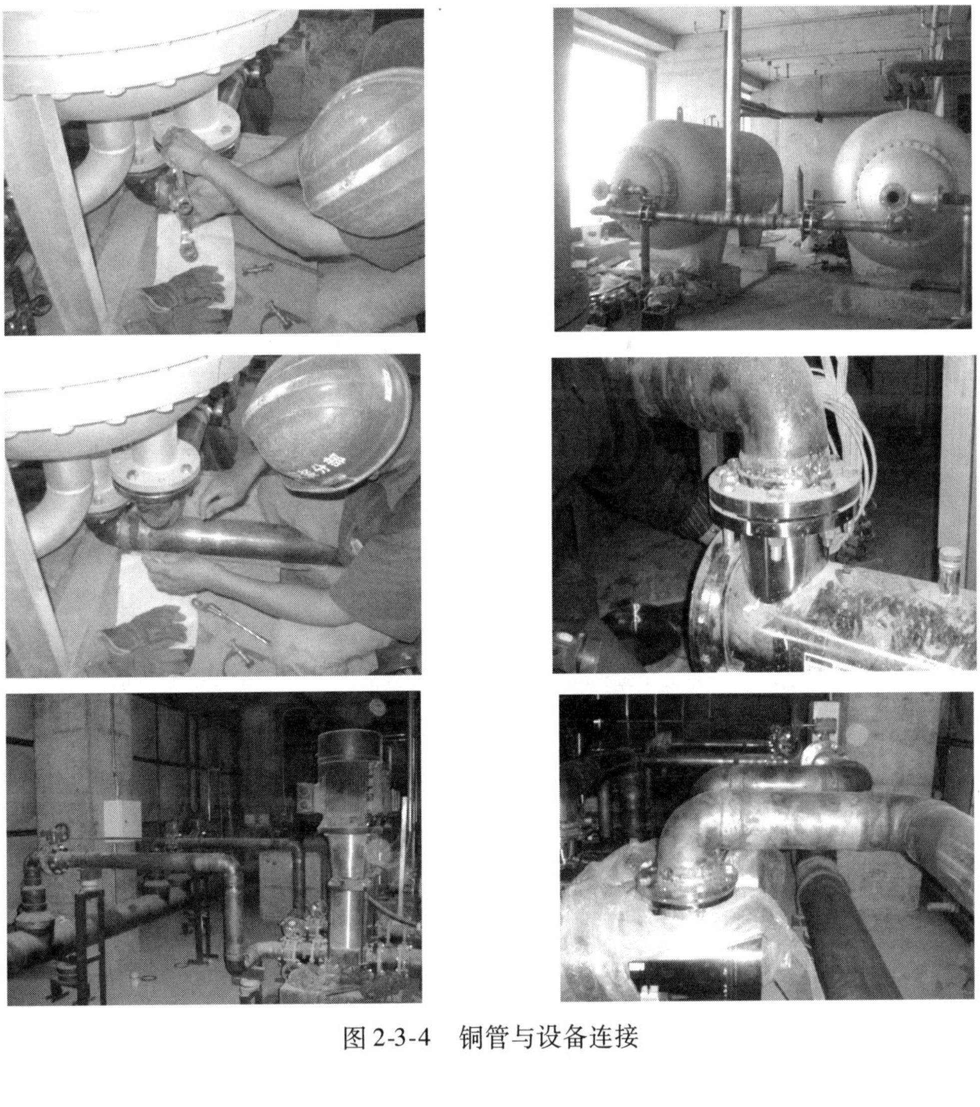

图 2-3-4　铜管与设备连接

（8）铜管与阀门连接（见图 2-3-5）

1）阀门安装前，应做耐压强度试验。对于安装在主干管上起切断作用的闭路阀门，应逐个做强度和严密性试验。强度和严密性试验压力应为阀门出厂规定的压力，并做好阀门试验记录。

2）阀门安装时，应仔细核对阀门的型号与规格是否符合设计要求。阀体上标的箭头，应与介质流动方向一致。

3）阀门安装位置应符合设计要求，便于操作。

4）铜管与阀门连接，*DN*50 及 *DN*50 以下为丝接阀门，*DN*50 以上为法兰连接，铜管端要配活套法兰，铜管与活套用钎焊方法焊接。法兰要和阀门法兰相匹配，法兰之间采用橡胶垫片。

5）铜管与龙头连接，应配丝承弯头，承口与铜管连接，丝口与龙头连接。

图 2-3-5　铜管与阀门安装现场照片

3.4　管道系统水压试验、冲洗、消毒及一般要求

（1）管道系统水压试验及一般要求

1）水压试验具备的条件：水压试验之前，管道系统应安装完成，各种支托架固定已牢固可靠，接头须明露，不得在接口处刷漆或保温。除阀门外，支管端不连接卫生器具配水件。

2）水压试验前必须先写好水压试验交底，组织好人员和物资。

3）水压试验条件具备后，在系统的最高点安装一块与试验压力相适应的压力表，以便水压试验时观察水压情况。

4）水压试验时的加压宜用手压泵，泵和测量压力的压力表应装设在管道系统的底部最低点（不在最低点时应折算几何高差的压力值），压力表精度为 0.01MPa。

5）管道注满水后，排出管内空气，封堵各排气出口，进行水密性检查。

6）缓慢升压，升至规定试验压力下 10min 内压力降不得超过 0.02MPa，然后降至工作压力检查，压力应不下降，且不渗不漏。

（2）管道冲洗、消毒及一般要求

1）管道系统在验收前必须进行通水和冲洗，冲洗水质应符合《生活饮用水卫生标准》。应用自来水连续进行，保证充足水量，直到出口水质和透明度与入口目测一致为合格。

2）管道冲洗后，用含20～30mg/L的游离氯的水灌满管道，对管道进行消毒。消毒水滞留24h后排空。

3）管道消毒完后打开进水阀向管道供水，打开配水点龙头适当放水，在管网最远点取水样，经卫生监督部门检验合格后方可交付使用。

3.5 管道保温

管道保温采用柔性橡塑保温材料。管道保温应在水压试验合格后进行，如需先保温或预先做保温层，应将管道连接处和环形焊缝留出，待水压试验合格后，再将连接处保温。管道上的法兰、阀门等附件保温要留出阀门或其他附件的操作手轮。用管壳制品作保温层，其操作方法一般由两人配合，一人将管壳缝剖开对包在管上，两手用力挤住，另外一人缠裹保护壳，缠裹时用力要均匀，压茬要平整，粗细要一致，用保温管壳专用粘合剂粘接。块状保温材料采用缠裹式保温，按管径留出搭茬余量，将料裁好，为确保其平整美观，一般应将搭茬留在管子内侧。

4 北京银泰中心球墨铸铁管道施工技术

银泰中心工程给排水管道大量采用球墨铸铁管。给水系统及中水系统 $DN \geqslant 80$ 的地面上的管道，压力排水系统 $DN \geqslant 80$ 的管道，采用 K9 级别的球墨铸铁管，内层水泥砂浆衬面、外层涂沥青漆，采用法兰连接（$DN80 \sim DN100$mm 丝扣法兰，大于或等于 $DN150$mm 铸造法兰）；埋地的排水管及透气管 $DN \geqslant 225$、雨水系统 $DN \geqslant 150$ 的地面上的管道，采用 K9 级别承插球墨铸铁管，采用 Tyton 连接（T 型）（见图 2-4-1）。以下分别对球墨铸铁管的三种连接方式的安装施工进行总结。

图 2-4-1　球墨铸铁管法兰连接及 Tyton 连接

4.1　球墨铸铁管 Tyton 连接

（1）施工前，对管材、管件、橡胶圈等做一次外观检查，发现有问题的均不能使用。

（2）安装程序为：清理承口插口——→清理胶圈——→上胶圈——→下管（排管）——→在插口外表和胶圈上刷润滑剂——→顶推管子使之插入承口——→检查。

（3）安装要点：

1）清理管口：将承口内的所有杂物清除擦洗干净，特别是环行密封槽和定位槽进行清理，插口端从倒角到标记线间距离要清理净，见图 2-4-2。

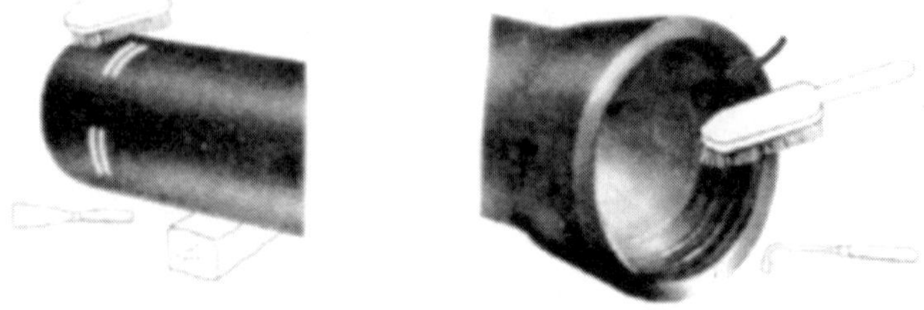

图 2-4-2　球墨铸铁管承口清理

2）清理胶圈，承口上胶圈：将胶圈上的粘着物清擦干净，把胶圈弯为“梅花形”或“8”字形装入承口槽内，并用手沿整个胶圈按压一遍，或用橡皮锤砸实，确保胶圈各个部分不翘不扭，均匀地卡在槽内，见图2-4-3。

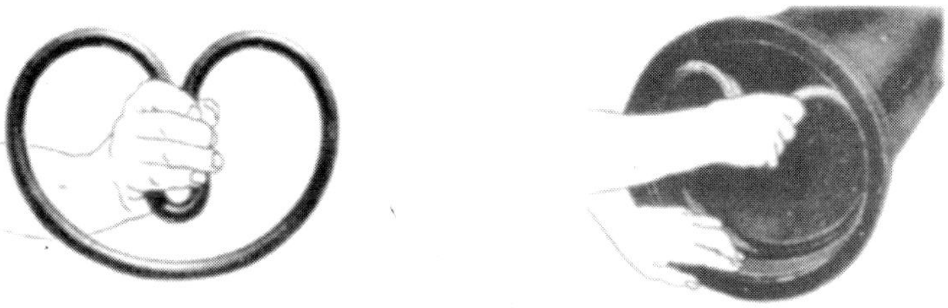

图2-4-3　承口上胶圈

3）在插口外表面和胶圈上涂刷润滑剂：将润滑剂均匀地涂刷在承口安装好的胶圈内表面、在插口外表面涂刷润滑剂时要将插口线以外的插口部位全部刷匀，见图2-4-4。

4）管道就位：根据施工内容，采用人工安装，见图2-4-5。

图2-4-4　涂刷润滑剂

图2-4-5　管道就位

5）管道安装：顶推管子使之插入承口。在安装时，为了较为省力、顺利地将插口插入承口内，首先将插口放入承口内且插口压到承口内的胶圈上，接好钢丝绳和倒链，拉紧倒链；与此同时，让人可在管承口端用力左右摇晃管子，直到插口插入承口全部到位，承口与插口之间应留2mm左右的间隙，并保证承口四周外沿至胶圈的距离一致，见图2-4-6。

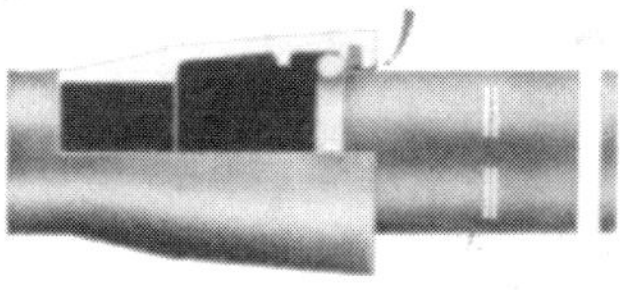

图2-4-6　承口剖面示意图

6）管件安装：采用双倒链平行用力的方法使管件平行安装，胶圈不致被挤。也可采用加长管件的办法，用单根钢丝进行安装，见图2-4-7。

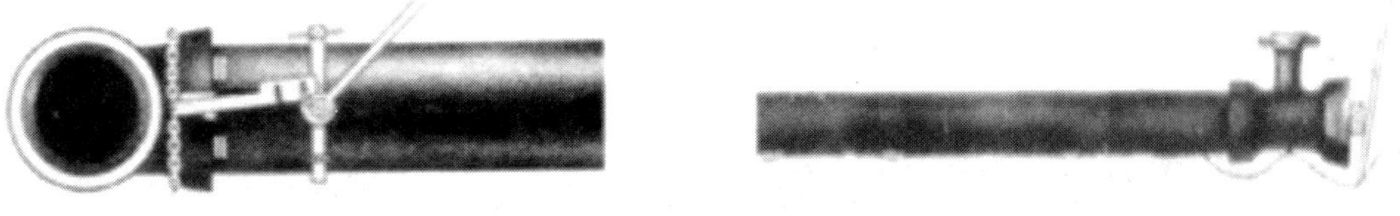

图2-4-7　管道或管件承插示意图

7）管道（或管件）固定：立管或水平悬吊的球墨铸铁管，每安装完一节管道或管件，应及时安装支、吊架。当没有全部安装好之前，不要把安装工具拆下。

（4）球墨铸铁管道 Tyton 连接施工中应注意的问题

1）胶圈要放正在承口槽内，并用手压实。

2）当管子需截短后再安装时，插口端应加工成坡口形状。

3）在弯曲段利用管道接口的转角安装时，应先将管子沿直线安装，然后再转至要求的角度。在安装过程中需在弧的外侧用小木块将已铺好的管身撑稳，以免位移。

4）安装过程中，定管、动管轴心线要在一条直线上，否则容易将胶圈顶出，影响安装质量和速度。

5）将连接管道的接口对准承口，若插入阻力过大，切勿强行插入，以防橡胶圈扭曲。

6）管道安装和铺设工程中断时，应用盖堵将管口封闭，防止杂物进入管道内。

7）试压前应仔细检查管道的支、吊架，埋地的管道在每根管子的中间部位适当覆土。

4.2 整体铸造法兰连接

整体铸造法兰接口球墨铸铁管的安装和拆卸比较方便，安装时要遵循螺栓的紧固顺序和转矩。安装顺序为：

（1）清理和校正法兰盘：检查法兰盘和橡胶垫的表面质量，清理法兰盘的密封面；排好安装顺序；在要连接的两个法兰盘之间留下一点插入橡胶垫的间隙。

（2）安装支、吊架：根据排管，提前安装支、吊架。

（3）插入橡胶垫：在两个法兰之间放入橡胶垫，穿上螺栓，可借助胶带使密封圈固定；使橡胶垫在两法兰盘的凸部密封面对中。

（4）紧固螺栓：按顺序紧固螺栓，使螺栓达到要求的力矩。试压完成后一定要检查螺栓，如有松动的再拧紧一次。

4.3 球墨铸铁管丝扣法兰连接

球墨铸铁管的丝扣法兰连接安装的难点在于管道和法兰套丝，其管道安装与铸造法兰球墨铸铁管道安装近似。由于管道材质及管径偏差的原因，目前市场上没有专用的套丝设备，只能采用车床人工加工。因此，此项施工对于车床操作工人的要求非常高，管道安装完成后的质量（试压）好坏，也主要取决于此。

（1）球墨铸铁管及丝扣法兰套丝加工及组装

1）首先将球墨铸铁管的承插口切除，利用车床平整需套丝的管道外径，再加工管道两端的管口外螺纹，螺纹牙距3mm，螺纹长度比法兰厚5mm。

2）每加工一根管道，配套加工两片铸铁法兰的内螺纹，管道与配套法兰加工好后，应将法兰与管道试连接，要求法兰与管道螺纹配合良好，转动灵活，不得有松动现象。

3）将加工好的管道与加工好的法兰盘（带内螺纹）连接好，管道的一端露出法兰面约1～2mm。

4）法兰连接完毕后，进行管道的对口，对口时需在管接头处加设橡胶垫，需保证两根连接的管道在同一水平线上，当达到上述条件时进行法兰盘之间的螺栓连接。

5）加工步骤流程图见图2-4-8～图2-4-21。

图2-4-8　管道与车床固定

图2-4-9　车床平整外径

图 2-4-10　车床断管

图 2-4-11　车床车丝

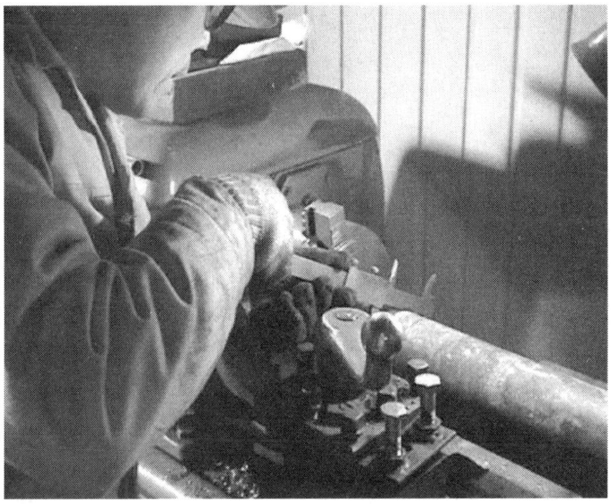
图 2-4-12　卡尺检查

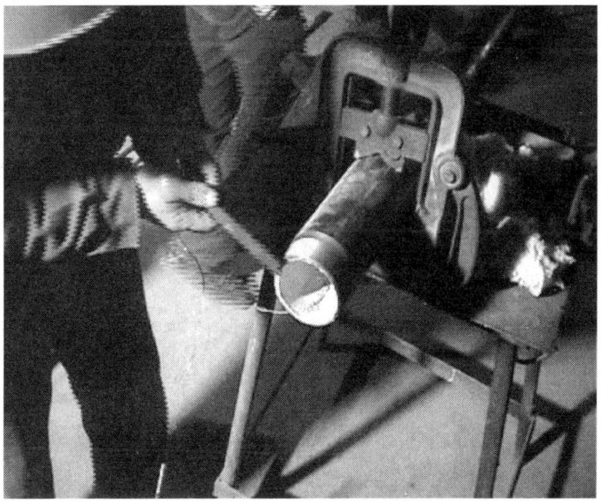
图 2-4-13　端面处理

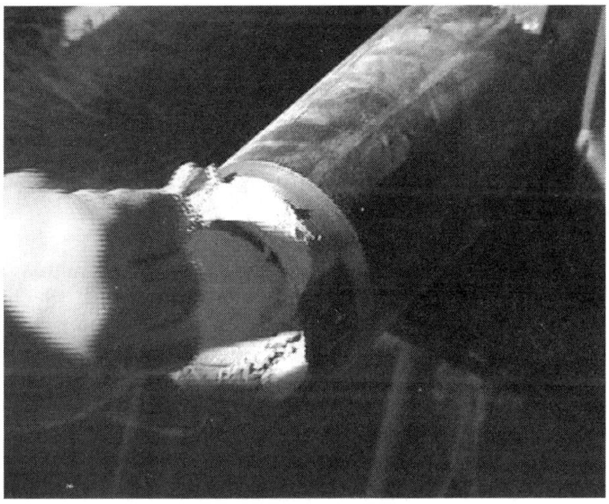
图 2-4-14　涂刷铅油

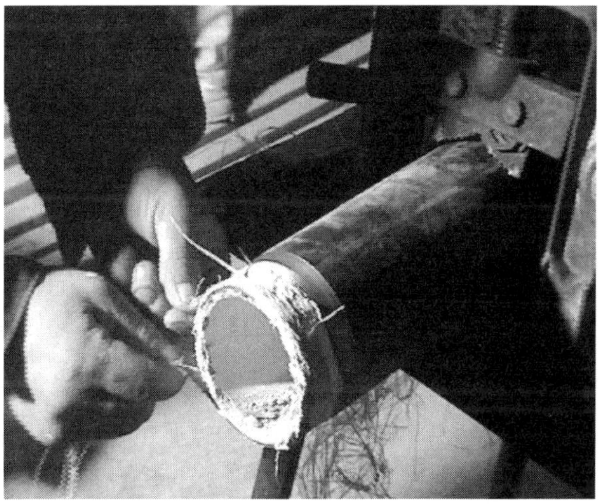
图 2-4-15　缠麻

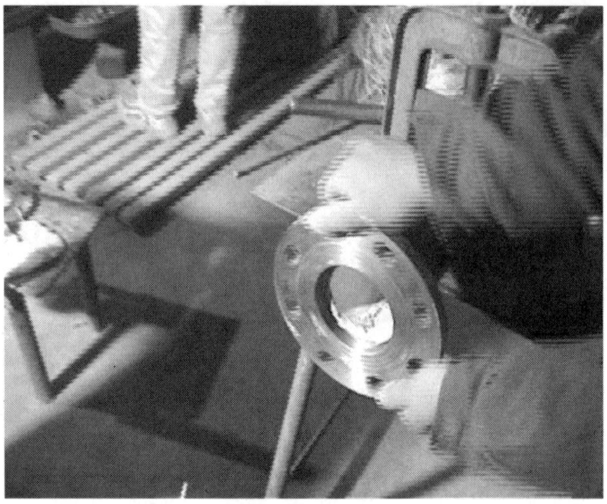
图 2-4-16　试上丝扣法兰

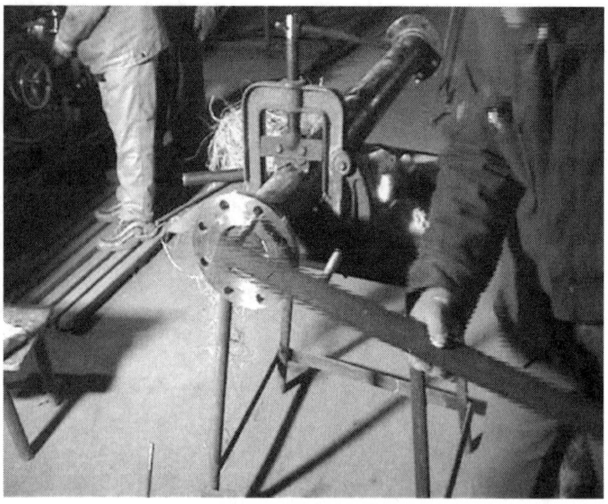
图 2-4-17　紧丝扣法兰

图 2-4-18　法兰紧固后检查

图 2-4-19　单件成品

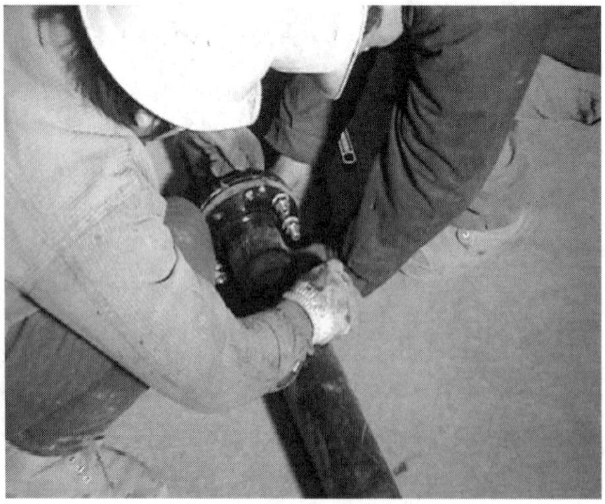
图 2-4-20　管道对接

图 2-4-21　管道间法兰紧固

（2）加工、安装过程中的注意事项

1）因为管材为铸造产品，壁厚不是很均匀，所以切割承插口时应注意将承插口全部切除，切除后也需检查壁厚是否均匀且保证管口壁厚不小于6mm，主要保证车螺纹后的管口还具有一定的强度及安装时管口端面有足够的接触面。因上车床加工外螺纹时，要用车床三爪夹头从管道内壁固定，为保护砂浆保护层，需用铜片垫在夹头上。管口端面需平整，且管口端面需与管道轴线垂直。

2）考虑到铸造产品，其尺寸不标准，大批量加工后为防止安装时法兰出现不配套现象，在管道外螺纹加工后，应配套加工铸铁法兰的内螺纹，并进行配对编号。加工好的螺纹采取防腐措施。

3）因球墨铸铁管材质比较脆，车床车丝后必须及时上法兰。在运输及安装时，应轻举轻放。

4）在支吊架设置时，注意避免让法兰承受较重的管道重量。

5 国家体育场工程重力雨水 HDPE 管施工技术

5.1 施工范围

国家体育场工程基座顶板排水沟排水及基座顶板绿地排水用重力雨水管道均采用高密度聚乙烯 HDPE 管。国内常用的 HDPE 管为 *DN*100、*DN*150 的小管径管道，而该工程多采用 *DN*200、*DN*300 的大管径管道，因此在施工中存在一定的难度。

5.2 HDPE 管材料的规格与要求

（1）基座排水沟和草坪排水管采用排水高密度聚乙烯 HDPE 管，管道采用热熔连接，管子与管件要配套，管件的工作压力应与管道工作压力相匹配。

（2）管材的规格、型号必须严格按图纸选用合格品，管材不得弯曲、变形，管材内外表面光滑、平整，不得有气泡、收缩孔、尖锐的凹陷和其他影响性能的表面缺陷。

5.3 HDPE 管施工方法

（1）管材切割：管材切口要平齐，不得有毛边。

（2）HDPE 管施工工艺要求

1）HDPE 塑料管道采用专用热熔设备将管道接口处热熔后连接，接口处应连接平滑，接头不得埋设在墙体、梁、板、柱及套管内，接头与结构外壁的净距不得小于 200mm。

2）明装管道成排安装时，直线部分应互相平行。

3）出外墙的管道要配合室外管道的安装，穿外墙的管道要安装柔性防水套管，管道与套管之间间隙要用油麻等填充密实。穿过楼板的套管与管道之间的缝隙用阻燃密实材料和防水油膏填实，端面光滑。穿墙套管与管道之间缝隙用阻燃密实材料填实，端面光滑。

4）熔接连接管道的结合面应有一均匀的熔接圈，不得出现局部熔瘤或熔接圈凸凹不匀的现象。

5）管道要满足图纸上标注的坡度，不得倒坡。

6）HDPE 管道穿过防火隔墙、防火分区时要设置阻火圈，阻火圈与管道要连接紧密、要与管道卡紧。

7）按图纸标注位置设置检查口，若图纸没有标注，每 20m 要设置一个检查口，检查口要密封严密。

8）HDPE 管道每 6m 设置一个伸缩节，伸缩节不得设置在楼板、墙、梁、柱子等结构及套管内。伸缩节内密封圈要安装平整，密封严密，避免滴水。

（3）重力雨水管道灌水试验

1）安装在室内的重力雨水管道安装后做灌水试验，灌水高度到每根立管上部的雨水斗，灌水试验持续 1h，不渗不漏为合格。管道灌水试验的介质采用清水。该工程中由于 *DN*300 的大管径管道较多，在灌水时要注意伸缩节的伸缩量，避免伸缩节被抻开。

2）就近选择临时消防水作为试验水源，泄水选择最近污水井排入，不得将试压水随意排放。

（4）重力雨水管道支吊架图

1）*DN*80 ~ *DN*300 水平单管吊架的安装图，3m 设置一副吊杆，见表 2-5-1 及图 2-5-1。

单管吊架的部件规格 **表 2-5-1**

公称直径 *DN*	膨胀螺栓规格	螺母规格	槽钢		吊杆	扁钢管卡	六角头螺栓	螺母	垫圈
			规格	长度（mm）					
80 ~ 100	M8	M8	[8	80	d8	40 × 4	M10 × 45	M10	10.5
125 ~ 200	M10	M10	[10	100	d10	50 × 5	M12 × 50	M12	12.5
250 ~ 300	M12	M12	[12	120	d12	50 × 5	M16 × 60	M16	16.5

注：表中尺寸均以 mm 为单位。

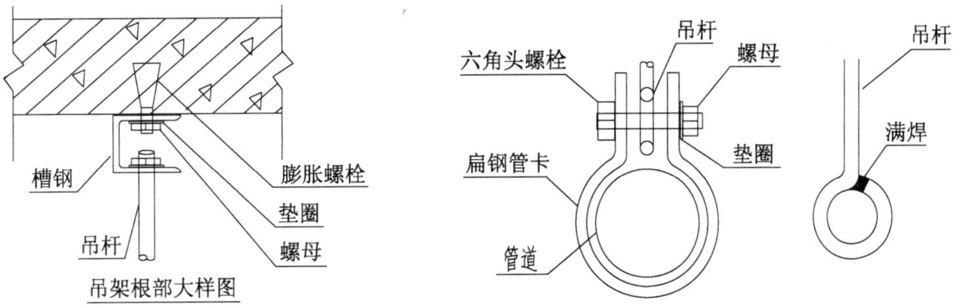

图 2-5-1　单管吊架安装图

2）*DN*80 ~ *DN*200 水平管防晃支架图，见表 2-5-2 及图 2-5-2。

水平管的部件规格　　**表 2-5-2**

公称直径 *DN*	角钢支架	膨胀螺栓	钢板	圆钢管卡	螺母	垫圈
80 ~ 100	40 × 4	双 M8	8	d10	M10	10.5
125 ~ 200	50 × 5	双 M10	8	d12	M12	12.5

注：表中尺寸均以 mm 为单位。

3）*DN*250 ~ *DN*300 水平管防晃支架图，见表 2-5-3 及图 2-5-3。

水平管的部件规格　　**表 2-5-3**

公称直径 *DN*	槽钢吊架	膨胀螺栓	钢板	圆钢管卡	螺母	垫圈
250 ~ 300	[10	双 M12	10	d16	M16	16.5

注：表中尺寸均以 mm 为单位。

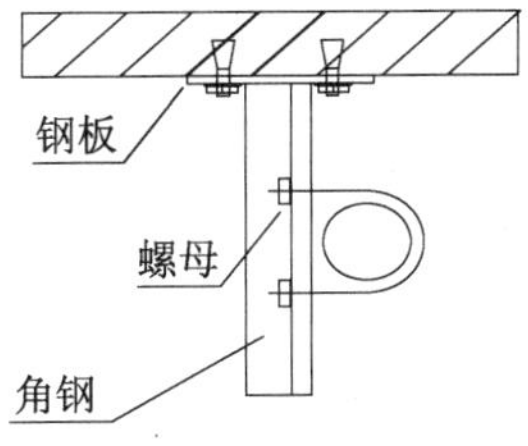

图 2-5-2　水平管防晃支架图

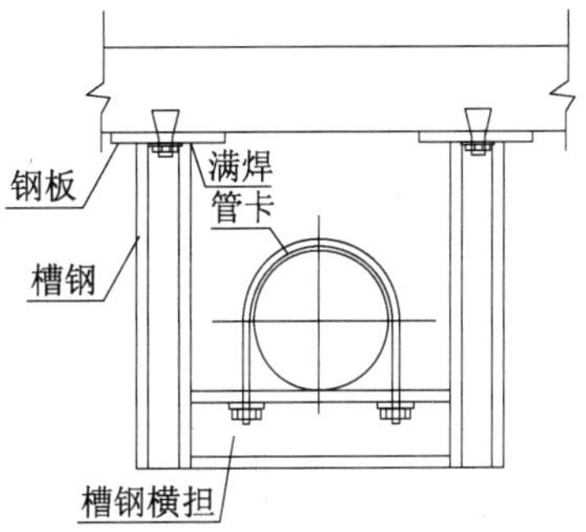

图 2-5-3　水平管防晃支架图

4）*DN*80 ~ *DN*300 水平单管靠墙安装支架图，见表 2-5-4 及图 2-5-4。

水平单管的部件规格　　**表 2-5-4**

公称直径 *DN*	角钢支架	膨胀螺栓	圆钢管卡	螺母	垫圈
80 ~ 100	40 × 4	双 M8	d10	M10	10.5
125 ~ 200	50 × 5	双 M10	d12	M12	12.5
250 ~ 300	50 × 5	双 M12	d16	M16	16.5

注：表中尺寸均以 mm 为单位。

5）*DN*80 ~ *DN*300 立管安装支架图，见表 2-5-5 及图 2-5-5。

立管的部件规格 表 2-5-5

公称直径 *DN*	角钢支架	膨胀螺栓	钢板	圆钢管卡	螺母	垫圈
80 ~ 100	40 × 4	双 M8	8	d10	M10	10.5
125 ~ 200	50 × 5	双 M10	8	d12	M12	12.5
250 ~ 300	50 × 5	双 M10	8	d16	M16	16.5

注：表中尺寸均以 mm 为单位。

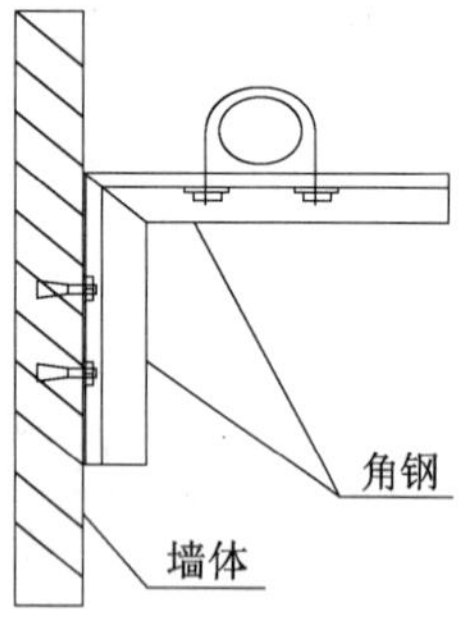

图 2-5-4 水平单管靠墙安装支架图

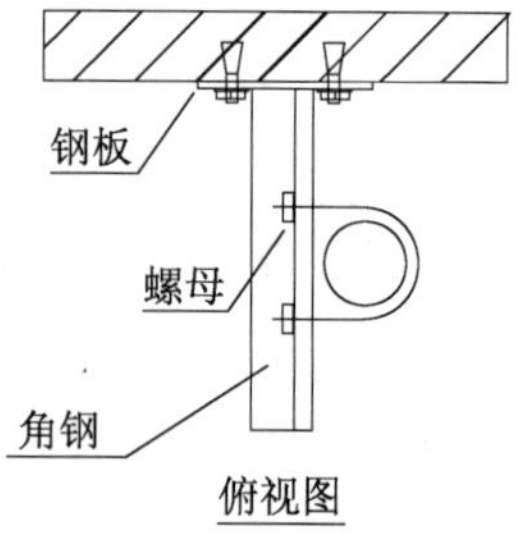

图 2-5-5 立管安装支架图

6）采用吊环式吊架的管道，每隔 15m 设置一副防晃支架；根据现场实际经验，对于大管径管道，在管道的三通、弯头、清扫口处应设置防晃支吊架，以免管道伸缩量过大。

7）立管每层装一个管卡，管卡安装高度为距装饰地面 1.5m；若层高大于 5m 时，每层设 2 个管卡，管卡按层高均布。

8）管道支、吊架焊接应牢固、美观，焊口焊渣清除干净，焊缝无夹渣、咬肉、气孔等现象。管卡与管道之间要垫橡胶垫。

5.4 质量要求

（1）管道安装的允许偏差和检验方法符合表 2-5-6 的规定。

管道安装允许偏差和检验方法 表 2-5-6

项次	项目		允许偏差（mm）	检验方法
1	坐标		15	用水平尺、直尺、拉线和尺量检查
2	标高		±15	
3	横管纵横方向弯曲	每米 全长（25m 以上）	1.5 ≤38	
4	立管垂直度	每米 全长（5m 以上）	3 ≤15	吊线和尺量检查

（2）管道、管件热熔处要保证严密性。

（3）管道支吊架牢固、吊杆垂直，不能有弯曲、变形等现象。

（4）管道切割、安装过程中不能破坏管道面层。

6 国家体育场消防自动喷水系统沟槽管道加工安装施工技术

6.1 系统设置

国家体育场消防自动喷水系统为稳高压系统，室内设专用自动喷洒管道系统。在地下一层南侧雨洪利用机房、消防水泵房内设有两台自动喷洒加压泵，七层10号核心筒的屋顶水箱间设一套增压稳压设备，最高层与最低层喷头高差约50m。按照各报警阀前的设计水压不大于1.2MPa的要求，全场竖向为一个自动喷洒系统供水区，平时自动喷洒管网由屋顶水箱和稳压设备保证系统压力，消防时由加压泵加压供水。

系统组件：该工程共设湿式报警阀20套，预作用报警阀16套（分散设置在12个核心筒附近的报警阀间内），各报警阀处的设计水压均不大于1.2MPa，每套报警阀负担的喷头数不超过800个（不计吊顶内喷头）。水力警铃设于报警阀间的通道墙上。报警阀前的管道布置成环状。在每层每个防火分区均设水流指示器和电触点信号阀，每个报警阀所带的最不利点处，设末端试水装置，其他水流指示器所带的最不利点处，均设*DN*25的试水阀。预作用系统和湿式系统的最低点设泄水阀和排污口，就近接入排水点。预作用系统的配水管上设电动阀和快速排气阀；湿式系统的适当位置设自动排气阀。

设置范围：体育场内除设备机房、水箱间、卫生间、楼梯间、无可燃物的管道层、观众集散平台及不能用水扑救的场所外，其余有封闭围护结构的空间均设有自动喷洒头保护。

自动喷水系统分类：湿式系统，用于零层除环形车道、停车库以外的所有可以用水灭火的有封闭围护结构的空间，一层以上的特许经营商店、小卖部、医疗站、餐厅、厨房、包厢及走道；预作用系统，用于环形车道、停车库。

自动喷水系统主管路采用镀锌钢管沟槽连接方式安装。

6.2 施工条件

（1）主体结构已完成，施工部位的模板已拆除及杂物已清理干净。

（2）材料已进场并通过验收，加工作业场地及操作平台已经到场或搭建完成。

（3）加工设备、机具布置基本合理，形成流水作业，电源、照明及安全防护设施齐全，并配有必要的消防措施。

（4）所有的施工人员要熟悉图纸，并仔细熟悉技术交底及相关的安全交底。

6.3 材料要求

（1）沟槽式连接的管道均采用镀锌钢管。

（2）钢管的外径、壁厚要满足设计要求，并且不得弯曲、锈蚀，无飞刺、重皮及凹凸不平现象。

（3）管件外表完好，管端光滑平整，沟槽处无缺损，无凹痕、凸起现象。沟槽连接件螺栓、螺母和密封圈要配套，不得缺件。

（4）支架配件齐全，并且各种配件具有相应的检测报告和产品合格证。

（5）所有材料在进场前，检验质量与数量合格后方可使用；主材及部分重要物资要在监理单位检验合格后方可使用。

6.4 主要机具

（1）机具：压槽机、切管机、砂轮机、电钻等。

（2）工具：压力案、台虎钳、管钳、手锤、手锯、活扳子等。

（3）其他：钢卷尺、水平仪、线坠、粉笔、小线等。

6.5 操作工艺

6.5.1 工序流程

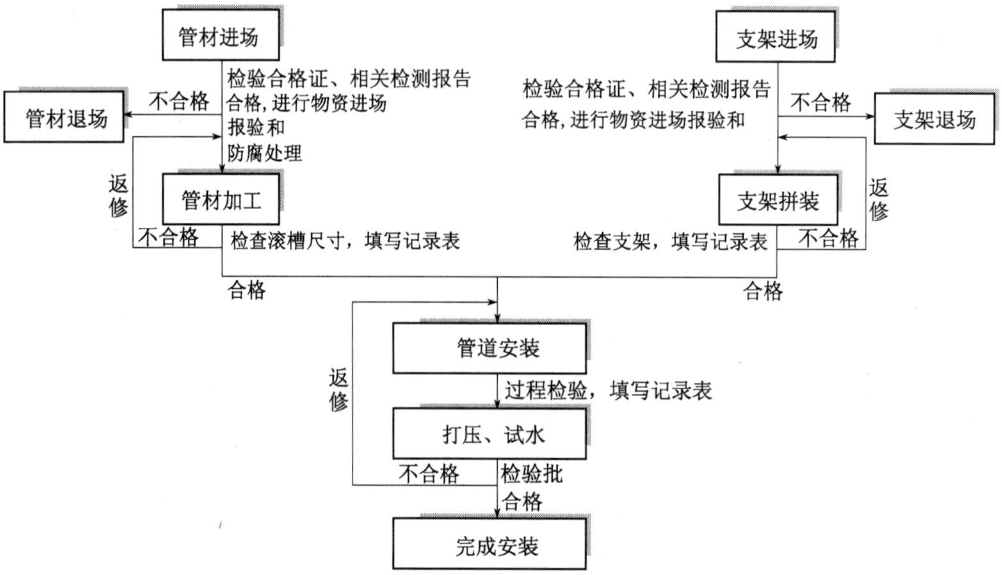

6.5.2 安装准备

（1）认真熟悉图纸，配合土建施工进度，安装预埋件。

（2）按设计图纸画出管路的位置、管径、变径、预留口、坡向、阀门及卡架位置等施工草图，包括干管起点、末端和拐弯、节点、预留口、坐标位置等。

（3）检查开孔机、滚槽机、切管机，确保安全使用。

（4）材料、工具的准备，包括管材、钢卷尺、扳手、游标卡尺、水平仪、润滑剂、木榔头、脚手架等。

6.5.3 压槽

（1）按照设计要求，主干管采用沟槽连接，开槽方式为滚压开槽，具体的滚压开槽数据如图 2-6-1 及表 2-6-1 所示。

滚压开槽尺寸表 **表 2-6-1**

公称直径（mm）	垫圈位置 A（mm）			沟槽宽度 $B\pm0.75$			槽底外径 C		允许最大的管道扩大尺寸
	基本	最大	最小	基本	最大	最小	最大	最小	
DN50	15.88	16.64	15.12	8.74	9.50	7.98	57.15	56.77	63
DN70	15.88	16.64	15.12	8.74	9.50	7.98	72.26	71.80	78.7
DN80	15.88	16.64	15.12	8.74	9.50	7.98	84.94	84.48	91.4
DN100	15.88	16.64	15.12	8.74	9.50	7.98	103.73	103.22	116.8
DN125	15.88	16.64	15.12	8.74	9.50	7.98	129.13	128.62	142.2
DN150	15.88	16.64	15.12	8.74	9.50	7.98	153.21	152.45	161.3
DN200	19.05	19.81	18.29	11.91	12.67	11.15	214.40	213.76	223.5
DN250	19.05	19.81	18.29	11.91	12.67	11.15	268.28	267.59	277.4
DN350	23.83	24.60	23.06	11.91	12.67	11.15	371.12	370.36	381.0
DN450	25.40	26.16	24.64	11.91	12.67	11.15	473.10	472.20	484.1

（2）生产线

1）先将滚槽机和滚槽机尾架放置在预定加工的位置，两者的间距根据管子的长度进行调正，中轴心在同一直线，然后固定好确保管道滚槽生产时机器不会晃动。

2）用板车将要加工的管子运到机器前，将预先固定在楼板上的倒链绑住管子，并转动管子使其能作360°的转动，放下管子到尾架，确保管与滚槽机中轴线同轴，开始滚槽。

3）滚槽完成后，用板车运往指定位置。

4）生产线如图2-6-2所示。

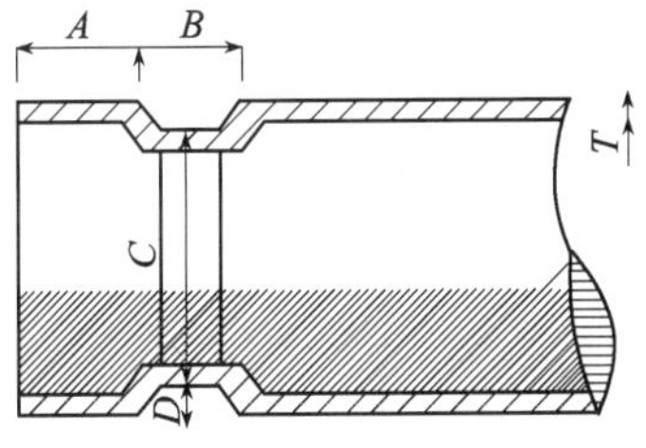

图2-6-1　滚压开槽示意图

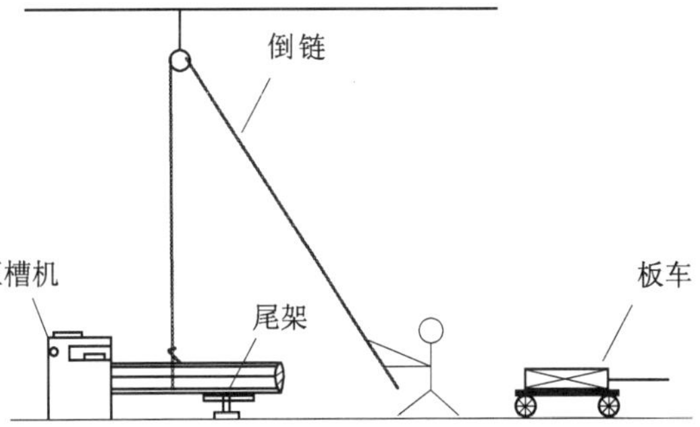

图2-6-2　生产线示意图

（3）操作步骤

1）用切管机将钢管按需要的长度切割，用水平仪检查切口断面，确保切口断面与钢管中轴线垂直。切口如果有毛刺，应用砂轮机打磨光滑，修整过程中，不得破坏断面与管的垂直度。

2）将需要加工沟槽的钢管架设在滚槽机和滚槽机尾架上，用水平仪抄平，使钢管处于水平位置。

3）将钢管加工端断面紧贴滚槽机，使钢管中轴线与滚轮面垂直。

4）停机，用游标卡尺检查沟槽深度和宽度，确认符合标准要求后，将千斤顶卸荷，取出钢管。

6.5.4　管道支、吊架安装

相关的技术交底见支架安装技术交底。

6.5.5　管道安装

按照先装大口径、总管，后装小口径、分管的原则，缓缓压下千斤顶，使上压轮贴紧钢管，开动滚槽机，使滚轮转动一周，此时注意观察钢管断面是否仍与滚槽机贴紧，如果未贴紧，应调整管子至水平。如果已贴紧，徐徐压下千斤顶，使上压轮均匀滚压钢管至预定沟槽深度为止。

在安装过程中，必须按顺序连续安装，不可跳装，以免出现段与段之间连接困难和影响管路整体性能。

（1）检查管道末端：管道外表面从末端到沟槽必须是光滑且无缺口的、无突出表面并且无滚槽痕迹，以确保垫圈的密封防漏。一切油渍油脂划痕和污垢都必须清除。

（2）检查垫圈和用润滑剂：检查垫圈，确保其能够投入使用。在垫圈的边缘以及外表面薄薄地涂上一层润滑剂。

（3）放置垫圈：将垫圈放置在管道的末端。

注意：为了使垫圈更容易卡在管道末端上，可以把垫圈由里向外翻，但务必确保垫圈不能悬在管道末端上。

（4）固定管道的末端：把两根管道的末端对齐并紧靠在一起。

（5）固定管道的长度：当管道末端固定以后，需固定管道的长度。

（6）放置垫圈：把垫圈滑到正确的位置。

注意：如果垫圈是按照第（3）步的方法从里往外翻的，则把垫圈滚到正确的位置。务必确保垫圈放置在两管道沟槽的中间并且保证任何一根管道沟槽中的垫圈都与母管紧贴密实。

（7）安装卡箍片：将卡箍片卡在垫圈上，并将卡箍凸边送进沟槽内，用力压紧上下卡箍耳部，在卡箍螺孔位置，上螺栓并均匀轮换拧紧螺母，在拧螺母过程中用木榔头锤打卡箍，确保橡胶密封圈不会起皱，卡箍凸边需全圆周卡进沟槽内。

注意：在安装时，卡箍片的螺栓、螺母呈纵向设置，螺母朝外，两根水管接头安装在同一直线上，如图 2-6-3 所示。

（8）安装螺栓螺母：安装螺栓并用手指将螺母拧在螺栓上。

注意：请确保螺栓上的卯型座正确地拧在螺栓孔上。

（9）拧紧螺母：交替旋转螺母使其均匀拧紧，直到螺栓垫上金属与金属紧贴。务必保证上下片完全紧贴在沟槽上。

注意：均匀拧紧所有的螺母以防止垫圈的收聚。

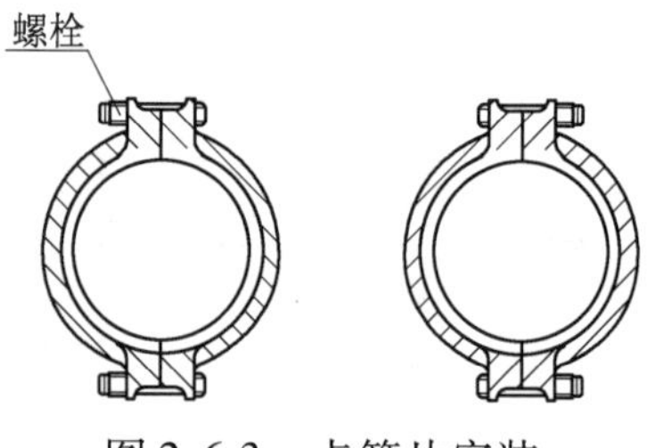

图 2-6-3　卡箍片安装

6.6　质量要点

（1）进场材料应有合格证并出具相应的检测报告，做好材料的验收工作。

（2）吊架的设置符合深化设计图纸的要求，即吊架间距不大于 3m，距卡箍 180mm ± 10mm。

（3）固定支架严格按图纸所标示的位置进行安装。

（4）沟槽管件连接除支架设置要合理外，最大可能出现的问题是渗漏。防止产生渗漏的原因主要有以下几点：

1）在沟槽管件施工前，应对操作人员进行培训，使操作人员熟悉施工要点，最大限度地避免安装工艺不正确引起的渗漏。

2）滚槽时，管道的整个管围上的槽子深度务必满足规定值。从管子到端面到槽子的这个距离必须没有凹痕、凸块或滚压条纹，以构成密封垫的无漏损座面。

3）管子切口不平整，见图 2-6-4，容易引起渗漏。在实际施工中，管口平整度误差不得超过表 2-6-2 的规定，确保连接时对接平直。

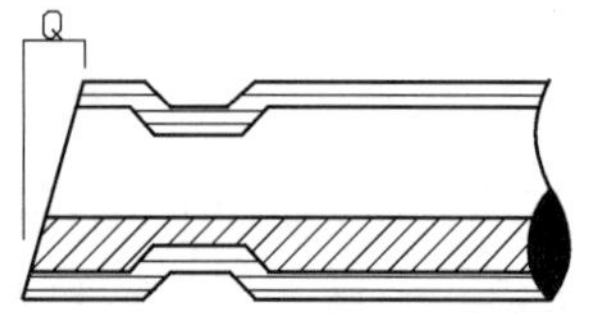

图 2-6-4　管子切口不平整

管口平整度误差　　表 2-6-2

公称直径 *DN*	允许偏差 *Q*（mm）
≤80	0.8
100 ~ 150	1.2
≥200	1.6

4）橡胶圈在操作中应先用刷子将橡胶圈清扫干净后再使用。

5）卡箍安装时，应对称拧紧螺栓，使橡胶圈受力均匀，务必保证卡箍片卡在两根管道沟槽的正确位置。安装过程中，垫圈没有受到挤压或箍缩，确保管路密闭。

7 奥运村太阳能热水系统施工技术

7.1 奥运村概况及太阳能热水系统使用背景

奥运村位于奥运中心区的西北部，与国家森林公园隔路相望，四周紧邻城市公路网，交通顺畅、生活便利、环境宜人、景观秀美。奥运村占地27.5hm^2、东西长约900m，南北宽约340m，总建筑面积55万m^2，其中，地下车库面积12万m^2，地上建筑面积40万m^2，是由42栋6层及9层板楼，分为4个区组成的建筑群，共有1890套住房。奥运会期间，来自世界近200个国家体育代表团的16800名运动员和官员居住生活在这里，是展示“绿色奥运、科技奥运、人文奥运”三大理念的重要场所；奥运会后是高档生态住宅区，将成为中国住宅产业体现科学发展观的示范工程。因此，奥运村具有展示奥运理念，引领时代潮流的双重使命，该工程于2005年6月开工，2008年4月竣工。

北京地区的太阳能资源在全国太阳能资源区域划分中界于二三类之间地区，年日照时数达到2600～3000h，即每年有70%的白天可以使用太阳能，年累计太阳辐照量达到5000～6000MJ/m^2，相当于1527kWh/m^2的电能，等于节约电费763元/m^2（电价按0.5元/kWh）。因此，北京属于太阳能资源较丰富的地区。

7.2 奥运村太阳能集热器的特点及系统形式

根据太阳能集热器性能数据，奥运村按赛后2000户6000名居民的生活热水用量［55℃，100L/（人·d·m^2）］，配置6000m^2的集热器，采用闭式双循环系统，并由小型燃气炉提供阴雨天的热源保障。

奥运村的屋顶总面积约为40000m^2，太阳能集热器总面积为6000m^2，共计2187组集热器，分别设置于4个区的屋顶，其中A区6栋（A1、A2、A3、A4、A5、A9），B区4栋（B2、B3、B6、B7），C区4栋（C3、C4、C7、C8），D区4栋（D1、D2、D5、D6）。4个区的车库分别设置5个热交换站。

7.2.1 集热器特点

奥运村所采用意大利LECO公司生产的直流式真空热管具备以下特点：

（1）由于直流式太阳能集热管独特的设计使太阳能直流集热管可以水平安装，同时可以根据现场情况调整集热片角度。

（2）直流管内的循环介质与太阳能集热管是分离的，一旦玻璃集热管破损，直流管内的循环介质也不会泄漏影响系统运行，而中国的传统开放式太阳能系统却有这样的弱点，一旦玻璃集热管破损管内的循环介质就会泄漏掉，这样不仅浪费了能源，同时重新灌装系统要较长的时间。

（3）太阳能集热器水平安装可以达到最佳的太阳能与建筑一体化，可以成为建筑物的一个亮点。

（4）达到80%的集热效率，传统的太阳能系统只能达到40%～50%。

（5）系统温度可以控制，不但可以避免水温低，用户不能洗浴，同时可以有效避免系统过热，一旦系统过热产生水垢，不但会降低系统水质量，同时会降低系统效率。

7.2.2 系统形式

每个区都设有独立的太阳能生活热水系统，由太阳能集热循环、过热保护循环、蓄热循环和供热循环组成，均为机械全循环系统。太阳能生活热水系统首先通过太阳能采集板采集太阳辐射能，采集系统中被加热的热水通过一级换热器进行热交换，将热量储存到储水箱中。储水箱分为高、低温两个水箱，用于高低区的生活热水均由高温水箱中供给，并通过二级换热器加热预热罐中的冷水，然后将加热后的水输送到热水罐中，再供给用户使用。

太阳能集热循环系统由屋面集热器、循环水泵、板式换热器一次侧组成，集热器采用意大利 LECO 公司生产的直流式真空热管，为模块式拼装，每个模块由 20 根管子组成，每个模块有吸热膜片，有效集热面积 $2m^2$，占地面积为 3. 6 m^2。太阳能集热板性能数据见表 2-7-1。

太阳能集热板性能数据　　表 2-7-1

项　　目	数	据	
集热器形式	直流真空管，适合于承压系统，防冻，适合全年使用，易与建筑结合，可以水平放置，热容小，启动快，抗冰雹		
集热板面积	$1m^2$		
热水温度	55℃		
季节	夏季	春、秋季	冬季
产热水量	$100L/m^2$	$80L/m^2$	$60L/m^2$

注：参见 LECO 公司有关资料。

过热保护系统由屋面散热器、膨胀罐、板式换热器组成，将过热部分热量排除（详见图 2-7-1）。

蓄热循环系统由板式换热器二次侧、高低温蓄热水箱、循环水泵组成，将集热系统采集的热量交换至高、低温水箱中，高、低温水箱各为 $30m^3$（详见图 2-7-2）。

供热循环系统由高低区板式换热器、循环水泵、预热罐、热交换罐组成，将水箱热水交换为生活热水，如水温达不到使用要求，在热交换罐中有备用锅炉将水温加热至设计水温（详见图 2-7-3）。

此外，系统根据奥运会期间对水质的高要求，还考虑了热消毒系统，生活热水系统分区同生活给水。一～三层为低区系统，市政给水管网压力为 0. 18MPa，四～六层为高区系统，由给水泵房变频调整机组供水，供水压力为 0. 50MPa（详见图 2-7-4）。

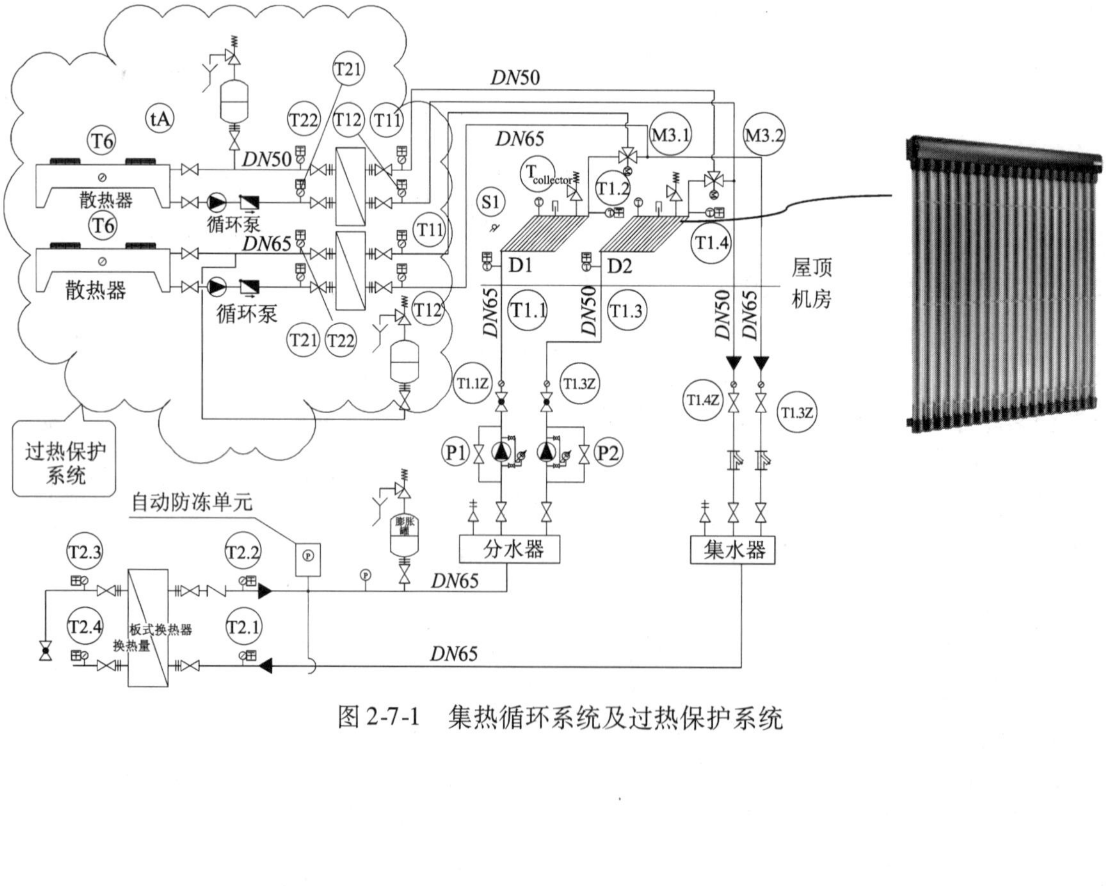

图 2-7-1　集热循环系统及过热保护系统

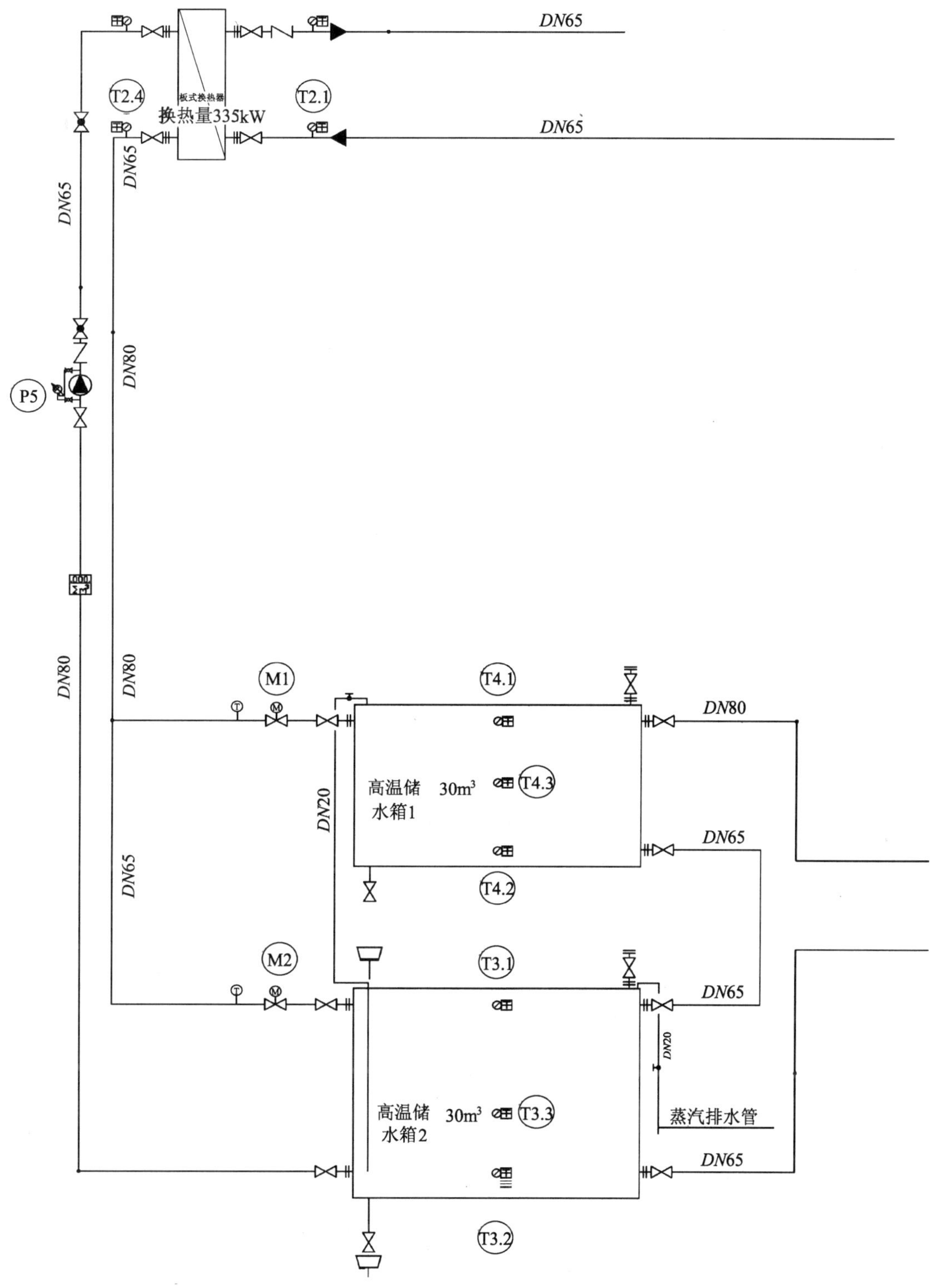
DN65
T2.4
板式换热器
换热量335kW
T2.1
DN65
DN65
DN65
DN80
P5
DN80
DN80
M1
T4.1
DN80
高温储
水箱1
30m³
T4.3
DN20
DN65
T4.2
DN65
M2
T3.1
DN65
DN20
高温储
水箱2
30m³
T3.3
蒸汽排水管
DN65
T3.2

图 2-7-2　蓄热循环系统

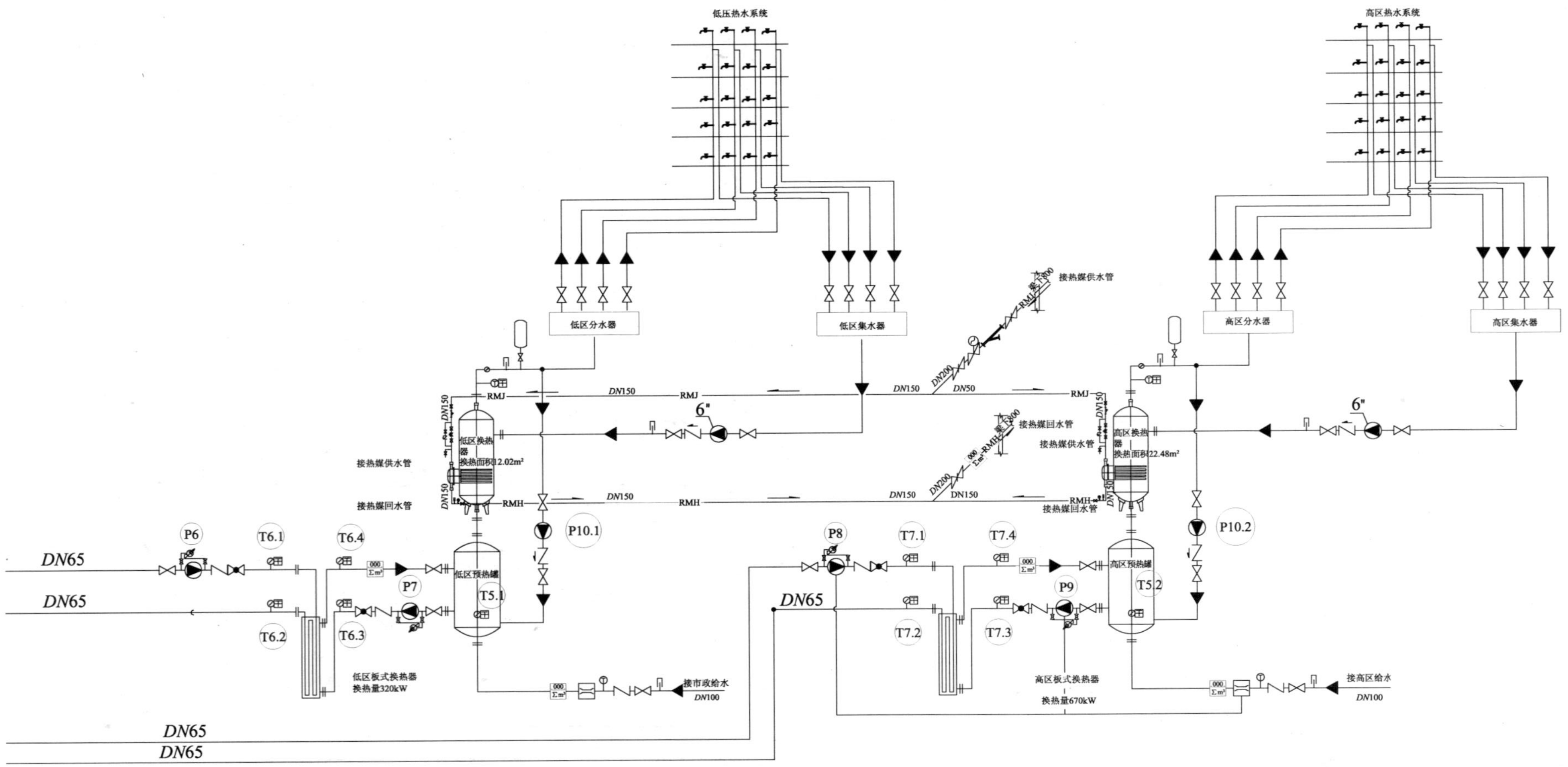
低压热水系统
高区热水系统
低区分水器
低区集水器
高区分水器
高区集水器
接热媒供水管
接热媒回水管
低区换热器
换热面积12.02m²
高区换热器
换热面积22.48m²
RMJ
RMH
DN150
DN50
DN200
6"
P6
P7
P8
P9
P10.1
P10.2
T5.1
T5.2
T6.1
T6.2
T6.3
T6.4
T7.1
T7.2
T7.3
T7.4
低区预热罐
高区预热罐
低区板式换热器
换热量320kW
高区板式换热器
换热量670kW
接市政给水
接高区给水
DN100
DN65

图 2-7-3 热水循环系统

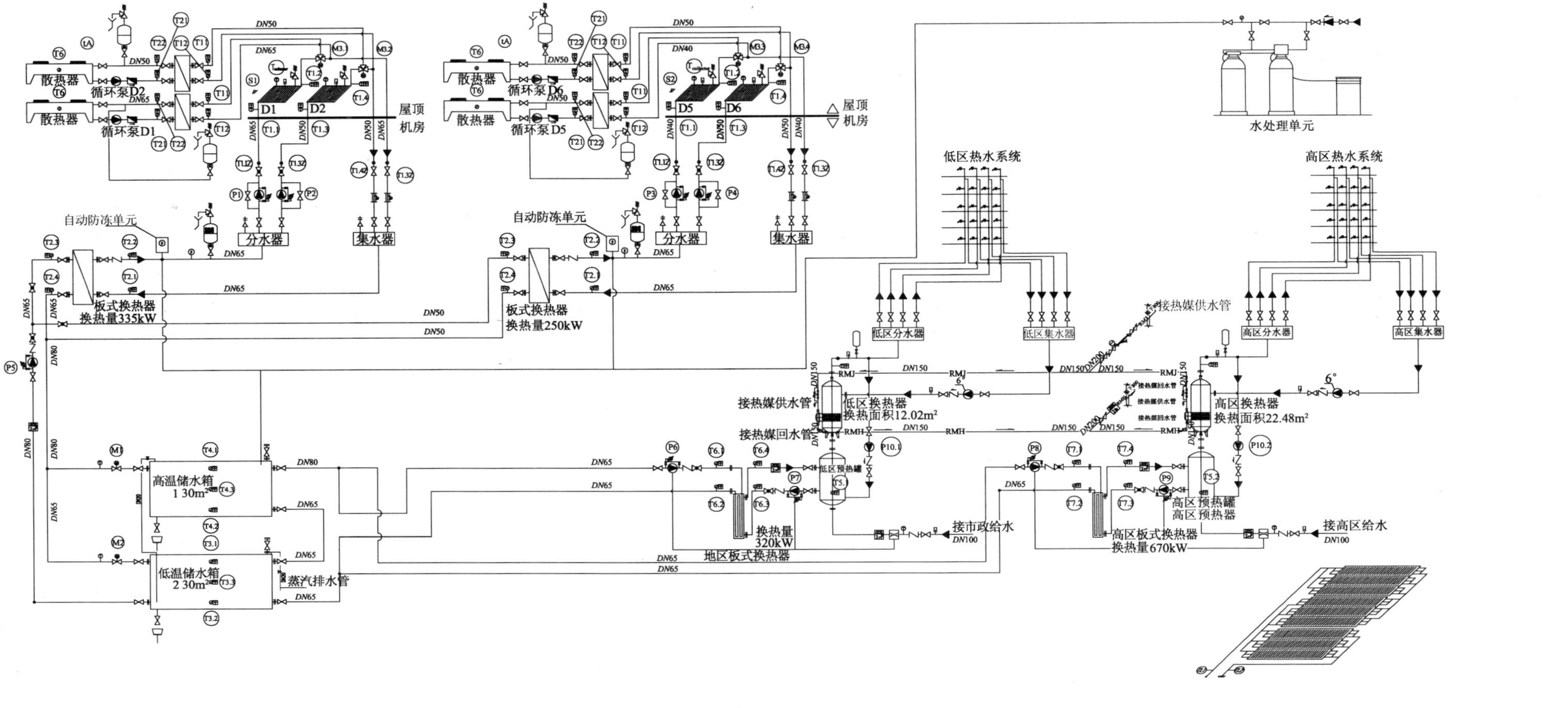

图 2-7-4 奥运村太阳能热水原理图

7.3 系统工作原理

该系统工作原理主要包括以下6部分：太阳能采集区域控制、储水箱蓄热控制、热交换控制、热消毒控制、防冻控制和防过热控制。六部分相互配合，能够保证系统安全运行和太阳能高效收集、利用。

7.3.1 采集区域控制原理

在每小区两个不同楼的楼顶上装有太阳辐射（光照）传感器，可以输出精确的电信号传给DCS控制系统。控制系统通过其实测数值计算出该小区的太阳平均辐射值。

如果太阳辐射传感器测到的平均辐射值大于100W/m^2（该值可由技术人员设定和根据实际运行情况修改）之间的某个设定值，并且接近太阳能采集板总出口的采集板面温度 *T*1.5/*T*1.6 小于90℃时，就启动太阳能采集板循环水泵P1/P2/P3/P4。

如果测试到平均辐射值在100W/m^2以下，并且 *T*2.1 小于 *T*3.2+2℃时，就停止太阳能采集板循环水泵P1/P2/P3/P4。或者如果太阳能采集板出口温度 *T*1.2/*T*1.4 大于112℃，并且持续超过15min，则停止循环泵P1/P3/P2/P4。

另外，为了保证水路中的水能够完成一次循环，可以设定水泵P1/P2/P3/P4每次运行的最小时间（大于30min），并且在此过程中如果太阳能采集板出口温度 *T*1.2/*T*1.4 大于112℃，并且持续超过15min（该值可由技术人员设定和根据实际运行情况修改），则停止循环泵P1/P2/P3/P4。

7.3.2 蓄热控制原理

储水箱的回水通过一级板式换热器与被太阳能加热的热水进行热交换，由循环泵P5将一级板式换热器的二次热水输送到储水箱中。控制系统利用水箱上的温度传感器 *T*4.1/*T*4.2/*T*3.1/*T*3.2 来检测水箱的温度，控制通往各个水箱上的电动阀M1、M2的开关来分别向高低温水箱中蓄热。

循环泵P5启动必须同时满足3个条件：一是一级换热器的一次侧进水温度（*T*2.1）大于低温水箱的低位水温（*T*3.2）+6℃；二是任意一台太阳能采集板循环水泵P1/P2/P3/P4运行；三是低温水箱的低位水温 *T*3.2 小于75℃。

如果以下3个条件当中的任何一个条件满足，则循环泵P5停止，并且关闭电动阀M1和M2。一是一级换热器的一次侧进水温度（*T*2.1）小于低温水箱的低位水温（*T*3.2）+2℃；二是太阳能采集板循环水泵P1/P2/P3/P4均停止；三是低位水箱低位水温 *T*3.2 大于75℃。当3个条件均不满足时P5继续运行。

为了获得一个有效的温度层次，将储水箱分为高温和低温两个水箱。在高温水箱的上、中、下3个部位分别设置3个温度传感器 *T*4.1、*T*4.3 和 *T*4.2，在低温水箱的上、中、下3个部位分别设置3个温度传感器 *T*3.1、*T*3.3 和 *T*3.2。当水面距水箱顶部的距离为35cm时，水箱系统开始补水，当水面距水箱顶部距离为20cm时，停止补水。

当一级换热器的一次侧进水温度（*T*2.1）大于高温水箱的低位水温（*T*4.2）+2℃，并且 *T*4.1<95℃，则打开高温水箱入口电动阀M1，关闭低温水箱入口电动阀M2，首先向高温水箱中蓄热。

当水箱温度 *T*4.1 大于95℃，并且此时 *T*3.1 小于95℃，*T*2.1>*T*4.2+2℃，则关闭M1，打开M2，向低温水箱中蓄热。

当 *T*2.1>*T*4.2+2℃，并且高温水箱的高位水温 *T*4.1 和低温水箱的高位水温 *T*3.1 均大于95℃时，则关闭M2和M1，关闭循环泵P5。

如果向低温水箱蓄热的同时，*T*3.1 大于95℃，而高温水箱 *T*4.1 小于95℃（由于用户用热造成高温水箱水温降低）时，则打开M1，关闭M2，继续向高温水箱蓄热，直到高低温水箱温度均达到95℃为止。

循环泵P5启动时，如果 *T*2.1<*T*4.2，则关闭M1，打开M2，向低温水箱中蓄热，当 *T*3.1 大于95℃时，则关闭M2、M1和循环泵P5。

7.3.3 热交换控制原理

用户侧生活热水供给系统分为高区和低区，高低区用户二级热交换器的一次热水均由高温水箱供给，分别由循环泵 P8/P6 从储水箱中汲取热水，由循环泵 P9/P7 将二级换热器的二次热水输送到预热罐中。

如果高温水箱的高位水温（$T4.1$）大于预热罐温度（$T5.1$）/（$T5.2$）+6℃（其中6℃数值可调），则启动循环水泵 P6/P8 和预热罐循环水泵 P7/P9。

如果高温水箱的高位水温（$T4.1$）小于预热罐温度（$T5.1$）/（$T5.2$）+3℃（其中3℃数值可调），或者预热罐温度（$T5.1$）/（$T5.2$）大于或等于60℃时，停止水泵 P6 或 P8 和水泵 P7 或 P9。

如果热水储存罐用户回水温度 $T11.1/T11.2$ 低于 45℃，则开启循环水泵 P11.1/P11.2/P11.3/P11.4，如果回水温度 $T11.1/T11.2$ 高于 50℃，则停止循环水泵 P11.1/P11.2/P11.3/P11.4。如果热水罐的出口温度 $T10.1/T10.2 < 60$℃（可以由操作人员设定），则控制燃气锅炉侧的电动阀打开，启动循环水泵，由燃气锅炉补充热量；如果热水罐的温度高于 65℃，则控制电动阀关闭。

为了防止烫伤和水垢脱落，水泵 P6/P8 采用 PID 调节变频控制，来控制二级换热器的二次供水温度 $T6.4$ 不大于 60℃。

7.3.4 热消毒原理

对于生活热水系统，热水加热温度要求达到 60℃，如果在累计的时间内热水温度（$T5.1$）不能达到 60℃，必须进行热消毒，以防止细菌的产生。

热消毒应该避免对大流量水连续加热，亦应避免在太阳能提供最大产出量之后同时有高温水流出时进行热消毒。因此，在每天下午 16：00，判断在累计的 24h 内（从上一判断开始到现在），预热罐温度 $T5.1$ 是否达到 60℃，如果从未能够达到 60℃ 并且 P10.1/P10.2 停止 23h 以上，则启动循环泵 P10.1/P10.2，如果 $T5.1$ 大于 60℃，超过 30min 后停止。

7.3.5 防冻控制原理

在太阳能采集系统中，为了防止太阳能采集板在较低环境温度下被冻坏，必须对采集系统进行防冻控制。

如果太阳能采集板周围的环境温度小于或等于 5℃，并且太阳辐射小于或等于 100W/m^2，则启动太阳能采集板循环水泵 P1/P2/P3/P4，关闭电动三通阀 M3，并给出信号启动电加热系统，给屋顶冷却回路伴热，进行防冻，此时系统进入防冻状态。

如果循环水泵 P1/P2/P3/P4 运行 30min 后，太阳能采集板出口温度 $T1.2/T1.4$ 仍小于 5℃，则启动一级循环泵 P5，并且关闭高温水箱入口电动阀 M1，打开低温水箱入口电动阀 M2，卸载低温水箱的热量，对采集板进行防冻控制。

P1/P2/P3/P4 运行 30min 后，如果太阳能采集板出口温度 $T1.2$ 大于 10℃，则停止一级循环泵 P5。如果一级板式换热器的二次回水温度 $T2.3$ 也小于 15℃，则启动循环泵 P10、P6/P8、P7/P9，将热水罐中的水输送到储水箱中，再由储水箱供给采集系统进行防冻。

如果一级板式换热器的二次回水温度 $T2.3$ 大于或等于 25℃，则停止循环泵 P6/P7/P8/P9/P10。

如果太阳能采集板出口温度 $T1.2/T1.4$ 大于 10℃，则停止一级循环泵 P5，关闭低温水箱入口电动阀 M2。$T2.3$ 不再控制循环泵 P6/P7/P8/P9/P10。为了记录燃气锅炉补热量，在高低区用户的锅炉与热水储存罐的回水管线上装有热量表。

当环境温度大于 10℃，并且持续超过 10min，或者太阳辐射传感器测到的平均辐射值大于 100W/m^2，退出防冻保护系统，系统进入正常集热运行状态。

7.3.6 过热保护原理

为了避免太阳能循环系统过热，在系统中设置了冷却器。每个太阳能采集顶板上安装一个冷却器，通过三通阀并入太阳能循环系统中。

如果太阳能采集板的出口温度（$T1.2/T1.4$）超过最大允许温度（112℃），并持续超过 3min，则系统进行防过热保护状态：

（1）启动太阳能采集板循环水泵 P1/P2/P3/P4；

（2）打开冷却器电动三通阀 M3；

（3）开启冷却器。

在冷却器启动后，如果太阳能采集板的出口温度（*T*1.2/*T*1.4）仍然超过最大允许温度（112℃），且持续时间超过 15min，这时有可能是冷却器出现故障，则：

（1）关闭 M1 和 M2；

（2）停止循环泵 P5；

（3）关闭电动三通阀 M3 和冷却器；

（4）停止循环泵 P1/P2/P3/P4；系统所有设备均应停止，并发出报警信号。

如果运行一段时间后测得的太阳能采集板的出口温度（*T*1.2/*T*1.4）小于 85℃，并且循环泵 P1/P2/P3/P4 运行时间超过 30min，则停止冷却器，关闭电动三通阀 M3。系统退出防过热保护，进行正常集热运行状态。

7.4 真空集热板安装及不锈钢管安装

7.4.1 施工组织安排

（1）施工准备阶段

看图——→图纸会审——→施工方案编制——→施工人员准备——→施工机具准备。

（2）施工阶段

1）定基准线；

2）运输太阳能模块组到楼顶；

3）屋顶吊装、排布太阳能模块组；

4）安装太阳能模块；

5）连接太阳能模块；

6）管道焊接。

7.4.2 集热板场内运输及模块安装

（1）定基准线

1）准备工具：墨斗线、直尺。

2）集热背杆长度为 2100mm，背杆安装孔间距为 1990mm，集热器背杆宽度为 34mm，两背杆之间间距为 1100mm。每列太阳能集热器底梁分别由两根宽为 250mm 的混凝土梁构成，安装前要定好集热器固定孔的大致位置，所以需在安装前在水泥梁上面绘出基准线，以方便合理放置集热器，详见图 2-7-5（图中虚线为安装基准线，虚线的位置基本在梁中）。

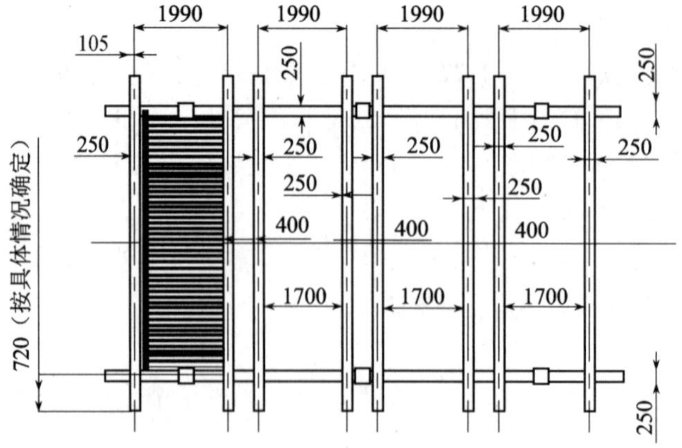

图 2-7-5 安装基准线

（2）吊装方案

1）吊装太阳能模块组到楼顶太阳能结构架

① 每个模块组由4台AURON 20集热器模块堆叠而成，直流管和集热器装配好。每台集热器单位重量约为78kg，所以每个模块组总重约为320kg。模块组下面木托盘尺寸为2100mm×1900mm，重量约为40kg，加上铁笼的重量，总重量按500kg计算。

② 每台集热器交叉堆叠，中间用泡沫和耐磨材料隔开，详见图2-7-6。

图2-7-6 集热器包装图

③ 选用50t长臂吊车（带副杆），臂长45m，最远处荷载1t，吊车自重40t。具体停放位置根据现场勘查确定，详见图2-7-7。

图2-7-7 集热器吊装

④ 定制铁笼（尺寸大约为：2.5m×2.5m×2.0m），从运输车辆上直接放到铁笼里用来搬运集热器模块组。在每个吊装现场，小型集装箱或铁笼需配置3个左右，以方便周转和节约吊装时间。

⑤ 屋顶太阳能结构架满铺5cm厚木板，并两端用铁丝固定在结构架上，以便集热器模块组的放置及安装就位和管道配置。集热器模块组放置时需分开放置，不应叠加。

⑥ 使用吊车吊起集热器模块组时，需有人在楼顶上待命，一旦集热器上升到楼面太阳能结构架上，可用带钩绳索为吊车导向，并帮助吊车平稳地将集热器模块组安全放置。

2）二次转移太阳能模块组步骤

① 将准备好的木板按需要铺在棚架顶上，用来作为临时通道，以方便将集热器从升起端运送到棚

架顶上任何需要的地方。

② 为方面二次搬运，制作简易手钩：杆长 2000mm　钩间距离为 1100mm，详见图 2-7-8。

图 2-7-8　简易手钩样式图

③ 四个人在梁顶抬起一组集热器，描起集热器的时候一定要先把连接处的那头先提起，两头要保持一定的倾斜，详见图 2-7-9。

图 2-7-9　集热器二次搬运

（3）安装太阳能模块

1）待集热器铺满屋面时，调整集热器的位置。以先前在棚架顶上画的线为参照，为每个集热器准备 4 个直径为 12mm 的安装孔。两根安装梁间距为 1990mm，钻孔位置一定要与集热器背杆安装的位置一致。

2）放置膨胀螺栓，将膨胀螺栓放入打好的安装孔中，旋紧下面的螺帽，让螺栓露出 45mm 左右。

3）调整集热器背杆上的安装孔与膨胀螺栓重合。

4）旋紧第二颗螺帽，将集热器固定。

重复以上步骤，完成所有集热器的安装。

（4）连接太阳能模块

1）将集热器连接管、集热器的连接板均按产品要求连上，但扣盖需在试压成功后才扣上。

2）连接管路系统。

（5）支架形式

由于太阳能集热器安装在屋面混凝土架上，平时可当凉棚使用。为使屋面外观美观，管道支架不宜在屋面防水层下的土建结构生根，而应设置于屋面混凝土架上，具体做法详见图 2-7-10。

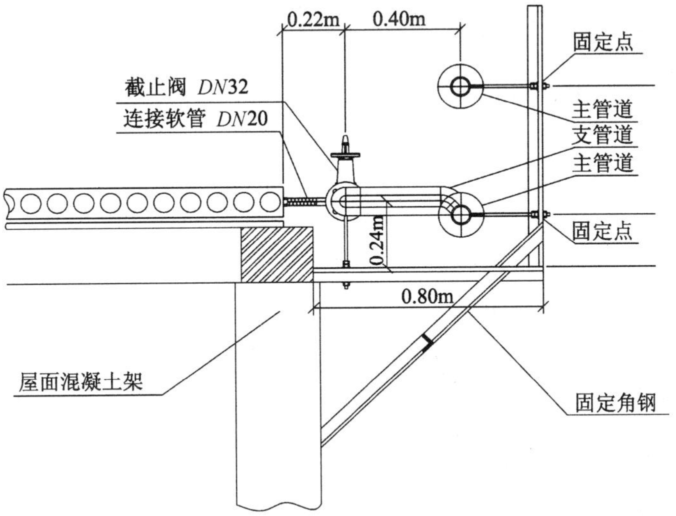

图 2-7-10　支架形式图

7.4.3　不锈钢管道连接

屋面、机房及立管太阳能系统选用不锈钢（304）管材，氩弧焊接。

（1）施工工艺流程

储运⟶切割⟶ 打坡口⟶管道清理⟶组对检验 ⟶管道焊接⟶管道安装⟶焊接检验⟶压力试验⟶管道系统冲洗。

（2）不锈钢管道安装

1）管道焊接及焊缝的处理

① 施工的重点、难点是管道的焊接、焊缝处理、防水保温的制作与安装。就焊接方面，重点在于焊接工艺的控制、氩弧焊工的培训、焊缝检测。

② 焊接工艺直接影响焊接的质量及工程的寿命，是质量控制中的重中之重，并严格执行不锈钢管焊接的施工工艺要求。

③ 焊工在施焊不锈钢管前，培训一周后再进行实际焊接施工。

2）不锈钢管道焊接

① 焊前准备：焊接前，在距焊口 10 ~ 20mm 的区域内清理油污，用细铜丝刷仔细地将氧化膜清除掉，直到呈乳白色为止。手工钨极氩弧焊用钨棒，使用氩气的纯度为 99.99% 以上。焊接方法采用氩弧焊、双面充氩保护、焊丝型号为 HOC18Ni9T，直径为 Φ2.0、Φ2.5。

② 点固焊：焊件组对时，点固焊及固定卡具焊缝的焊接，选用的焊接材料及工艺措施与正式焊接的要求相同。

③ 焊接：焊接时注意起弧和收弧的质量，收弧时将弧坑填满，多层焊的层间接头错开。除工艺上有特殊要求外，每条焊缝一次连续焊完，若因故中断，根据工艺要求采取措施防止裂纹，再焊接前必须检查，确认无裂纹后，按原工艺继续施焊。

④ 不锈钢焊缝的处理

（a）不锈钢焊接完毕 30min 后，清除表面焊渣，2h 后用细铜丝刷除去表面污迹。

（b）不锈钢焊缝的检查：在焊工正式上岗前，在现场焊一定数量的试验焊缝，用切割机切开后，检查背面焊缝成型情况，是否能达到要求。

⑤ 焊接的质量检验

（a）焊接接头的表面及热影响区，没有裂纹、气孔夹渣和坑弧等缺陷现象。

（b）焊接接头的咬边长度不大于0.5mm，咬边连续长度不大于10mm，焊接接头两侧咬边总长度不超过焊接接头长度的10%。

（c）对接接头要焊透，错边量不大于板厚的1/10，且小于或等于1.5mm。

（d）对接头不低于母材的强度。

（e）角焊接头焊脚不小于母材较薄板的厚度。

3）不锈钢管安装

① 不锈钢管的储运

（a）不锈钢管储存与运输过程中，轻取轻放，储运时，整齐排放在木制管架中。

（b）不锈钢管储存与运输过程中，避免磕碰，防止管道变形。

② 不锈钢管的切割

（a）管道采用机械方法切割，切割时保证尺寸正确和表面平整。

（b）管子切口表面平整、无裂纹、重皮、毛刺、凹凸、缩口、熔渣、氧化物等，切口端面倾斜偏差不大于管子外径的1%且不得超过3mm。

③ 不锈钢管道清理：管道组装前将管道内外壁进行清理。

④ 不锈钢管子组对

（a）管道组成件组对时，用砂轮机坡口。清除管子边缘10mm范围内的油污、毛刺、锈斑、氧化皮及其他对焊口有害的物质。

（b）管子组对确保管子直度和组对间隙、偏斜、错口或不同心等缺陷。

（c）壁厚相同的管子、管件组对时，使内壁平齐，其错边量不超过壁厚的10%，且不大于2mm。

（d）不同壁厚的管子、管件组对时，当内壁错边量超过2mm或外壁错边量大于3mm时，进行修整。

⑤ 不锈钢管焊接。

⑥ 不锈钢管道安装

（a）管道安装前，管子、管道及阀门等需检验合格，按设计要求核对无误，逐根清扫，不得有砂土、浮锈、熔渣、水、油及其他杂物，有关土建工程已满足安装要求。

（b）管道上仪表等部件的开孔和焊接在管道安装前进行。

（c）当管道安装工作有间断时，及时封闭敞开的管口。

（d）阀门安装前，按设计文件核对其型号，并按介质流向确定其安装方向。当阀门与管道以法兰或螺纹方式连接时，阀门在关闭状态下安装。当阀门与管道以焊接方式连接时，阀门不得关闭，焊缝底层采用氩弧焊。

（e）安全阀的调校在系统上进行调试。

（f）法兰连接使用同一规格的螺栓，安装方向一致。法兰连接与管道同心，并保证螺栓自由穿入。法兰间应保持平衡，其偏差不大于法兰外径的1.5‰，且不大于2mm，不要用强紧螺栓的方法消除歪斜。螺栓紧固后与法兰紧贴，需加垫圈时，螺栓一定要对称紧固，紧固后的螺栓，突出螺母的长度不大于螺栓直径的0.5倍。

（g）垫片周边整齐，垫片尺寸与法兰密封面相符。

（h）严禁使用铁锤在不锈钢管表面直接敲击，以免破坏不锈钢管表面的氧化保护膜。

4）不锈钢管道试压

① 试验准备

（a）检查管网系统是否全部安装完毕。

(b) 将系统上的安全阀、仪表元件拆除。

(c) 末端盲板、压力表、排气阀、排放管路安装到位。

(d) 试压设备满足要求，试压介质到位。

(e) 试压人员经技术交底和安排到位。

② 管道试压

(a) 试验用洁净水。

(b) 管道系统灌水时，打开高处的排气阀，将空气排尽，系统灌满后关闭排气阀和进水阀，采用电动或手动试压泵进行加压。

(c) 管道试验压力为设计压力的1.5倍，且不低于0.6MPa。

(d) 压力试验缓慢升压，到达试验压力后，稳压10min，压力降小于或等于0.05MPa为合格，再降至设计压力，不渗不漏，为合格。

5) 不锈钢管道冲洗

① 管道在压力试验合格后，进行系统冲洗。

② 冲洗方法根据对管道的要求、工作介质及管道内表面的脏污程度确定，水质透明、无杂质为合格。

③ 不允许冲洗的设备及管道应与冲洗系统隔离。

④ 管道冲洗前，不安装孔板、法兰连接的调节阀、重要阀门和仪表等，对于焊接的上述阀门和仪表，采取旁路或卸掉阀头及阀座加以保护套。

⑤ 冲洗的顺序按主管、支管、疏排管依次进行，冲洗出的脏物不得进入已合格的管道。

⑥ 冲洗时，管道内有足够的流量，冲洗压力不超过设计压力，流速不低于工作流速。冲洗时，不锈钢管道不能用铁锤敲打，应采用木槌。

⑦ 管道冲洗合格并恢复原位后。

7.5 调试及运行中解决的其他技术问题

7.5.1 屋面集热系统试压

由于集热板集热效率很高，系统试压充水过程中，集热板收集的热量无法排放，容易导致水管内水汽化及系统压力急速上升，造成对系统的破坏，最终选择试压在傍晚或凌晨太阳光辐射不强烈时，太阳照度低于100W/m^2情况下进行。试压后对系统内水进行泄空，安全有效地检查了系统的严密性。

7.5.2 屋面集热系统初始注水

屋面集热系统的日常稳压补水由设在机房的一套稳压装置保障，但该装置补水量为5m^3/h，且正常工作连续运行时间为1h，每楼集热板及管道容积约为15 m^3左右。如启用该套装置补水将产生与白天试压时同样的后果，经过认真比较，最终增加一台临时补水泵（$H=50$m；$Q=30$ m^3/h），将一端连接到集水器，另一端连接到高温水箱泄水管，在早晨对系统迅速补水；有效地解决了系统充水中可能产生的问题。

7.5.3 运行初期室内热水供应的解决

由于运行初期锅炉没有点火运行，热水系统完全依靠太阳能系统，但末端用户很少，热水停留在预热罐中。由于锅炉没有供热，也无法保证热交换罐温度不低于60℃，如开启热水循环泵，回水只能回到热交换罐，水温也不能升高，导致某一用户需用水时无法及时供应。经过分析，最终采用在平时手动开启热消毒系统循环泵P10，将分水器水循环至预热罐，将预热罐的水顶至热交换罐，再输送至分水器，在热交换罐热水温度达到60℃以上时，开启热水循环泵P11，将热水输送至整个系统，如此反复操作，保证了热水系统温度达到用户使用温度。

7.6 太阳能热水系统的经济性分析

7.6.1 每年支出

(1) 系统设计寿命为20年，厂家质保期一般为15年；

(2) 系统自身水泵全年功耗25~50kWh；

（3）每年维护费用一般在造价的1%以下（约为20万元）；

（4）系统可以免日常维护，全自动运行，不需要人员值班，整个奥运村约需要4～8人兼职巡检人员。维护费用合计：一般每平方米低于50元/年。

7.6.2 每年收入

每平方米集热器全年太阳能的免费热量相当于800～1000（kWh），产生50℃温升热水15～20t，按5元/t计算，收益为100元/(年·m^2)，净收益为50元/(年·m^2)。

没有太阳能的系统每吨水（50℃温升）的燃料费：

（1）电，30元/t；

（2）天然气锅炉，15元/t；

（3）水源热泵9元/t；

（4）城市热力5元/t。

7.7 结论

奥运村太阳能生活热水系统有以下优点：

（1）太阳能采热、换热、供水为三个独立的系统，可以确保系统先进、安全、可靠。

（2）系统的设计中充分考虑了如何避免及消灭军团菌的问题，使系统的水质标准达到饮用水标准。

（3）该系统不仅规模上是目前国内最大的，同时也是最先进的，它的先进性不仅体现在所用的高端产品上，同时也体现在采用的设计标准和设计理念上，该系统不仅能为奥运会增加绿色亮点，同时为推动太阳能行业标准的提高和应用都有重要意义。

8 国家体育馆大空间智能消防水炮安装及调试技术

随着我国经济的发展，大型空间建筑越来越多，大空间的设计手法越来越被体育场馆、会议中心、剧院等工程采用，在同一个空间内建筑高度和建筑面积相对较大，且比赛和演出期间人员密集，灯光、音响等大功率电气设备集中使用，存在诸多的火灾危险因素，所以在这些场合选择安装怎样的报警设备和消防设备，及早发现隐患，保证设施安全成为关键环节。传统的感烟、感温和火焰探测器由于受大空间高度、气流及粉尘的影响，经常发生漏报或误报现象，达不到监控的实际要求。国家体育馆工程采用了图像型火灾探测报警系统及智能消防水炮相结合的灭火系统，很好地解决了这个难题，为类似工程的设计、施工、调试积累了经验。

根据本工程的结构特点，选用自动消防炮灭火系统来实现对体育馆、比赛馆的灭火保护。该系统可以和火灾自动报警系统有效地结合，利用双波段火灾探测器和水炮自身定位器进行双重定位，提高响应速度，并可通过人机协同的方式启动消防炮进行定点灭火，具有体积紧凑、定位准确、灭火迅速、水渍污染少等一系列优点，实现将火灾扑灭在初期阶段。

系统的配置满足大空间消防需要，确保共享任何一处发生火情时，有2门水炮的水射流同时到达被保护区域的任何一部位，以充足的水柱射向起火点，水射流集中落点在距火源中心点半径1.5m的范围内。国家体育馆主馆智能水炮系统采用远程控制与加压泵的联动，不设高位增压稳压设备，屋顶消防水箱仅作为本系统平时充水使用。在地下一层西南侧消防泵房内设2台固定消防水炮加压泵。在钢屋架下东西侧各设2门水炮，南北侧大屏幕下侧各设1门水炮。设计满足大空间内任一点起火时，两股水炮射流可同时到达，并满足《固定消防炮灭火系统设计规范》的其他要求，系统设计流量为40L/s。水炮装置采用遥控、自控和手动三种方式喷水灭火，启动为远距离手动和自动两种方式。

8.1 智能消防水炮系统特点

空间自动定位：利用多波段火灾探测器和水炮自身的定位器双重定位，可自动寻找火源点，根据探测的火源位置，自动调节参数，瞄准起火源定点喷水灭火。

水流压力损耗低、工作安全可靠：炮体制造工艺采用了进口设计技术，并采用了定减速比减速器驱动装置；带极限位置的停止开关及摩擦离合器，使水炮驱动电机工作平稳可靠，有效地保护了消防炮工作安全性，并在超负荷运行时避免损坏。

具备自停式驱动装置，喷射炮可以在任何位置锁定。

定位准确、射流集中：系统可根据空间坐标和系统压力反馈参量自动修正自动消防炮的喷射点角度，有效克服了水炮管网的压力变化影响自动消防炮的定位准确度问题；消防炮射流出水管采用特定的集水装置，使喷出的水流比较集中，在同等条件下，使水炮射流更远、更集中地对着火区域进行喷洒灭火，减少了喷水过程中射流水渍二次损失。

柱状/雾状无极转换功能：自动消防炮可以喷射柱状水和雾状水（近距离喷射雾状，远距离喷射柱状），其转换功能视现场由系统软件设定。

灭火效果不受高度影响：水炮压力大、射程远、水量集中、水流速度快，从高空落下时几乎不损失，可以直接作用在燃烧物体的表面，扑灭火灾。

8.2 系统组成

自动消防炮灭火系统是一套自动喷水灭火系统，采用湿式给水系统。该系统由控制装置、自动消防炮、水流指示器、电动阀、检修阀、消防泵组、管网及电源等组成。

控制装置包括消防炮控制器、消防泵控制盘、消防炮解码器、消防炮定位器、消防炮集中控制盘、现场手动控制盘、消防炮升降控制装置等部件。

消防炮控制器：接收定位器提供的信号，发出自动、手动状态下的灭火指令。

消防泵控制盘：接收主机指令，启动消防泵并接受反馈信号，同时可以手动启动消防泵。

消防炮解码器：接受消防控制中心的灭火指令，完成自动、手动状态下驱动消防炮寻找着火点的命令，并将反馈信号提供给消防控制中心。

消防炮定位器：安装在消防炮炮体上，向消防控制中心提供现场的图像信号。

消防炮集中控制盘：通过键盘按钮，实现手动远程控制功能。

现场手动控制盘：通过键盘按钮，现场人员操作消防炮进行灭火。

8.3 系统的启动方式

具有自动控制、手动控制启动方式，可以手动控制消防炮喷嘴的水平和仰俯角度调整。系统在接到火灾报警信号后，消防炮可在3s内自动启动并开始火源自动定位。

（1）自动状态下的工作程序

当前端探测设备报警并被信息处理主机确认为火警后，信息处理主机向消防炮控制盘发出灭火指令，消防炮控制盘通过消防炮解码器驱动消防炮按设定程序进行扫描，直至扫描到着火点并锁定着火点，此时消防炮控制盘开启消防炮供水消防泵和电动阀，进行喷水灭火。消防泵和消防炮的工作状态在控制室显示并记录。

（2）手动状态下的工作程序

当前端设备报警并被信息处理主机确认发生火灾后，信息处理主机通过控制器发出报警信号提醒消防值班人员，通过被强制切换过来的彩色画面进行火灾确认。消防值班人员可通过控制室消防炮控制盘的操作按钮驱动自动消防炮瞄准着火点，开启电动阀和消防泵进行灭火。消防泵和消防炮的工作状态在控制室显示并记录。

8.4 系统工作原理

消防控制中心接收到火灾报警系统的火警信号后，如果系统处于自动状态，则会自动启动消防炮灭火系统，经过计算使最接近火源的消防炮在微电机的驱动下，进行左右或上下的扫描，开始自动搜索火源。安装在炮管上的定位器将扫描获得的信息不断送到信息处理主机处理，信息处理主机根据双波段火灾探测器提供的着火点位置，通过消防炮控制器向相应的消防炮解码器发出指令，驱动消防炮自动扫描追踪着火点，当消防炮锁定着火点空间位置后，立即停止扫描，延时数秒后（可设定）启动消防泵和电动阀实施喷水灭火；系统探测无火后，自动消防炮灭火系统停止工作，关闭电动阀门。当火源点蔓延移动时，自动消防炮灭火系统能自动跟踪着火点，直至火灾被扑灭；使火灾及扑救过程中造成的损失降到最低，灭火带来二次损失小。当系统处于手动状态时，值班人员根据火灾报警信号和显示器上弹出的图像，利用操作台上的手动控制盘，拨动操纵杆操作消防炮运动，寻找火源，手动启动消防泵、打开电动阀门开始喷水灭火，一旦火焰扑灭，自动停止消防泵，关闭电动阀门。

8.5 大空间火灾自动报警系统

根据体育馆大空间建筑的结构特点，主馆采用火焰探测，探测器选用多波段图像型火灾探测器，对馆内进行火灾早期探测及自动报警。

本系统作为自动消防炮系统的专用报警及探测系统，与自动消防炮定位系统相结合，可提高其响应速度及定位准确度。

（1）多波段火灾探测器

多波段火灾探测器采用多波段火灾探测技术，在探测方式上属于感火焰型火灾探测器。在火灾识别方面，根据火灾在燃烧过程中的光谱特性、色度特性、纹理特性、运动特性以及频谱特性，将这些特性模型化、工程化，形成微处理器可执行的火灾识别判据。通过高分辨率的红外CCD和彩色CCD作为图像感知元件，同时获取现场的红外光谱信息和彩色图像信息，两种光谱图像信息的组合利用将大大改善利用影像信息探测火灾的效果。红外摄像机波长范围为700～1200nm，可发现500～1700K的阴燃火与火羽流，彩色摄像机光谱范围为400～700nm，具有良好的视觉特性。采用图像方式，有效探测早期火灾火焰，在控制距离为50m时，可发现最小火焰尺寸为0.45m的火焰；多重判据模式保证低误报率，信号以CPU并行处理，节约巡检时间，达到快速反应；数字化技术，灵敏度高，在进行火灾探测的同时可进行图像监控；将直接线性变化DLT（Direct Linear Transformation）技术与火灾探测相结合，解决了以往利用影像探测火灾没有解决的空间定位问题，实现了火灾早期探测与自动扑救联合动作，适用于各类大空间场所。

（2）系统组成

大空间火灾自动报警系统由信息处理主机、液晶显示器、UPS电源、监视器、硬盘录像机、矩阵切换器、立安控制器、防火并行处理器、火灾探测模块、火灾探测器等设备组成。

（3）系统工作原理

本系统是基于图像和人工智能的新型火灾自动报警及联动扑救系统，主要解决大空间早期火灾探测、可靠报警及定点扑救等问题。

大空间火灾探测系统使用了图像处理、计算机视觉、模式识别、持续趋势、双向预测算法、人工智能等多项高新技术，其中关键技术属国际首创；并运用了神经网络特有的自学习功能和自适应能力，可以根据现场自动调整运行参数，提高了系统的容错能力。

双波段探测器采集的现场信息传回控制中心，由信息处理主机巡检和防火并行处理器并行处理同时进行，一旦检测到火灾信号便向信息处理主机发出预警信号，信息处理主机优先对预警信号进行确认，对确认为真实火情的信息，由信息处理主机发出报警信号，由立安控制器动作：自动声光报警、自动显示对应报警区域的现场图像、自动启动硬盘录像机记录、提供区域报警信号给常规火灾自动报警及消防联动控制系统，由其进行相关消防设备的联动（如排烟风机、防火卷帘门等）；并通过联动控制台远程控制相关区域的自动消防水炮扫描并指向火源点，启动消防泵和电动阀门，实现定点喷水扑救，将火灾消灭在初级阶段。在无人状态下，主机按设定程序自动启动消防联动设备。

（4）系统的特点

1）保护面积大、探测距离远、响应速度快、报警准确性高。

2）非接触式探测技术，抗环境干扰能力强。

3）自动实现火灾的空间定位，通过联动控制系统实现火灾的定位扑救。

4）对监控现场录像，保留现场资料，为火灾调查提供依据。

5）具有联动控制功能，能迅速联动声光报警、自动灭火、排烟、录像、报警电话等系统。

8.6 消防水炮安装技术

（1）首先查看消防炮的规格、喷射量、射程与设计是否符合。

（2）检查消防炮安装的入口法兰与安装处管路的法兰是否相吻合。

（3）准备好密封法兰的胶垫，其胶垫要求质地柔韧、光滑、无裂纹、无起层、无皱等。

（4）将消防炮稳稳地贴近安装处，使两个法兰相对应，放入密封胶垫后，逐个插入螺栓。

（5）按顺序逐次逐步将固定螺栓拧紧。

（6）用水平尺校正消防炮的水平底座，达到与地面平行。

（7）用手轮转动消防炮的水平、垂直旋转部分，达到灵活、平稳、无阻塞、卡死现象。

（8）装上消防炮的电缆插头。

（9）通过“现场控制箱”操纵消防炮上、下、左、右旋转，达到基本正常，待“单机调试”。

8.7 火灾探测器选型及施工注意的事项

（1）根据实际探测距离，选择适当型号的探测器。

（2）根据探测器保护角度，确定探测器的安装高度及位置。

（3）光截面探测器相邻两只发射器的水平距离不大于10m，否则探测器灵敏度受影响。

第 3 篇

建筑电气

1　国家体育馆太阳能发电系统安装施工技术

1.1　太阳能发电系统安装施工技术简介

在国家体育馆屋顶和南立面建设光伏容量100kW$_P$的并网光伏示范电站，充分体现光伏建筑的美观性和实用性。

本工程涉及一种以上的光伏组件与建筑一体化集成的安装新工艺，如光伏玻璃幕墙（双玻）、光伏玻璃屋顶（双玻）等，结合该并网光伏示范电站的设计、施工、运行中得到的经验积累，依据国内外光伏工程设计施工规范和相关的建筑物设计施工规范和标准，提出适合中国国情的光伏建筑设计施工的技术规范和标准的草案文件。

本工程太阳能发电系统于2007年12月建成并网运行。电站最终光伏安装容量为102.5kW$_P$，其中97.5kW$_P$的常规光伏组件安装在国家体育馆屋顶，5kW$_P$的双玻中空光伏组件安装在南门上空的倾斜玻璃幕墙；逆变器采用28台单相并网逆变器，分三相接入国家体育馆交流配电系统；光伏系统发出的电能只供给地下车库照明负载，光伏配电系统中配有逆功率保护装置，有效保证多余电力不返送电网；具有自动数据采集功能和多媒体展示系统，可以更好地向公众宣传光伏发电绿色环保的优越性。

国家体育馆100kW$_P$光伏示范电站的建设和技术上的创新突破对我国的光伏事业具有积极的宣传和示范作用，在项目实施过程中形成的技术具有广大的推广应用前景。本节主要介绍太阳能电池板安装及其防雷接地施工技术。

1.2　光伏阵列排布及施工安装技术

结合国家体育馆原有建筑设计，项目承担单位经过充分沟通并与建筑设计单位充分协商后，在获得北京市各级审批单位认可的前提下，国家体育馆100kW$_P$并网光伏示范电站分两部分结合国家体育馆进行安装。一部分采用常规组件，结合体育馆屋面的10条采光带安装，总容量为97.5kW$_P$；另一部分采用双玻组件，替换体育馆南立面部分玻璃幕墙进行安装，总容量约5kW$_P$。

1.2.1　常规组件布置安装

常规组件采用了单晶硅组件，选择125系列36片CELL的标准产品，单块组件峰值功率约85～90kW$_P$，外形尺寸为1200mm×530mm×35mm，如图3-1-1所示。

主要参数参考
外形尺寸：1200mm×530mm×35mm
开路电压（V_{oc}）：21.8V　　最大工作点电压（V_m）：18V
短路电流（I_{sc}）：5.24A　　最大工作点电流（I_m）：4.75A

图3-1-1　拟选用的常规光伏组件

为配合屋顶采光带2000mm的宽度，组件将采取立置安装的方式，每排4块组件进行安装，每排宽度约2695mm，略宽于采光带。屋顶共安装组件约1100块，其中结合比赛馆采光带安装了800块，结合训练馆采光带安装了300块。综合考虑了美观性和高效性后，组件采用支架按18°倾角安装，支架固定于采光带边框，前后排间距约1300mm，如图3-1-2～图3-1-6所示。

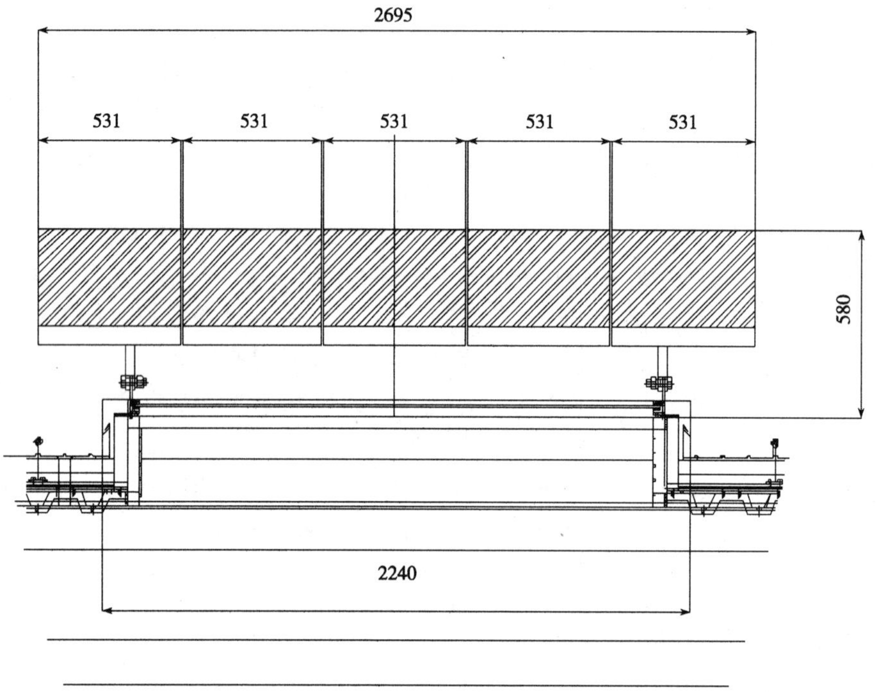

图3-1-2　光伏组件与采光带结合示意图

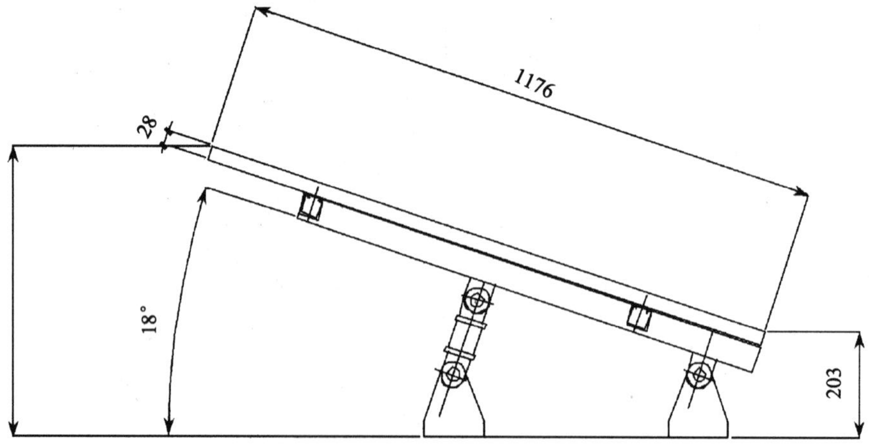

图3-1-3　组件支架按18°倾角示意图

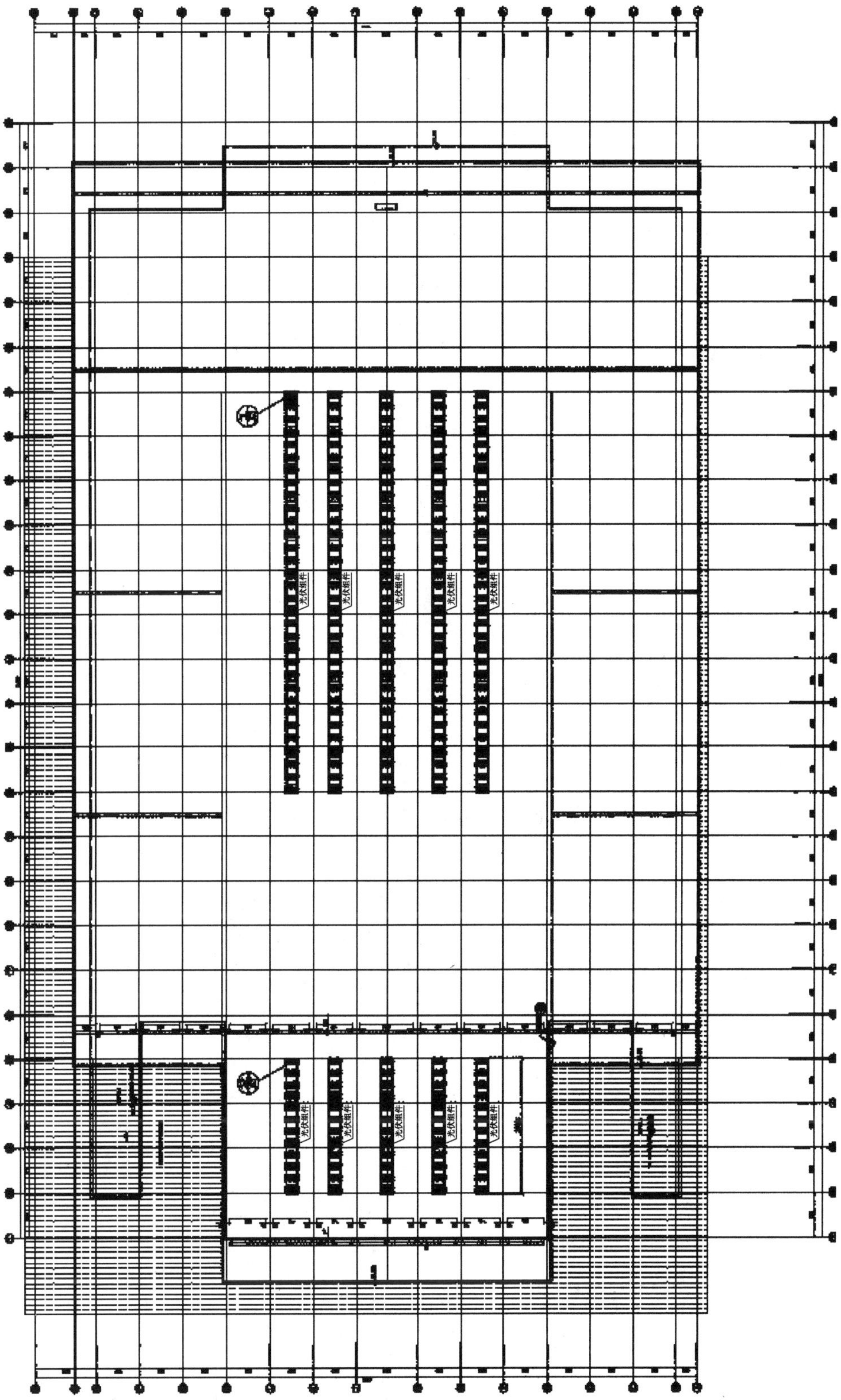

图 3-1-4　屋顶光伏组件布置平面图

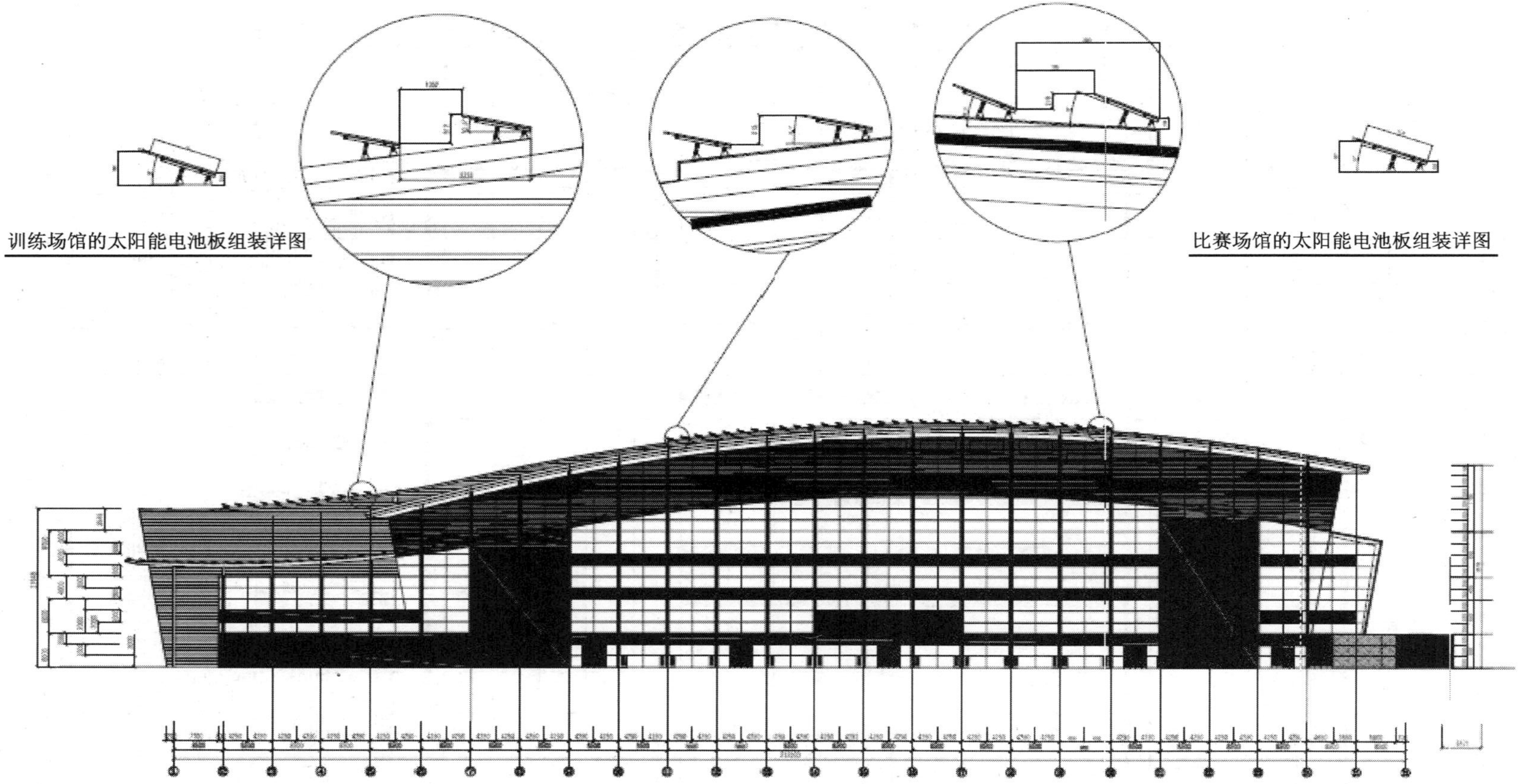

图 3-1-5　屋顶太阳能立面布置

图 3-1-6　体育馆屋面太阳能电池板安装实景

1.2.2　双玻组件布置安装

双玻组件将结合体育馆南立面四层的向南倾斜坡面进行安装，替换原有的幕墙玻璃。由于此部分双玻组件必须与原建筑设计完全吻合，供货商特定制了双玻组件，定制的组件形式见图 3-1-7。

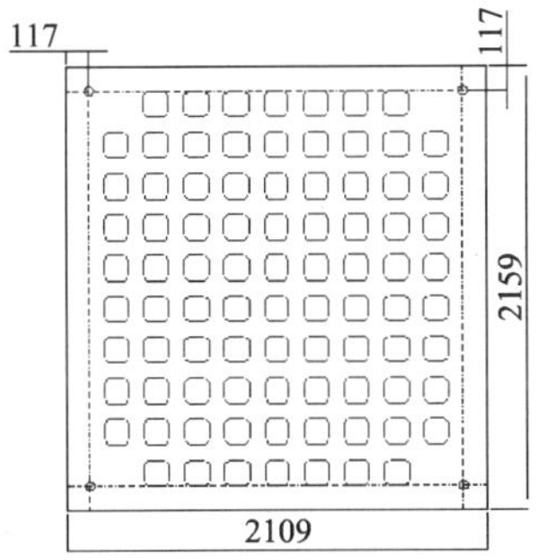

使用数量：24 块

透光率：约 67.6%

峰值功率：210WP

图 3-1-7　双玻组件的类型及相关参数

双玻组件的安装方式将与原幕墙安装方式一致，采用点支撑玻璃幕墙的方式进行安装，双玻组件平面布置示意见图 3-1-8。

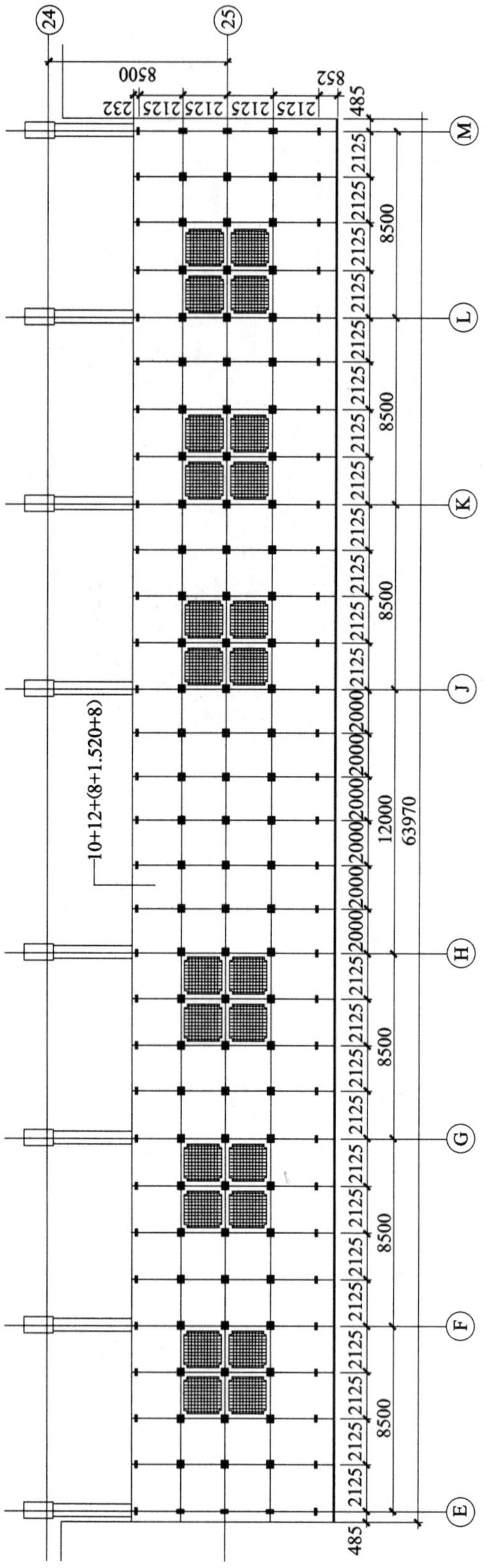

图 3-1-8　双玻组件平面布置示意图

1.3 光伏发电系统防雷接地施工技术

国家体育馆 100kW$_P$ 并网光伏发电系统，采用了直击雷防护措施和间接雷防护措施。

1.3.1 直击雷防护

直击雷防护由三部分组成：接闪器、引下线和接地体。按照《建筑物防雷设计规范（2000 年版）》，国家体育馆属于二类建筑，在用“滚球法”计算防雷范围时，取滚球半径 $R=45$m。

（1）接闪器设计，太阳能电池方阵分为两部分安装：

① 南坡面双玻太阳能电池。此部分安装的太阳能电池位置较低，安装方式与该位置的普通中空玻璃幕墙一致，处于南侧屋顶金属挑檐、屋顶钢架等保护之下，直击雷由上述金属构架进行保护，在设计太阳能发电系统时，不再考虑额外的直击雷防护手段。

② 屋顶面常规太阳能电池。国家体育馆屋顶采用表面喷涂氟碳涂层、厚度为 1.0mm 的铝镁合金屋面板，依据《建筑物防雷设计规范（2000 年版）》，金属屋面板厚度超过 0.5mm 时，可将金属屋面板视为接闪器，作为室内部分的防雷保护。

常规太阳能电池安装在金属屋面板上方，不在其防雷保护范围内，需要单独考虑直击雷防护措施。常规太阳能电池采用与屋顶面成朝南 18°的安装角度，考虑到安装有太阳能电池的北侧部分屋面对水平面的最大倾角为朝北 7.12°，在此状况下所需的直击雷保护范围最大，所以按照太阳能电池对水平面的最小朝南倾角为 10.88°来考虑直击雷防护。

在这部分太阳能电池支架上安装有高出太阳能电池最高点为 178mm、厚度为 3mm 的钢板作为防雷保护板，取滚球半径 $R=45$m，按“滚球法”计算，每组太阳能电池（5 块）表面均处于防雷保护板上沿的保护之内，见图 3-1-9。

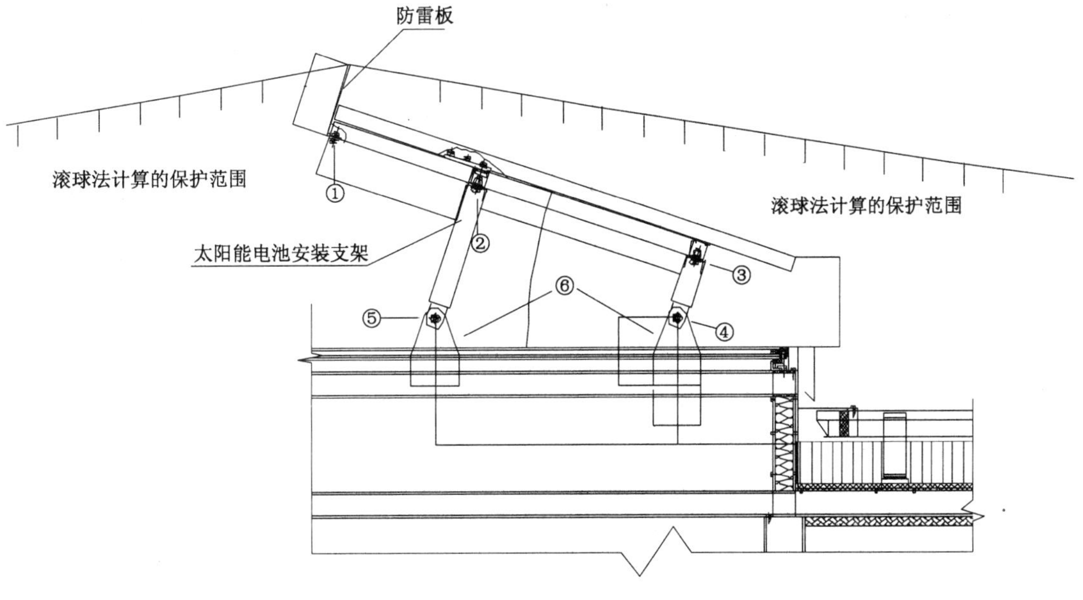

图 3-1-9 太阳能电池支架安装及防雷板保护范围图

（2）接地设计

良好的接地是防雷保护的重要保证，尽管太阳能电池安装支架、防雷板等，表面均按照北京市建筑设计研究院的要求，对表面进行了喷涂氟碳涂层的处理。为了保证上述金属构件的良好导电性，在喷涂过程中预先将对螺栓连接点周围用塑料膜进行保护，在实际安装时，再将塑料膜取掉，然后用不锈钢或热镀锌螺栓进行连接。安装完毕后，再对裸露在空气中的部分进行局部氟碳喷涂处理来实现防腐。

每组太阳能电池支架上安装有 5 块太阳能电池，每组太阳能电池支架的 4 块安装底板处焊接在屋顶天窗的钢结构上，上述措施保证了每组太阳能电池支架、防雷保护板具有良好的接地性能。

通常，在金属线槽施工安装时，需要将相邻两根金属线槽用编织铜带或用扁钢进行连接，以保证每根金属线槽都良好的接地，防止线槽内的电缆产生感应过电压。

在国家体育馆施工中，所有的室内金属线槽均用编制铜带在端头连接。对于屋顶面的 50mm × 50mm 金属线槽没有采用这种处理方法，原因如下：

1）金属线槽安装在太阳能电池支架底部，用螺栓将线槽与太阳能电池支架连接，每组太阳能电池支架均良好接地，从而保证了金属线槽在每 2 米的范围内，均进行了一次重复接地处理，保证了良好的接地性能，如图 3-1-10 所示。

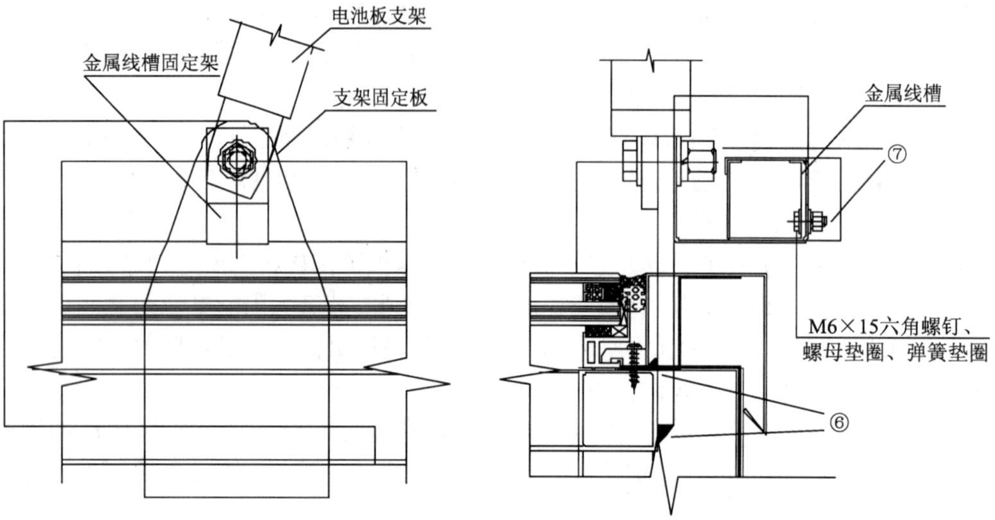

图 3-1-10　电池板支架及线槽安装节点详图

2）金属线槽为热镀锌材质，外表面进行了氟碳喷涂处理，内表面为热镀锌层，线槽连接板也为热镀锌材料，保证了相邻两条金属线槽的良好接地性能。

1.3.2　间接雷防护

在每台并网逆变器的直流输入侧，均安装有性能良好的压敏电阻，当过电压由室外进入逆变器时，压敏电阻将对地放电。

所有并网逆变器的交流输出汇集到太阳能交流配电柜中后，通过防雷等级为 B + C 级的 OBO 电涌保护器后才并入电网。这一措施保证了太阳能发电系统的过电压不会影响到电网，同时也避免了电网的操作过电压影响到太阳能发电系统。

2　首都机场 T3A 照明母线安装施工技术

2.1　概况

该工程 5 万 m^2 的行李大厅等部位采用了插接式照明母线进行照明系统配电施工，其中使用照明母线槽 44688m，馈线单元和支接单元 21600 套，安装支吊架 55000 套。照明母线的外壳为热镀锌钢板，防护等级高、绝缘性能好，适合在较为狭窄，对电气安全性要求高的外部环境中安装。

照明母线支干线连接采用插接方式，插口间距最小为 1m，可满足绝大多数情况下的灯具供电间距，进行灯具数量调整和灯具移位操作非常方便。

照明母线可承受 34～60kg 的净载荷，可作为线槽灯具的挂载母体，配合相应的柔性弯头等配件，可以很方便地改变母线的标高，绕过梁、柱等障碍物。

2.2　工艺原理

2.2.1　系统构成

照明母线系统主要由馈电单元与端封、直线段、支接单元和母线的固定装置构成，见图 3-2-1。

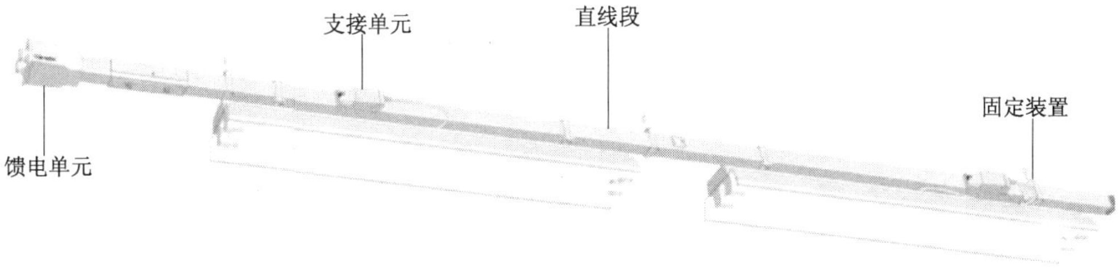

图 3-2-1　照明母线系统组成

2.2.2　照明母线电气特性

（1）基本电气特性，见表 3-2-1。

照明母线的基本电气特性　　表 3-2-1

特性参数	单位	25A 照明母线				40A 照明母线			
符合标准		IEC60439-2				IEC60439-2			
带电导体数量		2	4	2+4	4+4	2	4	2+4	4+4
回路数量		1	1	2	2	1	1	2	2
回路构成		单	三	单+三	三+三	单	三	单+三	三+三
额定电流	A	25	25	25+25	25+16	40	40	40+40	40+25
频率	Hz	50/60				50/60			
额定绝缘电压	V	660				660			
额定工作电压	V	230～400				230～400			

（2）导体电气特性，见表 3-2-2。

导体电气特性　　表 3-2-2

导体种类	特性参数	单位	25A	40A
中间单根带电导体	冷态平均电阻（环境温度 20℃）	mΩ/m	6.83	2.93
	额定电流下平均电阻（环境温度 35℃）	mΩ/m	8.33	3.55
	50Hz 额定电流下的平均电抗	mΩ/m	0.21	0.18
外壳地线	冷态平均电阻（环境温度 20℃）	mΩ/m	0.8	0.8

（3）故障回路特性，见表3-2-3

故障回路特性 **表3-2-3**

特性参数	说明	单位	25A	40A
带电导体间平均电阻（相/相、相中）	热稳定度下平均阻值	mΩ/m	16.66	7.10
	常规温度下的平均阻值	mΩ/m	20.9	8.52
相地（带电导体与外壳）间平均电阻	热稳定度下的平均电阻	mΩ/m	9.08	3.81
	常规温度下平均电阻	mΩ/m	10.9	4.75
平均电抗	相/相电抗	mΩ/m	1.68	0.79
	相/中电抗	mΩ/m	2.08	0.83
	相/地电抗	mΩ/m	1.3	1.28

（4）照明母线电压降参数与铜芯电缆的比较，见表3-2-4。

照明母线电压降参数与铜芯电缆的比较 **表3-2-4**

电缆截面积（mm^2）	额定电流（A）	电缆长度（m）								
		10	20	30	40	50	60	70	80	100
1×2.5	10	1.4	2.9	4.3	5.8	7.2	8.7	10	12	14
	20	2.9	5.8	8.7	12	14	17	20	23	29
	25	3.6	7.2	11	14	18	22	25	29	36
1×4	20	1.8	3.6	5.5	7.3	9.1	11	13	15	18
	25	2.3	4.5	6.8	9.1	11	14	16	18	23
	40	3.6	7.3	11	15	18	22	25	29	36
1×10	20	0.7	1.5	2.2	3	3.7	4.4	5.2	5.9	7.4
	25	0.9	1.8	2.8	3.7	4.6	5.5	6.5	7.4	9.2
	40	1.5	3	4.4	5.9	7.4	8.9	10	12	15
照明母线25A（导体直径2.5）	10	0.7	1.3	2	2.6	3.3	3.9	4.6	5.2	6.5
	20	1.3	2.6	3.9	4.2	5.2	6.3	7.3	8.4	10
	25	1.6	3.3	4.9	6.5	8.2	9.8	11	13	16
照明母线40A（导体直径6）	20	0.6	1.3	1.9	2.5	3.1	3.8	4.4	5	6.3
	25	0.8	1.6	2.4	3.1	3.9	4.7	5.5	6.3	7.9
	40	1.3	2.5	3.8	5	6.3	7.6	8.8	10	13

2.2.3 主要配件说明

（1）直线段：采用热镀锌钢板外壳，里面含有一组或两组支路，母线金属外壳为地线。根据不同的长度，母线上双面每面装有2~3个馈电插口，各种母线截面详见图3-2-2。

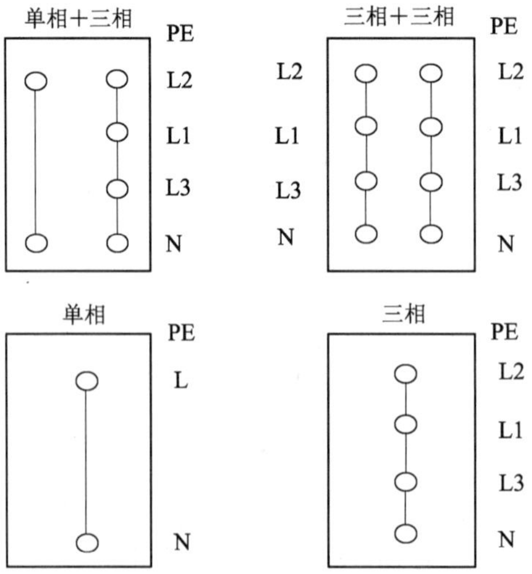

图3-2-2 母线截面

（2）馈电单元

馈电单元用于连接电缆和直线段，馈电单元一端与直线段插接，另一端压接从上一级配电系统引来的供电电源，见图 3-2-3。

（3）固定装置

照明母线的固定一般采用 C 形卡件，可内嵌螺母，与固定在顶板上的 $\Phi6\sim8$ 的套丝吊杆连接，单个最大负重为 60kg。

（4）支接单元

有 10A、16A 两种选择，一端预接电缆，另一端插在母线上的馈电插口中，见图 3-2-4。

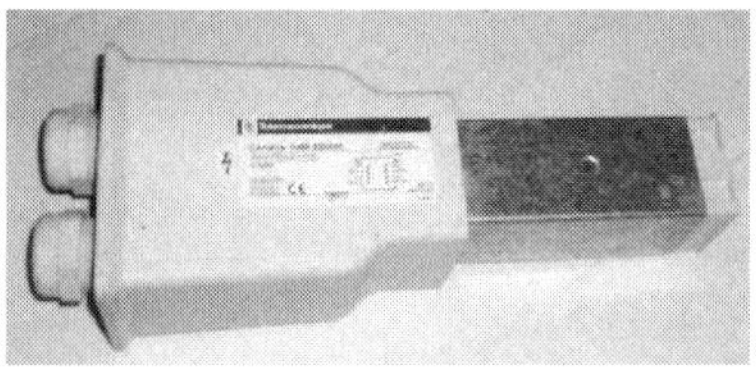

图 3-2-3　馈电单元

图 3-2-4 支接单元

（5）柔性弯头

两端为标准插拔连接插口，中间用软管连接，软管内穿 3 或 5 根导线，长度分 0.5m 与 2m，最小弯曲半径为 70mm，用来改变走向、高低或绕过障碍物。

2.3　照明母线安装施工技术

2.3.1　安装工艺流程

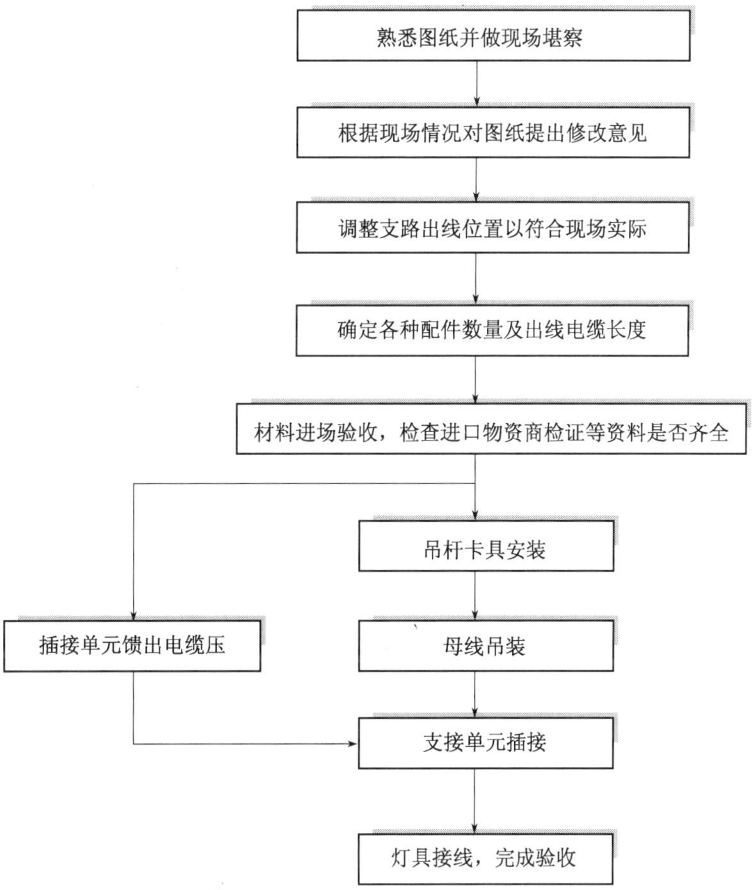

2.3.2 操作要点

(1) 现场路由勘察及调整

在进行照明系统初步设计时，设计师一般考虑灯具的照度要求、三相平衡、布线的大体走向等内容，对末端受电灯具的电缆路由等细节问题考虑不周，有时会造成末端灯具配电电缆长度过长的情况，所以施工单位技术人员应在现场测量确认最近的接口位置，并反馈给设计单位进行相应的调整。

(2) 统计各种配件数量

1) 直线段：照明母线直线段共有2m和3m两种规格，施工技术人员应根据现场实测长度统计出各回路母线总长，再折算出需要直线段的数量。

2) 柔性弯头：需要改变标高、躲避障碍物、跨伸缩缝等部位应根据实际情况统计出柔性弯头的数量，柔性弯头分为0.5m和2m两种规格，可根据需要酌情考虑。

3) 支接单元：一般一个照明支路选用一个支接单元，支接单元分10A和16A两种，根据支路类型选择，若需熔丝保护，可以选用16A的保护型支接单元。

4) 固定装置：根据灯具的安装间距和母线本身是否承受灯具重量等特征来统计固定装置的需用数量，安装间距和母线最大承受重量如表3-2-5所示。

母线最大承重 **表3-2-5**

安装间距	2m	2.5m	3m	3.5m
最大承受重量	29kg	19kg	15kg	不承重

5) 馈电单元与端封：一段照明母线的两个端头处配备端封，照明母线与上级配电箱柜连接时由馈电单元出线口压接电缆，馈电单元另一端为标准插接口，与照明母线直线段连接。

2.3.3 材料进场验收

(1) 材料外观检查：照明母线外壳为热镀锌钢板整体成型，质量较为可靠，但不排除在运输过程中所造成的磕碰，进场时要注意母线外表是否有划痕及因磕碰所造成的坑洼等痕迹。

(2) 电气性能检查：抽检其中1~2根做导通性检验，若业主或监理方对设备有疑问，可做绝缘耐压实验及短路耐受电流实验。

(3) 所附证明材料要求：照明母线符合GB5585.3-198.5标准和IEC标准，提供的CCC证书和测试报告应与实际产品相符。绝缘材料应符合IEC60332-3阻燃标准，所有外露材料必须不含卤素，要环保节能，并应有权威性的第三方测试机构的证书。母线防护为IP54，在CCC认证证书中应明确说明。

2.3.4 吊杆及卡具安装

母线固定分吊装与侧面安装两种，吊装工艺与普通桥架安装方式类似，在建筑物顶板上打胀栓，吊杆和胀栓采用丝扣连接，吊杆下部旋入C形卡具的螺母中即可，如图3-2-5和图3-2-6所示。

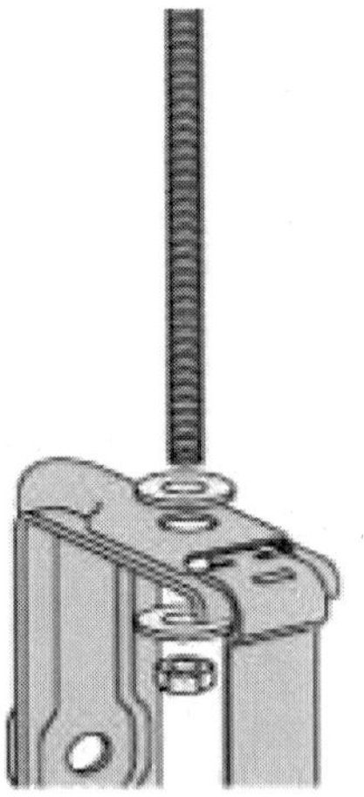

图3-2-5 母线吊装

图3-2-6 母线侧面安装

2.3.5 母线连接

（1）直线段对接：一段照明母线的左端为插头，右端为插槽，两段母线对接时，先将母线左端插头处的紧固螺丝松开，再将另一段母线右端的插槽与其对接，旋紧紧固螺丝即可完成安装，见图 3-2-7。

（*a*）（*b*）（*c*）（*d*）

图 3-2-7　直线段对接

（*a*）松开紧固螺母；（*b*）将两段母线对齐；（*c*）将母线插接到位；（*d*）旋紧螺丝

（2）馈接单元安装：将馈接单元封头旋下，将剥好的电缆通过封头逐相插入压线端子排中，再用一字小改锥旋紧压线顶丝，然后拧紧封头，再用普通扳手拧紧六角螺栓及防尘帽，即可完成馈接单元接线，如图 3-2-8 所示。

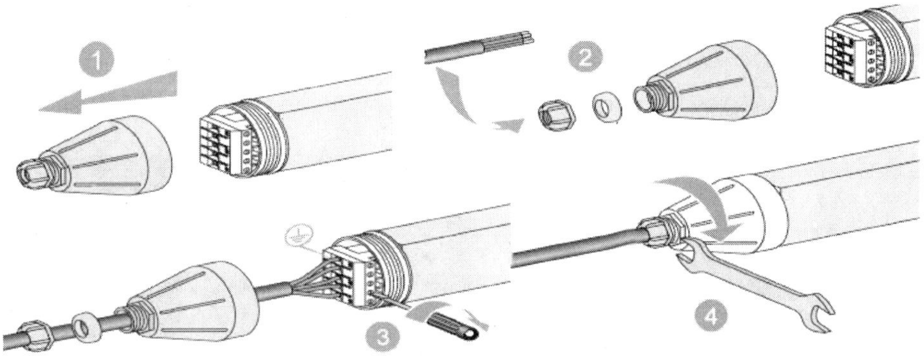

图 3-2-8　馈接单元安装

（3）封头安装：为保证母线 IP54 的防护等级，在母线两端收头处需加端封，因母线两端形式不同，所以端封也分左右两种规格，端封和母线的连接方法。见图 3-2-9 和图 3-2-10。

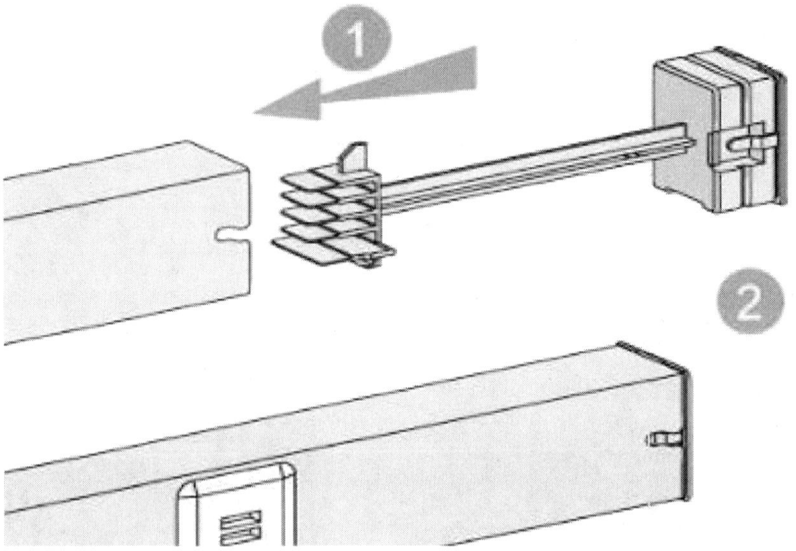

图 3-2-9　左端端封连接方法

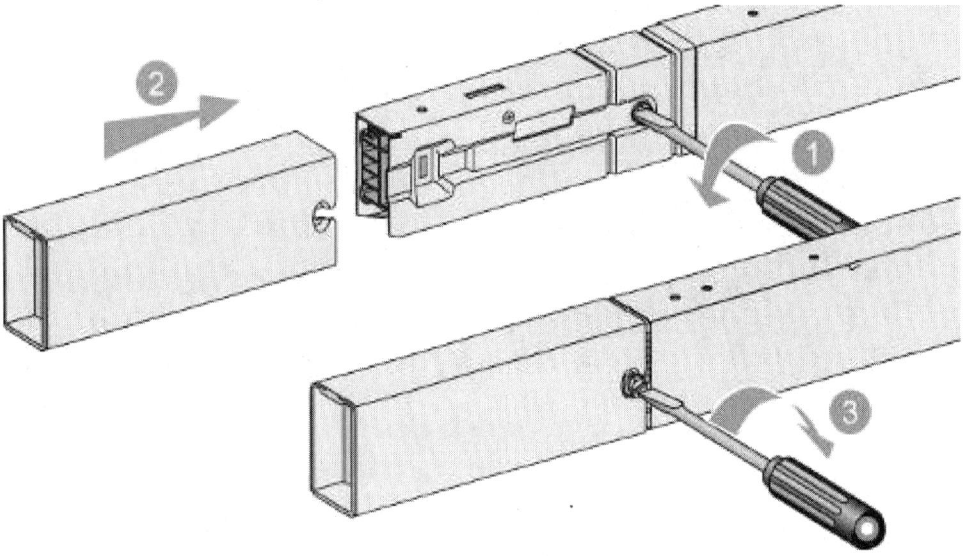

图 3-2-10 右端端封连接方法

2. 3. 6　母线吊装

照明母线主要有吊装和侧面安装两种方式，安装时将母线放入已经安装完毕的 C 形卡件中，然后用改锥轻轻撬动 C 形卡件的紧固弹片，将卡件打开，将母线放入后，用手将弹片轻轻推入 C 形卡件的卡槽即可，见图 3-2-11。

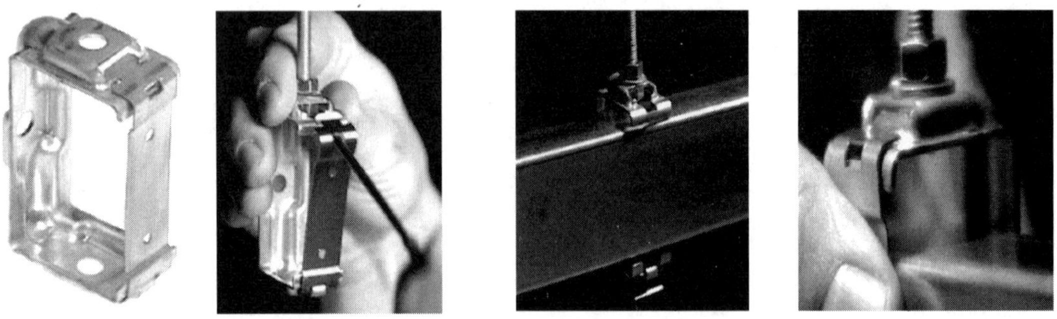

图 3-2-11　母线吊装

2.3.7 灯具安装

照明母线能够承受 34～60kg 的净载荷，可以满足大多数灯具的负载要求，但若灯具重量过重或灯具需要特殊操作，就需采用其他的措施进行灯具安装。T3A 航站楼主要在顶棚和行李大厅所采用的照明母线安装工艺，因顶棚效果灯具重量过重，且灯位在屋顶马道下方六七米的位置上进行接线、检修等操作时需要将灯具升到马道上方，要求顶棚灯具的悬挂装置需要保证灯具的承重和升降，此处的灯具与照明母线电缆连接采用了特殊的安装工艺。接在行李大厅和行李车道内的双管荧光灯由照明母线提供承重，如图 3-2-12 所示。

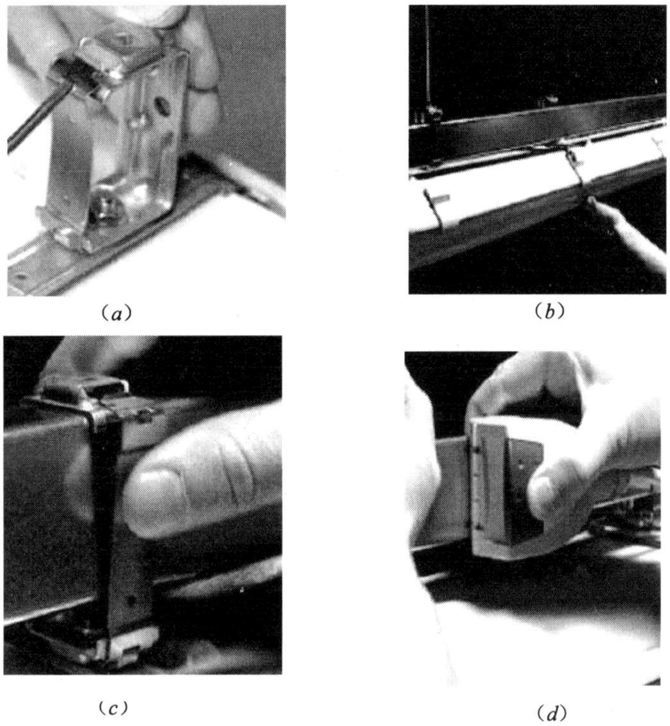

图 3-2-12　普通灯具安装

(a) 打开灯具卡件；(b) 将灯具固定在母线上；(c) 扣上卡件；(d) 插上支接单元

2.3.8 支接单元安装

支接单元分 16A 和 10A 两种型号，16A 可加熔丝保护。支接单元安装工序主要有相序选择、连接插头调整、线缆压接及加熔丝保护、支接单元与照明母线连接固定四个环节组成。

(1) 16A 支接单元安装

1) 相序选择：根据设计图纸确定需连接的相序，再按照图 3-2-13 所示确定插接端口。

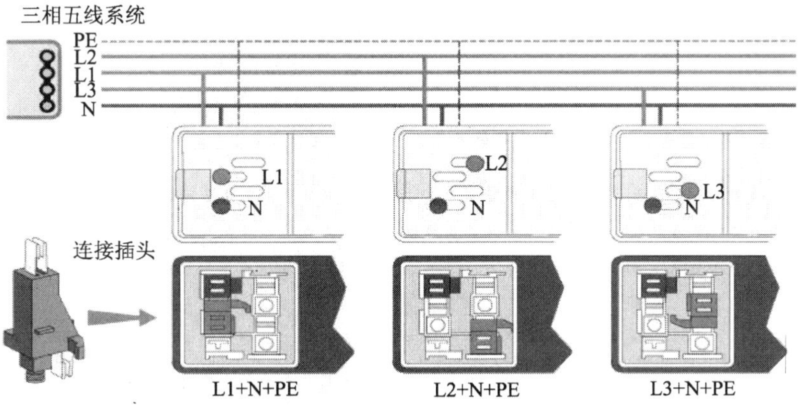

图 3-2-13　相序选择

2）插接端口调整：找到正确的插接端口后，用一字改锥轻轻地撬动插接头上的撬点，将连接插头取下，再插入正确的安装位置，插接时以听到轻微的“喀哒”声，表示连接插头连接到位，如图 3-2-14 所示。

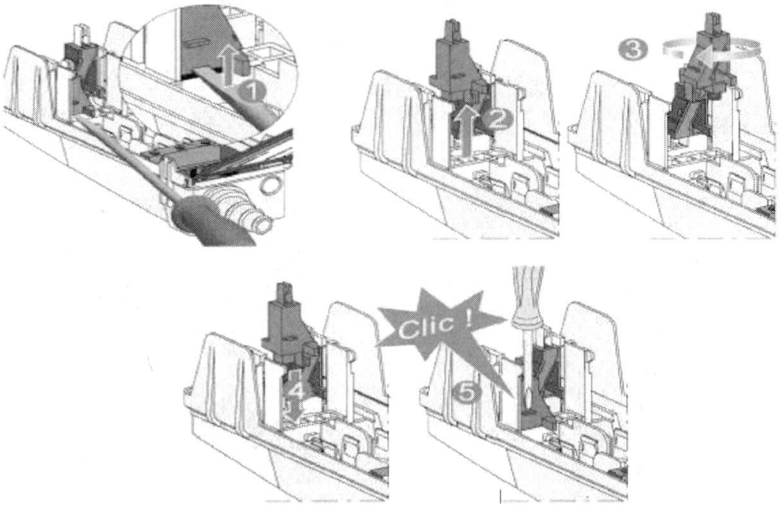

图 3-2-14　插接端口调整

3）线缆压接：将剥除外护套的电缆从支接单元进线口插入，必要时把熔断器放入熔断器专用凹槽，然后将相、零、地三根线逐根插入压接端口内，再用一字改锥拧紧端口内的压线顶丝即可完成接线，见图 3-2-15。

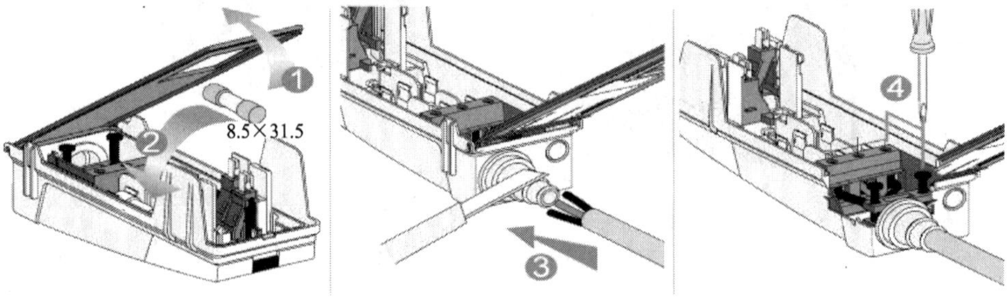

图 3-2-15　线缆压接

4）支接单元连接固定：完成对支接单元本身的操作后，最后需要将支接单元与照明母线做最后的连接。连接时，先将母线上插口的橡胶封堵取下，然后将支接单元上的锁定开关提起，再将支接单元插入母线的插槽并将支接单元向右推到正确的安装位置，扣下锁定开关即完成安装，见图 3-2-16。

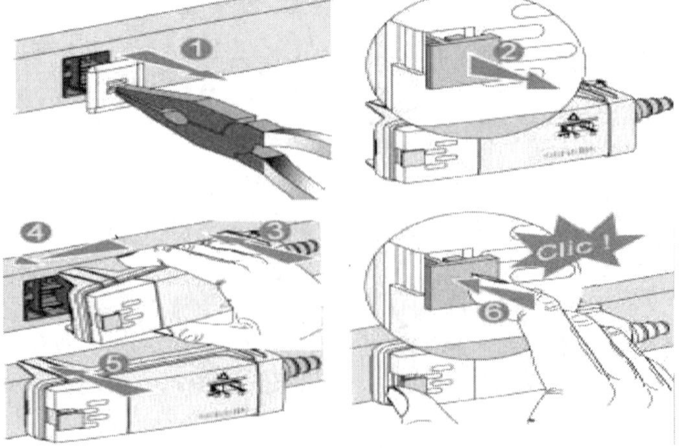

图 3-2-16　支接单元连接固定

（2）10A 支接单元安装

1）相序选择：根据设计图纸确定需连接的相序，确定插接端口，如图 3-2-17 所示。

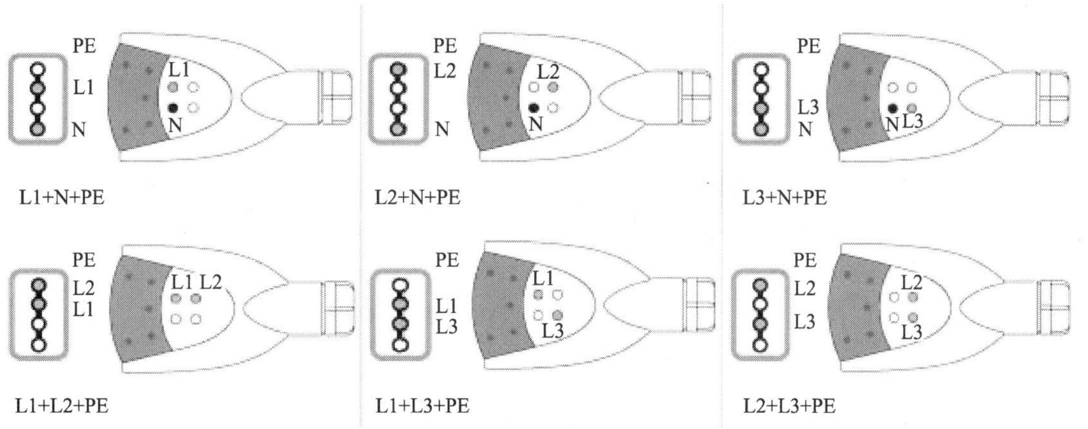

图 3-2-17　相序选择

2）线缆压接：先打开支接单元，取下连接插头，然后将剥除外护套的电缆（电缆要求见图示）铜导体插入连接插头，从连接插头的观察孔看到电缆线芯插接到位后锁好插头上的紧定装置。最后按照相位将连接插头插入支接单元的插孔中即完成压线，如图 3-2-18 所示。

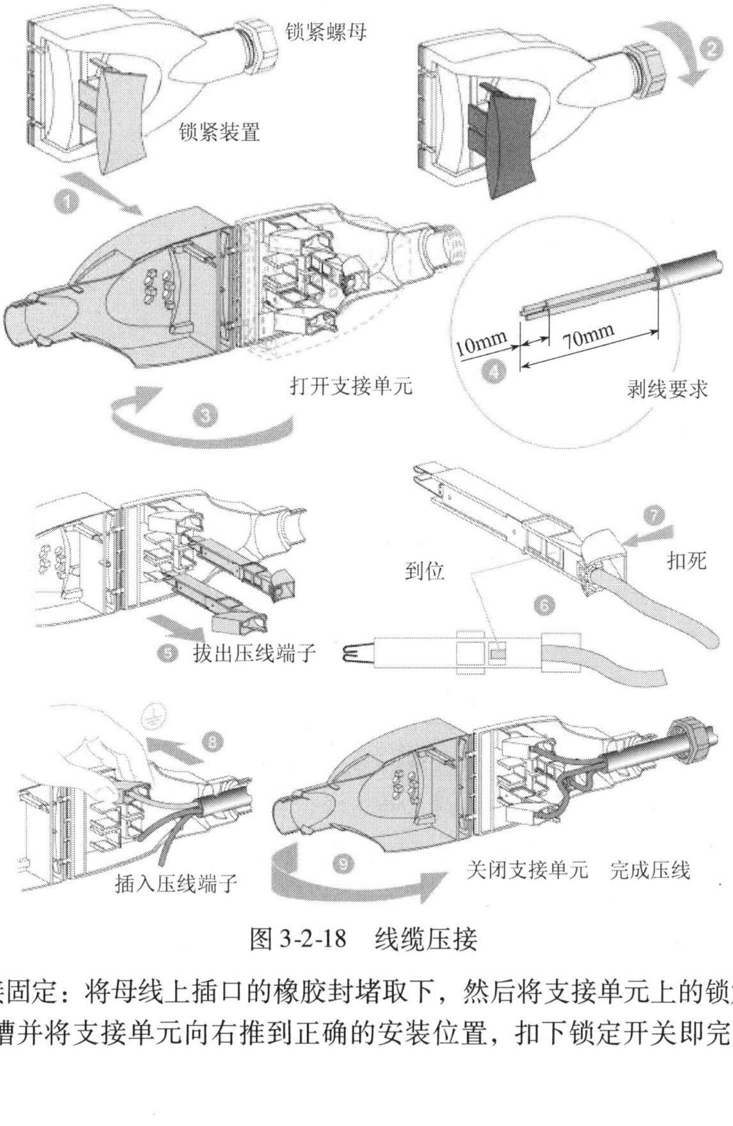

图 3-2-18　线缆压接

3）支接单元连接固定：将母线上插口的橡胶封堵取下，然后将支接单元上的锁定开关提起，再将支接单元插入母线的插槽并将支接单元向右推到正确的安装位置，扣下锁定开关即完成安装。如图 3-2-19 所示。

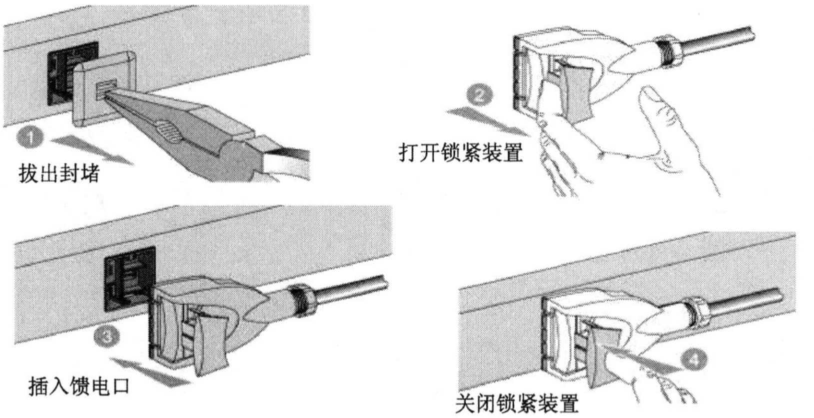

图 3-2-19　支接单元连接固定

2.3.9　安装难点与技术措施

（1）因照明母线无垂直三通等标准件，在设计需要将横向安装的母线与竖向安装的母线 T 接时，可采用过渡电缆进行连接，先将电缆穿入普利卡管或金属软管，再将电缆两端与支接单元和馈接单元分别压接，然后将支接单元插入横向母线的馈接口，馈接单元与竖向母线插接，再用绝缘胶带将普利卡管或金属软管分别与支接单元和馈接单元缠绕固定，即可解决此问题。

（2）因考虑三相平衡，设计图纸上一个区域内的照明支路一般均为单相三个回路，而母线的初始设计及说明文件上最大为三相双回路，如图 3-2-20 所示。

如增加一条母线，需增加较多的资金投入，经过研究发现，根据母线利用外壳做地线的特性，完全可以利用母线内的 8 根铜导体组成 3 或 4 个回路，从而达到设计的要求。铜导体接线示意图如图 3-2-21 所示。

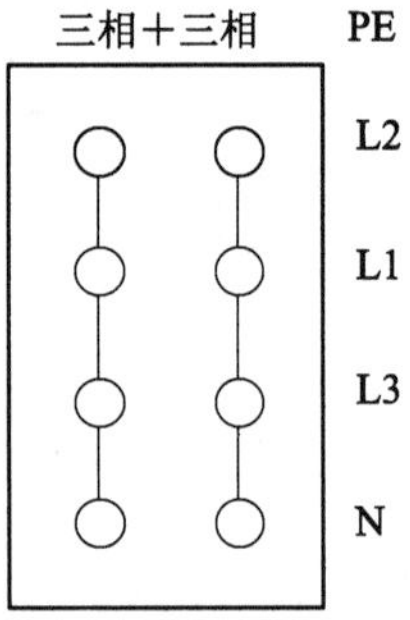

图 3-2-20　三相回路

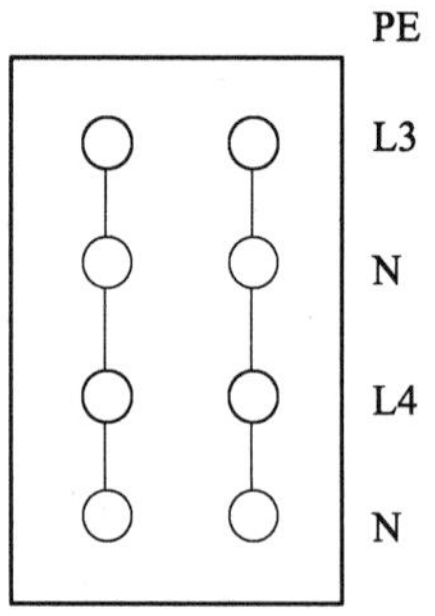

图 3-2-21　铜导体接线示意图

采用此方法连接时，需要注意支接单元和馈接单元上的压线端子接线时应根据母线内部回路的变化做出相应的调整，确保各条支路连续无错接。

2.4　质量控制

为保证系统运行良好，应在照明母线安装过程中进行严格的质量控制，其中主要应注意以下几点：

（1）钻孔及胀栓施工技术要求：根据母线的自重选定合适的膨胀螺栓和钻头，所选钻头长度应大于套管长度，打孔的深度应以将套管全部埋入墙内或顶板内后，表面平齐为宜。

（2）吊杆施工技术要求：根据前文固定装置安装篇目中的要求，确定吊杆间距，吊杆安装时应横平竖直，在有坡度的建筑物上安装时应与建筑物保持相同的坡度，若母线承重，应根据负载物的重心分布增加 1 ~ 2 个吊点。

（3）采用 C 形卡件吊装母线时：C 形卡件安装前应首先检查卡件的活动机构是否灵活，卡槽与卡件簧片卡接是否牢固，若有问题，应及时更换。

（4）直线段连接要求：

1）应确保母线内导体与外壳同心，偏差不大于0.5mm。

2）直线段插接前应做接头处的清理，保持接触面清洁，以防电气连接质量降低。

3）插接时应将两段母线插接到位，保证连接处平直严密，连接后不应使母线外壳受额外的应力。

4）紧固螺丝应旋紧到位，为兼顾母线连接牢固和方便将来可能的拆卸，旋紧力矩以0.5N为宜。

5）馈电及支接单元质量要求：装置本身的连接机构扣接时，听到“喀哒”声时表示已连接到位，较为容易判断。所以此工序的质量问题较易发生在电线、电缆与母线馈电单元或直接单元压接时，这时要先在插接端子的观察孔处查看线缆的铜芯是否已经插接到位，到位后再旋紧顶丝，要求压接牢固无松动。

6）插接式照明母线为防水防尘型免维护装置，母线段上没有插接支接单元的支接插口上的橡皮封堵不得随意拆除，否则会影响母线的寿命。

3 首都机场T3A电缆接头制安及绝缘穿刺连接技术

3.1 技术要求

该工程高压电缆采用冷缩终端头和冷缩中间头，低压电缆采用热缩终端头和热缩中间接头。

（1）所制作的10kV电缆外观整洁无破损，并做绝缘电阻、直流耐压试验，经试验合格后方可进行。对暂缓制作的电缆头应用密封胶密封。电缆终端头从开始剥切到制作完成必须连续进行，一次完成，防止受潮。

（2）剥切电缆时不得伤及线芯绝缘。密封电缆时注意清洁，防止污秽与潮气侵入绝缘层。

（3）同一电缆线芯的两端，相色应一致，且与连接母线的相序相对应。

（4）尽管按照上述制作方法，可保证电缆终端头合格，为万无一失，还应进行绝缘电阻和直流耐压试验。

3.2 冷缩终端头制作

（1）剥外护套、钢铠和内衬层。将电缆校直、擦净、剥去从安装位置到接线端子的外护套、预留钢铠30mm、内护套10mm，并用扎丝或PVC带缠绕钢铠，以防松散。铜屏蔽端头用PVC带缠紧，以防松散。铜屏蔽皱褶部位用PVC带缠绕，以防划伤冷缩管。

（2）固定钢铠地线。将三角垫锥用力塞入电缆分岔处，打光钢铠上的油漆、铁锈，用大恒力弹簧将钢铠地线固定在钢铠上。为了牢固，地线要留10~20mm的头，恒力弹簧将其绕一圈后，把露的头反折回来，再用恒力弹簧缠绕。固定铜屏蔽地线做法也如此。

（3）缠填充胶。自断口以下50mm至整个恒力弹簧、钢铠及内护层，用填充胶缠绕两层，三岔口处多缠一层，这样做出的冷缩指套饱满充实。

（4）固定铜屏蔽地线。将一端分成3股的地线分别用3个小恒力弹簧固定在三相铜屏蔽上，缠好后尽量把弹簧往里推。将钢铠地线与铜屏蔽地线分开，不要短接。

（5）缠自粘带。在填充胶及小恒力弹簧外缠一层黑色自粘带，目的是容易抽出冷缩指套内的塑料条。

（6）固定冷缩指套。先将指端的3个小支撑管略微拽出一点（从里看和指根对齐），再将指套套入尽量下压，逆时针先将大口端塑料条抽出，再抽指端塑料条。

（7）固定冷缩管。在指套指头往上100mm之内缠绕PVC带，将冷缩管套至指套根部，逆时针抽出塑料条，抽时用手固定冷缩管末端，定位后松开，不能一直紧握未收缩的冷缩管，根据冷缩管端头到接线端子的距离切除或加长冷缩管或切除多余的线芯。

（8）剥铜屏蔽、外半导层。距冷缩管15mm剥去铜屏蔽，记住相色线。距铜屏蔽15mm，剥去外半导层，按接线端子的深度切除各相绝缘。将外半导电层及绝缘体末端用刀具倒角，按原相色缠绕相色条，将端子插上并压接。按照冷缩终端的长度绕安装限位线。

（9）绕半导电带。在铜屏蔽上绕半导电带（和冷缩管缠平），用砂纸打磨绝缘层表面，并用清洁纸清洁。清洁时，从线芯端头起，撸到外半导层，但不可来回擦，并将硅脂涂在线芯表面（多涂）。

（10）固定冷缩终端。慢慢拉动终端内的支撑条，直到和终端端口对齐。将终端穿进电缆线芯并和安装限位线对齐，轻轻拉动支撑条，使冷缩管收缩（如开始收缩时发现终端和限位线错位，可用手把它纠正过来）。

（11）固定密封管。用填充胶将端子压接部位的间隙和压痕缠平，从最上一个伞裙至整个填充胶外缠绕一层密封胶，终端上的密封胶外要缠一层PVC带，否则支撑条将和其粘连，一是支撑条不易拽出，二是密封管套在此部位收缩。如密封管与端子间有间隙，可把密封管翻卷过来，在端子上缠一些密封胶后再把密封管翻卷回来。

（12）密封冷缩指套。将指套大口端与地线一起翻卷过来，用密封胶将地线连同电缆外护套一起缠绕，然后将指套翻卷回来，用扎线将指套外的地线绑牢，安装完毕冷缩终端头如图 3-3-1 所示。

图 3-3-1　冷缩终端头

3.3　冷缩中间电缆头制作

（1）将两根电缆外护套分别剥开，一根剥开 500mm，另一根剥开 700mm。

（2）切除钢带时用扎线将钢带绑住，然后用 PVC 胶带将端口锐边包裹住；用半导电胶带将电缆铜屏蔽带端口包裹住，铜屏蔽带剥切长度严格保证在 125mm。

（3）按接管长度的 1/2 加 5mm 的尺寸切除电缆主绝缘。

（4）从开剥长度较长的一端电缆装入冷缩接头主体，拉线端方向置于电缆端，剥切较短的电缆套入铜屏蔽编织网套。

（5）装入接线端子并进行压接，接线端子压接后对其挫平、打光、清洗。

（6）使用清洁剂清洗电缆主绝缘，清洗时应注意严禁使溶剂碰到半导电屏蔽层，然后用干净的不易起毛的布擦拭干净。

（7）将混合剂涂抹在半导体屏蔽层与主绝缘交界处，然后将其他剂料均匀涂在主绝缘表面及接管上。

（8）测量两根电缆芯线绝缘端口间尺寸，然后在接线管上确定实际中心点，并按距中心点 300mm 的距离在一根电缆上确定校验点。

（9）在半导电屏蔽层上距离屏蔽层端口 25mm 处作标记，此处为接头收缩起始点。

（10）将冷缩头对准定位标记，逆时针抽掉芯绳，使接头收缩，在接头完全收缩后 5min 内校验冷缩接头主体上中心标记到校验点的距离是否为 300mm，如有偏差，应及时左右抽动接头进行调整。

（11）按第（10）步完成其他两个接头的安装。

（12）在装好的接头主体外部套上铜编织网套。

（13）用 PVC 胶带把铜网套绑扎在接头主体上，每根芯线用两个恒力弹簧将铜网套固定在电缆屏蔽带上，并采用 PVC 胶带半重叠法将弹簧缠住。

（14）用 PVC 胶带将三芯电缆绑扎在一起，然后用防水胶带缠绕一层，涂胶粘剂的一面朝外。

（15）安装接地接续编织线。

（16）用半重叠法包两层 PVC 胶带将弹簧连同铠装一起覆盖住，不要包在防水胶带上。

（17）用防水胶带作接头的防潮密封，从一端护套上距离为 60mm 处开始半重叠绕包（涂胶粘剂一面朝里）绕至另一端护套上 60mm 处。

（18）安装甲带，安装完毕后30min内不得移动电缆。

3.4 热缩终端头制作

（1）剥除电缆护层，用卡子将电缆垂直固定，从电缆端头量取适当的长度，剥去外护套及填充物。

（2）用电缆填充物填充电缆芯线分支处，绕包密封胶带，绕包最大直径应大于电缆外径约15mm。将电缆指套套入电缆根部，然后用喷灯或电热吹风机加热收缩固定。加热时，从指套的根部依次向两端收缩固定。

（3）按接线端子孔深加5mm，剥除线芯绝缘，端部削成“铅笔头”状，压接端子。

（4）清洁绝缘管和指套表面后，将绝缘管套至指套根部，由根部起加热固定绝缘管。如图3-3-2和图3-3-3所示。

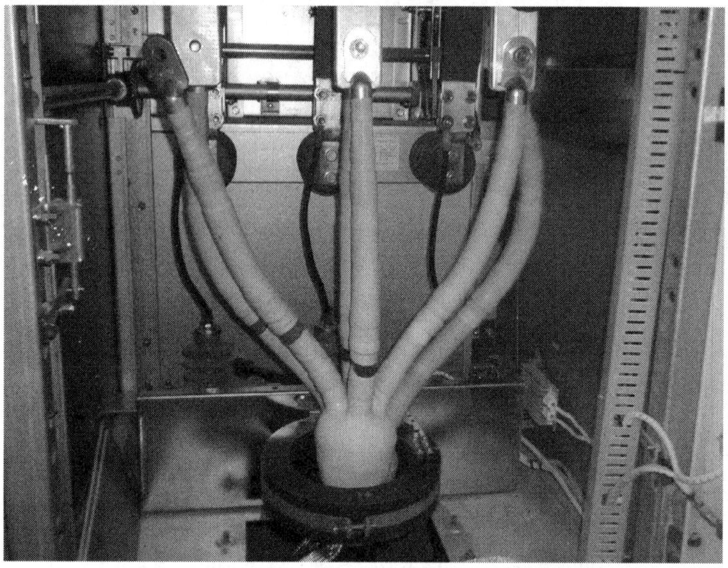

图3-3-2 热缩终端头（一）

图3-3-3 热缩终端头（二）

3.5 热缩中间头制作

（1）将电缆放平，在待连接的两根电缆端部的2m以内分别调直、擦干净，重叠200mm，在中部作中心标线，作为接头中心。

（2）从中心标线开始在两根电缆上分别量取800mm、500mm，剥除外护层；对正芯线，在中心点处锯断。

（3）自中心点向两端芯线各量取300mm，剥除屏蔽层。

（4）在中心两侧的各相上套入应力管，搭盖铜屏蔽层20mm，加热收缩固定。套入管材，在电缆护层被剥除较长一边套入密封套、护套管；护层被剥除的较短一边套入密封套；每相芯线上套入内、外绝缘管、铜网。

（5）在芯线端部量取连接管长度的1/2加5mm切除线芯绝缘体，由线芯绝缘断口量取绝缘体35mm，削成30mm长的锥体，压接连接管。

（6）将内绝缘管从电缆端拉出，分别套在两端应力管之间，由中间向两端加热收缩固定，加热火焰向收缩方向。将外绝缘管套在内绝缘管的中心位置上，由中间向两端加热固定收缩。

（7）从电缆一端芯线分别拉出屏蔽网，连接两端铜屏蔽层，端部用铜丝绑扎，用锡焊焊牢。

（8）套上护套筒，电缆两端将密封套套在护套头上，两端各搭盖护套筒和电缆外护套各100mm，加热收缩固定。

3.6 绝缘穿刺连接器安装

具体方法见绝缘穿刺连接器安装步骤，如图3-3-4所示。

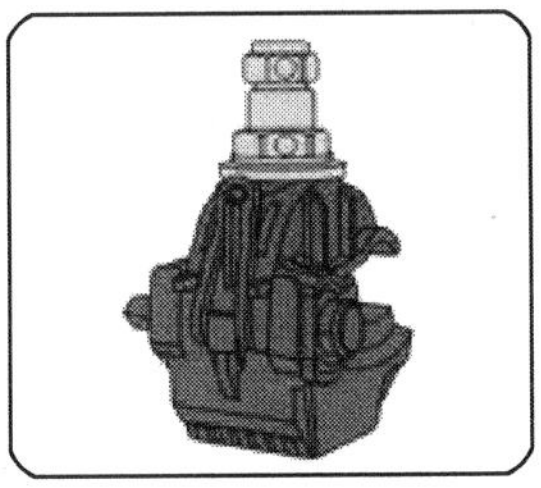
1. 把线夹螺母调节至合适位置

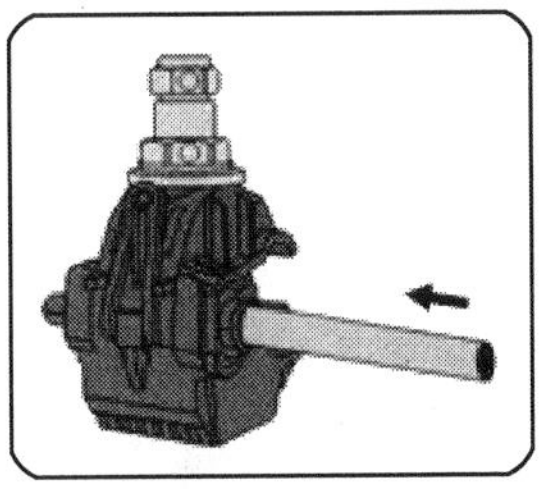
2. 把支线完全插入到电缆帽套中

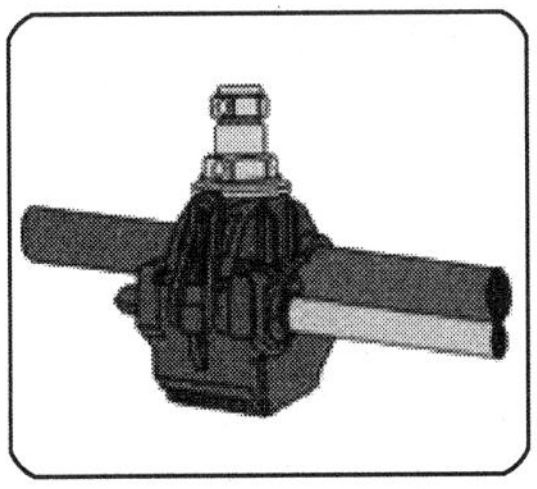
3. 插入主线，如果主线电缆有两层绝缘层，则把插入端的第一层绝缘皮剥去一定长度

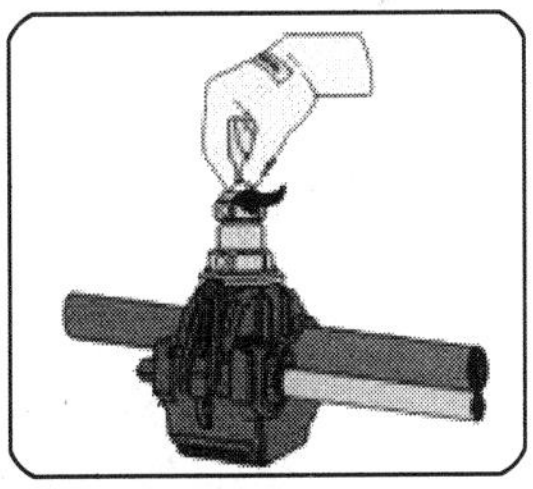
4. 先用手旋紧螺母，把线夹固定在合适位置

5. 用尺寸相应的套筒扳手旋紧螺母

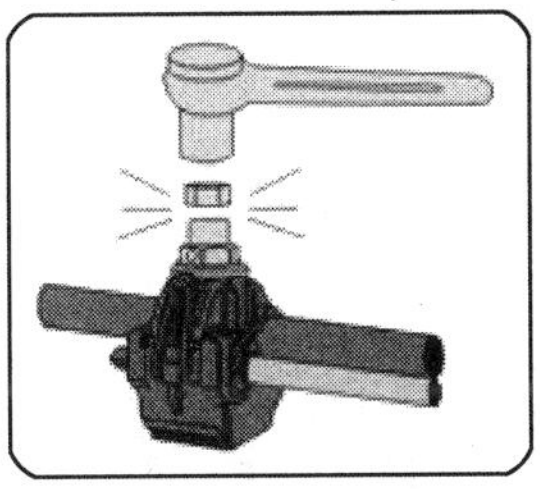
6. 继续用力旋紧螺母直到断裂脱落，安装完成

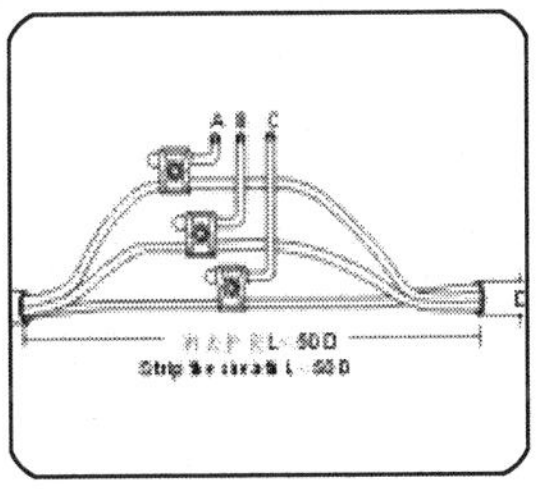
电缆连接示意图-1

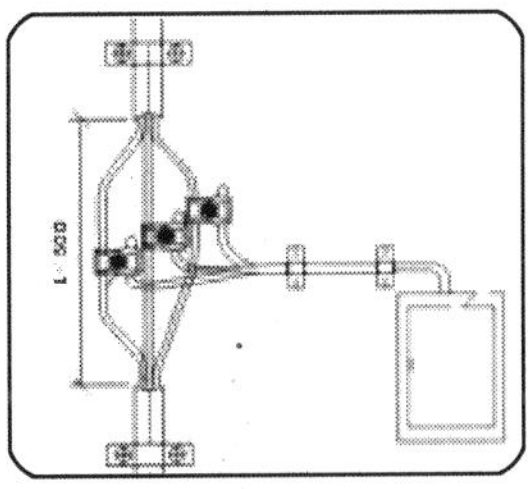
电缆连接示意图-2

图3-3-4　绝缘穿刺连接器安装步骤图

（1）根据主线和支线的线径选择适用的连接器。

（2）根据支线的插入方向，来改变防水支线帽的安放位置。

（3）将支线插入支线帽的尽头，确保已插入支线帽内的防水胶圈。

（4）将带有支线的穿刺连接器固定在主线准备引出分支的位置。

（5）用手拧连接器上端的螺头，使连接器固定在主线分支位置上。

（6）用套筒扳手顺时针拧紧连接器上端的力矩螺母（注意保持用力方向与螺母垂直），遇双螺母时，两螺母应交替拧，直至力矩螺母脱落即可。

（7）对于多芯电缆，首先选好准备 T 接的位置并将电缆外层护套剥除约 200 ~ 500mm，把单根电缆稍稍分开，然后按步骤（1）~（6）操作。

安装完成效果见图 3-3-5 和图 3-3-6 所示。

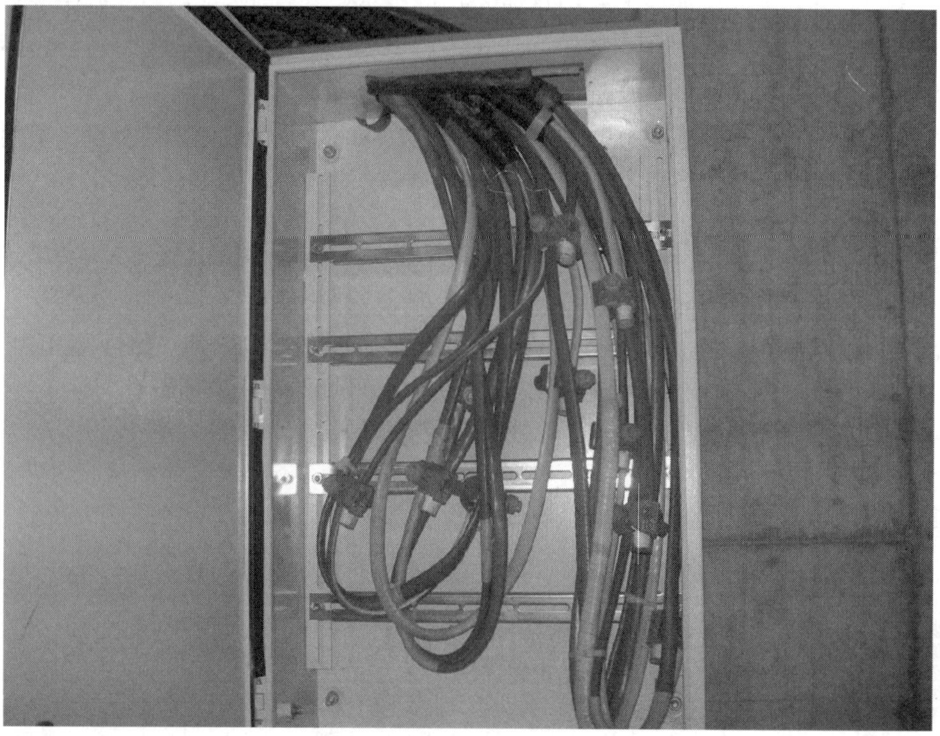

图 3-3-5 绝缘穿刺连接器安装（一）

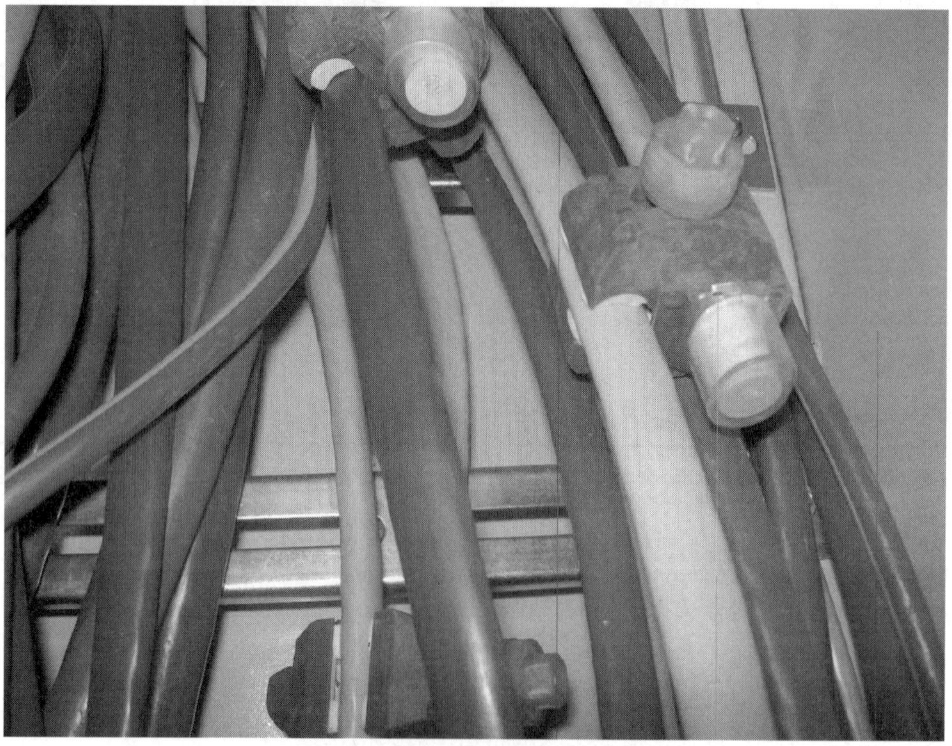

图 3-3-6 绝缘穿刺连接器安装（二）

4 中央电视台电视文化中心外景照明施工技术

4.1 外景照明施工概述

本工程建筑外景照明灯具共分为7组：B1组、A2组、A3组、B4组、A6组、B3组、B4组，每组灯由若干盏外景专用灯具组成。外景照明灯具采用放射式供电方式供电。本建筑外景照明电气施工具有以下特点及要求：

由于建筑幕墙外立面的结构特点，本建筑外景照明电气施工位置均在较高且光滑的倾斜面上进行，施工难度极大，施工危险性极高。

由于施工面在较高光滑的倾斜面上，并且无任何运输机具，施工机具及施工材料均需靠人工运输至作业面，使施工人员施工效率大大降低，施工人员数量大大增加。

本建筑外景电气照明施工的工作面需由幕墙单位提供，电气施工无法一次施工完毕，同一部位工作面需分多次进行施工，因此施工人员施工效率又一次降低，且与幕墙单位交叉配合比较困难。

外景电气施工均在露天作业施工，施工过程中受环境及外界影响较大。

由于幕墙内结构复杂，因此外景照明工程的配管、配盒、端子箱安装等均需制作专门的支架。

幕墙内屋面应预留上人检查口。

综上所述，本工程建筑外景照明电气施工具有施工难度极大、施工危险性极高、施工人员需求量大、施工人员施工效率低、施工机具及施工材料的运输困难、与幕墙单位的施工配合难度大、露天作业受外界影响较大等特点。

4.2 外景照明施工技术

4.2.1 管路施工技术

本工程外景照明均在位置较高、倾斜、光滑的幕墙外表面进行，且对幕墙外表面的保护要求极高，施工人员到达施工面十分困难，因此施工人员至施工作业面采取下述方法：

在建筑幕墙西侧和东侧各设置多个南北方向与幕墙钢结构连接可靠的安全绳固定点（固定点由幕墙单位提供），在幕墙西面及东面设置多根通长安全绳，安全绳上端与幕墙上固定点相连接。施工人员沿安全绳至施工作业面，施工人员在幕墙表面时必须穿绝缘胶底鞋。施工人员至作业面线路如图3-4-1所示。

施工人员在施工面施工时需佩带安全绳与专用登山安全卡扣，卡扣一端与安全绳固定，另一端与安全带固定，如图3-4-2和图3-4-3所示。

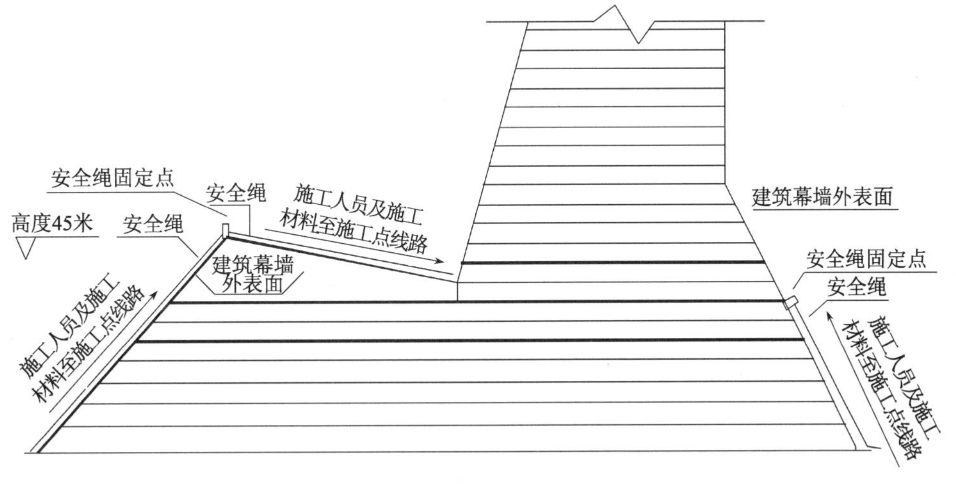

图3-4-1 施工人员及施工机具、材料运输线路图

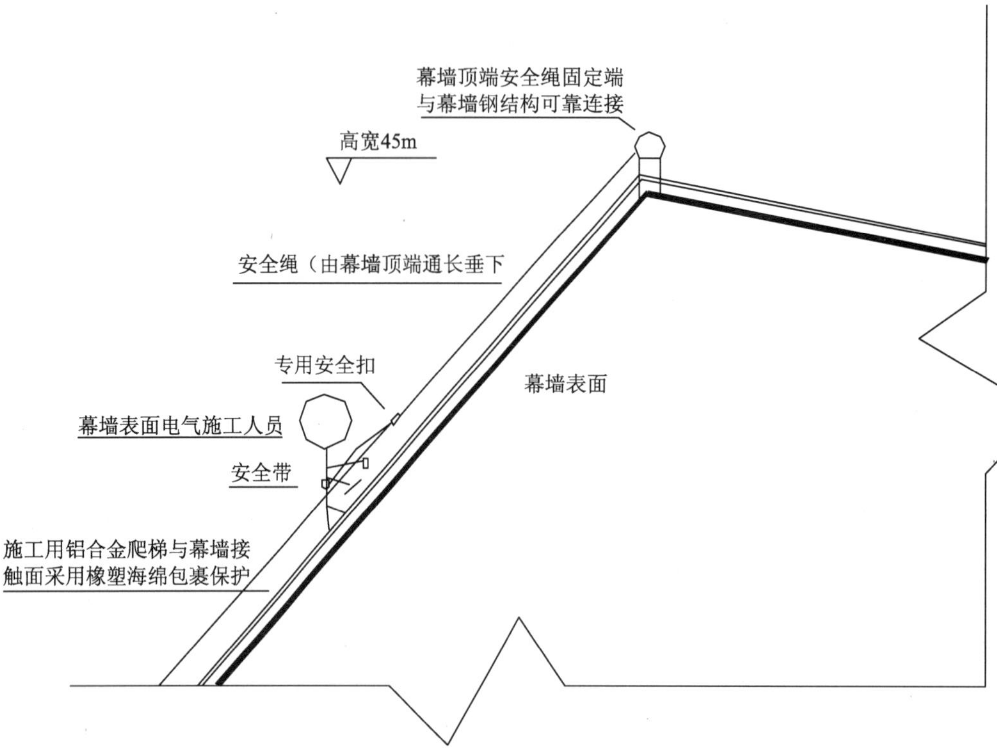

图 3-4-2　人员施工示意图

图 3-4-3　人员施工现场照片

4.2.2　外景照明灯具安装

本工程外景照明灯具均安装在倾斜且十分光滑的钛锌板面上，灯具的运输、安装、成品保护工作都十分困难。根据现场幕墙的结构特点，采用以下两种安装方式：

（1）东侧幕墙外景照明灯具的安装

东侧幕墙的特点是坡度很大，根据此特点，灯具的安装使用云梯车，具体操作如下：租用一台云梯车，将施工人员送至灯具所在位置进行安装。

（2）西侧幕墙外景照明灯具的安装

西侧幕墙的特点是面积很大，高度很高，有一定坡度。根据此特点，灯具的安装使用铝合金爬梯，爬梯沿外景照明灯具位置通长敷设，外包 30mm 厚橡塑海绵（为保护钛锌屋面板）。并在西屋面南北两侧布设安全网。此方案需屋顶沿外景照明灯具位置预留爬梯固定点及屋面四周设立安全网固定点（固定点与幕墙单位配合安装）。

4.3 其他工序施工技术

4.3.1 照明配管

照明管路敷设在幕墙的防水层之上，外表面钛锌板下的狭小空间内（高500mm，宽500mm），敷设时制作专门的固定型钢支架与幕墙钛锌板支架铝材相固定。敷设时根据幕墙单位的施工部位分阶段、分部位进行，因此敷设难度极大。

（1）工艺流程

受幕墙施工工序及施工顺序影响，幕墙单位施工一部分铝质幕墙支架，电气施工在铝质支架上再施工管线。幕墙中电气施工无法一次施工到位，需与幕墙单位配合分阶段、分部位、分顺序进行施工。

幕墙外景电气施工总体施工顺序：

测量定位、箱盒位置弹线（幕墙单位）——→支架预制加工——→支架现场安装——→管路敷设——→出线盒固定——→穿带线。

（2）钢管敷设技术及质量控制措施

根据设计图纸，由幕墙单位确定盒、箱的位置，并且在幕墙面上弹出各灯位出线盒、端子箱及管路敷设的位置（根据会议纪要）。按照安装标准规定的固定点间距的尺寸要求，计算确定支架、吊架的尺寸及具体位置。

4.3.2 预制加工

根据盒、箱实际位置和尺寸、管路走向及安装位置，加工好各种支架、管件。先将管子插入摵管器，均匀用力至摵出所需弯度。用钢锯、割管器、无齿锯或砂轮锯进行切管，严禁用电气焊断管。将管子放在钳口内卡牢固，沿垂直于管子的方向切割。断口处平齐不歪斜，管口锉光滑，管内铁屑除净。采用套管机，根据管外径选择相应板牙进行套丝。要求丝扣干净清晰，丝扣不乱不过长，消除渣屑。

4.3.3 支架的加工、安装

照明管路在幕墙的防水层上，外表面钛锌板下的空间内敷设安装。安装时制作专门的型钢支架对管路进行固定，且支架安装位置均在较高的倾斜面上进行。

支架采用40×4的镀锌扁钢制作，支架与幕墙铝材支架采用两个M6机螺丝固定，扁钢支架与铝材结合面需采用橡胶垫隔离。电线管采用TC电线管，用欧姆卡固定于扁钢支架之上。支架制作安装如图3-4-4所示。

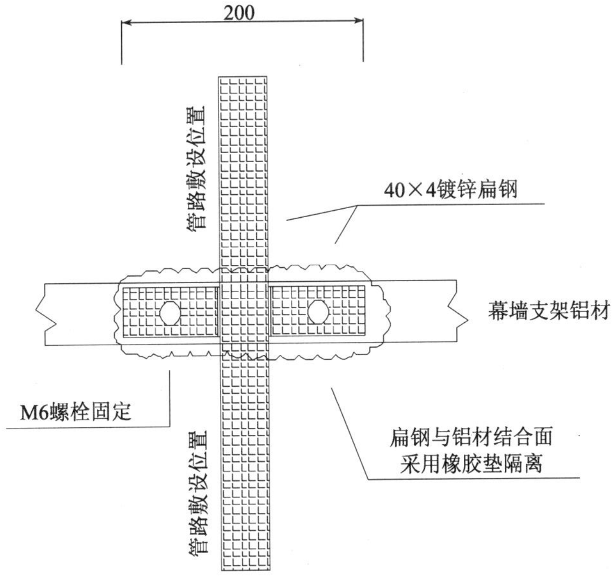

图3-4-4 支架制作安装示意图

4.3.4 管路敷设

管箍丝扣连接：套丝不得有乱扣现象；管箍必须使用通丝管箍。上好管箍后，管口应对严。外露丝应不多于两扣。金属导管严禁对口熔焊连接，镀锌和壁厚小于或等于2mm的钢导管不得套管熔焊连接。镀锌钢导管、可挠性导管不得熔焊跨接地线，接地线采用专用接地卡做压接连接。跨接地线截面积不小于4mm^2软铜导线。管口锉光滑、平整，接头应牢固紧密。管入盒、箱必须搣灯叉弯，并应里外带锁紧螺母。采用内护口，管进盒、箱以内锁紧螺母平为准。铁制盒、箱严禁用电焊、气焊开孔，并应刷防锈漆。普利卡管与设备连接时，应采用普利卡管接头连接，在照明工程中长度不宜超过1.2m。水平或垂直敷设明配管允许偏差值，管路在2m以内时，偏差为3mm，全长不应超过管子内径的1/2。明配导管排列整齐，采用欧姆卡固定于制作的专用支架上，固定点的距离均匀，如图3-4-5所示。

中间的直线段管卡内最大距离见表3-4-1所示。

直线段管卡最大距离 **表3-4-1**

钢管名称	钢管直径（mm）			
	15~20	25~30	40~50	65~100
厚钢管	1500	2000	2500	3500
薄钢管	1000	1500	2000	—

卡接法：镀锌钢管应用专用接地线卡连接，不得采用熔焊连接地线，截面不小于4mm^2，铜芯软线明敷设时采用铜芯双色软线，具体做法如图3-4-6所示。

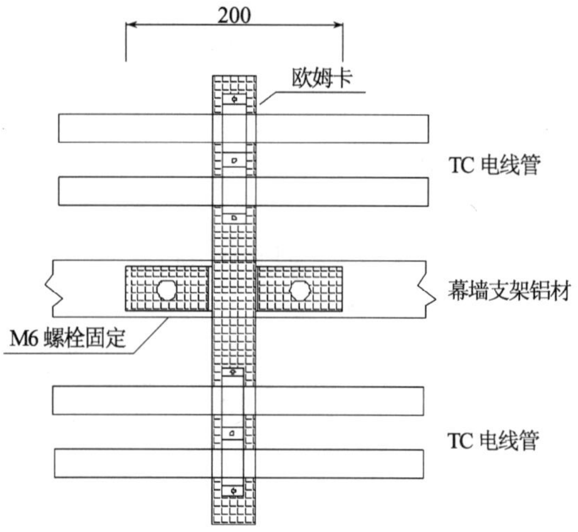

图3-4-5 明配导管固定示意图

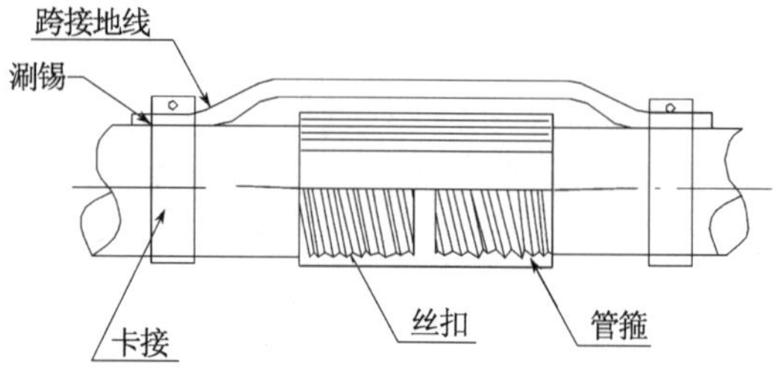

图3-4-6 镀锌钢管连接示意图

幕墙外表皮钛锌板铺设完毕后，内部所敷设的电线管将隐蔽起来，因此要在隐蔽前将带线穿入导管。

4.3.5 照明端子箱安装

本工程照明端子箱均安装在建筑倾斜幕墙外表皮钛锌板内侧，由于安装位置特殊，需加工安装专用支架对端子箱进行固定，如图3-4-7所示。

（1）工艺流程

端子箱弹线、定位（幕墙单位）⟶端子箱固定支架制作⟶端子箱固定支架现场安装⟶端子箱箱壳固定⟶进出管敷设⟶穿带线⟶盘芯安装⟶配线⟶绝缘摇测⟶封闭钛锌板⟶通电运行

（2）端子箱的质量控制措施

根据设计图纸的设备清单及装箱单进行检查，此项工作由业主、监理工程师、承包商和设备制造商共同进行，并做好检查记录。开箱前先检查搬运过程中有无损坏现象，是否受过冲击碰撞或剧烈振动。开箱后检查设备与设计是否相符、备品是否齐全、有无损坏腐蚀等情况，随机文件清单、零配件是否齐

全，电气元件有无破损或其他异常情况。

（3）照明端子箱的安装

由于幕墙内结构复杂，所有照明端子箱需安装在特殊制作的支架之上，支架采用热镀锌 L50×5 角钢制作，支架与幕墙形钢连接处采用 M10 螺栓连接。支架的安装位置根据幕墙单位弹线的位置确定，支架安装应与幕墙支架水平且牢固。支架和照明端子箱安装如图 3-4-7 所示。

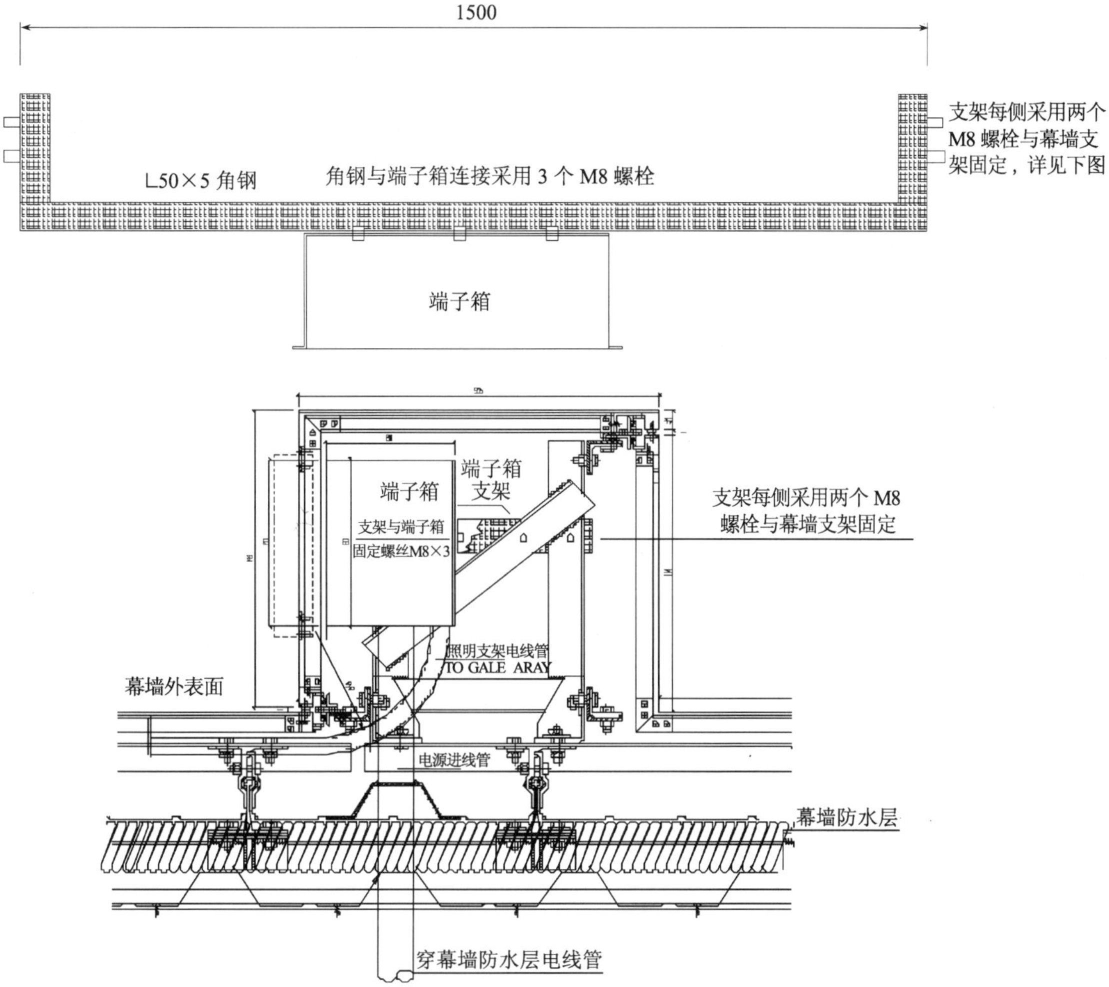

图 3-4-7　照明端子箱安装示意图

端子箱内配线需排列整齐，并绑扎成束。盘面引出区引进的导线应留有适当的余度，以便检修。垂直装设的熔断器上端接电源，下端接负荷。导线剥削处不应伤线芯，线芯不应过长，导线压头应牢固可靠，多股导线不应盘圈压接，应加装压线端子（有压线孔者除外）。端子箱中出线有明显标识，并标明所至灯具回路的编号。

端子箱内全部电器安装完毕后，用 500V 兆欧表对线路进行绝缘摇测。摇测项目包括相线与相线之间、相线与中性线之间、相线与保护地线之间，中性线与保护地线之间。两人进行摇测，同时做好记录，作为技术资料存档。

端子箱安装及导线压接后，应先用仪表校对有无差错，然后用绝缘摇表进行测试，所有电气元件调试无误后试送电，并将卡片框内的卡片填写好编号及所在位置。

4.3.6　灯具安装

本工程外景照明灯具均安装在倾斜且十分光滑的钛锌板面上，灯具的运输、安装、成品保护工作都十分困难。

(1) 工艺流程

灯具安装定位——→灯具固定底板制作——→灯具固定螺栓与底板连接——→灯具固定底板安装——→灯具运输就位——→灯具安装——→灯具接线——→照明试验运行——→调整灯具角度

(2) 安装方法

本工程幕墙上灯具均安装在特制的灯具底座之上，灯具底座与幕墙连接。在灯具安装底座上事先焊接多个与灯具安装孔位相符的安装螺栓，灯具与安装螺栓相固定。导线出线幕墙面后采用防水普利卡管与灯具连接。

1）灯具底座制作

灯具底座采用8mm 厚喷涂钢板制作，底板四角采用不锈钢沉头螺丝固定，钢板中间部位预先焊接两个与外景灯具安装孔位置相同的螺栓，如图 3-4-8 和图 3-4-9 所示。

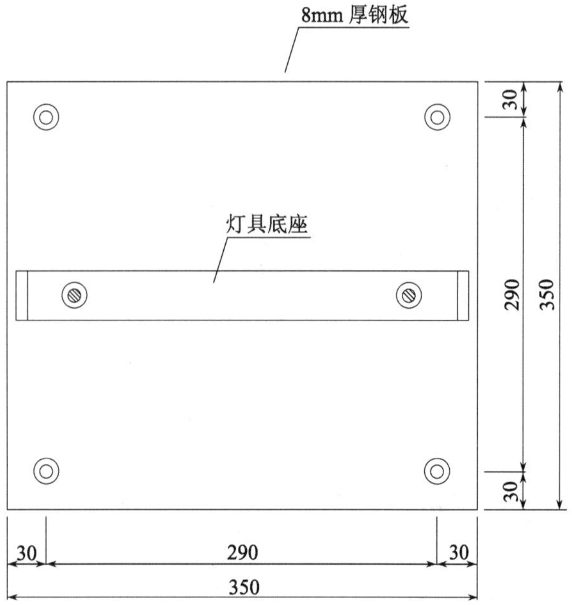

图 3-4-8 灯具底座安装示意图

图 3-4-9 灯具底座安装现场照片

2）灯具的固定

灯具运输到位后，将灯具支架固定在事先焊接好的灯具底座螺栓上，安装螺栓平垫、弹簧垫应齐全。灯具固定应平整、垂直，且每组灯具安装位置应整齐，如图 3-4-10 ~ 图 3-4-15 所示。

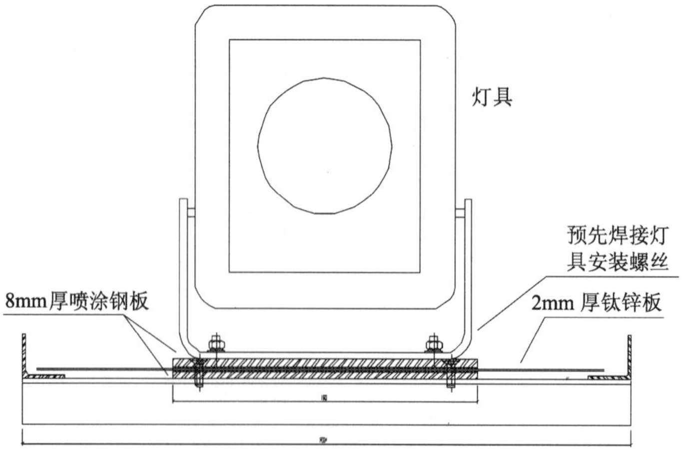

图 3-4-10 灯具安装示意图

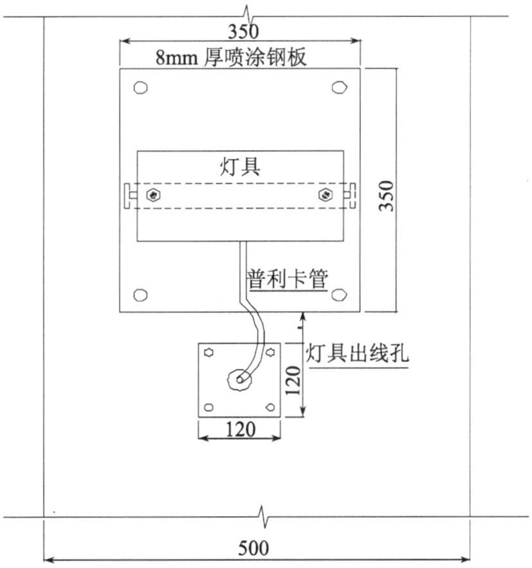

图 3-4-11　灯具安装示意图

图 3-4-12　灯具安装现场照片

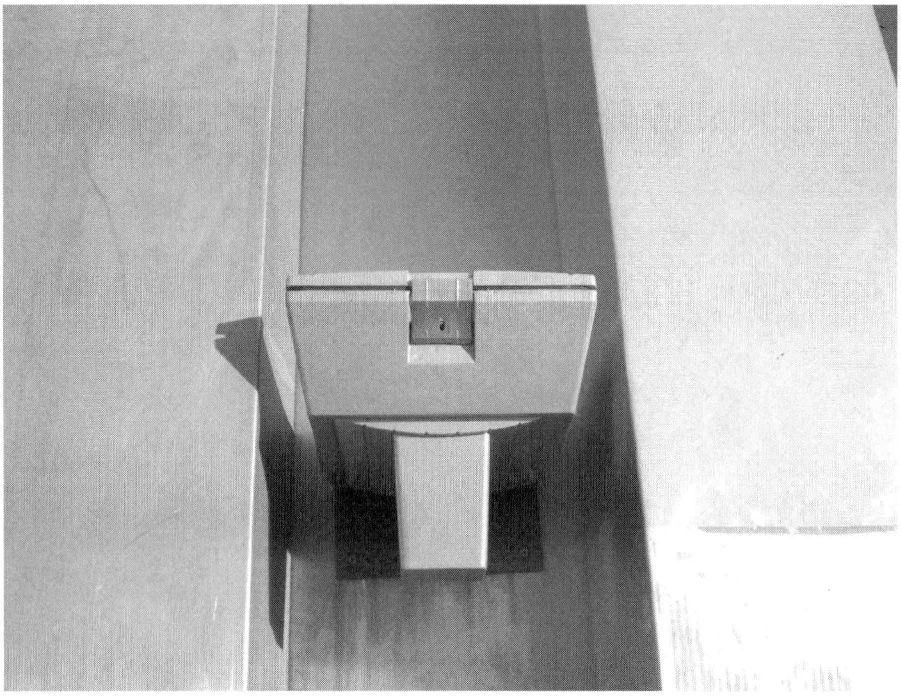

图 3-4-13　灯具安装现场照片

图 3-4-14　灯具安装现场照片

图 3-4-15　灯具安装现场照片

灯具安装完毕试运行后需对整个建筑物各个外景灯具角度进行调整，施工人员按至施工作业面的方法至各个灯具部位，调整各个灯具的照射角度。

5 北京银泰中心高层建筑防雷接地及等电位施工技术

5.1 防雷及接地系统简介

北京银泰中心在防雷上属于第二类（民用一级）建筑物，利用墙、柱内主钢筋（或结构钢柱）作引下线，建筑物基础作接地装置。地梁内的主筋要和桩基础主筋连接起来，并要把各段地梁的钢筋连成一个环路，这样才能将各个基础连成一个联合接地体，其接地电阻小于或等于1Ω。作为避雷引下线的两根结构柱内主筋从上至下通长焊接，向上伸出屋顶或女儿墙，与屋顶防雷装置相连。在电气设备用房和管道井内预埋 BR4 接地板，与避雷引下线做可靠的电气连接，并作为各变配电间、管道井及设备用房等电位连接和设备接地端子板。

5.2 屋顶防雷系统安装

根据设计图纸，屋顶女儿墙上避雷带采用 $\Phi12$ 镀锌圆钢，并与结构柱或墙体内预留的防雷引下线的圆钢在石材与结构体间的空隙内作可靠的电气连接。屋顶女儿墙上支架采用 $\Phi12$ 镀锌圆钢在结构上生根。水平敷设时支架间距为 1m，转弯处为 0.5m。位于屋顶平面上的避雷带也采用 $\Phi12$ 镀锌圆钢，暗敷于屋顶地面防水层下，并与屋顶女儿墙上的避雷带作可靠的电气连接。屋顶擦窗机防雷采用在 F43 层沿屋顶擦窗机钢结构架敷设一圈 $\Phi12$ 镀锌圆钢，并与钢结构架、暗敷于屋顶的避雷带作可靠电气连接。女儿墙避雷带做法见图 3-5-1 所示。

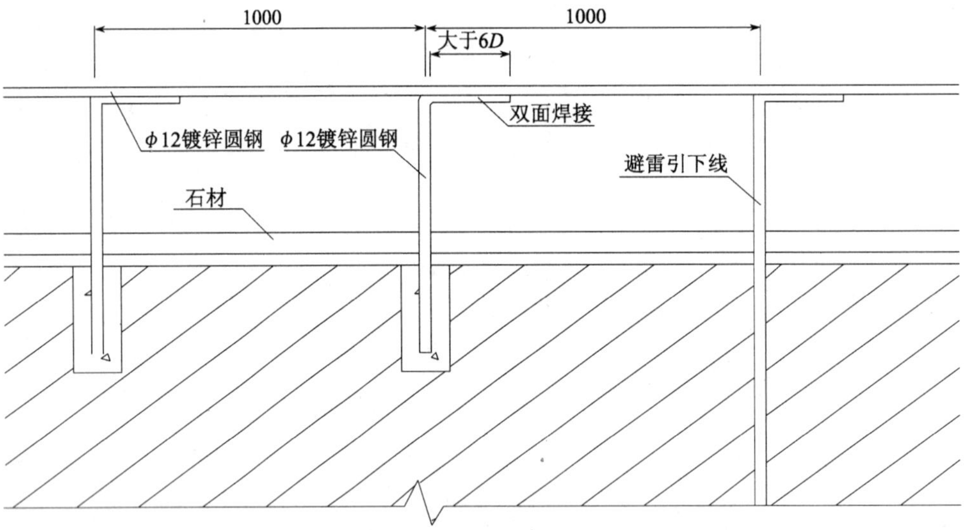

图 3-5-1 女儿墙避雷带做法

5.3 柴油发电机房内接地母线明敷设

柴油发电机房内接地采用 50×6 的扁钢沿墙敷设，扁钢底边距地面 0.2m，过门处局部采用埋地敷设，并与机房内预埋件 BR4 接地装置可靠连接，设备接地电阻不大于 0.5Ω。柴油发电机、低压配电屏外壳、电缆金属外皮、电缆及导线保护钢管以及所有的金属支架等都必须可靠接地。柴油发电机房接地母线明敷设做法如图 3-5-2 所示。

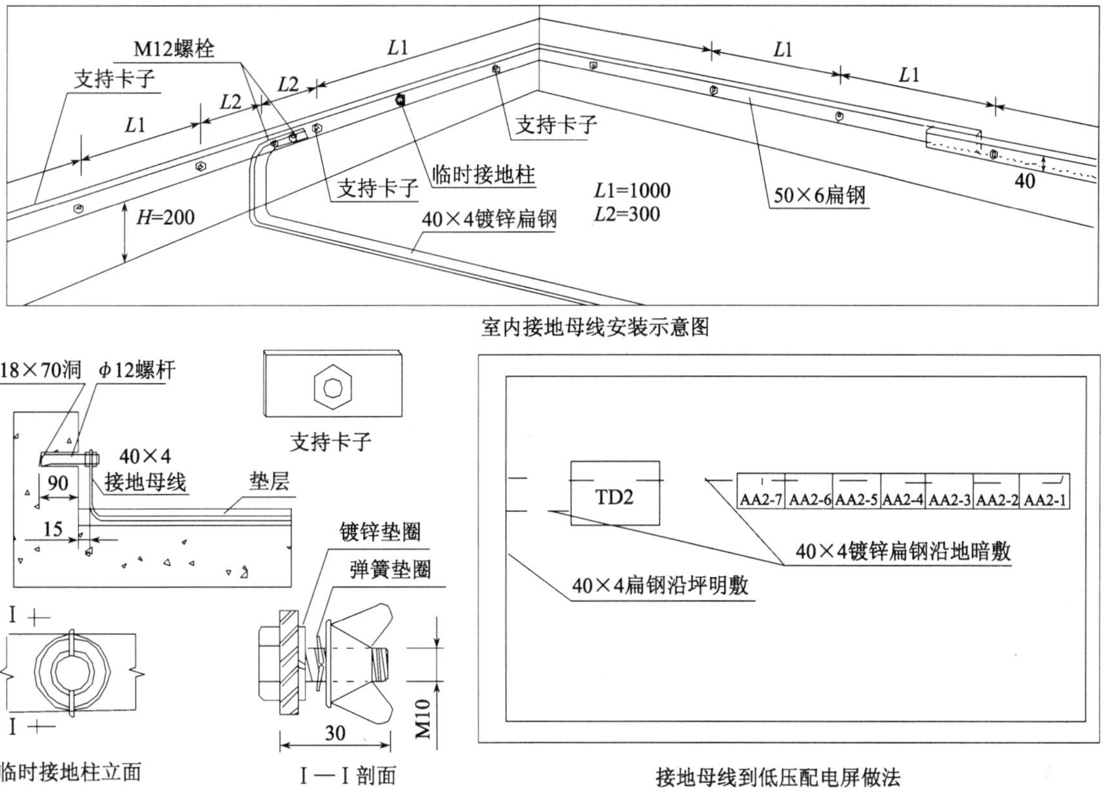

图 3-5-2 柴油发电机房接地母线明敷设做法

5.4 配电间等电位施工技术

北京银泰中心电气竖井、电气小间均依据设计要求对分配电设备配电箱、配电柜及插接母线箱进行等电位连接。过门处沿竖井和电气小间内周边距地 300mm 处明敷一圈 40×4 镀锌扁钢，并采用 25×3 镀锌扁钢与配电箱、配电柜内接地母排相连，插接母线箱中的 PE 母排和明敷接地母线采用 BVR6mm^2 双色线相连，明敷接地母线与预埋 BR4 接地板利用螺栓可靠压接。明敷接地母线安装前必须对 BR4 接地板的接地电阻进行测试，接地电阻值应不大于 0.5Ω，等电位具体做法如图 3-5-3 所示。

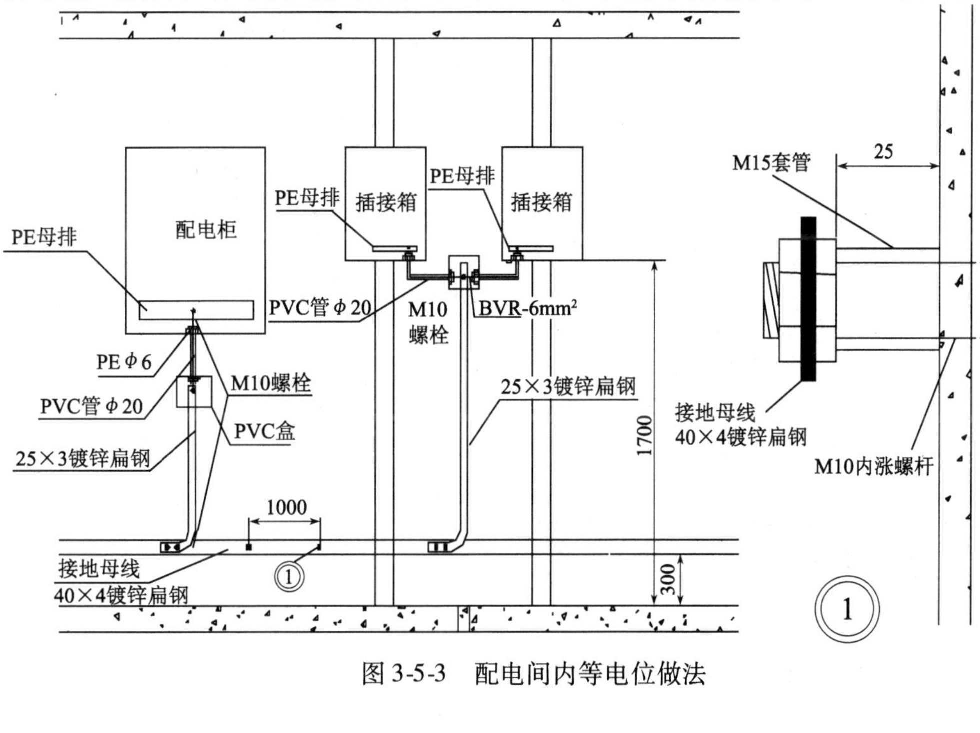

图 3-5-3 配电间内等电位做法

5.5 淋浴室、设备机房内等电位施工技术

等电位联结是指为消除电位差、达到等电位目的而实施的导体联结，它对安全用电、防雷以及电子信息设备的正常工作和安全使用都十分重要。等电位联结有总等电位联结和局部等电位联结。它在一定程度上可降低建筑物内间接接触电击的接触电压和不同金属部件间的电位差，并消除来自建筑物外经电气线路和各种金属管道引入的危险故障电压和危害。它的连接终端是进线配电箱内的接地母排（总等电位连接端子板）。

局部等电位联结是针对一个局部的场所范围内将各导电部分连通，比如计算机网络机房、住宅的卫生间等。银泰中心所有男女卫生间、浴室均做局部等电位。卫生间内所有洗手盆上下水、坐便器上下水及设备机房内的进出水管（不包括扶手等孤立物）均做局部等电位连接，从等电位箱引至水管附近86盒的连接线均采用BVR-1 ×4mm^2 电缆。卫生间、浴室等电位连接箱安装位置及标高根据精装图纸进行确定。浴室、卫生间等电位做法如图3-5-4所示。

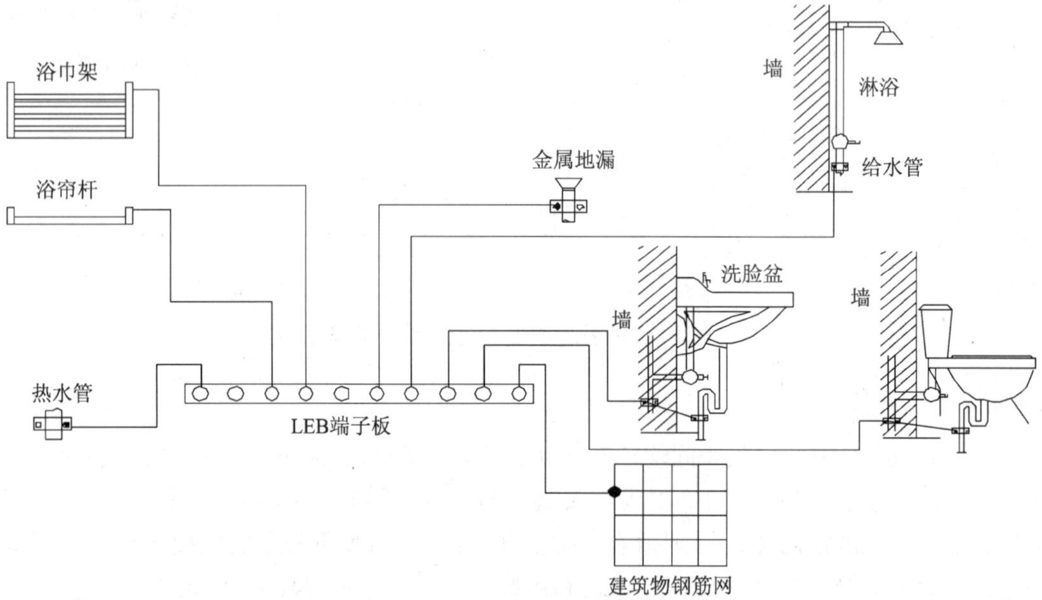

(*a*)

(*b*)

图3-5-4　卫生间、淋浴室等电位做法

(*a*) 原理图；(*b*) 完成后的效果

5.6 管道井等电位连接技术

为防止雷电感应及确保等电位安全，建筑物内管道井中的金属管道及金属物必须做可靠的接地。除在金属管道和金属物的顶端和底端与管道井内预留的 BR4 板可靠接地外，中间部分的管道每隔三层与管道井内 BR4 板进行可靠连接，具体做法如图 3-5-5 所示。

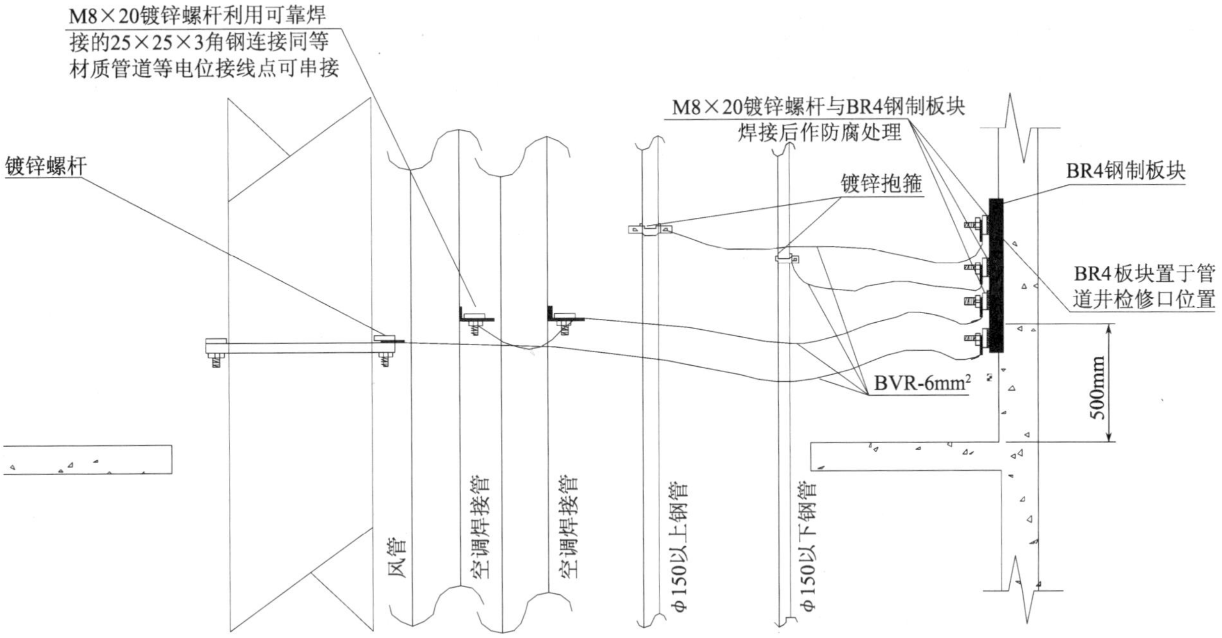

（a）

（b）

图 3-5-5　管道间等电位做法

（a）原理图；（b）完成后的效果

5.7 接地电阻测试

（1）沿被测接地板 E′将电位探测针 P′和电流探测针 C′依直线彼此相距 20m 插入地下，电位探测针 P′应插于接地极 E′和电流探测针 C′之间，用专用导线将 E′、P′和 C′连于仪表相应的端钮上。

（2）将仪表放置在水平位置上，首先检查检流计的指针是否指于中心线上，如不指于中心线上可用零位调整器将其调至指于中心线上。

（3）将“倍率标度”置于最大倍数。慢慢地转动发电机的摇柄，同时转动“测量标度盘”使检流计的指针指于中心线。当检流计的指针接近平衡时加快发电机摇柄的摇转速度，使其达到每分钟 120 转以上，调整“测量标度盘”使指针指于中心线上。

如果“测量标度盘”的读数小于 1，应将倍率标度置于较小的倍数，再重新调整“测量标度盘”以便得到正确读数。用“测量标度盘”的读数乘以倍率标度的倍数，即为所测的接地电阻值。该工程的防雷接地、变压器中性点接地、安全接地及其他弱电系统接地公用接地机，综合接地电阻小于或等于 0.5Ω。

6 国家大剧院氧化镁防火电缆施工技术

6.1 产品概述

铜芯铜护套氧化镁绝缘防火电缆（BTTZ 电缆），国外称作 MI 电缆，国内简称防火电缆或矿物绝缘电缆。它是采用高电导率的导线作导体，无机物氧化镁晶体粉作绝缘，无缝铜管作护套（见图 3-6-1），经特殊工艺制作而成的现代建筑布线电缆和特殊行业（冶金、化工、石油等）用电缆。由于其用料和结构的特殊性，决定了该产品具有有机电缆（塑料电缆）所无法比拟的电气性能、机械性能、耐环境性能和环保性能。近年来也较多地应用于高层建筑、机场、码头、地下铁道等场所，以保障在火灾情况下消防水泵、消防电梯、应急照明、保安监控、防排烟系统及自备电源等消防用电及重要设备不间断运行。

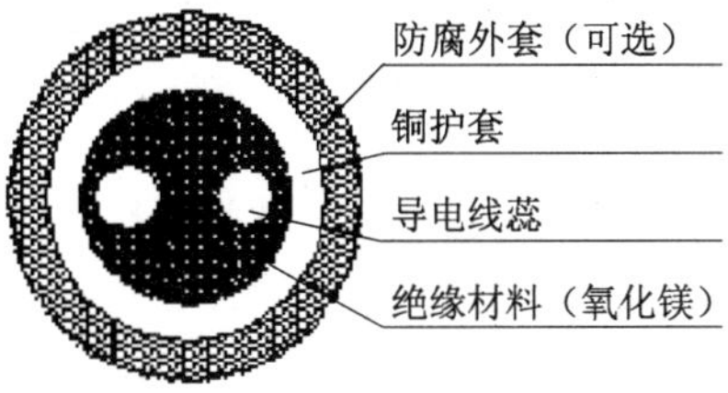

图 3-6-1　防火电缆结构图

（1）结构图

图 3-6-1 所示为 BTTVZ 型防火电缆，若无防腐外护套则为 BTTZ 型。

（2）名称、型号如表 3-6-1 所示，表示方法如图 3-6-2 所示

防火电缆比较　　　　**表 3-6-1**

等　级	型　号	名称	截面（mm^2）	芯数	额定电压
轻型	BTTQ	轻型铜芯铜护套氧化镁绝缘控制电缆	1.0～4.0	2～21	500V
	BTTVQ	轻型铜芯铜护套防腐外护套氧化镁绝缘控制电缆			
重型	BTTZ	重型铜芯铜护套氧化镁绝缘电力电缆	1.5～400	1～7	750V
	BTTVZ	重型铜芯铜护套防腐外护套氧化镁绝缘电力电缆			

注：由于该电缆原材料及工艺的特殊性，截面为 $25mm^2$ 以上的多芯电缆均由单芯电缆组成。

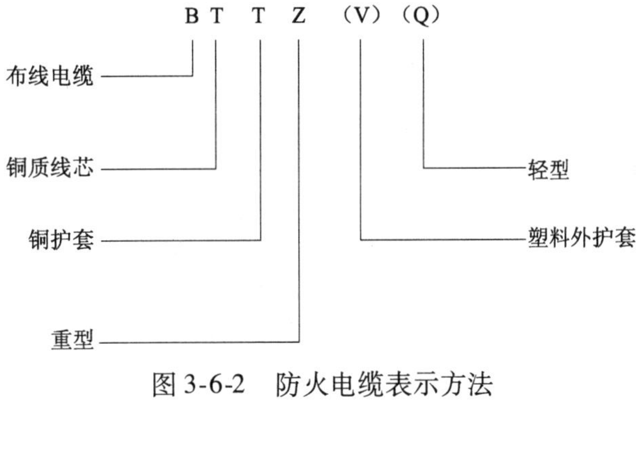

图 3-6-2　防火电缆表示方法

6.2 性能比较

从表 3-6-2 可以看出，防火电缆价格稍高于普通阻燃耐火电缆，但比无卤低烟耐火电缆的价格稍低。

（1）价格比较是根据承受相同载流量条件下相应电缆规格的比较，即 1×95 的防火电缆与 1×120 的三种耐火电缆载流量相当。

（2）如用矿物绝缘防火电缆的铜护套作为接地线芯使用，则设计选用时电缆可减少一芯，而电缆造价则可下降 10%。

（3）如考虑到该电缆使用时不一定采用桥架防护、无需穿金属管，则工程投资将明显减少。

总之，工程设计中采用矿物绝缘电缆将以有机（塑料）电缆的价值体现出无机电缆的功用。

防火电缆与耐火电缆性能价格比较 **表 3-6-2**

项目	矿物绝缘防火电缆		普通阻燃耐火电缆		高阻燃型耐火电缆		无卤低烟耐火电缆	
参考价格（元/m）	1×95	101	1×120	72	1×120	94	1×120	130
	1×120	127	1×150	90	1×150	117	1×150	162
	1×150	145	1×185	111	1×185	145	1×185	201
	1×185	189	1×240	143	1×240	186	1×240	258
	4×6	49	4×10	40	4×10	51	4×10	71
	4×10	68	4×16	58	4×16	75	4×16	104
燃烧性能	无法燃烧		C 类阻燃		A 类阻燃		B/C 类阻燃	
烟度	无烟		浓烟		浓烟		低烟	
卤素	无卤		高卤		高卤		低卤	
毒性	无毒		高毒性		高毒性		低毒性	
耐火	A 类		达到 B 类		达到 B 类		达到 B 类	
特性耐火时间	950～1000℃ 3h		750～800 90min		750～800℃ 90min		750～800℃ 90min	
使用寿命	100 年以上		20～30 年		20～30 年		20～30 年	
穿管	无需穿管		需穿管		需穿管		需穿管	
长期工作温度	250℃		70℃		70℃		90℃	
喷林试验	通过		不能通过		不能通过		不能通过	
振动试验	通过		不能通过		不能通过		不能通过	

6.3 应用范围及适用线路

6.3.1 应用范围

（1）防爆系统和设备、火灾危险区

石油化工企业、炼油厂等；医药工业；核电站、矿业、造纸业；军事事业；天然气、煤气输送和压缩站。

（2）高温场合

冶金工业；焦炭行业；造船工业。

（3）安全性要求高的设施

商场、展览馆、图书馆等公共场所；宾馆酒店；医院、学校、仓库、银行等重要公共设施；国家纪念馆和历史性建筑物；电力、电信大楼。

（4）地下场合

6.3.2 适用的电气线路

（1）不能断电的供电线路；

（2）双电源控制线路；

（3）计算机房主控线路；

（4）消防电气线路；

（5）火灾报警控制线路；

（6）应急照明线路；

（7）公共场所的照明线路。

6.4 电缆的主要特性

6.4.1 BTTZ 电缆的主要优点

（1）防火、防水

BTTZ 电缆自身完全不燃烧，同时也不会引发火源。即使在有火焰的情况下，只要火焰温度低于铜的熔点温度，火焰消除后电缆无需更换，仍可继续使用。

（2）良好的接地性能

铜护套可提供良好的低接地电阻，起到接地作用，而且从而节省单独的接地线芯。

（3）耐高温，无毒、无烟、无卤

由于绝缘层氧化镁晶体的熔点温度远高于铜的熔点温度，因而电缆最高正常工作温度可达250℃，短期内可在接近铜的熔点温度1083℃下继续运行。在被火焰炙烤的情况下不会产生有毒的烟雾和气体。

（4）防腐、防爆性能好，耐辐射、防电磁干扰强

由于采用无缝铜管作护套，所以BTTZ电缆具有防水、潮气、油和一些化学物质侵害的性能，铜管具有相当高的机械强度，故有较好的防爆性能。该电缆的铜护套具有自然而最佳的屏蔽作用。

（5）使用寿命长

BTTZ电缆全部由无机材料构成，因而不存在绝缘老化的问题，使用寿命可达到普通电缆的3倍以上。

（6）体积小、重量轻，敷设灵活性较大

BTTZ电缆可以与普通电缆一样敷设在桥架上，同时也可以采用专用支架明敷，比普通电缆敷设更具灵活性，也节省了电缆桥架的投入，可以降低工程整体造价。

（7）载流量大、过载能力强

与相同截面的塑料电缆相比，氧化镁防火电缆载流能力可以提高一个截面等级以上，同时能承受相当大的过载，其过载能力可达正常载流的100倍以上。

（8）机械强度高

首先是材料的特殊性决定了高机械强度，其次是电缆受外力压扁至原电缆直径2/3时，仍能保持载流量不变。

6.4.2 BTTZ电缆的主要缺点

（1）投资成本高

由于BTTZ电缆外护套由无缝铜管构成，整体含铜量远多于普通电缆，同时BTTZ电缆的施工工艺对设备要求高于普通电缆，造成BTTZ电缆价格与普通电缆相比高出30%左右。

（2）接头处易受潮

绝缘层由矿物氧化镁组成，它极易与空气中的水分发生化学反应，生成能导电的氢氧化镁。在电缆头施工中，电缆端头并没有剥开裸露导体时，电缆的绝缘电阻一般在10MΩ以上，但如在1h内未完成电缆头制作，绝缘电阻可下降到10MΩ以下，甚至会出现降到0.5MΩ以下的情况。如不注意划破外层，又未及时发现并作密封受潮处理，绝缘值会很快下降并会逐步下降到0，这样就会造成该电缆无法使用。

（3）施工难度大

BTTZ电缆硬度比一般电缆高，重量约为一般电缆的2倍，敷设时不易达到平行整洁的观感效果，且线路长，接头多，查找故障点困难。因此，施工难度较大，在进出配线箱处和桥架内弯曲成型困难。

（4）施工工作量较大

凡规格超过35mm^{2}的BTTZ电缆均为单芯电缆，如1根70mm^{2}的电缆，普通电缆只需3根70mm^{2}加2根35mm^{2}5根导体在同一外护套内即可，而BTTZ要达到同等规格需由3根70mm^{2}加2根35mm^{2}的单芯电缆拼合而成。单芯电缆的交货长度较短，例如240mm^{2}的电缆交货长度为90m，若敷设距离较长则会大量增加中间接头的制作，使得施工工作量成倍增加。

6.5 氧化镁防火电缆的施工技术

6.5.1 合理选定电缆规格型号的几点说明

（1）选择电缆时应充分应用该电缆载流能力大的优点，建议提高一个截面等级使用。

（2）充分利用该电缆铜护套可以作接地线的优点，使用时可减少一根线芯选用（一般指有地线的三相制线路）。

（3）由于矿物绝缘防火电缆生产长度受到电缆原材料（铜护套用铜管长度）长度的限制，当整个线路为了减少采用中间连接器时，可将截面为25mm² 及以下的多芯电缆当成单芯电缆使用（根数等于多芯电缆的芯数），或将大规格单芯电缆设计成小规格单芯电缆双拼连接，这样都可以使电缆长度成倍增加。例如，用两根 1×120 的防火电缆双拼连接代替一根 1×240 的使用。

（4）在以下几种场合可以使用 BTTVZ 型防火电缆：

1）明敷在建筑物空间中有美观要求的场所；

2）特殊场合必须穿金属管的线路；

3）有氨气或其他对铜有强烈腐蚀作用的化学环境；

4）电缆最高使用温度超过70℃，且同其他塑料电缆敷设在同一桥架、电缆沟、电缆隧道、或人能触及的场所。

6.5.2 电缆的敷设方式

（1）可以沿墙、支架、梯级桥架明敷。

（2）可以与其他塑料电缆共同敷设在同一桥架、竖井、电缆沟、电缆隧道等场所。

（3）可以埋地敷设，但最好不要有中间接头，如无法避免，则接头处必须做好防水处理。

（4）在明敷部位，如果相同走向的电缆大、中、小规格都有，从整齐、美观方面考虑，可按最小规格电缆标准要求，也可分档距固定，当电缆倾斜敷设时，电缆与垂直方向角小于30°时，按垂直间距固定；大于30°角时，按水平间距固定。另外，各种敷设方式也可按每米一个固定点固定。

（5）电缆全长均为直线敷设或连接用电器可能产生振动时，要在允许的场合设置膨胀环。

（6）电缆固定间距和弯曲半径如表3-6-3和表3-6-4所示。

电缆敷设固定间距　　表3-6-3

电缆外径（mm）	固定点之间最大间距	
	垂直敷设（mm）	水平敷设（mm）
$D<9$	600	800
$D\geqslant 9$	900	1200
$D\geqslant 15$	1500	2000
$D\geqslant 20$	2000	2500

电缆敷设弯曲半径　　表3-6-4

电缆外径（mm）	电缆内侧最小弯曲半径 R（mm）
4～7	$2D$
>7～12	$3D$
>12～15	$4D$
>15	D

一般使用时，矿物绝缘防火电缆无需穿管，特殊场合必须穿管的，可参照表3-6-5，单芯电缆不允许单独穿金属管道敷设。

氧化镁电缆穿管参考表　　表3-6-5

单芯电缆			
电缆规格（芯数×截面）	穿管规格		
	二根电缆	三根电缆	四根电缆
1×10	SC25	SC25	SC40
1×16	SC25	SC25	SC50
1×25	SC32	SC32	SC50
1×35	SC32	SC32	SC65
1×50	SC40	SC40	SC65
1×70	SC40	SC50	SC80
1×95	SC50	SC50	SC80
1×120	SC50	SC65	SC100
1×150	SC65	SC65	SC100

6.5.3 电缆附件安装

(1) 终端

电缆在安装使用时，需采用一种永久性的终端连接器。终端有两种作用：一是使电缆绝缘材料（氧化镁）与外界隔离，起密封作用；二是将电缆连接到开关柜或用电设备上。即由两部分组成，如图 3-6-3 所示。

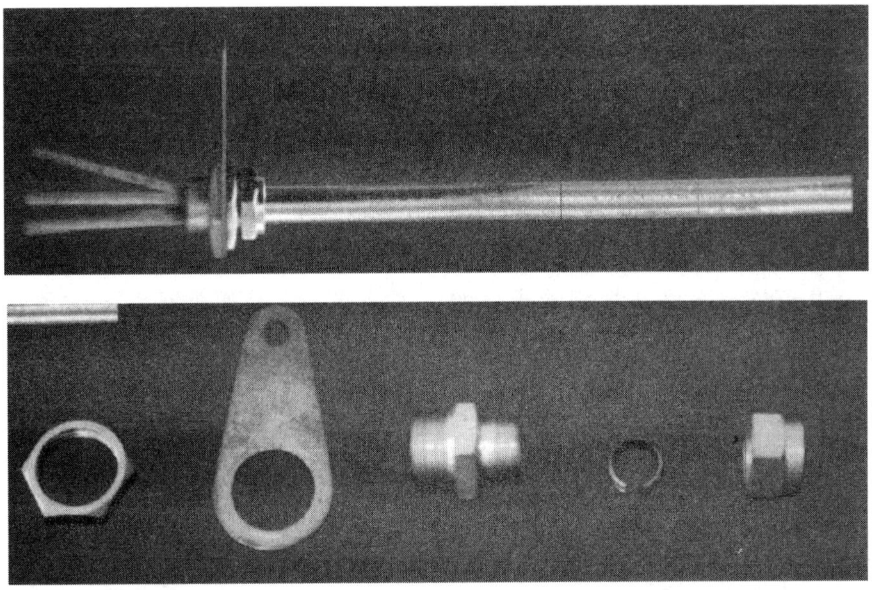

1　　2　　3　　4　　5

图 3-6-3　防火电缆终端附件示意图

1—压盖螺母；2—接地端子片；3—黄铜罐；4—压缩环；5—罐盖

1）密封部分：一般由黄铜罐（或热收缩管）、罐盖、密封材料和导体的绝缘套管组成。

2）压盖部分：一般由接地端子片、压缩环和压盖螺母组成。

(2) 安装施工方法（如图 3-6-4 所示）

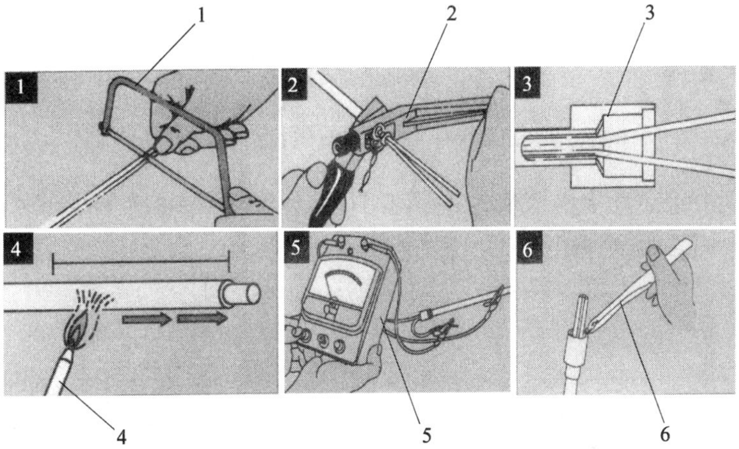

图 3-6-4　防火电缆终端施工工艺图

1—管子割刀；2—斜口钳子；3—黄铜封杯；4—喷灯；5—绝缘摇表；6—封口膏

1）将电缆按所需长度先用管子割刀在上面割一道痕线（图 1，铜护套不能割断），再用斜口钳子将护套铜皮在钳口之间按顺时针方向扭转，一步步地夹住护套铜皮的边以较小角度进行转动剥离，直至割痕处（图 2）。

2）用清洁的干布彻底清除外露导线上的氧化镁绝缘料，然后用绝缘测试仪进行绝缘电阻测试，达到要求后，将压缩环套在电缆上，并将黄铜封杯垂直拧在电缆护套铜皮上（图3）。开始时应用手拧，并用压缩环在封杯上滑动来检验封杯的垂直度。确认垂直后再用管丝钳夹住封杯的滚花座继续进行安装，直至护皮一端低于封杯内局部螺纹处。

3）从约距电缆敞开端600mm处用喷灯火焰加热电缆，并将火焰不断移向敞开端，以便将水分排除干净，切记只可向电缆终端方向移动火焰，否则将会把水分驱回电缆内部（图4）。

4）用兆欧表分别测量芯与芯、芯与护套之间的绝缘电阻（图5），若测量结果在200MΩ以上，则可以在封口杯内注入封口膏（图6）。注意封口膏应从一侧逐渐加入，不能太快，以便将空气排空。当封口膏加满时，再压上压盖本体，接着用热缩管把线芯套上，待压接电缆鼻子后再热缩即可。最后用兆欧表再测量绝缘阻值，如果绝缘值偏低，则需打开封杯重新烘烤电缆，直至绝缘值符合要求。

（3）中间连接器

由于矿物绝缘电缆生产长度受电缆原材料（铜护套用铜管的长度）长度的限制，所以在电缆敷设过程中，需采用中间连接器将两根相同规格的电缆连在一起，以保证满足线路长度的需要。该连接器的两端由内螺纹无缝铜管、黄铜束头、封杯、铜压接管和绝缘热缩管所组成，如图3-6-5所示。

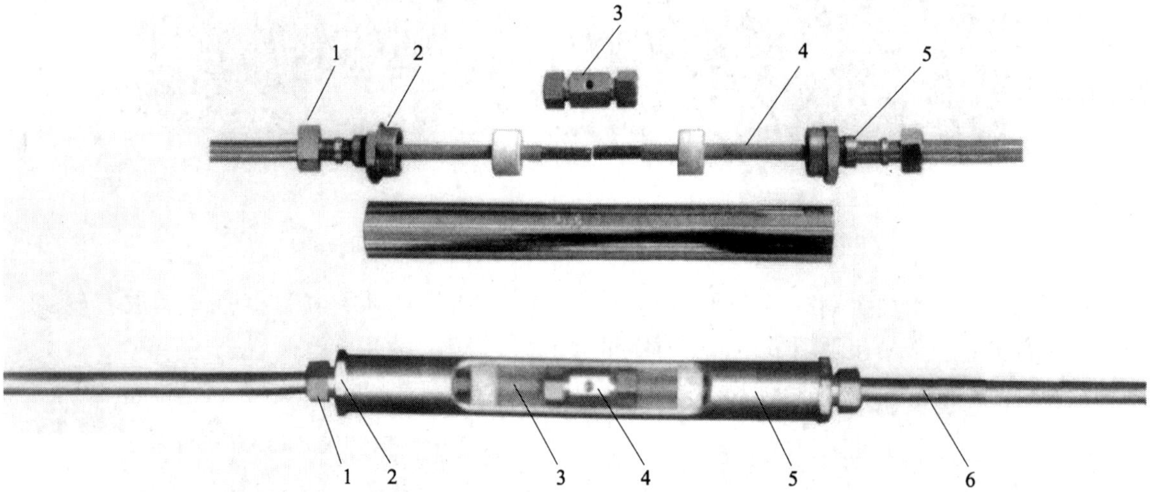

图3-6-5　单芯电缆中间连接器

1—封杯；2—黄铜束头；3—铜压接管；4—绝缘热缩管；5—内螺纹无缝铜管；6—防火电缆

注意：在安装有外护套的防火电缆时，必须使用热缩管将整个连接组件套起来。对于多芯电缆中间的连接应该注意每根线芯之间连接位置的交错，如图3-6-6所示。

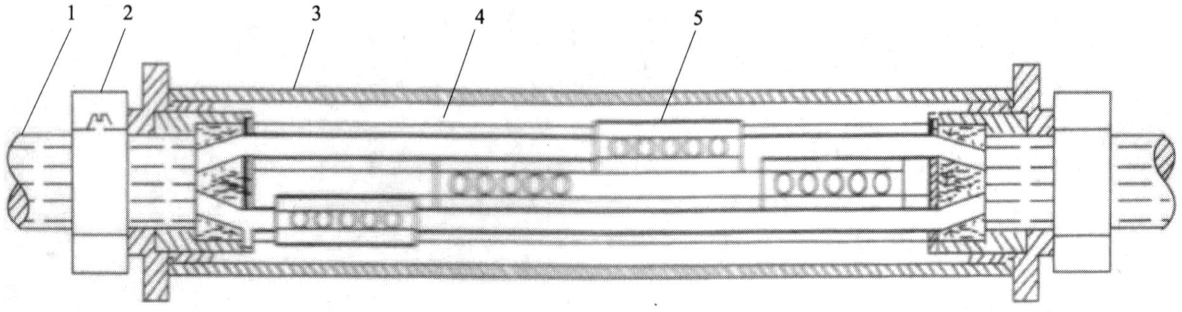

图3-6-6 多芯电缆连接器

1—多芯防火电缆；2—黄铜束头；3—无缝铜管；4—电线芯；5—铜压接管

1）施工机具

所用施工机具及测量仪器有：锯弓、管子割刀、斜口钳、喷灯、螺丝刀、管丝钳、液压钳、兆欧表等。

2）接线箱

当同一路电缆带多个回路，中间分支较多，连接器不方便使用时，可使用中间接线箱，其型号如表3-6-6所示，电缆线芯可从上下进入接线箱，根据分支方向从左右馈出，如图3-6-7所示。

接线箱型号 **表3-6-6**

接线箱型号	A（mm）	B（mm）	C（mm）	电缆规格（mm^2）
B-FZX-1	250	340	160	1×16～1×35
B-FZX-2	275	340	180	1×50～1×95
B-FZX-3	350	340	180	1×120～1×240
B-FZX-4	370	400	220	1×300～1×400

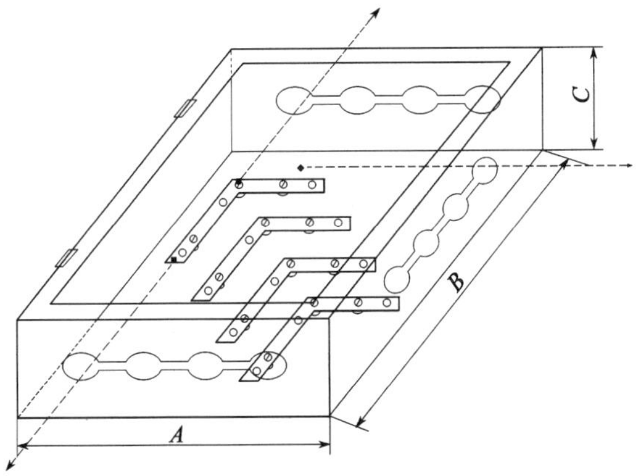

图3-6-7　防火电缆中间接线箱

6.6　电缆敷设过程中的质量控制

针对上述BTTZ电缆的缺点，BTTZ电缆的施工质量控制就显得尤为重要。根据施工经验，笔者认为应从以下几方面进行施工质量的控制。

6.6.1　电缆敷设时的注意事项

BTTZ电缆硬度较大，所以敷设中应尽量避免交叉。敷设前应根据设计图纸绘制“电缆敷设走向图”，认真核对电缆的根数、规格、长度、走向、中间接头位置及与其他管道交叉的间距等。敷设时应在专用的电缆放线架上进行，拆除包装时必须格外小心，不得损伤铜护套，在处理中间接头、终端头时要留足够的操作余量。在钢管及桥架的转角、分支等处，要按照事先排布好的顺序平滑均匀地过渡，避免交叉和重叠。

6.6.2　电缆回路应编号并粘贴标志

在每个回路的始点和终点、每个中间接头处、穿墙洞等处采用悬挂标志牌或粘贴永久性标志的方法标明各回路编号及相序，以免由于回路多、接头过多而无法分辨，出现回路或相序连接的错误。

6.6.3　减小涡流损耗

BTTZ电缆在实际应用中多为单芯电缆组成回路，故容易在电缆固定金具中产生感应涡流。若涡流过大，不仅会产生大量的涡流损耗，还使电缆的固定金具老化速度加快，所以在实际施工过程中应尽量避免产生涡流或将涡流减至最小。通常采用以非金属固定件绑扎电缆，同时采用合理电缆相序排列使涡流产生量最小。通常有以下6种排列方法：如图3-6-8和图3-6-9所示。

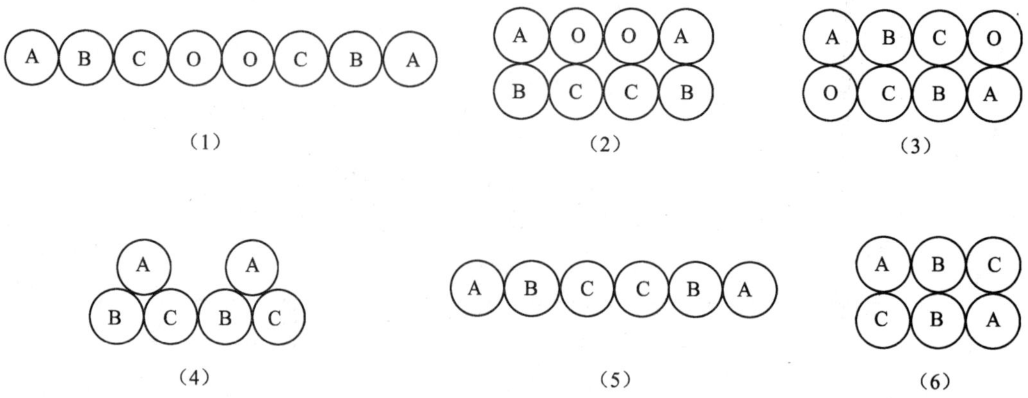

图 3-6-8　两路三相电源的 6 种排列方法

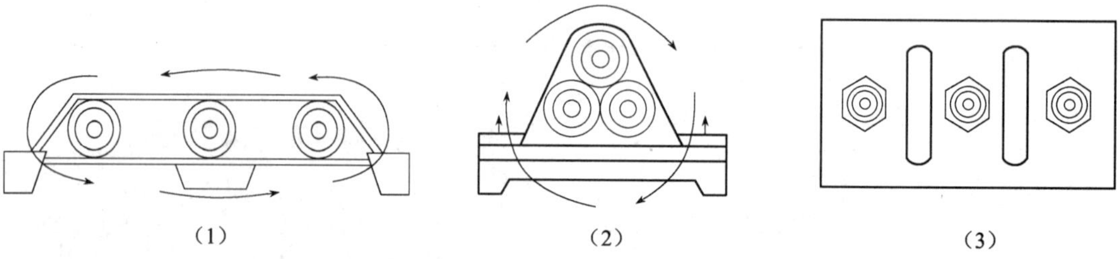

图 3-6-9　一路三相电源的 3 种排列方法

图 6.6.3-1 中，(1)、(5) 排列方式多用在电缆桥架内，(2)、(3)、(4)、(6) 方式也可用于桥架内敷设但多用于直接明敷。

6.6.4　电缆防潮

在调直电缆时应小心，避免在调直过程中损伤电缆的铜护套。敷设前，应认真检测其绝缘值和端头及铜护套是否裸露、划伤。发现后应及时进行密封，现场一般备有石蜡作为临时密封材料。放线时剩余部分锯断处也应立即密封。确保空气中水分不进入绝缘层，若检测中绝缘阻值不符合规范要求，不得敷设，应采取除湿处理，待绝缘阻值符合要求后再进行敷设。

6.6.5　电缆的弯曲

在桥架 T 形弯、L 形弯、穿越墙洞、电气竖井、进出配电柜箱等弯曲度大、空间狭小处敷设时，应用力均衡。在处理弯曲处时，要使用厂家配备专用的弯曲工具，按照安装说明的弯曲方法和力度进行冷弯，切不可使用普通工具或人工强行弯曲，以免在操作中损伤电缆铜护套。

6.6.6　膨胀环的设置

由于 BTTZ 电缆硬度较大，为避免温度变化对电缆产生永久的损伤，在电缆直线敷设超过 70m 时应在允许的场合设置膨胀环，通常采用 S 形膨胀环，如图 3-6-10 所示。另外，在电缆与电机、水泵、风机等有振动的设备连接处也应设置膨胀环，此处通常采用 Ω 形膨胀环，如图 3-6-11 所示。

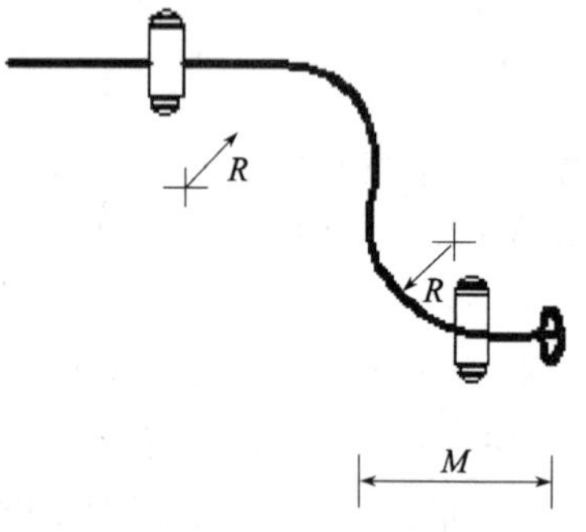

图 3-6-10　S 形膨胀环

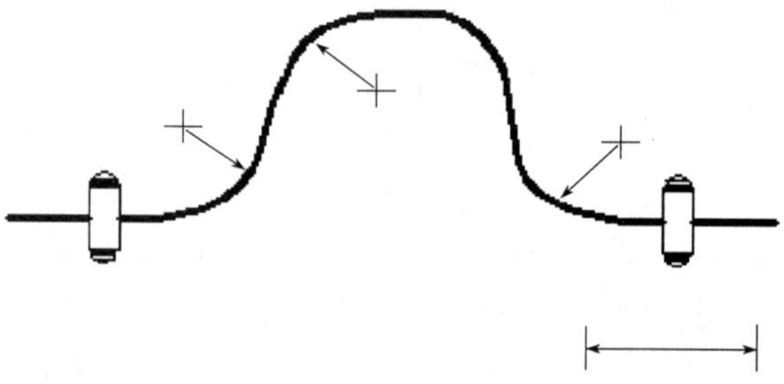

图 3-6-11　Ω 形膨胀环

6.6.7 电缆敷设后的保护

同一桥架内，同一回路不同相序的电缆应同时敷设，敷设完毕后应及时将桥架盖板盖好，防止在其他专业施工过程中，电缆被工具、建材划伤或被焊接火花烧伤，从而造成电缆外护套的损坏。

6.7 BTTZ电缆头制作的质量控制

在电缆敷设工程中，电缆头的制作是重要的环节。由于BTTZ电缆比普通电缆有其明显的特殊性，在敷设完毕后摇测绝缘电阻出现阻值过低的情况中，有80%是由电缆头制作过程中出现的质量缺陷造成的，所以电缆头制作过程中的质量控制就显得更加重要。BTTZ电缆的电缆头有两种：电缆终端头和电缆中间接头，这两种接头的组成元件，很多电缆生产厂家都可成套提供。

在电缆头制作前还应注意以下几个方面：电缆绝缘电阻摇测值应符合规范要求，否则应进行除湿操作；剥除铜护套时应小心，避免损伤线芯；剥除氧化镁粉末后应使用干净的棉纱将线芯上的剩余粉末清理干净，严禁用嘴吹，以免使电缆受潮；电缆接头制作必须使用质量合格的硅胶、封口膏和专用施工工具；制作时应先从配电室电缆集中的地方做起，依次向负荷终端施工。

6.7.1 中间接头制作中的质量控制

BTTZ电缆中间连接器包括1支黄铜管、2个黄铜束头及2个黄铜封杯等。质量控制主要注意以下几点：1）导线制作时，要彻底清除粉末杂物，以免影响密封效果；2）使用封口膏或硅胶时，不得有污染物混入；3）在拧堵口杯时扣丝要准确，用力要均匀，切不可蛮干。在多芯电缆中间头制作中应特别注意以下几点：1）在接头之前应仔细核对各线芯对应的相序，以避免相序连接出错；2）在接头中不同相的线芯连接部位应错开，填充绝缘密封物时应保证密实，以保证各相之间绝缘。

6.7.2 终端头的制作

BTTZ电缆接头包括1个黄铜封杯、1个黄铜束头及1个接地端子片，其制作工艺与中间接头基本相同。质量控制要点为：密封前电缆必须用500V摇表测量绝缘电阻，其阻值大于100MΩ才可进行密封；密封过程应保证密封填料干净无杂物侵入，密封严密。对于多芯BTTZ电缆终端头应特别注意：安装过程中应保证线芯之间、线芯与铜护套之间的间距和绝缘。

BTTZ电缆在终端头和中间头安装完毕后，应再次进行绝缘摇测。在实际测量时兆欧表的指针应指向最大量程，这时说明电缆线路性能良好。若测量时发现阻值下降，则应找出故障点。故障点通常都处于接头处，此时应拆除接头并进行除湿，直到其绝缘阻值符合要求。

6.8 电缆防潮除湿的质量控制

作为BTTZ电缆作为绝缘体的氧化镁晶体粉末是一种吸湿率非常高的材料，所以在电缆运输、敷设过程中一旦外护套有轻微破损就会造成氧化镁晶体粉末受潮，造成绝缘电阻大幅降低。另外，在电缆中间、终端接头制作时要截断电缆，此时也会造成氧化镁晶体粉末受潮。针对这些情况，现场应有相应的处理办法，通常有以下两种方法进行处理。

6.8.1 受潮端头的除湿法

在电缆端头处，一般情况下潮气侵入范围为300~400mm，但如果电缆端头未作临时密封，长时间暴露在空气中，潮气能侵入1m左右。这时可将电缆受潮尾端斜向上并用汽油喷灯从离电缆端头约1m处向外进行文火烘烤去湿，使电缆氧化镁内的潮气由里向外逐渐散发。操作时火焰要缓慢移动，做到均匀加热，注意要将铜护套表面温度控制在200℃以内，将潮气排除。若在一端烘烤后测量绝缘电阻的阻值上升不大，应用相同方法继续烘烤电缆的另一端，直至绝缘电阻值合格。

6.8.2 电缆铜护套损伤的查找与修复技术

在施工中电缆中间部分的铜护套出现破裂的情况下，其查找修复方法是：首先确定电缆是否有故障，若电缆两端的绝缘层经过文火去湿后绝缘阻值无上升或变化不大的情况下，才能确定为中间段故障。

查找方法：可用文火对电缆全长进行烘烤并用万用表高阻档进行查找，具体方法是，将万用表调至高阻档，表头一端接电缆线芯，另一端接外护套，用喷灯沿该电缆首端进行文火烘烤加热，并观察指针读数变化，若指针在烘烤某一部位时读数变化很大，则故障点可确定。

修复方法：锯断电缆并用文火烘烤除湿，除湿后再检测绝缘值的变化。受潮电缆绝缘层在200℃烘烤时电阻变化曲线应呈现上升趋势，最后应用兆欧表测量其绝缘电阻，使其阻值在100MΩ以上即可。

6.9 BTTZ电缆在选择使用过程中的注意事项

首先，BTTZ电缆应用于重要建筑，如高层建筑、机场、码头、车站等的重要部位，如消防控制中心、应急照明、消防水泵、备用电源、防排烟风机、消防自动报警装置等电器回路，这样有利于降低工程造价、缩短工期、便于施工和维护。

其次，BTTZ电缆的终端头比普通电缆要长，并且弯曲困难，故在定制配电箱时应预留足够操作空间。电缆敷设时弯曲处应使用专用工具冷作，并防止铜外套的损伤。终端头、中间接头制作应严格执行操作规程。保持操作现场的整洁和封口胶、封口膏、硅胶的无杂物污染，确保其绝缘电阻符合规范要求。

7　北京银泰中心柴油发电机组安装施工技术

7.1　柴油发电机组系统介绍

北京银泰中心共设有3台1500kW发电机组，3台柴油发电机组低压母线之间设有联络断路器，当一台柴油发电机所需支持供电的区域市电停电或发生故障时，该台柴油发电机在15s之内自启动，为该故障区域内失电的重要负荷供电。当该台柴油发电机因故障或其他原因无法启动时，值班人员可根据当时的具体情况，如果其他柴油发电机所需支持供电的区域无市电停电或故障时，可手动起动这台柴油发电机，并通过手动切换联络断路器，为该台无法启动柴油发电机的供电区域提供电源。各联络断路器之间设有连锁，任何情况下，任意两台柴油机之间都不能出现并机运行的情况。

每台柴油发电机均设有手动和自动启动方式，手动、自动可以互相转换，正常情况下，柴油发电机均置于自动启动方式，自动启动信号来自于各变电室的市电与应急电源切换配电屏中市电侧断路器的辅助触点。在各变电室，当市电电源失电后延时1.5s（0～5s可调），断开市电电源侧断路器，其辅助触点（常闭）闭合，发出信号，送至为其供电的柴油发电机组控制屏，柴油发电机组接到该信号后，在15s之内自启动，为失电的应急屏供电，因每台柴油发电机均为多个应急配电屏供电，各信号引至柴油发电机控制屏后，并联后为该柴油发电机提供启动信号；柴油发电机的停机方式采用手动，当市电电源均恢复正常后，由值班人员手动停止柴油发电机的运行。

7.2　柴油发电机组接线示意图及接线原理

7.2.1　柴油发电机组接线示意图（见图3-7-1）

7.2.2　柴油发电机组接线原理

（1）当无市电时，1号、2号、3号应急发电机将会自动启动，负责向其指定的支援区域。

当1号应急发电机负责其支援区域时，但1号应急发电机无法启动或损坏时，3号应急发电机将切换至手动启动，支援1号应急发电机的区域。

（2）同样地，当2号应急发电机负责支援区域时，但2号应急发电机无法启动或损坏时，1号应急发电机将切换至手动启动，支援2号应急发电机的区域。当3号应急发电机负责支援区域时，但3号应急发电机无法启动或损坏时，2号应急发电机将切换至手动启动，支援3号应急发电机的区域。

（3）EG1_ 1和EG1_ 2，EG2_ 1和EG2_ 2，EG3_ 1和EG3_ 2设钥匙连锁，保证两个开关中只有一个合闸，其余一个分闸。

（4）在EG1_ 1和EG1_ 2中的钥匙“A”只设一把，确保两个开关不能同时合闸，除非钥匙“A”插在指定开关上。

（5）同样地，EG2_ 1和EG2_ 2，EG3_ 1和EG3_ 2设钥匙“B”和“C”各一把，确保其连锁开关不能同时合闸，除非钥匙“B”和“C”插在指定的开关上。

（6）钥匙“A”，“B”和“C”不能互换使用。

（7）在正常情况下，EG1_ 1、EG2_ 1和EG3_ 1为常闭，EG1_ 2、EG2_ 2和EG3_ 2为常开。

7.3　柴油发电机组吊装技术

银泰中心南侧有一条东西方向宽约10m的运输通道，从东三环来的吊车和运输汽车可以通过此通道直接到该本工程的南侧。建筑物南侧有预留设备吊装口。

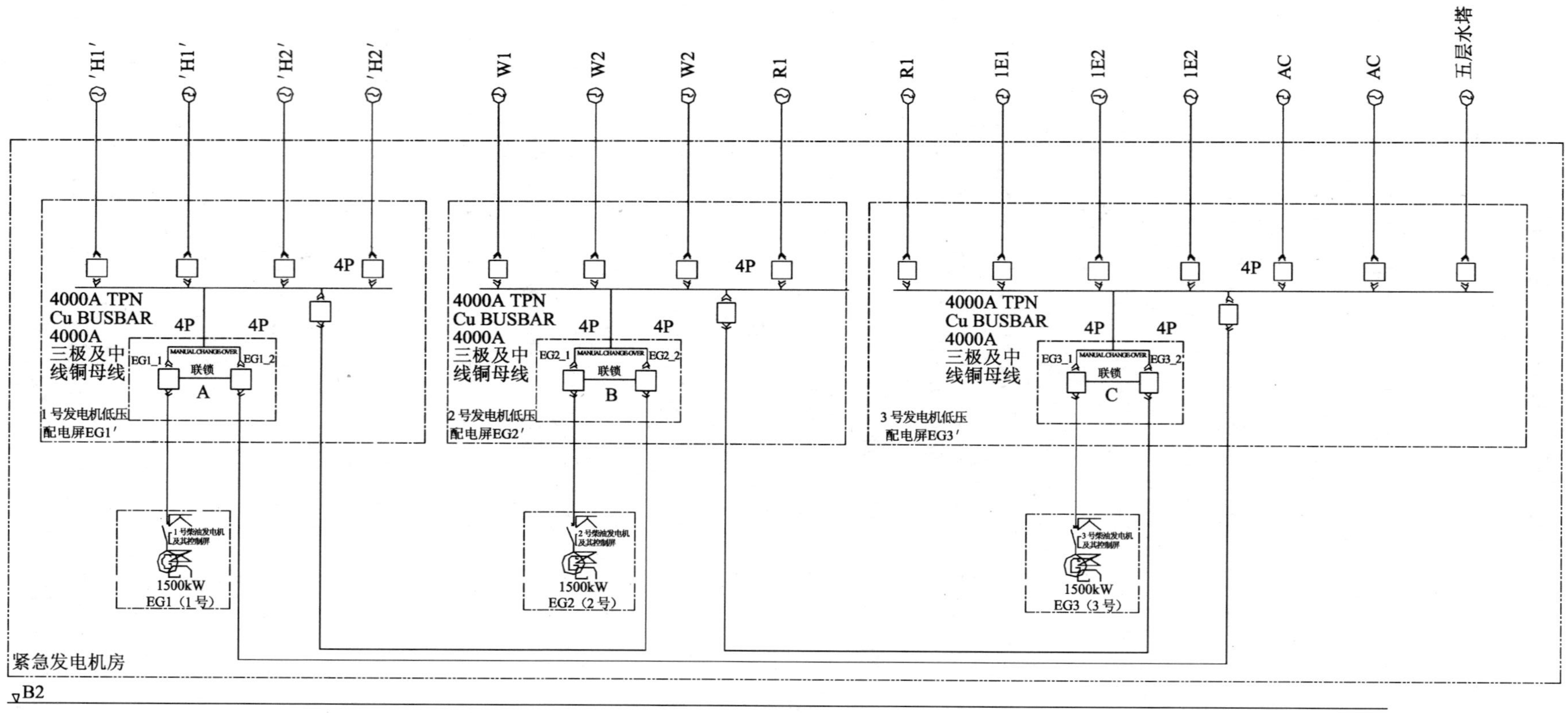

图 3-7-1　柴油发电机组接线示意图

（1）垂直吊装

在预留吊装口南侧，东西方向设置65t汽车吊；运输车运输3台发电机组经东三环向西绕行进入现场。

1）吊装前，要将预留吊装口的防护网和脚手架等障碍物拆除，预留吊装口上方的脚手架拆除高度不小于6m，宽度不小于3m；吊装口预留位置尺寸为6400mm×3000mm。

2）在设备对角线处设置缆绳，由专人负责看守，防止发电机组在垂直运输过程中旋转。

3）两组吊装用钢丝绳必须保证对称，其中一组钢丝绳配备两把10t吊链，便于调整平衡。起吊前认真检查各受力部位是否牢固，确认安全后方可起吊。

4）吊装过程中要保持设备缓慢下降，要在首层和负二层设置吊装人员，以保证设备在吊装人员的视线范围内。吊装时要保持通信的畅通。

（2）地下二层水平挪运

1）卷扬机及钢丝绳选用

根据甲方提供的发电机组参数尺寸为6200mm×2020mm×2200mm（长×宽×高），重量约为14.65t。采用其牵引能力为3t的卷扬机和长度约150m、直径为17.5mm的钢丝绳将发电机组挪运至设备基础位置。

2）卷扬机锚点及滑轮组设置

根据现场实际情况，在发电机房西侧选择C/22轴混凝土柱子设置卷扬机，卷扬机底座处使用钢丝绳与混凝土柱子紧固，卷扬机设置紧固后不需挪位，采用导向滑轮组调整发电机组水平运输方向。

混凝土柱子根部，用钢丝绳围绕时，围绕部位加垫铁报角及木板对混凝土柱子加以保护。为防止受潮，卷扬机底座下应垫枕木。

3）水平运输

① 将运输通道内妨碍运输的脚手架及建筑垃圾等障碍物清除，在负二层地面用4000×300×50（mm）木板均匀铺设挪运通道。木板宽0.3m，铺设间距为0.3m，铺设宽度为3m；木板长4m，木板前后相错搭结，铺设长度为7.8m。

② 发电机组吊装到负二层地面，在设备挪运通道上放置长3m，直径为108mm的无缝钢管滚杠，均匀排布约20根（发电机组通过无缝钢管滚杠和木板对负二层楼板地面的压力面积约23.4m^2，机组自重14.65t，则机组对负二层楼板地面的每平方米压力约0.69t）。

③ 卷扬机绳与机组下端两侧的吊装点相连接，利用卷扬机作牵引动力，通过调整无缝钢管滚杠的角度改变机组挪运方向，将发电机组缓慢运输至发电机房内临时存放位置。

4）机组就位

① 待发电机组基础完成后，在发电机组与机组基础之间用2500×250×250（mm）的枕木和木板均匀铺设挪运通道，铺设高度高于机组基础台水平面50mm，利用卷扬机作牵引动力，通过调整无缝钢管滚杠的角度改变机组挪运方向，将发电机组缓慢运输至设备基础台上，如图3-7-2所示。

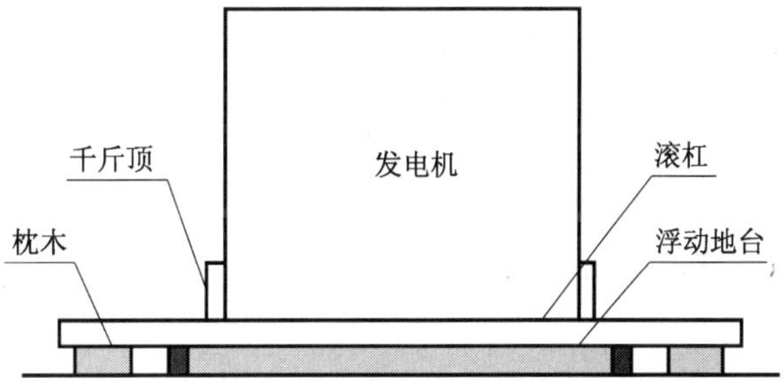

图3-7-2　发电机就位示意图

② 机组挪运至设备基础台上后，在机组一侧用两把10t千斤顶同时将设备一端顶起，用枕木和木板在设备下面加垫稳固。再用两把10t千斤顶同时将设备另外一端顶起，在设备下面加垫枕木和木板。

③ 撤除设备下面的无缝钢管滚杠。

④ 用两把 10t 千斤顶同时将设备一侧顶起，撤除枕木和木板，在设备下面加垫设备自备的专用垫铁，将设备就位至专用垫铁上。再用两把 10t 千斤顶同时将设备另外一侧顶起，撤除枕木和木板，在设备下面加垫设备自备的专用垫铁，将设备就位至专用垫铁上，完成设备就位。

7.4 柴油发电机组的基础设置

北京银泰中心设有 3 台 1500kW 发电机组，每台机组机身自重约为 14.65t。机组减振采用浮动地台基础给发电机组提供一个柔性支撑，发电机运行时通过减振地台作用，防止发电机组因振动而产生的损伤，同时减少噪声的排放。发电机减振如图 3-7-3 ~ 图 3-7-6 所示。

发电机组浮动地台在浇注混凝土时应同时预埋地脚螺栓，地脚螺栓的规格型号应满足发电机组安装孔距的要求。发电机组在浮动地台上吊装完毕就位后，应用厂家提供的力矩扳手紧固到位。银泰中心发电机组通过浮动地台减振安装，单台机组运行噪声小于或等于 95dB，两台机组并行运行噪声小于或等于 115dB，满足设计要求。

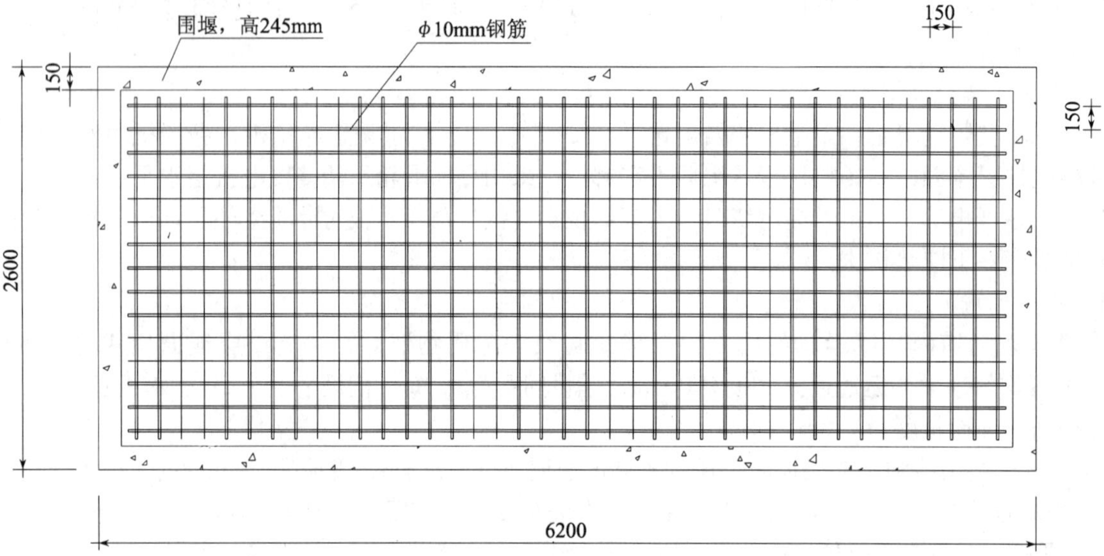

图 3-7-3 浮动地台配筋图

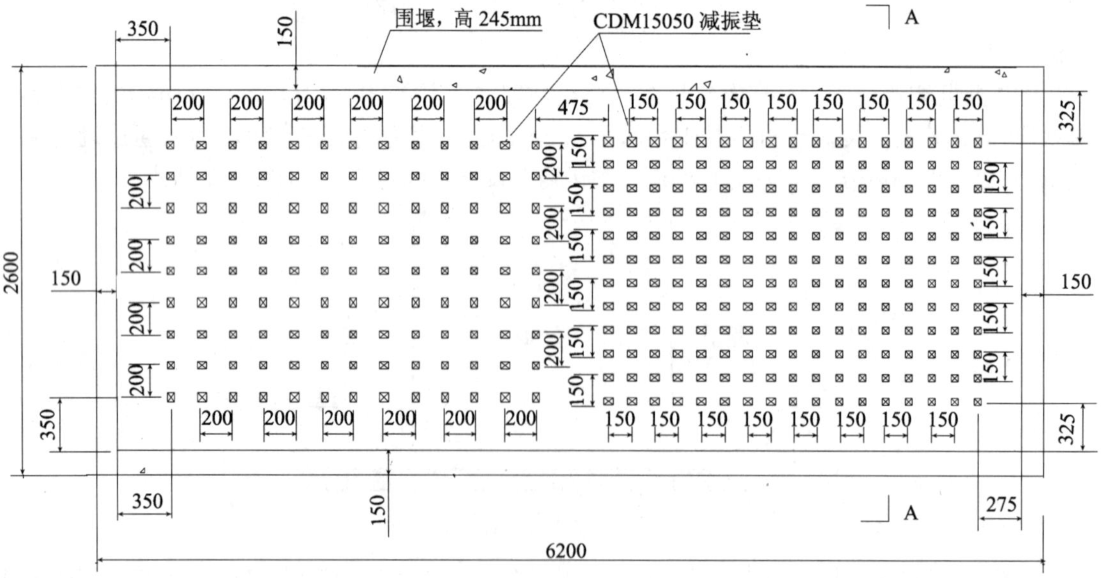

图 3-7-4 浮动地台减振垫分布图

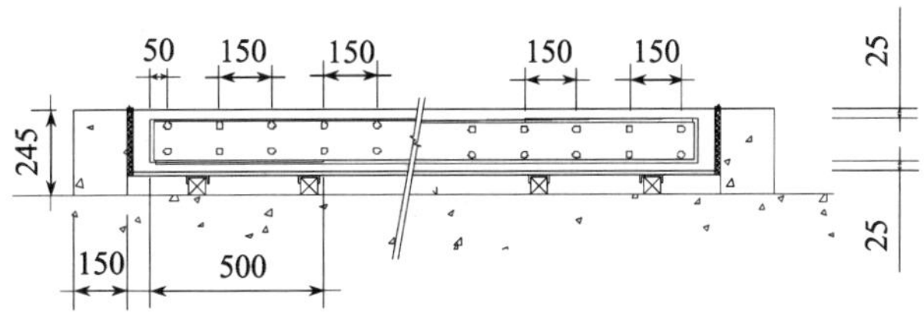

图 3-7-5　浮动地台做法剖面图 A-A-1

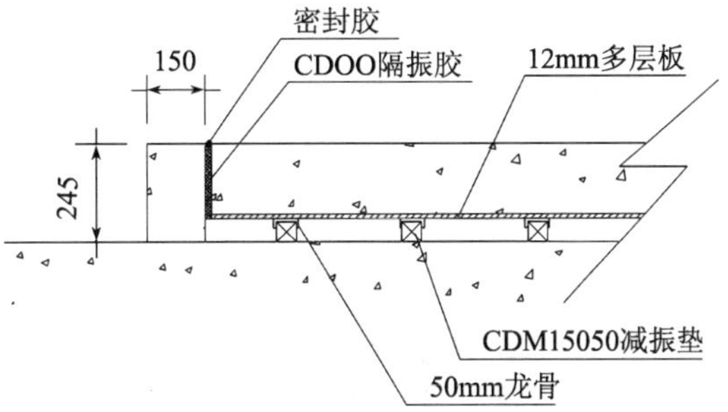

图 3-7-6　浮动地台做法剖面图 A-A-2

7.5　柴油发电机组的线缆连接技术

7.5.1　发电机组馈出线缆规格型号要求

与发电机组连接的所有电缆应全部采用软电缆，这样当发电机组运行时避免损坏交流发电机或空气开关的接线柱。如因特殊原因不能使用软电缆，则可靠近机组处装一接线盒，从接线盒到机组采用软性电缆。电缆可敷设在套管或线槽中，但套管或线槽绝不可固定在发电机组上。如电缆需要弯曲，弯曲半径要尽可能小。发电机组馈出电缆的规格型号必须满足发电机组输出电流和电压的要求，当采用单芯电缆作为馈出电缆时，电缆外护套应采用非磁性金属（如铝或铜），以确保单芯电缆不产生涡流。所有电缆接口必须检查是否牢固。还要检查接线相位是否与设备相位一致，这对自动切换机组和并车尤为重要。

7.5.2　发电机组馈出平衡负载要求

发电机组接线及设备运行前必须对整个建筑物应急供电系统的供电负荷进行认真核算，确保三相供电负荷尽量平衡，不要产生一相负载远远超过另一相的现象，这样会造成发电机组的线圈过热。不平衡的相电压还有可能损坏负载中敏感的三相设备，所以发电机组的运行负载必须保证三相平衡。

7.5.3　发电机组接地要求

发电机组的接地必须绝对可靠，接地线应采用铜制多心软电缆。接地线必须与机组接地端子直接连接，接地线与机组连接处必须留有余量，保证发电机组运行振动时接地线可靠伸缩。接地线或接地卡子的截面容量应满足发电机组全负载电流通过，接地线的接地电阻小于或等于 1Ω。

7.6　柴油发电机组柜间连接氧化镁电缆敷设技术

银泰中心柴油发电机房控制屏柜间联络电缆全部采用 BTTZ 氧化镁电缆，1～3 号发电机组相互支援，柜间联络电缆的规格型号是 36（1×300）BTTZ 电缆。直径为 $\phi300$ 的氧化镁电缆安装难度大，施工质量要求高。柜间氧化镁联络电缆安装质量是发电机组安装过程中的关键工序。氧化镁电缆安装的主要技术措施如下。

7.6.1　施工准备

（1）对班组进行技术培训和技术指导，使他们充分了解这类电缆的特性、敷设要求、技术标准，特别是电缆绝缘测试的方法、步骤，掌握关键节点的施工技能。

（2）结合图纸，熟悉施工现场的情况，包括电缆的走向以及沿线的实际情况、电缆起始，终端的位置，确定电缆敷设安装路径。

（3）大规格氧化镁电缆订货前需根据每条回路的安装路线进行实地测量，确定每条回路的安装长度。每条回路中间尽量不安装中间连接器，减少电缆故障点。

（4）氧化镁电缆到场后必须按照订货与发货清单逐一清点，核对其型号、规格及数量是否与设计图纸中的电缆相一致。

（5）检查矿物绝缘电缆的外包装是否完好，拆除外包装之后，再检查电缆的外表是否有压扁、扭曲，或严重划伤、破损，两端的封端是否完好。

（6）电缆到场后应用500V兆欧表测试电缆的绝缘电阻，绝缘电阻值应不小于200MΩ，并作好测试记录，当电缆受损或有疑问时，可对电缆进行交流耐压测试，实验电压为2500V，15S之内电缆不被击穿方为合格产品。

7.6.2 矿物绝缘电缆敷设及安装

（1）矿物绝缘电缆在室内电缆桥架上敷设时应对单个供电回路的电缆长度进行准确测量，并根据实际到场电缆长度进行合理配盘。电缆敷设时应采用人工方法将整盘电缆盘反向松开顺直，尽量减少电缆弯曲。电缆在桥架上敷设时应根据电缆的长度和重量合理的分配人力，电缆的牵引和移动必须统一指挥、用力一致，坚决杜绝用机械牵引敷设电缆。电缆在敷设过程中电缆外皮不得剐蹭或破损。单根电缆敷设完毕后应用橡皮锤轻轻敲打排直，氧化镁电缆应逐根分层布放。

（2）矿物绝缘电缆中间头和终端头制作安装

氧化镁电缆在敷设过程中，电缆一旦被割开或锯断，应立即进行下一道工序的施工，若锯断后要放置一段时间后再施工时，一定要及时做好电缆的临时封端，以免氧化镁绝缘层受潮。当发现潮气进入端部，可用汽油喷灯对电缆端部进行驱潮处理。单个回路如需做中间接头，接头前应做好相序标示，防止错接。电缆的终端头和中间接头安装之后，应立即进行绝缘测试，经过24h之后再测试一次，以确认电缆线路绝缘性能良好。电缆的终端应牢靠地固定在电缆和电气设备上，电缆的铜护套接地保护应连接牢靠。在电缆的敷设过程中，或敷设安装好之后，一定要严格禁止带电的电焊龙头线在电缆上拖动或碰撞，以免产生碰焊火花熔化铜护层，导致电缆铜护层产生孔洞，潮气通过孔洞被氧化镁吸收，使电缆的绝缘电阻值降低。

（3）矿物绝缘电缆系统绝缘复测

所有矿物绝缘电缆安装完毕后，在端头接入配电柜（箱）至开关前，应用500V兆欧表对其进行系统绝缘电阻复测，并作记录。相间、相零及对地（铜护套）绝缘电阻应不小于200MΩ，且三相数值基本平衡。绝缘电阻测试合格后，应将终端头接入配电柜、配电箱或接线箱，接入开关时应保证相序、相位正确，终端附件固定牢靠，接地保护线连接安全可靠。矿物绝缘电缆的回路标记应清晰，编号准确，并在其首端、末端和分支处设标志牌。当各相关系统绝缘测试及交接试验合格，接线及线路走向核对正确后，方可进行空载通电试验，无异常后，可带负荷试运行，并作好负荷量考核运行记录。

7.7 发电机组的安装项目检查

7.7.1 调试前安装项目检查

（1）场地检查

检查发电机组是否安装完毕；检查发电机房有无易燃、易爆和杂物；检查发电机组上是否有杂物，机组是否擦拭干净。

（2）油箱检查

检查油箱、油管、油泵、电动泵、电动泵控制箱是否安装完毕；检查油管是否安装完毕，油管是否有漏油、漏气现象；检查连接燃油泵控制箱电源线和控制线是否可靠。

(3) 进排风系统

检查进排风系统是否安装完毕；调试进排风系统，随机组启停而启停；检查进排风口有无杂物。

(4) 水循环系统

检查冷却系统管道是否已安装及验收；检查室外散热器、冷却循环水管、冷却水泵、水泵控制箱是否安装完毕；室外散热器和冷却循环水管要打压测试并出具测试报告（试压完毕后要把室外散热器和冷却循环水放掉，以防把室外散热器和冷却循环水管冻裂；水压小于2kg）；连接电源线和控制线。

(5) 排烟循环系统

检查排烟系统是否安装完毕，排烟管是否用隔热棉包裹；检查排烟管出口及周围无易燃物并畅通。

(6) 设备检查

检查发电机及其随机的配电柜和控制柜接线应正确无误，所有紧固件应牢固，无遗漏脱落。开关、保护装置的型号、规格必须符合设计要求。检查发电机内部，发电机上方，风扇内部是否有杂物，并清除。

(7) 地线检查

1) 检查发电机的中性线（工作零线）与接地母线是否用专用地线及螺栓连接，螺栓防松装置是否齐全，标识是否清晰。

2) 检查发电机本体和机械部分的可接近导体是否与接地线（PE）或保护接零线（PEN）可靠连接。

(8) 机组接线

1) 检查发电机及各控制箱接线是否正确可靠。馈电线两端的相序是否与原供电系统的相序一致。

2) 将所有的接线端子螺丝再检查一次；用兆欧表测试发电机至配电柜的馈电线路以及相间、相对地间的绝缘电阻，其绝缘电阻值必须大于0.5MΩ。对1kV及以上的馈电线路直流耐压试验为2.4kV，时间为15min，泄漏电流稳定，无击穿现象。

7.7.2 调试前检查测试工作

(1) 开机前准备柴油机组调试所需耗材：

1) 路径中的防冻液为14200L，品牌：蓝星，标号：-30°。

2) 调试柴油为3000L，标号：-20#。

(2) 开机前关于柴油机组调试所需耗材：

1) 机体和室外水箱中的防冻液为1140L，品牌：蓝星；标号：-35°。

2) 电瓶液为300L。

7.7.3 调试前的准备工作

(1) 冷却系统：冷却系统灌防冻液，水箱内加满防冻液，如遇天冷注意做好防护措施。

(2) 燃油系统：清理柴油箱，油管路，准备好调试用油。

(3) 蓄电池接电：按正负极用标配电缆完成。接头处切记拧紧，并对桩头作相应保护。多块蓄电池串并联按要求集中放置。

(4) 控制屏接电：控制屏有保险装置的闭合供直流电。设有初始报警的控制屏可以进行消除蜂鸣器音响报警，如无其他异常可以清除该报警。

(5) 加热器接电：按技术要求给水套加热器接220V交流电，并检查加热器确已正常工作。低温环境下严禁强行冷启动。

(6) 随机充电器接电：按技术要求给随机供货的充电器接通电源，并确认充电器已正常工作。

(7) 控制屏参数确认：按随机技术文件附件核实菜单各项参数设置，如有必要可进行修改。

7.8 柴油发电机组调试技术

7.8.1 柴油发电机组启动检查

(1) 启动发电机组，让机组运行，检查发电机及各管路连接处是否有漏油、漏水，发电机各部位是否有松动。检查并仔细听发动机的工作声音是否正常，如有异常响声应停机检查。用机组的启动装置手动启动柴油发电机无负荷试车1h，检查机组的转向和机械转动有无异常，供油和机油压力是否正常，冷却水温是否过高，转速自动和手动控制是否符合要求。

（2）柴油发电机无负荷试车合格后，再进行2h空载试验，检查机身的温升，待机组空载试验合格，再进行带负荷试验。

（3）检测自动化机组的冷却水、加热系统，接通电源，如水温低于15℃，加热器应启动自动加热，当温度达到40℃时加热器应自动停止加热。

（4）检测机组的保护性能：采用仪器分别发出机油压力低、冷却水温高、过电压、缺相、过载、短路等信号，机组应立即启动保护功能，并进行报警。

（5）检测自动补给装置：将装置的手/自动开关切换到自动位置，人为放油至低液位，系统自动补给；当液面上升至高液位时，补给应自动停止。

（6）采用相序表对市电与发电机电源进行核相，相序应一致。

7.8.2 柴油发电机组并网试运行

（1）与市电的联动调试：人为切断市电电源，主用机组应能在设计要求的时间内自动启动并向负载供电；人为设置故障使主用机组停机，备用机组应能自动启动向负载供电。恢复市电，备用机组自动停机。

（2）试运行验收：对受电侧的开关设备、自动或手动切换装置和保护装置等进行试验，试验合格后，按设计的备用电源使用分配方案，进行负荷试验，机组和电气装置连续运行12h无故障，方可交接验收。

（3）二次启动：按正常手动开机程序开机，观察控制屏各项参数是否正常，观察发动机工作是否正常。有异常情况时，必须在停机状态下排除，并重复手动测试程序至系统正常。多次尝试无果或不能顺利排除故障时，应停机详细分析原因。无异常时，空载运行10~15min待水温升至55℃以上时可进行下道程序。

（4）带载试运行：根据现场条件，在冷冻站内准备一组1500kW假负载（由厂家提供），采用临电电缆（由厂家提供）接至假负载，进行约15~30min的带负载运行测试。

（5）带自动状态测试：自动机组在手动带载运行后应模拟市电断电情况，造成自动启动开机的工作循环至少两次。以此来证实自启动系统的可靠性。是否进行带真实负载的测试，由现场的具体情况决定。

（6）报警点模拟测试：对超速、低油压、高水温、启动失败进行模拟测试。每测试一项，必须即刻恢复原状，才能进行下一项测试。

（7）发电机的各项调试结果必须填入调试表格，表格见附表1~附表4。

7.9 安全保证措施

7.9.1 柴油发电机组调试岗位职责

（1）在发电机组试运转及送电前，参试人员必须认真阅读施工技术交底，严格按照操作规程作业，在项目部调试小组领导下工作，杜绝违章指挥和违章作业。

（2）建立岗位责任制，明确专人统一指挥，保证安全，各负其责。

（3）调试前发电机房周边必须做好警戒标志牌或警戒线，非发电机组调试人员请勿入内，并落实到位。

（4）严格执行送电管理制度，机组发电后外送时，必须征求调试总负责人同意，并签认后由专业电工实施。外送电时必须2人进行，一人监护，一人操作。

（5）送电人员必须严格遵守安全操作规程、穿戴防护用具，设备接电必须由专业电工完成；必须带电作业时，应采取有效监护措施，否则不准许带电作业。

7.9.2 发电机组调试前重点检查部位

（1）做好设备及管线外观检查；电器开关、阀件、风口状态调整试验；发电机组、配电柜、线路等接地牢固可靠，转动部分防护罩安装良好。

（2）注意发电机房内燃油箱防护，严禁烟火；注油及用油过程中必须配备足够的灭火器具，并安排专人进行看护。

（3）机组中测试仪器仪表开机前必须校正调零。

7.9.3 发电机组试运行时的注意事项

（1）发电机组调试完毕后需认真清理现场，将有关电缆及电线拆除，配电柜内的母排必须做好还原工作及进行绝缘测试工作。

（2）对调试过程中形成的有关记录和有关数据应及时整理，提交正式的检测报告，以便各验收单位及见证单位签字确认。

（3）如在试验过程中有任何疑问，各单位应把问题记录备案，在不影响试验结果的安全情况下，试验工作不会停止，直到试验完毕为止。

（4）调试合格后，填好交机服务报告，安排专门时间给业主进行开机培训。

柴油发电机组测试报告 **附表 1**

用户名称		机组型号	P2200E
场地地址		测试日期	

柴油发电机组			
型号	生产厂	出厂日期	编号
P2200E	WILSON		

柴油发动机				
型号	功率	生产厂	转速	编号
		PERKINS	1500	

交流发电机					
型号	频率	电压	功率	生产厂	编号
	50Hz				

控制屏			
型号	控制电压	自动/手动/遥控	编号
	24V	自动/手动/遥控	

自动转换开关柜（ATS）				
型号	位置	主开关型号	电流	编号

客户代表：　　　　　　　　公司代表：

日　　期：　　　　　　　　日　　期：

负载测试表

附表 2

开始时间								
运行时间（min）								
频率（Hz）								
电流	R（A）							
	Y（A）							
	B（A）							
电压	R-Y/R-N（V）							
	Y-B/Y-N（V）							
	B-R/B-N（V）							
负载	kW							
	%							
转速（r/min）								
冷却水水温（℃）								
机油油压（PSI）								
电瓶电压（V）								
机房室温（℃）								

测试情况说明：

备注：如果负载为空载或小于机组容量的 25%，测试时间不宜超过 30min。

客户代表：
日　　期：

公司代表：
日　　期：

场地测试项目 **附表3**

序	检测项目	技术要求	检测结果	试验仪器	备注
1	机组外观检查	（1）机组的系统安装无漏水、漏油、漏气现象		目测	
		（2）机组焊接牢固，无焊接缺陷；表层漆膜均匀，无明显裂纹和脱落；电镀件镀层光滑，无漏镀斑点、锈蚀点；机组紧固件牢固，附件齐全			
		（3）机组各导线的连接处有不易脱落的明显标识			
		（4）机组有良好的接地端子			
		（5）机组铭牌符合厂家要求			
2	检查相序	机组电气安装符合电路图，机组接线端子相序从正面看自左而右排列，电缆上标有 相色：U-黄色，V-绿色，W-红色		XZ-1	
3	外置散热循环系统	安装正确，无漏水，压力指示正常		目测	
4	辅助系统	水套加热器、充电器、回油散热器安装正常。		目测	
5	室内散热系统	循环水泵、进排风、排烟系统安装正常		目测	
6	检查控制屏各指示装置完整及准确	在额定电压时的空载运行，各表指示正确		FLUKE-87	
		在额定电压时的满载运行，各表指示正确			
7	测量稳态电压调整率	机组的稳态电压调整率为：≤±1%		FLUKE-43	
8	测量电压的波动率	机组的电压波动率为：≤0.5%		FLUKE-43	
9	稳态频率的调整率	机组的稳态频率的调整率为：≤1%		FLUKE-87	
10	测试频率的波动率	频率的波动率为：≤0.5%		FLUKE-87	

机组开机前检查及开机后各项内容确认表 **附表4**

序号	工作内容	确认（请√）
1	检查机油油位	
2	清洗，检查柴油回路	
3	检查油水分离器内的水分	
4	检查机组空气滤清器是否阻塞	
5	机组减振器、消声器、波纹管的安装检查	
6	检查机组水箱冷却液面，清洁水箱外表阻滞物	
7	检查加热器水管有无老化开裂现象	
8	检查机组上管道及软管接头及紧固螺栓有无损坏并拧紧	
9	检查机组是否有漏油、漏水现象，进行必要处理	
10	检查、调整传动皮带的松紧	
11	检查启动马达及充电机	
12	检查蓄电池的液面、比重	
13	市电充电器的输入输出电压检查	
14	发电机箱内的接线端子的紧固	
15	室外散热水箱的安装，接线检查，试验	
16	进/排风控制的检查	
17	循环水泵的检查	
18	开机运行检查机组各项参数是否正常	
19	检查机组控制保护系统、模拟试验	
20	按照25%、50%、75%、100%步骤进行机组的加载试验，记录运行数据	
21	对于现场不能修复的问题，记录登记	
22	参照机组服务报告内容，完整填写报告，并与客户签字确认	

第 4 篇

智能建筑

1 首都机场T3A安全防范系统安装施工技术

1.1 工程概况

1.1.1 系统介绍

北京首都国际机场T3A安全防范系统是一个包括了402台门禁、1134台机场摄像机（不含远机位及进场路），133台外联办摄像机，148台海关摄像机、69台拾音器，47台紧急按钮，19台双鉴探测器的综合性安防系统工程。此次T3A安防系统为陆侧道路交通范围内的安防系统集成工程，此集成工程项目包括安防系统及安防网络系统；安防系统包括安防集成管理系统、闭路电视监控系统、门禁系统。

以上各子系统通过计算机网络互联，在安防集成管理系统平台的统一集成管理下，有效地整合所有技术资源与手段，形成一套功能完整的安全防范系统，满足机场各部门（如安全、生产、消防、机电运行等部门）的要求，使得T3A航站楼具有更全面、更有效、更综合的安全技术防范能力，保证T3A航站楼的安全性与稳定性。

闭路电视监控系统是整个安防系统的核心，是一个分布式数字化网络监控系统。它为机场的安全监视、设备监控、生产运行提供有效的技术手段。

门禁系统主要完成T3A航站楼的通道控制、机房管理及人员管理，掌握所有受控门/通道的人员进入情况并进行控制，改善隔离区的安全防范措施，以确保航站楼的治安。

防范报警系统对防盗设防区域的非法入侵和紧急事件的发生实施控制和报警，以确保航站楼的治安。

1.1.2 技术说明

T3A主楼安防设计采用汇聚交换数字化通信原理，共有设备小间52个，其中3个汇聚通信小间，分别为07、22、34小间；一个核心交换小间，即01核心通信小间。前端摄像机信号及电源分别进入所属设备分区小间，通过8路编码器经光纤传输到3个汇集通信小间，再由汇聚小间经光纤传输到01核心通信小间。光传输系统采用双码流编码器进行编码，其分辨率可达4CIF，压缩效果为MPEG2，可以达到良好的视频效果。在核心交换区设有电源工作站，全面控制整体安防系统摄像机的供电，由核心交换层直接管理3个汇聚层的电源工作站，再由汇聚层电源工作站控制其他弱电小间电源控制器，从而达到整体电源有序良好的控制对应关系。门禁系统，包括双鉴探测器、拾音按钮在所属弱电小间进入交换机，经过单模光纤进入到汇聚通信小间，由区域控制器进行控制。这里包括门禁系统的读卡器电源、门锁电源，控制信号均由区域控制器引出。门禁读卡器的信号通过读卡器接口模块以RS485的方式传送到设备间的区域控制器上，转换成数字信号在网络上传输到门禁控制服务器上。网络支持TCP/IP协议，并能适应不断发展的网络技术的需求，支持数据通信、语音通信、多媒体通信以及各种控制信号的通信。本次T3A安防网络采用双机双链路设计，能有效避免单点失效，保证了各设备与关键设备的互联，同时提供充分的冗余备份，一方面可最大限度地减少故障的可能性，另一方面可保证安防网络系统全网路由能快速收敛。为了更好地发挥组播路由优势，所有汇聚层DCR和PCR之间的冗余链路都采用3层点对点互联方式；所有DCR和PCR之间采用PIM-SM组播路由协议；所有DCR以下交换机采用IGMPSnooping协议；视频编码器、NVR直接连接到DCR汇聚交换机，视频解码器根据需要连接到DCR或SCR交换机，NVR、视频编码器、视频解码器和DCR交换机之间采用IGMP组播协议。

1）核心层网络处于网络结构的顶层，是网络的核心部分，具有高带宽传输能力、高容错性能、高密度和高速率接入等特性。考虑到核心设备的吞吐量要求，核心网络设备必须采用万兆以太网技术。核心主干由两台高性能万兆核心交换机组成。两台万兆核心交换机之间通过两条千兆以太网端口以全双工的模式捆绑方式连接，实现4Gbps全双工带宽的备份能力。T3A每台万兆核心交换机通过两条万兆以太网光端口以全双工的模式，与T3B两台万兆核心交换机以冗余方式跨交换机连接，实现T3A与T3B核心主干之间的10Gbps全双工带宽的冗余传输能力。当其中某个端口出现故障时，T3A与T3B核心交换机之间的数据通信不中断，可通过通道中的其他端口继续交换数据，达到冗余备份的目的。

2）汇聚层网络同核心层交换机形成万兆冗余结构，并且同时提供同设备小间和分控室交换机的千兆互联。在T3A的3个DCR设置两台汇聚交换机，每台汇聚交换机分别通过两条万兆以太网端口上行跨接两台核心交换机。当其中某个上行链路端口出现故障时，汇聚交换机与核心交换机之间的数据通信不中断，可通过通道中的其他端口继续交换数据，达到冗余备份的目的。两台汇聚交换机之间通过千兆以太网光端口以全双工的模式捆绑方式连接，实现4Gbps全双工带宽的冗余备份能力。汇聚层网络也提供应用服务器群的网络连接，见图4-1-1。

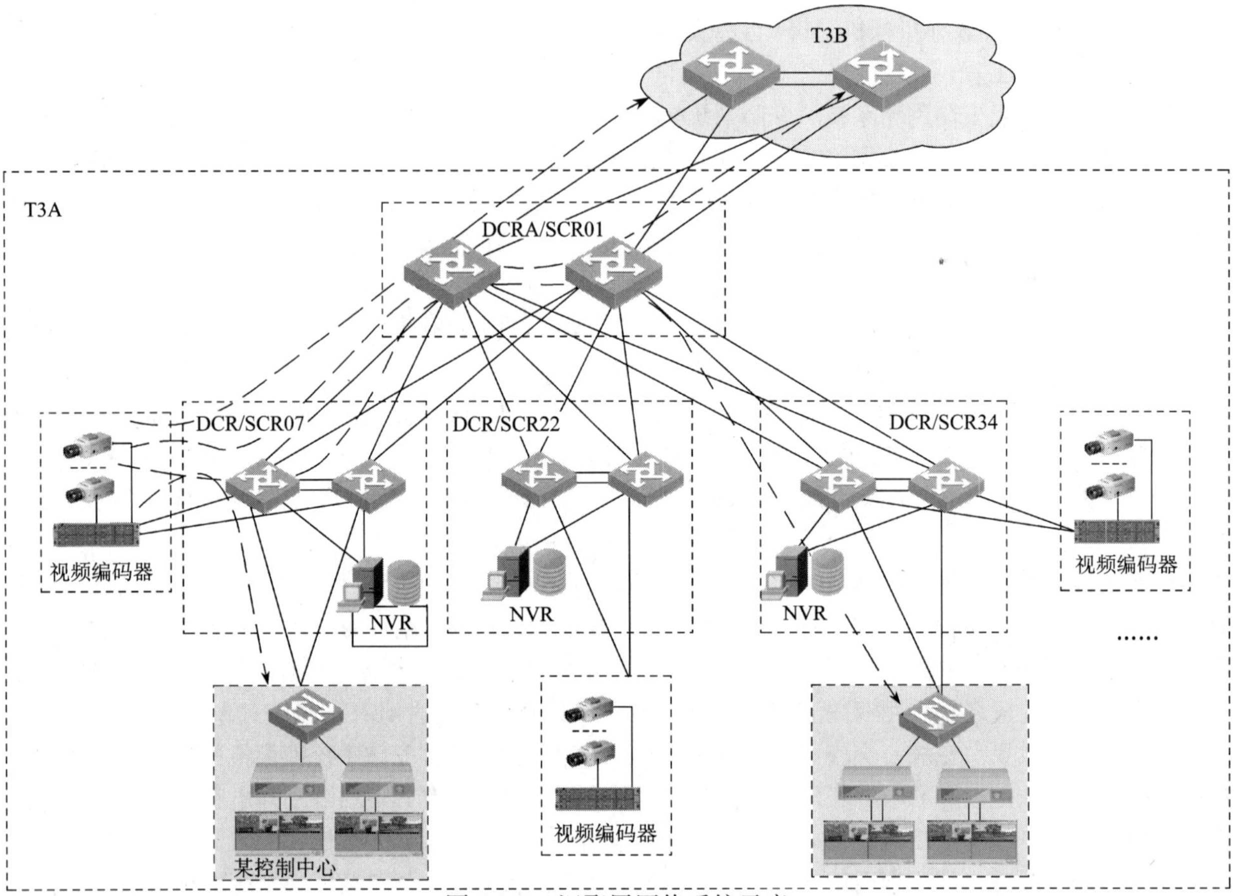

图4-1-1　汇聚层网络系统示意

1.2　项目界面及系统施工与其他承包商的配合

弱电系统的施工及安装是整个建筑工程的一个组成部分，与其他各专业的施工必然会发生多方面的交叉作业，尤其是和土建、装修施工的关系最为密切。弱电设备的安装、电缆电线保护管预埋、探测器的安装和各种支撑件、固定件的安装，都要在土建、装修施工中预埋和预留孔洞，这样不但能提高安装质量，而且能加快施工进度，提高生产效率，保证施工过程中的安全。各施工专业间的相互协调配合，能使弱电装置安装得整洁美观，随着施工工艺的不断发展，许多新工艺、新结构层出不穷，施工项目不断增加，建筑安装空间不断缩小，施工中的相互配合协调，愈加显得重要。

1.2.1　与土建的配合措施

（1）施工前的准备工作

在弱电工程项目开工前，弱电相关专业人员应会同土建施工技术人员共同查对土建和弱电施工图纸，对有关弱电系统的基础型钢预埋、支吊架的预埋和线路保护管的预埋等，排出配合交叉的施工计划，确定准确的配合时间及配合内容，以防遗漏和发生差错。尤其是梁、柱、地面、屋面的做法和施工顺序，要在不影响和不破坏土建的产品性能的条件下进行，并在配合施工之前，将各种预埋件制作好，做好必要的防腐处理。

（2）关于梁、柱、墙、地面的施工配合

在安防工程中，管线基本上都采用暗配，许多管槽需在梁、柱、墙、地面等处预埋，例如：在墙柱的适当位置埋设预埋件及设备支撑的型钢支架，过墙、过梁的管槽需在墙体砌筑或预制梁柱时预埋或预留洞。为了保护弱电设备，大量的线缆、箱盒、线槽、设备的安装，必须在土建粉刷或装修时才能进行，因此需与土建协调预留孔洞及安装空间，同时根据现场的实际情况，在不影响建筑结构及建筑外观的情况下开槽凿洞，在建筑结构面或建筑结构节点上的开槽开孔工作，必须取得建筑设计单位的书面确认。所有这些工作都需与土建单位密切配合，根据土建的进度等条件确定配合施工的时间和方式。

（3）工程管理上的配合

弱电系统的施工在施工进度、质量管理、安全文明施工等方面必须与总包单位密切配合。一般情况下，只有在建筑主体封顶的情况下，才能为弱电系统提供大量的工作面，所以弱电系统的进度必须根据土建的进度情况来合理安排。弱电系统承包单位作为分包单位，必须在质量管理、安全施工等方面与总包单位密切配合，服从总包管理。

1.2.2　与其他分包单位的配合

安全防范系统实施与其他分包单位的配合主要是与装修、机电安装单位、其他智能化专业以及消防单位的配合。因安全防范系统的管线，除一部分预埋在建筑结构中，大部分的管线都暗敷在装修面内，而大部分安全防范系统设备特别是前端设备都安装于装修面之上。所以与装修单位的配合内容最多，也最密切，其次是与机电设备安装单位的配合。

（1）与装修单位的配合

安全防范系统的许多管槽都在吊顶内敷设，在安全防范系统施工进度的安排上，此部分管槽的施工就应在天花龙骨施工前完成。天花面上安装的探测器、摄像机等前端设备则在天花敷设完成前安装支架、天花敷设完成后安装前端设备。墙面安装的面板、探测器等既要注意施工的先后顺序，还需与装修单位协调装修面上开孔的问题。在施工进度、施工工艺上都需与装修单位大量的协调、配合，装修单位的工程进度计划是弱电系统进度计划安排的重要依据，其中涉及许多交叉配合的工作。

（2）与管槽施工单位的配合

该系统的主线槽、线管由其他单位施工，该系统及时将进度需求提交给对方，管槽施工单位合理安排进度，以保证该系统的按时施工。

1.3　施工技术方法

1.3.1　工序流程

现场施工条件勘定──→线管检查──→线缆敷设──→弱电小间设备安装──→前端设备安装──→设备调试──→主设备接线──→系统总调试──→系统测试──→竣工验收。

1.3.2　施工重点

（1）进场后，在熟悉图纸的基础上，加强深化设计与系统配置，尽早熟悉现场条件，组织施工人员进场勘查。根据图纸所示查找安防信息点、桥架位置、前端信息点所属各个设备小间，管线路由图。其次，检查管线通畅情况。采取穿钢带线和软弹簧的方式测试管路通畅情况及管线路由，这样会迅速发现问题管线及预埋管线路由，为下一步放线及支架安装做好准备。当点位确定，预埋管路畅通时，进行放线工作。在线缆首尾用口取纸和彩色笔写清摄像机编号，然后用透明胶带裹紧加固。在设备前端点位，在与精装修单位确定点位后，摄像机支架就要进行安装。前端设备施工重点在于点位查找与检查管线通畅情况。

（2）设备安装的重点

设备安装施工前应对所安装的设备外观、型号规格、数量、标志、标签、产品合格证、产地证明、说明书、技术文件等资料进行检验，检验设备是否选用厂家原装产品，设备性能是否达到设计要求和国家规范的规定。

设备安装位置应符合设计要求，便于安装和施工；设备表面应完整，无损伤，螺丝坚固；机内接插件和设备接触可靠；机内接线应符合设计要求，接线端子各种标志应齐全，保持良好；控制中心配线设备、接地体、保护接地、导线截面颜色应符合设计要求；所有机柜应设接地端子，并良好接入接地端排。

（3）系统施工重点、难点及处理措施

1）闭路电视监控系统

对于T3A电视监控系统来说，施工的难点主要在于设备安装定位的问题。为了保证T3A主楼摄像系统美观，前端摄像机，特别是支架的安装，不能破坏整体建筑物装饰效果，故在系统前端设备安装方面，应考虑某些场所装饰性极强的特点，及时根据现场环境调整摄像机支架安装高度和安装方式。尽量兼顾美观性与实用性，达到与T3A主楼的和谐统一。同时在对定焦摄像机安装时还应充分考虑安装高度对角度的影响，所以应根据视场监视的角度进行摄像机安装定位。

2）门禁系统

合理安排读卡器布线路由：系统控制器以RS485结构连接读卡器模块，读卡器模块连接读卡器以韦根通信模式，可以利用产品特点在布线时进行简化，结合现场建筑特点和逻辑关系，在施工阶段设计好路由，以保证线路的最合理化。

屏蔽线缆接地及总线终端电阻连接：接地及总线终端电阻连接问题是比较容易忽视，如果施工中没有注意，将影响系统调试及运行。屏蔽线缆的屏蔽层必须连接到控制器的指定位置，终端电阻按照RS485总线的要求设定。

3）安防专用计算机网络系统

计算机网络系统核心交换机的配置及调试：包括核心交换机的端口设置、IP地址配置、VLAN划分、路由协议配置、ACL配置及连接服务器的配置与调试等。防火墙的配置与调试：包括防火墙的内网、外网、DMZ的部署；防火墙策略的设置；IP内部地址转换等配置。

1.3.3 线缆敷设

（1）线槽配线前应消除槽内的污物和积水；缆线布放前应核对型号、规格、路由及位置与设计规定是否相符。在同一线槽内的导线截面积总和应该不超过内部截面积的40%；缆线的布放应平直、不得产生扭绞、打圈等现象，不应受到外力的挤压和损伤；缆线在布放前，两端应贴有标签，以标明起始和终端位置，标签书写应清晰、端正和正确；电源线、信号电缆、对绞电缆、光缆及建筑物内其他弱电系统的缆线应分离布放。各缆线间的最小净距应符合设计要求；缆线布放时应有冗余。在交接间、设备间对绞电缆预留长度，一般为3～6m，工作区为0.3～0.6m；光缆在设备端预留长度一般为5～10m；有特殊要求的应按设计要求预留长度；在牵引过程中，吊挂缆线的支点间距不应大于1.5m；布放缆线的牵引力，应小于缆线允许张力的80%，对光缆瞬间最大牵引力不应超过光缆允许的张力。在以牵引方式敷设光缆时，主要牵引力应加在光缆的加强芯上；电缆桥架内缆线垂直敷设时，在缆线的上端和每间隔1m处，应固定在桥架的支架上，水平敷设时，间隔3～5m处设固定点。在缆线距首端、尾端、转弯中心点300～500mm处设置固定点；槽内缆线应顺直，尽量不交叉，缆线不应溢出线槽，在缆线进出线槽处、转弯处应绑扎固定。在水平、垂直桥架和垂直线槽中敷设缆线时，应对缆线进行绑扎。4对对绞电缆以24根为束，25对或以上主干对绞电缆、光缆及其他信号电缆应根据缆线的类型、缆径、缆线芯数绑扎。绑扎间距不宜大于1.5m，间距应均匀、松紧适度；在竖井内采用明配桥架、金属线槽等方式敷设缆线时，也应符合以上有关条款要求。

（2）穿线技术要求

1）所有的钢管口都要安放塑料护口，穿线人员应携带护口，穿线时随时安放。

2）余长：电缆在出线盒外余长30cm，余线应仔细缠绕好收在出线盒内。在配线柜处应从配线柜入口算起，余长为配线柜的（长+宽+深）。

3）分组绑扎：余线应按分组表分组，从线槽出口捋直绑扎好，绑扎点间距不大于50cm。不可用铁丝或硬电源线绑扎。

4）转弯半径：一般电缆转弯半径应不小于其直径的4～6倍。

5）垂直电缆通过过渡箱转入垂直钢管往下一层走时，在过渡箱中要绑扎悬挂，避免电缆重量全压在弯角的里侧电缆上。在垂直线槽中的电缆要每米绑扎悬挂一次。

6）线槽内布放电缆应平直，无缠绕，无长短不一。如果线槽开口朝侧面，电缆要每隔1m绑扎固定1次。

7）电缆按照平面图标号，对应的房间和插座位置不能弄错。两端的标号位置距末端25cm，贴浅色塑料胶带，上面用油性笔写标号或贴纸质号签再缠透明胶带。此外，在配线架端，从末端到配线柜入口，每隔1m要在电缆皮上用油性笔写标号。

8）穿线完成后，所有的电缆应全面进行通断测试。测试方法：把两端电缆全部剥开，露出铜芯。在一端把数字万用表拨到通断测试档，两表笔稳定地接到一对电缆芯上；在另一端把这对电缆芯一下一下短暂地接触。如果持表端能听到断续的"嘀嘀"声，就证明连接正常，每根电缆都要测。这样测试能发现的问题是断线、断路和标号错误。

9）当电缆管路采用预埋安装时，管槽堵塞是最主要的问题，穿线前应全面扫管，否则必将被长时间的穿线过程拖垮。

（3）电缆保护

穿钢管时钢管两端要加护套，所有电缆经过的管槽连接处都要处理光滑，不能有任何毛刺，以免损伤电缆。

拉线时每根线拉力应不超过11kg，多根线拉力最大不超过40kg。

电缆一旦外皮损伤以致芯线外露或有其他严重损伤，损伤的电缆段应抛弃，不得接续，接续的电缆无法满足信号传输要求。

整个工程中电缆的储存、穿线放线都要耐心细致，避免电缆受到任何挤压、碾、砸、钳、割或过力拉伸。布线时既要满足所需的余长，又要尽量节省，避免任何不必要的浪费。布线期间，电缆拉出电缆箱后尚未布放到位时如果要暂停施工，应将电缆仔细缠绕收起，妥善保管，不得随意散置在施工现场。

1.3.4 光缆敷设

光缆线路施工一般可以分为三个阶段：准备阶段（包括单盘检验、路由复测、光缆配盘和路由准备）、施工阶段（包括光缆敷设布放、接续安装、中继测试）和竣工验收阶段。光缆敷设布放常采用直埋、架空、管道等方式，它是光缆线路施工中的关键步骤，必须根据预先确定敷设方式，严格按有关设计施工的规定进行。光缆接续是光缆线路施工中非常重要的一个环节，因此施工时一定要按规范操作，并且要检验每个光纤接头的损耗是否满足指标要求。当按照要求将所有分离的光缆接续起来成为一体后，在合适的转插板或接头盒中终结光缆以完成光缆安装，最后用OTDR和光功率计测试整个光缆链路。

（1）直埋光缆的敷设

直埋光缆有人工敷设和机动车牵引敷设两种方法，光缆被放入在挖沟或直接犁的沟下面。光缆被布放的深度范围为76.2～101.6cm以下，直埋光缆注意沟底平整且无大的石块等杂物，表层覆土无较大玻璃石块杂物，并应轻轻回填，为光缆提供更好的载荷分布，尽可能减小光缆的损伤和降低光纤的微弯损耗。机动车牵引敷设法则是用机动车拖引光缆盘，将光缆自动布放在沟中或沟边，布放在沟边的光缆，要用人力移入沟中。布放光缆时，严禁直接在地上拖拉光缆，布放速度要均匀，避免光缆过紧或急剧弯曲。

（2）架空光缆的敷设

将光缆架设至杆上的敷设方法称为架空敷设。架空安装可以通过缠绕光缆到钢吊线上或以安装自承式光缆的方式完成。架空光缆应注意使用直径合适的滑轮和适当的弯曲半径。

（3）管道光缆的敷设

管道光缆的敷设要比直埋和架空光缆的敷设复杂很多，施工技术要求较高。管道光缆的敷设一般包括路由勘测、管道选用、清洗管孔、穿放光缆、接续、引上、终端等工序。管道的大多数管路是由高密度聚乙烯（HDPE）、PVC硅芯管或环氧玻璃化合物（玻璃钢）构成的。穿放光缆常用的方法为机械牵引法和气流吹送法。

1.3.5 闭路电视监控系统施工

（1）闭路电视监控系统设备安装前的检查

1）安装环境的检查

监控室设备的安装要求土建及装修完毕；监控室的温湿度、光照度、通风等条件要满足设备安装要求。

2）线缆的检查

线缆的布放是否符合设计要求；线缆的通断检查；线缆的短路检查；线缆的标识应正确；

（2）设备的安装要求

1）摄像机的安装

安装位置的确定要尽可能达到最佳监视角度及监视重点；摄像机支架的安装要求与周边环境协调、美观，垂直无偏差且牢固；摄像机电源的安装要求周边通风良好，电源线具有良好的绝缘且有套管保护，尽量就近隐蔽安装（有些安装于防护罩内）；线缆的安装要求视频线的焊接（或冷压）应符合相关工艺要求，无虚焊、漏焊（冷压要稳固，不松动），电源线和控制线连接到接线端子应做涮锡处理，同时检查摄像机相应的设置及线缆的标识是否完整。

2）监控室设备的安装

机柜设备如矩阵主机等设备应固定安装在机柜上，不松动，设备之间应留适当间距以通风散热；各视频线、控制线、电源线应牢固连接到相应接线端子，各线缆标识清楚、正确，绑扎合理；控制台设备如控制键盘等要求线缆的连接牢固、不松动，设备摆放合理，操作方便。

（3）报警探测器的安装

安装位置的确定要求尽可能的达到最佳监测角度及监视重点；支架的安装要求和周边环境协调、美观，垂直无偏差且牢固；线缆的安装应符合相关工艺要求，无虚焊、漏焊（冷压要稳固，不松动），电源线和控制线连接到接线端子上时应做涮锡处理，同时检查探测器相应的设置及线缆的标识是否完整。

（4）监控室设备的安装

电视墙等机柜设备安装应固定、不松动，设备之间应留适当间隔以通风散热；控制线、电源线应牢固连接到相应接线端子，各线缆标识清楚正确，绑扎合理；控制台设备（如控制键盘等）线缆的连接要牢固、不松动，设备摆放合理，操作方便。

（5）监控系统调试的条件及程序

1）监控系统调试必须具备的条件

摄像机、机柜设备、控制台设备必须全部安装完毕；土建及装饰工程基本完工；现场具备良好的防潮、防腐、防尘性能。

2）监控系统调试程序

闭路监控系统的调试通常按下列程序进行：摄像机视频输出测试、基本应用软件设定与确认、系统调试、系统的接线检查、系统通信检查、系统监控性能的测试、系统联动功能的测试、系统功能测试。

1.3.6 门禁控制系统

（1）设备的检查

设备外形完整，内外表面漆层完好；设备单个通电检查，无异常情况。

（2）线缆的检查

线缆的布放是否符合设计要求、线缆的通断检查；线缆的短路检查；线缆的标识应正确。

（3）设备的安装要求

感应式读卡器的安装，距地高度应为1.45m。系统现场控制箱安装位置应具备良好的防潮、防尘、防腐蚀性能，使其能在无特殊通风、除湿设施的配线间（弱电竖井）内长期正常工作。明装式读卡器应具有良好的密封性及机械强度。读卡器安装要遵循其特定的安装要求。

(4) 系统调试必须具备的条件

读卡器、出门按钮、控制箱及其输出模块必须全部安装完毕；土建及装饰工程基本完工；配线间具备相应的通风散热、光照、电源等条件。

(5) 系统调试程序

门禁系统的调试通常按下列程序进行：电控锁测试、门控制器测试、系统的接线检查、系统通信检查、系统联动功能的测试、系统功能测试。

1.3.7 安防专用计算机网络系统

(1) 计算机网络设备的安装和配置

计算机网络设备及配件在出厂前已进行过严格的检查，设备抵达现场后，用户应做以下几项准备工作。

1) 安装环境的检查

网络机房、配线间的安装要求土建及装修完毕；机房的温湿度、光照度、通风等条件要满足设备安装要求。

2) 设备的检查

设备外形完整，内外表面漆层完好；设备单个通电检查，无异常情况。

(2) 设备组装

设备安装区域要求土建及装修完毕，并具备必要的安保措施。

1) 设备组装要求

在机房按设计位置摆放设备机柜，机柜应并排布置。机柜侧面与墙、机柜背面与墙的净距在800mm或以上。机柜设备固定安装不松动，设备之间应留适当间距以通风散热。机柜设备间连接线应牢固连接到相应接线端子，各线缆标识清楚正确，绑扎条理。

2) 设备组装程序

计算机网络设备一般是有主交换机、区域交换机和路由器等设备组成。在设备安装时一般从主机安装开始，主机一般有主机箱和安装在主机箱内的若干模块组成，首先将主机内的所有模块安装到位，然后进行通电运行，并对主机进行初始化设置。

将区域交换机安装到各自所在设备间的机架上，对须堆叠的交换机进行背线连接，将设备通电运行，并进行初始化。

将路由器等广域连接设备进行组装，通电运行和初始化。

1.4 闭路监控系统的测试

测试CCTV系统图像质量、系统施工质量是否符合国家有关规定，控制设备是否灵敏，系统功能是否达到设计要求。

1.4.1 闭路监控测试内容

系统质量主观评价：图像质量的主观评价可采用五级损伤制评定；

系统质量客观测试：系统质量的客观测试应在摄像机标准照度下进行，系统清晰度、灰度可抽测，抽查数不小于10%，系统的各项功能检测指标应符合设计要求。

1.4.2 测试步骤

(1) 摄像机

指定一台监视器，用键盘分别调出要测试的摄像机画面，按“五级损伤制评分分级”表和“主观评价项目”表测试图像质量；测试者到摄像机安装地点察看安装位置是否合理，测试镜头、防护罩、支架、云台的安装质量和接头牢固情况。

（2）云台、镜头

指定一台监视器，用控制键盘分别调出要测试的带云台、可变镜头的摄像机图像，用键盘分别操作云台水平转动、云台垂直转动、光圈、调焦、功能键，测试各项功能是否正常。

（3）键盘

指定一台监视器和一路摄像机画面，用键盘分别操作云台水平转动、云台垂直转动、光圈、调焦、切换功能键，测试以上功能是否符合设计要求。

1.5 防范报警系统的测试

测试施工质量、系统功能是否符合国家有关规定，控制设备是否灵敏，系统功能是否达到设计要求。

1.5.1 测试内容

布撤防功能测试；电子地图测试。

1.5.2 测试步骤

选定探测器进行布防测试：指定一台探测器进行布防后进行触发，检测系统能否报警。

电子地图测试：检测报警点在地图上的位置是否正确。

1.5.3 应急反应测试

在一些特殊情况下，例如火警、紧急停电时，需保证门禁系统能按设计运行方式运行，保证人员疏散能紧急出入，此测试主要是对上述功能进行检测。

（1）测试步骤

用测试卡A靠近读卡器，读卡器指示灯变绿，同时发出清脆的Bi声，门锁立即打开，数秒（可调）后恢复红色；测试卡B靠近读卡器，读卡器指示灯闪动，同时发出低哑的Bi声，并立即恢复正常红色，门锁维持锁定状态，表示读卡器正常。

将测试棒插入紧急按钮测试孔，相应门锁动作，表示紧急按钮正常，门锁也正常（只用于部分防火门）。

按动按钮，相应门锁动作，表示按钮正常，门锁也正常.

选择不同的门重复上述步骤。

（2）此外，在火警或其他紧急状态时，分四类门进行测试：

1）普通单门测试

在门禁系统正常时，利用控制中心门禁控制软件开锁或闭锁，在控制软件上点击相应门锁图标进行开锁或闭锁操作，锁相应动作为正常；断电状态时单门锁为闭锁状态，在外用钥匙开锁，内部用一字形硬物（硬币或一字螺丝刀）开锁，能开门为正常。

2）机房单门测试

在门禁系统正常时，利用控制中心门禁控制软件开锁或闭锁，在控制软件上点击相应门锁图标进行开锁或闭锁操作，锁相应动作为正常；断电状态时，单门锁为闭锁状态，在外用钥匙开锁，内部用应急出门钥匙开锁，能开门为正常。

3）普通双门测试

在门禁系统正常时，利用控制中心门禁控制软件开锁或闭锁，在控制软件上点击相应门锁图标进行开锁或闭锁操作，锁相应动作为正常；断电状态时，门锁应自动开锁为正常。

电梯防火门：在门禁系统正常时，利用控制中心门禁控制软件开锁或闭锁，在控制软件上点击相应门锁图标进行开锁或闭锁操作，锁相应动作为正常；将紧急按钮测试棒插入紧急按钮测试孔（模拟按下玻璃掣电话状态），电锁应开启，表示紧急按钮与门锁均正常；断电状态，门锁自动开锁为正常。

4）非法开门测试

不使用门禁控制软件、开门按钮、读卡器开门，而是使用钥匙、门把手及不正常手段开门均属非法开门，控制中心门禁控制软件将弹出图形界面，读卡器图标字符变成红色并闪动。

1.6 安防专用网络系统的测试

该项目配置的网络设备包括 Quidway S8512，Quidway S8508，Quidway S6506R，Quidway S5648P，Quidway S3952P。在设备供电良好且各模块插接正常的情况下对设备进行相关测试。设备测试主要包括加电测试（观察设备电源、风扇、各模块指示灯是否正常），利用华为 VRP 中显示命令查看设备所配置的各硬件指标与合同是否相符（CPU、内存、硬盘、FLASH），按方案设计部署完毕后设备中各模块工作是否正常。

1.6.1 测试前的准备

准备笔记本电脑 3 台以上，网线（普通 RJ 跳线、交叉跳线、光纤跳线）若干，与交换机等网络设备连接的控制线多条；且要求布线工程师、布线测试工程师到场协助。

测试应具备的现场环境：PDS 系统测试通过，机柜、机箱安装完成，网络设备用电、供应正常。

1.6.2 测试内容及步骤

（1）连通性测试

在本地局域网内分别选择一台工作站（或服务器），在其中一台上执行 Ping 命令访问另一台工作站，测试局域网连通性，并记录结果。

（2）传输性测试

此项测试利用 TCP/IP 协议的 FTP 程序进行，主要用于测试网络节点之间的数据传输能力。在操作系统的 DOS 状态下，运用“ftp”命令，或用 CuteFtp 等工具测试到对端网络传输性，记录平均传输速率（KB/S）。

在本地局域网内选择一台 FTP 服务器、一台工作站，用 FTP 程序与服务器之间传输数据文件，测试数据传输能力，并记录结果。

（3）可靠性测试

当正在进行 Ping 操作时，断掉主设备中的部分局域网端口，造成线路异常中断，从而查看主设备是否能正常切换到备用设备上，查看内部客户端是否可以正常访问其他网络节点。

（4）OSPF 测试

在设备部署完毕的情况下，全网按方案配置 OSPF，待路由稳定后，将两台 PC 机（PCA 和 PCB）分别连接在对应区的 SCR 交换机（SCRA 和 SCRB）中，并分别配置两个网段中相应的 IP 地址和网关，通过 Ping 命令测试两台 PC 的连通性，正常情况下两台 PC 可以顺利连通。

（5）组播路由测试

在组播路由全部配置完毕后，采用多个区域的终端同时监控一个区域摄像头的方法进行组播的测试。此时该摄像头的视频编码器为组播源，多个区域的监控终端为组播接收者。

（6）测试组播流

可以通过工具软件查看各监控终端接收到的数据包，确定数据包的目的地址是否为组播地址，以确定监控终端接收到的数据流是否为组播数据流。

（7）测试 RP 备份

手工关闭视频编码器所在区域一台 DCR 设备中与视频编码器连接的网络接口，再用（1）中的方法测试监控终端接收到的数据流是否仍为组播数据流，以确定该摄像头所在区域中的两个 DCR 设备作为 RP 能否互为备份。

（8）网络 QoS 测试

在 T3 全网配置 QoS 策略，为视频监控业务提供带宽保证。与此同时，让全网内的全部终端同时监控该区域摄像头，测试 QoS 策略是否被应用，观察全部终端的监测效果是否良好。

（9）防火墙测试

防火墙的功能测试是对设定功能和规则的测试，主要测试方法是通过测试相应规则来检测拒绝还是授权通过，验证防火墙的规则是否能够满足并适应网络安全方面的设计要求。

（10）规则测试

根据目前网络的情况，设定各种数据包过滤的规则，检查是否能够阻断或者传输特定的数据包，如能则表示测试通过。

（11）严谨性测试

通过对从防火墙外部端口扫描，无法测试到内部系统，或测试到系统开放服务的端口，则说明测试通过。

（12）联动性测试

模拟攻击特征，IDS 是否为防火墙自动添加规则并阻断攻击。遭到模拟攻击后，在防火墙上自动添加相应规则，并阻断该攻击，则说明测试通过。

（13）IDS 测试

攻击探测测试：Ping 攻击测试、Http 攻击测试、扫描攻击测试。

1.7 与安全防范系统相关防雷接地测试

1.7.1 测试内容

防雷接地系统应包括接地极材料、接地线材料、接地线焊接工艺、接地焊接处防腐处理、单个接地极阻值测试、接地网阻值测试。

1.7.2 测试方法

接地电阻值测试的准确性与地阻仪测量方法有直接关系，目前国际上直线布极法较为先进，测试方法如下：

1）首先要弄清被测地网的形状、大小和具体尺寸，确定被测地网的土壤与接地电极处土壤的接地电阻率是否相同。

2）在距接地网 D（5m）处，打下地阻仪的电压极棒，地阻仪的电流极棒应设在 2D（10m）处（优选法）。

按上述布置测得的接地电阻误差应在 1% 以内。

测量接线方法如图 4-1-2 所示。

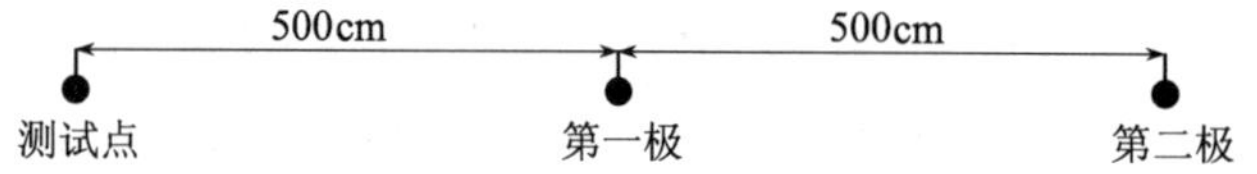

图 4-1-2 测量接线方法

1.8 电磁兼容性测试

设备的电磁兼容指标已在技术文件中提供，测试需专业的第三方进行。电磁兼容性应满足 IEC801-2、IEC801-6、IEC801-3、IEC801-4。

1.9 与其他弱电系统接口与联动测试

详细测试内容如下：

1）安防系统与信息集成系统的接口测试，保证物理连接无误；

2）安防系统与时钟系统接口测试，保证物理连接无误；

3）安防系统与安全管理信息系统接口测试，保证物理连接无误；

4）安防系统与火灾自动报警系统接口测试，保证物理连接无误；

5）安防系统与围界报警系统接口测试，保证物理连接无误，实现联动；

6）闭路电视监控系统与火灾报警系统接口测试，保证物理连接无误，实现联动；

7）门禁系统与火灾自动报警系统接口测试测试，保证物理连接无误，实现联动。

2 首都机场 T3A 设备监控系统安装施工技术

2.1 系统概况

系统采用完全分布式集散控制系统，通过现场安装的控制器、传感器、电动执行机构等，对各类机电设备进行检测、控制及自动化管理，以达到安全、可靠、节能和集中管理的目的。

建筑设备监控管理系统主要包括：暖通空调自动化系统、给排水自动化系统、能源自动化系统等，涉及变风量或定风量空气处理机组（AHU）、变风量或定风量新风处理机组（PAU）、变风量末端装置（VAV BOX）、风机盘管、通风机、排风机、热风幕、热交换器、水泵、制冷机组及辅泵、恒温恒湿机组（CCU）、变频器、自动门等设备监控。

建筑设备监控系统采用完全分布式集散控制系统，分层结构，集中管理，分散控制方式，减少故障风险，提高系统可靠性。

系统内部两层或多层网络结构，自由拓扑。系统对外，在硬件方面应能与第三方产品设备、系统实现无缝连接集成。在软件方面应采用标准的开放接口，系统应采用开放式平台设计，网络上的所有控制器均是独立工作，中央工作站的故障不会影响控制器的正常运行。

2.2 工艺流程

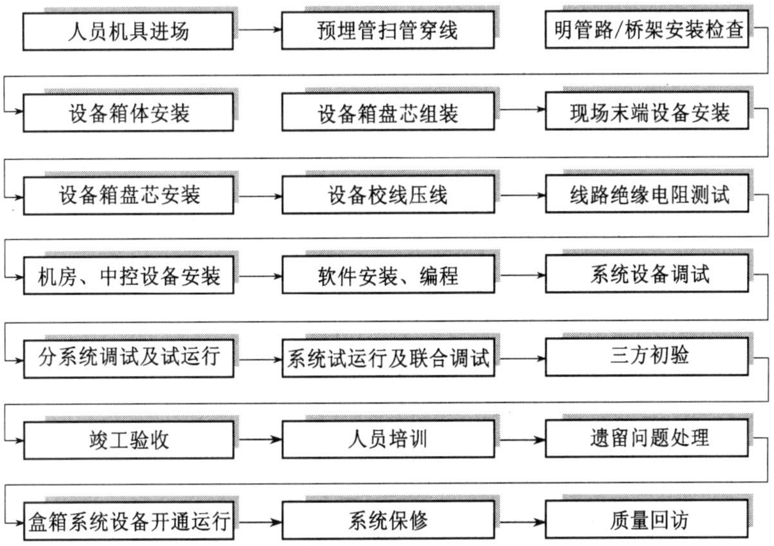

2.3 管槽敷设

2.3.1 电气管路敷设

（1）明配管要横平竖直，固定牢固，根据设计图加工支架、吊架，固定点距离均匀，管卡与终端转弯中点，电气器具或接线盒边缘的距离为150～500mm，中间的管长最大距离见表4-2-1。

吊架间距 表 4-2-1

钢管名称	钢管直径（mm）			
	15～20	25～32	40～50	70～100
厚壁钢管	1500	2000	2500	3500
薄壁钢管	1000	1500	2000	

（2）镀锌钢管中采用套丝连接，明配管弯曲半径一般不小管外径的6倍，支、吊架无规定时，应不小于以下规定：支架30mm×3mm，角钢支架25mm×25mm×3mm。

（3）管路敷设超过下列长度加装转线盒，位置便于穿线，无弯时30m，有一个弯时20m，有两个弯时15m，有三个弯时8m。

（4）盒、箱开孔应整齐并与管径吻合，要求一管一孔，开孔严禁用电、气焊切割，必须用专用开孔器（液压开孔器）开孔。

（5）配电箱、盒进出线端成排线管地线的连接必须要求保证每根线管上卡子，具体做法见图4-2-1。

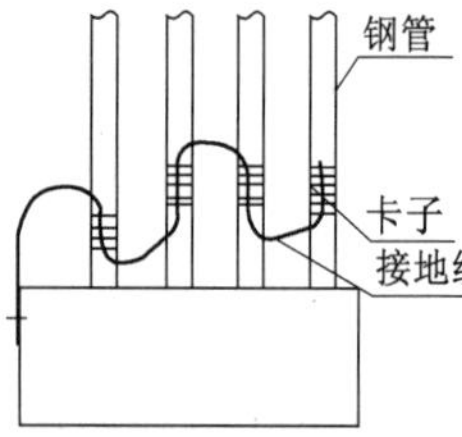

图4-2-1　地线连接

（6）质量标准

管路连接紧密，管口光滑，护口、管堵齐全，明配管及其支架、吊架应平直牢固，排列整齐，管子弯曲处无明显折皱，油漆防腐完整。

盒、箱设置正确，固定可靠，用锁紧螺母固定的管口，管子露出锁紧螺母的螺纹为2～4扣。管子进入盒、箱处顺直，在盒、箱内露出的长度小于5mm。

金属电线管、盒、箱及支架接地需连接紧密，接地线截面选用正确，需防腐的部分涂漆均匀无遗漏，线路走向合理，涂漆后不污染设备和建筑物。

2.3.2　线槽安装

（1）桥架安装应有利于穿放线缆。桥架安装好以后应进行调直，桥架应用压片固定在支架上。支持桥架的支架、吊架长度应与桥架宽度一致，不应有长短不一的现象。

（2）吊杆一般应采用直径为8mm的圆钢制成。

（3）电缆上下桥架应通过引下装置，在安装引下装置的部位两侧1m处应加设加强支、吊架，其上下敷设一般以45°斜坡进行变化，在某一段内桥架的吊支架应该一致。

（4）桥架在水平段每1.5～3m设置一个吊支架；垂直段每1～1.5m设置一个吊支架；距三通、四通、弯头处两端1m应设置吊支架。

（5）电缆桥架严禁采用电、气焊接。接地螺栓应由制造厂家在喷涂前焊在每节端部外缘。施工时用砂纸磨去表面油漆，再进行接地跨接。

（6）桥架接地应根据设计要求或国家规范进行施工，桥架上各接地点均须进行等电位连接接地。

（7）线槽在安装时可在地面上连接成3～4节一段，再进行安装。不可在线槽上随意开口、开槽。

2.4　线缆敷设

系统中以太网络布线利用综合布线系统，系统设备至信息插座间的线路敷设和端接，采用6类标准UTP，敷设在本系统专用线槽或穿钢管敷设。

信号、通信与控制线缆采用ZR（A)-RVV或ZR（A)-RVVP铜芯双绞线，敷设在系统专用线槽或穿钢管。

电源采用ZR（A)-YJ（F)E或ZR（A)-BYJ（F)阻燃低烟无卤辐照交联线缆，单独敷设在系统专用线槽或穿钢管。

2.5　建筑设备监控管理子系统设备的安装

2.5.1　建筑设备监控管理子系统设备安装准备

保证所有材料都必须为全新的，无损伤、无缺陷，厂商的名称、商标、产品类型、级别完全相符，并严格按规范进行施工。

DDC箱盘芯安装之前应通过上电测试，测试正常才能组织安装、接线。

传感器（包括温度、湿度、压力、压差、流量、液位）的信号采集点，安装在管道上的，应选在流量、压力均匀处，避免在管道转弯处进行信号采集；施工时要与相关专业配合在管道上开孔，设备安装完成后要注意成品保护。

所有现场设备通过 DDC 箱与控制中心计算机相连，DDC 箱与控制中心间通过金属桥架或金属管路敷设线路，DDC 箱之间、DDC 箱与配电箱及现场设备间采用金属管敷设。

电动阀、电磁阀安装在管道阀门处。风阀执行器安装在风道阀门处。空调通风主管道安装到位，已经适合安装变风量末端装置 VAV BOX 箱。

2.5.2 建筑设备监控管理子系统设备安装标准

DDC 箱盘芯加工应根据 DDC 盘箱接线图在车间内完成，加工完成后由专业人员对 DDC 盘箱进行测试，测试正常才能运到现场组织安装工作。

风道温度、湿度传感器安装在风道的直管段，在风道壁上开孔后应注意开孔的密封。安装如图 4-2-2 所示。

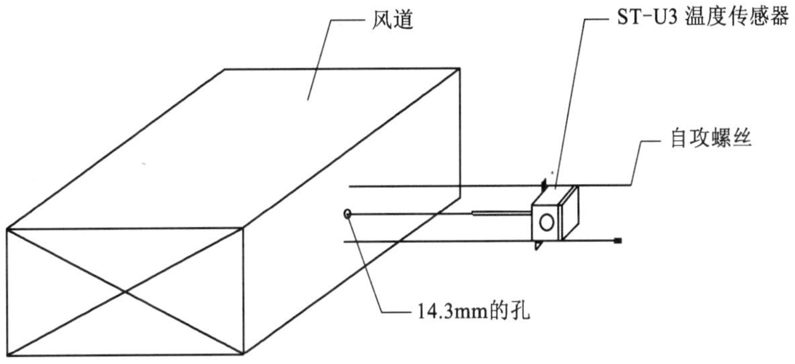

图 4-2-2　风道温度、湿度传感器安装示意图

注：1. 在风管壁上钻一个 14.3mm 的孔，将温度传感器探针插入；
2. 用自攻螺丝将接线盒固定在风管壁上。

水路温度传感器应安装在水管的水平直管段，安装如图 4-2-3 所示。

风阀执行器安装在管道阀门处，安装方法如图 4-2-4 所示。

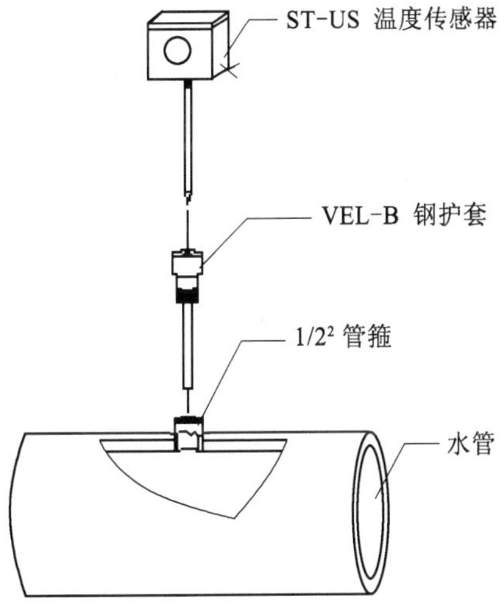

图 4-2-3　水路温度传感器安装示意图

注：1. 将钢护套装在管箍上；
2. 将温度传感器装在钢护套上。

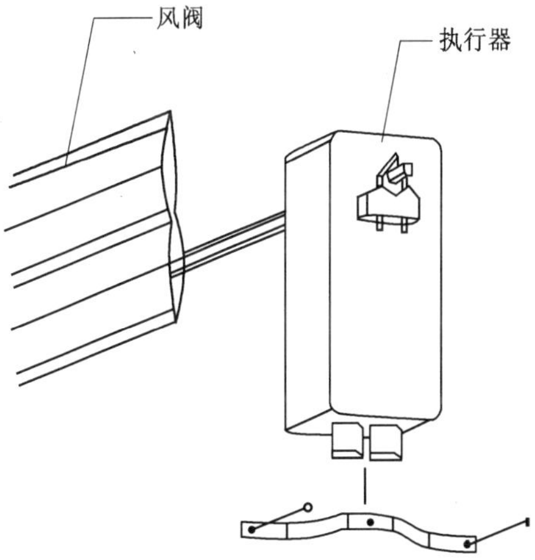

图 4-2-4　风阀执行器安装示意图

变风量末端装置 VAV BOX 箱安装在管道上，安装示意如图 4-2-5 所示。

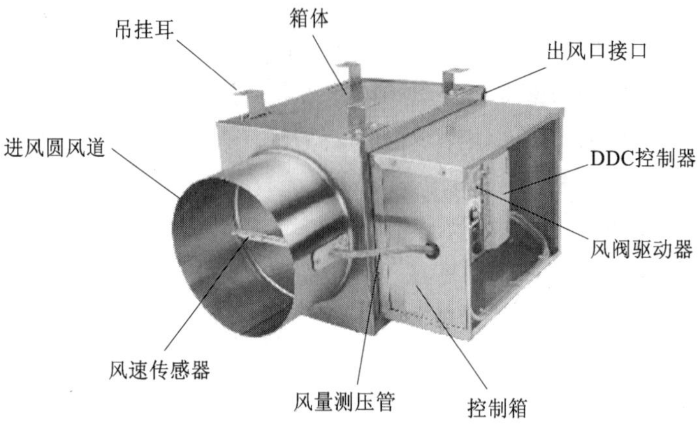

图 4-2-5　变风量末端装置

2.6　设备调试

2.6.1　调试前的准备工作

（1）现场安装条件检查

建筑设备监控管理子系统的调试受到被控设备安装和运行条件的制约，必须在被控设备安装完成和运行正常以后才能开始调试，所以在进行建筑设备监控管理子系统调试之前一定要对现场设备的安装条件和中控室的条件进行严格的检查。主要检查以下几个方面：

1）楼宇自控中控室是否具备上电条件，并且为正式电，是否双路互投供电。

2）现场受控设备和控制设备是否安装完成并且试运行正常。

3）建筑设备监控管理子系统的传感器、执行器、控制器是否安装完成，是否接线完毕。

4）中控室操作台是否安装完成，设备是否安装就位，并且完成自身上电测试。

（2）现场手动测试

所有控制器上电，检查通信灯是否闪烁正常，并测量控制器各个输入输出口的电压是否正常，从而检查与控制器相连的传感器、执行器是否工作正常，接线是否正确。

逐台手动启动各类受控设备（如风机、泵、阀门等），用万用表在相应的控制器上测量这些设备的状态是否返回正常，人为模拟制造故障，检查故障信号能否正常返回，消除故障后，故障信号能否自动消失。

采用设备信号输出端口直接短接的方式检查风机、泵等设备能否运行在自动状态，自动启停控制是否正常。

采用调整输出电压的方法，检测风阀、水阀和变频器能否按比例进行调节。

上述工作完成以后，应形成一个现场手动测试记录，对于在测试过程中出现的问题必须有分析报告，如果确认是受控设备的问题，则通知甲方和监理单位联系各受控设备厂家解决。

（3）调试资料准备：熟悉工程资料和图纸，了解整个工程设备情况以及各个子系统的工艺流程，以及各种设计参数等。

（4）对主要设备（网络控制器）进行测试。网络控制器上电以后，首先检查各个通信指示灯显示是否正常。然后，对各个通信口进行测试。最后为每个网络控制器分配 IP 地址。

（5）软件安装和测试。主要安装的软件有：服务器上安装 Windows2000 Server，Microsoft SQL Server2003；工作站上安装 Windows2000 Professional，Continuum 应用程序软件包。软件安装完成以后，进行局域网的构建，测试各系统软件能否正常运行。

2.6.2　系统调试步骤

在所有的条件都具备以后，可以开始组建系统网络，在 Continuum 应用界面中建立系统网络控制器，与工作站和服务器一起组成系统一级网络。

"学习"所有的控制器，并对每个控制器进行编号。搜寻所有控制器的序列号，根据系统网络结构图和现场接线表，对每个控制器进行编号，组建系统二级网络。

软件编制工作，包括模板系统的建立，控制器输入输出点的录入，应用程序的编制，用户界面的制作和相关点的关联

联动调试工作，将需要调试的设备拨至"自动"状态，现场安排1～2人通过对讲机或电话与中控室调试人员进行联络。

在工作站上观察设备的各种状态和运行参数是否能在工作站上正常显示。

在中控室发指令，启动现场设备，询问现场设备是否已经运行，工作站上显示是否与现场实际情况相符。

现场检查各种执行器、阀门的开度是否与工作站上显示情况相符。

改变各种设定参数，检查各种阀门的动作情况和开度是否正确，现场所测得的各种参数是否与工作站上显示的值一致。

现场模拟故障和报警信号，检查各种设备的联动功能是否正常，报警信息在工作站上反应时间是否满足规范的要求。

故障信号排除后，工作站上的报警信息是否能及时消失，系统能否及时打印，系统历史记录是否完整地记录了所有的报警信息。

2.6.3 变风量末端装置的调试

任何一台变风量VAV末端装置的调整，都会影响到其他VAV末端装置的运行状态，所以按正常方法一定要求进行风道风平衡的调试，只能在各层每台VAV末端装置的风阀全部打开的状态下，将VAV末端装置的压差值调到一个合理的数值范围，就认为本层风道的风压达到了风平衡。

根据微压差测试仪校正VAV控制器的动压值。监测每一个VAV的风量、现场温度、设定的最高温度和最低温度、压差、风阀开度等。监测每组空调机组的运行参数（送风温度、送风湿度、回风温度、回风湿度、水管的开度等）。

VAV的温度控制趋于稳定，才可能转入VAV系统的精调。

VAV系统的工作原理是：低温送风，保持空调机组设定的送风温度不变，通过调节变频动力柜频率，调整空调机组的功率，以达到调节空调机组低温送风量的大小。即如果本层的温度普遍较高，则调高变频柜的频率，使一次风（低温风）的风量加大。如果本层的温度普遍较低，则调低变频柜的频率，使一次风（低温风）的风量减小。这种运行方式的最大优点是：节能；温度变化快。

这种VAV的现场控制方法，由于VAV BOX二次风的风速是恒定的，所以有：

1）如果现场温度高于设定的最高温度，将VAV的风阀开度调大，以加大冷风的流量，从而降低现场的温度；

2）如果现场温度低于设定的最低温度，将VAV的风阀开度调小，以减少冷风的流量，靠现场较高的回风温度，来提高现场的温度；

3）每天根据显示器显示的数据分析每层空调机组和新风机组的运行状态，发现不正常的数据，及时查找原因并排除；

4）每天根据显示器显示的数据分析每台VAV的运行状态，发现不正常的数据，及时查找原因并排除。

2.6.4 系统试运行

在所有设备调试完成以后，需要经过一段时间的试运行，在此期间，中控室应24小时有人值班，及时记录系统的运行情况和处理警报信息。定期检查各类设备运行记录，特别是冷冻系统、空调系统、新风系统的各种运行参数，查看历史记录和趋势图，以确认系统的运行是否正常，是否满足招标文件的技术要求，以及相关的行业标准和规范。对于控制效果和功能有偏差的设备的运行程序和参数进行调整，反复实验，直至满足要求。

3 北京奥林匹克篮球馆综合布线系统安装施工技术

3.1 系统概况

该工程综合布线系统在场馆内设固定点位1225个，水平子系统采用美国泛达非屏蔽6类电缆，数据垂直干线采用6芯多模光纤，语音垂直采用3类25对大对数电缆，记者、媒体办公用房预留光缆，楼层交换机采用24口和48口交换机，主交换机采用双机热备份。

该系统除支持数据、语音交换功能外还给赛时、临时的计时记分，比赛成绩处理，售验票，仲裁，评论员系统，比赛信息发布，LED显示系统等提供支持平台。

3.2 系统深化设计

依据业主提供的平面图、系统图及体育馆实际需求进行设计，该工程的布线系统分为5个子系统，即：工作区子系统、水平子系统、管理子系统、垂直干线子系统、设备间子系统。

（1）工作区子系统

工作区子系统是最终用户端，主要由信息插座及终端设备的连接跳线组成。在设计中，工作区信息点的数量按照体育馆的实际需求，并根据多年综合布线的设计经验，主要根据工作区的用途确定信息点的数量。在重要的场所，为满足传输带宽的需求，在方案设计中设置了光纤到工作区（FTTW）。所有信息插座均采用国标86型预埋盒安装，安装高度为下口距地坪300mm。所有信息插座均为标准的RJ45数据插口，也支持RJ11语音插口。

在设计中所有信息点均为6类非屏蔽RJ45信息模块，根据工作区的用途及需求设计不同的单、双口信息插座。每个信息点既可用于语音也可用于数据、图像等终端设备的连接，完全满足千兆以太网的要求。

为了系统的维护、管理的方便，对所有的信息模块及配线柜进行了统一编号，例如：A101则表示此信息点的上端对应配线柜FD（A）第1组24口跳线盘的第1口，两个24口跳线盘为1组。

一个工作区的信息插座由3部分组成：

1）6类非屏蔽RJ45模块，非屏蔽模块完全超越国际6类标准草案要求，并且在性能上进行预留，完全满足高速数据（GigabitEthernet）及语音信号的传输要求；

2）45系列插座模块，可装入两个Snap-in模块；

3）45系列面板。

（2）水平子系统

水平子系统用来连接工作区子系统与管理子系统，将垂直干线子系统的路线延伸到用户工作区子系统。水平布线系统采用6类非屏蔽4对双绞线，可提供100M以上的带宽，除满足一般语音的传输需要外，还可以满足图像、视频会议、数据传输等多种媒体信息传输的需要。水平双绞线的长度将根据体育馆内平面布置、竖井位置及电缆路由走向来确定，根据图纸的平面布置，从各管理间至工作区的水平双绞线最长距离不超过90m。从管理间到工作区信息插座的水平双绞线均为端到端的连接，任何改变系统的操作（如增减设备、设备位置的改变等）都不影响整个系统的运行，为系统的重新配置和故障检修提供了极大的方便。

应使用要求，在工作区还设计了光纤到桌面。故在水平子系统中还包括水平光纤，所有水平光纤的布线均由主机房的主配线柜直接延伸至光纤信息插座。光纤为室内6芯多模光纤。

（3）管理子系统

管理子系统，即综合布线系统楼层配线架（FD），是各区域的布线分支管理机构，连接主干电缆、光缆及水平电缆，并作为一个系统电缆跳接的节点。为了使用和管理的方便，并根据多年综合布线系统方案设计的经验及体育馆设计图纸的布局结构，在该工程中馆内设分管理间。大楼总配线柜设在主机房内，同时具有楼层配线柜的作用，所有的水平线缆均在此配线柜内的配线架上端接。

管理间作为综合布线系统的重要管理场所，其产品选型及整体协调尤为重要，分以下几个部分作详细说明：

1）配线间水平电缆的端接设备

在该工程中选用6类非屏蔽24口RJ45配线架。其性能特点如下：

① 配有“抽屉”式机械滑动装置及CLIP-ONTM电缆导线及接地架，整理水平进线及保证360°接地；

② 1HU（4.45cm）的高度；

③ 360°金属外壳，保障最佳的EMC性能；

④ 配备标签条来标识各个RJ45端口；

⑤ 标准的19英寸机架式结构，带有24个6类非屏蔽RJ45插座。

2）配线间主干光缆的端接设备

在该工程中室内多模光缆的端接选用的是机械滑动式光纤跳线盘和单工ST适配器，有以下特点：

① Omega光纤跳线盘适用于19英寸机柜；

② 光纤跳线盘可容纳24个单工ST适配器；

③ 内凹式安装考虑到光纤的弯曲半经；

④ 便于管理，内置光缆导线架保证光缆方便可靠地固定在机架上；

⑤ 跳线盘带有机械滑动装置，便于安装在机柜上，这种机械滑动机构还可实现前面操作；

⑥ 配有标记条，用于标识各个端口；

⑦ 考虑到光纤的弯曲弧度，前面的接头面板可向后滑动。

3）配线间语音主干的端接设备

对于大对数语音主干的端接，采用的是标准机柜式IDC语音配线盘，该产品由两部分组成：支撑架和IDC模块。语音配线盘采用10对IDC模块，IDC模块具有前面安装、前面打线、在线测试等特点。IDC模块安装在19英寸固定盘上，方便了语音跳接，它是模块化结构，超过了EIA/TIA-568A及IEC/ISO 11801标准CAT3的性能规定。

4）配线间管理装置及机柜

对于水平进线的管理采用的是电缆导线架，其集成在每个跳线盘的后面。为了管理跳线，在机柜的正面配备了封闭式跳线导线架。

在该工程中配线机柜选用的是19英寸42HU标准机柜，以上所有配线架均可安装在相应的配线机柜内，并有一定的容量预留。中央玻璃门备有垂直、水平电缆绑扎板及线缆管理环。

（4）垂直干线子系统

垂直干线子系统作为综合布线的骨干部分，由连接总配线间的综合布线配线柜（BD）及语音MDF与设在相关层的分配线柜（楼层配线柜FD）之间的多模光缆、三类大对数语音电缆组成。在该工程中所有的语音主干电缆均为50对3类大对数电缆。所有数据主干均为6芯多模光缆：

1）数据主干6芯室内多模光缆

在该工程中所有数据主干均采用6芯室内多模渐变折射率光纤。其芯/包层标称直径为62.5/125μm。一般来说多模光纤支持对应千兆以太网长度如表4-3-1所示。

多模光纤支持对应千兆以太网长度 **表4-3-1**

类　　型	850nm	1300nm
1000Base-SX	220m	/
1000Base-LX	/	500m

其具有以下特点：

① 优化设计的缓冲层具有很强的附着力，保证接头可靠、持久的连接；

② 适用于高速多媒体应用，用于主干及水平光缆；

③ 加强结构，缓冲型，分布式结构；

④ 采用颜色编码，便于识别；

⑤ 体积小，重量轻，便于敷设与安装；

⑥ 标准绿色护套；

⑦ UL 验证，符合 OFNR 性能要求。

2）语音主干 3 类大对数电缆

为满足场馆内各类语音的应用，包括数据话机、模拟话机及传真机等，通过跳线管理可灵活配置场馆内低速数据网络、语音网络及电信局远程通道等，语音主干全部选用 50 对 3 类大对数铜缆。

（5）设备间子系统

设备间设在主机房内，作为至各楼层分配线柜语音主干、数据主干的汇集点。在该工程中在主机房内共安装了 1 个 19 英寸 42HU 的标准机柜：供数据主干及相应区域内水平线缆的配线架安装（预留部分供网络设备安装），另一个为语音 MDF，至各分配线柜的所有语音主干均安装在此机柜内，以上所有线缆对应的配线架均与各弱电间的分配线架型号一样。

3.3 系统安装技术要点

3.3.1 施工工艺流程

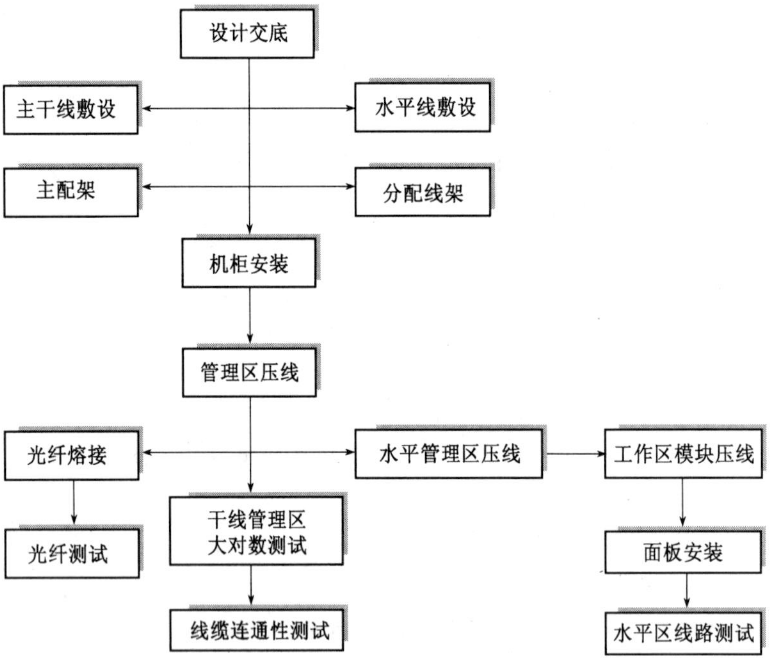

3.3.2 施工技术

布线系统的施工要求符合 EIA/TIA569 标准。

（1）工作区（信息插座）施工

所有信息插座安装在墙壁或柱子上，底边距地板标高 300mm，并采用暗埋式；信息插座安装在 86 型的金属暗盒内，此暗盒与墙壁的外表面水平（或者略低于此表面）。

（2）水平子系统（水平线）施工

各层的水平线分别自各层的智能化间出发，沿本层吊顶上的桥架，后通过吊顶内和埋于墙内的金属管，到达信息插座暗盒内，水平线的安装在吊顶安装之前完成。

（3）管理子系统施工

配线架安装在智能化间内，智能化间应满足消防法规，每个智能化间都装有烟雾传感器。

1）机架、设备的排列位置和设备朝向都应按设计图纸安装，并符合机房平面布置图的要求。

2）机架、设备安装完工后，其水平度和垂直度都应符合设计要求，垂直度偏差均不应大于3mm。机架和设备安装牢固可靠。各种螺丝必须拧紧，无松动、缺少和损坏，机架没有晃动现象。

3）为便于施工和维护，机架和设备前应预留1.5m的通道，其背面距墙应大于0.8m。相邻机架和设备应互相靠近，机面排列平齐。

4）建筑物（群）配线架如采用双面的落地安装方式时，应符合以下规定：

① 线缆从配线架下面引上时，配线架的底座与线缆的上线孔必须相对应，保证线缆平直顺畅引入架中。

② 跳线环等设备部件装置牢固，其位置横竖、上下、前后均应平直一致。

③ 接线端子应按标准规定和线缆用途划分连接区域，以便连接，且应设置标志，以示区别和醒目。

5）如采用单面配线架（箱），且在墙壁安装时，要求墙壁必须坚固牢靠，能承受机架重量。其机架（柜）底距地面距离宜为300～800mm，也可视具体情况而定。接线端子应按标准规定和线缆用途划分连接区域，并应设置标志，以示区别与醒目。此外，在干线交接间中的楼层配线架也采用单面配线架（箱），其安装方式都为墙壁安装，要求也与前述相同。

6）使用的小型配线设备和分线设备宜采用暗敷方式，其箱体埋于墙内。为此，房屋建筑施工时，在墙壁上需按要求预留洞孔，先将箱体埋装于墙内，综合布线系统施工时装设接续部件和面板。

7）机架设备、金属钢管和线槽的接地装置应符合设计施工及验收规范规定，要求有良好的电气连接。

8）接续模块等接续或插接部件的型号、规格和数量，都必须与机架和设备配套使用，并根据用户需要配置，做到连接部件安装正确、牢固稳定、美观整齐；线缆连接区域划界分明，标志完整、清晰，以利于维护和日常管理。

9）线缆与接续模块等接插部件连接时，应按工艺要求长度剥除线缆护套，并按线对顺序正确连接。如采用屏蔽结构的线缆时，必须注意将屏蔽层连接妥当，不应中断，并按设计要求做好接地。

3.4 系统测试技术

系统安装完成后，组织对系统所有端口进行全面的测试工作，包括系统的链路连通测试、永久链路测试、系统传输性能指标的测试。测试报告由测试仪表自动生成。提交完整的竣工文档资料，其中包括全部信息点10%的测试资料以书面的方式提供，并以软盘形式提供所有信息点的测试资料。

（1）铜缆信息点的测试及性能保证

到目前为止，有关6类/class E的布线系统的北美标准TIA/EIA 568-B.2.4对100Ω6类布线传输特性规范已经正式出台。

工程的验收将测试永久链路的性能如图4-3-1所示：该工程按TIA/EIA568-B.2版本进行检测。

永久链路测试内容包括：

1）接线

测试前，首先应明确工程项目系统是按TIA/EIA568A端接，还是按TIA/EIA568B端接，在同一工程中必须统一的端接方式。接线图的测试显示出所测每条线缆的8条芯线与接线端口连接的实际状态。正确的线对组合为：1/2，3/6，4/5，7/8。

2）综合布线链路长度

综合布线链路长度指综合布线端到端之间电缆芯线的实际物理长度。由于各对芯线存在不同绞距，在综合布线链路长度测试时，要分别测试4对芯线的物理长度。

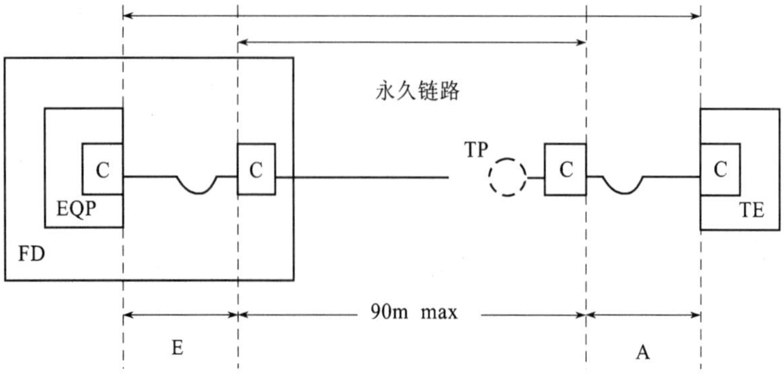

图 4-3-1　永久链路的性能图

图中 C—信息点；EQP—楼层配线设备；

FD—楼层配线间；TE—终端 A + E = 10m max

表 4-3-2 列出了通道链路方式、基本链路方式和永久链路方式所允许的综合布线极限长度。

综合布线链路方式的允许极限长度　　表 4-3-2

测试连接方式	综合布线极限长度
通道链路方式	100m
基本链路方式	94m
永久链路方式	90m

3）特性阻抗

综合布线线缆的特性阻抗为 100Ω，无论 3 类、5 类、5e 类或 6 类线缆，其每对芯线的特性阻抗从 1MHz 到该链路级别规定的最高工作频率范围内应保持恒定、均匀。链路上阻抗的不连续性将导致链路信号反射和信号畸变。链路特性阻抗与标称值之差不大于 15Ω。

4）直流环路电阻

无论 3 类、5 类、5e 类或 6 类在通道链路方式或基本链路方式下，线缆每个线对的直流环路电阻在 20～30℃环境下的最大限值不超过 40Ω。

5）衰减

由于集肤效应、绝缘损耗、阻抗不匹配、连接电阻等因素，信号沿链路传输损失的能量称为衰减。衰减量由下述各部分构成：

① 每个连接器对信号的衰减量；

② 构成通道链路方式的 10m 跳线及工作区电缆构成基本链路方式的 4m 设备接线对信号的衰减量（4m 设备接线的衰减量应由测试仪表自动扣除）；

③ 综合布线电缆对信号的衰减量。

表 4-3-3 列出了不同类型线缆在不同频率、不同链路方式情况下每条链路最大允许衰减量。

不同连接方式下最大允许衰减值　　表 4-3-3

频率（MHZ）	5e 类（dB）		6 类（dB）	
	通道链路	永久链路	通道链路	永久链路
1.0	2.4	2.1	2.2	2.1
4.0	4.4	4.0	4.2	3.6
8.0	6.8	6.0		5.0
10.0	7.0	6.0	6.5	6.2
16.0	8.9	7.7	8.3	7.1
20.0	10.0	8.7	9.3	8.0

续表

频率（MHZ）	5e类（dB）		6类（dB）	
	通道链路	永久链路	通道链路	永久链路
31.25	12.6	10.9	11.7	10
100	24	20.4	21.7	18.5
200			31.7	26.4
250			32.9	30.7

6）近端串扰损耗（NEXT）

一条链路中，线缆一侧的某发送线对对于同侧的其他相邻（接收）线对通过电磁感应所造成的信号耦合，即近端串扰。

表4-3-4列出了不同类型线缆在不同频率，不同链路方式下，允许最小的串扰损耗值。

最小近端串扰损耗值　　表4-3-4

频率（MHZ）	5e类（dB）		6类（dB）	
	通道链路	永久链路	通道链路	永久链路
1.0	63.3	64.2	65	65
4.0	53.6	54.8	63	64.1
8.0	48.6	50	58.2	59.4
10.0	47	48.5	56.6	57.8
16.0	43.6	45.2	53.2	54.6
20.0	42.0	43.7	51.6	53.1
25.0	40.4	42.1	50	51.5
31.25	38.7	40.6	48.4	50
62.5	36.6	35.7	43.4	45.1
100	30.1	32.3	39.9	41.8
200			34.8	36.9
250			33.1	35.3

7）远方近端串扰损耗（*FEXT*）

与 *NEXT* 定义相对应，在一条链路的另一侧，发送信号的线对向其同侧其他相邻（接收）线对通过电磁感应耦合而造成的串扰与 *NEXT* 同理，定义为串扰损耗。

对于一条链路来说，*NEXT* 值与 *FEXT* 值可能是有差别，测试需要分别进行。

8）相邻线对综合近端串扰（*PSNEXT*）

在4对双绞线的一侧，3个发送信号的线对向另一相邻接收线对产生串扰的总和近似为

$N4=(N1+N2+N3)\ 1/2$

$N1$，$N2$，$N3$ 分别为线对1、线对2、线对3对线对4的近端串扰值。

相邻线对综合近端串扰限定值见表4-3-5。

相邻线对综合近端串扰限定值　　表4-3-5

频率（MHZ）	5e类（dB）		6类（dB）	
	通道链路	永久链路	通道链路	永久链路
1.0	57.0	57.0	62.0	62.0
4.0	50.6	51.8	60.5	61.8
8.0	45.6	47.0	55.6	57.0
10.0	44.0	45.5	54.0	55.5

续表

频率（MHZ）	5e类（dB）		6类（dB）	
	通 道 链 路	永 久 链 路	通 道 链 路	永 久 链 路
16.0	40.6	42.2	50.6	52.2
20.0	39.0	40.7	49.0	50.7
25.0	37.4	39.1	47.3	49.1
31.25	35.7	37.6	45.7	47.5
62.5	30.6	32.7	40.6	42.7
100	27.1	29.3	37.1	39.3
200			31.9	34.3
250			30.2	32.7

9）近端串扰与衰减比（*ACR*）

串扰衰减比定义为：串扰损耗（*NEXT*）与本线对传输信号衰减值 *A* 的差值（*A* 的单位为 dB），即，

$$ACR(\text{dB}) = NEXT(\text{dB}) - A(\text{dB})$$

ACR = 3dB 时所对应的频率点，可以认为是综合布线链路的最高工作频率（即链路带宽）。

串扰衰减比（*ACR*）的最小限定值见表 4-3-6。

串扰衰减比（*ACR*）最小限定值 **表 4-3-6**

频率（MHZ）	*ACR* 最小值（dB）	
	5类	6类
1.0		70.4
4.0	40	58.9
10.0	35	50
16.0	30	44.9
20.0	28.0	42.3
31.25	23	36.7
62.5	13	
100	4.0	18.2
200		3.0

10）等效远端串扰损耗（*ELFEXT*）

等效远端串扰损耗是指某对芯线上远端串扰损耗与该线路传输信号衰减差，也称为远端 *ACR*。

等效远端串扰损耗最小限定值，如表 4-3-7 所示。

等效远端串扰损耗（*ELFEXT*）最小限定值 **表 4-3-7**

频率（MHZ）	5e类（dB）		6类（dB）	
1.0	57.4	60	63.3	64.2
4.0	45.3	48	51.2	52.1
8.0	39.3	41.9	45.2	46.1
10.0	37.4	40	43.3	44.2
16.0	33.3	35.9	39.2	40.1
20.0	31.4	34	37.2	38.2
25.0	29.4	32	35.3	36.2
31.25	27.5	30.1	33.4	34.3
62.5	21.5	24.1	27.3	28.3
100	17.4	20.0	23.3	24.2
200			17.2	18.2
250			15.3	16.2

11）远端等效串扰损耗总和（*PS ELFEXT*）

表 4-3-8 列出了线缆远端受干扰的接受线对上所承受的相邻各线对对它的等效串扰损耗 *ELFEXT*（dB）总和与该线对传输信号衰减值之差（dB）的限定值。

远端等效串扰损耗总和（*PSELFEXT*）限定值　　表 4-3-8

频率（MHZ）	5e 类（dB）		6 类（dB）	
	通道链路	永久链路	通道链路	永久链路
1.0	54.4	55.0	60.3	61.2
4.0	42.4	45.0	48.2	49.1
8.0	36.3	38.9	42.2	43.1
10.0	34.4	37.0	40.3	41.2
16.0	30.3	32.9	36.2	37.1
20.0	28.4	31.0	34.2	35.2
25.0	26.4	29.0	32.3	33.2
31.25	25.4	27.1	30.4	31.3
62.5	18.5	21.1	24.3	25.3
100	14.4	17.0	20.3	21.2
200			14.2	15.2
250			12.3	13.2

12）传播时延（Delay）

表 4-3-9 列出了在通道链路方式下，传播时延在不同频率范围和特征频率点上的标准值。

标准值　　表 4-3-9

频率（MHZ）	5e 类（dB）		6 类（dB）	
	通道链路	永久链路	通道链路	永久链路
1.0	580	521	580	521
10.0	555		555	
16.0	553	496	553	496
100.0	548	491	548	491
250.0			546	490

13）线对传播时延差（Delayskew）

以同一缆线中信号传播时延最小的线对的时延值作为参考，其余线对与参考线对的时延差值称为线对传播时延差。在通道链路方式下规定极限为 50ns。

在永久链路下规定极限值为 44ns。若线对间时延差超过该极限值，在链路高速传输数据下和在 4 个线对同时并行传输数据时，将有可能造成对所传输数据桢结构的严重破坏。

14）回波损耗（RL）

回波损耗是由线缆与接插件构成链路时，由于特性阻抗偏离标准值导致功能反射而引起的。RL 由输出线对的信号幅度和该线对所构成的链路上反射回来的信号幅度的差值导出，表 4-3-10 列出了不同链接方式下回波损耗最小限值。

回波损耗在不同链路下的最小限值 **表 4-3-10**

<table>
<tr><th rowspan="2">频率（MHZ）</th><th colspan="2">5e 类（dB）</th><th colspan="2">6 类（dB）</th></tr>
<tr><th>通道链路</th><th>永久链路</th><th>通道链路</th><th>永久链路</th></tr>
<tr><td>1-10</td><td>17</td><td>19</td><td>19</td><td>21</td></tr>
<tr><td>16</td><td>17</td><td>19</td><td rowspan="3">24～5log（f）</td><td rowspan="3">26～5log（f）</td></tr>
<tr><td>20</td><td>17</td><td>19</td></tr>
<tr><td>20<f<40</td><td rowspan="2">30～10log（f）</td><td rowspan="2">32～10log（f）</td></tr>
<tr><td>100</td><td rowspan="3">32～10log（f）</td><td rowspan="3">34～10log（f）</td></tr>
<tr><td>200</td><td></td><td></td></tr>
<tr><td>250</td><td></td><td></td></tr>
</table>

15）链路脉冲噪声电平

由于大功率设备间断性启动，给布线链路带来了电冲击干扰，布线链路在不连接有源器件和设备情况下，高于200MV 的脉冲噪声发生个数的统计。由于布线链路用户传输数字信号，为了保证数字脉冲信号可靠传输，根据局域网的安全，要求限制网上干扰脉冲的幅度和个数。测试 2min，捕捉脉冲噪声个数不大于 10。该参数在验收测试中，只在整个系统中抽样几条链路进行测试。

16）背景杂讯噪声

由一般用电器工作带来的高频干扰、电磁干扰和杂散宽频低幅干扰。综合布线链路在不连接有源器件及设备情况杂讯噪声电平应小于或等于－30dB。该指标也应抽样测试。

17）综合布线系统接地测量

综合布线接地系统安全检验。接地自成系统，与楼宇地线系统接触良好，并与楼内地线系统联成一体，构成等压接地网络。接地电阻小于或等于 1Ω（其中包括接地体和接地扁钢，在接地汇流排上测量）。

18）屏蔽线缆屏蔽层接地两端测量

链路屏蔽线屏蔽层的两端接地电位差小于 1Vr·m·s。

（2）光纤传输链路测试技术参数

多模光纤主要的技术参数为：衰减、带宽。光纤工作在 850nm，或 1300nm 波长窗口。

在 850nm 下满足工作带宽 160MHz·km（62.5μm），400MHz·km（50μm）；在 1300nm 下满足工作带宽 500MHz·km（62.5μm 或 50μm）；在保证工作带宽下传输衰减是光纤链路最重要的技术参数。

一般情况下，楼宇内光纤长度不超过 500m 时，在设定测试标准时，衰减 A（总）应为 850nm 下，$A \leqslant 3.5$dB；1300nm 下，$A \leqslant 2.2$dB。

测试方法及手段为：

承担综合布线系统认证测试工作的是现场测试仪。现场测试仪必须能够胜任所规定的电气特性指标的测试，并在规定的时间内（一般是在几十秒），测试完一条链路的全部指标，并且认证和判定该链路是否达到了技术指标规定，并给出明确的判定结果。

测试仪表的精度表示实际值与仪表测量值的差异程度，测试仪的精度直接决定着测量数值的准确性，用于综合布线现场测试的仪表应满足二级精度。光纤测试仪测量信号动态范围大于或等于 60dB。

4 国家体育馆音响扩声系统安装施工技术

4.1 系统概况

4.1.1 系统构成

该系统主要包括如下几个子系统：

1）比赛大厅的音乐与语言扩声系统：主要用于各种赛事和文艺演出的扩声。比赛大厅的音乐与语言扩声系统选用了具有先进波阵面纠正技术的线阵列扬声器，可以通过调节线阵列扬声器之间的角度来调节扬声器阵列的纵向辐射角，从而达到严格控制声场的目的，使扩声声能尽量不辐射到与比赛大厅连通的休息大厅内，以避免由于连通空间可能产生的耦合效应。

2）比赛大厅的流动扩声系统：在举行大型文艺演出时配合主扩声系统使用。

3）体育馆公共广播系统：主要用于业务广播、背景音乐和消防紧急广播。体育馆的广播系统属于能提供背景音乐、业务广播和消防紧急广播合一的公共广播音响系统。各种音源两路的输入和输出均通过矩阵切换器，在不用改变硬件连线的情况下，可以实现分区广播功能，并可以在不同的区域实现不同内容的广播、优先广播权控制、消防紧急广播强切、功率放大器自动倒备、噪声自动补偿以及扬声器回路故障检测等诸多功能，并能实现对广播的音量、音质、音调、混响时间、频率特性补偿等调节功能。

4）热身馆扩声系统：主要用于热身馆内训练，比赛和举行其他活动时使用。

5）新闻发布厅语言扩声系统：用于新闻发布和记者招待会扩声，具有会议和报告功能。良好的会议扩声系统，声音清晰；专业会议系统功能，话筒配置每座一套；具有大屏幕投影系统，配置电动屏幕；或采用每座配置一套可自动升降的液晶显示屏；具有会议现场音频信号记录保存功能；具有良好的会议集中控制系统，操作简单方便；具有会议发言系统；具有会议表决系统；具有会议讨论等扩声及实况录音；能将计算机、便携电脑的信号进行投影显示；能将通常的各类视频信号（DVD、LD、VCD、VHS 磁带）进行投影显示；能播放发言人自带的视频媒体信号；能播放中心的闭路电视节目信号；能将实物、文件、图片、底片等通过投影进行演示；能将视频图像进行录像；能将现场采集图像进行投影及录像；能调用其他会议室的图像和声音；具有智能电子集控系统，对音视频设备、照明、窗帘等进行控制；具有同声传译系统；预留视频信号输入、输出接口；预留 RGB、VGA 接口。

4.1.2 系统特点

国家体育馆音响系统的特点：工程技术难度较大，该系统里包含了较高的技术含量，需要严格的设计与设备选型，需要合理的预埋、穿管技术；需要可靠的焊接技术；需要科学的调试检测手段等等。

音响工程的器材安装，可以分为前期和后期两部分，其中在前期先将现有的、能控制线长的器材安装到机柜上，可以减少现场的工作量。在安装过程中注意到线的长度预留，要考虑到后期的工作用途，以及预先将后期要安装的器材位置定好，以更好控制整个工程的安装步骤。

4.2 系统安装技术

4.2.1 前期施工安装

（1）安装前准备工作

准备工作包括线材和配件耗材，机柜内各部分（包括电源线及信号线的连通），都要考虑使用不同的线种，首先电源槽内部连线可选用 2.5mm^2 多支铜电线（三色）做连接，跳线盘地线选用 2.5mm^2 多支黄绿线，跳线盘跳线可选用 0.3mm 多支镀银线（红、黑色）等等。热缩管选用多种管径（如跳线盘地线可用 1mm^2 热缩管，信号线开口可选用 4mm^2 热缩管，音箱线开口号码位可选用 13mm^2 透明热缩管等）；扎带选用多种长度规格（一般选 120mm，150mm，200mm，250mm 四种规格，最好使用黑色，可保持统一）；线叉使用多种颜色，可分辨信号端的极性（一般细线选 $\Phi3\sim4$mm 规格，粗线可选 $\Phi6\sim$

8mm，颜色自定）；电工胶布（多种颜色）皱纹胶纸，用于临时扎捆并可记录写字；螺丝根据不同位置选用各种规格［一般基本选用有 Φ3mm 螺丝带螺帽，Φ4mm 螺丝带螺帽，Φ5mm 螺丝带螺帽，Φ3mm 自攻螺丝，Φ4mm 自攻螺丝（长和短）等］；6～12 位接线桥，用于音箱线输出端子处，根据线的粗细可选用不同规格；号码管，套用在信号线的末端，可区别每条线的位置来源，便于检修；英式插头和插座（13A），使电源接触更安全稳定，将插座安装在电源槽上，将器材电源线插头改为 13A 插头。

（2）跳线盘跳线焊接

在焊接之前先在跳线盘两端开孔，用铝条固定信号线。所有配件均准备好，开始焊接跳线盘。跳线使用 0.3mm^2 多支镀银线，先将线按 12cm 一条的长度剪开，分 3 种颜色，红色定为信号正端，黑色为信号负端，绿色为地端。按照图纸的要求进行焊接。线的焊口可以开长点，约 3～4mm，将线头插入焊孔中，将线头反折，使线固定，再上锡焊接。按图纸施工，当整条跳线盘为共地时，可将 2.5mm^2 的多支铜线剥开胶皮，抽出 3～4 条铜芯绞合，穿于各点地端，每穿一点，套一节 5mm 左右的 1mm^2 热缩管绝缘。当不是共地时，应使用绿色跳线连接地端。而信号线接入正负极时不要反转，工作时要注意使跳线盘的方向统一，否则后期很难更改。焊完后要检查各焊点，避免短路。

（3）信号线的开线与扎线

在跳线盘跳线焊接的过程中，可以分另外一批人开线。所谓开线，就是按照实际器材的位置选定线的长度。按长度把所有线都开好后，整理一下，将各条跳线盘的信号线分别分开，按照跳线盘图纸中各跳线孔的号码穿上号码管。所有信号线焊好后，开始扎线。注意扎线过程中一定要纹路清晰，保持整个外观的流畅。每条线在扎上铝条前要预留 8～10mm 的长度，以方便检修。

（4）机柜电源的安装

将 13A 电源插板装到电源槽上，将内部连线接好，在最底端安装一个 6 位的接线桥，作为机柜与现场电源的连接点。

（5）机柜的内部安装

先将跳线盘按顺序安装在机柜上，把所有线理顺，将送去外部的线埋进线槽内，穿到柜底扎好，等后期再连接。内部线则要按照从上到下的顺序，将进线分好，号码要与系统图相对应。在信号处理设备的机柜中，线通常比较多，要注意线的流程，不要缠绕或交叉，尽量保持机柜内的整洁，避免出错。线做好后，先按号码检查一次，确认所有线的位置后，可以定距离剪线。一般以线槽出线口为基准，留约 80～90cm。之后就按每个位置的器材输入和输出的接口焊头，注意要清楚各台设备的接口方式。信号线完成后敷设到功放机柜，将音箱线有序地扎在机柜后一侧，对应每台功放出线，底下接在 12 位（或更多）接线桥上，另一端连接现场设备的外来线。注意每条线的线头都要压上线叉头，使接点更稳固。对应各台设备的位置在机柜前方将定位螺帽安装到机柜上。功放机柜要加装托架，保证功放稳定。最后将所有线整理一次，多出来的线牢固地扎在机柜两侧的空位上，方便运输。前期工作完成后就可包装机柜，运送到现场再安装。

4.2.2 后期安装方法

（1）机房内部线安装

1）机柜到现场后，固定在相应的位置上。将所有接外部的线拆分出来，敷设在机房地面线槽内，如果有两个以上机柜时，先将系统内部接通，即将各个机柜之间的信号线连接起来，完成后分线到调音台，按照信号线的号码对应接口，焊接插头。

2）将相应的器材安装到机柜上，对应后面的号码将信号线连接到设备上。

3）多余的线可盘起隐藏在机柜底下，留以后备用。

（2）机房外部线路安装

1）将外部进机房的信号线及音箱线连接到机柜内相应的接线端子上。另一端用短路法检测线路是否正常，确认无误后完成线路安装。

2）当控制室和功放室不在一起时，要考虑信号线之间的连接，要外加接线排方便两室之间信号的连接。

3）某些音箱内置了固定的分频器，可以通过跳线断开，外加分频。必须按照音箱背面插板上的指示进行接线。插头内部按不同的分频方式也有不同的接法（插头内有标明）。如 VS 系列 +3 -3 接中低音；+4 -4 接高音。

（3）音响扩声工程系统安装布局基本要求：

1）多通道插座中的音频信号线必须使用屏蔽电缆，优先选用双屏蔽电缆，如图 4-4-1 所示。

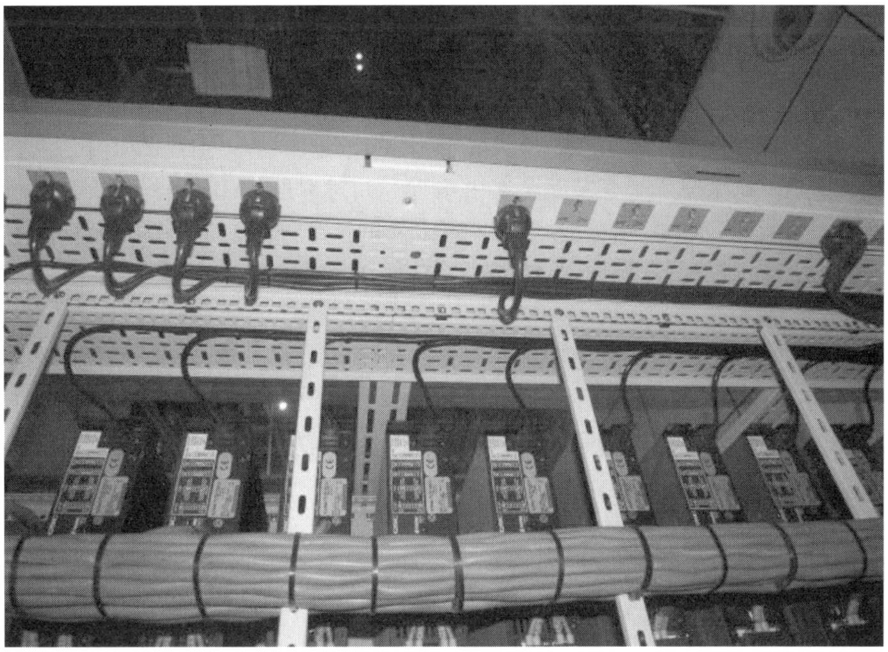

图 4-4-1　机柜内布线

2）话筒线以及音频信号线的屏蔽层必须是编织网屏蔽方式，不选择缠绕式。所有的话筒线和信号线必须有良好的接地。

3）话筒信号线插座要使用专用接线盒，内置 XLR-3（卡侬）插座。剧场内的插座均为孔（卡侬母）状插座（带塑料防护罩）。所有话筒插座要用线号标明所在位置，且均要良好的接地。

4）剧场内（包括机房控制室）所有音箱信号线接头均使用 NEUTRIK 专用音箱插座。所有音箱插座要用线号标明所在的位置。

5）音响控制室和功放机房中，连接设备要通过跳线将接线盒插座与设备相连，决不能将音频信号线与音箱线从线槽引出直接接到设备上。

6）音响电源应单独供电，不能与其他设备（电机、硅箱等）混用一路电源，防止干扰。如无单独电源，必须使用隔离变压器。

5 国家体育馆有线电视网络工程安装施工技术

5.1 系统概况

该工程有线电视系统采用 HFC（5—1000MHz）双向传输网络，有线电视网络以传输电视信号为主，包括模拟电视和数字电视信号，同时能满足传送非电视的综合信息业务信号。体育馆设置 CATV 系统前端机房，对有线电视节目源及综合数字业务信号进行接收处理、输入/输出、音频/视频监视。

该工程范围为奥运有线电视专网的永久端 218 端和记者坐席等临时端 458 端，共计 676 端，分布在 1～5 层。国家体育馆有线电视设计在场馆东北侧、西南侧设两个光节点，有线电视传输机房 1 个。奥运专网信号源分别由景观西路主路由和景观路备路由引入。同时本地 RTDS 信号 4 套和 BOB 技术区信号 7 套（共计 11 套）与上述信号混合，经本地分配网络传输至各个终端。该工程分五个阶段施工：一阶段是分配网施工，二阶段是机房设备安装，三阶段是机房系统集成，四阶段是光缆网接入，五阶段是系统调试。

系统采用数字、双向传输设计，分配系统无源设备带宽按 1000MHz 设计，有源设备带宽按 862MHz 设计。将 5～1000MHz 的频段分割为上行和下行通道。5～55MHz 为上行通道，70～1000MHz 为下行通道。上行通道主要传输包括状态监控信号、视频点播信号以及数据通信业务等。

传输系统各项指标为：

1）载噪比 $C/N \geqslant 46$dB；

2）任意频道间载波电平差 $\leqslant 8$dB；

3）相邻频道间载波电平差 $\leqslant 3$dB；

4）交扰调制比 $CM \geqslant 47$dB；

5）载波互调比 $IM \geqslant 58$dB；

6）复合三次差拍 $CTB \leqslant -55$dB；

7）复合二次差拍 $CSO \leqslant -55$dB；

8）邻频抑制 $\geqslant 60$dB；

9）系统输出口电视信号电平 $= 66\text{dB}\mu\text{v} \pm 4\text{dB}\mu\text{v}$；

10）图像等级 4 级以上。

5.2 有线电视网络工程施工技术

5.2.1 施工现场的复核阶段

复核时主要对大小市政的双路由及接口进行测试，对管孔设备、布线槽道及桥架等各种基础设施是否安装到位进行检查；对电缆暗管、设备暗装箱、暗装盒等是否安装到位及使用有效性进行现场确定；对机房的门、窗、锁、电、水、空调、接地点等设施是否齐全，墙面是否刷白，槽道安装是否到位，供电负荷是否满足，设备、器材数量是否与设计一致，是否具备进场条件等情况进行核实，为顺利展开施工奠定基础。

5.2.2 光电缆线路敷设及设备安装技术

（1）缆线敷设方法要点

1）线槽配线前应消除槽内的污物和积水；

2）缆线布放前应核对型号规格、路由及位置与设计规定相符；

3）在同一线槽内导线截面积总和不应该超过内部截面积的 40%；

4）缆线的布放应平直、不得产生扭绞、打圈等现象，不应受到外力的挤压和损伤；

5）缆线弯曲度不小于线径的 15 倍，在转弯处和钢绞线固定处要留有余量；

6）缆线在布放前两端应贴有标签，以表明起始和终端位置，标签书写应清晰、端正和正确；

7）电源线、信号电缆、对绞电缆、光缆及建筑物内其他弱电系统的缆线的最小净距应符合设计要求。

（2）光缆熔接工艺

1）将光缆头尾端各截除1m，以保证光纤使用状态良好；

2）光缆的金属加强件应固定好，并与该处接地线可靠连接；

3）谨慎处理光缆的加强件、护层、束管，杜绝对光纤的划伤；

4）核对束管和光纤的颜色；

5）熔接完毕，用OTDR测试熔接点损耗；

6）在光纤托盘上整理光纤，应自然盘绕，杜绝小弯、死弯；

7）用胶带固定好熔接光纤；

8）做好熔接记录。

（3）设备安装要点

1）机房设备与机架连接紧固，设备之间留有一定的间距，以便散热；机架要有良好的接地措施，机架的接地不得与防雷接地系统高位连接；

2）机房供电系统要安全可靠，信号设备系统供电要统一，防止供电相位和电位差不一致，干扰正常信号的质量；

3）强、弱电系统要做好屏蔽隔离，分开走线，以免引起干扰，影响信号质量；

4）有源设备（例如：干线放大器、分支干线放大器、延长放大器、分配放大器）的安装：

① 干线放大器、分支干线放大器、延长放大器、分配放大器的位置应严格按照施工图纸进行施工。

② 暗装时：根据图纸设计，电视箱体内放置一块配电板，箱体内器件均采用机螺丝固定在箱体内的配电板上。在箱体内门板处要贴箱内设备的系统图，并在上面标明电缆的走向及信号输入、输出电平，以便以后维修检查。

③ 放大器箱内应留有检修电源。

④ 分支分配器的安装：分支分配器应安装在分支分配器箱或放大器箱内，并用机螺丝固定在箱内配电板上；箱体尺寸应根据箱内设备的数量而定，箱体采用铁制，可装有单扇或双扇箱门，箱体内预留接地螺栓，箱内装有配电板。

5）用户终端的安装：

① 暗装插座盒预埋时应注意与电源插座有一定距离，一般应大于50cm，以免造成干扰。安装时先检查盒门是否方正，盒子有无破损，管入盒是否满足允许偏差，标高是否符合设计要求。传输电缆是否按设计要求已穿线到位，并留够维修长度。

② 检查修理盒口：盒子口若有不平整处，应及时检修平整。暗盒的外口应与墙面齐平；盒子标高应符合设计规范要求，若无特殊要求，电视用户终端插座距地面300mm，距强电插座水平距离为500mm。

6）系统接地

① 屏蔽层及器件金属接地：为了减少对有线电视系统内器件的干扰（包括高频干扰和交流电干扰）和防止雷击，器件金属外壳要求屏蔽接地，全部连通，接地良好。

② 金属管路应与建筑防雷接地连为整体的接地。

③ 系统维护人员定期做防雷接地检查。

④ 有源器件必须要有良好的防雷接地措施，特别是放大器和光站。

5.2.3 系统调试

有线电视网络中所传输的各种信息质量关键就在前端设备工作是否正常、稳定、可靠。前端是整个系统的心脏，整个系统调试由前端设备调试开始，首先对光缆接入信号测试，然后依次对前端、光缆干线和分配网络依次进行调试，检查各点信号的电平值是否符合设计要求，并做好记录，作为今后工程验收和日后维修的依据。网络调试按两阶段进行，分系统调试：分机房调试、光系统调试、分配网系统调试。系统联调：分系统调试完成后，进行中心机房至端口的系统联调，确保指标符合要求。

（1）正向调试

1）光站调试

① 用万用表分别测量光站直流、交流电压，检测供电是否正常；

② 按设计值插入正向衰减、均衡片；

③ 用光功率计直接测量输入光功率；

④ 测量光站正向输出电平以及输出斜率，并适当调整衰减、均衡片，使测量值与设计值一致；

⑤ 测试光站下行输出信号载噪比。

2）放大器调试

① 用万用表分别测量放大器直流、交流电压，检测供电是否正常；

② 按设计值插入正向衰减、均衡片；

③ 测量放大器正向输入、输出电平以及输出斜率，并适当调整衰减、均衡片，使测量值与设计值一致；

④ 调整级前、级间衰减片时，按以下原则：若测量值比设计值大，先加大级前衰减片的值，直到满足系统要求。

（2）反向调试

反向调试流程如图 4-5-1 所示。

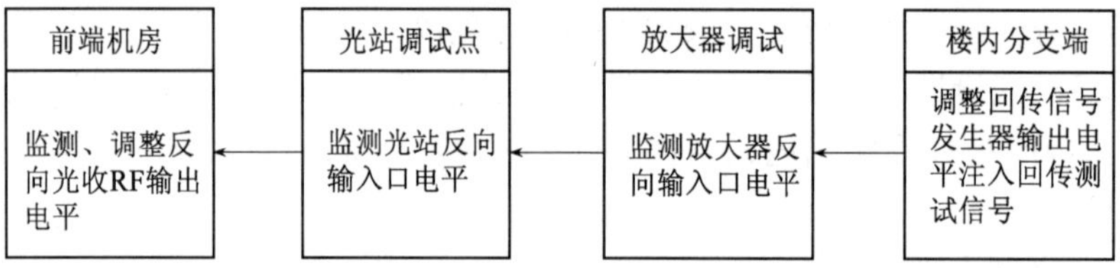

图 4-5-1　反向调试流程图

1）在分支端的调试人员先将回传信号发生器以某一输出电平从某一分支口注入，并通知分配放大器调试点的工作人员。

2）分配放大器调试点的调试人员用场强仪监测放大器的反向输入电平及斜率，并将此值与设计值进行比较，若不一致则通知楼内分支端的调试人员调整信号发生器的输出电平，直到一致为止。

3）光站调试点的调试人员用场强仪监测光站的反向输入电平及斜率，并将此值与设计值进行比较，若不吻合则通知放大器点的调试人员调整放大器内的反向衰减器、均衡器，直到一致为止。

4）光站调试点的调试人员在确定光站反向输入电平符合要求后，用场强仪监测反向光发模块驱动电平测试口，并适当更换光站回传衰减器，使测试口的输出电平等于设计值。

5）机房的调试人员用场强仪监测回传光收模块 RF 输出电平，若与设计值不符，则调整回传光收模块的调整钮，直到符合为止。

第 5 篇

机电安装综合

1 北京奥林匹克篮球馆大跨度高空间机电安装技术

1.1 大跨度高空间内机电安装概况

北京奥林匹克篮球馆结构地上六层(含一个夹层),地下一层,地上二层(含)以下为现浇钢筋混凝土框架-剪力墙,二层以上为现浇钢筋混凝土框架-剪力墙-钢支撑结构,檐口距室外街道地面 27.86m,距下沉广场地面 37.36m,屋面采用双向正交空间钢桁架,覆盖面积为 14400m^2,体育馆外立面为玻璃幕墙。

在钢屋架空间内需按设计要求安装的设备有:消防排烟风机、排风机、消声器,还有排烟风管、空调风管、消火栓管道、电缆桥架、电气镀锌钢管、灯具、风口、消防水炮、空气采样早期烟雾探测器、斗形屏等设备及系统管路(主要施工内容为风机及通风管道的安装),机电安装空间截面如图 5-1-1 所示,机电安装空间平面布置如图 5-1-2 所示。

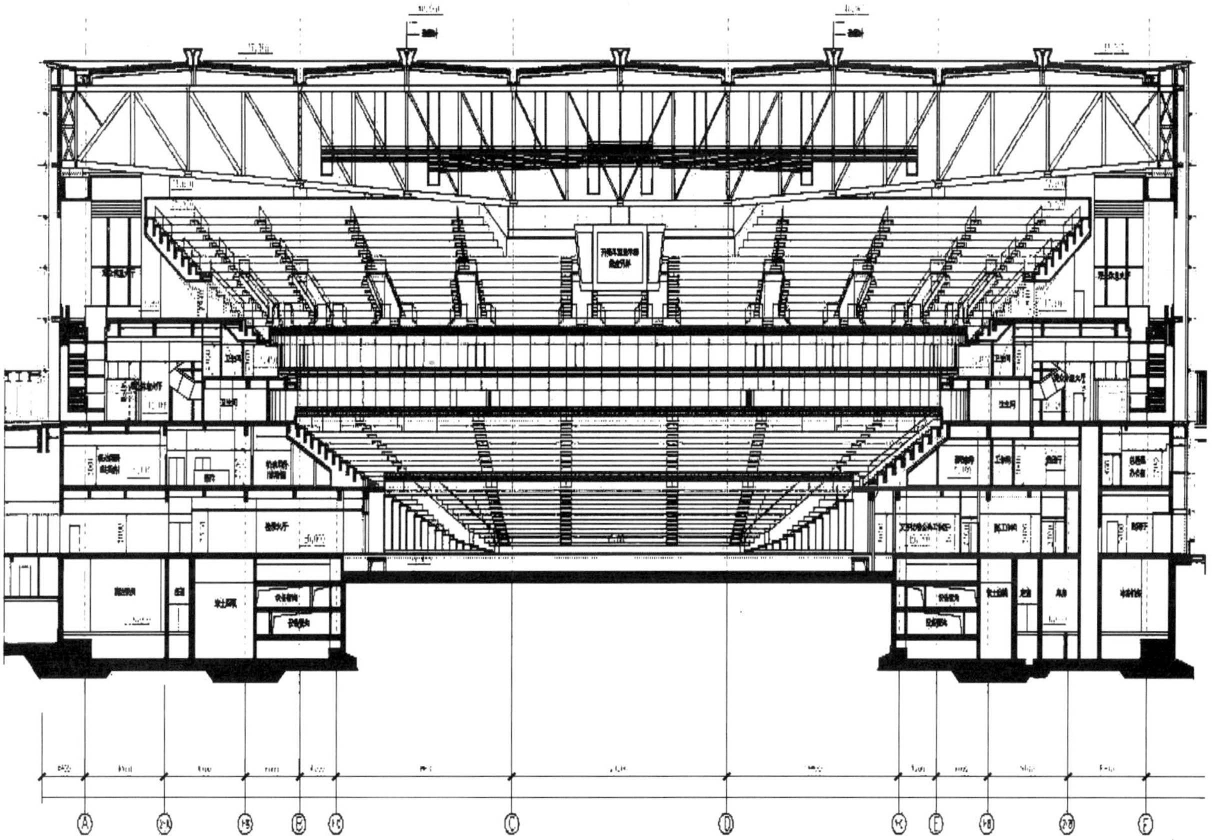

图 5-1-1 机电安装空间截面图

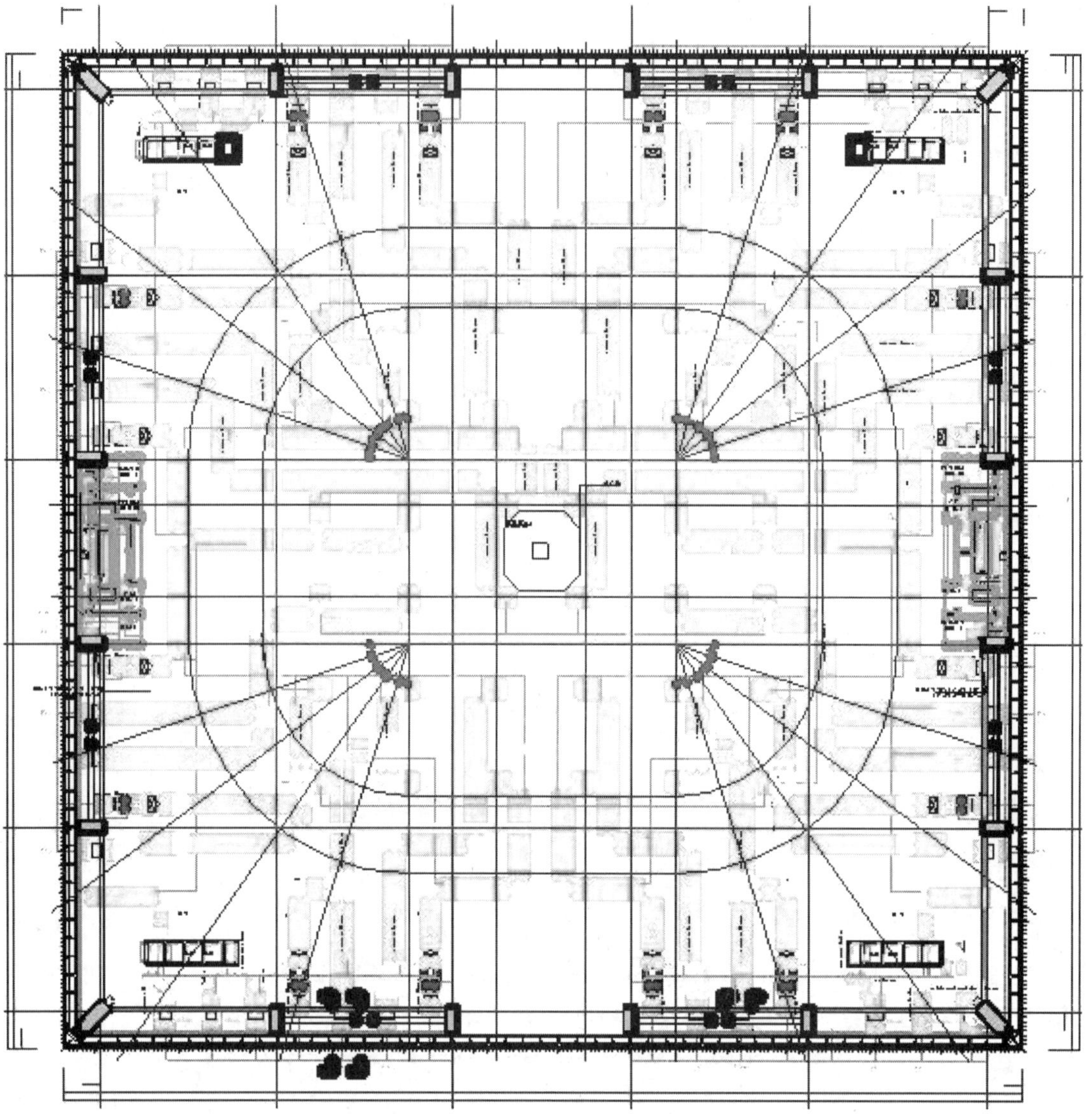

图 5-1-2　机电安装空间平面布置

1.2　钢屋架内施工特点及施工难点分析

1.2.1　施工特点

主体钢屋架内部跨度为120m×120m，除四周有钢结构支撑外，中间无任何地面支撑结构，钢屋架上弦标高为35.6m，下弦标高为29.5m，由12m×12m跨度的单元组成，从剖面看成凹线坡度，钢屋架以下为竞赛场地及观众席，该空间呈“碗”形，中心区下弦距竞赛场地29.5m，净空较高，钢屋架顶如图5-1-3所示。

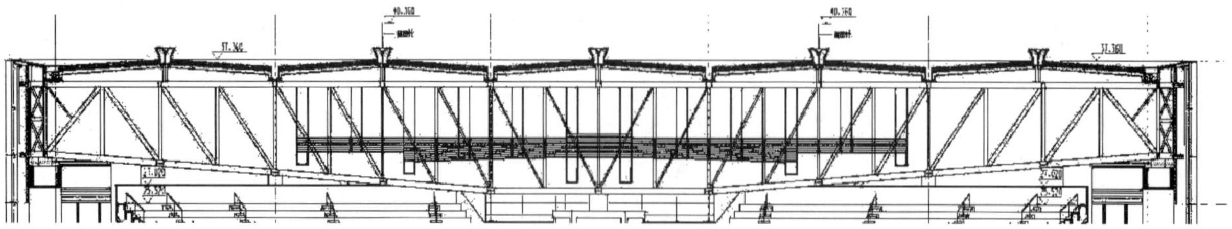

图 5-1-3　钢屋架顶图

主体钢结构内机电安装是难度最大的部分，风管安装集中在距地面高29.85m处的四层和33.5～34m处的屋顶，消防给水管道集中安装在距地面高32.9～33.1m处，全部布置在桁架上弦与下弦之间，四层风管绕场馆一周，屋顶每条风管均独立布置，遍布整个屋顶，消防给水管道设在屋顶风管的下部，为一组环状连通钢管，主要分布在距屋顶桁架外围结构向内24m区域内。因主体钢结构采用的是滑移施工，并无施工平台，因此机电安装施工时需另行选择施工平台。

1.2.2 施工难点分析

（1）无施工平台

机电安装的工作面在上下弦之间，下弦由12m×12m的单元组成，每个单元内无任何可利用的平台。

（2）高空作业

钢屋架的下弦最低处距离竞赛场地地面29.5m，中间无任何支撑点，均属高空作业。

（3）吊装难度大

体育馆外装修及屋面已经封闭，吊车无法使用，增加了设备及管线吊装运输的难度。

（4）分布零散

在120m×120m的钢屋架内，要安装的设备及管线纵横交错，几乎每个单元的位置都有，且不在一个平面上，分布很零散，施工难度较大。

1.3 方案分析

1.3.1 地面脚手架

钢屋架内机电安装施工时，采用从地面搭设的脚手架平台进行安装，由于搭设这样大面积的脚手架至少需要30天的时间，用工量很大，并且脚手架搭好后，安装还需60天的时间，还有拆除架子的时间，即使不考虑经济成本和周转材料的情况下，其他专业在此期间内看台及竞赛场地是无法进行施工的，也就是说至少会影响其他专业3.5个月的施工工期，在该工程2007年12月底竣工的前提下，尽管此方案安全系数较高，但依然无法实施。

1.3.2 自行式升降车

钢屋架内机电安装施工时，采用自行式升降车，这种升降车系高空作业机械，施工高度可达40m，平台载重220kg，有用于体育场施工的工程实例，但经过实地测量后发现，这种设备在该工程中所能使用的部位为90%，不能覆盖整个施工区域，另外10%的部分需另想办法，但就实际情况而言，也只能是将这10%的区域搭上脚手架，因此，此方案被否定。

1.3.3 动力提升平台

钢屋架内机电安装施工时，考虑到使用特种设备，这种设备为动力提升平台，是由国外引进的，可作提升设备也可作操作平台使用，但平台的底座需焊接固定，并且单台覆盖面积较小，整个施工区域共需124台，即使分四个区域周转使用，每个区域亦需要16台，经济成本较高，因此，此种方案也不可取。

1.3.4 倒挂式脚手架

在比较了几种方案后，决定还是选用具有成熟技术的脚手架方案，这样需要解决的问题就是在所给定的工期内各专业交叉施工的问题，也就是脚手架生根的问题。为解决这个问题，经过实际勘察，考虑将生根点从地面转移到上面，也就是想可否用钢屋架的上弦作为生根点，做成倒挂式架子，因为机电施工内容仅在上下弦之间，这样下面其他任何专业施工均不受影响。同时考虑到工期的要求和经济投入的问题，决定将作业面划分为四个区域进行脚手架的搭设，安装施工也随脚手架的分区搭设而进行分区施工，施工区域划分如图5-1-4所示。

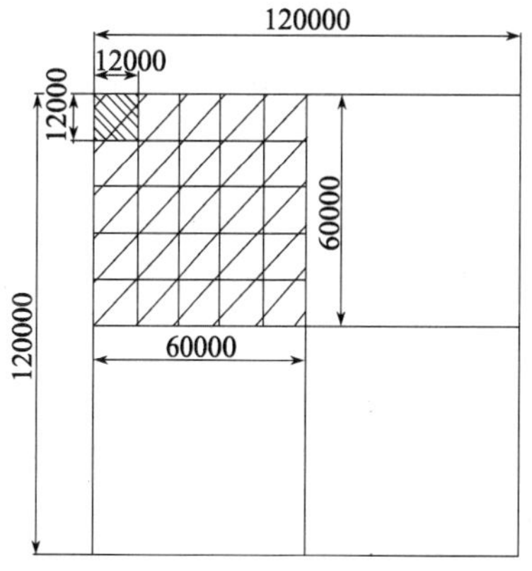

图5-1-4 施工区域划分

1.4 方案选择

经现场勘查，屋顶桁架下弦为 12m×12m 的正方形框架结构，除最边上的一跨每一单元格对角线上有一根水平斜撑外，中间无任何支撑，如脚手架搭设在下弦结构上，12m 跨度的框架中间悬空作为脚手架的基础跨度太大，且距地面有 30 多米，无法满足要求。屋顶桁架上弦为 12m×12m 的正方形主框架结构和其内部对角线长 6m 的正方形次框架结构叠合，12m 主框架的边正好是两个小正方形结构的对角线，和下弦结构相比较，上弦结构支撑较密集，如采用屋架结构作为倒挂式脚手架的支撑，其可用支撑点较多。上弦平面距离屋顶还有一定的空间，适合人员操作，上弦桁架标高为 35.35m，采用倒挂式，其支撑点位于屋架桁架上平面，距离工程量较大的屋顶风管的安装高度为 2m 左右，比其他部位距离风管近得多，采用倒挂式脚手架又能节约很多脚手架材料，也能减少屋顶框架的载荷，所以倒挂式脚手架为首选方案。

但是，倒挂式脚手架因无下部支撑，搭设难度很大，对搭设工人的技术能力和施工经验要求高。特别是在脚手架拆除时风险更大，因为这时所有设施已完工，脚手架拆除时还需注意成品保护，所以材料运输受到空间的限制。同时，脚手架使用过程中难免会遭受冲击、碰撞等破坏，给拆除脚手架造成不安全因素，使用期间和拆除脚手架之前需对受力点进行检查。

1.5 方案设计

选择搭设扣件式钢管脚手架，钢管采用国家标准《直缝电焊钢管》(GB/T 13793) $\phi 48\times3.5$ 直缝电焊钢管，其质量符合国家标准《碳素结构钢》(GB/T700) 中 Q235-A 级钢的规定，平直、无裂缝、无变形，钢管上严禁打孔；扣件采用可锻铸铁制作的扣件，材质符合《钢管脚手架扣件》(GB 15831) 的规定，脚手板采用冲压钢材料，材质符合 Q235-A 级钢的规定，并有防滑措施。

根据通风空调及给排水工程安装施工方案，脚手架搭设方案为距 120m×120m 屋顶框架上弦顶平面最外侧的每个边框 0.5m 处设置横杆，横杆间距 1m，横杆端部延伸至框架周边钢构件顶部作为支撑点，利用桁架作为脚手架的支撑结构，横杆横向间距、纵向间距均设为 1m，这样的间距布置正好避开框架跨度最大处的对角线位置，有利于增强脚手架结构的强度，脚手架最终搭设成为内部 1m×1m 的正方形结构，在上弦构件下表面和上表面垂直方向重叠位置同样搭设成内部 1m×1m 的正方形结构，并用立杆、斜拉杆、组成桁架式结构，框架结构处用侧面两根立杆和底面横杆环抱框架作为倒挂式脚手架的支撑结构。大横杆（支撑面称横向）定义为按管道方向的横杆，小横杆（支撑面称纵向）定义为和管道垂直方向的横杆，横向、纵向均以每条管道的走向为基准。根据管道的平面位置，在风管、消防给水管道两边上方靠近正方形网格的交点处设立杆，立杆上端先固定在支撑面的两根纵向水平杆上，在立杆上端位置再加设 1 根横向水平杆和立杆进行固定，即立杆与桁架结构的两根纵向水平杆都要固定，后加横杆为安全措施，起加强作用，防止立杆滑脱。如风管宽度为 1.1m，即立杆纵向间距则为 2m，消防管道立杆纵向间距为 1m，立杆纵向间距 2m 及以上时立杆下端要距离管道底部 1.5m，管道下方设置两层横杆，两层横杆间距 0.5m，中间设置短立杆及斜拉杆组成桁架结构，以提高横杆抗弯能力，短立杆间距以跨度不大于 1.5m 为宜。立杆最下端要低于最底层横杆 0.2m 或以上，以便于检查立杆的固定情况，然后安装操作面的大横杆、小横杆，在每根立杆上大横杆卡扣固定点下方、下层小横杆下方紧挨固定扣件再增加 1 个直角扣件固定在立杆上作为安全防护措施，防止大横杆滑脱，操作平面均满铺脚手板。施工平面下的每根大横杆两端使用钢丝安全绳吊挂在屋架上弦结构上作为脚手架防滑脱措施。两侧距脚手板 1.2m 处设置横杆作为栏杆，所有立杆沿每条管道的两侧进行设置，最终搭设成为沿每条管道走向的空中走廊。栏杆处立面需张挂安全网防止人员坠落。根据通风空调及给排水工程图纸，风管和消防给水管道在立面距离较近，但平面位置并不重合，因此所有管道的施工用脚手架均需以每条管道为基准单独搭设。管道三通位置及拐角处为两个方向脚手架立杆交叉处，每处需增设 1 根立杆。脚手架距地面较高，考虑到风管施工的方便，在两条风管距离较近处搭设联络通道，互相连通，方便施工人员及工机具的转移，亦可作为应急通道进行人员的疏散。另需在每边框架脚手架端部搭设通向地面的走道 1 处，供施工人员上下使用。

1.6 主要工程数量表（见表 5-1-1）

主要工程数量表　　表 5-1-1

位　置	脚　手　架（m^2）	脚　手　板（m^2）	安　全　网（m^2）
屋顶结构	28800	0	0
四层风管	1440	1248	4800
消防管道	1320	1320	3600
顶层风管	3800	2300	10000

1.7 施工准备

1.7.1 施工技术准备

（1）所有施工图纸进行会审，收集相关施工验收规范。

（2）所有施工人员在施工前接受技术交底，并按交底的方案进行施工。

1.7.2 主要材料、机具表（见表 5-1-2 和表 5-1-3）

材料表　　表 5-1-2

序　号	材料规格	数　量	序　号	材料规格	数　量
1	6m 杆	7120 根	8	对接扣件	1540 个
2	4m 杆	6960 根	9	旋转扣件	17840 个
3	3m 杆	5960 根	10	脚手板	3600 块
4	2m 杆	9040 根	11	挡脚板	3720m
5	1.5m 杆	990 根	12	安全网	5600m^2
6	1m 杆	11280 根	13	24mm 钢丝绳	4800m
7	直角扣件	62040 个	14	14mm 钢丝绳	3200m

主要施工机具表　　表 5-1-3

序　号	设备名称	型　号	单　位	数　量	备　注
1	卡车	10t	辆	3	
2	卡车	5t	辆	1	
3	卡车	3t	辆	1	
4	手推车	—	辆	4	
5	卷扬机	2t	台	1	

1.8 主要施工技术

1.8.1 工艺流程

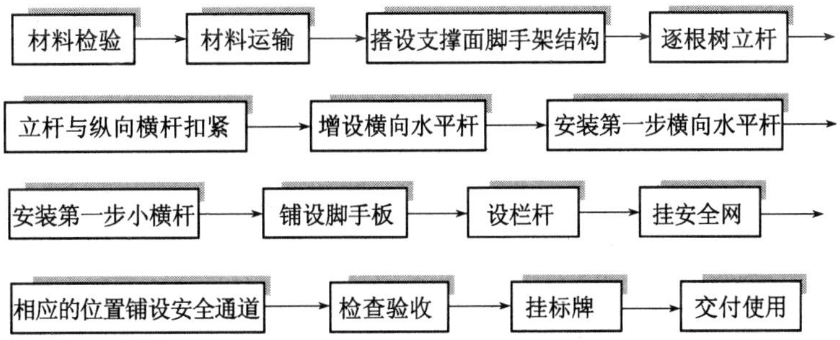

1.8.2 施工方法

为防止搭设脚手架时产生交叉，应按管道的高度位置由低到高的顺序搭设，即先搭设四层风管脚手架，四层风管脚手架立杆需要的较长些，需6米多，单根脚手架钢管最长一般为6m，因此需搭接接长，采用3个旋转扣件接长，搭接长度不应小于1m，应等间距设置3个旋转扣件固定，端部扣件盖板边缘至搭接纵向水平杆杆端的距离不应小于100mm，每根立杆只允许接长1次。搭设完四层风管脚手架后搭设消防给水管道脚手架，最后搭设屋顶风管脚手架。根据通风空调消防给水管道施工方案，施工时在120m×120m区域按4个60m×60m的区域顺序施工，为保证施工按流水节拍进行，脚手架的搭设任务在搭设完第一个区域后应紧接着搭设第二个区域，管道施工在第一个区域完工后到第二个区域施工，脚手架专业则拆除第一个区域搭设第三个区域，以减少材料运输任务，提高材料周转使用率。

由于施工平面距地面有30多米高，体育馆内上下通道均为楼梯台阶和看台台阶，材料运输车辆只能到达竞赛平面（即±0米），地面材料的场内水平运输可使用人工手推车的方式，材料的垂直运输需采用在台阶上人工接力的方法进行，此方法需消耗大量人工，材料在屋顶上下弦平面的水平运输可利用维修马道，马道承载能力为1000N/㎡，运输材料时需注意防止人员、材料过度集中。

施工脚手架搭设示意如图5-1-5～图5-1-10所示，由于图纸幅面所限，为便于描述，平面图为1/4平面，其他区域和此1/4图相同。

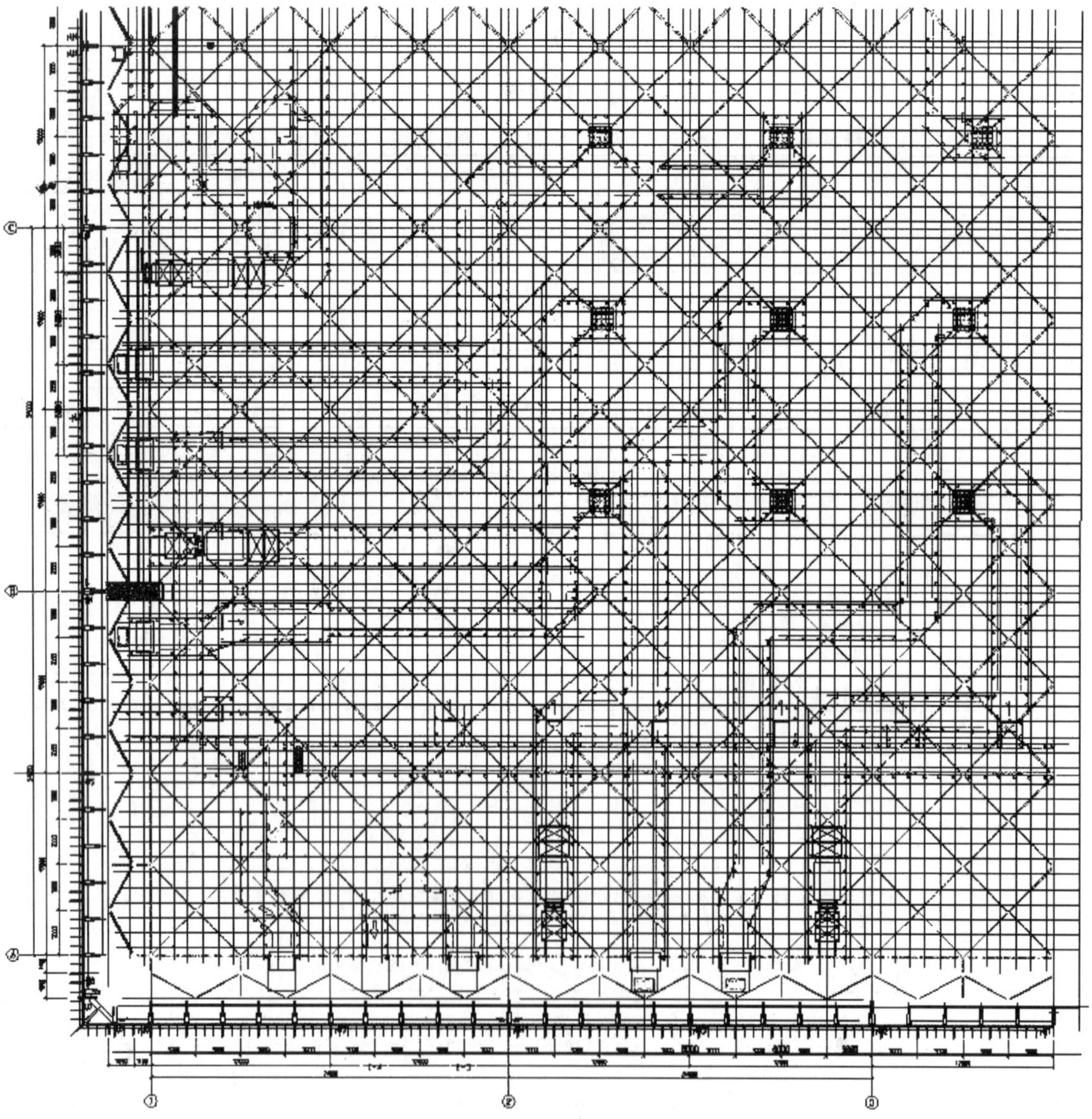

图5-1-5　主体钢结构屋架及设计的脚手架

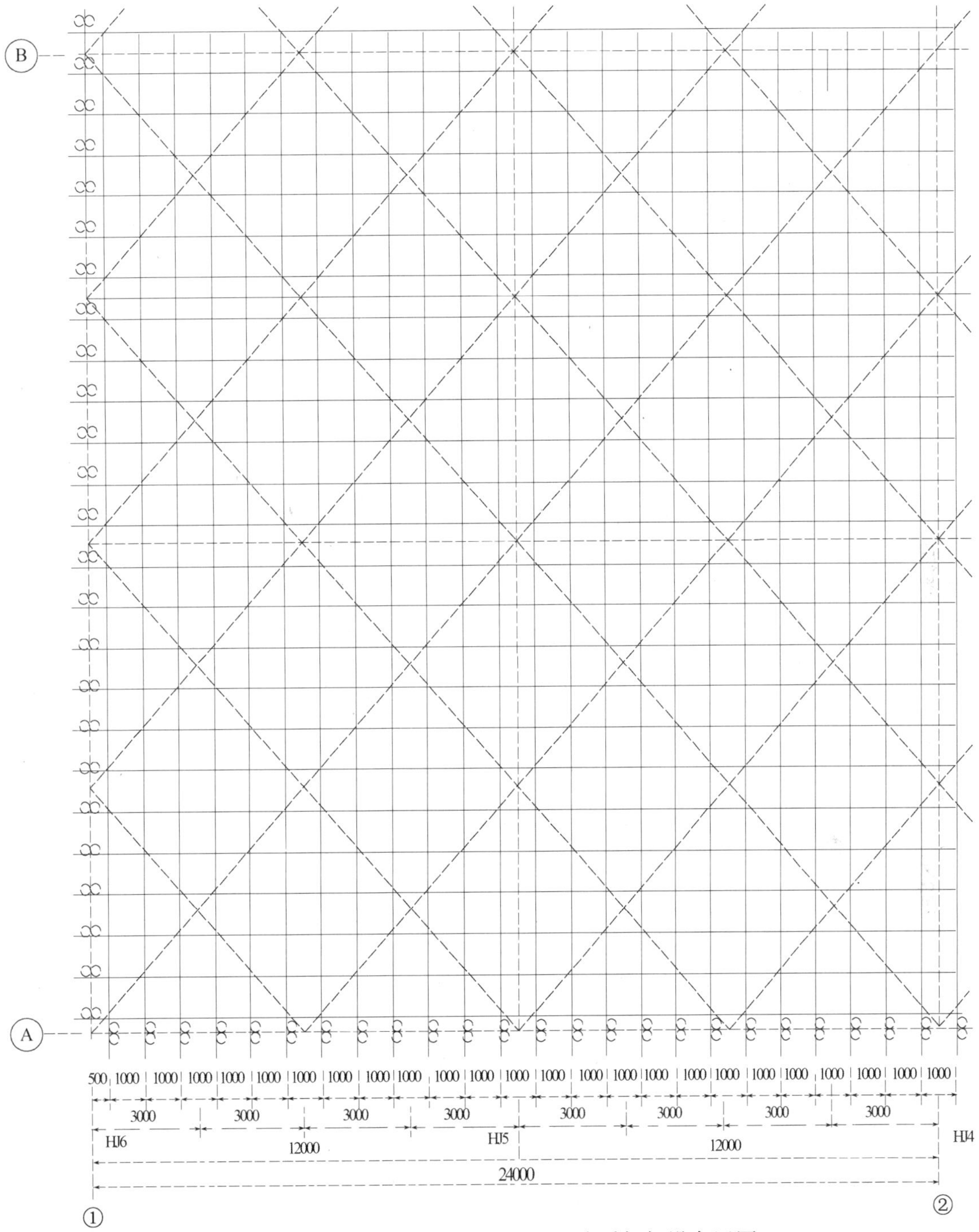

图 5-1-6　1/4 屋顶平面 24m×24m 脚手架架设布置图

注：图中虚线位置表示框架，实线位置表示脚手架。

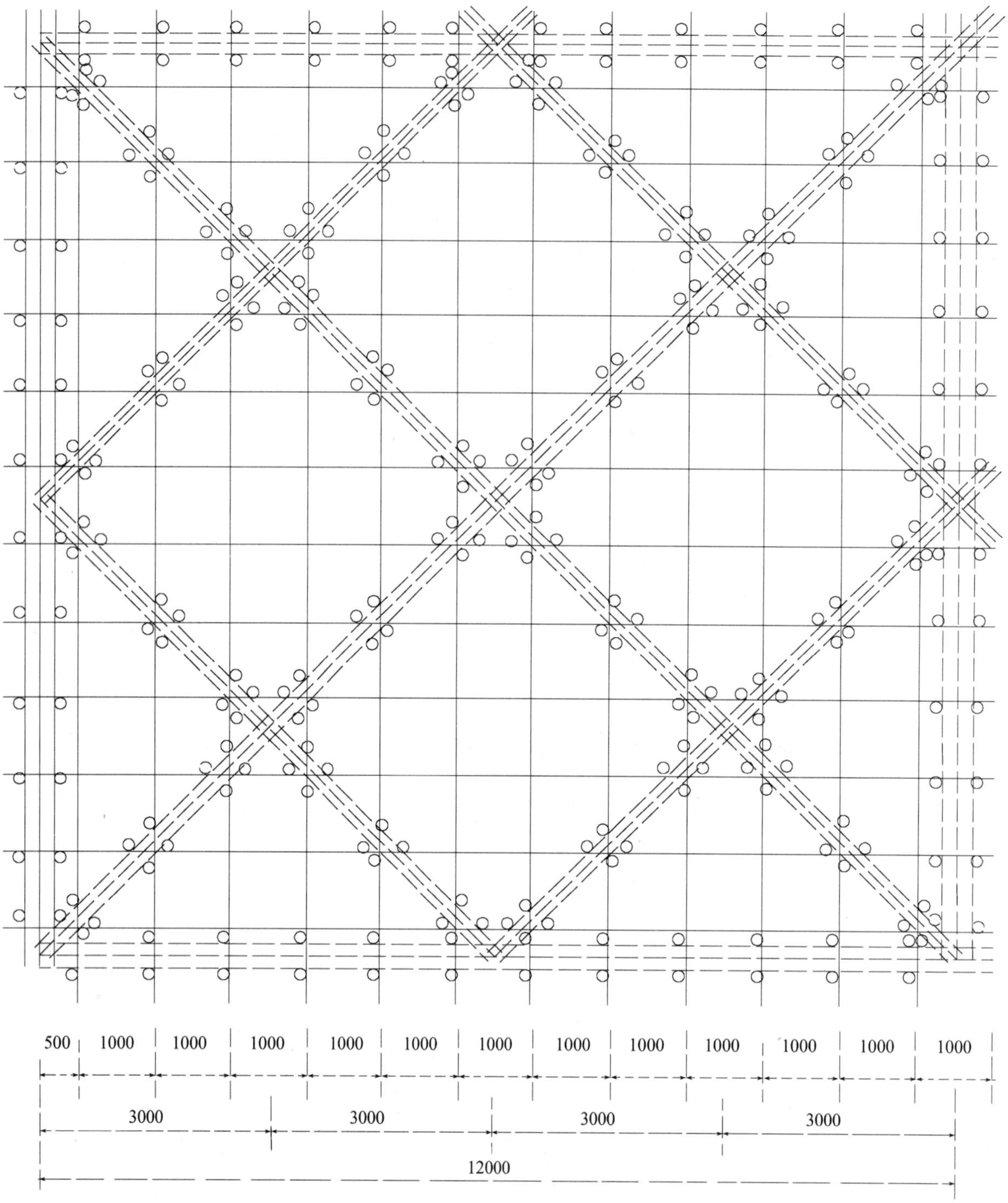

图 5-1-7　12m×12m 脚手架搭设平面图

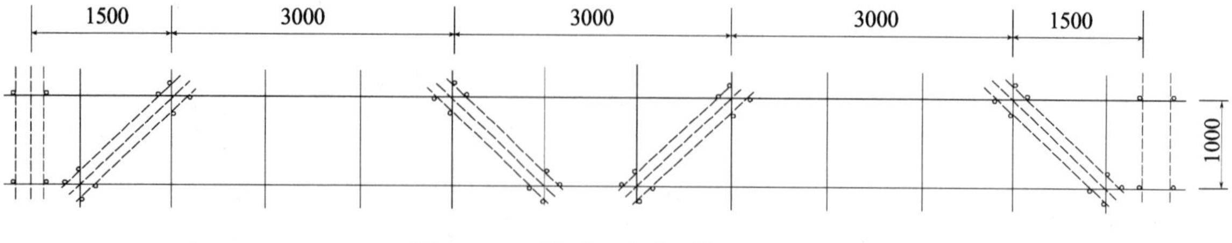

图 5-1-8　屋顶上弦脚手架平面图

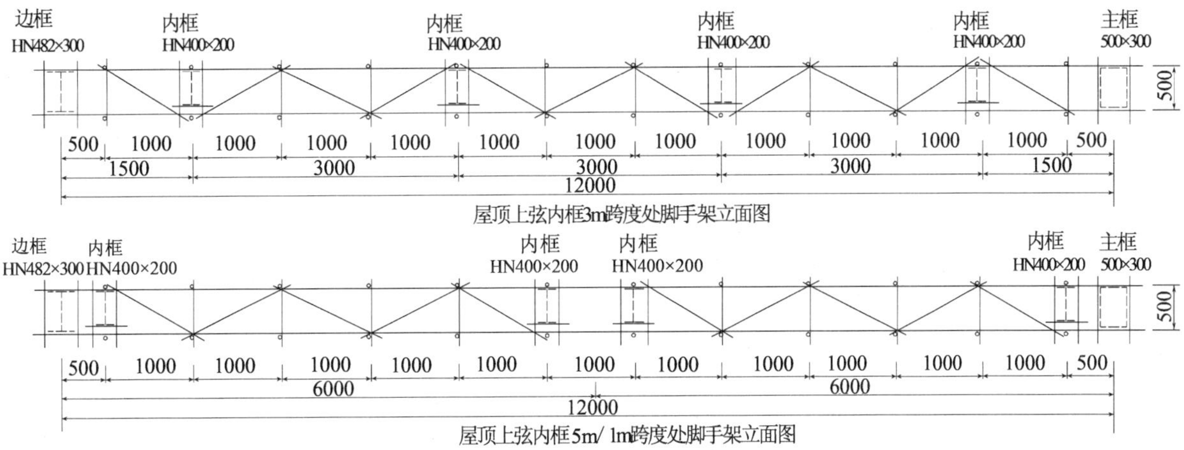

图 5-1-9 屋顶上弦脚手架立面图

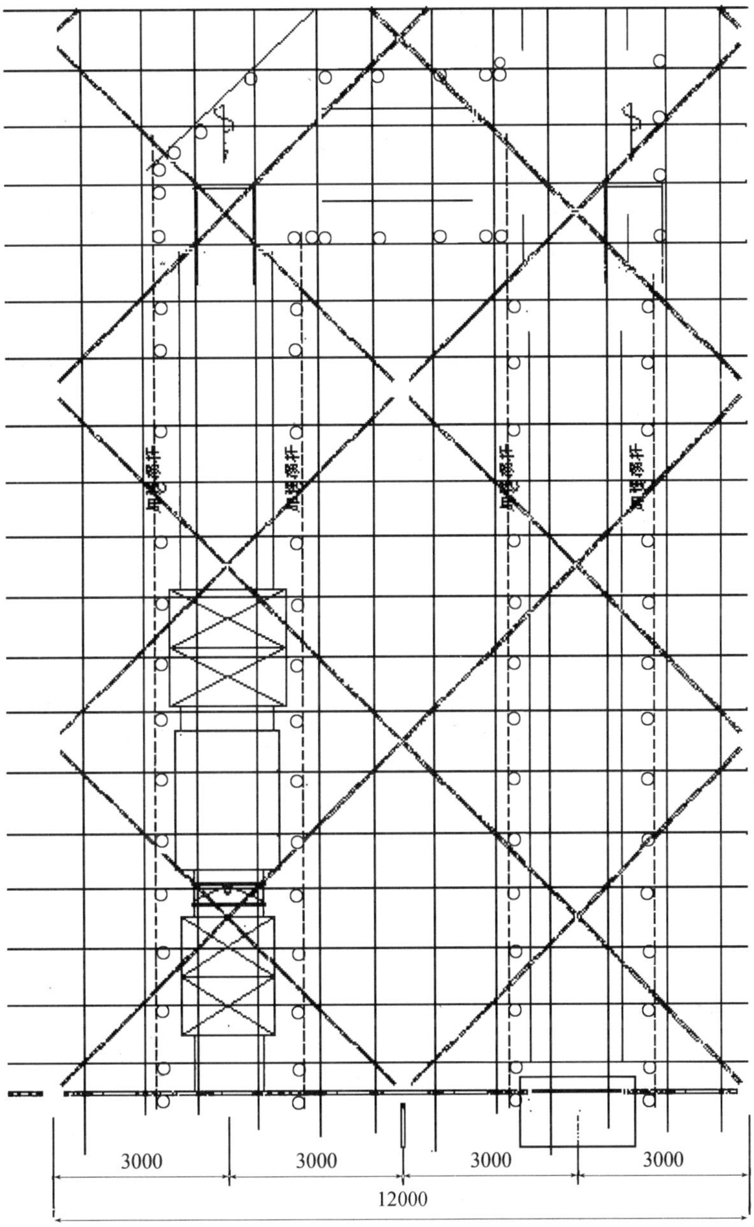

图 5-1-10 平面局部放大示意图

注：图中粗虚线位置表示主体钢结构屋架上弦，细实线位置表示现在设计的脚手架。

（1）屋顶脚手架平面

最小框架结构对角线长度为6m，因内部构件为H型钢，钢管用其作为支撑时，钢管端部必须跨过其中间腹板位置并伸出翼板，作为环抱H型钢的构件，接长采用搭接，按搭设方案正好避开最长对角线的位置，6m长的钢管其端部正好伸出H型钢并作为搭接的长度，为保证钢管和构件严密接触，构件顶部不得使用扣件，按搭接接头扣件不少于3个的要求，在构件两侧各需使用两个旋转扣件，即钢结构框架上每处搭接需4个旋转扣件。

1/2区域共需6m杆4800根，4m杆1600根，3m杆3200根，2m杆6400根，1m杆10800根，4m杆和3m杆用于搭接，2m杆用于斜撑，1m杆用在框架两边及底面作固定限位使用。

直角扣件28800个，旋转扣件12800个。

（2）四层风管

风管规格为1.1m（宽）×2m（高）、1.6m（宽）×1.35m（高）、1.1m（宽）×1.35m（高），极少量的风管2m（宽）×1.1m（高），管底最低29.85m。

立杆使用6m杆和2m杆，使用3个转卡搭接，搭接长度1m，使用时2m杆要位于下部。1.6m和2m宽的部位在风管外侧增设两根立杆，立杆大横杆、加强横杆、栏杆使用6m杆，接长采用对接扣件，有角度处在两杆交叉部位用旋转扣件连接，2m宽风管处小横杆使用4m杆，其他部位小横杆使用3m杆，小横杆上下布置2根，间距0.5m。因风管采用螺栓的连接形式使高处作业量减少，风管高度较高大部分为2m，为减少自重高处不再搭设固定脚手架平台，在搭设好的脚手架上设1.6m高板凳作为临时平台，高处栏杆不能取消。脚手板满铺，脚手架外立面挂安全网。在操作平台下每根大横杆两端捆绑钢丝绳作为安全绳，安全绳另一端固定在屋顶上弦结构上，长度余量不得超过0.1m，与铅垂线的夹角不得大于30°。四层风管脚手架搭设如图5-1-11～图5-1-15所示。

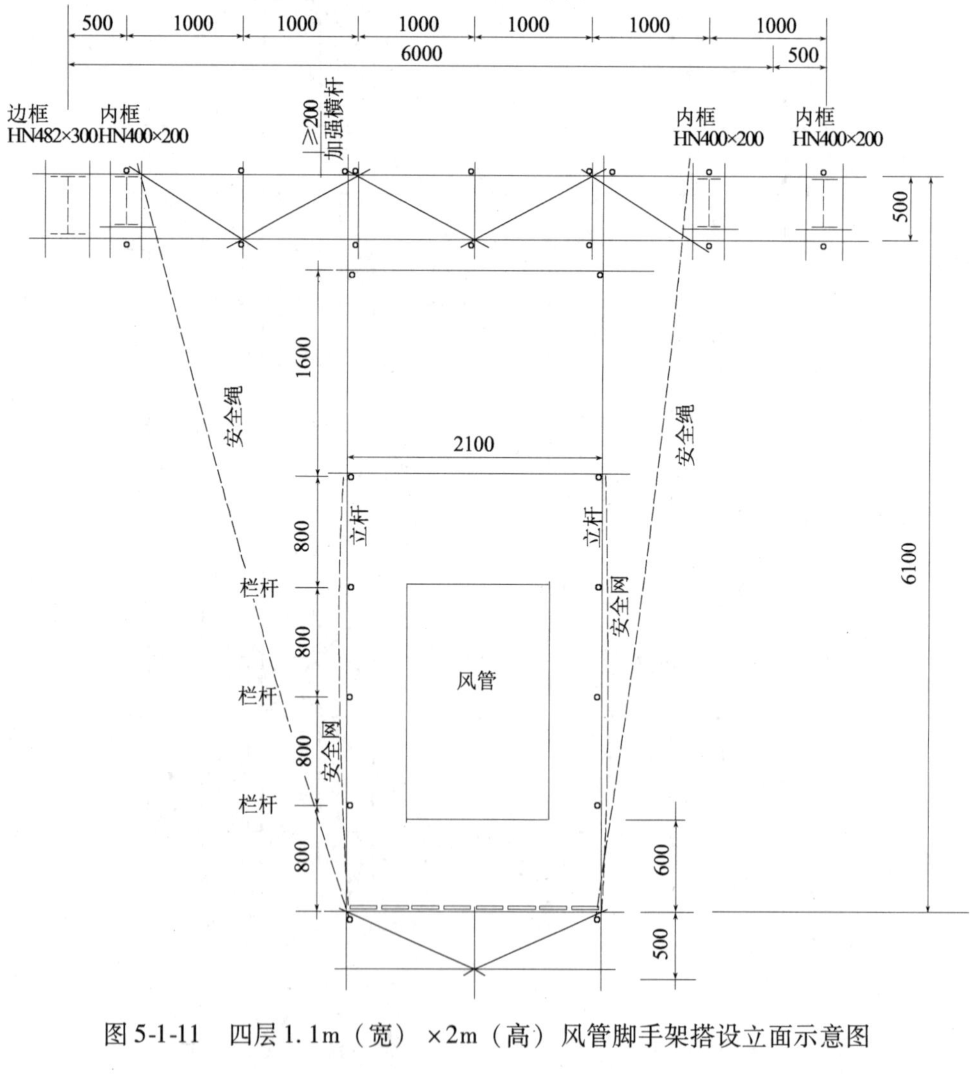

图5-1-11　四层1.1m（宽）×2m（高）风管脚手架搭设立面示意图

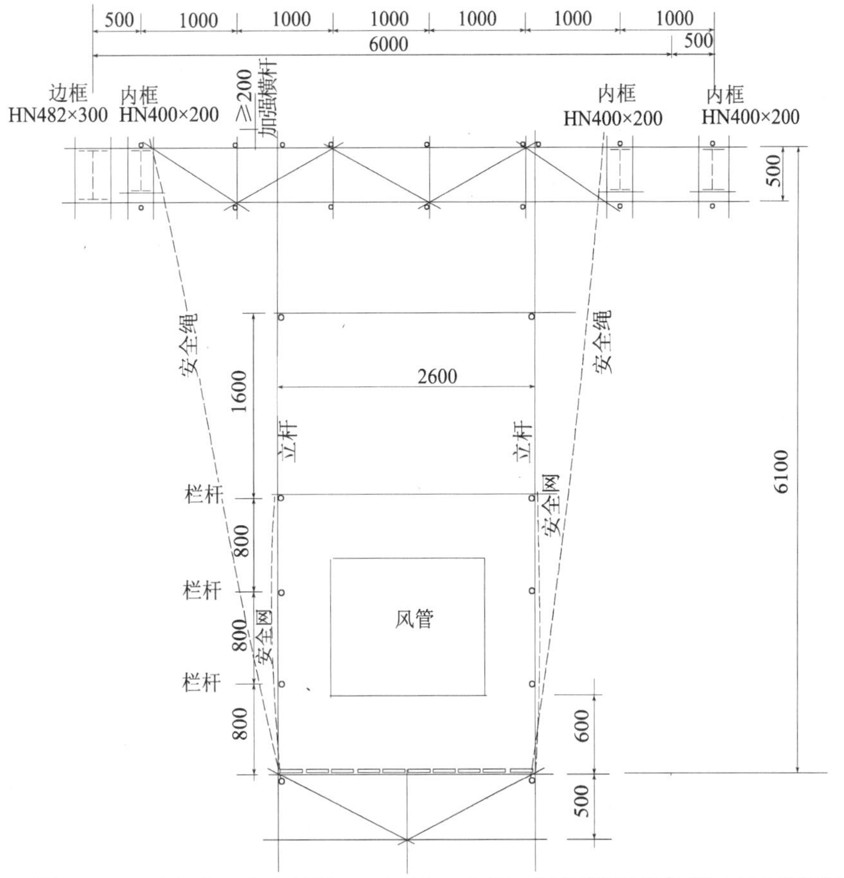

图 5-1-12　四层 1.6m（宽）×1.35m（高）风管脚手架搭设立面示意图

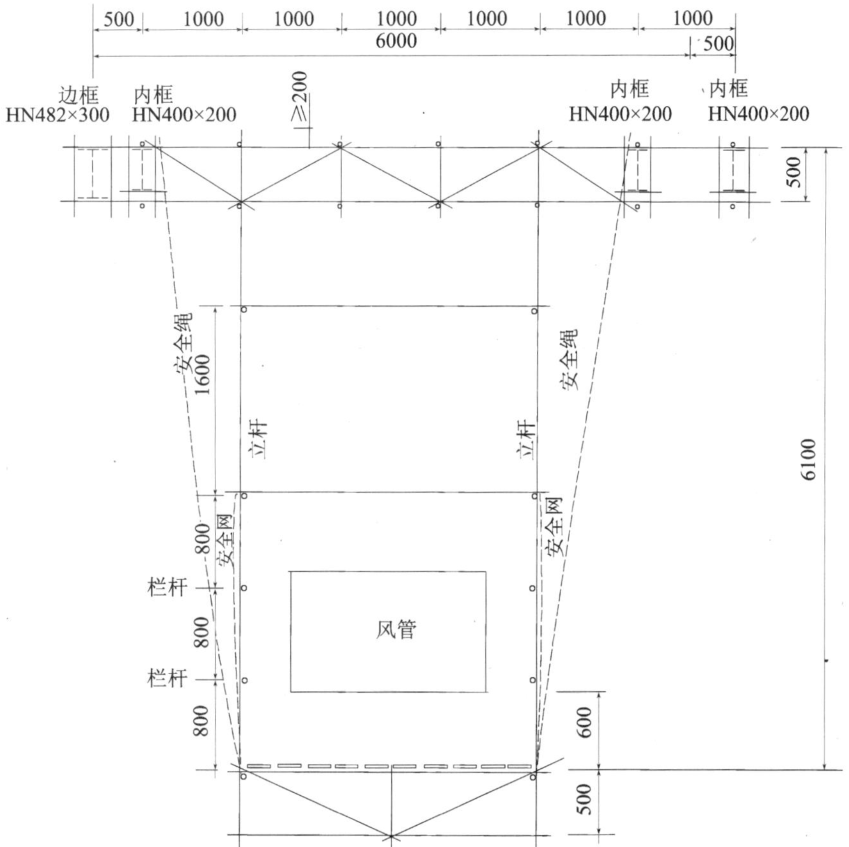

图 5-1-13　四层 2.0m（宽）×1.1m（高）风管脚手架搭设立面示意图

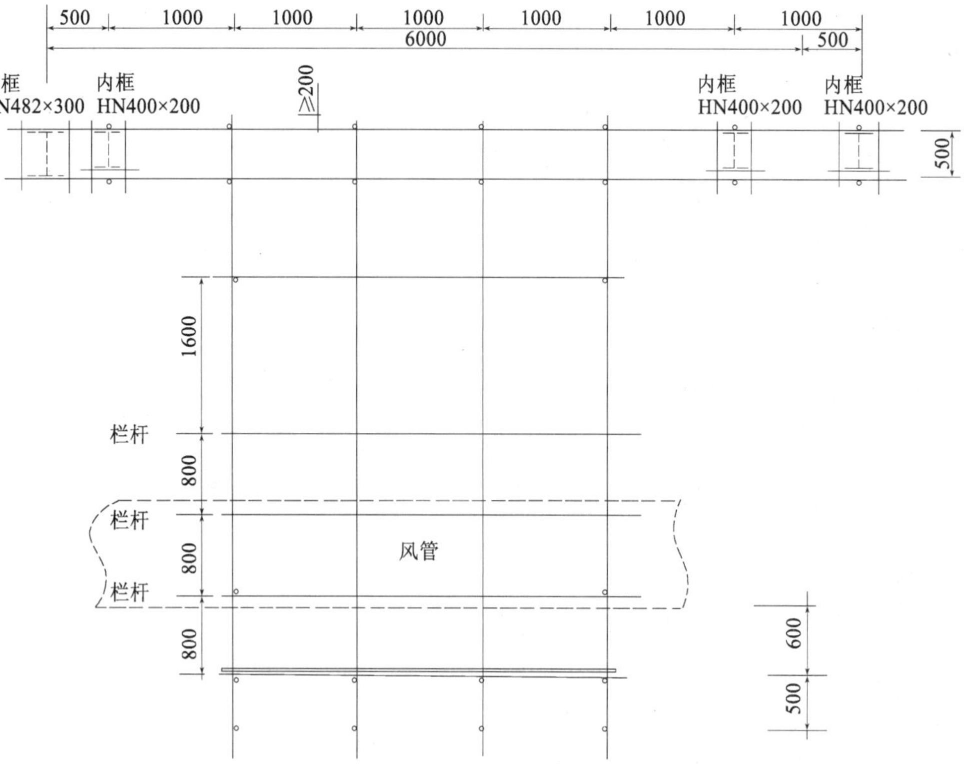

图 5-1-14　四层风管脚手架搭设侧面示意图

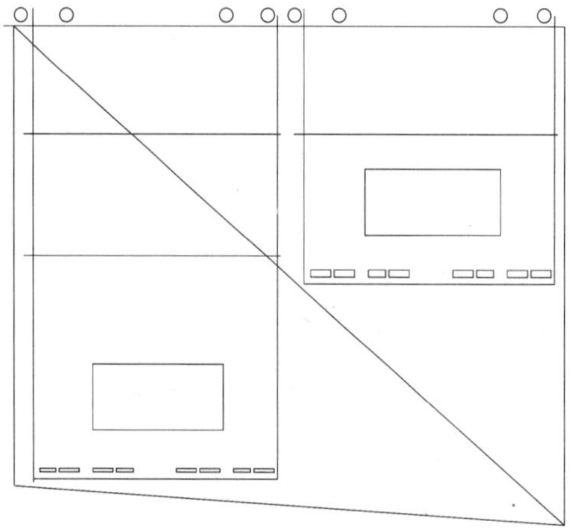

图 5-1-15　脚手架和屋架位置关系图

（3）消防给水管道

管道规格为 *DN*200，管底标高 32.9m，*DN*150 管底标高 33.1m、还有少量 *DN*100、*DN*70 管道连接在主管上，管道均水平布置。

立杆使用 4m 杆，大横杆、加强横杆、栏杆使用 6m 杆，小横杆使用 1.5m 杆，底部横向用 4 块脚手板并排满铺。脚手架立面外侧挂设安全网，脚手架下面下弦屋架整个平面已设一层安全网和密目网，因此不再设针对脚手架的防护网，在操作面下的每根大横杆两端捆绑钢丝绳作为安全绳，安全绳另一端固定在屋顶上弦结构上，长度余量不得超过 0.1m，与铅垂线的夹角不得大于 30°。消防给水管道脚手架搭设如图 5-1-16 和图 5-1-17 所示。

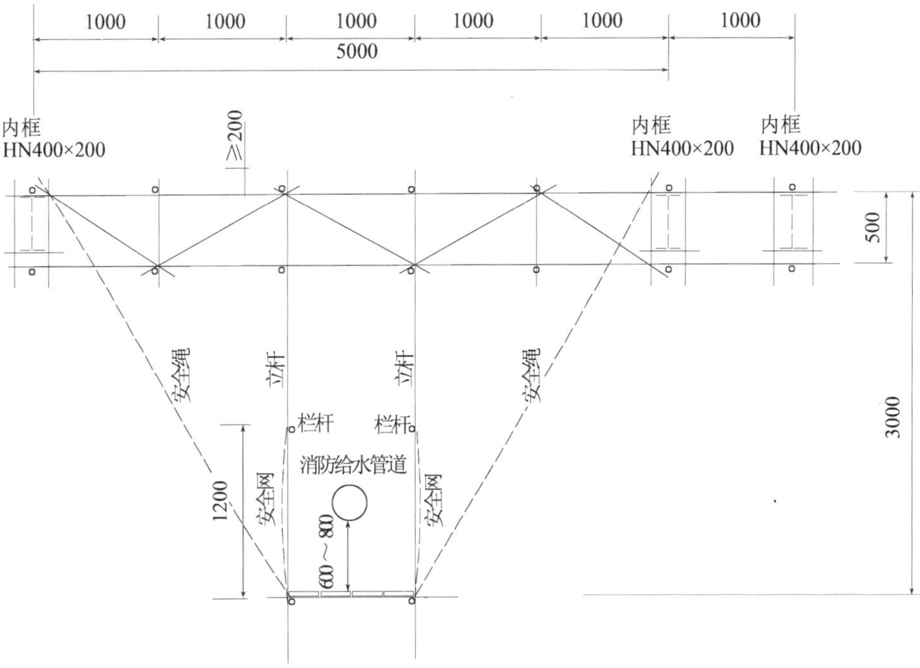

图 5-1-16　消防给水管道脚手架搭设立面示意图

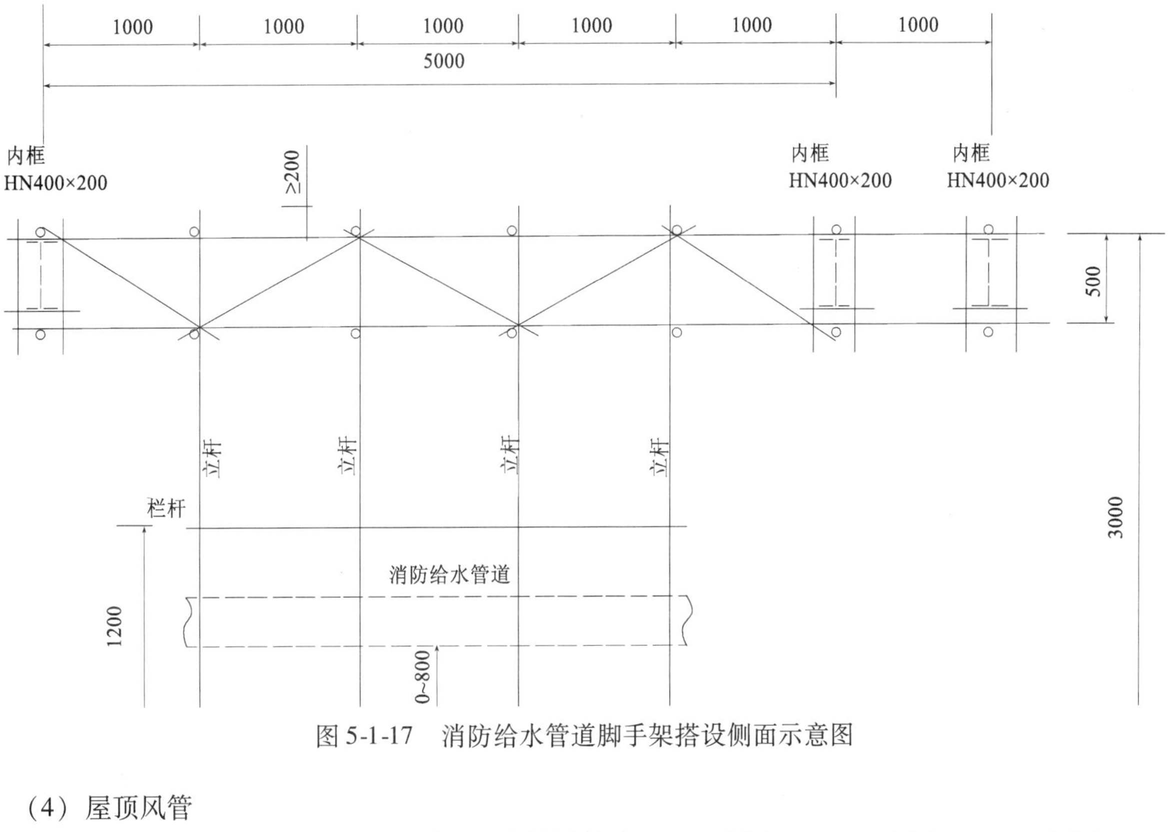

图 5-1-17　消防给水管道脚手架搭设侧面示意图

（4）屋顶风管

风管规格为 1.6m（宽）×0.8m（高）、少量风管为 1.1m（宽）×1.2m（高）、1.8m（宽）×1.3m（高），极少量风管为 2m（宽）×1.1m（高），管底最低 33.5m。屋顶风管脚手架搭设如图 5-1-18 和图 5-1-19所示。

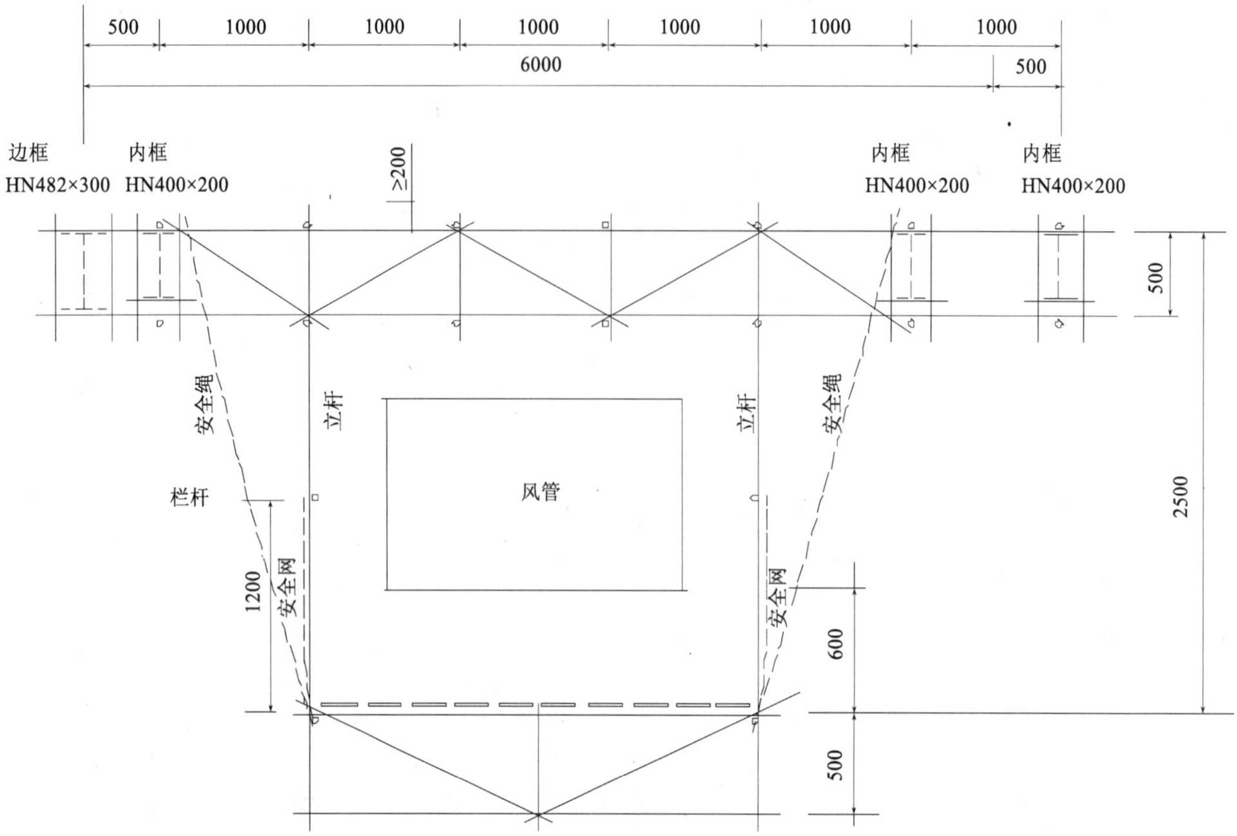

图 5-1-18　屋顶风管脚手架搭设立面示意图

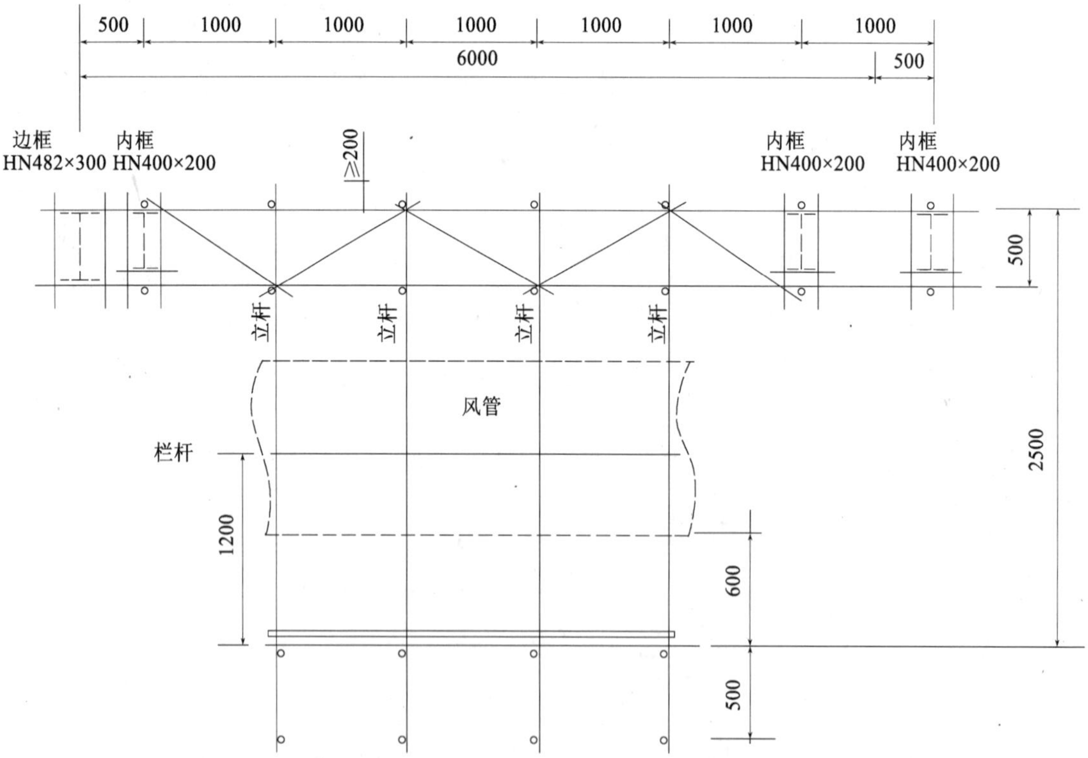

图 5-1-19　屋顶风管脚手架搭设侧面示意图

立杆使用4m 杆，大横杆、加强横杆、栏杆使用6m 杆，小横杆使用3m 杆，脚手架立面外侧挂设安全网。

1.8.3 施工技术及质量要求

(1) 材料

材料采用周转材料，使用前应进行质量检查、防锈处理。

1) 脚手架钢管在进场前进行表面锈蚀检查，锈蚀深度应小于或等于0.5mm。

2) 钢管弯曲变形应符合下列规定：

各种杆件的端部弯曲，当$L \leq 1.5$m时，弯曲度允许偏差小于或等于5mm；

立杆，当3m < $L \leq 4$m时，弯曲度允许偏差小于或等于12mm；

立杆，当4m < $L \leq 6.5$m时，弯曲度允许偏差小于或等于20mm；

水平杆、斜杆，当$L \leq 6.5$m时，弯曲度允许偏差小于或等于30mm。

3) 旧扣件使用前应进行质量检查，有裂纹、变形的严禁使用，出现滑丝的螺栓必须更换。

4) $L \leq 4$m的脚手板，板面挠曲允许偏差小于或等于12mm；

5) 脚手板板面扭曲（任一角翘起）允许偏差小于或等于5mm。

(2) 脚手架的构造

1) 支撑面纵向横向水平杆的构造

支撑面结构接长采用旋转扣件搭接，尽量采用6m杆，减少搭接数量。

2) 大小横杆的构造

① 主节点处必须设置一根横向水平杆，用直角扣件扣接且严禁拆除。主节点处两个直角扣件的中心距不应大于150mm。

② 作业层主节点外的横向水平杆，宜根据支撑脚手板的需要等间距设置。

③ 横向水平杆两端均应采用直角扣件固定在纵向水平杆上。

3) 脚手板的设置

① 作业层脚手板应铺满、铺稳。

② 冲压钢脚手板应设置在3根横向水平杆上，应将脚手板两端与其可靠固定，严防倾翻。脚手板外伸长应取130～150mm，两块脚手板外伸长度之和不应大于300mm；脚手板搭接铺设时，接头必须支在横向水平杆上，搭接长度应大于200mm，其伸出横向水平杆的长度不应小于100mm。

③ 作业层端部脚手板探头长度应取150mm，其板长两端均应与支撑杆可靠地固定。

4) 立杆的设置

① 根据风管的平面位置在距离风管两边外侧各0.5m设立杆，立杆上端先固定在支撑面的纵向水平杆上，然后在立杆位置再设横向水平杆和立杆进行固定，即立杆与横向、纵向水平杆都要固定，后加横杆起加强作用，防止立杆滑脱。

② 立杆高度要距风管底部1.5m为宜，顶部要高于横杆0.1～0.2m，以便于检查立杆的固定情况。

③ 立杆接长采用搭接，可用3个旋转扣件接搭接长，搭接长度不应小于1m，应等间距设置3个旋转扣件固定，端部扣件盖板边缘至搭接纵向水平杆杆端的距离不应小于100mm，每根立杆只允许接长1次。

④ 立杆数量按风管的位置、长度按需设置，不需要的地方不设。

5) 斜道的设置

① 高度不大于6m的脚手架，宜采用一字形斜道；高度大于6m的脚手架，宜采用之字形斜道。

② 斜道宜附着外脚手架设置，宽度不宜小于1m，坡度宜采用1∶3。

③ 拐弯处应设置平台，其宽度不应小于斜道宽度。

④ 斜道两侧及平台外围均应设置栏杆及挡脚板。栏杆高度应为1.2m，挡脚板高度不应小于180mm。

6) 安全网的设置

① 脚手架的外侧应全部设置与地面垂直的立网，立网应与脚手架的立杆、横向水平杆绑扎牢固，

与架体外立面的最大间隙不得超过100mm。

② 安全网的每个系点上，边绳应与支撑物靠紧，系点应均匀，距离应小于0.75m，且应牢固，不容易解开或轻易松脱。

1.8.4 脚手架搭设图片（见图5-1-20～图5-1-29）

图5-1-20 钢屋架

图5-1-21 屋架上弦

图 5-1-22　施工平台搭设

图 5-1-23　施工平台下部

图 5-1-24　搭设完成后的脚手架施工平台（一）

图 5-1-25　搭设完成后的脚手架施工平台（二）

图 5-1-26　搭设完成后的脚手架施工平台（三）

图 5-1-27　搭设完成后的脚手架施工平台（四）

图 5-1-28　搭设完成后的脚手架施工平台（五）

图 5-1-29　搭设完成后的脚手架施工平台（六）

1.8.5 校核计算

因所有脚手架横向跨度、结构形式相同，计算以每跨为单位。因倒挂脚手架操作平面的荷载全部集中于立杆，所以脚手架荷载只计算传递给立杆的荷载即可。立杆只承受拉力，立杆抗拉强度为$205N/mm^2$，强度校核时钢管自重按$\phi48\times3.5$的规格计算，强度验算时按钢管使用的验收标准$\phi48\times3.0$规格计算，截面积$A=424mm^2$，截面模量$W=4.493cm^3$，单根钢管的抗拉力为$205N/mm^2\times424mm^2=86.9kN$，远远大于扣件的抗滑承载能力8kN，这样不会造成失稳现象，因此此类脚手架的失效形式为立杆从扣件中滑脱，只要计算出扣件抗滑承载能力及横杆抗弯和挠度及应力符合要求即可。

该工程最大风管尺寸为1.1m×2m，每米重量为0.97kN，最重设备408 kg，安装在槽型梁内，槽型梁处于顶部看台外侧，安装设备不需脚手架。其他部位最重设备规格为1600×800，重量为1.12kN，消防管道最大尺寸为*DN*200，每米重量为0.8kN，因所有管道的脚手架均单独搭设，即每一管道下均有单独的脚手架，所以单位长度的脚手架上所需材料和脚手架的长度相等，没必要在单位长度脚手架上堆放两根及以上的材料。脚手架设计活荷载为$3kN/m^2$，计算是否满足要求即可。

最大风管尺寸为1.1m×2m，每节长1.2m，施工人数为4人，风管竖放时脚手架每跨尺寸为1m×2.1m，承载6.2kN，4人重3.4kN（每人按0.85kN计算），风管重0.97kN，实际载荷约为4.4kN，满足要求，因设计荷载平均为$3kN/m^2$，每米跨度不得多于4人，每平方米不得多于3人。此规格风管横放时因风管重量相同，占用面积较大，更能满足要求。其他设备或管线因单重比风管小，因此脚手架设计活荷载为$3kN/m^2$能够满足施工要求。

（1）四层风管

1）1.1m（宽）×2m（高）风管。脚手架宽2.0m，每跨平均两根立杆，脚手架高6.1m，下设3道栏杆，间距为0.8m。以每跨为计算单位。

永久荷载，立杆6m的2根，2m的2根；大横杆6m；3m小横杆4根；栏杆6m；2m底部斜撑2根，1m的1根，总计钢管45m；直角扣件21个，对接扣件每6m跨度12个，1m跨度按2个计算，旋转扣件10个，脚手板$2.1m^2$，安全网40N，挡脚板$2.0m^2$。

钢管自重：38.4N/m×45m=1.73kN。

扣件：13.2N/个×21个+18.4N/个×2个+14.6N/个×10个=460N。

脚手板：$2.0m^2\times0.3kN/m^2=0.60kN$。

挡脚板：$2.0m^2\times0.11kN/m^2=0.22kN$。

上层永久荷载为3.05kN，均布活荷载按结构脚手架取值为$3kN/m^2$，因脚手架搭设于室内，风荷载不作考虑，总活荷载为6.0kN。

荷载分项系数：动荷载取1.4，脚手架自重荷载取1.2，动力系数取1.3。

计算荷载值为（6.0×1.4+3.05×1.2）×1.3=15.68kN。

每跨2根立杆，每根立杆承载7.84kN，作用在立杆顶部和横杆连接的直角扣件上，单个扣件的承载力设计值取8kN，立杆与纵向或横向水平立杆连接时，其扣件的抗滑承载能力应符合$R\leqslant Rc$，上层内侧立杆竖向作用力为7.84kN≤8kN，满足要求。

单个扣件即可满足要求，立杆顶部和纵向或横向水平杆共有3个扣件固定，另外每根立杆顶部还有2个直角扣件作为安全措施与加强横杆连接，因此能够保证其抗滑承载能力，安全系数为3×8/7.84=3.06。

2）2m（宽）×1.1m（高）风管。脚手架宽3m，初步设计每跨平均2根立杆，脚手架高6.1m，下设两道栏杆间距为0.8m。以每跨为计算单位。

6m立杆2根，2m的2根；大横杆6m；4m小横杆4根；栏杆4m；2m底部斜撑2根，1m的1根，总计钢管47m。直角扣件20个，对接扣件每6m跨度10个，1m跨度按2个计算，旋转扣件6个，脚手板$3m^2$，安全网30N，挡脚板$2.0m^2$。

钢管自重：38.4N/m×47m=1.8kN。

扣件：13.2N/个×20个+18.4N/个×2个+14.6N/个×6个=388N。

脚手板：$3m^2 \times 0.3kN/m^2 = 0.9kN$。

挡脚板：$2.0m^2 \times 0.11kN/m^2 = 0.22kN$。

永久载荷为3.34kN，均布活荷载按结构脚手架取值为$3kN/m^2$，总活荷载为9kN。

荷载分项系数：动荷载取1.4，脚手架自重荷载取1.2，动力系数取1.3。

计算荷载值为（9×1.4+3.34×1.2）×1.3=21.6kN。

每跨2根立杆，每根立杆承载10.8kN，作用在立杆顶部和横杆连接的直角扣件上，单个扣件的承载力设计值取8kN，不能满足要求，因此需增加立杆，因为2m宽风管数量不多，全部区域总计不超过16m，所以解决方案为在每立杆处增加1根立杆（共4根）来承载，增加工作量不是很大，2根立杆自重0.61kN，增加扣件重0.35kN，计算荷载值为（9×1.4+4.3×1.2）×1.3=23.1kN，4根立杆每根承载5.8kN≤直角扣件抗滑承载能力8kN。

立杆顶部和纵向或横向水平杆共有3个扣件固定，另外每根立杆顶部还有2个直角扣件作为安全措施与加强横杆连接，因此2m宽风管每跨4根立杆能够保证其抗滑承载能力，安全系数为3×8/5.8=4.14。

3）1.6m（宽）×1.35m（高）风管。脚手架宽2.6m，每跨平均2根立杆，脚手架高6.1m，下设两道栏杆，间距为0.8m。以每跨为计算单位。

6m立杆2根，2m的2根；大横杆6m；3m小横杆4根；栏杆4m；2m底部斜撑2根，1m的1根，总计钢管43m。直角扣件20个，对接扣件每6m跨度10个，1m跨度按2个计算，旋转扣件10个，脚手板$2.6m^2$，安全网30N，挡脚板$2.0m^2$。

钢管自重：38.4N/m×43m=1.65kN

扣件：13.2N/个×20个+18.4N/个×2个+14.6N/个×6个=388N

脚手板：$2.6m^2 \times 0.3kN/m^2 = 0.78kN$

挡脚板：$2.0m^2 \times 0.11kN/m^2 = 0.22kN$

永久载荷为3.07kN，均布活荷载取结构脚手架$3kN/m^2$，总活荷载为7.8kN。

荷载分项系数：动荷载取1.4，脚手架自重荷载取1.2，动力系数取1.3。

计算荷载值为（7.8×1.4+3.07×1.2）×1.3=19kN。

每跨2根立杆，每根立杆承载9.5kN，作用在立杆顶部和横杆连接的直角扣件上，单个扣件的承载力设计值取8kN，不能满足要求，因此需增加立杆，解决方案为在每立杆处增加1根立杆（共4根）来承载，增加很大工作量。增加的2根立杆自重0.61kN，增加的扣件重0.35kN，计算荷载值为（7.8×1.4+4.03×1.2）×1.3=20.5kN，4根立杆每根承载5.12kN≤直角扣件抗滑承载能力8kN。

立杆顶部和纵向或横向水平杆共有3个扣件固定，另外每根立杆顶部还有2个直角扣件作为安全措施与加强横杆连接，因此，1.6m宽风管每跨4根立杆能够保证其抗滑承载能力。安全系数为3×8/5.12=4.69。

大横杆两端捆绑安全绳，每大横杆长6m，因此每端承载力至少为3根立杆载荷。1.1m、1.6m、2m宽风管，每处立杆承载力分别为6.03kN、7.88kN、8.88kN（不计算动力系数），按最大夹角30°计算，安全绳方向的受力为21kN、27.3kN、30.8kN，安全绳安全系数取6，需能承载126kN、163.8kN、184.8kN，分别选用直径不小于18mm、20mm、22mm的最小破断力1470MPa6×19纤维芯钢丝绳作为安全绳的材料。

1/2区域材料数量：6m杆1200根，4m杆40根，3m杆840根，2m杆720根，1m杆480根，直角扣件6720个，旋转扣件1200个，对接扣件400个，脚手板640块，挡脚板480m，安全网$1000m^2$，18mm、20mm、22mm钢丝绳1000m、600m、200m。

（2）消防管道

每跨2根立杆，脚手架高3m，荷载计算仍以每跨1m为计算单位。

永久荷载：4m 立杆 2 根，大横杆 2m，1.5m 小横杆 1 根，栏杆 2m，总计钢管 13.5m；直角扣件 8 个，对接扣件每 6m 跨度 4 个，1m 跨度按 1 个计算，脚手板 $1m^2$，安全网 20N，挡脚板 $2.0m^2$。

钢管自重：38.4N/m×13.5m＝0.52kN。

扣件：13.2N/个×8 个＋18.4N/个×1 个＝124N。

脚手板：$1m^2 \times 0.3kN/m^2 = 0.3kN$。

挡脚板：$2.0m^2 \times 0.11kN/m^2 = 0.22kN$。

永久载荷为 1.17kN，均布活荷载取结构脚手架 $3kN/m^2$，总活荷载为 3kN。

荷载分项系数：动荷载取 1.4，脚手架自重荷载取 1.2，动力系数取 1.3。

计算荷载值为（3×1.4＋1.17×1.2）×1.3＝7.3kN。

两根立杆，每根立杆承载 3.65kN≤R_c＝8kN 满足要求。安全系数为 3×8/3.65＝6.58。

消防管道在所搭设通道内均为单条布置，施工时可能会在脚手架通道内运输，如在每跨度内脚手架平面单根摆放时，最大管径（*DN*200）的管线每米重量一般不超过 800N，按每跨活荷载为 3kN，施工时每跨还允许承载 2 人（人员自重按 800～850N，见 JGJ 130—2001 第 48 页数据），管道一般长约 6m（脚手架 6 跨），只有在接头部位才需人员操作，能够满足施工要求。

两端捆绑安全绳，每大横杆长 6m，因此每端承载力至少为 3 根立杆载荷，按最大夹角 30°计算，安全绳方向的受力为 12.7kN，安全绳安全系数取 6，需能承载 76.2kN，选用直径不小于 14mm 的最小破断力 1470MPa 6×19 纤维芯钢丝绳作为安全绳的材料。

1/2 区域材料数量：6m 杆 480 根，4m 杆 1320 根，1.5m 杆 990 根，直角扣件 9240 个，对接扣件 500 个，脚手板 880 块，挡脚板 1320m，安全网 $1600m^2$，14mm 钢丝绳 2400 米。

（3）屋顶风管

屋顶风管规格为 1.6m（宽）×0.8m（高）、少量为 1.1m（宽）×1.2m（高）、1.8m（宽）×1.3m（高），极少量风管为 2m（宽）×1.1m（高），管底最低 33.5m。

1.1m 宽风管处和四层相比脚手架自重要小，因此不再进行计算，满足要求。

1.6m、1.8m、2m 宽风管仍按四层风管的搭设方式，每跨 2 根立杆，脚手架搭设高度为 2.5m，立杆使用 4m 整杆，均布活载荷仍按 $3kN/m^2$。

1）1.6m（宽）×0.8m（高）风管。脚手架宽 2.6m，每跨平均 2 根立杆，脚手架高 2.5m，下设栏杆距脚手板 1.2m，以每跨为计算单位。

初步设计 4m 立杆 2 根；大横杆 2m；3m 小横杆 2 根；栏杆 2m；2m 底部斜撑 2 根，1m 的 1 根，总计钢管 23m，直角扣件 12 个，对接扣件每 6m 跨度 4 个，1m 跨度按 1 个计算，旋转扣件 4 个，脚手板 $2.6m^2$，安全网 30N，挡脚板 $2.0m^2$。

钢管自重：38.4N/m×23m＝0.88kN。

扣件：13.2N/个×12 个＋18.4N/个×1 个＋14.6N/个×4 个＝235N。

脚手板：$2.6m^2 \times 0.3kN/m^2 = 0.78kN$。

挡脚板：$2.0m^2 \times 0.11kN/m^2 = 0.22kN$。

永久载荷为 2.15kN，均布活荷载取结构脚手架 $3kN/m^2$，总活荷载为 7.8kN。

荷载分项系数：动荷载取 1.4，脚手架自重荷载取 1.2，动力系数取 1.3。

计算荷载值为（7.8×1.4＋2.15×1.2）×1.3＝17.55kN。

每跨 2 根立杆，每根立杆承载 8.78kN，作用在立杆顶部和横杆连接的直角扣件上，单个扣件的承载力设计值取 8kN，不能满足要求，因此需增加立杆。解决方案为在每立杆处增加 1 根立杆（每跨共 4 根）来承载，增加很大工作量，增加的 2 根立杆自重为 0.31kN，增加的扣件重量为 0.053kN，计算荷载值为（7.8×1.4＋2.52×1.2）×1.3＝18.13kN，4 根立杆每根承载 4.54kN≤直角扣件抗滑承载能力 8kN。

立杆顶部和纵向或横向水平杆共有 3 个扣件固定，另外每根立杆顶部还有 2 个直角扣件作为安全措施与加强横杆连接，因此 1.6m 宽风管处每跨 4 根立杆能够保证其抗滑承载能力，安全系数为 3 × 8/4.54 = 5.29。

2）2m（宽）×1.1m（高）风管。脚手架宽 3m，每跨平均 4 根立杆（2.6m 宽处需 4 根立杆，3m 宽处自重比 2.6m 宽处重，因此选用 4 根立杆，所有宽于 2.6m 处全部使用 4 根立杆），脚手架高 2.5m，下设栏杆距脚手板 1.2m，以每跨为计算单位。

4m 立杆 4 根；大横杆 2m；4m 小横杆 2 根；栏杆 2m；2m 底部斜撑 2 根，1m 的 1 根，总计钢管 33m，直角扣件 12 个，对接扣件每 6m 跨度 4 个，1m 跨度按 1 个计算，旋转扣件 4 个，脚手板 $3m^2$，安全网 30N，挡脚板 $2.0m^2$。

钢管自重：38.4N/m × 33m = 1.27kN。

扣件：13.2N/个 × 12 个 + 18.4N/个 × 1 个 + 14.6N/个 × 4 个 = 235N。

脚手板：$3m^2 \times 0.3kN/m^2 = 0.9kN$。

挡脚板：$2.0m^2 \times 0.11kN/m^2 = 0.22kN$。

永久载荷为 2.63kN，均布活荷载取结构脚手架 $3kN/m^2$，总活荷载为 9kN。

荷载分项系数：动荷载取 1.4，脚手架自重荷载取 1.2，动力系数取 1.3。

计算荷载值为（9 × 1.4 + 2.63 × 1.2）× 1.3 = 20.5kN。

4 根立杆每根承载 5.13kN ≤ 直角扣件抗滑承载能力 8kN。

立杆顶部和纵向或横向水平杆共有 3 个扣件固定，另外每根立杆顶部还有 2 个直角扣件作为安全措施与加强横杆连接，因此 1.6m 宽风管处每跨 4 根立杆能够保证其抗滑承载能力，安全系数为 3 × 8/5.13 = 4.69。

大横杆两端捆绑安全绳，每大横杆长 6m，因此每端承载力至少为 3 处立杆载荷，1.6m、2m（宽）风管每处立杆承载力分别为 6.98kN、7.88kN（不计算动力系数），按最大夹角 30°计算，安全绳方向的受力为 24.2kN、27.3kN，安全绳安全系数取 6，需能承载 145.2kN、163.8kN，分别选用直径不小于 18mm、20mm 的最小破断力 1470MPa6 × 19 纤维芯钢丝绳作为安全绳的材料，1.1m（宽）、1.8m（宽）的风管数量较少，选用 1.6m（宽）、2m（宽）的风管处用的钢丝绳。

所需材料数量如下：

6m 杆 640 根，4m 杆 4000 根，3m 杆 1920 根，2m 杆 1920 根，直角扣件 17280 个，对接扣件 640 个，旋转扣件 14000 个，脚手板 1920 块，挡脚板 1920 米，安全网 3000 m^2，18mm、20mm 钢丝绳 2400m、800m。

（4）屋顶总永久荷载

6m 杆 7120 根，4m 杆 6960 根，3m 杆 5960 根，2m 杆 9040 根，1.5m 杆 990 根，1m 杆 11280 根，直角扣件 62040 个，对接扣件 1540 个，旋转扣件 17840 个，脚手板 3600 块，挡脚板 3720m，安全网 $5600m^2$，14mm 钢丝绳 2400m，18mm 钢丝绳 3400m，20mm 钢丝绳 1400m，22mm 钢丝绳 200m。

合计：119285m × 38.4N/m + 62040 个 × 13.2N/个 + 1540 个 × 18.4N/个 + 17840 个 × 14.6N/个 + 3600 块 × $0.75m^2 \times 300N/m^2$ + 3720 × 110N/m + $5600m^2 \times 6N/m^2$ + 2400 × 7.5 + 3400 × 12.3 + 1400 × 15.2 + 200 × 18.4 = 7026kN。

脚手架施工工人荷载：60 人 × 800N/人 = 48kN，屋顶的承载为 $4kN/m^2$，脚手架施工总荷载为 7074kN，平均荷载 0.983kN < 承载能力 $4kN/m^2$。同时在屋顶施工时需考虑其他工作的荷载。

马道上的最大允许荷载为 $1kN/m^2$，宽 1m，脚手架在马道运输和材料存放时，如每米站 1 人，站人后堆放材料不得多于 150N/m（约 4 根钢管）。使用马道运输材料应及时将材料摆放于承重结构上。

（5）屋顶横杆校核

屋顶钢结构每个单元格内脚手架桁架跨度分别为 1m、3m 和 5m，最大跨度为 5m，在整个脚手架结构中属最薄弱构件，只要 5m 跨度横杆验算符合要求即可，屋顶单元平面如图 5-1-30 所示，5m 跨度屋架脚手架荷载计算简图如图 5-1-31 所示。

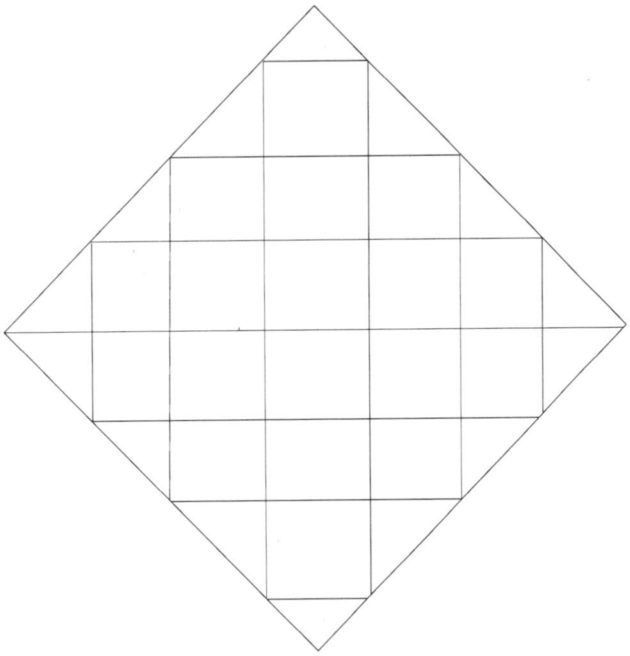

图 5-1-30　屋顶单元平面图

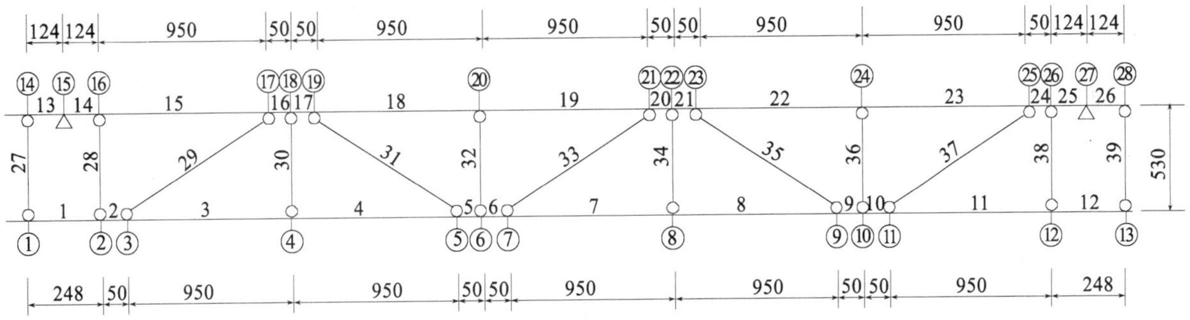

图 5-1-31　5m 跨度屋架脚手架荷载计算简图

注：圆圈内数字为受力点，杆件上方数字为杆件编号

1）四层 2m 宽风管。脚手架立杆间距为 3m，立杆荷载为 11.6kN，载荷跨度 3m，如其中一个载荷布置在脚手架桁架跨中 19 号杆中间，另一载荷因跨度为 3m，已经超过桁架跨度，作用在相邻单元格的钢结构上。

经软件计算，结构整体强度满足要求，11.6kN 作用在 19 号杆中间时，19 号杆本身抗弯能力不能满足要求，根据弯矩计算公式：

$$M = P\text{x} - P\text{x}2/\text{l} = 1.0414 \times 106\ \text{N} \cdot \text{mm}$$

得出 $x = 0.1\text{m}$，即 11.6kN 的力作用在 19 号杆时必须距两侧铰接连接点 0.1m 范围内。

19 号杆件受拉力为 25.635kN，压力为 11.6kN。

根据拉弯组合计算：

$F/A + M/Wz \leqslant [\sigma]$，即 $25.365\text{kN}/424\text{mm}^2 + 11.6\text{kN} \cdot 0.1\text{m}/4493\text{mm}^3 = 318 > 205\text{MPa}$。

因此，不能满足要求，必须将作用力向靠近铰接点的位置移动。

经计算，$25.365\text{kN}/424\text{mm}^2 + 11.6\text{kN} \cdot 0.055\text{m}/4493\text{mm}^3 = 201.82\text{MPa} \leqslant 205\text{MPa}$，必须限制在铰接点 0.055m 内即符合要求。

最大剪应力 $\tau = (7.431 + 4.317)\text{kN}/424\text{mm}^2 = 27.68\text{MPa} \leqslant [\tau] = 0.5[\sigma] = 102.5\text{MPa}$，符合要求。

最大挠度：7 号杆 $v = 4.244\text{mm} \leqslant [v] = L/150 = 950\text{mm}/150 = 6.3\text{mm}$ 符合要求。根据杆件受力情况，斜撑杆件及靠近荷载的立杆杆件每点需用 2 个扣件进行固定。

当两个11.6kN的力作用在15号杆和22号杆或18号杆和23号杆上，且距离两侧铰接连接点0.055m范围内时，经计算结构强度不能满足要求，即3m跨度脚手架的2根立杆不得同时设置在5m跨度结构上，可在靠近任意铰接点位置设置1根立杆。

根据现场实际情况，2m宽的风管数量很少，因风管位置关系，如2m风管的两立杆必须在同一个框架单元内，则紧挨原脚手架桁架结构另行搭设一个相同结构，使两根立杆设在不同的桁架上。

2）四层1.6m宽风管。脚手架立杆间距为2.6m，立杆荷载为10.25kN，载荷跨度2.6m，根据平面图的位置，两根立杆载荷分布在不同的单元格内，根据3m跨度脚手架的计算数据，在和3m跨度脚手架桁架要求相同的情况下，1.6m宽风管脚手架满足使用要求。

3）四层1.1m宽风管。脚手架立杆间距为2.0m，立杆荷载为7.84kN，载荷跨度为2.0m，根据以上计算的结果，立杆载荷分布在铰接位置0.085m内，最不利情况为载荷位于18号杆右端和23号杆左端，0.085m范围内杆件抗弯11.6kN，符合要求，7.84kN亦符合要求。

18号杆拉弯组合计算：

$F/A+M/Wz\leqslant[\sigma]$，即 $22.751\text{kN}/424\text{mm}^2+7.84\text{kN}\cdot0.085\text{m}/4493\text{mm}^3=202\text{MPa}\leqslant205\text{MPa}$

最大剪应力 $\tau=(11.447+6.007)\text{kN}/424\text{mm}^2=41.2\text{MPa}\leqslant[\tau]=0.5[\sigma]=102.5\text{MPa}$，符合要求。

最大挠度：8号杆 $v=4.568\text{mm}\leqslant[v]=L/150=950\text{mm}/150=6.3\text{mm}$，符合要求。根据杆件受力情况，斜撑杆件及靠近荷载的立杆杆件每点需用2个扣件进行固定。

4）消防管道。脚手架立杆间距为1m，立杆荷载为3.65kN，载荷跨度为1m。2个载荷合计计算均未超过2m跨度脚手架的1处载荷，因此桁架结构稳定情况满足要求，只需计算单个跨度内的抗弯强度即可。

根据计算公式 $M/Wz\leqslant[\sigma]=205\text{MPa}$

得出 $x=0.25\text{m}$，即3.65kN的力作用在950mm跨度的横杆时，必须距离两侧铰接连接点0.25m范围内。载荷可调范围为0.50m。因此无论消防管道位置如何，消防管道1m跨度脚手架都可保证管道中心线外至少有0.25m的空间，能够满足最大直径（*DN*200）管道的施工。

5）屋顶风管脚手架宽度和四层风管脚手架宽度相近，因此采取与四层风管相同的措施即可满足屋顶风管的脚手架。即每斜撑及载荷附近的立撑使用2个扣件固定，2.6m及以上宽度（最宽不超过3m）的脚手架承受载荷的立杆不得分布在同一钢结构单元格内的同一脚手架桁架上，且应靠近铰接点布置。2m宽时，载荷可以布置在同一钢结构单元格内的同一脚手架桁架上，并应布置在铰接点0.1m范围内。

2 首都机场T3A预留、预埋施工技术

2.1 技术要求

（1）检查所有位置与标高，确保预埋件、孔洞的大小和位置的准确，若有变更必须经过建筑师的认可和批准。

（2）在浇注混凝土之前，将预埋件或模板留孔安装在正确位置，所有孔洞都应是浇注的，未经允许决不能切开已硬化的混凝土。

（3）确保所有固定件和轴承紧固螺栓等部件在浇注过程中没有被移位或损坏。

（4）确保孔洞、预埋件符合特定施工规定的公差。确保所有孔洞、预埋件安装规范。

（5）预埋件、模板留孔应在混凝土浇筑前安置好。确保所有工作符合规定公差。除非经建筑师和工程师许可，否则不允许用留孔模来取代预埋件；除非经建筑师许可，否则不允许使用聚苯乙烯来作为留孔模或模板留孔。

（6）除非经建筑师许可，否则不允许切开已硬化的混凝土来剔凿孔洞。

（7）正确安放管套、预埋件和管道，并确保符合规定公差。墙和地面所有开孔模板的建造不应影响配筋。

2.2 套管预埋

2.2.1 柔性防水套管预埋

（1）施工工序

统计数量→套管下料加工→管内防腐→放线定位→套管固定焊接→检查验收。

（2）设于地下一层结构外墙的套管采用柔性防水套管，套管规格如图5-2-1所示。套管加工完毕后，内部采用防锈漆作两遍防腐。套管在结构墙体钢筋绑扎完毕后方可安装。

（3）管道穿墙套管均随结构预留，位置尺寸见设备安装设计施工图纸。由于柔性套管两端均凸出墙面，土建支模时需要在模板两端留洞（经土建技术确定，可以在模板两侧留洞）。

（4）套管加固焊接时，加固钢筋的规格、长度、加固方法以及需要断筋的部位必须经结构工程师同意后方可断筋和焊接。

2.2.2 内墙及梁上普通钢套管预埋

（1）施工工序

统计数量→管下料加工→管内防腐→放线定位→套管固定焊接→检查验收。

（2）套管加工必须按照设计施工图纸的规格、数量进行加工。套管加工，当管径小于等于150mm时，必须采用砂轮切割机切割，切割完的套管两端必须平齐。当管径大于或等于200mm时，套管切割可采用气焊切割，采用气焊切割后，两端必须采用砂轮磨光机打磨平齐、光滑、无毛刺。

（3）安装在斜梁上的套管加工时，应根据土建结构施工图中斜梁的角度进行放样，然后根据放样图进行加工，加工时角度必须准确，加工完毕后套管内部应做两道防锈漆。

（4）套管安装时首先应进行拉线定位，加固安装时套管焊接在加固钢筋上，加固套管的钢筋不得焊接在结构钢筋上，应采用绑扎线将加固钢筋绑扎在结构钢筋上。套管安装完毕后，纵、横向穿梁必须在套管中心拉通线检查，所有纵横向的套管中心必须在一条直线上。在不便拉线检查的部位采用水准仪进行检查其标高及中心位置，如图5-2-2和图5-2-3所示。

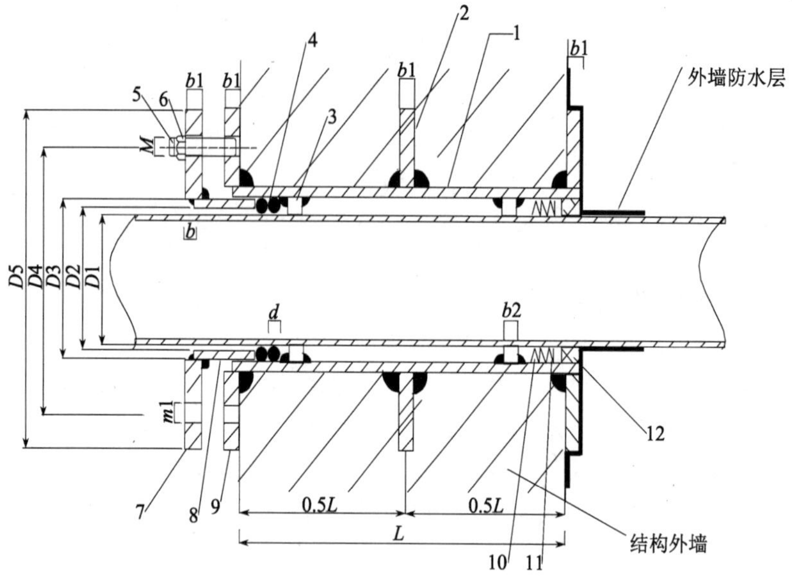

（a）

DN	D1	D2	D3	D4	D5	b1	b2	M	m1	d
80	89	99	121	177	217	16	10	16	18	20
100	108	118	140	196	236	16	10	16	18	20
125	133	141	161	217	257	18	10	16	18	16
150	159	169	185	240	280	18	10	16	18	16
200	219	229	249	310	350	20	10	16	18	20
250	273	281	301	362	402	20	10	16	18	16

（b）

图 5-2-1　套管预留做法和套管规格尺寸

（a）柔性防水套管预留做法；（b）套管尺寸表

1—套管；2—翼环；3—挡圈；4—橡皮圈；5—螺母；6—双头螺栓；
兰盘；8—短管；9—翼盘；10—沥青麻丝；11—牛皮纸层；12—厚油膏嵌缝

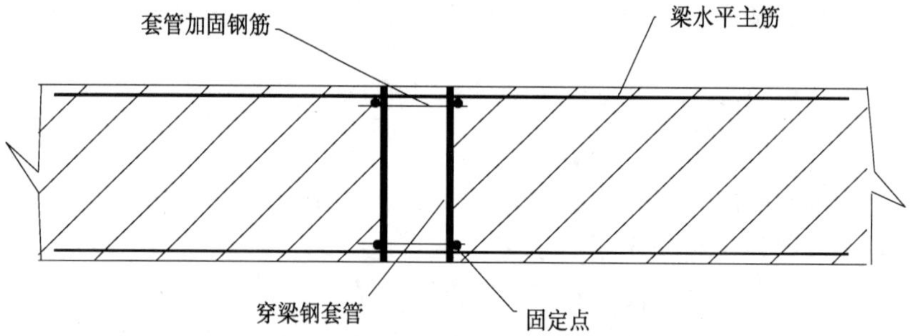

图 5-2-2　梁上套管安装平面图

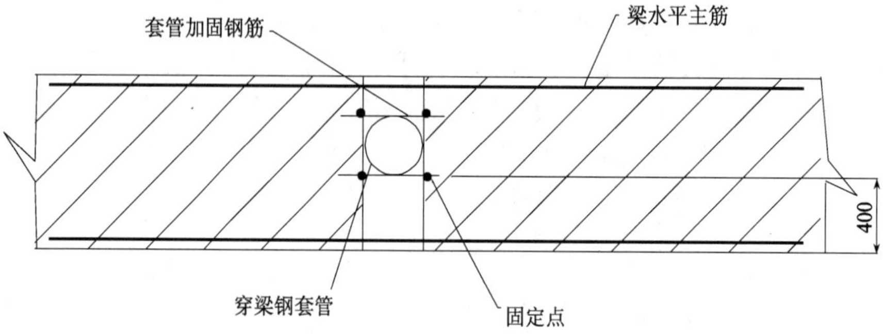

图 5-2-3　梁上套管安装立面图

2.3 预留洞

（1）给排水、消防、暖通、空调管道穿内墙洞及楼板洞，套管直径均比安装管径大两号，小于或等于300mm的洞口由机电专业预留，大于300mm的预留洞口由土建专业预埋，机电专业应核对其规格、标高、尺寸及数量。内隔墙留洞尺寸小于150mm时，采用PVC管加工套管，留洞尺寸大于或等于300mm时，应有土建加工木盒，木盒尺寸由机电专业提供。

（2）管道穿楼板洞。当管洞小于等于150mm时采用PVC管预埋，待土建拆模板再将PVC套管剔出，当管洞直径大于或等于200mm时，采用定做木盒预埋，待土建拆模板后将木盒剔出。

（3）风管穿墙、穿楼板洞尺寸较大，由土建专业定做木盒预留，暖通专业配合查验其规格、数量、标高位置，共同做好各部位预留洞埋设。

2.4 铁件预埋

（1）地下一层设备管廊内管道相对集中，管道支架应考虑结构的载荷，在地下一层管廊内管道采用槽钢作支架，结构板施工时，按管线位置，支架间距在结构板上预埋钢板埋件，支架间距见表5-2-1。

支架间距 表5-2-1

序　号	安装管径（mm）	保温管道支架间距（m）	不保温管道支架间距（m）
1	*DN*15	2.0	2.5
2	*DN*20	2.5	3.0
3	*DN*25	2.5	3.5
4	*DN*32	2.5	4.0
5	*DN*40	3.0	4.5
6	*DN*50	3.0	5.0
7	*DN*70	4.0	6.0
8	*DN*80	4.0	6.0
9	*DN*100	4.5	6.5
10	*DN*125	6.0	7.0
11	*DN*150	7.0	8.0
12	*DN*200	7.0	9.5
13	*DN*250	8.0	11
14	*DN*300	8.5	12
15	*DN*350	9.0	9.0
16	*DN*400	9.0	9.0

（2）管廊给水、消防、采暖空调水平干管标高在－3.675～－6.75m的位置，在管廊二次结构侧墙上按管道的标高埋设钢板预埋件，管道支架采用槽钢加工门型支架。干管标高在－6.75m的位置时，管道采用混凝土台加托架的方法施工，混凝土台由土建结构施工。支架构造、管道布置如图5-2-4所示，支架间距见表5-2-4。

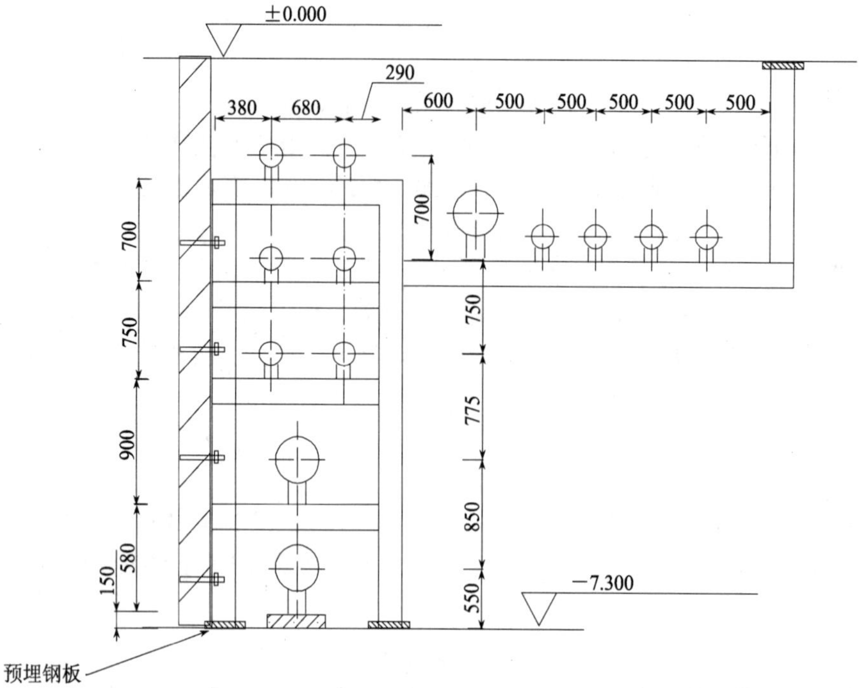

图 5-2-4　支架构造、管道布置图

（3）管道安装标高在 -3 ~ -4m 的部位，管道支架设置于结构顶板下，在结构板底部预埋钢板铁件，预埋铁件规格、间距尺寸参照大样图及支架安装图，如图 5-2-5 所示，管道支架间距见表 5-2-1。

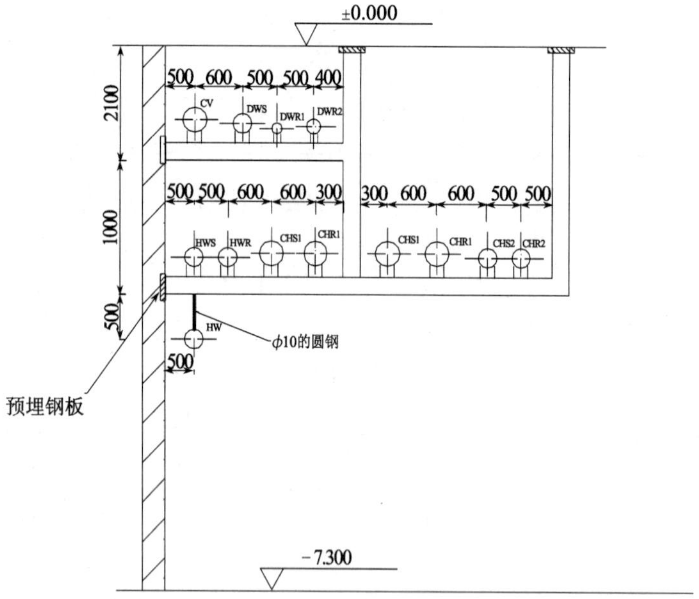

说明：

1. 本图为管廊桁架剖面，其中桁架主要为20号槽钢焊接而成，槽钢与地面连接处直接焊在事先预埋的钢板上，钢板规格为厚20mm，长300mm，宽200mm。槽钢与墙连接采用膨胀螺栓，位置在构造柱上。
2. 管道支架采用滑动支架。

（*a*）

图 5-2-5　预埋铁件规格、间距尺寸图及支架安装图（一）
（*a*）管廊桁架剖面

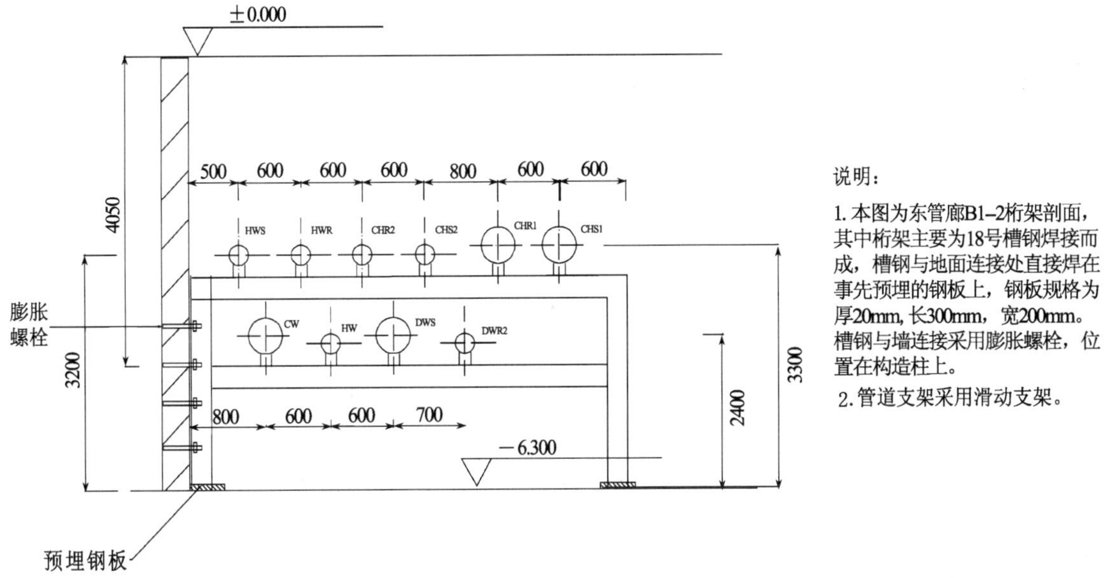

（*b*）

图 5-2-5　预埋铁件规格、间距尺寸图及支架安装图（二）

（*b*）东管廊 B1-2 桁架剖面

（4）架设于顶板下的给排水、消防、采暖、空调管道安装时均采用角钢作吊架，在楼板内无预应力筋的部位在板上打膨胀螺栓固定吊架。在楼板内有预应力钢筋的部位，在结构楼板施工时，随结构板施工预埋钢板铁件。铁件规格、位置尺寸参见预埋铁件加工大样图，铁件埋设间距按管径、规格，保温管与非保温管分别埋设，吊架构造如图 5-2-6 和图 5-2-7 所示。

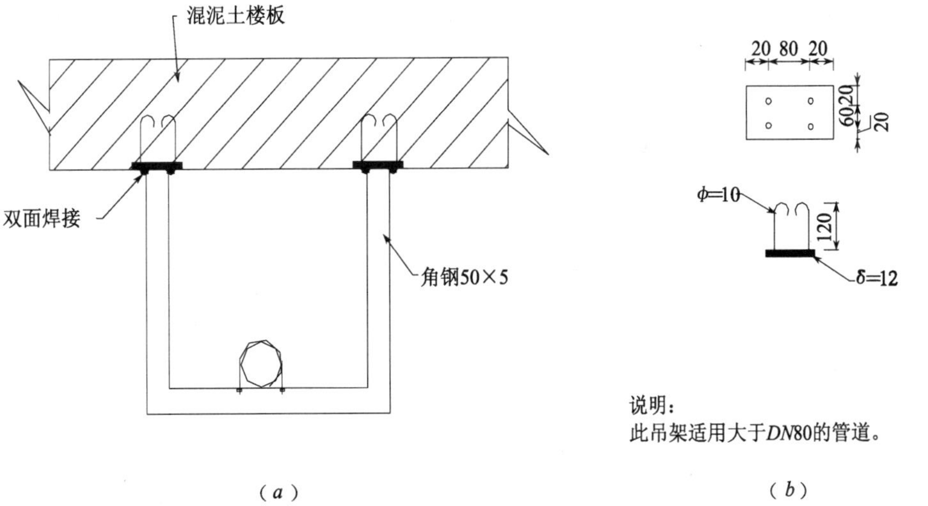

（*a*）　（*b*）

图 5-2-6　吊架构造图（一）

（*a*）预应力板上吊架构造图；（*b*）预埋件大样图

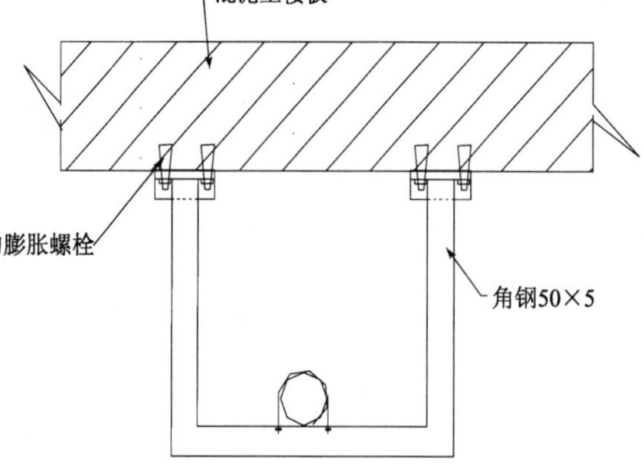

说明：
此吊架适用大于*DN*80的管道。

（*c*）

图 5-2-6　吊架构造图（二）

（*c*）无预应力板上吊架构造图

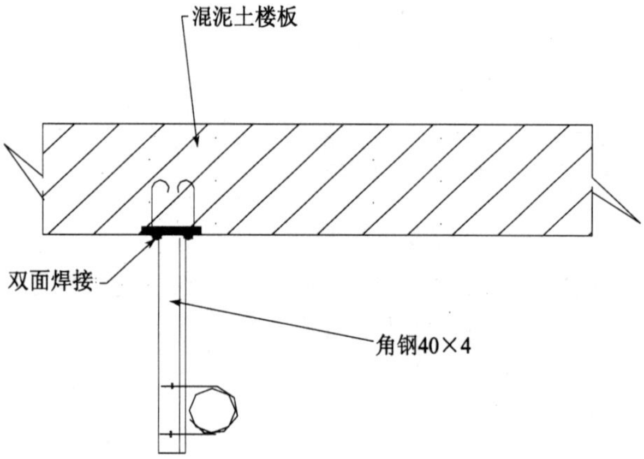

（*a*）

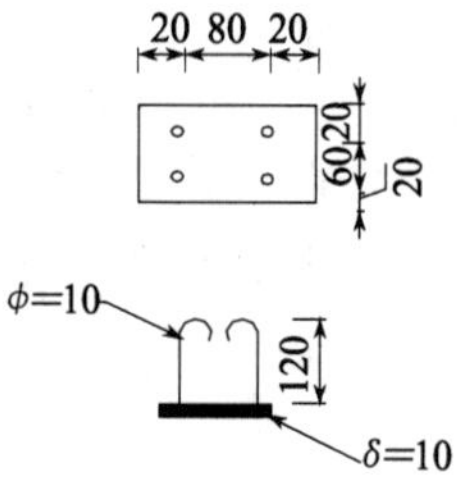

（*b*）

说明：
此吊架适用小于等于*DN*80的管道。

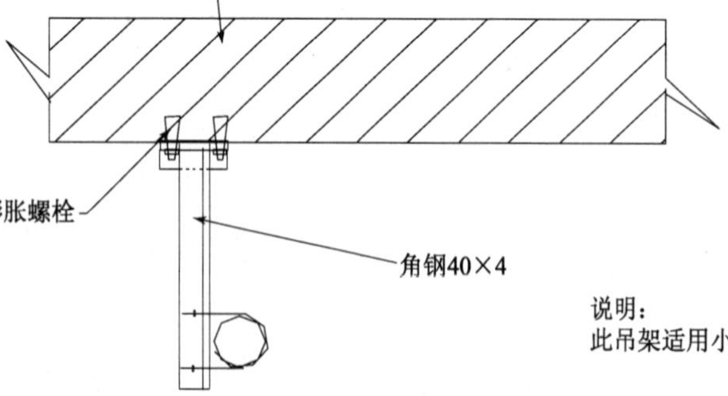

说明：
此吊架适用小于等于*DN*80的管道。

（*c*）

图 5-2-7　吊架构造图（二）

（*a*）预应力板上吊架构造图；（*b*）预埋件大样图；（*c*）无预应力板上吊架构造图

（5）地下室管廊管线较多，所有管线应同支架布置，但管径大小参差不齐，设置支架时考虑到大管径支架间距大，小管径支架间距小的问题，支架间距按 7m 布置为宜，可满足 *DN*125 以上管径支架的间距，当 *DN*100 以下管径支架的间距不能满足时，在两支架间按管径大小加设吊架。

（6）通风、排烟管道均采用吊架，在无预应力板的区域，风管吊架采用膨胀螺栓作固定点，当风管设置于预应力板下时，风管吊架不能在预应力板上打膨胀螺栓作固定点，应在结构板施工时，随结构板施工预埋铁件，风管吊架如图 5-2-8 所示。

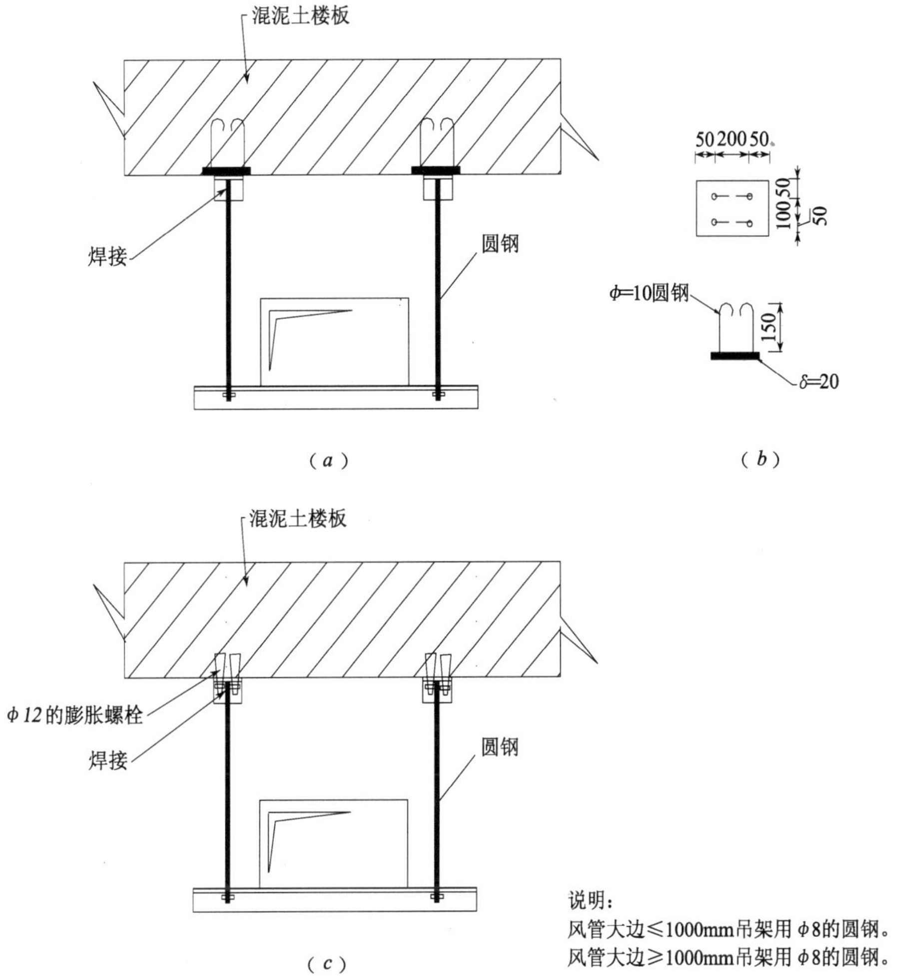

图 5-2-8　风管吊架

（*a*）预应力板上通风吊架构造图；（*b*）预埋件大样图；（*c*）无预应力板上通风吊架构造图

（7）铁件预埋间距。当风管水平安装时，风管直径或大边小于或等于 400mm 时，风管吊架间距为 4m，当风管直径或边长大于 400mm 时，吊架间距为 3m。风管垂直安装时，固定支架间距为 4m，单根直管每层不少于两个支架。

（8）风管防火阀、防火排烟阀、风管消声器、排烟风机、风机盘管均单设吊架，吊架的吊点采用在板内预埋钢板铁件，铁件预埋位置参照图纸提供的设备型号、尺寸及设备厂家提供的设备样本尺寸进行定位预埋铁件。

（9）各种水泵、供水设备、空调机组、新风机组、热交换设备、换热设备的设备基础均采用混凝土基础，基础的轴线位置、标高尺寸、混凝土强度等级参照设备大样图及土建结构图由土建施工。

（10）预留木盒、预埋管、预埋铁件均要待墙体、楼板钢筋绑扎完毕并在合模之前预埋，预埋完毕经监理验收合格后方可合模浇筑混凝土。

（11）结构施工过程中，供暖、通风、空调各工序与土建紧密配合，穿插于结构施工中，随施工进度逐段跟上，对结构施工中应预留的孔洞及埋件，派专人负责，不得遗漏及错位。严防剔凿和切断钢筋。

（12）地下一、二层电梯基坑埋往集水坑的管道按设计要求采用不锈钢管，安装时标高位置严格按设计图纸位置安装埋设。

（13）部分消防喷洒头与灯具、消防探头等在建筑平面图上在同一位置，经与电气专业技术人员交流，灯具、探头与喷洒头标高并不在同一标高，所以互相并不影响，在预埋铁件时可以不考虑。

2.5 结构钢管柱内电气不锈钢穿线管预埋技术

2.5.1 概况

该工程屋架照明电源由首层各区域电气小间内配电柜（盘）馈出，经电气管廊分别进入钢结构柱或混凝土柱引入屋架，钢管柱或混凝土柱内电气不锈钢穿线管共197根，管道总长度约为4495m，采用ϕ159×4.5mm不锈钢管，其钢号为0Cr18Ni9。大部分立管直接安装在钢管柱内或由混凝土柱穿入钢管柱。

电气管道由混凝土柱进入钢管柱的管道共110根，分别在位于标高+5.05m和+10.30m处进入钢管柱。直接进入钢管柱的电气管道共87根，与雨水管共同安装在钢管柱内。其中出混凝土柱的电气管道与顶部出管有错位，因此出混凝土柱后，在钢管柱吊装前需要进行二次定位，以保证上部施工连接顺畅。定位后管道与钢管柱内管道连接及钢管柱吊装处的电气管道连接采用承插连接，其余部分管道采用氩电联焊。

2.5.2 管道预埋

（1）工艺流程

安装准备→管道下料加工→放线定位→管道焊接→二次定位→焊接承口→检查验收。

（2）放线定位

首先在结构钢筒上对圆心放线：可先测出结构钢筒内径，并在结构钢筒上拉两根不同角度的直线，要求直线长度与内径相同，两线交叉点即为圆心。然后在结构钢筒上确定轴向：在结构钢筒两侧地面已放线的轴线上通过垂线引到钢柱箍上，平行移至圆心对轴向进行放线，在结构钢筒两端标记，并用ϕ16不锈钢圆钢焊接到结构钢筒上。

（3）管道焊接

根据现有图纸加工角度模具，保证角度定位准确，用ϕ16不锈钢圆钢将模具卡死并焊接到结构钢筒上，将不锈钢管弯头根据设计距离及结构钢筒开口焊接到ϕ16不锈钢圆钢上，可对管道起到定位及固定作用。将管道分别焊接到标高为8.0m和13.0m的位置上。

（4）二次定位

管道二次定位前位于柱中心半径250mm的圆周以内，出口位置都位于该圆周以外，二次定位的水平最大偏差为300mm，需要700mm的高度进行二次定位。

管道出混凝土楼面板后进入钢管柱，钢管柱内从混凝土楼面板至上层的楼底板为钢筋混凝土，柱内有钢筋分布情况如下：柱中有芯柱钢筋，外围有柱箍筋及纵筋，芯柱钢筋均匀分布在直径为250mm的圆周上，芯柱钢筋顶标高等于楼面板的标高加上钢管柱柱径，根据设计钢管柱柱径不超过2.9m，该层层高为4.98m，因此可提供2m左右的高度，能够满足二次定位要求。

二次定位通过弯曲半径为600mm的弯头切割、焊接做蹬踏弯，并焊接到管道上，以管道进行精确定位，定位方法如下：首先加工ϕ16不锈钢圆钢，做一个与管道内侧相切的圆环，并根据深化设计对管道所在位置的角度进行标记，通过放线定位中提到的方法对圆心进行放线，并焊接蹬踏弯。定位转换示意图见图5-2-9。

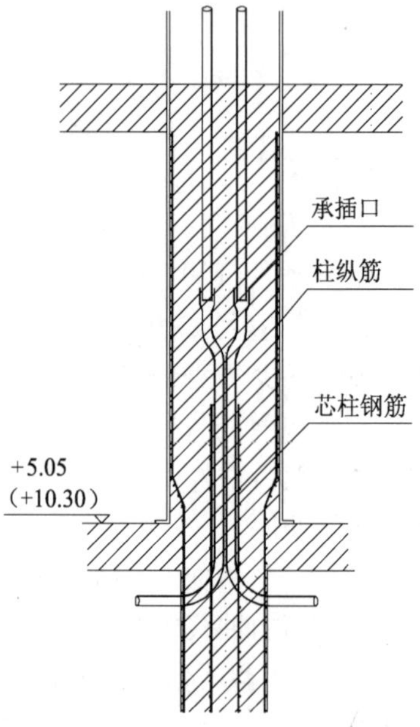

图5-2-9 定位转换示意图

（5）焊接承口

定位后在管道顶端焊接承口。由于电气管道对密闭性要求保证承插口处不漏浆，因此电气管道采用长度为150mm的承口。承口内径为169mm，壁厚及材质与管道相同。

不锈钢管采用氩电联焊，先采用手工钨极氩弧焊打底，然后用电弧焊填充焊缝成形的焊接工艺。焊接材料应选用与母材化学成分相近，且能保证焊缝金属性能和晶间性能不低于母材的焊接材料，焊接前应在两侧管的40～50mm长度区间内，用板遮挡住，或涂白圭粉，以防飞溅物落在管道上。

管道焊接时，将其一端堵塞，以免空气流通降低温度。雨雪天气应停止作业，当风速大于2m/s（二级风以上）时，应采取防风措施方能施焊。氩弧焊时应先点焊，其长度为20～30mm，点焊要对称，距离相等。每一条焊缝在组对、点焊定位完成后，应立即进行施焊，中间不得停歇。第一层氩弧焊焊完后，用砂轮机把焊道上的气孔、飞溅物等打磨干净，保持焊道顺序均匀，焊缝表面呈鱼鳞状光滑均匀，宽度整齐。检查合格后进行第二层不锈钢电弧焊，焊接完成后应除去熔渣和焊缝两侧的飞溅物。

（6）混凝土柱内管道固定

为保证不锈钢电线管的垂直度和稳固性及良好的接地导电性能，电气不锈钢立管采用直径为16mm的不锈钢棒以双井字形固定在结构钢筒上。不锈钢管出钢筒处不得与其他碳钢接触，用直径为16mm的不锈钢棒以井字形固定在结构钢筒上，要求横向钢棒与结构钢筒双面满焊，竖向钢棒与横向钢棒点焊。另外在钢筒上部结构柱外圈钢筋主筋上用直径为16mm的不锈钢棒分别引两根到不锈钢电管上，做不锈钢电管接地用，主筋要做标识。所有接地焊点均为双面施焊，焊接长度不小于100mm，焊接应饱满牢固，不应有夹渣虚焊、咬肉、气孔及未焊透的现象。见图5-2-10。

图5-2-10　混凝土柱内管道固定

电线管出柱弯头采用内弧弯曲半径为600mm的不锈钢弯头，见图5-2-11。

结构钢筒同样需要接地，用直径为16mm的不锈钢棒一端焊接在钢筒上，另一端与做过接地引下线的柱内主筋焊接，结构钢筒需做两处接地焊接。在每根不锈钢管弯头顶端的上部做一个86盒，将40×4mm的镀锌扁钢预留好$\phi 8$的孔，由盒内穿入柱内，并将其与结构钢筒或做接地用的主筋焊接，焊接长度为2B三面焊，作为以后桥架或线槽的接地连接点。

图 5-2-11　电线管出柱弯头

柱内不锈钢电管和水管在每一层均需用直径为 16mm 的不锈钢棒以四井字形再固定一次。

2.5.3　钢管柱吊装前柱内管道安装

工厂制作成型的钢管柱示意图见图 5-2-12。

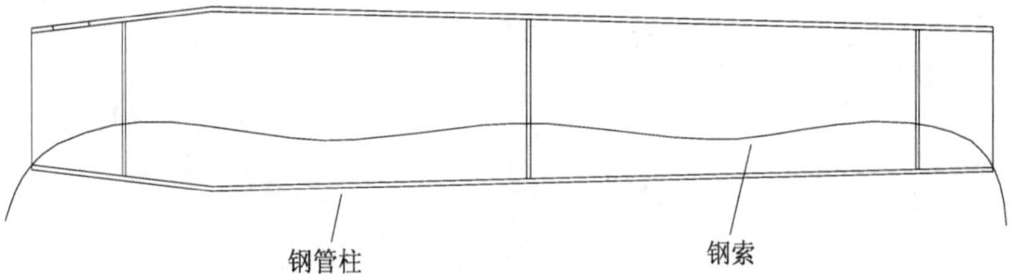

图 5-2-12　成型钢管柱示意图

制作成型的钢管柱运到现场后要根据吊装分段的要求进行焊接，焊接定长的电气管道，待钢管柱焊接完后将不锈钢管穿到钢管柱内，流程见图 5-2-13。

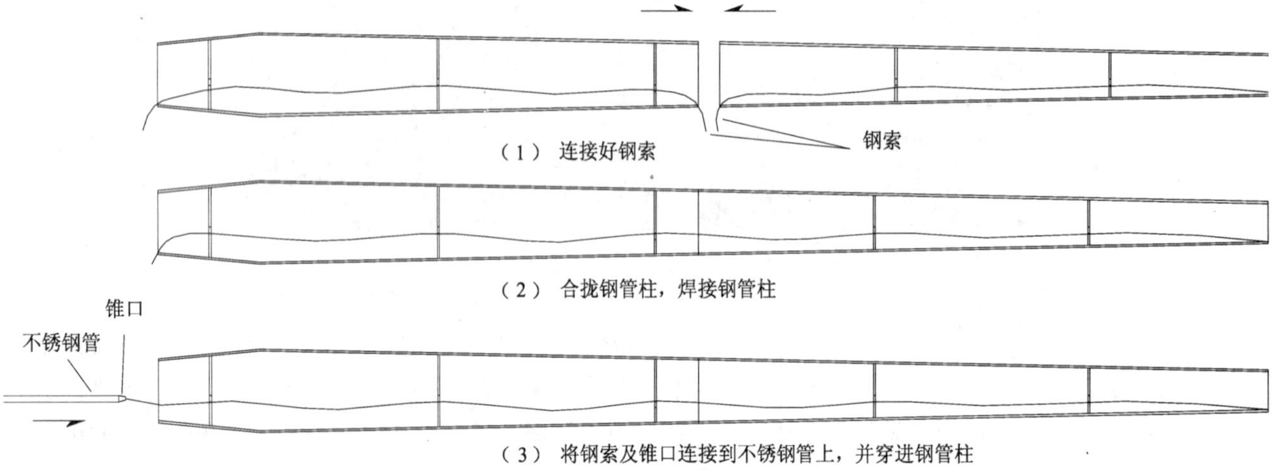

图 5-2-13　钢管柱段现场装配流程图（一）

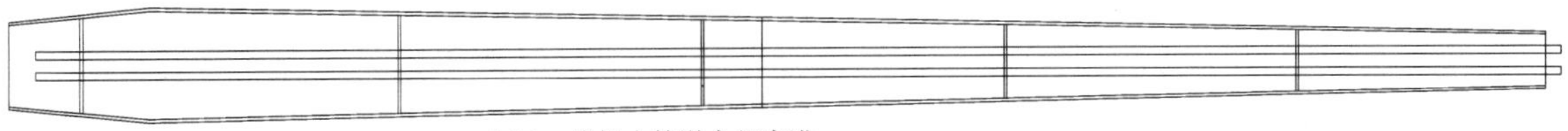

（4） 将柱内管道全部穿进

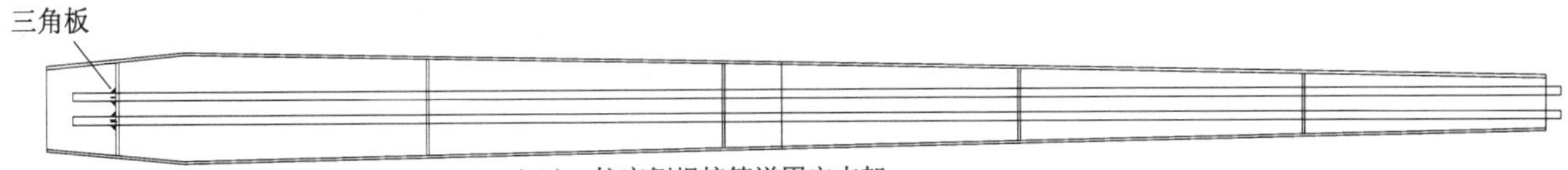

（5） 柱底侧焊接管道固定支架

图 5-2-13　钢管柱段现场装配流程图（二）

在钢管柱顶端一侧做临时支架，临时支架示意图见图 5-2-14，采用临时支架的主要目的是在钢管柱吊装时，使柱底端管道高于下部承口 20mm。在柱底端一侧按照二次放线的方法对管道进行精确定位。

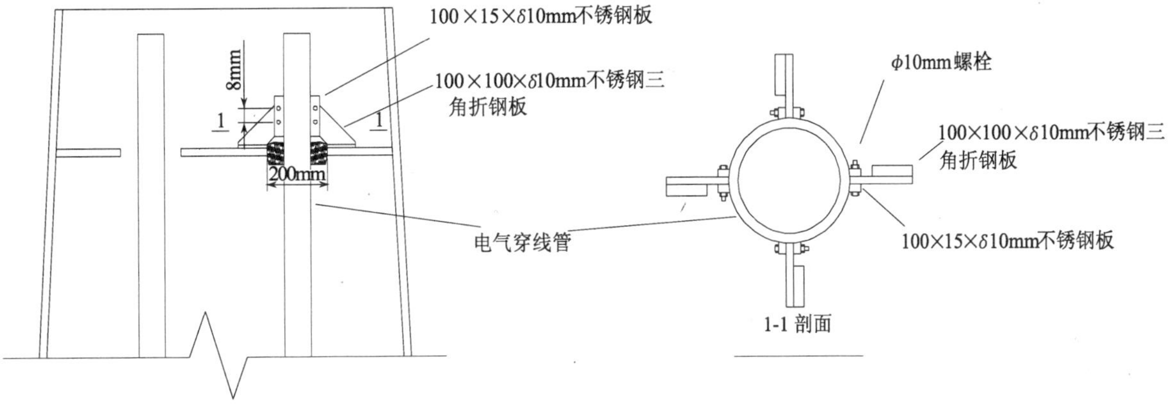

图 5-2-14　临时支架示意图

2.5.4　钢管柱内管道接地

（1）钢管柱内管道接地在钢管柱吊装前完成。经过试验，钢管柱环形肋板中心直径为 300mm 圆孔可以钻进瘦小的焊工或施工人员，进入钢管柱内完成管道接地工作。

（2）每根不锈钢管在不大于 10m 的范围内做两处柱内肋板接地连接，接地端子采用 $\phi8$ 不锈钢圆钢分别与不锈钢管和肋板焊接生根，焊接应牢靠，见图 5-2-15。

图 5-2-15　钢管柱内管道接地

（3）接地线采用 25mm^2 的涮锡裸铜软编织带，两端采用专用接线鼻子压接，压接后涮锡，长度的裕度应大于或等于 300mm，为防止松动，采用氩弧焊将螺母焊死。

2.5.5　承插口连接

电气管道随钢管柱吊装时，完成承插口对接的准备工作，在钢管柱焊接并固定后，施工人员到柱顶端松开临时支架的螺栓，缓慢下落管道，完成管道承插，根据承口尺寸，允许有10mm吊装误差。

根据下落长度可判断管道是否承插成功，如果承插失败，可让施工人员进入柱内调整，调整过程中，人员由柱顶进入柱内，人员需绑好安全带，并用长尼龙绳系到安全带上并系紧。人员到位后，缓慢提起电气管道，柱内人员将承插口对准再次承插，此过程中需特别注意人员安全。

承插方式连接时必须保证承插口无毛刺，以防刮伤电缆。

2.6　钢管柱内屋面虹吸雨水不锈钢管道预埋技术

2.6.1　概况

T3A主楼是目前国内最大的单体建筑，屋面排水采用了虹吸式屋面雨水排水系统，雨水下水管全部埋藏在支撑屋顶网架的钢管柱内。此安装方案打破了我国传统的雨水排水管道安装方式，在国内首次采用了“管中管”的结构安装体系，节约了建筑空间，美化了建筑外观，使雨水管道的安装成为工程亮点之一。

2.6.2　工艺流程（以管道分为2节安装为例）

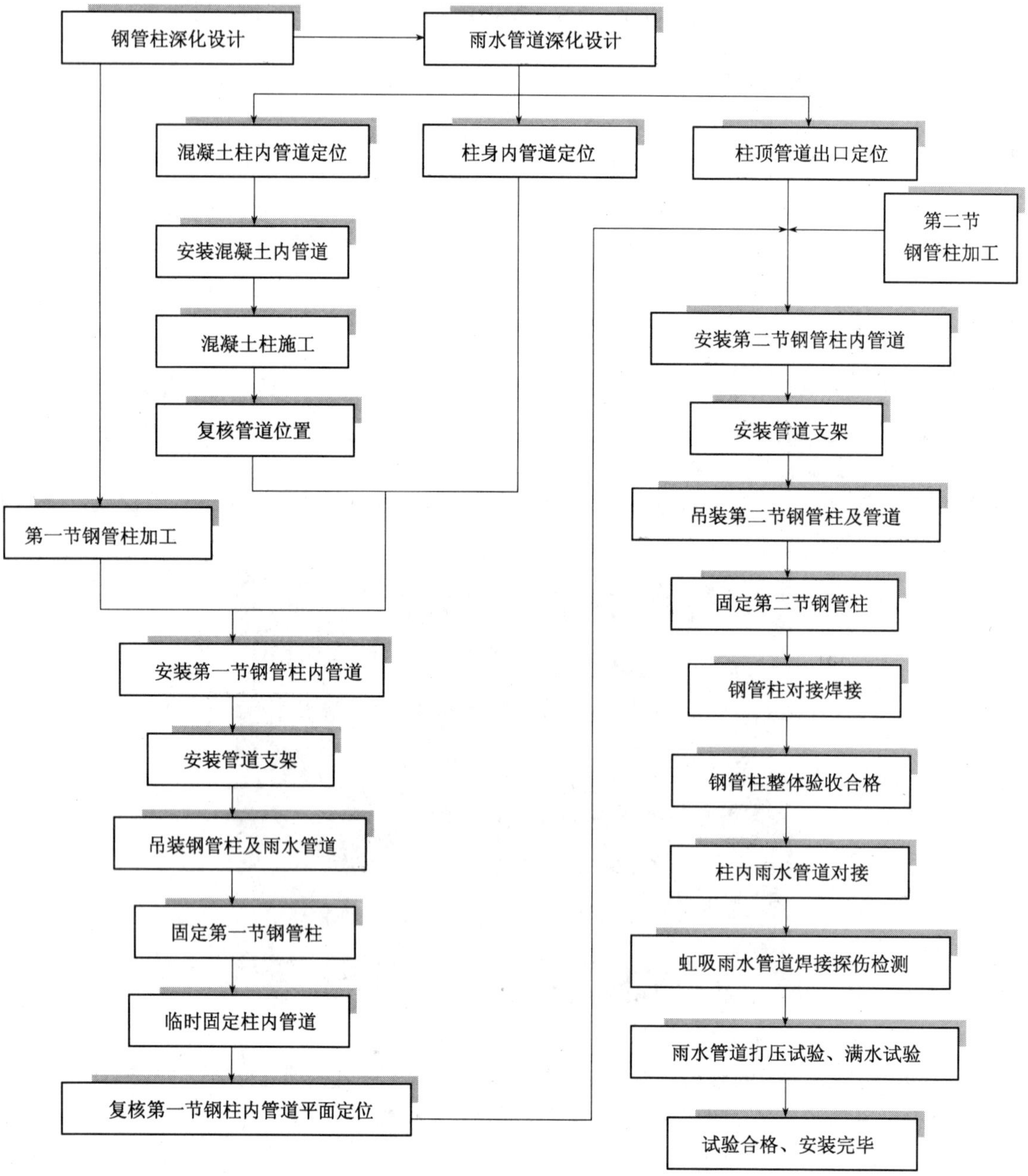

2.6.3　主要工艺要点

（1）安装条件分析

1）雨水管道由混凝土柱穿入钢管柱中并从柱头穿出，管道随钢管柱的分节而分节，其中第一节部分预埋在混凝土柱内，第二节以上部分在钢管柱进场后在地面完成穿管及固定，随钢管柱一起吊装。

2）由于钢管柱直接安装在结构楼板之上，其下部的混凝土柱钢筋需要锚入钢管柱内，而钢管柱的最下节部分需浇筑混凝土。钢管柱底部雨水管道定位见图5-2-16。

3）混凝土柱中管道的平面位置是根据混凝土柱内钢筋分布的情况确定的，钢管柱内管道的平面位置根据柱内结构肋板的分布情况定位在直径为500mm的圆内，见图5-2-17。柱顶管道出柱时，平面位置根据柱头球节点处钢结构杆件之间空隙的位置进行定位，见图5-2-18。因此，管道在钢柱内底部、中部、顶部平面位置各不相同，需要在施工中进行至少2次平面位置的定位转换，定位转换则通过乙字弯来进行。因此，管道的定位和走向必须进行深化设计，以满足上述多个条件的约束。

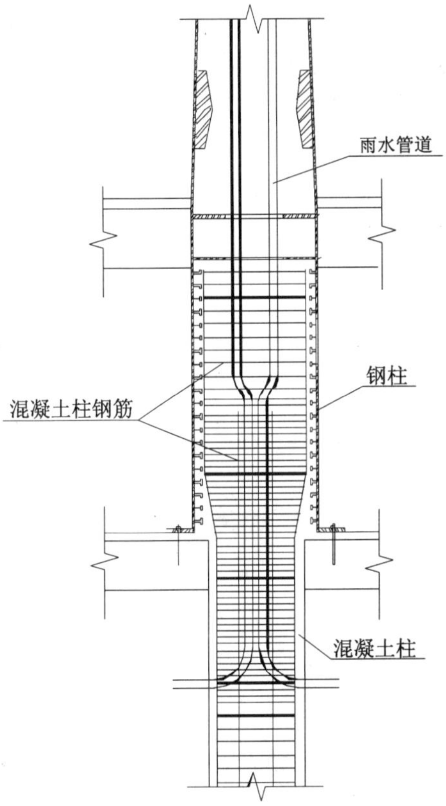

图5-2-16　钢管柱底部雨水管道示意图

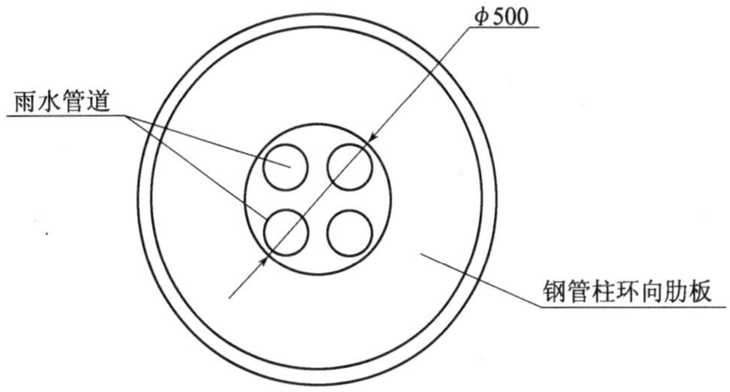

图5-2-17　柱内管道平面示意图

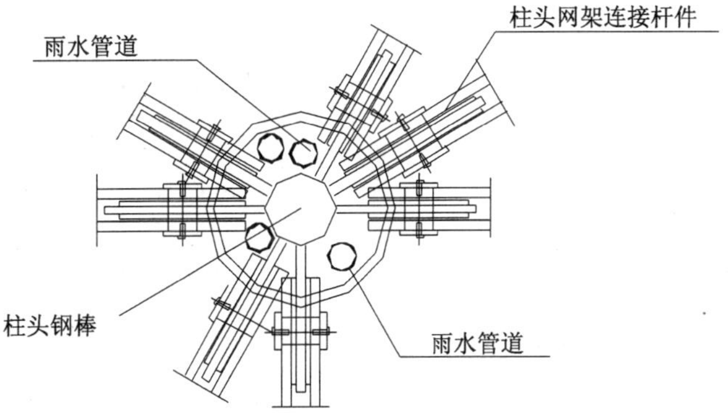

图5-2-18　柱顶管道出口平面示意图

（2）深化设计

1）根据钢结构深化设计和柱头出口的定位，确定柱内管道的整体走向，包括入口、出口的平面定位。

2）钢柱直径较小，内部结构复杂时，根据每根管道的定位，计算模拟出每一钢柱内管道的穿引顺序，指导现场施工。

3）根据结构设计的要求、钢管柱分节的高度、钢管柱内部空间等因素，确定柱内管道的分节高度。管道分节高度不应与钢管柱分节高度距离相差太大，否则会影响上节钢柱的吊装，同时需满足管道连接时操作空间的需求。深化设计阶段，应根据结构施工条件并模拟工人操作，反复推敲确定。

4）定位转换：该工程中定位转换距离最大为300mm，最小为90mm，用曲率半径为600mm的成品弯头做成乙字弯可以满足以上间距的要求，同时满足虹吸雨水排水的要求，见图5-2-19和图5-2-20。

图 5-2-19　管道出混凝土柱进入钢柱定位转换

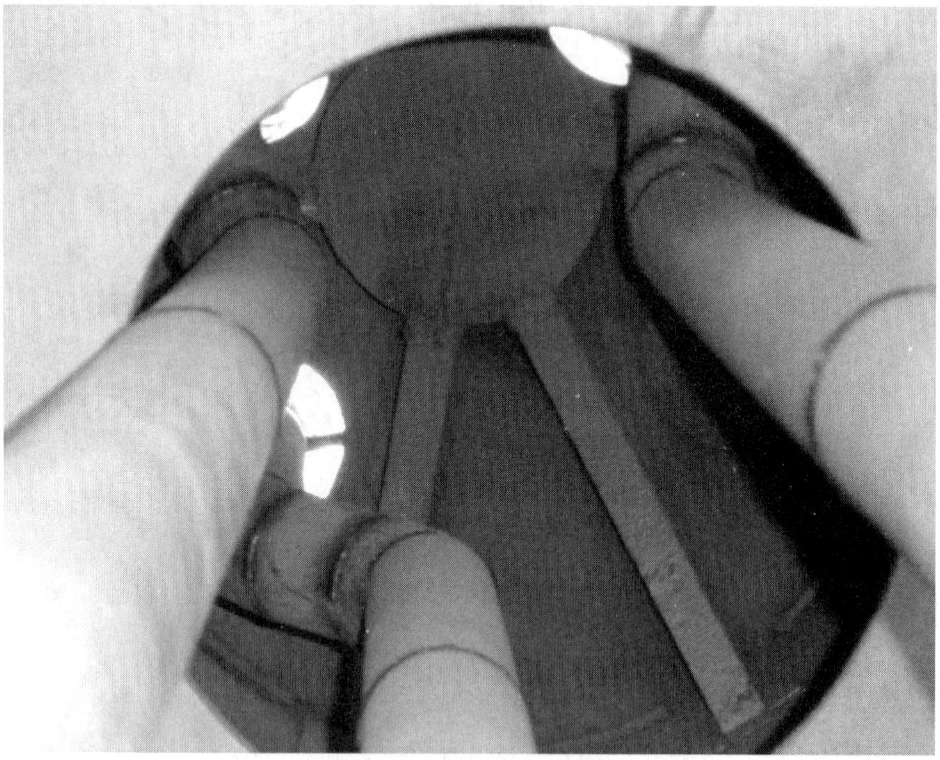

图 5-2-20　柱顶出口管道定位转换

2.6.4　管道的安装

（1）穿引管道

1）预埋在混凝土柱内的管道应做好定位措施，严格按照深化设计的定位固定；

2）钢管柱内管道的穿引由人工操作完成，安装柱内最后一节管道时，管道顶部带有弯头，安装较为困难，可先穿引钢丝绳，管道套在钢丝绳上，通过钢丝绳的引带，依据计算模拟的穿管顺序完成穿管；

3）管道安装完毕后，应做临时固定措施。

（2）安装支架

由于钢管柱较长，柱内管道必须每隔一段距离设置一支架。根据规范要求，支架间距最大为7m。由于管道支架是在管道穿引至钢管柱内后，由工人进入钢管柱安装完成的，因此工人能否进入柱内是施工的关键。该工程钢管柱内环向肋板设置较多，肋板中间只预留了直径为500mm的管道孔，管道安装后工人是无法进出的。

在深化过程中，通过对钢结构图纸的审核，发现在同一节钢管柱内存在两个环向肋板，而肋板的间距大于7m的个别情况。针对这种情况，对管道固定间距放大到了8m，并且在国家权威检测部门对管道进行了1∶1模型的实验检测，确保了此部位支架8m的间距可以满足虹吸排水的使用要求。

支架的安装必须保证管道的精确定位，一般选取在每节钢管柱柱中和两端，支架形式又根据有无肋板及等情况确定，见图5-2-21。

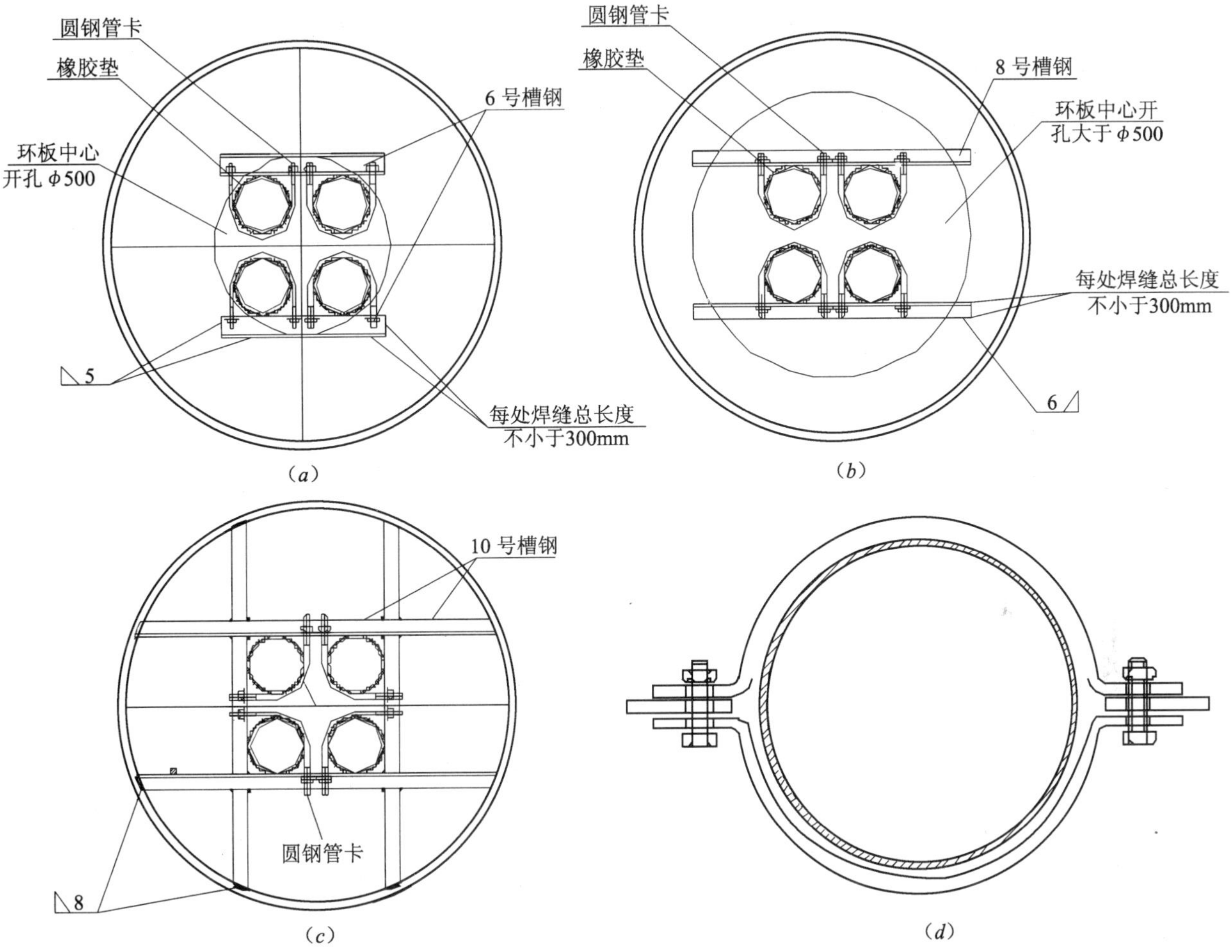

图5-2-21　管道支架安装图

（*a*）固定管卡（一）与结构环板焊接（ϕ500的孔）；（*b*）固定管卡（二）与构造环板焊接（开孔大于ϕ500）；（*c*）固定管卡（三）与柱内壁焊接；（*d*）管卡大样图

（3）管道吊装

管道安装完毕后，随钢管柱整体吊装。在吊装第一节钢管柱时，由于混凝土柱的纵筋和箍筋较为繁多，须固定好纵筋的位置，防止与钢管柱或雨水管道碰撞。

（4）管道标高的复核

下一节管道吊装就位后，应及时对管口的平面位置和标高进行复核，根据复核结果调整上一节管道的长度、定位等。管道接口位置应做临时对接，待整根立管全部安装完毕后做永久固定。

（5）管道连接

由于钢管柱为分节安装，因此柱内雨水管道同样为分节安装，而管道的连接是在钢管柱安装固定验收通过后实施的，连接方式可以有两种，在条件允许的情况下尽量采用焊接连接，个别部位空间较小的可采用承插连接。

1）焊接连接

不锈钢管焊接时底层采用氩弧焊施焊，要求达到密封效果，然后用电弧焊施焊。采用氩弧焊打底的目的是为了防止焊口在管道内一侧因电焊而出现锈蚀。

施焊前对焊缝的坡口及其内外表面进行清理，清理范围大于10mm，清理对象主要为油、漆、锈、毛刺等污物。当有油类等有机污染物时，应采用丙酮或无水酒精擦净。焊接完成后，立即去除渣皮、飞溅物，清理干净焊缝表面，然后进行焊缝外观检查。

2）承插连接

个别钢管柱直径较小，无法满足焊接的空间要求，采用了承插的方案。承插方案需采用滑动管卡，见图5-2-22。在钢管柱吊装前，先将管道提高300mm，做临时固定，在管道吊装后由内至外，逐个拆除临时固定将管道承插连接，承插深度为100mm，承插口采用膨胀水泥封口，见图5-2-23。承插口的密封同样是通过特殊技术措施完成的。

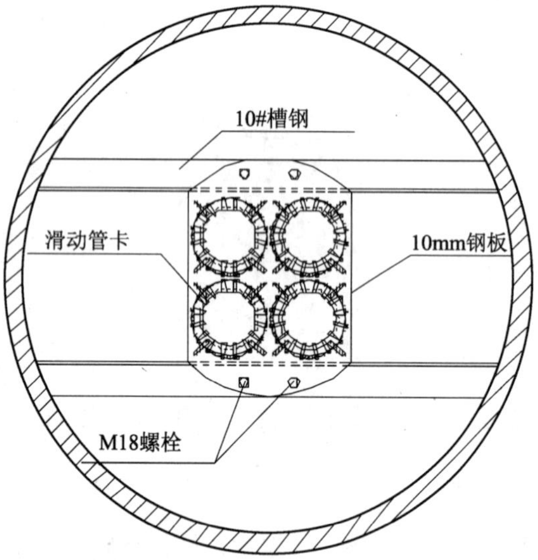

图5-2-22　滑动管卡平面示意图

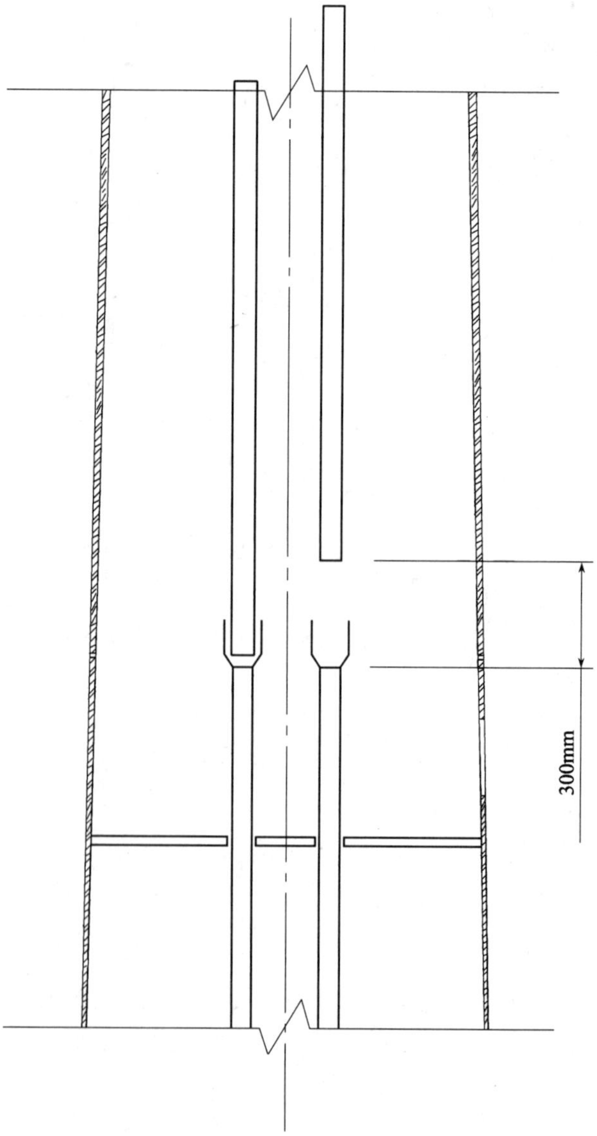

图5-2-23　管道连接示意图

（6）管道的验收

钢管柱内虹吸雨水管道安装属于隐蔽工程，要求严格，焊接精度高，对焊缝进行两次色渗透检测（受管壁薄、操作空间狭小，只能进行色渗透检测），打底焊一次检测，满焊后一次检测。柱内管道安装完毕后再次进行打压试验和系统满水试验。

2.7 清水混凝土电气管线预埋

2.7.1 施工前准备

清水混凝土施工前，技术负责人应仔细核对建筑天花和电气平面图中的设备数量及位置，当两图中所示数量和位置不符时，应及时与设计联系，不得自作主张，随意施工。

2.7.2 设备定位

（1）盒子定位

1）房间、卫生间等建筑定位，应由土建施工配合进行测量，放建筑轴线或控制线。

2）设备预埋前，按照天花平面图和设备平面图，在顶板上进行测量，画相关的设备轴线、定位线。并以轴线和控制线为基准，在模板上画灯具、烟感等强弱电设备安装位置标识。照明等系统中，要求成行成列的设备预埋时，有两个以上盒子的情况下，都要求拉直线进行定位。

3）清水混凝土顶板上安装照明、烟感、温感、广播等系统预留盒统一采用 86 系列八角盒。

4）在放线施工时，可以采用可水擦式水彩色料在模板上标画盒子定位线、系统符号、管线数量和方向等标识，但盒子及管线安装后应及时用水将各种标识擦除，不得留下任何标识痕迹。如某些盒子必须用油漆作识别标识时，油漆必须点在盒子以内的区域，不得标注在盒子的外周。

（2）盒子安装

1）盒子定位应以土建弹出的控制线为基准，按照土建弹出的控制线、标高线进行挂线找平，标出盒、箱的实际位置，盒、箱要固定牢固，不能有位移和变形。为了保证成形效果，盒子的盒耳朝向应保证一致，墙体上箱、盒标高不得有负偏差，正偏差不超过 2mm。箱、盒口应与墙面、板面平齐，不得出现凹进现象。

2）盒子的固定

固定顶板上的灯、烟感等盒子时，不得采取在模板上钉钉子的方法固定盒子。安装盒子时，在盒上方平行加两根钢筋压在盒子上，压紧钢筋的方向应是顺着上铁的方向，防止因与上铁交叉而增加结构板的厚度。用火烧丝将钢筋与结构板内的下铁固定牢靠，必须保证盒子下口平面与模板贴合严密，同时在盒子管端 150mm 范围内将管与下铁绑扎固定，如图 5-2-24 所示。

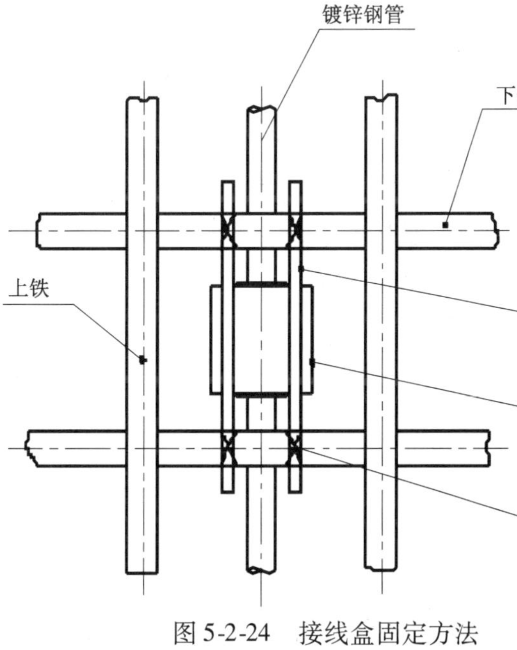

图 5-2-24　接线盒固定方法

3）竖向安装的盒子，还在盒的四周加 4 根钢筋组成“井”字夹在盒子上，钢筋与钢筋之间点焊，并将井字形钢筋与主筋绑扎牢靠。

（3）盒子的封堵

管道调整安装后，将锯末包在塑料袋中进行盒内填充，填充锯末前在盒子底部加油毡或橡胶垫，再用宽透明胶带包封盒子与模板接合的盒口，防止锯末在混凝土振捣时盒子中出现洒漏现象。

2.7.3 管线敷设与固定

（1）管道固定

除盒子两端的管道要固定外，管道每隔 1m 左右将管道与结构板内的上、下层钢筋固定。

（2）管线垂直穿梁（顶板）的做法

管线穿清水混凝土梁（板）时，可在梁上加过线盒。在盒内加接通丝管箍，预留接管条件，拆模后即可接管，见图 5-2-25；另一种方法是梁（板）下不留接线盒，将带有通丝管箍、丝堵管端直接顶在梁的底模上，拆模后卸下丝堵即可满足接管条件，见图 5-2-26。

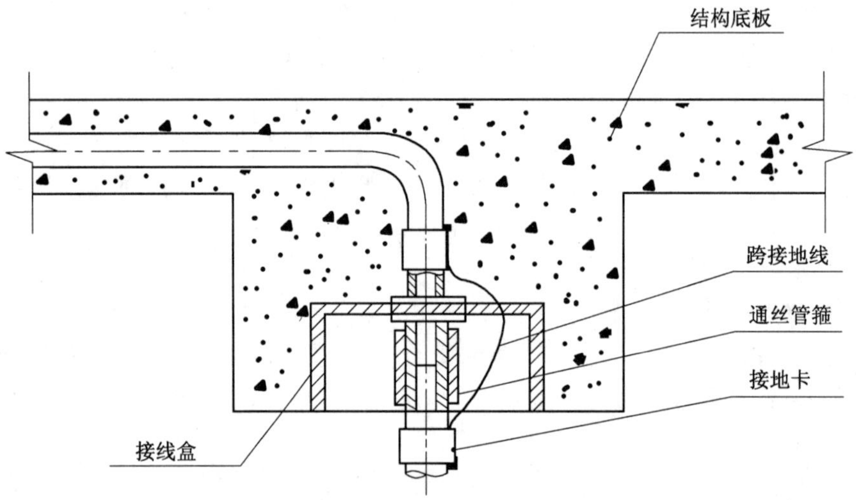

图 5-2-25 电气管线垂直穿清水混凝土梁做法示意图（一）

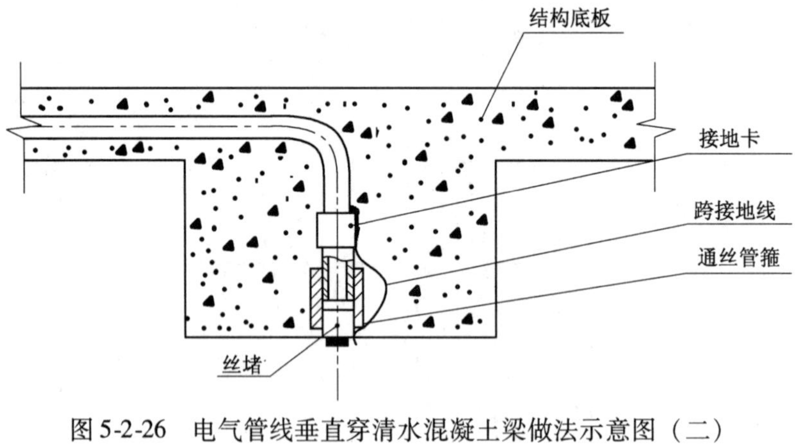

图 5-2-26 电气管线垂直穿清水混凝土梁做法示意图（二）

3 首都机场T3A室外管廊施工技术

3.1 水暖管道施工

3.1.1 给水排水及暖通工程概况

T3航站楼室外供热供冷管网综合管廊位于T3南北两侧。西侧管廊有6条管线：冷冻水供、回水管（*DN*900）、采暖供、回水管（*DN*350～*DN*500）、消防给水管（*DN*300）、生活给水管（*DN*500）。东侧管廊有两条管线：消防给水管（*DN*300）、生活给水管（*DN*500）。

（1）供冷、供热管道

热力管道起点R1接自动力能源中心西侧，由R4点进入综合管廊自南向北敷设至T3B航站楼。R5点接*DN*400分支至T3A航站楼，R18点给T3C航站楼预留*DN*250分支。

一路供冷管道起自L1点接至动力能源中心北红线，向北由L12进入综合管廊自南向北敷设至T3B航站楼。L2点给T3C航站楼预留*DN*600分支。另一路供冷管道起点（L1点）接自动力能源中心北红线，由LA东接至T3A航站楼。

供热管道：供水温度120℃，回水温度70℃，工作压力1.6MPa。管径为*DN*500～*DN*350，管线总长度为2064.57m。

供冷管道：供水温度7℃，回水温度14℃，工作压力1.2MPa。管径为*DN*900，管线总长度为2064.57m。

（2）给水、消防管线

每侧管廊位于T3南北两侧，每侧管廊内布置有*DN*500的生活给水管及*DN*300飞行区消防供水管。

管廊内水管均采用焊接钢管。西侧管廊内的水管与供热管线共沟，外作20mm厚保温，保温材料采用硬质聚氨酯泡沫塑料。

管廊内水管进出管廊处应安装柔性防水套管，生活给水管、消防管进出管廊的位置安装金属软管。管廊内每隔一定距离布置有集水坑，东西两侧管廊各配备一台移动式潜水泵，用于排出管廊内积水。

消防给水管2064.57m，材质采用焊接钢管。

生活给水管2064.57m，材质采用焊接钢管。

3.1.2 管道运输、就位

（1）施工流程

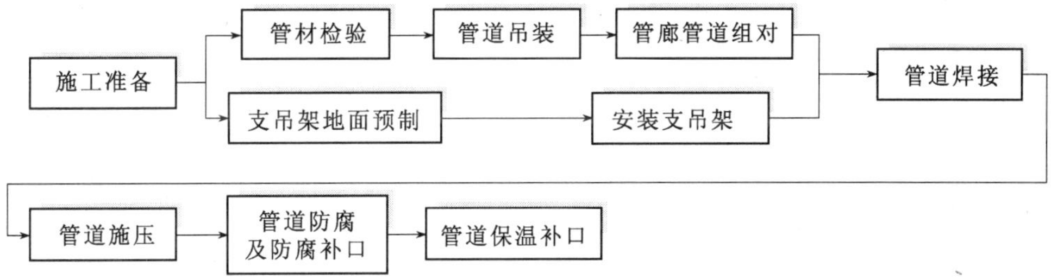

（2）测量放线

1）管线的定位

(R5)—(R32)(L2)—(L21)以管廊隔墙中线定位。

(R1)—(R4)(L1′)—(L1)以管沟内墙定位。

(R5)—(R5-2)以供热供水管中定位。

(R32)—(R33)(L21)—(L22)(La)—(Lb)以供冷回水管中定位。

2）定线测量

管网中的固定支架在管线定位后，用钢尺丈量法定位。管线测量技术要求见表5-3-1。

管线测量技术要求 **表5-3-1**

复合导线长度（m）	平均边长（m）	测角中误差	测回数DJ6	方位角闭合差	导线相对闭合差
800	100	±20″	1	$\pm 40''\sqrt{n}$	1/3000

注：1. n 为测站数。
2. 点位中误差不应大于5cm。
3. 导线超长时（不宜超过规定长度的1.5倍），绝对闭合差不应大于26cm。
4. 导线长度短于规定长度时，绝对闭合差不应大于13cm。
5. 在控制点比较稀少的地方，导线允许同级复和一次。

3）竣工测量数据

① 固定支架的中心坐标和支撑平面的高程；

② 管网平面转角点的中心坐标和高程；

③ 固定支架处管道上表面的高程；

④ 供热管网坡度变化点，应测中心坐标和管道上表面的高程；

⑤ 管道高程的垂直变动点，应测中心坐标和变动点上下的高程；

⑥ 管道高程的垂直变动点，应测中心坐标和变动点上下两个部位的管道上表面的高程。

（3）管材、管件及阀门入场检验

1）钢管的表面要求

① 钢管表面应无显著锈蚀、无裂纹、重皮和压延等不良现象。

② 各类管子的材质、规格应符合设计要求，进场的钢管应逐根测量、编号、配管。选用其壁厚相同及管径相差最小的管节组合，以备对接。

③ 表面不得有超过壁厚负偏差的凹陷和锈蚀；管材表面不得有机械损伤。

④ 保温管壳防腐层完好，保护层无破损。

2）钢板卷管尺寸的允许偏差

① 直焊缝卷管管节几何尺寸允许偏差见表5-3-2。

管节几何尺寸允许偏差 **表5-3-2**

项　　目	允　许　偏　差（mm）	
周长	$D \leqslant 600$	±2.0
	$D > 600$	$\pm 0.0035D$
直径	±0.00DN　相邻两节管口直径之差不得超过4mm	
圆度	管端0.005D；其他部位0.01D	
端面垂直度	0.001D，且不大于1.5	
弧度	用弧长1/6D且不小于300mm的弧形板量测与管内壁或外壁纵缝处形成的间隙，其间距为0.1t+2，且不大于4；距管端200mm纵缝处的间隙不大于2	

② 卷管的周长偏差及椭圆度规定见表5-3-3。

卷管的周长偏差及椭圆度 **表5-3-3**

公称直径	<800	800~1200	1300~1600	1700~2400	2600~3000	>3000
周长偏差（mm）	±5	±7	±9	±11	±13	±15
椭圆度	外径的1%，且不大于4	4	6	8	9	10

③ 检查管子的椭圆度。用一块弧长为管子周长的1/6~1/4的样板，它与管内壁不贴合的间隙应符合下列规定：

（a）对接纵缝处为壁厚的10%加2mm，且不大于3mm；

(b) 离管端200mm的对接纵缝处为2mm;

(c) 其他部位为1mm。

卷管端面与中心线的垂直偏差不大于管子外径的1%，且不大于3mm。平直度偏差不应大于1mm/m。

卷焊钢管的管身不得扭曲、损伤，否则需按表5-3-4所列方法对钢管进行调直。

钢管调直方法 **表5-3-4**

调直方法	管道公称直径DN（mm）	操作方法	允许偏差（mm/m）	检查方法
冷调	DN≤100	将管子放在平直架上，用一锤子支承管段弯曲末端的背部，用另一锤子在管段凸起部位，由弯曲起点顺序敲打调直	0.5	用拉线或直尺检查
	DN>100（包括厚壁管）	将管段放置在操作平台上，插入套管矫直，或在矫直机上进行矫直	1.0	
热调	DN≤100	把管段弯曲部位加热到600～800℃（樱红色）后，放在滚动平直架上滚动调直	0.5	
	DN>100及管道公称直径在100mm以上，长度大于200mm的短管	将管段弯曲部位加热后，用冷水浇弯曲段背部，使管段急剧收缩而调直	1.0	

3) 焊接的外观质量及焊接缺陷

因操作不当，易在焊缝处留下各种缺陷，见图5-3-1。检查焊缝前，应清理干净表面的渣皮、飞溅物，以免影响焊缝的检验。

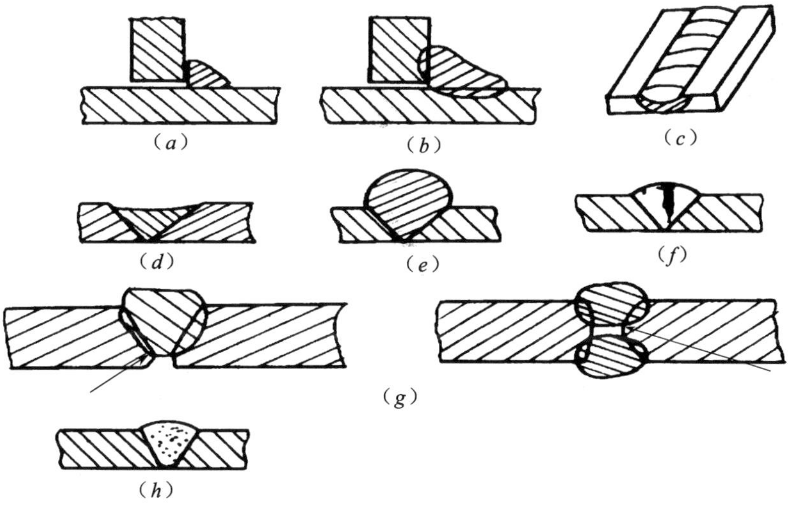

图5-3-1 焊接缺陷

(a) 咬边；(b) 焊瘤；(c) 弧坑；(d) 焊缝下陷；(e) 焊缝凸鼓；(f) 焊缝裂缝；(g) 没焊透；(h) 内裂缝

卷焊钢管纵缝检查除了用肉眼或放大镜来观察其焊缝的严密性、均匀性外，还配以检测的手段，其方法是：

① 油渗：直径大于等于800mm的要逐口作油渗检验，不合格的铲除重焊。可用煤油、荧光法等毛细检查，即在焊缝一侧涂刷大白浆，焊缝另一侧涂刷煤油，经过一定时间后，大白浆面上若渗出煤油斑点，则表面焊缝质量有缺陷。

② 氨检：氨气类等化学检查。即在管子中通入10%的氨气体，在外壁焊缝上贴一条比焊缝略宽的硝酸汞溶液的试纸，若试纸从某处呈黑色斑点，则说明该处焊缝不严，有氨气泄漏。

无损探伤：用x、γ射线，或超声波、磁波等方法作无损探伤。

③ 水压试验、气压试验等对工作状态的管子强度、严密性、真空度等的检查，在规定时间内，必须符合设计要求和规范规定的参数值。

4）管道及管件内、外全系统检验

对管道部件、附件、垫片、填料等的清洗、脱脂、工作环节、全部记录的检验。

管道坡度应按设计要求和规范规定施工，可在每 100m 直线管段内抽查 3 段，不足 100m 的可不少于 2 段抽查，并作好水平测量记录。

管道接口应严密；管道外观检验以每 50m 一处抽查。

管件抽查、检验率按系统内件数的 10%，但不少于 5 件，其中应包括最大公称直径的部件。伸缩器的抽查率为全系统内件数的 30%，但不少于 2 件，要求平直、不扭曲、表面不出现裂纹、重皮和麻面等缺陷，外圆弧均匀。弯管的椭圆率、折皱平面度、伸缩器预拉伸长度的允许偏差和检验方法见表 5-3-5。

管道允许偏差和检验方法 表 5-3-5

项　次	项	目		允许偏差（mm）	检验方法
1	弯管	椭圆率	*DN*150 以内	10%	用外卡钳和尺量检查
			*DN*400 以内	8%	
		折皱不平度	*DN*125 以内	4	
			*DN*200 以内	5	
			*DN*400 以内	7	
2	伸缩器预拉伸长度		套筒式和波形	+5	检查预拉伸记录
			Π、Ω 形	+10	

检验合格者方可下管，入沟槽后若有碰撞损伤的，要标出记号，并及时修补。

（4）管廊下管及管廊内管道水平运输

现场西管廊共预留 3 处管道吊装下料口，东侧管廊管道数量少，管道直径相对较小，图纸中未见管道吊装下料口。因此，为保证管道安全合理地运输到安装位置，对厂家管道运输到现场管道类别的顺序、现场堆放场地位置、管道吊装下管方案初步确定如下，施工时可根据现场的实际情况，进行调整。

1）管道到场顺序

① 对于东侧管廊，管道直径为 *DN*300 的消防水管和 *DN*500 的给水管。因此，管道到场堆放场地安排在东侧管廊的南北两端，堆放数量按照管廊的长度各堆放一半，如图 5-3-2 的所示。

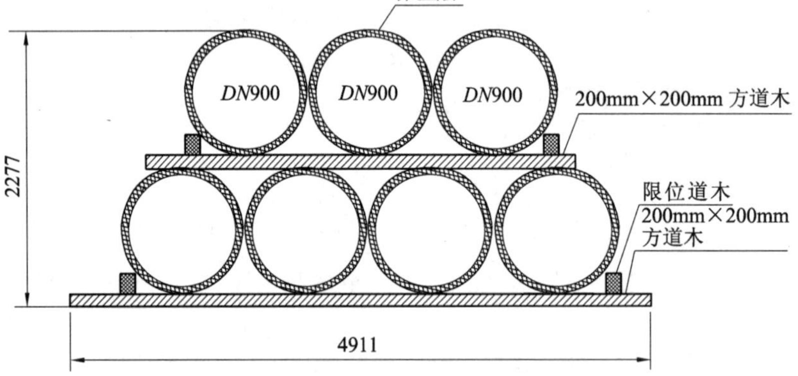

图 5-3-2　管道堆放示意图

② 对于西侧管廊，管道直径为 *DN*900 的冷冻水管，*DN*500 的采暖水管及 *DN*300 的消防水管，因此管道堆放场地安排在 3 个下料口处，堆放数量按照管廊长度等比例分配。同时考虑到 *DN*900 管道为保温管，占地面积大，因此先安排 *DN*900 管道到货，部分管道进入管廊后，其他管道再陆续到场，以减轻场地压力。管道到货时间及顺序安排，施工时根据现场堆放场地等情况确定管材具体进货数量及规格的安排。

③ 由于该工程空调采暖系统管道均为保温管道，因此管道堆放、卸车、吊装必须采取相应的保

护措施，保证管道的保温、防腐层不被破坏。管道堆放必须下部垫方道木，方道木上面放置橡胶垫，吊装捆绑加胶皮防护。运输过程中如果厂家未运到指定地点，我方配 10t 板车，16t 吊车进行运输。

2）管道吊装（由地上至管廊内）

管道运输到管廊，采用汽车或履带吊吊装卸入吊装孔，吊装口的尺寸为 2m×12m。吊装过程中为了保护管道保温层，捆绑管子应用尼龙布带或用钢丝绳加胶皮套管或加垫木层，用缆风绳控制落管方向。运到吊装口时，管道用绳子由人在管廊下面牵引，*DN*900 的管道放到坦克轮和马鞍组合的运输工具上直接运输。管道吊装如图 5-3-3 和图 5-3-4 所示。

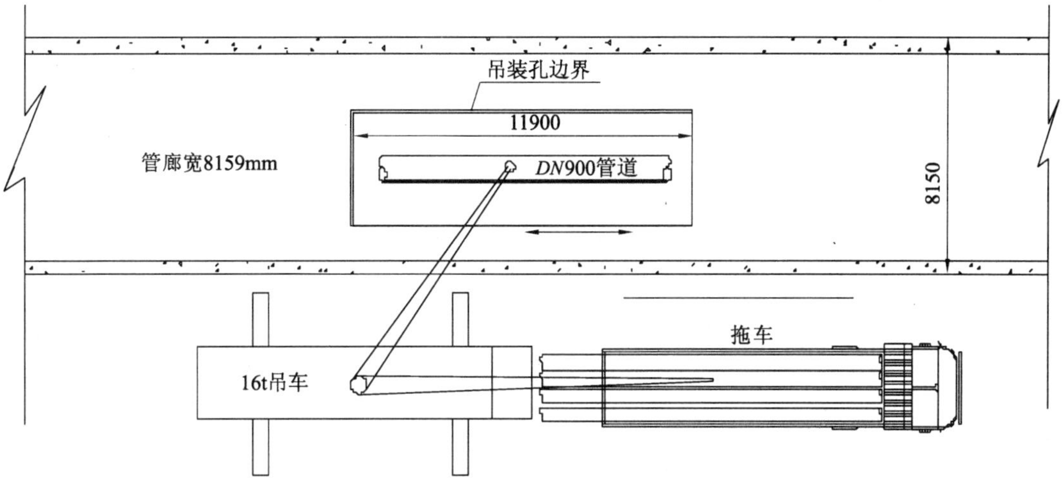

（*a*）

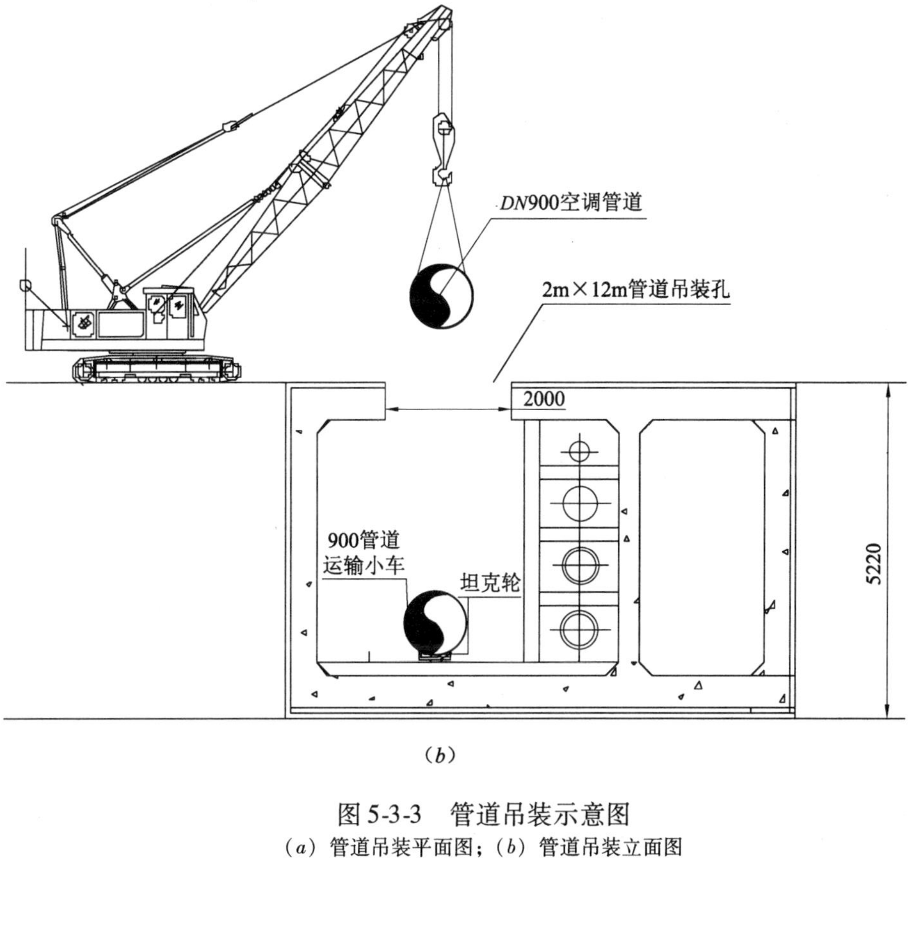

（*b*）

图 5-3-3　管道吊装示意图

（*a*）管道吊装平面图；（*b*）管道吊装立面图

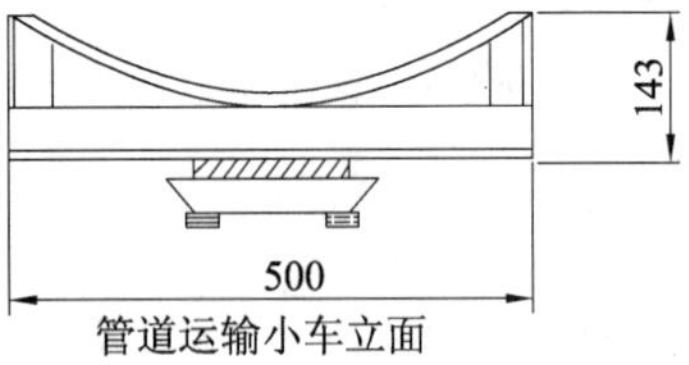

管道运输小车立面

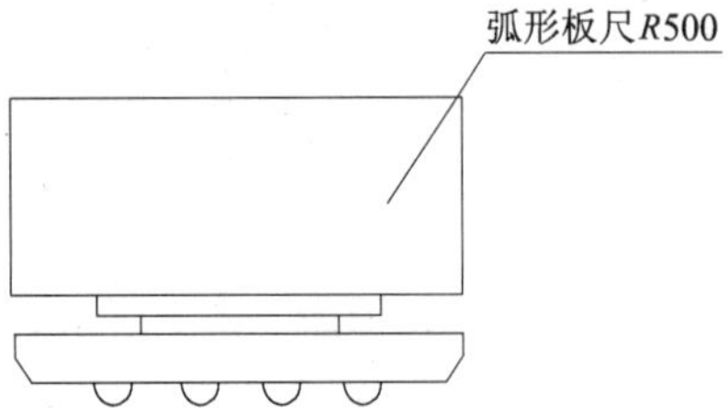

管道运输小车侧立面

管道尼龙吊带规格表

管道直径（mm）	对口带规格（mm）	下沟带规格（mm）
*DN*300	10×160×1500	12×260×2000
*DN*500	12×180×2530	15×280×2800
*DN*900	14×200×3700	16×340×4200

图 5-3-4　管道吊装示意图

3）管道管廊内水平运输

管道通过吊装孔后，*DN*900 的管道直接放置在坦克轮和马鞍组合的运输工具上，然后利用卷扬机牵引坦克轮运输小车，在管廊内水平运输安装地点，如图 5-3-5 所示。对于小于 *DN*900 的管道则使用自制管道炮车运输管道到安装地点，如不能直接运走，管道放置时应放置在带橡胶垫的道木上或沙袋上，如图 5-3-5 所示。

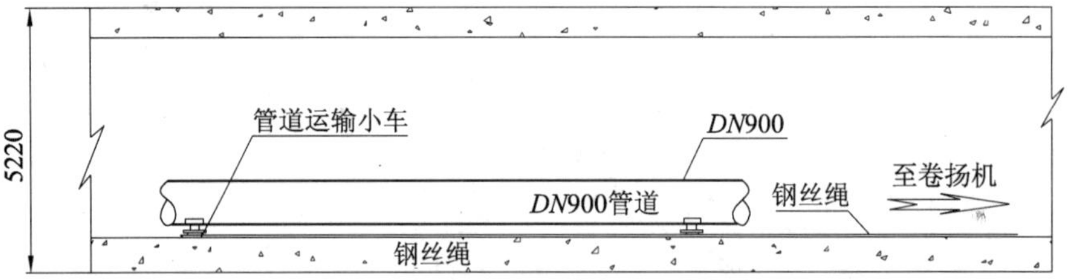

管廊内坦克轮加马鞍支座水平运输图

图 5-3-5　*DN*900 管道水平运输示意图

*DN*900 以下管廊内管道水平运输见示意图 5-3-6。

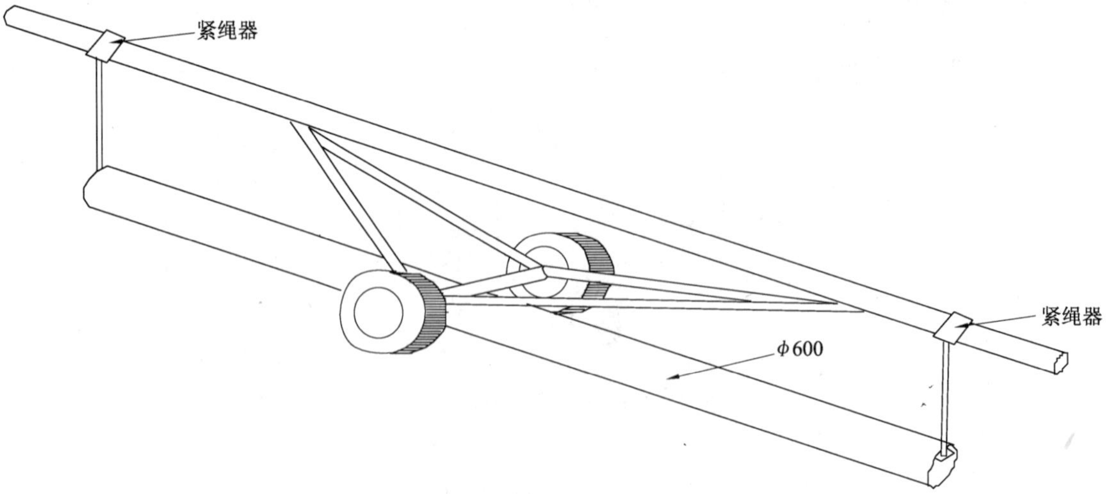

图 5-3-6　*DN*900 以下管道水平运输示意图

（5）管廊内管道吊装

管廊内管道吊装为该工程施工的一个难点。由于管廊内空间高度及宽度的限制，管道支架间距离只有1m多，而管道最高安装高度达到3m，无法使用机械进行管廊内管道就位，因此只能使用倒链、临时插架等分类别、分顺序吊装就位，西侧管道吊装就位顺序为：

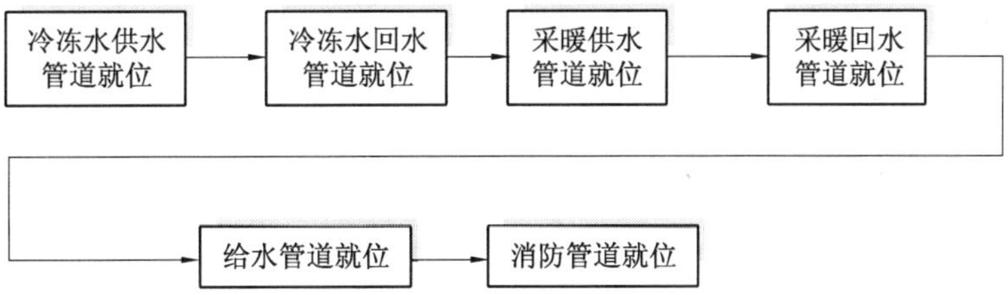

1）冷冻供水管道就位

冷冻供水管道安装标高位于管廊底部，就位利用双倒链配合，倒链生根利用土建预埋吊钩或者在管廊顶部打膨胀螺栓，吊装就位前冷冻回水管道支架不安装（如图5-3-7中虚线部分），只安装供水管下部支撑支架，单根定长10m的*DN*900管道重量2.5t，可连接两根或三根管道后，用倒链牵引进行就位。

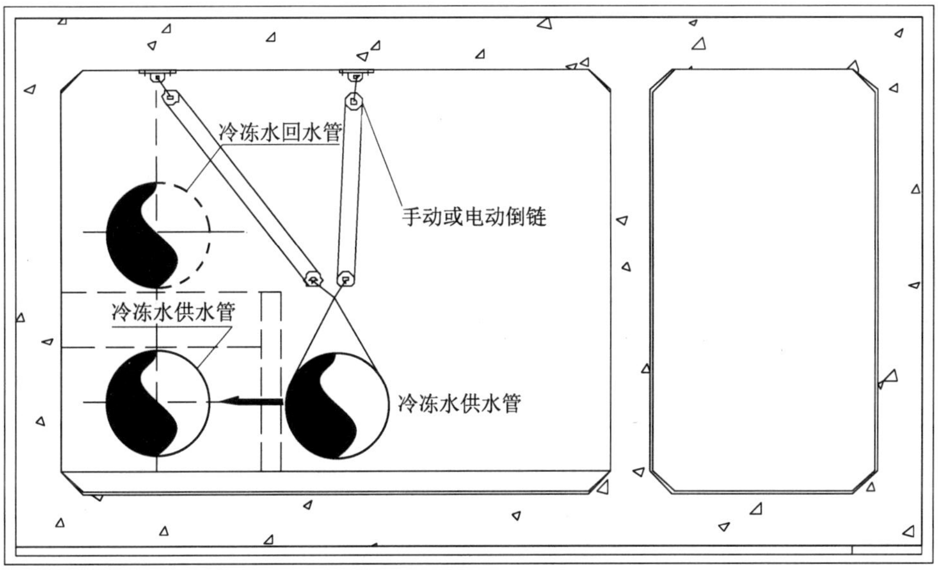

图5-3-7　冷冻供水管道就位

2）冷冻回水管道就位

冷冻水回水管位于供水管上部，安装前其受力支架应全部安装焊接完毕后方可进行吊装，吊装按照两根管道焊接完毕后，两根管道整体吊装，待全部管道吊装到支架后，在支架上进行其余管道口的对口焊接，管道吊装示意图如图5-3-8所示。吊装机械采用5t手动或电动倒链，吊点采用土建预埋吊钩或打膨胀螺栓。

3）采暖供回水管道就位

采暖供回水管道位于管廊右侧下部，回水管道利用倒链直接吊装就位，回水管道就位后进行右侧支架的安装，由于管道支架间距为7～12m，一旦管道支架立柱安装，则上部管道就位非常困难，因此在回水管道就位后，管道横向水平支架全部安装固定，而支架立柱则安装一部分，即第一个支架安装立柱，第二个支架立柱不安装，第三个支架安装立柱，这样顺序隔开安装立柱，以便上层供水管道可以摆放到水平支架上。首先采暖供水管道在管廊地面提前组队焊接成20m一根，然后用倒链提起放入水平支架上，管道就位后安装其他支架的立柱，安装过程如图5-3-9所示。

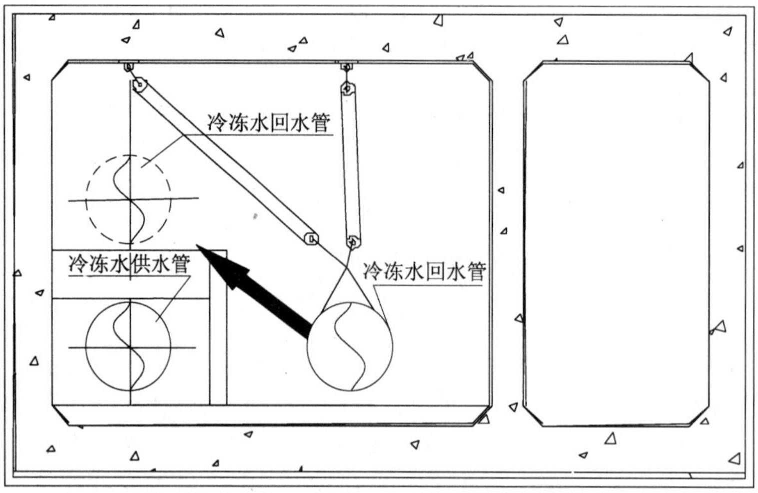

两根管道先焊接然后起吊，吊点为距管道两侧1/4处

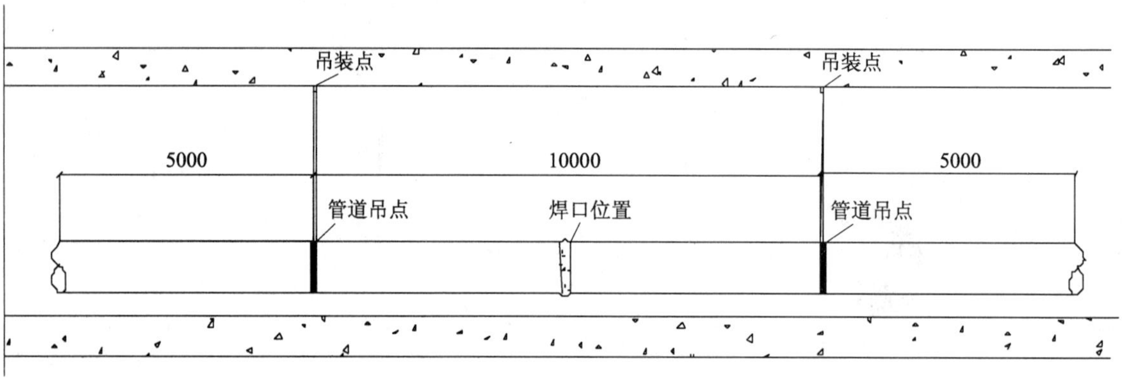

图 5-3-8　冷冻回水管道就位

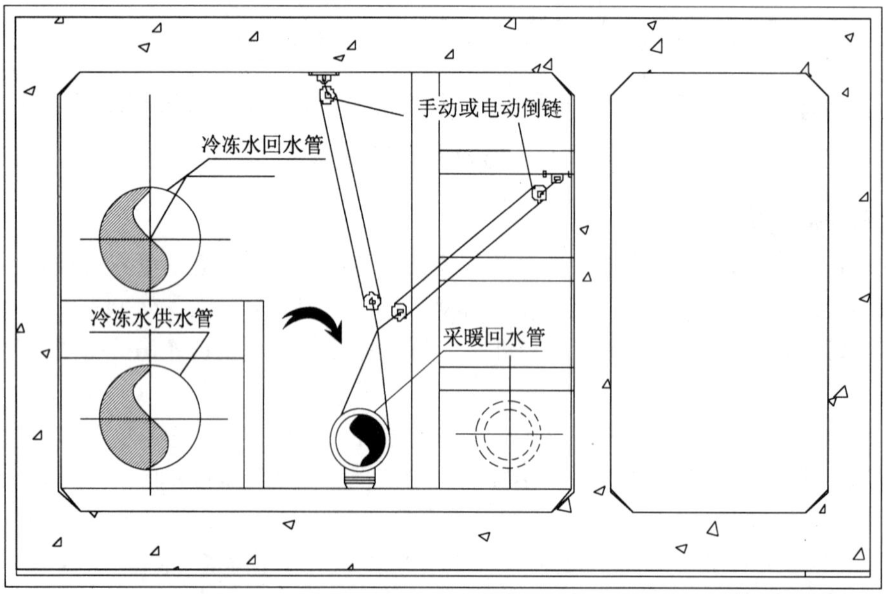

(*a*)

图 5-3-9　采暖供回水管道安装过程（一）

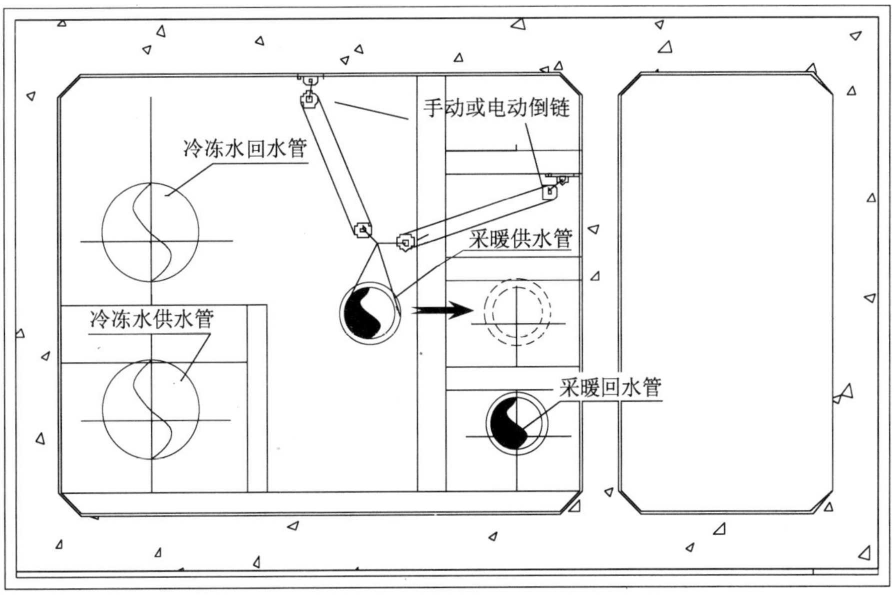

（b）

图 5-3-9　采暖供回水管道安装过程（二）

4）给水管及消防管道吊装就位

给水管道直接用倒链吊装就位，如图 5-3-10 所示。

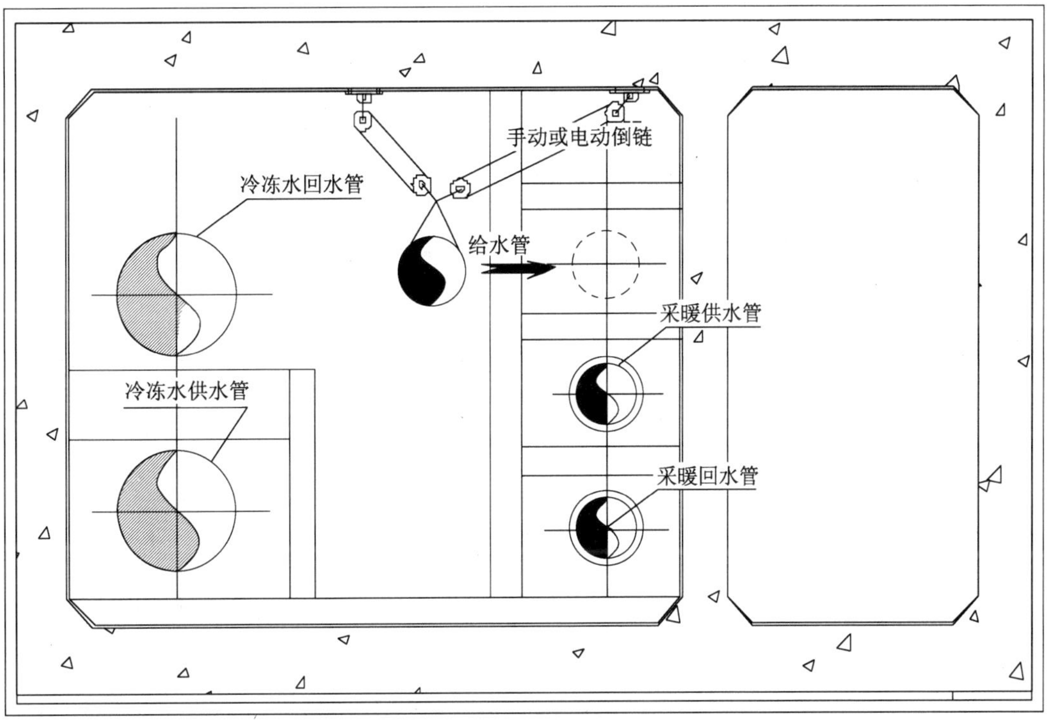

图 5-3-10　给水管吊装就位

消防管道安装位置较高，距离管廊上部只有 300mm，管廊上部无法悬挂倒链，因此采用小型液压升降机，升降机最大升降载荷为 1t，而 *DN*300 消防管道 10m 重量只有 1t 左右，设置两台即可满足要求，见图 5-3-11 和图 5-3-12。

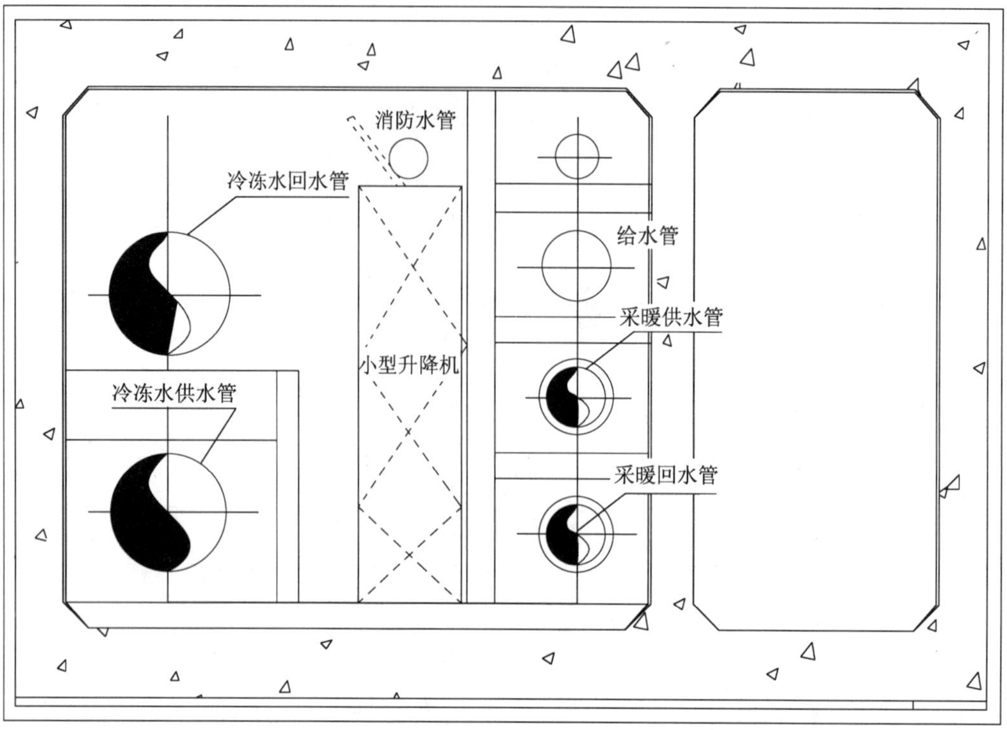

图 5-3-11　消防管道吊装就位

型　　号	提升质量（kg）	提升高度（m）	台面尺寸（mm）	外形尺寸（m）	总重（kg）
SJY0. 8-6	800	6	1500×750	1. 70×0. 93×1. 98	650
产品规格：根据升降高度分为：4m、6m、8m、10m、12m、14m、16m、18m					

图 5-3-12　液压升降机

（6）管道组对

当存在间隙偏大、错口、不同心等缺陷时，不得强力对口，也不得用加热伸长管子或加扁铁、多层垫等方法连接管道，管端接口间隙不得超过表 5-3-6 规定的尺寸，若超过，则应加入短管连接。

管端接口间隙　　表 5-3-6

管壁设计厚度 δ（mm）	6～9	9 以上
间隙 L（mm）	1. 5～2. 5	2. 5～3. 0

组对前，应对管子进行清扫，管内不得有石头、纸屑和泥土等杂物。并应对管口进行检查，确保加工质量满足设计要求，必要时用砂轮机清理管口的焊渣及毛刺，管端如有较轻度变形应予以校正。不得用锤直接敲击管壁，校正无效，应将变形部分管段切除。不同壁厚钢管的对口见图 5-3-13。

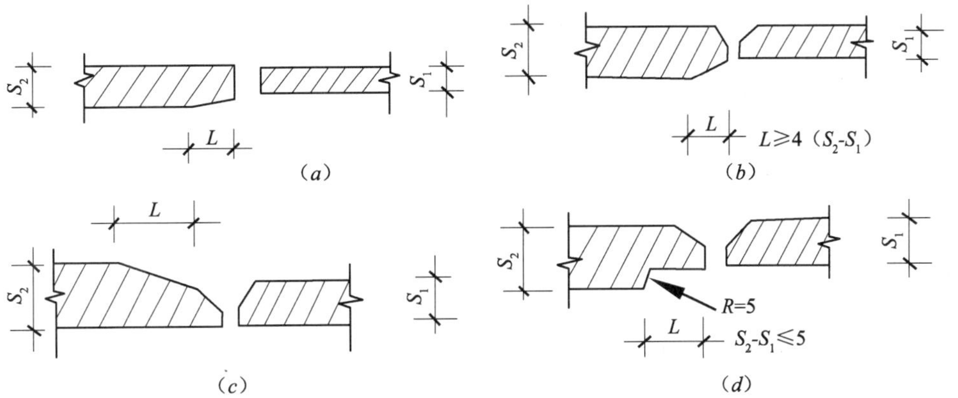

图 5-3-13　不同壁厚钢管对口的坡口

钢管组对粗调可用简易龙门架和倒链、千斤顶、对口器等工具进行。先用简易龙门架将管子拉近，再用对口器将管子两端找正、固定进行焊接，利用直径可调外对口器或链式外对口器对钢管进行找正。

精确对口时使用的外对口器，应在根焊完成 50% 后方可拆卸，所完成根焊应分为多段，且均匀分布，对口器见图 5-3-14 和图 5-3-15。

图 5-3-14　液压内对口器

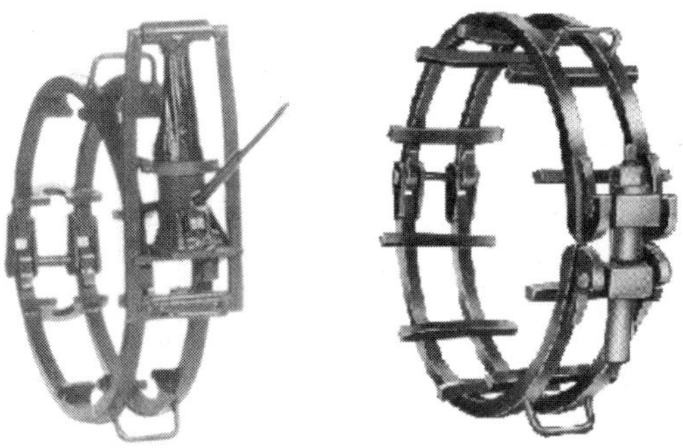
图 5-3-15　外对口器

组对时，首先严格控制基准管的安装，使其高程、中心线等技术条件达到设计要求，然后方可进行其他管道组装。组对时避免采用强力对口，且应保护钢管绝缘层。

管子和管件的对口，应做到内壁平齐。内壁错边量符合以下规定：

1）等厚对接焊缝不超过管壁厚的 10%，且不大于 1mm；

2）不等厚对接焊缝不超过薄管壁厚的 20%，且不大于 2mm。

3.1.3　支架的制作、安装

（1）支架制作

1）放样、号料。固定支架下料首先核实尺寸，经确认无误后进行号料，号料时加气割切割量。

2）下料前认真复核材料质量证明书，对板材进行外观检验，重点检查表面质量、厚度及几何尺寸。

3）画线时四边留出 50mm 作为检查线，用样冲钉上，并用白漆标明，以便于检查。

4）号料完毕，经检查无误可用半自动切割机进行切割，切割时必须将钢板放平，置于切割胎架上。

5）气割允许偏差见表 5-3-7。

气割允许偏差　　　　表 5-3-7

项　　目	允许偏差（mm）
零件宽度	±3.0
切割面平面度	0.05t 且不大于 2.0
割纹深度	0.2
局部缺口深度	1.0

注：t 为被切割材料的厚度，单位为 mm。

6）下料前，应先完成拼焊的全部工作后，再按需宽、长下料，进行气割。

7）拼接完成后的板材不平度超标，需调平后方可下料。

8）号料要求：

① 号料必须使用经计量合格的钢卷尺或制作样板、样杆；

② 号料必须由责任心强且技术水平高的技工担任，避免由于识图错误导致失误和工期延误；

③ 号料必须有人复验尺寸，确保不出现质量问题。

9）刨边要求

刨边人员应认真核对板面标识、坡口形式等要求；及时清理工作台面，防止板面划伤。

每块钢板尺寸偏差不得超过表 5-3-8 的要求。

钢板尺寸偏差（mm）　　表 5-3-8

序号	尺寸	偏差
1	长度	±1.5
2	宽度	±1.5
3	对角线	±3.0

10）组对时严格按照图纸及标准要求，控制尺寸与坡口间隙，并预留焊接收缩量。

11）焊接及检验

① 参加施焊的焊工应在考试合格有效期内担任项目的焊接工作，严禁无证焊工上岗施焊，焊接应严格执行焊接工艺。

② 下雨时严禁露天施焊，当风速超过 10m/s 时，必须采取防风措施后，方可施焊。

③ 焊材的选用：手工焊选用 E4303 型电焊条，埋弧自动焊选用 H08A 型镀铜焊丝，焊剂选用 H431。

④ 所有焊缝的质量等级均为一级，所有对接焊缝均要求焊透。

⑤ 施焊前，焊工应复查焊件间隙的大小，坡口角度及焊区处理情况，当不符合规范要求时，应经修整后施焊。焊接完第一遍后，必须将药皮清理干净，否则焊接第二遍时易产生夹渣，影响焊接质量。

⑥ 如果焊缝间隙不符合工艺要求，应重新调整，绝对不允许在焊缝间隙处加金属填充物。

⑦ 在自动焊缝施焊前，应加引弧板，引弧板长度宜为 100mm，引弧板在焊接完毕后，用气割切除，严禁用锤击落，切口端角用角向磨光机打磨平整。

⑧ 焊缝质量应按设计图纸及标准要求进行外观检查和无损探伤，焊缝出现缺陷时应查明原因，制定返修工艺，并按工艺进行返修，焊缝同一部位返修次数不宜超过两次。

12）矫形

对焊接变形应予以矫正，达到标准及图纸要求；矫形时应首选冷矫形，如确需热矫形时严禁水冷，宜自然冷却。

13）防腐涂装

钢材在涂装前按设计规定的除锈方法进行表面处理，达到 Sa21/2 级合格。

构件表面不应误涂、漏涂，涂层不应脱皮和返锈等，涂层应均匀，无明显皱皮、流坠、针眼和气泡等。

（2）支架的安装

1）箱型柱、梁支架安装

① 箱型构件安装程序：

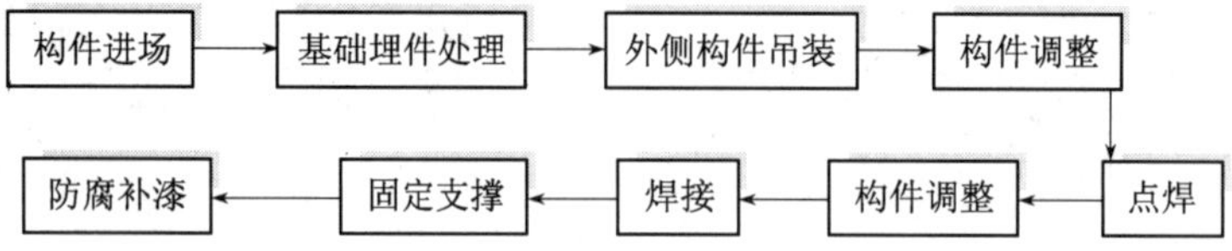

② 箱型构件的吊装：

（a）将制作好的箱型构件运到现场；

（b）用25t的吊车或者塔吊把箱型构件吊起并慢慢将其放在安装点上；

（c）调整箱型构件的水平位置和垂直度达到设计要求；

（d）将箱型构件四周点焊上；

（e）再次精确调整箱型构件的水平位置和垂直度，并达到设计和规范要求；

（f）调整好后将箱型构件按要求焊接牢固；

（g）焊接完成后，将箱型构件上部用叉杆支撑好。

③ 钢结构安装现场刷漆：

（a）补漆范围：所有因吊装运输损伤的工厂涂装漆层和现场焊接节点油漆应进行补刷；

（b）补漆时机：全部安装工作完成时；

（c）补漆操作要求：手工除锈，用砂轮打磨补漆部位，清除铁锈、焊接飞溅和熔渣等杂物；

（d）手工补漆：用与工厂油漆相同漆料补刷；

（e）油漆涂层应均匀，无明显皱皮、流坠、针眼和气孔等。

2）普通支架的制作安装

① 支吊架制作及安装工艺流程：

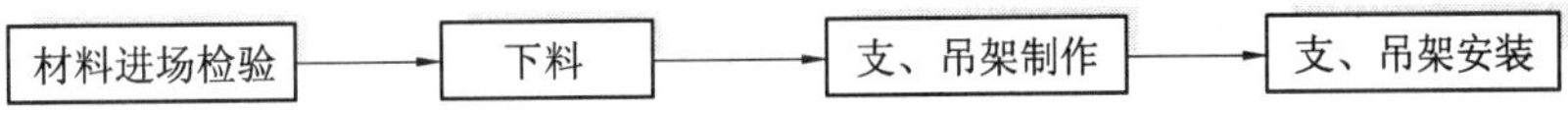

② 支架的制作安装：

（a）下料：根据设计施工图所给予的各种支架的尺寸进行下料；

（b）支架构件的组焊：将各种支架的立柱和横梁按设计要求分别进行组焊；

（c）防腐：将组焊好的立柱和横梁按设计要求进行防腐处理；

（d）管道吊装前先将立柱按支架间距要求焊接在预埋件上，再将横梁的一端与预埋件焊好，另一端与立柱焊接好，完成此项工作后，才把管道轻放在横梁的管托上。

3.1.4 钢管焊接

（1）钢管焊接采用手工电弧焊焊接。

（2）焊接电源采用直流弧焊机，直流反接；或采用交流焊机。焊接时要求电压稳定，焊机上安装电流表和电压表。

（3）焊接材料

1）焊条应无破损、发霉、油污、锈蚀等；焊丝应无锈蚀和折弯；焊剂应无变质现象；保护气体的纯度和干燥度应满足焊接工艺规程的要求。

2）低氢型焊条焊前应烘干，烘干温度为350～400℃，恒温时间为1～2h，烘干后应在100～150℃的条件下保存。焊接时应随用随取，并放入焊条保温筒内，但时间不宜超过4h。当天未用完的焊条应回收存放，重新烘干后首先使用，重新烘干的次数不得超过两次。

3）在焊接过程中，如出现焊条药皮发红、燃烧或严重偏弧时，应立即更换焊条。

4）对于普通碳钢钢管，焊接时采用酸性焊条E4303。焊条直径选择为ϕ3.2mm或ϕ4.0mm。

（4）焊接坡口

管口采用电动磨光机加工成V形坡口，角度为60°～70°，钝边为1～1.5mm，对口间隙为1.5～2.0mm，错边量小于管壁厚度的10%，焊接可采用上向焊和下向焊两种方式，下向焊较上向焊速度快，且环境适应性强，见图5-3-16。

焊接坡口形式按《埋弧焊缝坡口的基本形式与尺寸》（GB 968）选取。

（5）钢管焊接的一般要求

1）点焊：一般分上下左右四处定位点焊，最少不应少于3处。定位点焊后，检查调直，若发现焊肉有裂纹等缺陷，应及时处理。转动焊接，减少仰焊，提高焊接质量。

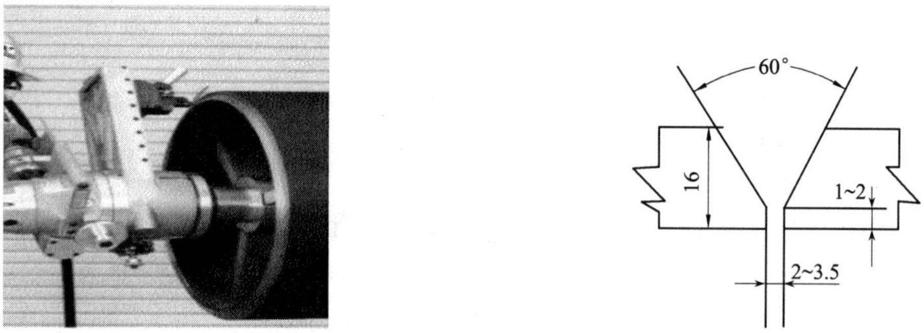

图 5-3-16　坡口加工

2）用电弧焊进行多层焊时，焊缝内堆焊的各层，其引弧和熄弧的地方彼此不应重合。焊缝的第一层应呈凹面，并保证根部焊透，中间各层要把两焊接管的边缘全部结合好，最后一层应把焊缝全部填满，并保证自焊缝过渡到母材的平缓。

每道焊缝均应焊透，且不得有裂纹、夹渣、气孔、砂眼等缺陷。焊缝表面成型良好。钢管焊接接头焊条消耗量可参考表 5-3-9。

钢管焊接接头焊条消耗量　　**表 5-3-9**

管径（mm）	每个接口焊条消耗量		管径（mm）	每个接口焊条消耗量	
	（根）	（kg）		（根）	（kg）
75	4.1	0.23	700	55.2	3.07
100	5.4	0.30	800	63.1	3.51
150	7.9	0.44	900	93.1	5.18
200	10.4	0.58	1000	103.4	5.74
300	15.4	0.86	1200	124.1	6.89
400	20.5	1.14	1500	194.2	10.79
500	36.1	2.01	1800	291.0	16.17
600	43.3	2.41	2000	321.3	17.83

注：1. 焊条型号（T422）酸性焊条；
2. 每 5kg 一包，焊条根数约为 90 根；
3. 按 V 形坡口计算；
4. 厚壁管应另行计算。

用手工电弧焊接钢管和设备及附件时，厚度在 6mm 以下带坡口的接口，焊接层数不得少于两层。

多层焊时，第一层焊缝根部必须均匀焊透，并不得烧穿，应有内凹表面。单面焊双面成型；第二层焊缝应填满坡口槽的 70%（当施焊第三层时）；第三层焊缝应保证平滑过渡到基本金属，保证应有的加强高度。

进行多层焊时，在焊下一层之前必须将上一层的焊渣及金属飞溅物清除干净，并经过外观检查合格后才允许进行下一层焊接，严禁一次堆焊。当发现有缺陷的焊缝，应将缺陷部位彻底铲除，重新补焊。

多层焊时，各层引弧点和熄弧点均应错开。每层焊缝接焊处至少错开 20mm 或错开 30°角，转动焊接时相邻两层焊缝方向要相反。

3）管道接口的焊接。应考虑焊接操作顺序和方法，防止受热集中而产生内应力；当两管段衔接时，管口焊接，夏季宜在昼夜气温较低时进行；冬季宜在昼夜气温较高时进行，以减少材料的温度应力；管道焊口应自然冷却，焊口冷却前不准浇涂沥青和修补焊口；根焊必须熔透，背面成型良好。根焊完成后，焊工应仔细检查是否有裂纹，如有裂纹，应消除后重焊。焊接过程中，应注意控制层间温度，当层间温度低于规定要求时，应重新加热。

(6）焊接施工

1）焊前预热应符合下列要求：

① 应根据焊接工艺规程规定的温度进行焊前预热；

② 焊接过程中的层间温度不应低于其预热温度；

③ 当焊接两种具有不同预热要求的材料时，应以预热温度要求较高的材料为准；

④ 预热宽度应为焊缝两侧各 50mm，应使用红外线测温仪或其他测量工具测温，预热结束时的温度宜高于规定但不应超过 50℃。

2）焊接工艺注意事项：

焊接前应检查组装的管道坡口是否符合要求，确保坡口间隙及对口内壁齐平。内壁错边量应符合下列要求：

① 等厚，对接焊缝不应超过管壁厚度的 10%，且不得大于 1mm。

② 不等厚，对接焊缝不应超过薄壁管管壁厚度的 20%，且不得大于 2 mm。

焊接前应将坡口表面及坡口边缘内外侧不小于 10 mm 范围内的油漆、污垢、铁锈、毛刺及镀锌层等杂物清除干净，并不得有裂纹和夹层等缺陷。

3）定位焊及卡具的焊接

定位焊及卡具的焊接应由合格焊工担任，焊接工艺应与正式焊接相同，每段定位焊缝的长度，普通碳素钢不宜小于 50mm。

4）正式焊缝的焊接

正式焊缝的焊接顺序为：先焊坡口侧，然后背部清根，最后背部清底焊。

焊接第一道即打底焊及背部第一道焊缝焊接时，均采用直径为 3.2mm 的焊条，填充及盖面焊接根据管厚度采用 ϕ3.2mm 或 ϕ4.0mm 的焊条。

单面坡口在封底焊前及双面坡口在背部焊接前应清根。清根采用碳弧气刨进行，应将打底焊未焊透及熔合不好处清除掉，清根后应修整刨槽，用 ϕ180mm 的角向磨光机磨除渗碳层。

5）焊接工艺规范参数

应根据焊接工艺评定制订焊接工艺规范参数，可参照表 5-3-10。

焊接工艺规范参数 表 5-3-10

管壁厚（mm）	焊接层次		焊条直径（mm）	焊接电流（A）	焊接电压（V）	焊接速度（cm/min）	线能量（kJ/cm）
10	外侧	1	ϕ3.2	110～120	21～22	5～7	19.8～31.7
		2	ϕ3.2	110～120	21～22	5～7	19.8～31.7
		3	ϕ3.2	110～120	21～22	5～7	19.8～31.7
	内侧	1	ϕ3.2	110～120	21～22	5～7	19.8～31.7
		2	ϕ3.2	110～120	21～22	5～7	19.8～31.7
12	外侧	1	ϕ3.2	110～120	21～22	5～7	19.8～31.7
		2	ϕ3.2	110～120	21～22	5～7	19.8～31.7
		3	ϕ4.0	140～150	24～25	8～10	20.2～28.1
		4	ϕ4.0	140～150	24～25	8～10	20.2～28.1
	内侧	1	ϕ3.2	110～120	21～22	5～7	19.8～31.7
		2	ϕ3.2	110～120	21～22	5～7	19.8～31.7

(7）焊缝检验

1）外观检验

管道焊缝外观检查应在焊后及时进行，检查前应清除熔渣、飞溅，外观质量应符合下列规定：

① 焊缝表面不得有裂纹、未熔合、气孔和夹渣等缺陷；

② 咬边深度不得大于 0.5mm，在任何 300mm 连续焊缝长度中咬边长度不得大于 50 mm；

③ 下向焊焊缝余高，内部或外部为0~1.6mm，局部不得大于3mm，但长度不得大于50mm，除咬边缺陷外，焊缝外表面都不应低于母材；

④ 焊后错边量不应大于壁厚的0.15倍（1.4mm），局部不得大于2mm，根焊道焊接后，禁止校正管子接口的错边量；

⑤ 焊缝宽度应比坡口上口宽2~4mm。

2）无损探伤

该工程供热、供冷管道按照《城市供热管网工程施工及验收规范》（CJJ 28—89），进行焊口总数的1%抽检。该工程抽检焊口数为12道焊口。

（8）返修及修补

1）经检查不合格的焊缝应进行返修，返修后应按原规定进行检查，焊缝返修不得超过两次，如超过两次，必须经单位技术负责人签字，提出有效措施。最多不得超过3次。

2）焊缝缺陷超出允许范围时，应进行修补或割掉。

3）母材上的焊疤、擦伤等缺陷应打磨平滑，深度大于0.5mm的缺陷应修补。

4）缺陷修补前，焊缝表面所有涂料、铁锈、泥土和污物等应清除干净。

5）所有补焊的焊缝长度应大于或等于50mm。

（9）焊接防护

由于该工程制冷、制热管道是在预制保温后进行焊接连接的，所以在焊接时要保护保温层。采用薄钢板对焊口周围的保温层进行遮挡，避免焊接过程中焊渣损坏保温层。同时，由于焊接过程中产生有害气体在地下管廊中，对人体健康不利，单靠自然通风不容易排出，所以在地下管廊管道焊接时，进行强制通风，选用两台风量为5000m^3/h的通风机。

3.1.5 管道试压

（1）供冷管道试压

1）供冷管道强度试验压力为1.8MPa，严密性试验压力为1.5MPa。

2）供冷管道管径为*DN*900，管线总长度为3138.44m，分为4个试压段，由于本段管道属于系统内的一部分，所以采用分段试压，800m为一段，共分为4个试压段，每段所需水量为600m^3。

3）由于水量比较大，为避免水资源的浪费，系统试压完毕后，不进行排放，下个系统试压继续使用这部分水。

4）试压用的压力表已校验，精度不低于1.5级，表的满刻度应达到试验压力的1.5倍，数量为2块。

5）管道在管廊中试压时，为防止水大量从焊缝涌出，设置紧急排水泵2台。

6）管道在强度试压时，稳压10min应无渗漏，管道降至试验压力，用1kg的小锤在焊缝周围对焊缝逐一敲打，在30min内无渗漏，且压降不超过0.02MPa，支架没有明显的位移，则试压合格。

（2）供热管道试压

1）供热管道强度试验压力为2.4MPa，严密性试验压力为2.0MPa。

2）供热管道管径为*DN*500~*DN*350，管线总长度为3146m，试压采用分段试压，共分4段，每段所需水量为100m^3。利用供冷管道用水。

3）试压过程同供冷管道。

（3）给水、消防管道试压

给水消防管道也采用分段试压的方法，操作方法同上。

（4）堵板的设计

试压时的封堵采用管子短截和盲板，盲板需要设置加强筋，见图5-3-17。试压短管端部堵板采用厚度为10mm的钢板，加角钢肋筋焊接而成，连接长度为1000mm的短管，（如制冷站内具备条件，可将供回水管在制冷站内用相同管径的管道连通，以减少后背墙以及盲板的设置）。

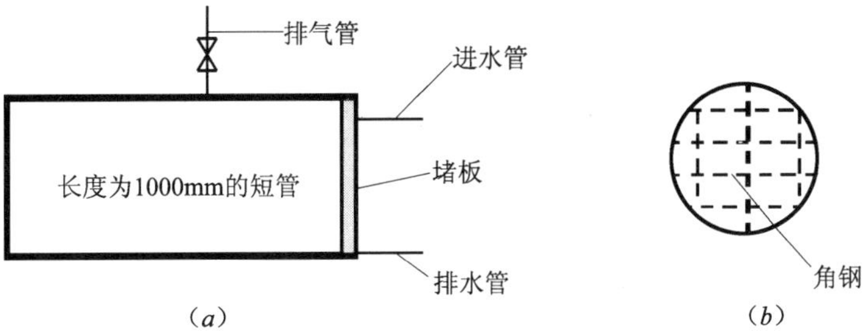

图 5-3-17　试压封堵示意

（a）侧视图；（b）断面图

3.1.6　管道防腐及防腐补口

（1）管道在供货时没有做好防腐的，应按照设计要求在试压完毕后，做好防腐。按照规范要求是地下管道无保温时应涂两边防腐漆，防腐漆的选用依据设计要求。

（2）管道在供货时已经做好内、外防腐的，现场应做好防腐层的保护工作，防腐层一旦损伤，应做好补伤工作，焊接后的管道还应在焊缝处做好补口工作。

（3）补口时应对管端阶梯形接茬处的防腐层表面进行清理，去除油污、泥土等杂物，用砂纸打毛。防腐层涂敷方法符合有关规范规定。补口防腐层与管体防腐层的搭接宽度应大于 100mm。

（4）防腐管线补伤使用的材料及防腐层结构应与管体防腐层相同，具体做法是将已损坏的防腐层清除干净，用砂纸打毛损伤面及附近的防腐层。对破损处已裸露的钢表面，将表面灰尘清扫干净，按规范规定的顺序和方法涂漆和缠玻璃布，搭接宽度应不小于 50mm。当防腐层破损面积较大时，应按补口方法处理。

3.2　电气工程

3.2.1　工程概况

（1）建筑概况

室外电气管廊长 4143.82m，东、西侧宽均为 2m，上部管井井腔采用钢筋混凝土现浇结构，井盖全部采用首都机场专用的铝合金井盖。

（2）系统概况

1）接地系统概况

接地系统利用综合管廊及电缆单独隧道的基础作为接地体，接地电阻不大于 10Ω。东侧水暖隧道通信电缆支架应与接地系统做可靠连接，通常沿电缆支架敷设一根接地扁钢，并与电缆支架做可靠连接；隧道内照明系统每隔 50m 做一次重复接地，插座系统每隔 200m 做一次重复接地，上端断路器加装漏电保护装置。整个供电系统采用 TN-S 接地系统。

2）照明系统概况

西侧电缆管廊内照明、插座系统配电柜 ZM1 位于 P118 + 24.26/H173 + 33.84 登机桥旁，防护等级采用 IP65，东侧电缆管廊内照明、插座系统配电柜 ZM2 位于 P117 + 5.81/H178 + 11.16 登机桥旁，防护等级采用 IP65，电缆出隧道处做混凝土加强井。电缆管廊照明系统配电电源通过电缆隧道敷设并引至供电点，电缆敷设在电缆隧道顶板下的电缆桥架内。电缆采用 ZR - YJV - 1kV 5 × 10mm^2。灯具间距 10m，采用 220V 电源供电。

3）插座系统概况

电缆管廊插座系统配电电源通过电缆隧道敷设并引至供电点，电缆采用 ZR - YJV - 1kV 5 × 10mm^2，敷设在电缆隧道顶板下的电缆桥架内。动力插座位于每个电缆井及人孔井侧 100mm 处通道顶板上，用 ϕ32 镀锌钢管配线引至，采用 380V 电源供电。

3.2.2　接地系统施工

（1）工艺流程

进场材料检查──→接地体安装──→照明、插座系统重复接地连接──→桥架等电位连接。

（2）材料检查

1）进场镀锌圆钢（Φ10、Φ16）、镀锌扁钢、铜排、均具备产品合格证、质量证明书、出厂日期和生产厂家资质。

2）镀锌层无脱落现象、壁厚均匀。

3）各种配件均为热镀锌材料。

（3）接地体安装

接地系统接地体利用综合管廊基础作为接地体，在管廊的四个角（外侧）及中间隔墙上、下各取一根主筋（共6根）作为管廊接地体的连接线。连接线在跨越每个沉降缝处，采用在沉降缝两侧的主筋上预留焊接40×4镀锌接地扁钢，待土建拆模后将两端的接地扁钢用40×4的镀锌扁钢接通，上下两根扁钢建筑标高分别为1.62m及0.57m，扁钢距沉降缝100mm，扁钢出墙面200mm。管廊内每两个沉降缝处的支架预埋件需要与接地体焊接，要求在与接地体连通的预埋件上做好标记以示区分。

（4）照明、插座系统重复接地连接

1）照明系统重复接地做法

用25×4镀锌扁钢穿入灯具的分线盒，与系统PE线连接，另一端沿墙及顶板敷设至支架（或预埋件）处焊接，支架或预埋件要与接地系统连通，每隔50m做一次。

2）插座系统重复接地做法

插座分线盒处做法同照明系统，每个插座都做重复接地，约200m做一次，做法同照明系统重复接地做法。

（5）桥架等电位跨接

见3.2.3节桥架施工中相应内容。

（6）安装质量要求

1）接地装置的焊接应采用搭接焊，圆钢与圆钢、圆钢与扁钢搭接为圆钢直径的6倍，双面焊；焊缝平整、饱满，无夹渣、无气孔、无咬肉等缺陷，焊接药皮应清除干净。

2）预埋铁件与钢筋焊接时，钢筋必须在预埋铁背面焊接，且焊缝长度不小于钢筋直径的6倍。

3）过沉降缝处的镀锌扁钢预留长度及扁钢距沉降缝距离必须保证一致，扁钢弯出墙面的弯曲半径应一致，要求拆模后扁钢紧贴墙面。

3.2.3 桥架施工

（1）工艺流程

材料检查──→弹线定位──→支架与吊架安装──→桥架安装──→接地线安装。

（2）材料检查

1）电缆桥架应具有出厂合格证。

2）电缆桥架内外应光滑、平整，无棱刺、无扭曲变形，其型号、规格应符合设计要求。

3）所采用的紧固件、连接件均应镀锌处理，所采用的支架、吊架均应做防腐处理。

4）电缆桥架及支架等的外表面不应有磨损、划痕。

（3）弹线定位

根据设计图纸或变更确定桥架的安装位置和标高，以土建结构轴线为基准，确定每一直线段的始端和终端吊架或预埋铁件的准确位置，在两点间拉上一根尼龙线，然后根据施工规范的规定，分别在直线上确定每个吊架或预埋铁件的具体位置。

（4）支架与吊架安装

1）根据支架或吊架承受的荷载，选择相应的金属膨胀螺栓，膨胀螺栓安装时应保证套管与建筑物表面平齐，螺栓端部外露，敲击时不得损伤螺栓的丝扣，埋好螺栓后，可用螺母配上相应的垫圈将支架或吊架直接固定在金属膨胀螺栓上。

2）支架与吊架应焊接牢固，无显著变形、焊缝均匀平整，焊缝长度应符合要求，不得出现裂纹、咬边、气孔、凹陷、漏焊等缺陷。

3）支架与吊架应安装牢固，保证横平竖直，在有坡度的建筑物上安装支架与吊架应与建筑物有相同坡度。

（5）桥架安装

1）直线段电缆桥架安装时，桥架应用专用的连接板进行连接，在电缆桥架外侧用螺母进行固定，连接处缝隙应平齐，并加平垫、弹簧垫。

2）电缆桥架在转弯处，应采用相应弯通进行连接，并增加吊架或支架进行加固处理。

3）建筑物的表面有坡度时，桥架应随其变化坡度敷设。在倾斜调节时可采用倾斜底座进行调节，或采用调角片进行调节。

4）电缆桥架与盒、箱、柜、设备进行接口时，应采用抱脚方式进行连接，连接处应平齐，缝隙均匀严密。严禁将桥架直接插入设备内。

5）电缆桥架过变形缝时，应做补偿处理。

6）电缆桥架整体与吊（支）架的垂直度与横向的水平度，应调整到符合规范要求，电缆桥架上、下各层都对齐后，将吊（支）架固定牢固。

7）电缆桥架穿过防火分区时，应用防火堵料密实封堵。

（6）桥架接地线安装

1）桥架的托臂上敷设一根 40×4 的镀锌扁钢，作等电位接地线，在管廊两端等电位连接线与相应位置的预埋件或支架（与接地系统焊接的）通过 $\phi16$ 的镀锌圆钢搭接焊，焊接长度为 110mm，两面施焊。

2）桥架间连接板的两端接地跨接线采用厂家配套的接地线。桥架与镀锌钢管之间用 $6mm^2$ 的双色多股铜导线做跨接。

（7）桥架内电缆敷设

1）桥架内，导线面积总和（包括绝缘在内）不应超过线槽截面积的 40%。

2）不同电压、不同回路的导线应加隔板放在同一槽内。

3）桥架在穿越建筑物的变形缝时导线应留有补偿余量。

4）接线盒内的导线预留长度不应超过 150mm；盘、箱内的导线预留长度应为其周长的 1/2。

（8）桥架安装质量要求

1）金属电缆桥架及其支架和引入或引出的金属电缆导管必须接地（PE）或接零（PEN）可靠。

2）直线段钢制电缆桥架长度超过 30m、铝合金或玻璃钢制电缆桥架长度超过 15m，设有伸缩节；电缆桥架跨越建筑物变形缝处设置补偿装置。

3）电缆桥架转弯处的弯曲半径不小于桥架内电缆最小允许弯曲半径。

4）当设计无要求时，电缆桥架水平安装的支架间距为 2.5m；垂直安装的支架间距不大于 2m。

5）桥架与支架间螺栓、桥架连接板螺栓固定紧固无遗漏，螺母位于桥架外侧，有相互间绝缘的防电化腐蚀措施。

6）支架与预埋件焊接固定时，焊缝饱满；膨胀螺栓固定时，选用螺栓适配，连接紧固，防松零件齐全。

3.2.4 照明系统安装

（1）工艺流程

灯具检查──→灯具组装──→灯具通电试亮──→定位、放线──→导线绝缘测试──→灯具安装──→通电试运行。

（2）灯具检查

1）灯具选用防水防尘型荧光灯，要求灯箱接线孔在侧面，灯具的配件齐全，外观完好，无变形，标志正确清晰，并有产品合格证、生产许可证、“CCC”认证标识。

2）灯具导线应有产品合格证、生产许可证、“CCC”认证标识，导线的电压等级不应低于交流500V。

（3）灯具组装

1）根据厂家提供的说明书及组装图认真核对紧固件、连接件及其他附件。

2）根据组装图组装、接线、安装各种附件。

（4）灯具通电试亮

根据灯具的电压标志，选择相应的电压，接入已准备好的插座或开关上，并通过插座或开关接通灯具使其通电，灯具工作正常后方可安装。

（5）定位、放线

按施工图及技术交底来确定灯具位置及标高，然后根据灯具的位置，采用十字交叉法放线，画线。

（6）导线绝缘测试

灯具安装前，使用500V，量程为1～500MΩ的兆欧表对导线进行绝缘电阻测试。

（7）灯具安装

1）灯具接线盒采用120型标准镀锌接线盒，安装于灯具附近的桥架顶部，分线后穿入灯具灯箱内。

2）剥开灯具接线盒内配电电缆外皮，再剥开该灯具内的3根电缆导线，根据电缆导线颜色将涮过锡的灯具导线缠绕在剥开处的电缆导体上，再用绝缘带缠上。

3）将电源线穿入灯箱，接线后，将灯箱贴紧建筑表面，用胀管螺栓固定。

（8）安装质量要求

1）灯具定位应准确，以免灯具的位置出现偏差。

2）灯具固定应牢固，避免灯具脱落。、

3）灯具安装高度低于2.4m时，其金属外壳必须可靠接地，以防因灯具漏电危及人身安全。

3.2.5 插座系统安装

（1）工艺流程

设备、材料检查──→校对盒的位置和标高──→清理预埋盒──→插座接线──→面板安装。

（2）设备、材料检查

1）插座规格型号应符合设计要求，并有产品合格证、生产许可证、“CCC”认证标识和认证证书复印件。防爆型必须有防爆标志。

2）防水塑料（台）板应具有足够的强度，应平整，无弯翘变形等现象，并有产品合格证和检验报告。

（3）校对盒的位置和标高。根据施工图，以土建弹出的500mm线为基准，复核盒的位置和标高。

（4）清理预埋盒。清理盒内杂物，再用湿布将盒内灰尘擦拭干净。

（5）插座接线

1）三相插座的PE线均应接在上孔，插座接地端子不应与中性线端子连接。

2）压接端子接线时，导线应顺时针方向盘圈压紧在插座的相应端子上；插接端子接线时，线芯直接插入接线孔内，孔径较大时，导线弯回头，再用顶丝旋紧，线芯不得外露。接线时导线要留有维修余量，剥线时不应损伤线芯。

（6）安装质量要求

安装插座时导线应严格分色，校线准确。防止开关未断相线，插座的相线、零线及地线压接错误。

4 首都机场 T3A 罗盘箱机电安装施工技术

4.1 罗盘箱概述

罗盘箱（Binncle）是一个机电专业比较齐全及集中的机电设备单元，它用方钢及槽钢焊接组成一个钢框架结构，形成一个建筑空间，将通风、消防、采暖、电气、弱电等机电设备管道集中在此空间内安装，钢骨架外面镶嵌装饰面板，再悬挂航显、时钟、广告等。它的主要优点就是减少机电设备及管道的占用空间，在航站楼诸如办票厅、候机厅等大空间区域可以将机电设备系统集中布置，将机电各功能区集中，同时可以增加建筑空间，见图 5-4-1。

图 5-4-1 罗盘箱结构模型

T3A 航站楼罗盘箱主要分布在二层、三层、四层，主要有 1 型、2 型、3 型、6 型、7 型、8 型、9 型等形式，其中 1 型、2 型罗盘箱为一层结构；3 型、6 型、9 型罗盘箱为两层结构；7 型、8 型罗盘箱为三层结构。

每个型号的罗盘箱其内部机电管路设备基本组成为：风管（空调送风、回风、排风）、风口、VVBOS 风量调节阀、防火阀、风量调节阀；消防水管、消火栓箱、消防水炮管及水炮；采暖水管、分集水器；照明配电箱、事故照明箱、动力配电箱、专用配电箱、强电桥架、配管、电源插座；弱电桥架、配管、消防模块箱、综合布线架、航显屏、时钟、广播、无线转发、800M 对讲系统、信息插座、楼宇控制箱；接地端子箱、等电位接地；广告等系统。不同型号的罗盘箱在设备数量、器具数量、管路排列、规格等方面均有所不同，但主要功能基本相同，主要是为大空间的周边设备及器具供电、供暖、供冷、送风、排风及排烟、提供航空信息等。各型号罗盘箱结构见图 5-4-2 ~ 图 5-4-8。

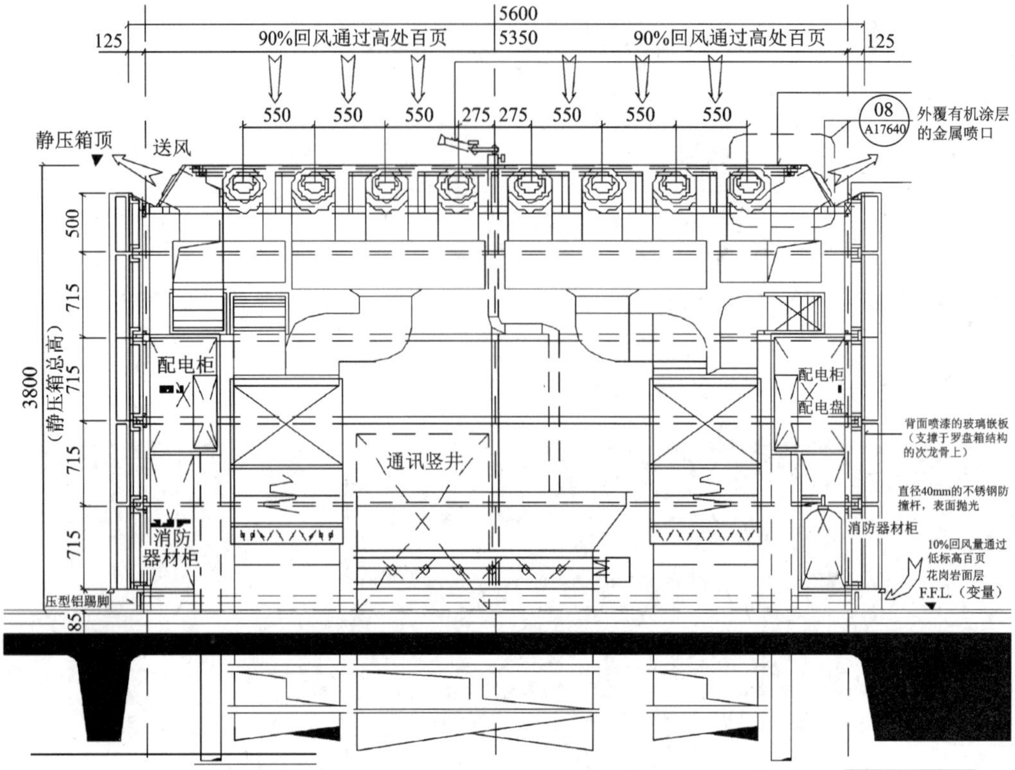

图 5-4-2　1 型罗盘箱结构图

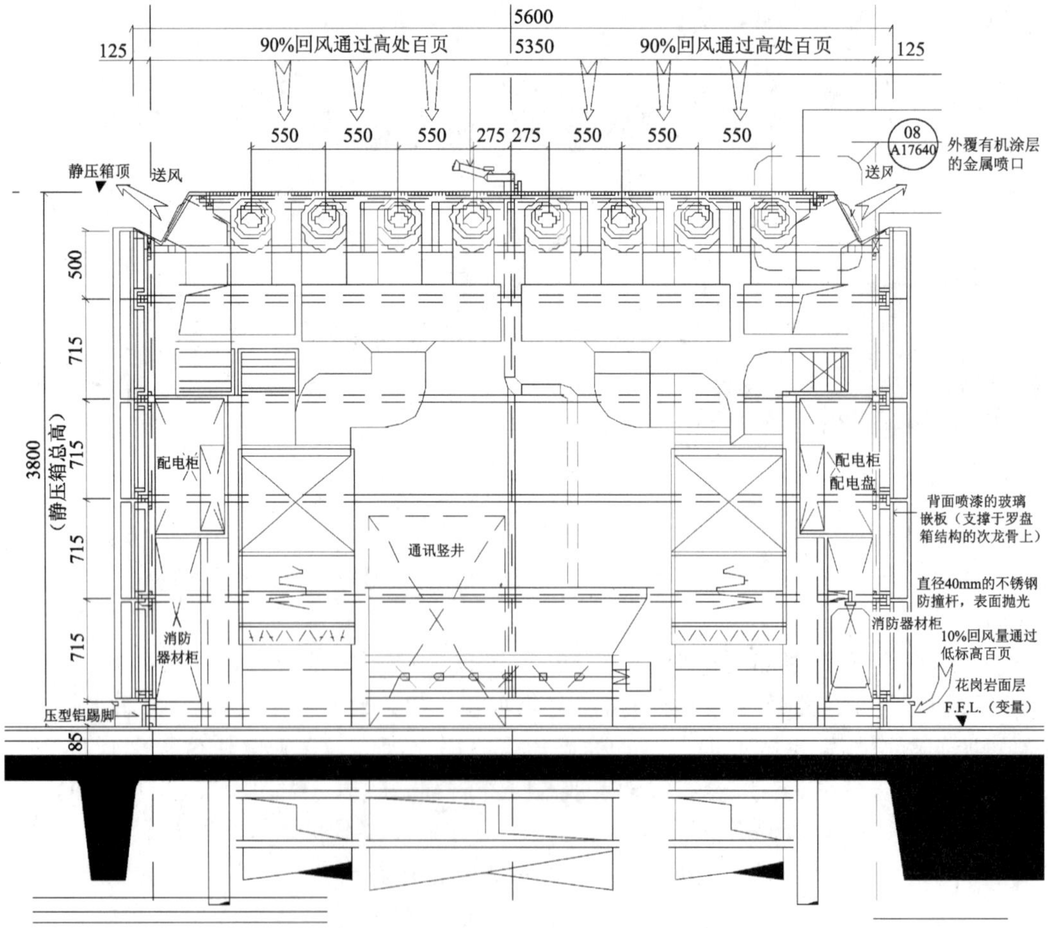

图 5-4-3　2 型罗盘箱结构图

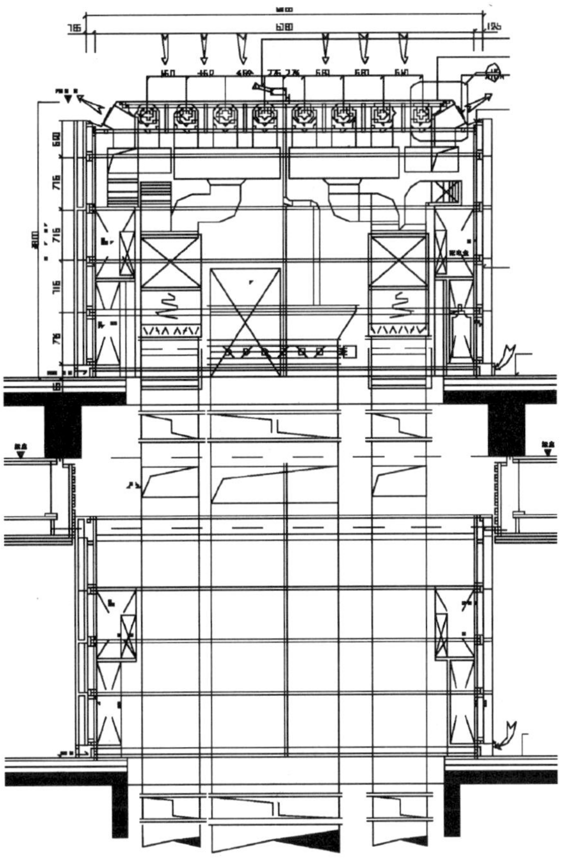

图 5-4-4　3 型罗盘箱结构图

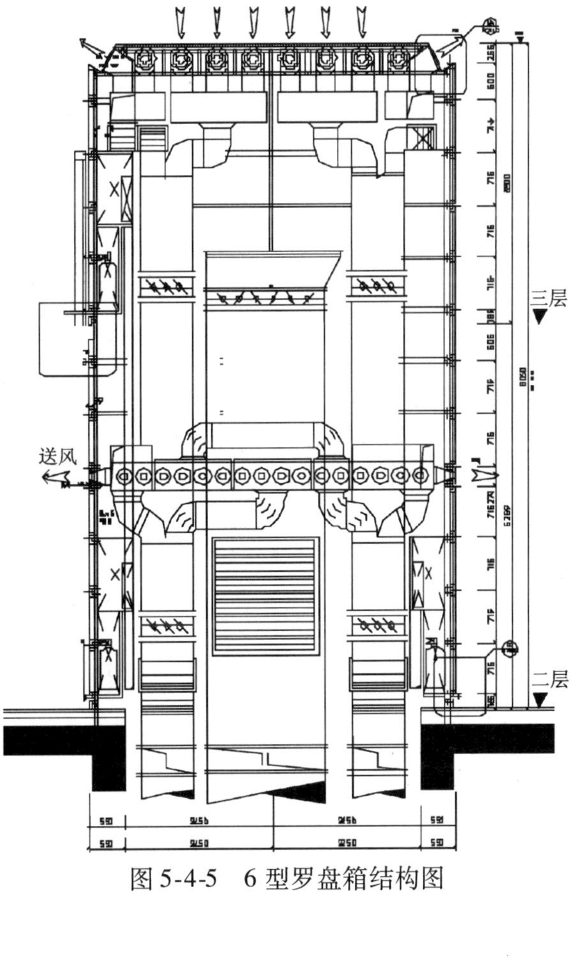

图 5-4-5　6 型罗盘箱结构图

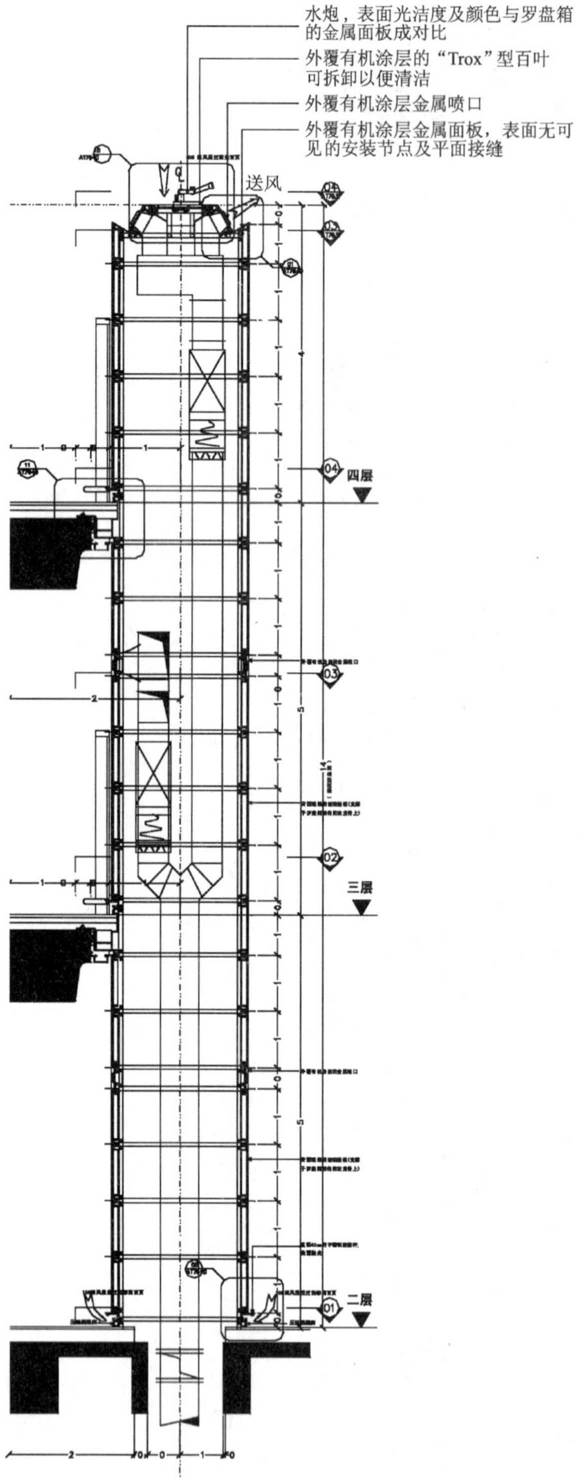

图 5-4-6　7 型罗盘箱结构图

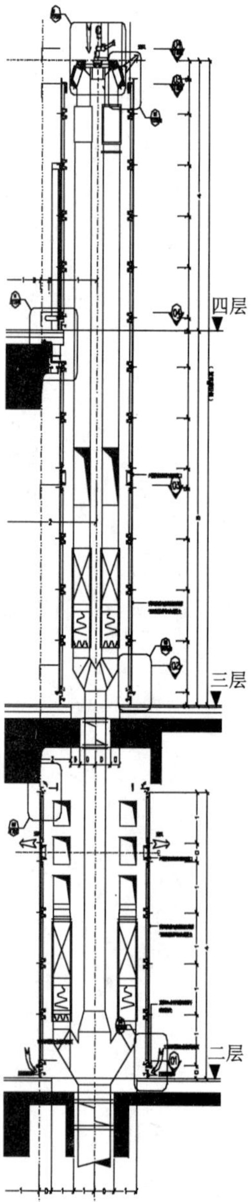

图 5-4-7　8 型罗盘箱结构图

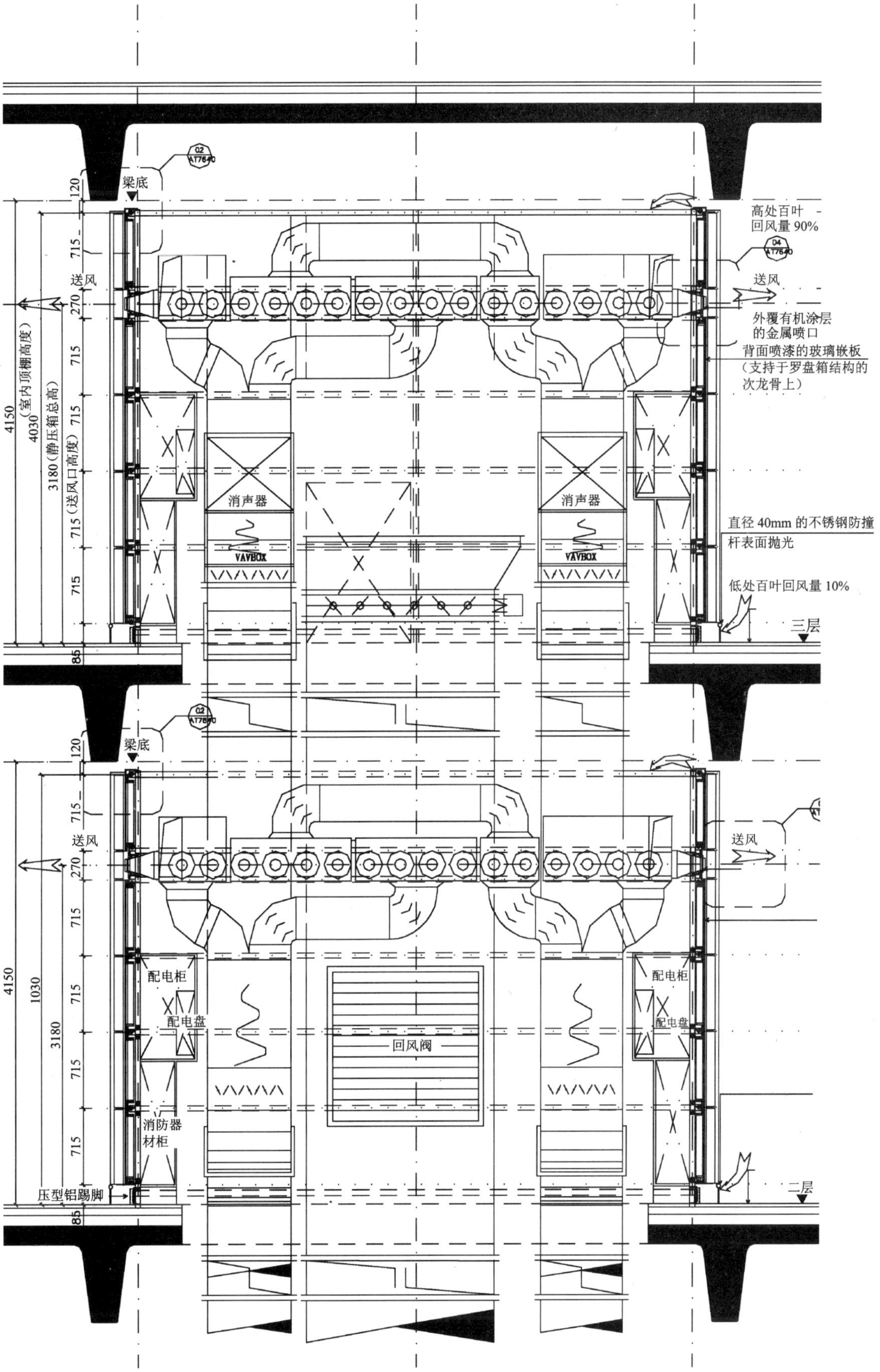

图 5-4-8　9 型罗盘箱结构图

4.2　罗盘箱内机电系统安装

该工程中的罗盘箱包括通风、空调、采暖、消火栓、水炮、动力、照明、综合布线、广播、航显、时钟、广告等十多个系统，三十多个子项的施工，管路及设备交叉非常多，操作空间狭窄、施工难度非常大，国内工程首次采用。设计单位下发的图纸中未明确各系统管路及设备的具体安装方式和位置。因此，在罗盘箱内设备管路安装前，必须先进行管路和设备的深化设计，对各种设备和管道进行详细的排列、定位，避免出现管路间、设备间及设备与建筑间交叉打架，造成重复拆改。

4.2.1　系统深化

在罗盘箱中，最主要的管路为空调送回风管及排风管，它占据罗盘箱大部分空间，居于罗盘箱的中间位置，因此需首先将风管定位。风管距罗盘箱外框架钢结构的距离及风管间的距离需预留出罗盘箱钢骨架横梁位置及其他专业管道的安装空间。

在罗盘箱两侧为电气竖井，为强电专业桥架安装区域。强电专业桥架与其他专业管线无交叉。

采暖系统管道与消防系统管道位于罗盘箱横向位置，在大截面风管的侧面，水管路占据罗盘箱横向一侧位置，不能超越罗盘箱横向截面的中线。

弱电系统桥架与水管位于罗盘箱同一方向，占据罗盘箱横向另一侧位置，称为弱电单元区域。见图5-4-9。

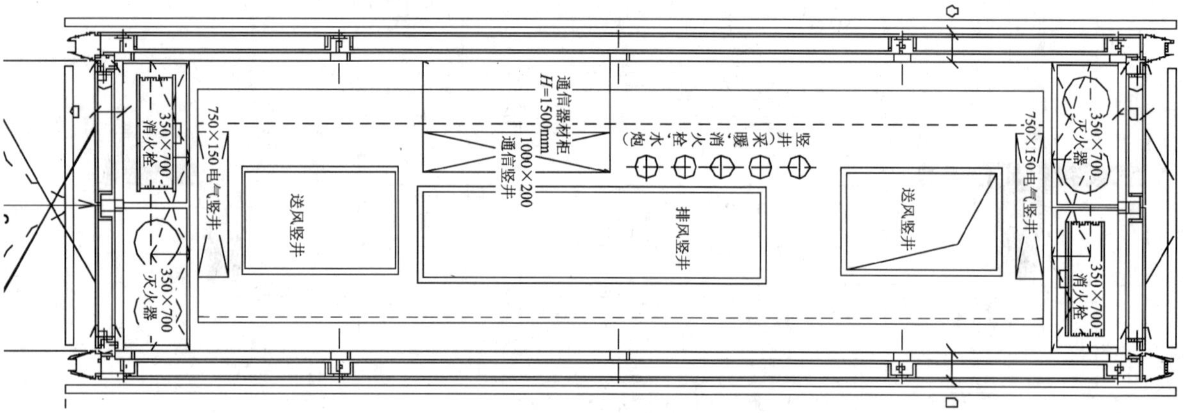

图5-4-9　罗盘箱机电管路平面布置

4.2.2　机电管路安装

在罗盘箱内机电管路施工前，先根据设计图纸核查楼板预留洞的规格及位置，保证管路定位准确。

由于罗盘箱内机电管线大部分为竖向管路，罗盘箱内空间狭小，各专业管线没有多余空间单独设置支架，管线固定需利用钢框架的龙骨，因此罗盘箱施工的第一步是罗盘箱钢结构的制作和安装。为保证罗盘箱内部大规格机电管线及设备的安装，罗盘箱钢结构施工前，先与专业图纸核对，在有大型风管、变风量末端装置、大截面风口等的地方，罗盘箱钢结构的次龙骨、横梁等先暂缓安装，只施工框架主龙骨，预留出设备和部件运输、安装空间，待其安装完成后再进行完善。

罗盘箱钢结构主框架施工完成后，可进行风管的制作、安装和保温。由于强电竖井在罗盘箱的两端，位置独立，与其他专业无交叉，因此强电系统的桥架可同时进行施工。在风管安装基本完成后，消防水管、采暖水管、弱电桥架即可进行施工。对于3型、6型、7型、8型、9型这种跨越两或三层的罗盘箱，消防水管、采暖水管、弱电桥架在向上层伸展时会碰到风管、喷口风箱等，这些管路需要利用旁边空间进行绕行后，再回到原位置。

钢结构专业在设计钢框架结构时，已考虑设置了一些横梁及支撑作为机电专业管线的固定生根点，远离这些横梁及支撑的管线，可在横梁或次龙骨上焊接搭接角钢进行固定，见图5-4-10。

图 5-4-10　罗盘箱内机电管线安装

4.2.3　机电设备、部件安装

机电各专业管线基本安装完成后，进行配电箱、消火栓箱、分、集水器、回（排）风口、变风量末端装置等的安装。

每个不同型号、不同编号的罗盘箱其配电箱、消火栓箱的规格、安装位置均有所不同。配电箱、消火栓箱均先安装箱壳。

消火栓箱安装在外围钢框架结构的第一层，紧贴主龙骨内侧安装。采用在横梁上焊接搭接角钢进行固定，见图 5-4-11。

图 5-4-11　罗盘箱内消火栓箱安装

大部分配电箱均安装在消火栓箱上部，为保证用电安全，专业设计在强电专业配电箱安装区域设计了隔离箱，采用$\delta=2$mm 厚钢板焊接成一个封包箱，内涂防火涂料。为配电箱配管、穿线方便，在配电箱后面又设置了分线箱，同样内涂防火涂料，见图 5-4-12。分线箱和配电箱安装在封包箱内，将配电箱与风管、消火栓箱等其他专业管线、设备完全隔离。

图 5-4-12　电气专业隔离箱

与强电专业相同，弱电单元区域也采用镀锌钢板进行包封，与其他专业管线、设备完全隔离。

4.2.4　等电位接地的施工

为满足等电位的要求，该工程所有的罗盘箱钢结构在与每层楼板交接处均与楼板钢筋作等电位连接，用 $\Phi16$ 热镀锌圆钢或 40×4 的热镀锌扁钢与罗盘箱任意两个对角处与楼板内的结构钢筋进行双面焊接，焊接长度大于或等于 10cm，再与罗盘箱的方钢进行焊接，如为热镀锌圆钢进行双面满焊，焊接长度大于或等于 10cm，如为热镀锌扁钢则要进行三面满焊，长边焊接长度大于或等于 8cm，短边焊接长度与扁钢宽度一致（4cm）。为确保工程质量，要求对每一个点进行验收，并形成检测记录，检测符合要求，则进行隐蔽，明露部分刷防锈漆两遍，再刷银粉两遍。

对于弱电系统的运行安全，在弱电区域设置专用等电位端子箱，采用 ZR－YJY－$1\times50\text{mm}^2$的电缆由相应区域内变电站总等电位箱引来，罗盘箱内的每个弱电系统采用 ZR－BY－$1\times25\text{mm}^2$ 的黄绿双色线与其连接，以确保弱电系统的安全运行。

4.2.5　防火施工

为做罗盘箱上下层的防火处理，采用专业防火厂家，用防火枕和防火泥对罗盘箱内管道周围的结构洞口进行了封堵，厚度大于或等于 240mm。

在每一个罗盘箱内均设置消防模块箱，一个或两个消火栓箱，箱内同时配有手报、消防启泵按钮及灭火器，主要是解决罗盘箱周边区域的消防问题，同时也解决罗盘箱的消防问题。

罗盘箱内的全部电管均刷三遍防火涂料，风管保温外包玻璃丝布并刷防火涂料，对穿越楼层的风管，在楼板下设电动防火阀，由消防控制中心进行控制。为监测罗盘箱内的设备运行情况，在每一个罗盘箱内安装感温电缆探测器，不到顶的罗盘箱安装两层感温电缆探测器，到顶的罗盘箱安装三层感温电缆探测器；安装时感温电缆固定在钢架内侧，感温电缆接消防模块箱内监视模块。三层的感温电缆第一层距地应小于或等于 1.5m，上面两层层间间距应小于或等于 3m。

4.3 施工中遇到的主要问题及解决方法

4.3.1 弱电单元的定位

在设计图纸中，设计只画了每个型号罗盘箱的平面布置图，但同一型号的罗盘箱按不同编号分布在不同区域，是否每个相同型号的罗盘箱的平面布置方向均相同？相对区域的同一型号罗盘箱之间是否存在镜向关系？对于此问题，在通风专业风管施工和水专业水管路施工时并未予以注意。当弱电专业桥架和弱电单元封包板进行施工时，发现若弱电单元均在同一位置会与回风口和分、集水器的安装位置矛盾。

发现问题后，技术人员及时与建筑及各机电专业设计师联系，经过多次现场核查与图纸核对，最后确定了每个罗盘箱的方向，明确了弱电单元、分集水器、回风口的安装位置。根据设计要求，及时对风管、水管或弱电桥架进行更改，见图 5-4-13 和图 5-4-14。

图 5-4-13　弱电单元定位

图 5-4-14　罗盘箱内机电设备安装完成

4.3.2　罗盘箱装修

设备外玻璃门能否开启灵活，能否确保罗盘箱内的配电箱等设备内门开启自如，是罗盘箱装修施工的关键。整个罗盘箱的外立面装修全部采用外挂玻璃幕墙，保证了装修效果。

4.4　总结

在罗盘箱施工中，首先以样板的形式现场查验来确定各个系统的完善情况以及设备定位，这为整个T3航站楼的后续罗盘箱施工打下了良好的基础。罗盘箱的施工开拓了机电安装工程的视野，跳出了传统施工做法、提高了机电安装工程多专业整体施工组织、管理、配合的能力，改变了以往单工种施工的传统做法，提高了机电安装工程的整体水平，丰富了施工经验。罗盘箱内机电专业按时保质的完成为精装修工作提供了作业面。通过完成T3航站楼主楼工程罗盘箱机电设备工程的深化设计和施工实现了如下功能和效果。

（1）实现了在狭小空间内机电安装工程的高度集成。

（2）通过调试30多种功能均已实现。

（3）为建筑工程节约了大量的空间，通过外装修为旅客创造了宽松的环境。

（4）为同类型的工程创造性地提供了一种机电设计新思路。

（5）通过对罗盘箱工程的安装，使机电安装工程在施工艺取得了原创性的进展。罗盘箱外观效果见图5-4-15所示。

图5-4-15　罗盘箱外观效果

5 首都机场 T3A 设备管廊施工技术

设备管廊位于 3 号航站楼 T3A 主楼地下一层，主楼两翼及直指廊外侧，净高 5.5m，净宽 6.6m，共 2 条，是空调、采暖、生活、消防等干线管道的主要敷设区域。设备管廊内管道支架为型钢焊接的钢结构支撑体系，采用 22 号、16 号槽钢焊接而成的多层龙门架，并采用∠63 角钢和 *DN*150 焊接钢管作为牵连，将管廊内所有支架连成一个整体。管廊支架分主支架、大支架及小支架等类型，型钢用量约为 700t，管道安装 3 万 m。

5.1 管架制作与安装

5.1.1 操作工艺流程

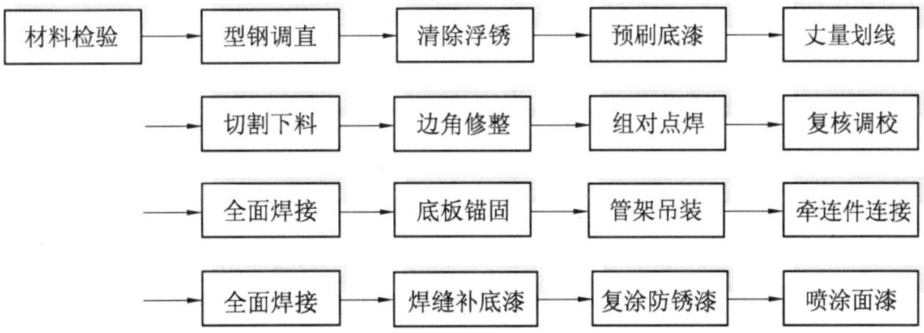

5.1.2 材料检验

检验型钢、钢板等材料，材质、规格、数量应符合设计和采购计划要求，同时须有生产厂家的产品合格证明书。外观检查无裂纹、重皮、严重锈蚀或变形。监理工程师验收合格后方能使用。

5.1.3 型钢调直

对于有轻微弯曲的槽钢或角钢，采用图 5-5-1 所示方法进行冷作调校。在图 5-5-1（*a*）状态，用千斤顶向弯曲材料施加反作用力，并使之适当反向弯曲，形成图 5-5-1（*b*）状态，然后放松千斤顶，材料反弹后成为图 5-5-1（*c*）。支撑架用 16 号钢制作，千斤顶选用 10～20t 顶力。调直过程中材料反向的弯曲度由试验而定。材料是否需要调直，还需灵活确定。例如，材料长度较大，虽然也能看出弯曲，但实际下料的长度不大，弯料在切割下料后也就成了直料，因此也就不必调直。

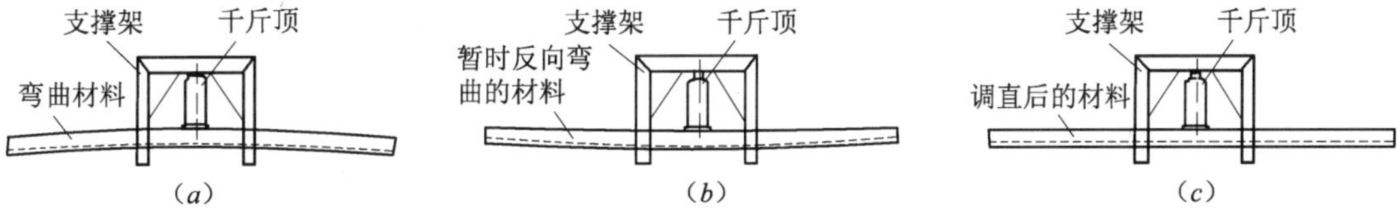

图 5-5-1 型钢调直示意图

（*a*）原始弯曲状态；（*b*）反向弯曲状态；（*c*）调直后状态

5.1.4 清除浮锈

这里所说的浮锈，是指钢材表面呈粉末状的氧化铁，比较容易清除，锈蚀程度严重的已不作为使用对象。除锈可用钢丝轮、钢丝刷、粗号砂布打磨，直至露出金属光泽。除锈过后，用破布擦净材料表面。

5.1.5 预刷底漆

除锈后的材料，如很快就画线下料，可在下料后预刷一遍防锈底漆，如距画线下料时间较长，可先刷漆再下料。第一遍底漆采用手工刷涂方法，通过涂刷工具的压力，可使漆膜增强附着力。刷漆时材料两端宜留空约 5～10cm，以方便焊接时引弧，另外也能避免施焊部位的漆层烧焦。

5.1.6 丈量画线

丈量包括安装现场空间和管架结构两方面的测量。

（1）现场测量，就是对照管架图校核安装所必需的空间，其中既包括管架自身所占的位置空间，也包括安装过程中所需的操作空间。位置空间不能满足要求时，提交设计进行变更；操作空间不能满足时，需要改变施工方法加以解决。

（2）丈量还包括对地面水平偏差的测量。当立柱所占地面存在偏差时，以管架中心地面高度为准，一次调整立柱的下料尺寸。以管廊横向（管道径向）地面为例，中心地面高度设定为0，外侧地面实测 -3，内侧地面实测为 +4，所需外侧和内侧立柱的下料长度就需要分别 -3、+4，其他以此类推。

（3）在测量确定无误的基础上，编制管架构件尺寸表，包括明细表和汇总表。样板段的此种表格附后。这样做是为了分清工序，便于集中下料，也便于规划材料的使用，例如长短搭配。表格中的构件可自行编号，但必须在本施工范围内形成约定，人人明白。

（4）依照管架构件表进行切割前的划线，画线工具用易于观察和耐高温的石笔，使用时将施划的一端磨成单面楔形，画线时将没有磨削的一侧贴紧板尺，这样刻画得准确。由于切割要消耗少量的材料，画线时应考虑加上割缝所占的宽度，特别是在并排画两条以上的线条时更应如此。割缝的宽度，氧乙炔和空气等离子切割可按3mm考虑，砂轮锯切割可按4mm考虑，或者据实确定。画线要结合构件尺寸和现有材料尺寸统筹规划，力求用料合理，减少损耗。例如，使用槽钢的立柱和横梁，有长有短，使用钢板的底板和肋板有大有小，应搭配用料。如发现某一材料划画缺少合理性，一定要擦掉重画，因为纠正画线的错误比纠正切割的错误代价要小得多，也容易得多。

5.1.7　切割下料

切割钢板和较大截面尺寸的型材，使用空气等离子或自动氧乙炔切割机，其余小型材料可用砂轮锯。一般空气等离子切割工具虽然也是手持操作，但可以用直尺作为测轨，从而避免了手的左右抖动，因此切面整齐。自动氧乙炔切割机工作中沿轨道匀速行进，切割质量高于手持割炬操作，因此也属切割在选设备。砂轮锯切割适于切割小型材料，不产生氧化铁。以上所选切割机具，可以有效保持管架外露端面、棱边的美观性。完成下料的材料，应标明构件编号，以便在使用时挑选。所有切割工作，均由有经验的人员担任。

5.1.8　边角修整

材料在经过空气等离子或氧乙炔火焰切割后，会在边缘地方形成少量氧化铁，经过砂轮锯切割的材料，在切割终止处可能会产生毛边，对此须进行清除，这是管架制作中必不可少的一道工序，不得省略。边角修整可采用铲、锉、磨等方法。

5.1.9　组对点焊

如果上述操作在室外料场进行，此道工序应在安装现场进行，不然运输将很困难。组对占用的地面要平整，没有障碍物和交叉作业情况。组对时构件下面应垫上槽钢或钢板，不宜将构件材料直接放在地面上。为方便起见，管架可分解为若干组对单元。主支架相距较近的两个框架宜作为一个单元组对，因这部分可先行竖立而不会倾倒，并且能为后续框架提供临时稳定的依附条件。构件组对按照先外后内的顺序进行，也就是先将外框组合好，再连接框架内的横梁。构件预先的组对程度可以灵活决定，当因操作空间、起重难度、尺寸控制等因素影响时，定位块和横梁可以在立柱立起来之后再连接。组对时的焊接形式为间隔点焊，点焊牢度须能满足组对单元翻身的需要。组对过程重点掌握好其立柱与立柱、横梁与横梁的平行度，横梁与立柱的结合部位和垂直度，每道横梁的相对高度，以及槽钢材料的腹背朝向等。

5.1.10　复核调整

对初步组对好的管架单元体，进行一次尺寸复核，当发现不符合图纸规定时，将焊点剔掉，校正后重新进行对焊。主支架、大托架、小托架有很大部分是相同的，因此可利用这一特点，用一个组对好的框架作为标准样式，并当作平台在上面组对其他相同框架，这样可减少多次的尺寸测量和调校工作。

5.1.11　全面焊接

对于已经点焊成型的管架，在构件结合处实施全面施焊。这一过程应尽可能多的让焊缝处于水平状态，这样焊接速度快，质量好，焊缝成型美观。焊接用 J422 焊条，手工电弧焊，角形焊缝焊高符合设计及规范要求。焊接之后，及时除净熔接剂药皮。

焊接中需要对管架的变形加以控制。从管架的结构看，容易发生焊接变形的地方在立柱下半部分，对此可采取图 5-5-2 所示的做法，在两根立柱下端施加预应力，在焊接完毕并自然冷却后将预应力解除。这时可能还会有残余变形，如变形较大，则须在施焊的相对部位，采取氧乙炔火焰加热方式消除构件的内部应力，从而消除变形。在立柱两侧焊接钢梁时，为阻止变形倾向，可用两台焊机在两侧同时焊接。

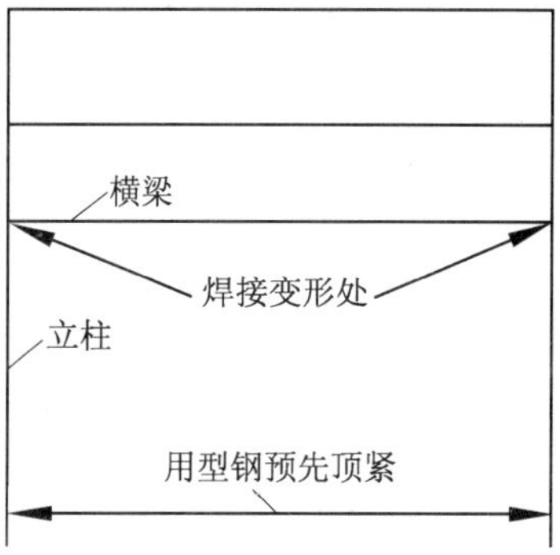

图 5-5-2　焊接变形控制示意图

5.1.12　底板锚固

承托立柱的底板，钻孔直径为 ϕ18mm。依据图纸定位尺寸，在地面画好底板中心线和钻孔中心线，成排底板拉通线画线，并将纵横线适当延长。钻孔时用配套电锤钻头，浅钻复核无误后再钻够深度。将 M16 后切胀栓栽入地面以下，装好地板，拧紧至上端断掉为止。当地面水平度存在偏差时，底板应适应这种偏差，目的在于使底板和地面紧密接触。底板水平面的微小偏差并不妨碍承重，只需要保持立柱与水平面的垂直度。

5.1.13　管架吊装

在楼板预埋铁上焊好吊环，吊环采用 ϕ16 圆钢摵制，用倒链将组对焊接好的管架吊起，使立柱对准地板中心线就位，找平找正。找平的方法是用水平尺检查横梁的水平度。由于在管架组对时横梁与立柱的 90°交角已经得到保证，因此横梁的水平度一旦实现，也就等于同时实现了立柱的铅直度。又由于地面偏差已在构件下料时作了补偿，因此在管架结构尺寸准确的情况下，横梁水平度的偏差已很小，这种微小偏差用调节力柱与底板对焊的缝隙加以消除。检查无误后，将立柱与底板点焊固定。

5.1.14　牵连件连接

牵连件连接部位分为上下，先连接上部，以保证管架的稳定，之后再连接下部。这时，对于水平和垂直倾斜的连接构件，可以通过测量实际所需长度进行下料，或将已切割好并留有余量的连接件进行尺寸修正，随后连接，点焊固定。对整个管架复核无误后，将各部焊接完毕。

5.1.15　管架刷漆

安装好的管架，在焊缝和损伤底漆的地方用防锈漆加以补刷，漆膜干后再全面喷涂一道防锈漆作为罩面漆。两遍防锈漆颜色均为灰色。

5.2　管道安装

5.2.1　工艺流程

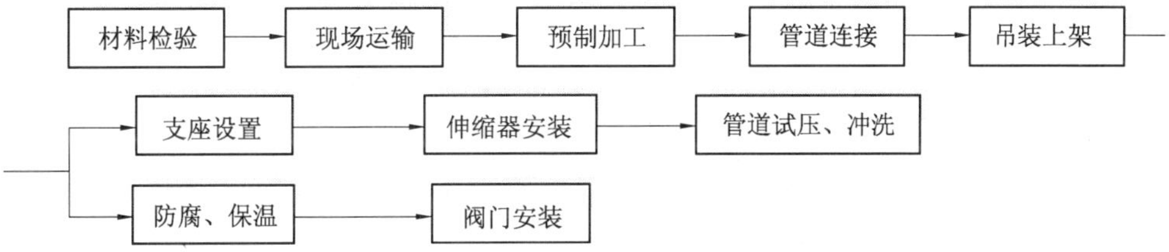

5.2.2　材料检验

管材和其他附属材料须有产品合格证、产品质检报告等质量证明文件。管材无堆放陈旧、锈蚀起层、弯曲、开裂、重皮、椭圆、凹坑等缺陷。镀锌管镀锌层均匀完整，有闪亮光泽。预制保温管保温材料、结构尺寸符合技术要求，表面无破损，内部无空虚。

5.2.3　现场搬运

在首层地面选择就近的吊装口，作为向地下一层运管的进料口。在二层对应的 5000mm × 800mm 吊装口（罗盘箱预留口）搭设横梁，横梁采用 2 根 16 号槽钢制作，横梁上系挂滑轮和钢索。在首层地面设置卷扬机一台，以结构柱座锚点加以固定。另在地面设导向滑轮，并通过绳索与上部起重滑轮构成滑轮系，以卷扬机做牵引，将管子提升后从洞口送入地下一层。洞口长5m，首层高5m，管子长度为6m时，稍作倾斜30°即可放入洞口。故此，单根管子订购长度以6m为准。吊装所用滑轮、钢索的选择及吊点的设置，需满足不小于3t的动载荷。吊装平面布置示意如图5-5-3所示。

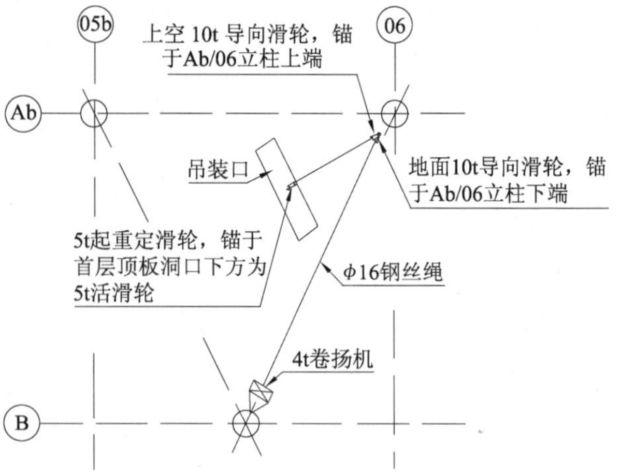

图5-5-3　吊装平面布置示意图

5.2.4　预制加工

对所有管子进行内部拉膛，清洁管腔，将较小口径的管子的两头临时封堵。根据单根管子的长度和支架间距，确定管道接口所处的位置，当管道接口距离支架小于100mm时，应对每节管子的长度和连接顺序进行调整，必要时作适当切割。调整后的管子予以编号。对壁厚为4～10mm的管子进行坡口加工，坡口角度为30°，钝边为1.5mm。对采用丝接的管道进行螺纹加工。根据管道支座表，进行管道支座（包括垫板）的下料制作。

5.2.5　管路连接

（1）组对焊接

管道对口时，在地面铺上槽钢以便滚动。因场地所限，*DN*900的管道宜焊固定口，其他管道有滚动余地可酌情焊活口，这样能连弧焊接，加快焊接速度。管道两端点焊堵板封口。鉴于管子壁厚在4～10mm范围内，对口间隙定为2.5～3mm。管子找平找直后，先四面点焊固定，再全面施焊。焊接中，控制焊缝宽度，要求外观无熔化金属流到焊缝之外的管材上，焊缝无气孔、夹渣、弧坑、裂纹等缺陷，焊缝边缘超出坡口边缘2～3mm，咬边深度不大于0.5mm，连续咬边不大于100mm，两边咬边总长度不大于焊缝长度的10%。

（2）管道螺纹连接

管子下料使用割管器，割断后用绞刀将切口内缘整平。加工螺纹时先做试件，用管件试拧，根据拧紧情况调整板牙松紧度至最佳状态，再正式进行套丝工序。加工好的管子螺纹，在一端先安好连接管件，组对时再逐节拧紧。接口填料用麻丝铅油或聚四氟乙烯生料带。

（3）管道卡箍沟槽连接

管子两端安装卡箍用的沟槽使用专用设备压成，深度符合卡箍安装要求。管子上架后安装卡箍，连接管道。

5.2.6　吊装上架

在楼板的预埋铁上焊好吊环，用于管道的安装起重。由于管架间距为9m，单根管子可先对口焊接，然后再上架，以便管架支撑。不宜先做连接时，上架后须采取加设临时支架将管子托住。

5.2.7　支座设置

管子提前在地面做好坡口，对口时根据管子壁厚留出适当间隙，管道焊接完毕后，将预先加工好的支座置于管架横担上，再将管道就位入座，然后找准支座位置，找平（无坡度要求）找直管道，将支座焊接固定。支座分滑动、固定、导向式，管子分预保温、（或后保温）、不保温做法，支座与管架和管道的结合形式各有不同，焊接时需区别对待。此外，小口径的管道还需依附上部大口径管道设置辅助吊架。

5.2.8　伸缩器安装

（1）根据伸缩器的到货时间，安装可与管道同步进行，也可在管道安装后单独进行。当属于后一种情况时，在管道安装过程中应留出相应的管段空缺作为伸缩器安装所占长度，这样可减少管子的二次切割，节省管材。

（2）依照产品说明书，结合伸缩器所作用管段的长度以及施工现场环境温度，计算确定每一个伸缩器的预拉伸量，然后调节伸缩器自带的调节螺栓，使其达到所要求的数值。全年供冷的管道，伸缩器安装时可能需要预压缩，方法同预拉伸一样，只是方向相反。

（3）伸缩器的预拉伸宜在地面进行，完成后用三脚架或另设吊点将其吊装对口，较小口径可用人力直接提升就位，将其找平找正后与管道连成一体，然后焊接。

（4）检查固定和导向支架应符合伸缩器工作要求，必要时对支座加以调整，确认无误后进行全方位焊接。此后，将伸缩器调节螺栓放松到伸缩范围之外，或予以拆除。

（5）外压式和压力平衡式伸缩器带有方向性，安装时方向标志与介质流向一致。见图5-5-4和图5-5-5。

图5-5-4 伸缩器安装（一）

图5-5-5 伸缩器安装（二）

5.2.9 阀门安装

（1）阀门安装前进行外观检查，铭牌须与货物相符，阀体表面、密封面、手轮或手把等零部件应无缺陷，手动试验检查，传动机构灵活，开度指示准确，进场时有防止阀腔进入杂物的保护措施。

（2）对于干线管道上起主控作用的阀门，100%进行现场试验，支线分控阀门抽试20%。阀门的强度试验按公称压力的1.5倍，持续时间不少于5min，阀体、填料应无渗漏。严密性取公称压力的1.1倍，在持续时间内压力应无变化。严密性试验持续时间见表5-5-1。

阀门严密性试验最短持续时间 表5-5-1

工称直径 *DN*（mm）	持续时间（s）	
	金属密封	非金属密封
≤50	15	15
65～200	30	15
250～450	60	30
≥500	120	60

（3）按照设计要求，正确选用阀门的种类和型号。对于空调水管道，热水管 $DN \leq 50$ 时采用全铜闸阀，$DN > 50$ 时采用高温调节型聚四氟密封蝶阀；冷水管 $DN \leq 150$ 采用扳把式对夹蝶阀，型号为DTD741F-16C，$DN \geq 200$ 时采用涡轮式对夹蝶阀，型号为DTD341-16C。按型号意义理解，此两种蝶阀均为铸钢阀体氟塑密封类型。

（4）当阀门带有方向时，阀门方向标志须与按介质流动方向一致。此外，根据操作的方便性和视觉的美观性，灵活确定阀门操纵部分的方位朝向，表示可对阀门的安装位置进行调整，以功能性、可操作性和美观性兼备为原则。

（5）对于非金属密封的对夹式蝶阀，安装时先将法兰与蝶阀用少量螺栓组合，在管道上先点焊固定，将蝶阀取下后再作全面焊接，以防止密封材料在高温下变形受损。对夹式蝶阀所用法兰带有插槽，管道应插入插槽底部，法兰内外两面焊接，焊接时不得损伤法兰密封面。施焊后依靠自然冷却降温，在接近常温时将蝶阀安装就位。一般情况下，非金属密封的对夹式蝶阀不需另加密封垫片。

（6）螺栓按对角方式拧紧。使用双头螺栓时，螺栓两端外露长度应基本一致，且以不大于螺栓直径的1/2为标准，见图5-5-6和图5-5-7。

图 5-5-6　阀门安装（一）

图 5-5-7　阀门安装（二）

5.2.10　管道试压、冲洗

（1）工艺流程

试压准备——→分区试压——→冲洗准备——→分段冲洗——→综合试压。

（2）系统试验压力（表 5-5-2）

系统试验压力　　表 5-5-2

系统名称	工作压力（MPa）	强度试验压力（MPa）	严密性试验压力（MPa）
空调水系统	1.04	1.60	1.04
采暖水系统	1.00	1.60	1.00
全年供冷系统	1.11	1.60	1.11
空调加湿水系统	0.80	1.20	0.80
冷却水系统	0.50	0.75	0.50
消防水炮系统	2.00	2.40	2.00
水喷雾系统	1.20	1.60	1.20
消防喷洒系统	1.20	1.60	1.20

（3）施工技术要求

1）水压试验时周围环境温度不得低于 5℃，当低于 5℃时，水压试验应采取防冻措施。

2）试压前检查管道接口、盲板，保证管道的密封性。

3）对不能参与的试压的设备，仪表、阀门及附件加以隔离或拆除，加设临时盲板，加设的临时盲板应有突出于法兰的边耳，做好明显的标志，并记录临时盲板的数量。

4）试压用的压力表不少于 2 只；精度不低于 1.5 级，量程为试验压力的 1.5～2 倍。压力表必须经计量检测单位检测过，并在检测有效期内，方可使用。

5）试压过程中，当出现泄露时，应停止试压，做好标记，并放空管道内的试压介质，消除缺陷后，再进行试压。

6）该工程试压介质采用水，为方便取得水源，水源取自临时消防用水。为节约用水，在各个区段设置集水管，利用现有的空调供、回水管道当临时集水管，收集上部管路的试压泄水以便再次利用。

7）管道试压和冲洗时最初取自消防水管，如用水量较大时，避开用水高峰，如充水可安排在夜间进行，以减少对其他用水方面的干扰。

8）全部管道试压后，集水管道内的水就近引入集水坑，用排水泵抽入室外排水井。

（4）试压方法

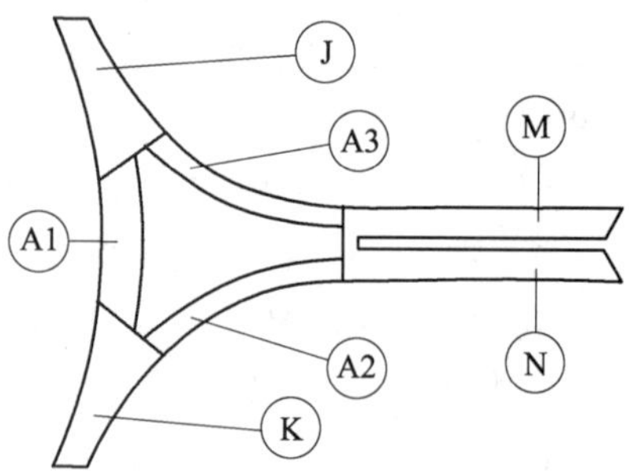

图 5-5-8　管廊区域划分

1）管廊区域划分见图 5-5-8。

2）试验连接方式参照图 5-5-9。

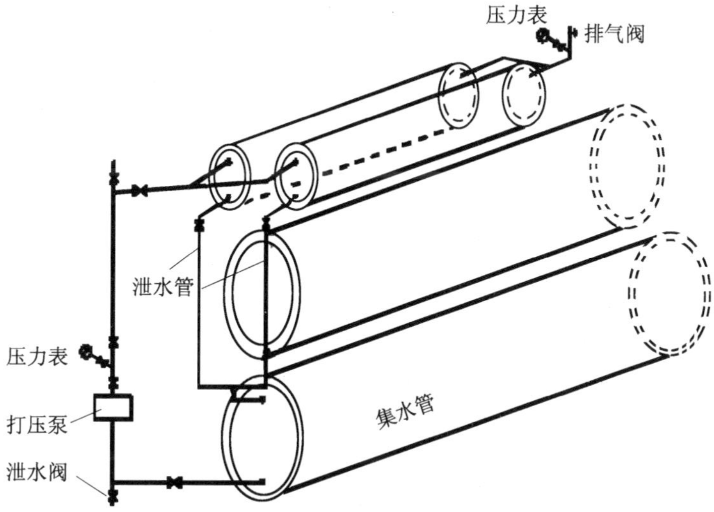

图 5-5-9　试验连接方式示意图

3）J 区两根 *DN*900 的管道在管廊最低处，可以用于收集 J 区、A1 区和 A3 区的管道试压水；试压开始时先把最下面一根 *DN*900 的管道充满水，作为打压水源使用。试压上面的管道时可先用管道泵向上面的管道注水，待管道内充满水后再换用打压泵进行打压。打压 *DN*900 的管道可以分根分段进行，先试压上面一根，之后再试压下面一根，两根管道距离比较近，泄水时也可用管道泵往回抽水。K 区两根 *DN*400 管道在管廊最低处，可以用于收集 K 区、A1 区和 A2 区的管道试压水。M 区和 N 区分别有两根 *DN*350 的空调供、回水管在管廊最低处用于收集本区的试压水。具体操作方法与 J 区相似。

4）试压可以分区同时进行，同一区段内的不同系统管道若其连接形式相同、工作压力相同、试验压力也相同、距离相近，也可以用连接管连在一起，可以同时打压，以节约时间。

5）水压强度试验的测试点设在系统管道的最低点，管道试压最高点设有手动排气阀，必要时可用连接管引至容易观察和操作的地方，管道最低处设泄水管，泄水管连到集水管，收集再利用试压水。试压管道高低点各装一块压力表。

6）加压前检查试压管道沟槽连接处、焊口部位有无渗漏，如有渗漏，将渗漏处标记出来，泄空管道内水，对渗漏处进行处理；如果无渗漏，可进行试压试验。

7）打开进水阀门向管内注水，注水时打开排气阀，水注满后待空气排净后，先关闭排气阀，再关闭进水阀。试压过程中，当系统较小时，可用手动试压泵；系统较大时，采用电动试压泵，接通电源，缓慢升压，达到试验压力。

8）空调冷冻水和冷却水系统升压至强度试验压力稳压 10min，无渗漏和变形，压力不得下降；然后降至工作压力，进行严密性试验，稳压 60min，压力不下降、无渗漏，则为合格。采暖水升压至强度试验压力稳压 10min，无渗漏和变形，压力下降不大于 0.02MPa；降至工作压力后检查，不渗不漏为合格。

9）消火栓系统升压至强度试验压力，稳压 10min，压力降不大于 0.02MPa；然后降压至工作压力进行观察，不渗不漏为合格。自动喷水灭火系统缓慢升至强度试验压力，稳压 30min，目测试压管道，无渗漏和变形，压力降不大于 0.05MPa，管道强度试验为合格；然后降压至工作压力稳压 24h，无渗漏为合格。

10）试压过程中，应设置若干人员对管道及焊缝进行巡视检查，发现渗漏应停止升压，进行处理。

11）升压至工作压力时，如发现压力表指针跳动或不稳，要考虑是否管道内存有空气，打开排气阀进行排空。

12）试压完毕后，缓慢打开连通管上的泄水阀，把管道内的积水排到集水管中收集再利用；最后整个区段全部管路压力试验完成后，把集水管中的水排入就近的集水坑，不得随意排放试压用水。

13）试压完成后，应及时拆除所有临时盲板及试验用管道，并与记录核对无误。

（5）管道冲洗

1）管道冲洗所采用的进、排水管道应畅通和安全，排水管道的截面面积不得小于被冲洗管道截面面积的60%；排水管道接至附近的集水坑内。集水坑内设置排水泵，同时把水排至室外的污水井内。当排水流量小于冲洗流量时，管道冲洗以间歇方式进行。

2）管廊里管道系统多，冲洗要分系统、分区进行。J区2根*DN*400一次热水管、2根*DN*900一次冷水管与室外管廊内入户管一起联合冲洗。其他管道按系统及管廊分区分段冲洗，使用临时消防水作为冲洗水源。

3）管道冲洗的水流流速、流量不小于系统设计的水流流速、流量。管道冲洗应连续进行，当目测出水口出水的颜色、透明度与入口处水的颜色、透明度基本一致为合格。

4）管道冲洗的水流方向与管道坡向方向一致。

（6）注意事项

1）管道泄水时，应准备若干台抽水泵，防止集水坑内水汇集过多，不能正常排出，对建筑物造成损害。

2）管道冲洗顺序应先冲洗管廊上部的管道，后冲洗下部管道，避免二次污染。

3）冲洗前，应对管道支架、吊架进行检查，必要时采取加固措施。

4）冲洗直径大于100mm的管道时，应对焊缝、死角和底部进行敲打，但不得损伤管道。

5.2.11 管道防腐、保温

（1）管廊管道的防腐是靠涂漆实现的。除镀锌管、不锈钢管之外，其余管道均在试压后涂刷防锈漆一道。当采用成品保温管时，需要涂漆的地方主要在管道接口及支座与管道的连接处，因为这些地方保温层和原有漆层已经被破坏，故在保温恢复前涂刷防锈漆两遍，两遍涂漆的间隔时间以上遍漆膜干透为准。管道焊口涂漆一般在试压后进行，以方便试压时的渗漏检查。由于该工程试压时间较长，加之地下层空气潮湿，为减少焊缝腐蚀，特定在焊接完成后涂刷第一遍漆，第二遍漆在保温前涂刷。

（2）在采用成品保温管时，管道保温只做局部修补，修补的保温材料和结构与原有保温层相同。实际采用成品非保温管时，管道保温按照设计要求进行。

（3）除管道保温外，管道支座尚需保温。根据设计要求，支座保温是在支座表面喷涂30mm的聚氨酯发泡材料，支座内部做聚氨酯发泡填充。聚氨酯发泡材料现场配制，填充和喷涂在常温下操作，一次完成。喷涂时对邻近管道和管架加以遮挡，操作完毕后，将附着的多余发泡材料用刀片清除。

6 北京银泰中心机电管线综合深化设计技术

6.1 机电管线综合深化设计简述

机电管线综合深化设计，就是将同一区域内的机电管线进行综合，根据不同管线的不同的性质、不同的功能、不同的施工要求、结合建筑装修的要求，进行统筹的管线位置排布。

通过机电管线综合深化设计，缩短了施工周期，最大限度地避免了各安装专业施工阶段管线交叉打架、衔接不当造成的返工浪费，有效地保证工程质量，并能创造可观的经济效益。

6.2 机电管线综合深化设计的技术特点

（1）机电管线综合深化可以完善施工节点设计和施工详图设计。

（2）机电管线综合深化可以通过综合图纸解决在保证功能的情况下机电系统内部管线标高和位置问题，避免交叉时产生冲突，同时还要配合并满足结构及装修的各个位置的需要。

（3）机电管线综合深化可以在排布专业管线的同时考虑运行管理维修和二次施工。对不同管线、尤其是先后施工的管线，综合图纸要考虑到先施工的管线不能影响后续施工的管线。同时还要考虑对于需要维修和二次施工的管线的安排，对于以后需要维修的管线要留出足够的空间。

（4）施工成本控制是项目管理的重点，通过管线综合深化设计，机电安装施工单位可以自行控制成本，比如可以采用综合支吊架，可以减少施工安装后的拆改工作量，从而最大限度地控制成本。

6.3 银泰中心机电管线综合深化设计

6.3.1 银泰中心深化设计基本情况

银泰中心工程作为一个超大、超高层的特殊建筑，涉及机电专业全面，机电管线密集而复杂，仅依靠设计单位提供的平面、系统和少量节点施工图纸，无法达到依图施工的程度。因此，机电管线综合布置深化设计工作就非常必要。通过机电管线综合深化设计，更好地落实和调整工程建设方、监理及设计的各项要求，合理分布机电工程各专业管线的位置。在设计交底和综合审图阶段，可以最大限度地实现设计和施工之间的衔接，为机电专业的施工提供技术支持，为整体施工的顺利进行创造条件。

根据银泰中心机电工程特点，在工程开始阶段就成立了以现场各专业技术人员为成员的深化设计组，并在施工过程中指导施工。

6.3.2 机电管线综合深化设计组织

为了确保工程的顺利进行，银泰中心工程的机电管线深化设计工作从以下两方面着重考虑：

（1）在深化设计人员的选择上，选择具有一定的设计基础和一定施工经验的技术人员，能熟练使用电脑，掌握 AUTO CAD 的使用。

（2）成立项目深化组，明确职责，及时进行施工前的图纸深化并报送业主审批，对业主和设计顾问的意见要及时跟进和修改。

6.3.3 机电管线综合深化设计的实际操作

无论从整体还是从局部来看，土建、装修、安装各专业都有着密切的联系。有联系难免有矛盾，所以对于安装施工必须了解土建、装修专业图纸，从中了解整个建筑构造的特点及建筑装饰的特点，结合本专业的情况，找出问题所在。从技术角度讲，土建、装修专业对安装专业形成了空间限制，各机电专业必须准确地知道自身专业所处的建筑位置及范围，并清楚各种专业井洞尺寸、轴线、标高、层高，乃至砌体厚度、楼板厚度、梁的大小等，考虑到上述情况后，应该在图纸上把各专业机电管线的排布位置正确反映出来，在施工前和施工过程中，及时准确地发现和解决各专业之间的问题。

首先要收集好深化设计楼层的全部机电施工图纸，确保每个专业的管线都不遗漏，详细审图后要召集各专业技术人员进行深化交流工作，详尽了解管线的材质、规格、安装工艺、支吊架形式、注意事项。管线、设备的样本要收集齐全，为了确保使用功能，必要时应要求厂家进行详细交底。深化设计人员要能掌握各专业管线的安装规范，对于强制性条文要做到熟记于心，应该保证深化设计出来的图纸符合本地的设计规范和施工规范。

上述资料收集齐全后，要对已经完成的土建结构进行现场核对，现场的偏差要详细记录并上报业主，如果存在偏差的土建结构不能更改，进行管线排布时要重点注意，防止出现机电管线与土建结构发生冲突。

对于已经做好精装方案的楼层，应组织相关各方进行严格的图纸会审，对设计图纸与现场层高、标高、放线位置是否合理等一并形成会审纪录，作为对图纸前期深化的一部分，同时对图纸的会审应细化到相关收边收口的做法上。在图纸会审的时候就应该与精装设计师详细、全面的交流，对于存在机电管线的部位，要仔细核查精装图纸是否有施工详图，要了解精装的节点做法。

精装图纸与土建、安装、弱电等设计图纸相比较，看是否和现场情况符合，是否有节点的冲突、造型内是否能满足管线安装的空间等实际问题，如有冲突就需要调整。

布置管线的走向、标高。进行管线排布时要注意以下原则：1）重力排水、雨水、冷凝水等管道对坡度有的严格要求，要优先考虑此类管线的排布。根据设计坡度计算出管线所通过区域的高度差值，标明此类重力流管线控制标高的范围。同时确定管线的控制点标高，即管线可以通过结构预留洞、门洞、梁的最大标高。2）强、弱电桥架的排布要严格按照相关的规范、标准进行。3）机电管线安装后，还有后续的穿线、调试等工作，如果有可能，还要了解到以后可能增加的二次施工内容，所以要预留出足够的空间。

在进行具体操作之前，要清楚各种管线图纸标高的含义，并对安装标高做出具体说明，如：本项目的正负零为建筑完成面标高，管线安装标高如表 5-6-1 所示。

机电管线标高统计 表 5-6-1

管线名称	安装标高
给水排水重力流管线	管内底
给水排水压力流管线	管中标高
消防管线	管中标高
暖通风管	管下底标高
暖通水管	管中标高

做完上述工作后，即可把各个专业的图纸进行叠加，根据各种管线的大小及走向进行机电管线的综合平衡，确定各专业管线的空间位置，并绘制相应的机电综合图纸及剖面图纸。

以 B 塔楼五层为例：由于五层为排水管道转换层，故本层机电管线情况复杂，需要考虑的因素较多，比较有代表性。如图 5-6-1 所示，内筒的公共区域有重力排水管道（*DN*150）、雨水管道（*DN*250 ~ *DN*300）、消火栓管道（*DN*150）、喷淋管道（*DN*150）、暖通风管（1250 × 400）、暖通供回水管（2 根 *DN*25、2 根 *DN*20）、冷凝水管（*DN*32）、线管（*SN*15）、电气桥架（3 趟 100 × 100、150 × 100）等多种管线。

首先计算排水管线的控制高度，*DN*150 废水管线 41m，坡降为 41cm，图 5-6-2 中云线处为 *DN*300 的雨水管道，出墙的最大标高为 +3.10m，与之相交叉的废水管道出墙标高为 +3.02m。二者在标高上相冲突，由于雨水管道管径大、安装不便，而废水管线材质轻、安装工艺简单；另一点，将废水管道降至雨水管道下面通过，能够保证足够的吊顶高度，故此采用图 5-6-2 ~ 图 5-6-4 所示方案。

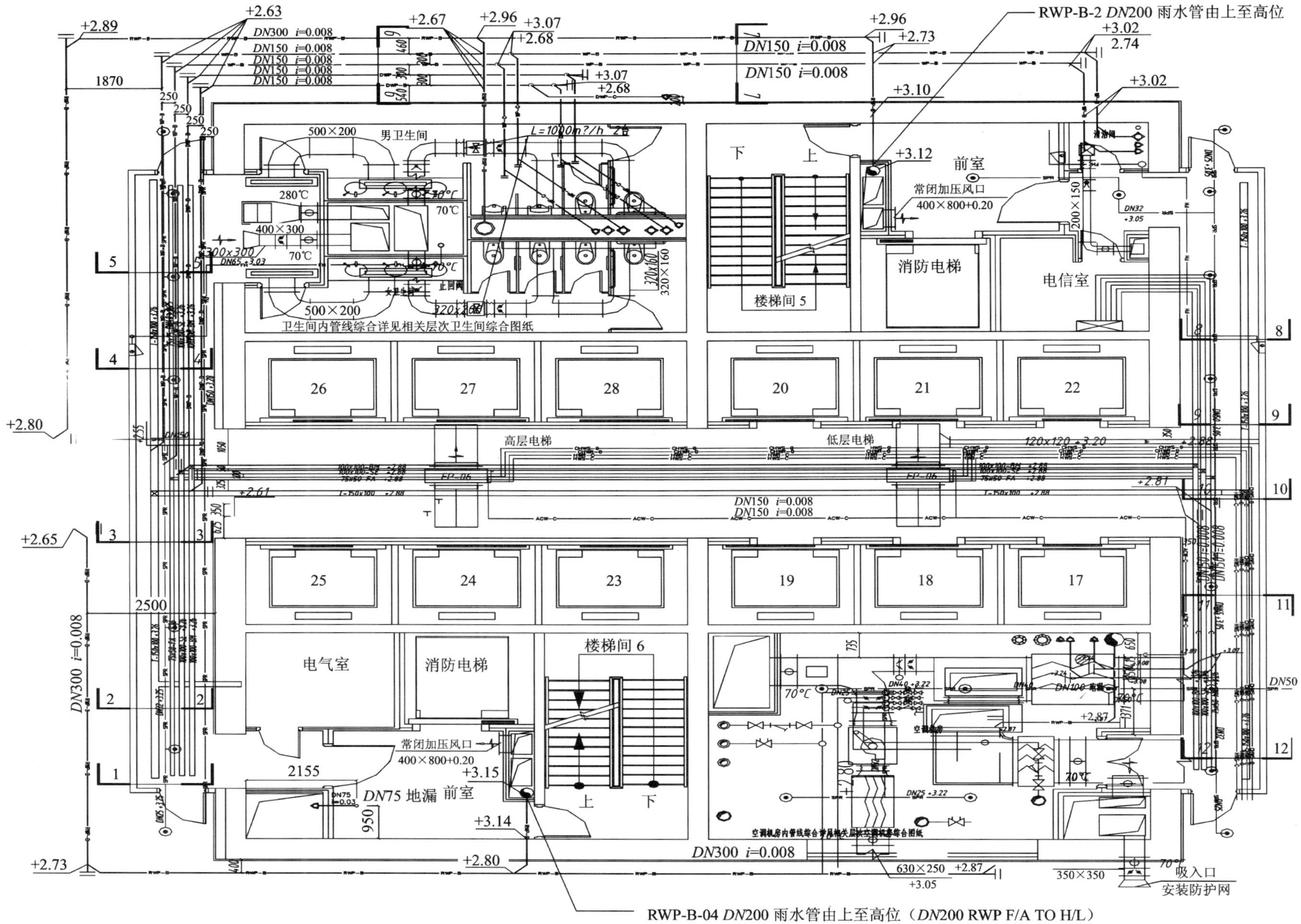

图 5-6-1　B 塔楼五层管线平面图

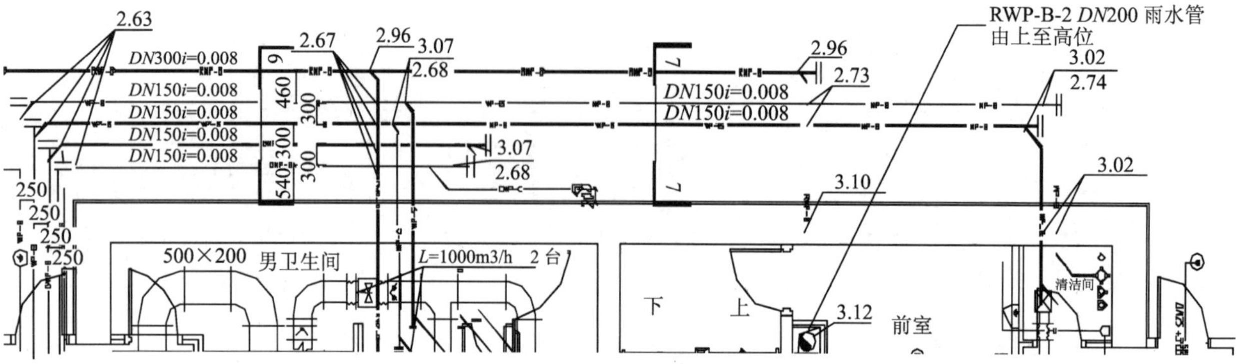

图 5-6-2 管线布置

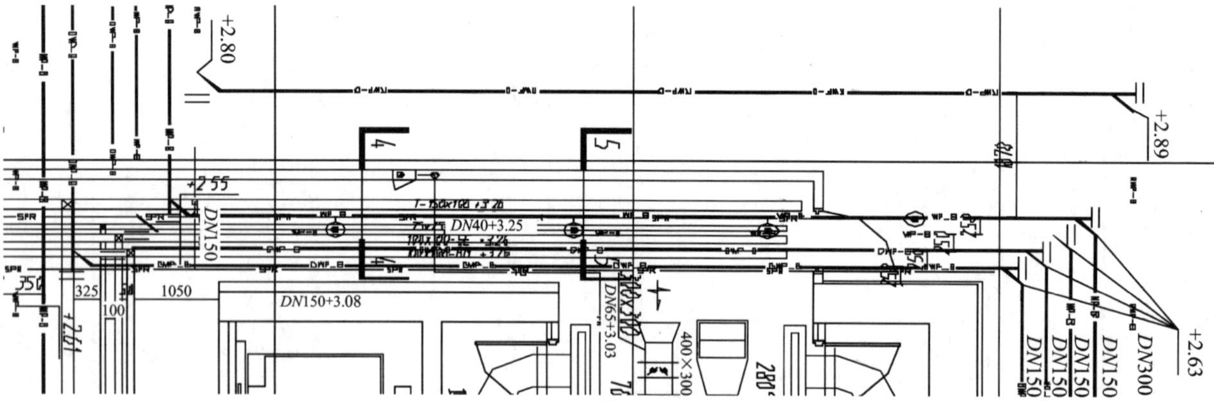

图 5-6-3 管线布置

管道布置到西侧走廊时，最低点标高已经降至 +2. 55m，此 4 根废水管道采用共架形式进行吊装，上方为其他管线留出足够的空间，梁下标高为 +3. 34m，可以布置管道的空间为 610mm。电气桥架的标高要利用结构留洞高度进行布置，消防管道在废水管道上方贴梁排布。

管道布置详细情况如图 5-6-4 所示。因为强、弱电线槽的安装距离应大于 300mm，故此 150mm × 100mm 强电线槽单独吊装，由于上述机电管线不是由同一施工方进行安装，因此 75mm × 50mm 消防线槽单独布置，2 趟 100mm × 100mm 弱电线槽采用共架。

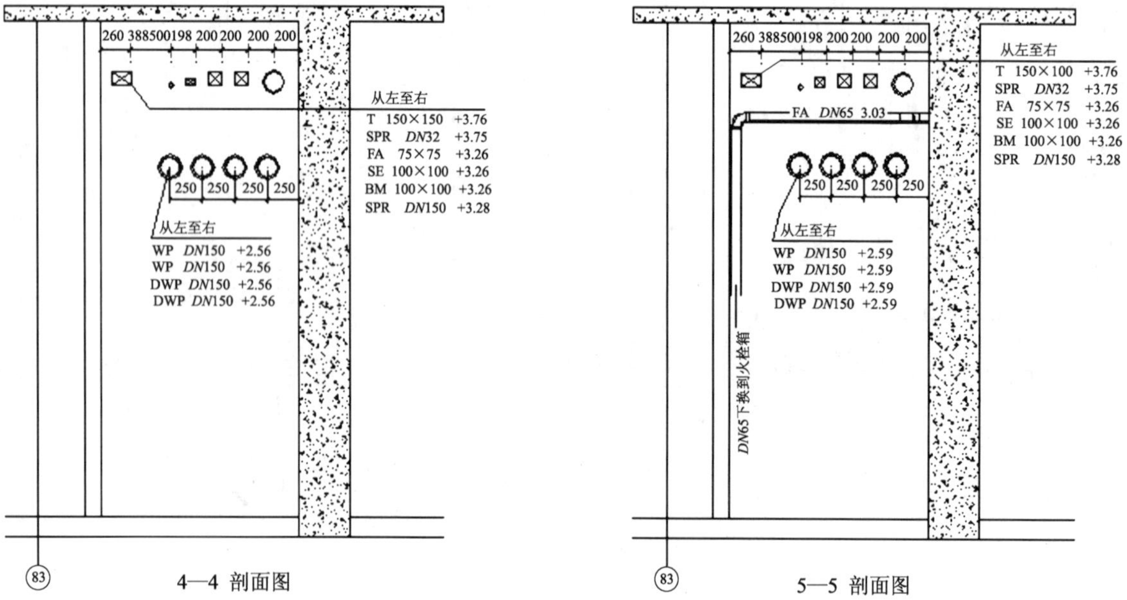

图 5-6-4 管线布置剖面图

由于在空调机房内有废水管道由上至高位穿过结构墙后，沿走廊向北经过电梯厅后出墙到达裙楼，所经过的区域都有精装造型。由于土建预留洞大小、高度已经固定，为了保证最大吊顶标高，排水管道的确定方法如下：以废水管道保温后能够紧贴电梯厅梁下的标高为控制点标高，向两个方向找坡，因为空调机房至走廊外要通过一条 1250mm × 400mm 的风管，考虑到吊顶标高，废水管道遇到风管前向上抬高，从风管上方进入空调机房。

管线平面布置如图 5-6-5 和图 5-6-6 所示。

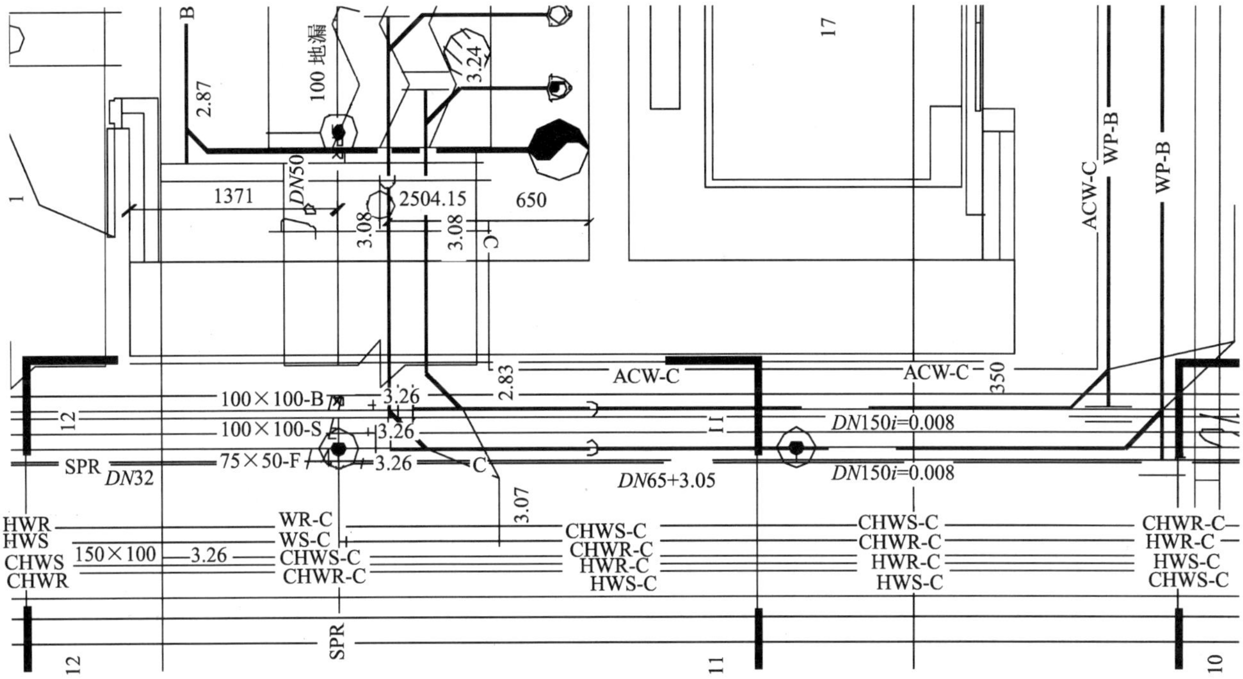

图 5-6-5　空调机房外管线平面图

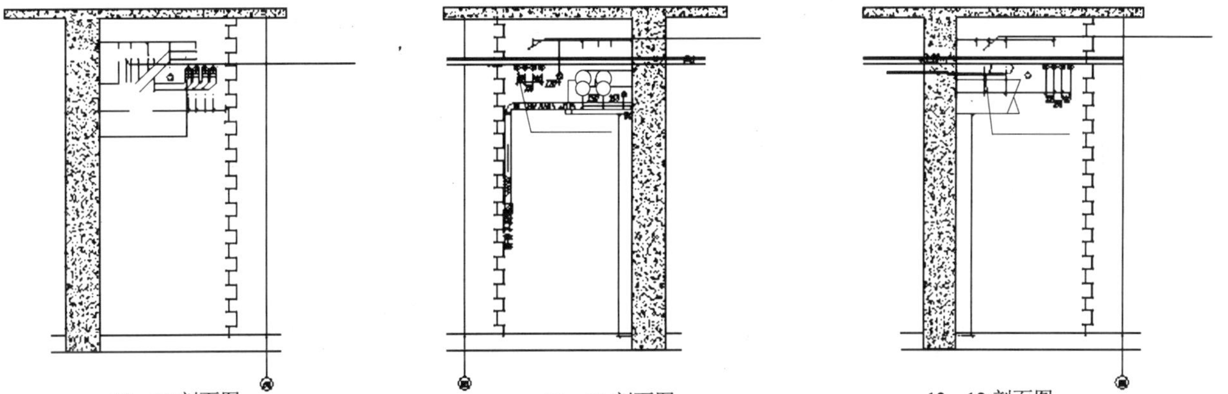

10—10 剖面图　　11—11 剖面图　　12—12 剖面图

图 5-6-6　空调机房外管线剖面图

而在电梯厅内管线的布置要考虑到灯具的安装，其他管线避开灯具安装的位置。同时还要考虑到以后检修的需要，要留下足够的检修空间。因此，线槽距离电梯厅北侧结构墙体为 1050mm，废水管线距离电梯厅南侧结构墙体 625mm，风机盘管冷凝水管要保证保温完成面紧贴电梯厅门洞，具体管线排布如图 5-6-7 所示。

在图纸深化设计过程中，深化设计人员要经常与各专业技术人员沟通，各专业的使用功能要严格保证，对于不能满足精装方案的地方，要及时与业主沟通，提供能够达到的最理想排布方案。初稿图纸完成后，要及时发给各专业技术人员进行核查，根据反馈回来的意见进行修改，无异议后，通知各专业技术人员进行图纸会签，报送业主及设计单位进行图纸审批程序。

又如在竖井施工中，管道专业有时与通风专业共用管井，各自所占位置、分支管位置、走向等在各自图上表示，并无一张综合设计图，所以须在图纸上先进行综合考虑，再结合现场实际情况进一步考虑，把一部分图纸设计矛盾及不合理处在施工前加以消除和更改。按业主发放的设计图纸，一般管道专业管路及设施均无较明确的纵横位置定位，通风专业管道一般体积较大，坐标规定不详细，而超高层建筑为提高使用面积占有率，留给各专业管井、管廊、吊顶空间等位置极为狭窄，所以常常造成“水”、“风”专业管道“打架”。电气专业管路、接线盒等在设计图中均未明确规定其坐标位置，且电流、电信号的传送不受高差变化影响，其走向自由度较大。正由于这种不确定性，设计中也常常出现与其他专业“交叉打架”的现象。另外，还有各专业内部系统间设计矛盾等。解决此类问题都需要进行认真的图纸会审，让深化设计人员真正做到心中有数。还需在施工前结合现场情况组织内部各专业交叉会审，进行综合施工图的绘制，在绘制综合图纸的时候，要实际考虑到管线支架的做法等实际问题。必要时，可做局部或者标准层施工试验，以确定施工方案的可行性，及时发现和解决一些设计图纸、土建施工问题，避免不必要的返工损失。

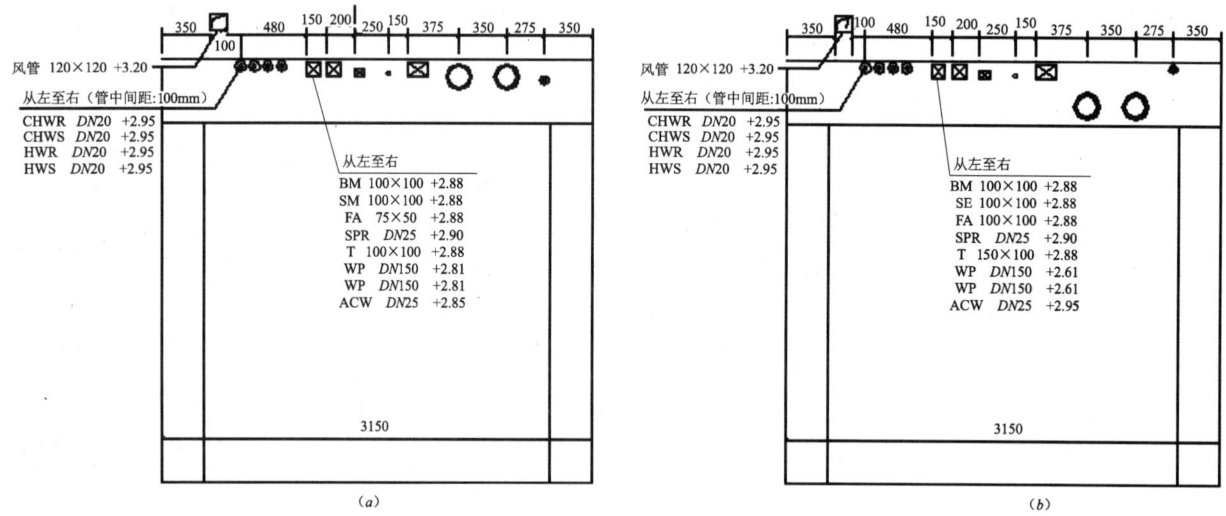

图 5-6-7　电梯厅管线剖面图

（*a*）电梯厅管线东侧安装大样；（*b*）电梯厅管线西侧安装大样

机电管线综合图完成后，各专业要进行会签。同时在施工前参照机电管线综合深化设计图纸，安排好各专业施工的先后顺序，在施工中严格按照机电综合图的定位指导各专业管线施工。当现场施工发现问题或某个专业有新的设计变更时，要及时通知深化设计人员，根据实际情况，发出设计协调记录作为机电管线综合图纸的必要补充。

经机电管线综合深化设计后，施工完的管线效果见图 5-6-8。

图 5-6-8　机电管线综合安装后效果

7 车站公共区挡烟垂壁安装技术

7.1 工程概况

北京地铁2号线每个车站均根据具体形式划分了几个防烟分区。公共区车站两端站厅各划分为一个防烟分区，站台层在车站中心线位置划分为两个防烟分区。最大防烟分区面积为1120m²。不同的防烟分区之间以挡烟垂壁、垂帘分隔。挡烟垂壁、垂帘采用不燃烧材料制作，且耐火极限不低于0.5h。挡烟垂帘采用防火布安装在装饰吊顶内，有效下降高度应在吊顶下不小于500mm。站台中部垂帘下垂高度应与沿车站纵向设置的挡烟垂壁底部平齐。当吊顶为镂空吊顶时，挡烟垂帘上方至结构顶板需用防火布封堵。吊顶下沿车站纵向下挂设置的挡烟垂壁选用透明加丝防火玻璃，高度为吊顶下500mm。当吊顶为镂空吊顶时，吊顶上部的挡烟垂壁应向上延伸至结构梁。

7.2 各车站防火分区的划分及排风程序

车站依据具体形式划分防烟分区。公共区车站两端站厅各划分为一个防烟分区，站台层在车站中心线位置划分为两个防烟分区。一般车站划分为4~5个防烟分区，最大防烟分区面积为1120m²。不同的防烟分区之间以挡烟垂壁、垂帘分隔。

车站通风季节通风量为135464m³/h，车站站台最大防烟分区排烟风量为67200m³/h。站厅设备管理用房设一排烟系统，排风管兼作排烟风管，单独设置一台排烟风机，当发生火灾时，开启排烟风机，将烟气通过排风管排至主风道内，同时开启车站主风机将烟气排出站外，其送风系统兼作补风系统。

站台走廊设排烟系统，单独设置一台排烟风机，并单独设置排烟风管。当发生火灾时，开启排烟风机将烟气通过跨越公共区的排风管排至主风道内。同时开启车站主风机将烟气排出站外，通过FH/B6自然补风。

连通站厅、站台楼梯两侧的站厅设备管理用房，其通风、排烟纳入公共区系统。

对于通信、信号等设备机房，通风季和冬季机房内的温度若超过标准，可开启机房内的分体空调（原有保留）进行调节。

7.3 挡烟垂壁和垂帘的主要材料

挡烟垂壁、垂帘应采用不燃烧材料制作，且耐火极限不低于0.5h。用于吊顶以下时，吊顶下沿车站纵向下挂设置的挡烟垂壁选用透明加丝防火玻璃，高度为吊顶下500mm。当吊顶为镂空吊顶时，吊顶上部的挡烟垂壁应向上延伸至结构梁。不仅可以满足挡烟防火功能需要，更因其通透性好，不影响站厅、站台各类设施。

（1）无机纤维防火帘片：安装在装饰吊顶内，有效下降高度应在吊顶下不小于500mm。站台中部垂帘下垂高度与沿车站纵向设置的挡烟垂壁底部平齐。当吊顶为镂空吊顶时，挡烟垂帘上方至结构顶板需用防火布封堵。用于吊顶以上，为柔性材料，适应吊顶内管线、设备分布及主结构形状。

（2）防火板：用于轨道上方，采用6mm厚复合式钢结构加固，其防火性能高于设计指标，更具备牢固性和安全可靠性。

（3）金属材料：方钢、角钢、扁钢、不锈钢等，用于整体结构拼装、加固、吊装和表面装饰，除不锈钢板外，出厂前均做防锈、防火处理。

（4）标准件系列：吊装用胀栓、射钉等渗入结构内部的加固件，采用优质合格产品。螺栓、螺母、平垫、弹垫等连接紧固件，采用优质镀锌产品，具有防潮、防锈、防腐作用。

防火玻璃横向加固用胶垫、竖向间隙用玻璃胶，使其遇有高温即可融化，以满足防火玻璃高温膨胀时有相应空间。

7.4 施工顺序

该工程挡烟垂帘垂壁根据设计要求和现场实际情况采取如下施工顺序：搭设脚手架→放线→打眼→上胀栓→焊骨架、吊件（场外）→安装骨架、吊件→调整水平、垂直度→安装防火帘片防火板→安装防火玻璃→安装不锈钢玻璃盖板。

7.5 施工方法

（1）施工前的吊顶拆除及加固

施工前进行充分地现场调查。施工材料、人员准备就绪，施工计划经建设单位、运营公司审批认可，地铁运营公司配合人员到位。准备就绪后在施工作业部位拆除吊顶，首先拆除1~2块吊顶板，然后人员进入，清除拆除吊顶部位周围的浮土，然后逐步拆除所有施工部位的吊顶，在需断吊顶龙骨的地方进行局部加固。

（2）现场测量及场外加工

进入吊顶内进行实地测量加工尺寸，由于站厅、站台施工时不允许动火，所有安装附件需在现场准确测量加工尺寸，在场外基地进行加工，角钢及方钢等金属附件加工完毕后刷防火漆。

公共区挡烟垂帘、挡烟垂壁安装在站台立柱外侧，沿立柱主梁边缘敷设。垂帘高度以装修吊顶高度为准，约4.7m（从站台处量起）。采用50mm×50mm×4mm等边角钢为骨架，在梁的侧边上生根，下料时先进行现场测量，以梁的底标高减去4.7m加上200mm作为挡烟垂帘的立筋，安装时在角钢上部打孔（ϕ11mm），第一个孔中心距角钢顶40mm，第二个孔中心距第一个孔中心120mm，采用M10胀栓将角钢与结构梁固定，安装时拉线，所有垂直安装的角钢平面在一个平面上。每根角钢间距为900mm，遇风机盘管出风口风管间距为1.4m，角钢下沿采用40mm×40mm×3mm角钢横向将竖杆焊接连接固定，与装修配合施工，确定下横梁的高度。安装下横梁时按图纸要求间距打好ϕ10.5mm的孔，为下一步安装挡烟垂壁做好准备。立杆长度超过1m时，作45°斜支撑加固。挡烟垂帘或挡烟垂壁采用防火布或防火板，与立杆和横杆连接，当采用防火板封堵时，要仔细测量间隙距离，设计剪裁形状，达到减少拼接拼缝的目的，并于拼接拼缝处涂抹防火油膏进行封堵，风机盘管出风管下面的一根40mm×40mm×3mm的角钢，整个贯通防火垂帘，增加防火垂帘的牢固程度，防火布或防火板耐火极限均不得低于0.5h，并有北京市消防局认可的书面资质材料和质量证明书，征得甲方和监理认可后再进行安装，挡烟垂壁离地面不应小于2.3m。

U形卡底上、下部都上螺母，对向锁紧，并在装饰顶上面加固螺杆，不得晃动。以条形硅酸钙板或石棉板作为衬垫，放入U形卡内填充空隙，固定后保证每档挡烟垂壁连成一直线，正常下垂，底边平齐。挡烟垂壁固定玻璃的螺栓应均匀、适度收紧，避免玻璃爆裂，并不得摆动。

挡烟垂壁每档连接处留有的5mm间隙，用透明防火胶粘接，以保证防火玻璃遇高温时有膨胀的空间。安装下料前应进行现场实地测量，保证下料尺寸合理、准确，均匀分段，夹丝玻璃吊装孔的位置分布也要合理，玻璃上部不锈钢装饰条应有一定强度，不能太软，两块夹丝玻璃板连接处下部应采用不锈钢卡子卡牢。卡子还可固定、校正两块玻璃板在一条直线上。增加挡烟垂壁的美观程度。

防火布所在位置的上端角钢用膨胀螺栓直接固定在建筑顶部，下端角钢用膨胀螺栓固定在两侧的墙或立柱上。上下端角钢之间用角钢分为若干档，每档间距依实际空间及厂家产品而定。如没有规定，按图纸要求定为900mm，分档的竖向角钢与上下端角钢焊接。

当采用防火布时以每档尺寸把防火布裁成需要的规格，保证防火布在每档角钢处重叠，重叠尺寸大于或等于60mm，上下端有翻边，保证固定后不漏风。防火布固定采用2mm厚的钢板作压条，用拉铆钉拉紧，拉铆钉间距为120mm。当采用防火板作封堵时应以每档尺寸用扁钢或角钢制成方框，打孔上螺栓固定，两边加垫片螺母拧紧，间距为150mm。

螺栓安装完毕后，做防火涂料处理。所有铁件热镀锌。挡烟垂壁、挡烟垂帘的安装施工人员要注意施工安全，高空作业系好安全带，防止触电，防止高空坠落，防止碰坏车站信号设施，摄像头等设备。挡烟垂壁安装见图5-7-1～图5-7-4。

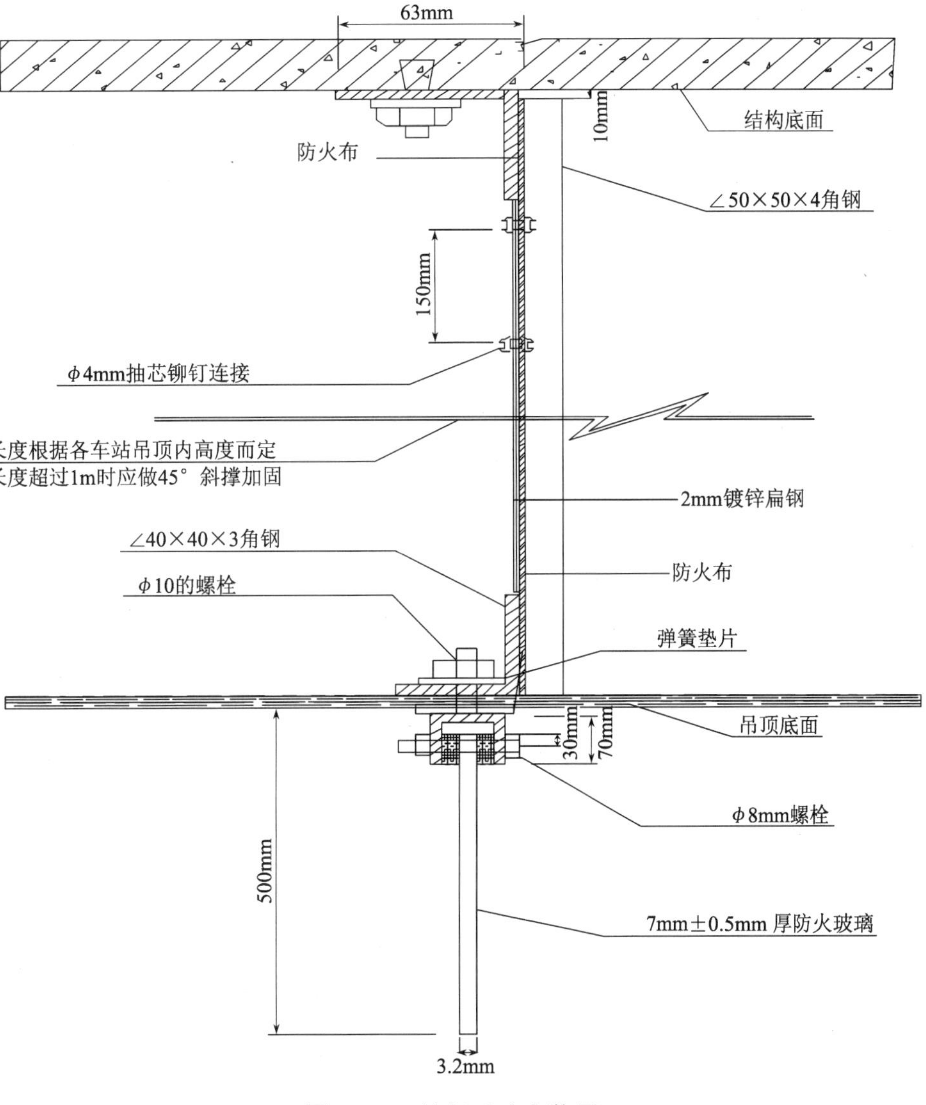

图5-7-1　挡烟垂壁安装图

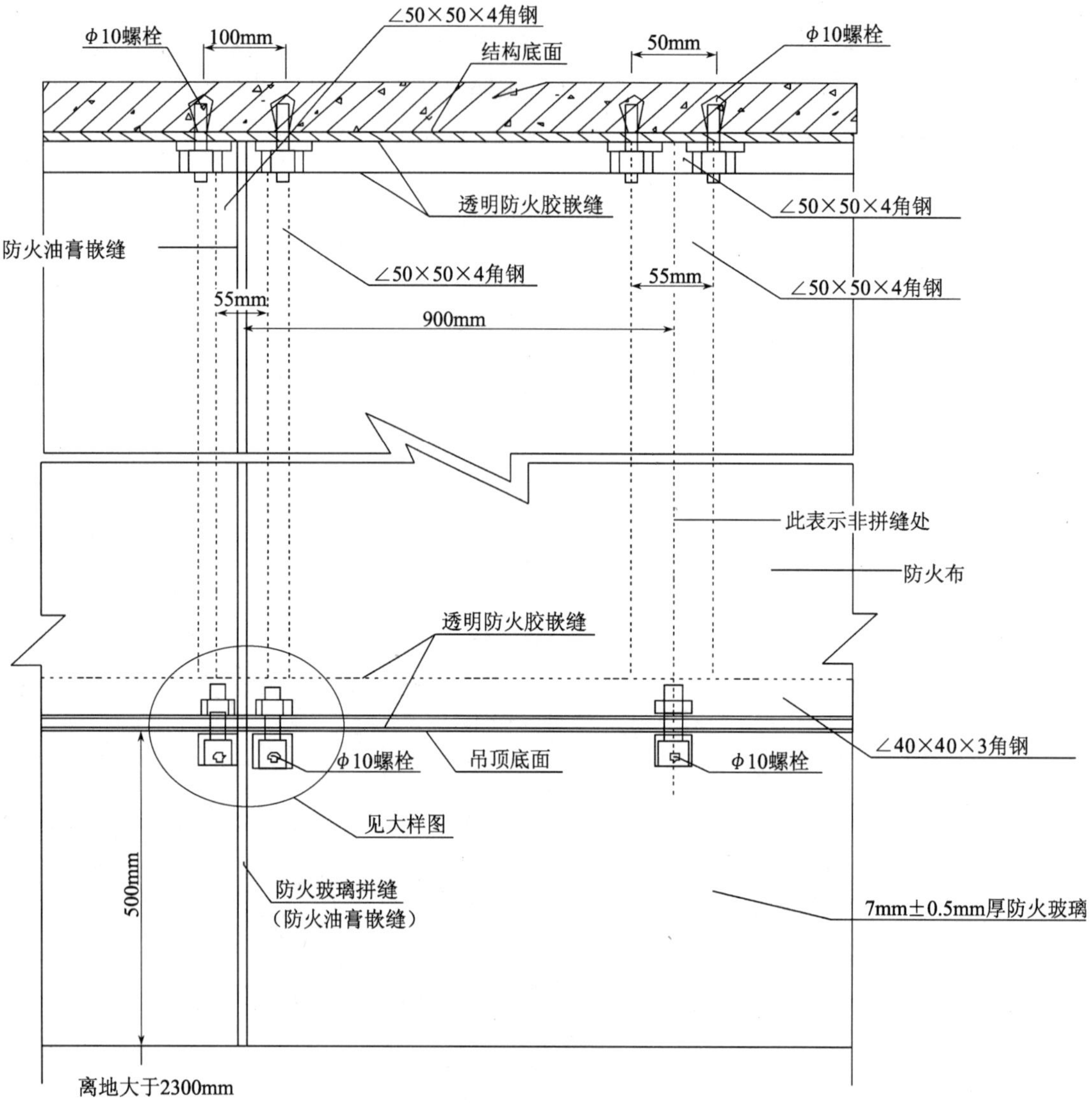

图 5-7-2　挡烟垂壁安装图

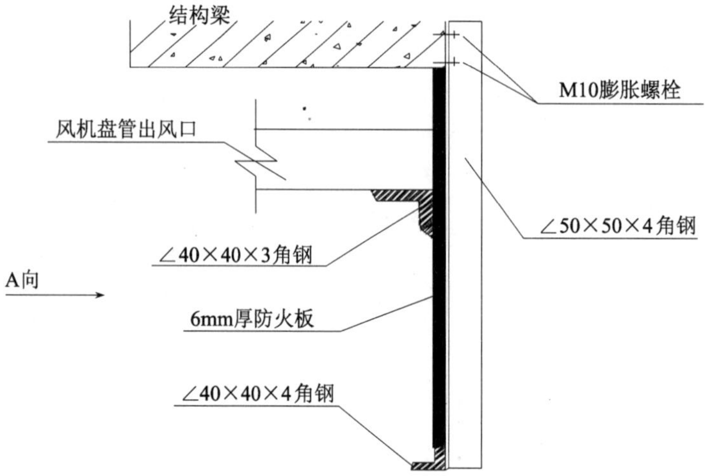

图 5-7-3　防火板挡烟垂壁

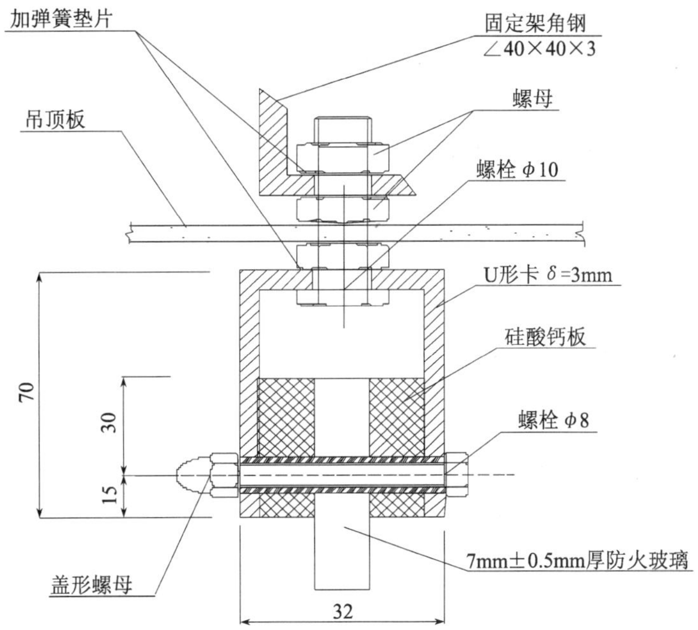

图 5-7-4　防火板挡烟垂壁玻璃固定架

8 中央电视台电视文化中心气体灭火系统安装技术

8.1 气体灭火系统设计

8.1.1 基本设计参数

所有保护区域内可能出现的最低温度为16℃，极端最高温度为40℃，而在通常情况下的正常温度为21℃，IG451气体灭火系统最小设计灭火浓度为37.5%（16℃时），最大设计灭火浓度为43.0%（40℃时），当IG451气体灭火喷放至设计用量的95%时，其喷放时间不应大于60s，且不应小于48s，钢瓶内气体贮存量为12.4m^3，常温储存压力为15MPa，重量为117.9kg，直径为280mm，高（连阀）为160cm。根据规范要求，存放气体钢瓶组的房间（钢瓶室）应该是一个独立的房间，设在各保护区外，并且直接与疏散走道出口连通，设有可关闭的门和应急照明灯，各保护区围护结构及门窗的允许压强不宜小于1200Pa，耐火极限符合有关建筑规范防火要求，保护区应为独立的封闭空间，且保护区的门应朝外开并能自动关闭。

8.1.2 系统控制方式

IG451气体灭火系统的控制，要求同时具有自动控制，手动控制和应急操作三种控制方式。

（1）自动控制

每个保护区域内都设置有两个烟感探测器，每个烟感探测器都被分成两个独立的报警回路。火灾发生时，其中一个报警后，设在该保护区域内的警铃回路将动作，而当两个回路都报警后，设在该保护区域外的蜂鸣器及闪灯将动作，在经过30s延时（或根据需要不延时），控制盘将启动IG451气体钢瓶组上释放阀的电磁启动器和对应保护区域的区域选择阀，使IG451气体沿管道和喷头输送到对应的指定保护区域灭火，同时关闭保护区域内进、排风管上的防火阀。IG451气体一旦释放后，设在管道上的压力开关会将药剂已经释放的信号送回控制盘或消防控制中心的火灾报警系统。而保护区域门外的蜂鸣器及闪灯在灭火期间内一直工作，警告所有人员不能进入保护区域，直至确认火灾已经扑灭。当IG451气体灭火系统的控制盘启动所有警铃、蜂鸣器及闪灯后，在系统处于延迟阶段，此时如发现是系统误动作，或确有火灾发生但仅使用手提式灭火器和其他移动式灭火设备即可扑灭火灾，保护区域内的每一个出入口的外侧，都会设置一个蜂鸣器及闪灯，而警铃则设在每个出入口的内侧。另外，在保护区域的主要出入口的外侧，设置一个紧急停止开关和电气式手动启动器，但系统的手/自动转换开关则考虑每一个保护区域只设一个。

（2）手动控制

此处所说的手动控制，实际上还是通过电气方式的手动控制，手拉启动器拉动后，系统将不经过延时而被直接启动，释放IG451气体。

（3）应急操作

应急操作实际上是机械方式的操作，只有当自动控制和手动控制均失灵时，才需要采用应急操作。此时可通过操作设在钢瓶间中的IG451气体钢瓶释放阀上的手动启动器和区域选择阀上的手动启动器，来启动整个气体灭火系统。

8.1.3 对火灾报警系统的要求

在该设计中，IG451气体灭火系统是作为一个相对独立的系统，自己配置了自动控制所需要的火灾探测器，可以独立完成整个灭火过程。火灾时，要求火灾自动报警系统能接收每个保护区域的IG451气体灭火系统控制盘送出的火警信号和IG451气体喷放后的动作信号，同时也能接收每个保护区域的IG451气体灭火系统控制盘送出系统故障信号。火灾自动报警系统应在每个控制盘旁边设置能接收上述信号的模块。

8.2 管道施工

8.2.1 施工流程

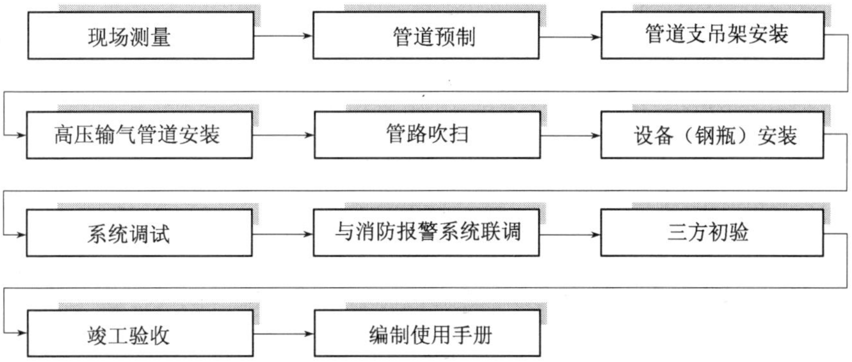

8.2.2 高压无缝钢管安装

（1）烟烙尽气体灭火系统气体输送管道以减压阀为分界面，分成两部分，从钢瓶到减压阀的管道为上游管道，工作压力为15MPa；减压阀出口到气体喷头的管道为下游管道，工作压力为7MPa 。对组合分配系统，当减压阀置于选择阀前面时，上游管道还应包括减压阀至选择阀的管道。

（2）气体输送管道采用美国标准 ASTM A－106 或 ASTM A－53 的无缝钢管（A 级或 B 级），或中国国家标准《输送流体用无缝钢管》(GB 8163－87）选用。

（3）烟烙尽气体灭火系统气体输送管道必须使用热镀锌无缝钢管，高压管件也需热镀锌，并符合相应的压力等级，连接设备使用的高压法兰也需符合相应的压力等级。

（4）气体管道可采用焊接和螺纹的连接方式，也可以用法兰连接的方式，3 英寸以下口径的管道宜用螺纹连接，4 英寸以上的管道宜用法兰连接。

8.2.3 螺纹连接

（1）管道采用螺纹连接时，螺纹连接处的填充物应用聚四氟乙烯加厌氧胶。

（2）管道采用螺纹连接时，管道螺纹丝口应光滑、整齐，无烂牙现象。

（3）管道连接好后外露螺纹丝口应为 1～3 牙，并清除杂物。

（4）管道连接好后外露螺纹丝口应用防锈漆做好防腐处理。

8.2.4 法兰连接

（1）气体管道与法兰焊接连接的管道焊接后应重新进行内外热镀锌。

（2）法兰安装时，法兰螺丝必须对角逐步紧固，直至完全紧固。

8.2.5 管道安装

管道安装应平行于墙壁或楼板，同时管道的周围应有足够的空间，以方便管道的安装和维修。管道穿越楼板、墙壁或建筑物的变形缝时，应在楼板或墙壁中加设金属套管。当管道穿越墙壁时，套管的长度应与墙壁的厚度相等，当穿越楼板时，套管的长度应高出地板 50mm。管道与套管间的空隙应采用柔性不燃烧材料填塞。

8.2.6 支、吊架安装

（1）气体管道的支、吊架全部采用热镀锌槽钢或热镀锌角钢。

（2）气体管道的支、吊架全部采用防晃龙门支架。

（3）管径在 2.5 英寸及以上的采用槽钢制作的防晃支架，管径在 2.5 英寸以下的采用角钢制作的防晃支架。

（4）管道应采用合适的支架或吊架固定在结构上。

（5）距喷嘴、三通、弯头安装位置 0.3m 处的管道，应加设一个防晃支架。

（6）支架应至少四面焊接，保证焊接牢固。

（7）支架焊接好后，焊接处应用防锈漆做局部防腐处理。

（8）支架安装完成后需整体刷银粉漆。

8.2.7　设备安装

（1）为了保证每个喷嘴喷出的药剂符合设计的流量、压力及喷射时间，气体灭火系统的施工应严格按设计图纸和相应的技术文件进行，不得随意更改。

（2）气体灭火系统的施工应按国家规范要求做好施工记录。防护区地板下、吊顶上或其他隐蔽区域内的管道应做好隐蔽工程中间验收记录。

（3）集流管的制作，阀门、高压软管的安装，管道及支架的制作、安装以及管道的吹扫、试验、涂漆应符合规范的规定（图 5-8-1）。

图 5-8-1　气体灭火系统管道安装、支架安装图

（4）气体钢瓶是用高强度的合金钢制成的，以满足 15MPa 的储存压力。钢瓶容积为 80L，在规定的储存压力下可储存 439 立方英尺（12.4m^3）的气体（图 5-8-2）。

图 5-8-2　气体灭火钢瓶安装图

（5）钢瓶组的操作面距墙或操作面之间的距离不宜小于 1.0m。

（6）钢瓶瓶头阀上的压力表应朝操作面，安装高度和方向应一致；每个钢瓶组的正面应该标有灭火剂名称和钢瓶的编号。

（7）钢瓶的安装应严格按照图纸设计要求进行，钢瓶的位置、数量应与图纸相符。

（8）电磁阀应安装在指定的主动钢瓶瓶头阀上，而每个选择阀上均需安装电磁阀。CV-98 瓶头阀直接与电磁阀连接，选择阀则需要通过一个转换接头与电磁阀连接。

（9）同一防护区主动钢瓶上的电磁阀和选择阀上的电磁阀可以分别接入 442R 控制盘的两个释放回路上，也可以串联接入 442R 控制盘的一个释放回路上。

（10）瓶头阀和选择阀的就地手动启动器分别装在各自的电磁阀上。

（11）在系统交付使用前，电磁阀应与释放回路断开。

（12）瓶头阀就地启动器安装在指定的主动钢瓶的瓶头阀和选择阀上，在应急操作时，所需的拉力应不超过 178N，移动距离不应大于 356mm。瓶头阀就地手动启动器平时置于“SET”位置，应急操作时才拔开锁定销，拉动操作手柄，开启主动钢瓶和选择阀。

（13）高压施放软管是 5/8 英寸内径的双层金属编织橡胶软管，连有铜质接头和内置单向阀，它是连接钢瓶和集流管之间的管道。高压施放软管的内置单向阀能防止部分钢瓶拆下后（软管仍连在集气管上），其他钢瓶喷射时引起系统药剂损失（图 5-8-3）。

图 5-8-3　气体灭火高压释放软管、瓶头阀、选择阀安装图

（14）集气管是高压工作管道，应该满足 15 MPa 的工作压力。集气管的规模和形式应根据所连接的钢瓶数量和布置方式确定，并应严格按照图纸要求进行制作。集气管的范围应包括自高压施放软管出口至减压装置之间的管道，但当电磁选择阀置于减压装置后面时，减压装置至电磁选择阀之间的连接管道的工作压力也应是 15MPa。

（15）集气管采用焊接方式加工。集气管可采用美国标准 ASTM A－106 或 ASTM A－53 的无缝钢管（A 级或 B 级），或中国国家标准 GB 8163—87 的冷拔或热轧无缝钢管。集气管内外应进行镀锌防腐处理。

（16）减压装置的作用是将钢瓶中的储存压力（15MPa）精确减至（7MPa）。口径 2 英寸以下（含 2 英寸）的减压装置的外壳是由锻钢制成的，孔板为不锈钢。口径 2 英寸以上的减压装置则全部由铜制成。

（17）减压装置安装时应注意外壳上永久性箭头标志表示的方向应与管道中气体流动方向一致。减压装置的开孔尺寸是通过详细的电脑水力计算后确定的，产品出厂时已将开孔尺寸标示在外壳上。安装时应注意所安装的减压装置的管径与开孔尺寸是否与图纸中所标注的相符（图 5-8-4）。

（18）选择阀适用于组合分配的灭火系统中，可以引导药剂流向指定的保护范围。每个保护区的气体输送管上安装一个相应尺寸的选择阀，选择阀设于钢瓶间。选择阀上有气体流动方向标志，安装时按照标示的方向将选择阀安装在气体输送管上。

图 5-8-4　气体灭火减压装置安装图

（19）在选择阀顶部装上电磁阀，电磁阀接在442R控制盘的释放回路接口上（在系统调试完成前，电磁阀不可接入释放回路）。每个选择阀上都应安装一个应急操作的选择阀就地手动启动器，为便于操作和维修，选择阀的安装高度应为1.5m左右。每个选择阀上应有标明保护区名称的永久性标识，如指示牌。

（20）释放喷嘴由铜制成，并永久性地标有喷嘴形式、尺寸、开孔孔径等，安装时必须与设计图纸中喷嘴的尺寸、开孔孔径相符。设有吊顶的保护区内，吊顶下的喷嘴应安装喷嘴挡流罩，以控制药剂的喷射方向，防止损坏吊顶（图5-8-5）。

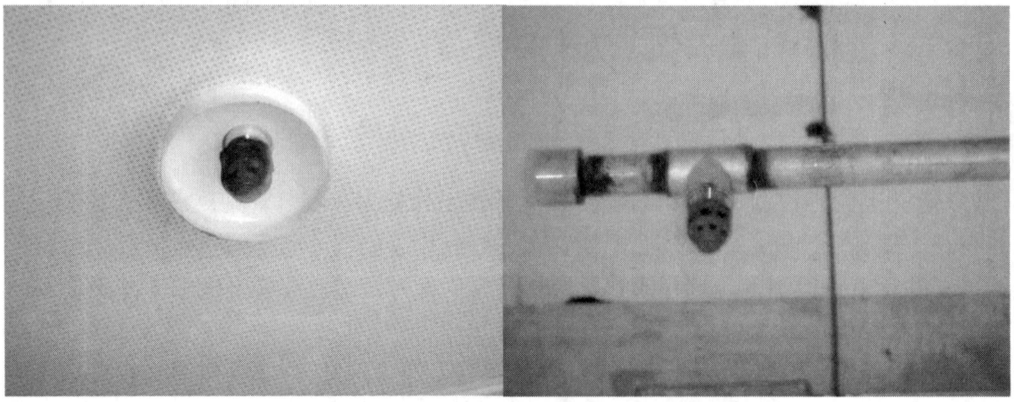

图 5-8-5　气体灭火钢瓶及喷头图

8.2.8　管道试压

（1）上游管道（含集气管）安装完毕后，应按工作压力的1.5倍（22.5MPa）进行水压强度试验，试验时，先将压力慢慢升至规定压力，保压5min，管道各连接处应无明显滴漏，管道应无变形。

（2）下游管道用10.5 MPa的水压进行强度试验或用7.0 MPa气压作气密性试验（试验介质可以是氮气或压缩空气）。当用水进行水压强度试验时，先将压力慢慢升至规定压力值，保压5min，管道各连接处应无明显滴漏，管道应无变形；当用气体作气密性试验时，将压力升至试验压力，关断气源后，3min内压力降不超过试验压力的10%，用涂肥皂水的方法检查防护区外的管道连接处，应无气泡产生。

（3）水压强度试验合格后，应用氮气或压缩空气对管道进行吹扫。

(4) 灭火剂输送管道试压完成后，管道表面应涂大红油漆或做相应的色标。

8.3 气体灭火系统调试

(1) 气体灭火系统的调试宜在系统安装完毕，以及有关的火灾自动报警系统和开口自动关闭装置、通风机械和防火阀等联动设备的调试完成后进行。

(2) 气体灭火系统调试前应具备完整的技术资料及调试必需的其他资料。

(3) 气体灭火系统的调试负责人应由专业技术人员担任，参加调试的人员应职责明确。

(4) 调试前应按要求检查系统组件和材料的型号、规格、数量，以及系统安装质量，并应及时处理发现的问题。

(5) 气体灭火系统的调试，应对每个防护区进行模拟喷气试验和备用灭火剂贮存容器切换操作试验。

(6) 进行调试试验时，应采取可靠的安全措施，确保人员安全和避免灭火剂误喷射。

(7) 模拟喷气试验的条件应符合下列规定：

1) 惰性气体灭火系统模拟喷气试验宜采用氮气进行。氮气贮存容器与被试验的防护区用的灭火剂贮存容器的结构、型号、规格应相同，连接与控制方式应一致，充装的氮气压力和灭火剂贮存压力应相等。氮气贮存容器数不应少于灭火剂贮存容器数的20%，且不得少于1个；

2) 模拟喷气试验宜采用自动控制。

(8) 模拟喷气试验的结果，应符合下列规定：

1) 试验气体能喷入被试防护区内，且应能从被试防护区的每个喷嘴喷出；

2) 有关控制阀门工作正常；

3) 有关声、光报警信号正确；

4) 贮瓶间内的设备和对应防护区内的灭火剂输送管道无明显晃动和机械性损坏。

(9) 进行备用灭火剂贮存容器切换操作试验时可采用手动操作，并应准备氮气或二氧化碳贮存容器。

第 6 篇

调　　试

1　北京奥林匹克篮球馆通风空调系统调试技术

1.1　系统概况

1.1.1　空调风系统

（1）比赛大厅及观众休息厅等大空间主要采用全空气系统。比赛大厅为座椅下送风，在每个固定座椅下部设一个专用送风口，活动座位区是通过设在地面下的送风静压箱风口送风，冷空气经过活动座椅之间的缝隙到达观众席和比赛场地，空调回风口布置在首层侧墙面及比赛大厅顶部，观众休息厅为上部送风集中回风，首层为吊顶散流器送风，三层为喷口侧送，回风口设在四角楼梯旁的竖井侧壁。

（2）主要空调机房设在地下机房层，新风穿过环形车道下部进入机房。比赛大厅和观众休息厅的主风道设成环状，各分区送风支风道由主风道分别引出，并通过电动调节阀实现分区控制。

（3）为满足平时使用要求，在贵宾接待室、赞助商包厢、休息室、媒体用房、办公室、会议室、比赛技术用房等处设风机盘管加新风系统，可根据需要进行分室调节。

（4）冬季需要控制室内湿度的房间，其空调系统配备保证卫生要求的直流水湿膜加湿器。

（5）地下机房层弱电和通信控制机房设带独立冷源的空气调节设备。

（6）全楼的空调房间和不具备自然通风的非空调房间都设置了机械排风系统，训练馆、比赛大厅和休息厅的排风系统按照最小及全新风量设置，可实现全新风模式运行。

1.1.2　防排烟系统

（1）地下机房层、竞赛层和夹层按照《高层民用建筑设计防火规范》(GB 50045—95）的要求，在不具备自然排烟条件的办公室、培训用房、健身房、更衣室、库房等房间以及长度超过20m的内走道设机械排烟设施，排烟风量按防烟分区内每平方米地面面积不小于60m^3/h排烟量计算。

（2）当休息大厅发生火灾时，根据其所在区域，启动最靠近火场的3个区域的排烟风机。设计排烟量为146000m^3/h，此时不做机械补风，而是靠大门进风。

（3）首层商店内部设机械排烟，防止烟气外泄，设计排烟量为18000m^3/h。

（4）贵宾包厢外的走道设正压送风系统，设计排烟量为25000m^3/h。发生火灾时在走道处形成正压，以阻止烟气蔓延至走道。

（5）排烟风道为金属风道，风道外增加保温隔热材料，使其耐火极限达到1.0h。

1.1.3　空调水系统

空调水系统主要为二管制一次泵系统，供冷水温定为6/12℃。由于比赛大厅的空调为下送风，需要较小的送风温差，夏季空气处理过程需要通过再热才能达到送风状态点，所以专门设置了空调再热系统，夏季热交换机房内有单独的交换器提供50/40℃热水。实际运行中，如果为了减少冷热抵消的能耗不进行再热，则比赛大厅内的相对湿度会有所提高，使人感觉不够舒适。

1.1.4　热回收系统

根据节能措施要求，采用间接中间热媒式热交换系统，热回收系统在冬季运行回收热量效果显著，是节能环保的一种方式，回收效率大于70%，一般在冬季运行时进行能效测定。

1.1.5　地板辐射系统

为减少空调送风量，休息厅增设了地板辐射供冷的水系统，该系统与地板辐射供暖合用，观众休息厅地板供冷系统的运行水温为17/20℃，由设在冷冻机房的水－水换热器提供，该系统每层设有12个水分配器，可调节各环路的平衡。

1.2　调试技术

1.2.1　调试内容

根据本工程空调系统的特点，通风空调系统的测定和调整包括以下内容：

(1) 空调机组风量的测试和风口风量的调整；

(2) 空调机组性能的测定和调整；

(3) 空调水系统的调试；

(4) 室内风机盘管风量的测试和室内参数的测定；

(5) 通风、防排烟系统的测定调整。

1.2.2 进行试运转的条件

(1) 通风空调系统安装工作完成后，经过检查，应全部符合现行工程施工质量验收规范要求。

(2) 整理齐备全部设计图纸及有关技术资料，并熟悉有关设备技术性能和系统中的主要技术参数。

(3) 试运转所需的水、电等能源供应，均已能满足使用条件。

(4) 通风空调系统所在场地的土建施工应完工，场地应清理干净。

(5) 冷却水管、冷冻水管等管道系统，应通水冲洗，排出管内污物，并检查确实无漏泄处。排水管道畅通无阻。

(6) 按照试运转的项目，准备好数据记录的相应表格。

1.2.3 通风空调系统调试前的各项检查

(1) 核对各运转设备的电动机型号、规格是否与设计相符，旋转方向是否正确。

(2) 检查地脚螺栓是否拧紧、减振台座是否平整，皮带轮或联轴器是否找正。

(3) 检查轴承处是否有足够的润滑油，加注润滑油的种类和数量应符合设备技术文件的规定。

(4) 检查电机及有接地要求的风机、风管接地线连接是否可靠。

(5) 检查风量调节阀门，开闭应灵活、定位装置应可靠。

(6) 检查风量调节阀、防火阀、排烟阀、排烟口、送风口和回风口内的阀板、叶片，应调整到正常的工作位置。

(7) 检查水路系统管路上的跑风、阀门等阀部件处于相应的开度位置。

(8) 配合电气专业完成通风空调系统所有电气设备及其主要回路的检查与测试。

(9) 配合自控专业完成各种相关自动控制设备位置及控制能力的检查、校核。

1.2.4 通风空调系统单机试运转

(1) 通风机试运转

1) 试运转前应首先对风机进行检查，项目包括：

① 核对风机的型号、规格、油位、叶片调节功能及角度是否与设计及设备技术文件相符。

② 检查传动皮带轮是否同心，松紧是否适度。

③ 轴承箱清洗合格，检查油位并加注符合设备技术要求的润滑油。

④ 手动盘车时叶轮不得有卡阻、碰刮现象，并关闭人孔门。

⑤ 各连接部位不得松动；冷却水系统供应正常；关闭进气调节门。

⑥ 检查风机电源是否到位，检查设备接地及其接线、电压是否符合电气规范及设备技术文件的要求。

2) 风机的启动

① 风机启动前首先应点动试机，检查叶轮与机壳有无摩擦，各部位应无异常现象，风机旋转方向应与机壳所标的箭头一致。

② 风机启动时应对其瞬间启动电流进行测量。

3) 风机的运转

① 风机运转时应对风机的转速进行测量，并将测量结果与设计给定的参数相对照，以保证风机的风量及风压满足设计要求。

② 风机运转时应对其运行电流进行测量，其数值应小于或等于电动机的额定电流值。

③ 在风机运转时，严禁停留于喘振工况内，如发现异常现象应立即停机检查，查明并消除后方可

再次运行。

④ 风机小负荷运转正常后，可进行规定负荷连续运转，其运转时间不少于2h。具有滑动轴承的通风机，连续运转时间不少于2h。

（2）水泵

1）准备工作

① 检查水泵及其减振器的部件是否齐全可靠。

② 检查水泵各紧固件连接部位，不得松动。

③ 手动盘车轻便灵活，不得有卡塞现象。

④ 检查轴承润滑油标号、数量是否足够。

⑤ 检查管路系统上水流方向和阀门的启闭状态，并调节到设计要求状态。

⑥ 水泵试运转前，应将入口阀门全部打开，出口阀门全部关闭，检查水泵的绝缘情况，用绝缘表摇测水泵的绝缘电阻，不应小于0.5MΩ，待水泵启动后再将出口阀门慢慢打开。

2）水泵试运转

① 点动。检查叶轮与泵壳有无摩擦声及其他不正常现象，检查水泵旋转方向是否与水泵壳体箭头方向一致。

② 水泵启动。启动时，用钳形电流表测量电动机启动电流。正常运转后，慢慢开启出口阀门，观察电流表，保证电动机电流不超过额定值。

③ 水泵运转过程中，应用金属棒或长柄螺丝刀，仔细监听轴承内的声音，判断运行状态。

④ 水泵运转正常后，连续试运转2h，轴承温度不应超过75℃。

⑤ 水泵运转时泄漏试验：机械密封，不允许泄漏；软填料密封，10~20滴/min。

⑥ 水泵性能测定。全压测定：水泵运行过程中记录水泵进出口压力，并计算出压差，即为水泵全压。

（3）冷却塔

1）准备工作

① 清扫塔内杂物和污垢。

② 冷却水试压冲洗，冷却水泵单机试运转。

③ 检查浮球阀。

④ 摇测冷却塔风机的绝缘电阻，绝缘值不应小于0.5MΩ。

2）试运转

① 冷却塔风机试运转过程详见风机单机试运转。

② 冷却塔进出水位平衡。

（4）风机盘管试运转

1）准备工作

① 核对风机盘管型号是否与设计相符。

② 检查风机盘管安装是否牢固可靠。

③ 检查水管配管是否正确。

④ 点动试车，检查风机叶轮与壳体有无摩擦和卡塞现象。

2）风机盘管通电运转，调节正常后连续运行30min无异常为合格。

3）通水试验

① 风机盘管在冷水系统注水，认真检查供回水管有无渗漏现象。

② 检查水路是否有堵塞现象。

③ 联合试运转过程中，检查温控开关是否可靠。

④ 检查冷凝水系统是否畅通。

1.2.5 空调水系统调试

（1）冷冻水系统调试

1）准备工作

① 冷冻水系统施工完毕，试压、冲洗完成，并经各方签认达到预期施工要求。

② 冷冻站、空调机房、新风机房土建工程全部完成，上、下水通畅。

③ 软化水系统试验合格。

④ 系统检查：水泵及冷水机组进出口阀门全部关闭；检查各竖井顶部放气阀、竖井底部泄水阀；关闭全部空调机房及新风机房入口处阀门。

2）系统注水

① 关闭进入热力站的阀门，关闭冷水机组进出口阀门，打开分集水器上与冷冻水有关的阀门，使整个冷冻水系统畅通，打开系统最高点排气阀。

② 开启空调补水泵，进行单机试运转，同时向系统注水，并进行水泵性能测定。

③ 在水泵性能测定的同时，配专人监视定压装置。

④ 本次试验必须将系统注满水。

3）冷冻水泵单机试运转

① 开启冷水机组冷冻水进出口阀门。

② 开启冷冻水泵压出端阀门，使各水泵出水口连通，开启冷冻水泵进口阀门，对水泵进行单机试运转，同时测定水泵的流量和进出口压力。

③ 逐台对冷冻水泵进行测试。

④ 开启机房内总阀及空调机组、新风机组进出口阀门，向机组表冷器通水。

4）冷冻水系统试运转

① 单机试运转结束后，将阀门恢复到正常运行状态。

② 逐台检查冷水机组及水泵，并开启进出口阀门，开启冷冻水泵。

③ 逐台检查冷水机组与冷冻水泵进出口压力表，并注意压差变化，根据水管路上的压力表变化情况来处理管道系统中的空气排放。

④ 逐个检查空调机房表冷器进出口压力表是否有压差，如果无压差，检查管道是否堵塞，查明原因，直至处理正常为止。

⑤ 检查风机盘管放气阀并排放空气。

⑥ 系统检查正常后连续运转8h，并做好记录。

⑦ 系统试运转后，拆洗冷冻水系统上各个过滤器。

（2）冷却水系统调试

1）准备工作

① 系统施工完毕后，进行试压冲洗，并经检验达到预期施工验收标准，并经各方签认。

② 全程水处理系统安装完毕，调试出合格软化水。

③ 系统检查：将冷却水泵进出口阀门关闭，将冷水机组进出口阀门关闭；检查冷却塔，并清扫塔内污物；关闭冷却塔自动上水及手动上水阀门；开启冷却塔进出口阀门；关闭冷却水供回水之间连通的阀门。

2）系统注水

① 通过全程水处理器向冷却水系统注水。

② 注水过程中，逐台关闭冷却塔回水阀门，再次调整冷却塔内浮球阀，校正水位，校正后，开启冷却塔回水阀。

③ 开启冷水机组冷却水进出口阀门，并开启冷却水泵进出口阀门，使该系统完全注满水。

3）进行冷却水泵单机试运转，检查冷却水泵进出口压力表压差

4）进行冷却塔风机单机试运转

5）冷却水系统水量平衡及冷却塔水量平衡调整

① 将冷却塔供水电动阀及手动蝶阀开启至最大。

② 开启一台冷却水泵及一台冷水机组进出口阀门，将其他冷却水泵进出口阀门关闭，运行冷却水系统。

③ 调节一台冷却塔手动蝶阀，使冷却塔供回水平衡及冷却塔两侧流水均匀。

④ 关闭此台调整好的冷却水泵及冷却塔进出口阀门，用同样方法调整另外一台冷却水泵及冷却塔，调整好后关闭冷却水泵进出口阀门。

⑤ 进行最后一台冷却水泵的平衡调整，方法同上。

⑥ 调节正常后同时开启冷却水泵及冷却塔，使系统运转4h，并做好运行记录。

⑦ 试运转完毕，拆洗冷却水系统上各个过滤器。

（3）冷水机组试运行（此项应由冷水机组厂家技术人员完成）

1）冷水机组的试运转应符合下列条件：

机房应打扫干净，通风状态良好，冷冻水、冷却水均已通水试验合格。

2）空负荷试车

进行空负荷试车以检查主电机的转向和各附件动作是否正确，以及机组的机械运转是否良好。试车程序参见冷水机组运行手册。

3）机组负荷试运转，参见冷水机组运行手册。

（4）地板供冷系统调试

1）地板空调系统循环泵单机试运转完毕，系统冲洗完毕，系统注水。

2）初始供冷时，冷水降温应平缓，逐渐降至设计供水温度。在此温度下应对每组分水器、集水器连接的管路逐路进行调节，直至达到设计要求。

3）本工程地板供冷系统为辅助系统，其效果应在其他空调系统正常运行的条件下，以房间中央离地1.5m处湿球温度计指示的温度，作为评价和检测的依据。

4）地板供热的调试在具备正常供热的条件下进行。

（5）热回收系统效能测定

热回收系统在冬季运行回收热量效果显著，在冬季运行时进行效能测定。回收效率（实际交换的热量与可能达到的理想的最大交换量的比值）应不小于70%。此外，通过纯能量收益法，即在能量回收评价指标中同时引入回收的热量和风机的能耗，来评定热回收效果。此方法不仅考虑了空调热回收系统回收的能量，同时考虑空调系统为热回收而附加的设备能耗。

1.2.6 风系统风压、风速、风量测定与调整

根据本工程空调系统的特点，通风空调系统的无生产负荷联动试运转后测定和调整包括以下内容：

通风机风量、风压及转速的测定；系统风量与风口风量测定与调整；通风机、空调机及风机盘管噪声测定；空调系统室内参数测定。

（1）通风管道内风压、风速、风量的测定

1）测定位置和测定点

测量断面应选择在气流平稳的直管段上。测量断面设在弯头、三通等异形部件前面（相对气流流动方向）时，距这些部件的距离应大于2倍管道直径。当测量断面设在上述部件后面时，距这些部件的距离为4~5倍管道直径。现场条件许可时，距这些部件距离越远，气流越平稳，对测量越有利。测量断面位置距异形部件的最小距离至少是管道直径的1.5倍。

由于速度分布的不均匀性，压力分布也是不均匀的。因此，必须在同一断面上多点测量，然后求出该断面的平均值。

矩形风道可将风道断面划分为若干等面积的小矩形，测点布置在每个小矩形的中心，小矩形每边的

长度为200mm左右。在圆形风管内测定平均风速时，将圆面积分成5个同心圆环，然后在小面积中心圆环上测定，每个圆环测4点。

2）风道内压力的测定

风道中压力的测量用U形压力计测全压和静压时，另一端应与大气相通（用微压计在正压管段测压时，管的一端应与大气相通，在负压管段测压时，容器开口端应与大气相通），因此压力计上读出的压力，实际上是风道内气体压力与大气压力之间的差值（即气体相对压力）。大气压力一般用大气压力表测定。

由于全压等于动压与静压的代数和，可只测其中两个值，另一值通过计算求得。

① 测定仪器

气体压力（静压、动压和全压）的测量通常是用插入风道中的测压管将压力信号取出，在与之连接的压力计上读出，常用的仪器有毕托管和压力计。

② 测定方法

测定前，将仪器调整至水平，检查液柱有无气泡，并将液面调至零点，然后根据测定内容用橡皮管将测压管与压力计连接。

测定时，毕托管和管嘴要对准气流流动方向，其偏差不大于5°，每次测定要反复3次，取平均值。

数值的确定：

（a）压力计算公式

$$P_{CX} = P_j + P_d \text{ (Pa)} \tag{1}$$

式中 P_{CX}——全压，Pa；

P_j——静压，Pa；

P_d——动压，Pa。

一般情况下，通风机压出段的全压、静压均是正值；通风机吸入段的全压、静压均是负值；而动压（无论是压出段和吸入段）均是正值。

（b）平均压力的确定

测定截面的平均全压、平均静压、平均动压的值为各测点全压、静压、动压的和除以测点总数，即：

$$p = \frac{p_1 + p_2 + \cdots + p_n}{n} \tag{2}$$

式中 n——测点总数，个；

$p_1 + p_2 + \cdots p_n$——测定截面上各测点的压力值，Pa。

3）风速的测定

常用的测定管道内风速的方法分为间接式和直读式两类。

① 间接式

先测得管内某点动压 P_d，再用下式算出该点的流速 v。

$$v = \sqrt{\frac{2P_d}{\rho}} \text{ (m/s)} \tag{3}$$

式中 ρ——管道内空气的密度，kg/m^3；

P_d——测点的动压值，Pa。

平均流速 v_P 是断面上各测点流速的平均值。

为计算方便，一般可按平均动压值计算平均风速，也就是先计算出 v_P，即：

$$v_P = \sqrt{\frac{2}{\rho}}\left[\frac{\sqrt{p_{d1}} + \sqrt{p_{d2}} + \cdots + \sqrt{p_{dn}}}{n}\right] \text{ (m/s)} \tag{4}$$

式中 n——测点数；

p_{d1}、p_{d2}、$\cdots p_{dn}$——各测点的动压值。

此法计算较繁琐，但由于精度高，在通风系统测试中得到广泛应用。

在所测气流比较稳定的情况下，有：

$$\frac{\sqrt{p_{d1}}+\sqrt{p_{d2}}+\cdots+\sqrt{p_{dn}}}{n}\approx\frac{\sqrt{p_{d1}+p_{d2}+\cdots+p_{dn}}}{n} \tag{5}$$

为计算方便，一般可按平均动压值计算平均风速，也就是先计算出$\frac{p_{d1}+p_{d2}+\cdots+p_{dn}}{n}$（平均动压值）后，查表 6-1-1 直接求出 v_P。

由平均动压求平均风速 **表 6-1-1**

v_P (m/s)	0.0	0.1	0.2	0.3	0.4	0.5	0.6	0.7	0.8	0.9
3.0	5.5	5.9	6.3	6.7	7.1	7.5	7.9	8.4	8.7	9.3
4.0	9.8	10.3	10.8	11.4	11.8	12.4	12.9	13.5	14.0	14.7
5.0	15.2	15.8	16.5	17.2	17.8	18.4	19.2	19.8	20.5	21.3
6.0	22.0	22.7	23.5	24.2	25.0	25.8	26.5	27.5	28.4	29.0
7.0	30.0	30.8	31.6	32.5	33.5	34.4	35.3	36.3	37.1	38.0
8.0	39.0	40.0	41.0	42.0	43.0	44.0	45.0	46.1	47.3	48.5
9.0	49.5	50.5	51.5	52.6	54.0	55.0	56.0	57.4	58.5	60.0
10.0	61.3	62.6	63.7	65.1	66.1	67.7	68.8	70.1	71.5	73.0
11.0	74.2	75.7	76.8	77.5	80.0	81.1	82.5	84.0	85.5	87.0
12.0	88.5	90.0	91.3	93.0	94.5	96.0	97.5	99.0	100.2	101.0
13.0	103.8	105.3	107.0	108.5	110.0	112.0	113.9	115.8	117.0	118.5
14.0	120.0	122.0	124.0	125.8	127.5	129.0	131.0	132.5	134.0	136.0
15.0	138.0	140.0	142.0	144.0	145.0	148.0	149.5	151.5	153.0	155.0
16.0	157.0	159.0	161.0	163.0	165.0	167.0	169.0	171.0	173.0	175.0
17.0	177.0	179.0	181.0	184.0	186.0	188.0	190.0	192.0	194.0	197.0
18.0	199.0	201.0	203.0	206.0	208.0	210.0	213.0	215.0	217.0	219.0
19.0	221.0	224.0	226.0	228.0	231.0	234.0	236.0	238.0	240.0	243.0
20.0	245.0	247.0	250.0	253.0	255.0	257.0	260.0	263.0	265.0	268.0

注：1. 表中第一列为平均流速的整数部分，第一行为平均流速的小数部分。

2. 表中其余行列的数据皆为平均动压值（Pa）。

② 直读式

测定管道内风速常用直读式方法，常用的直读式测速仪是热球式热电风速仪。这种仪器的传感器是一球形测头，其中为镍铬丝弹簧圈，用低熔点的玻璃将其包成球状。弹簧圈内有一对热电偶，用以测量球体的温升程度。测头用电加热。由于测头的加热量集中在球部，只需较小的加热电流（约 30mA）就能达到要求的温升。测头温升会受到周围空气流速的影响，根据温升的大小，即可测出气流的速度。

4）风道内流量的计算

平均风速确定以后，可按下式计算管道内的风量 L。

$$L=3600v\cdot F\ (\mathrm{m^3/h}) \tag{6}$$

式中 F——管道断面积，$\mathrm{m^2}$。

气体在管道内的流速、流量与大气压力、气流温度有关。当管道内输送非常温气体时，同时给出气流温度和大气压力。

（2）送（回）风口风速、风量的测定

1）风口风速的测定

风口风速的测定一般用匀速移动法和定点测定法。

① 匀速移动法

仪器：叶轮式风速仪。

方法：对于面积小于0.3m^{2}的风口，可将风速仪沿整个风口断面按规定路线慢慢地匀速移动，移动时风速仪不得离开测定平面，此时测得的结果是风口平均风速。此法需进行3次，取其平均值。

② 定点测定法

仪器：热球式风速仪。

方法：对矩形风口，按风口断面的大小，把它分成若干个面积相等的小块，在每个小块的中心处测量其气流速度。断面积大于0.3m^{2}的风口，可分成9~12个小块测量，每个小块的面积小于0.06m^2；对于断面积小于或等于0.3m^{2}的风口，可取6个测点测量；对于条缝形风口，在其高度方向至少应有2个测点，沿条缝长度方向根据其长度可以分成若干个测点，测点间距小于或等于200mm；对于圆形风口，按其直径大小可分别测4~5个点。

风口的平均风速，按下式计算：

$$u=\frac{u_1+u_2\cdots+u_n}{n}\ (\mathrm{m/s}) \tag{7}$$

式中 u_1、$u_2\cdots u_n$——各测点风速，m/s；

n——测点总数，个。

2）送（回）风口风量的测定

当空气通过带有格栅或网格的送风口送出，特别是当这种格栅的有效面积与外框面积相差很大（例如50%~70%）时，气流会出现紧缩的现象。送风口的风量可按下式计算：

$$L=3600F_{外框}v\cdot K\ (\mathrm{m^3/h}) \tag{8}$$

式中 $F_{外框}$——送风口的外框面积，m^2；

K——考虑格栅结构和装饰形式的修正系数，该值应通过实验方法确定，一般取0.7~1.0；

v——风口处测得的平均风速，m/s。

测定回风口风量时，在贴近格栅或网格处测量，结果相当准确。因为回风口的气流比较均匀，其计算公式与送风口相同。

（3）通风空调系统的风量测定与调整

1）系统风量的测定和调整的顺序：第一步，按设计要求测定送风和回风各干、支风管，各送（回）风口的风量；第二步，按设计要求调整风量；第三步，在系统风量经调整达到平衡之后，进一步调整通风机的风量，使之满足空调系统的要求；第四步，经调整后在各部分调节阀不变动的情况下，重新测定各处的风量作为最后的实测风量。

2）根据实际情况，绘制系统单线透视图。标明风管尺寸、测点截面位置、送（回）风口的位置，同时标明设计风量、风速、截面面积及风口外框面积。

3）开启风机之前，将风道和风口本身的调节阀门，放在全开位置。

4）开启风机进行风量测定与调整，先粗测总风量是否满足设计风量的要求，做到心中有数，有利于下一步的调试工作。

5）系统风量测定与调整。干管和支管风量的测定见“风压、风速和风量的测定”。对于送（回）风系统调整，采用“流量等比分配法”或“基准风口调整法”等，从系统的最不利的环路开始，逐步调向通风机。

① 流量等比分配法

流量等比分配法的特点是在系统风量调整时，一般应从系统最远管段（也就是从最不利的风口）开始，逐步地调向总风管。

为了提高调整速度，使用两套仪器分别测量支管1和支管2的风量，用调节阀调节，使这两条支管的实测风量比值与设计风量比值近似相等，即：

$$\frac{L_{2c}}{L_{1c}}=\frac{L_{2s}}{L_{1s}} \tag{9}$$

虽然两条支管的实测风量不一定能够马上调整到设计风量值，但只需要调整到使两支管的实测风量的比值与设计风量的比值相等为止。

用同样的方法测出各支管、支干管的风量，即$\frac{L_{4c}}{L_{3c}}=\frac{L_{4a}}{L_{3a}}\cdot\frac{L_{7c}}{L_{6c}}=\frac{L_{7s}}{L_{6s}}$。根据风量平衡原理，只要将风机出口总干管和总风量调整到设计风量，其他各支干管、支管的风量就会按各自的设计风量比值进行等比分配，也就会符合设计风量值。该种方法适用于风口数量较少的系统。

② 基准风口调整法

基准风口调整法是调整前先用风速仪将全部风口的风量初测一遍，并将计算出来的各个风口的实测风量与设计风量比值的百分数列入表中，从表中找出各支管最小比值的风口。然后选用各支管最小比值的风口为各自的基准风口，以此来对各支管的风口进行调整，使各比值近似相等。各支管风量与设计风量的比值近似相等，只要相邻两支管的基准风口调整后达到平衡，则说明两支管也已达到平衡。最后调整总风管的总风量达到设计给定值，再实测一遍风口风量，即为风口实际风量。这种方法适用于大系统的风量平衡调整。

实测风量及与设计风量的比值如表 6-1-2 所示。

各风口实测参数 **表 6-1-2**

风　口　编　号	设计风量（m^3/h）	最初实测风量（m^3/h）	$\frac{最初实测风量}{设计风量}\times100\%$
1			
2			

在调试过程中，经常会碰到风口的形状、规格、风量相同的侧送风口，可以把尼龙丝或薄纸条分别置于风口的同一位置上，观察送风时尼龙丝或薄纸条被吹起的倾斜角度是否相同，以判断各送风口风量是否均匀。如果有明显的不均匀，再用仪器进行调整，可减少测定的工作量，从而加速调试速度。

（4）风机风压、风量、转速、轴功率的测定与调整。

1）测试仪表：毕托管、倾斜式微压计、U 形压力计、转速计、功率表。

2）风机的风量、全压是通过测量风机前后风道直管段处断面的全压、静压、动压及风道断面积来确定的。

3）测量断面的位置

① 当与风机直接连接的是直管段，且长度不小于风道直径的多 6 倍时，应在距局部阻力后 4～5 倍管道直径处测定，但距下一个局部阻力应不小于 2 倍管道直径。

② 当直管段长度不足 6 倍管道直径时，则在靠近风机的地方（局部阻力后的直管段）进行测量。此时风机全压等于所测结果加上测量断面至风机出口或吸入断面间理论计算的压力损失。

③ 也可以在不足 6 倍管道直径的直管段取一断面只测量其静压，然后在附近找一个气流足够均匀，面积相同的断面测得动压。利用动压与流速的关系算出风道内的流速。因两断面面积相同，流量不变，因此后一个断面的动压与前一个断面的动压相等，则可以确定这一断面的静压、动压、全压、平均风速及流量。

4）测点在测量断面中的位置按规定进行。

5）风机风压的测定

① 用毕托测压管、倾斜式微压计，测出吸入口和压出口测量断面各测点的全压和动压。求出它们的平均值。

② 计算出风机的测定压力。

③ 求通风机压出段测压断面的平均风速。

④ 求出风机吸入口及压出口的风量。

⑤ 求出被测通风机的风量。

6）风机转速和轴功率的测定

① 利用转速表测得风机的轴转速。

② 利用功率表测得风机的轴功率。

7）通风机风量、风压的调整

① 实测风量比所需风量大，可用通风阀门增大系统阻力而减小风量。这种方法虽简便，但无用的功率增加，有时噪声也增大。

② 实测风量比所需风量大很多时，用通风阀调节很不经济，可将电动机皮带轮直径根据计算后换小，减小通风机的转速。

③ 实测的风量比需要的小，如差值不大，则可设法减小系统的阻力（如加大个别管段的直径，改变不合要求的三通、弯头等）。如果风量小得很多，就必须增加通风机转速和更换电动机。

8）系统风量平衡后，应达到下列要求

① 风口的风量、新风量、排风量、回风量的实测值与设计风量的允许值偏差不大于10%。

② 新风量与回风量之和应近似等于总的送风量，或各送风量之和。

③ 总的送风量应略大于回风量与排风量之和。

④ 系统风量测定包括风量及风压测定，系统总风压以测量风机前后的全压差为准；系统总风量以风机的总风量或总风管的风量为准。

（5）室内参数的测定

1）室内温度和相对湿度的测定

① 室内温度、相对湿度采用干湿球温度计测定。一般空调房间选择在人经常活动的范围或工作区作为测试点。

② 测点数按表6-1-3确定，测定结果应符合设计要求。

测点数量 **表6-1-3**

波动范围	室面积50m²	每增加20~50m²
±0.5~2℃ ±5~±10RH	5点	增加3~5个测点

2）室内噪声的测定

① 空调房间噪声测定，一般以房间中心离地1.2m处为测点，较大面积的空调区域应按设计要求。室内噪声测点可用声级计，并以声压级A档为准。测点的选择应注意将传声器放置在正确的点上，提高测量的准确性，对于风机、电动机等设备的测点，应选择在距离设备1m，高1.5 m处测量。

② 房间噪声测量时要避免本底噪声对测量的干扰，如声源噪声与本底噪声相差不到10dB时，则应扣除本底噪声干扰的修正值。

③ 对于风机盘管噪声，应在安装前试运行，并测出其噪声是否符合设计要求。

1.2.7 防排烟系统

防排烟系统分为排烟风机调试、防火阀调试和联调三步进行。

（1）排烟风机调试

排烟风机的近程、远程控制及主备电源互投的调试方法与水泵相同。对于双速或正反转风机在调试时要在现场观察风机的转向、转速。双速风机是在火灾时高速排烟，平时低速排风。正反转风机是平时正转进风，反转排风。

（2）防火阀调试

1）有反馈信号的70℃防火阀进行手动打开和关闭试验。

2）对有控制开启和关闭、复位、反馈信号的280℃防火阀和排烟口，首先，是每个都进行手动打开和关闭试验，这时检查防火阀和排烟口的开启或关闭动作是否灵活可靠，有问题的立即处理。在检查防火阀时，对那些不方便更换易熔片、不方便以后检修的都要作调整或修改。其次，在消防控制中心对防火阀和排烟口逐个进行调试，并观察信号反馈情况。检查阀体的执行机构是否完好，功能是否正确。检查弱电接线及线路是否正确。

（3）联调

模拟报警（吹烟）使防火分区内任一探测器报警，防火阀受到消防控制中心发出的信号关闭或开启。凡和该防火阀联锁的风机停止低速排风或正转进风。这种风机兼有排烟任务，消防中心再次发出信号重新将防火阀打开，同时联动风机启动，高速或反转排烟。

模拟报警（加温）使防火分区内任一探测器报警，280℃防火阀关闭，并联动火灾区域内的送风机、排风机、空调机组停机。这时火灾区域排烟支管上的280℃防火阀（母阀）及排烟风口收到信号自动打开排烟，其他区域层排烟支管上的280℃防火阀（母阀）及排烟风口全部关闭，并联动风机启动排烟。排烟风口打开的动作信号及排烟风机启动信号都反馈到消防控制中心。

1.2.8 正压送风系统

正压送风机保护区域内任一探测器报警，本区域内的正压送风机启动运转，同时关闭相邻区域的补风机。

正压送风机的调试和排烟风机相同。

联调时在某一区域模拟报警，消防控制中心接到报警，并自动开启该区域加压送风机及消防电梯前室的加压送风机、楼梯间加压送风机。同时控制本区域的补风机运行，并关闭其他楼层同一系统风道上的补风阀。在消防控制中心应能收到这些风机和阀门开启或关闭的反馈信号。

1.2.9 系统无生产负荷联合试运转测试项目

（1）通风系统测定通风机总风量、风压及转速，各风口风量平衡。

（2）各空调设备测定风量（包括送风、回风和新风）、余压及风机转速，各风口风量平衡；测定盘管冷（热）水流量并做水量平衡调整。

（3）制冷及热源设备测定工质运行压力、温度和冷（热）水压力、温度及总流量。

（4）冷却水系统测定压力、温度及总流量，各冷却塔水量平衡调整。

（5）防排烟系统测定风量、风压及疏散楼梯间等处的静压差，并调整至符合设计与消防的规定。

（6）舒适空调房间测定室内温度、相对湿度。在达不到设计要求时可测定送风温度，并追溯至空调机，测定其送风及新风入口温度、相对湿度和风量，以判断系统是否存在问题。

（7）恒温恒湿系统的空调房间测定室内空气温度、相对湿度及波动范围是否符合其精度要求。对二次加热器及加湿器的工作状态需调整。

（8）对房间或厅堂有静压差要求的场所需调整送、回（排）风量差额或调节恒压风阀，以满足其设计条件。

（9）测定空调房间室内噪声是否符合设计规定。

2 中央电视台电视文化中心电气调试技术

2.1 电气专业概况

TVCC 工程属一类高层建筑，应按一级负荷要求供电。外部供电电源由服务楼 110kV 变电站的 10kV 开关柜引来，以电缆在共同管沟及在线槽内敷设的方式进入 TVCC 地下室高压配电室或变压器进线柜。酒店部分设 10kV 高压配电室，由两路 10kV 独立电源供电，酒店部分配电变压器电源由此高压配室引出。TVCC（剧场）部分配电变压器电源由服务楼 110kV 变电站的 10kV 开关柜直接引来。

在 TVCC 地下一层设置变配电所。此变配电所由剧场部分 2 号变配电所（SS\F2.2）和酒店部分 1 号变配电所（SS\F1.1）合并组成，两个变配电所在走廊设门一分为二。平时各自运转，需要时可打开走廊门连通。其中，在酒店部分 1 号变配电所内设有高压开关室，变压器室和低压配电室等。剧场部分 2 号变配电所（SS\F2.2）内设有 2 台 2000kVA 的变压器，酒店部分 1 号变配电所（SS\F1.1）设有二台 2000kVA 的变压器。该变配电所地面抬高 1m，所有高低压电缆均采用下进下出方式。

在 TVCC 地下二层设置剧场部分 1 号变配电所（SS\F2.1），内设变压器室和低压配电柜室，内设 4 台 2000kVA 的变压器。此变配电所地面抬高 1.5m，所有高低压电缆均采用下进下出方式。

在 TVCC 地上 29 层设置酒店部分 2 号变配电所（SS\F1.1），内设变压器室和低压配电柜室。内设 1600kVA 的变压器 2 台。此变配电所地面不抬高，所有高低压电缆均采用上进上出方式。所有变电所内设有机械进排风设备及采取防水、防潮措施。另外，变压器室均设有局部空调。

高压侧采取单母线分段。变压器低压侧采取单母线分段加手动联络方式，电气连锁加机械连锁，平时分列运行，当一路电源失电时，另一路电源可带全部负荷。

10kV 开关柜采用微电脑式多功能继电保护器来进行继电保护。变压器高压侧采用三相过流、速断、单相接地保护及变压器超温报警。操作方式采用直流弹簧操作，操作电源为直流 110V。

在变压器低压侧设置成套静电电容器自动补偿装置，以集中补偿的形式使低压侧功率因数提高至 0.9 以上。在变电所高压配电室设置量电柜，高供高量方式量电，在低压侧设置动力分表，动力与照明分表计算。

2.1.1 配电系统

TVCC 的一般照明和电力及空调电源，由变电所分别引出一路电源至各楼层内配电间的总配电箱。然后由各自的总配电箱采用放射式引至下一级的分配电箱。工艺二级、工艺三级、通信及网络机房设备，大楼控制中心等的用电，采用 UPS 电源供电。在地下二层变电所设一个 UPS 机房，供电范围为剧场部分；另外在地下一层设一个 UPS 机房，供电范围为酒店部分。各部分 UPS 用电设备的供电电源，分别由这两个 UPS 室引出。工艺四级设备，由变电所引出专用回路，送至设在楼层配电间内的电源总配电箱，然后由此总箱再放射式引至下一级的分配电箱。应急照明由变电所的二段母线，分别各引出一路电源至地下室各楼层内配电间的应急照明总配电箱。然后由各自的总配电箱采用放射式引至下一级的分配电箱。消防设施由变电所的二段母线分别引出一路电源至各楼层内的消防设施控制箱，然后由各自的控制箱采用放射式引至消防设备。此消防设施控制箱和配电箱带双电源自动切换装置。

2.1.2 配电线路铺设方式

10kV 线路选用 WDZA-YJY-12KV 型无卤低烟 A 级阻燃交联电缆沿共同电缆沟和电缆桥架铺设。低压配电柜的馈电线路均采用 WDZA-YJY-1KV 型无卤低烟 A 级阻燃交联电缆沿电缆桥架铺设或采用密集型铜母线，其中引至消防用电设备的配电线路采用 BTTZ 氧化镁防火电缆。照明及动力配电支线采用 WDZB-BYJ 型无卤低烟 B 级阻燃塑料绝缘铜芯电缆穿管在墙、楼板或吊顶内铺设。至重要设备的低压配电线路的配电方式采用放射式，至一般设备的配电方式采用放射与树干混合方式配电或链式配电。每层设置电气垂直竖井，电气垂直竖井内设置楼层配电箱及安装垂直电缆桥架和母线槽。施工结束后采用防火材料将楼板的预留孔封堵。消防风机、消防电梯等消防设备及特别重要设备的供电均设置双电源末端自动切换设备，消防设备配电装置均设置明显的消防标志。

2.1.3 照明系统

（1）照明标准：各区域的照度将参照国内及国际有关标准参数而设计，各部位照度标准如下：

办公室	300～500lx；
办公室走廊	150lx；
剧场	200lx；
化妆室	150～500lx；
商场	300lx（局部500lx）；
客房	75～150lx；
门厅　餐厅　多功能厅	100～300lx；
电梯厅	150lx；
设备机房	150lx；
地下停车库	50～100lx。

（2）办公室、会议室等均采用高光效嵌入式荧光灯（二次装修布灯）。走廊、电梯前室、楼梯间采用节能灯。空调机房、地下车库等场所采用荧光灯。水泵房及其他潮湿场所采用防潮型荧光灯具或卤钨灯。变电所、消防泵房、消防控制室等重要机房设置应急照明。疏散走道及疏散楼梯设置应急疏散指示灯。应急照明选用分散式的EPS电源装置，EPS装置按防火分区及功能区设置，应急时间不小于90min。设计中所选用荧光灯具均采用高品质，节能型，高显色荧光灯管，并配高功率因数的电子镇流器。

（3）照明控制

剧院、舞厅、新闻发布及展厅等相对独立场所设置照明智能调光装置。对部分大空间公共场所、入口大堂、公共走道及地下车库等采用开关智能控制。大楼泛光照明通过智能控制，可以根据不同的季节，不同的时间段及重大节目，预先设定各种亮灯模式。这些照明智能控制箱可以分别设置在楼层配电间内，并利用STP五类线将各层照明智能控制箱构成单总线分布式控制系统网络，并引至BAS总控室，可以实现对照明系统的多级管理和多级控制。

（4）剧场部分

该工程设有一大型剧场，内部主要由大型升降舞台机械组成。由于剧场升降舞台及舞台灯光用点容量较大，因此升降舞台供电由两部分组成，分别是舞台机械下低压配电室和舞台机械上低压配电室。舞台上下配电室电源分别由地下二层变电站内独立的变压器及低压配电柜引出，供电线路均采用多根300～500mm^2的独芯无卤低烟A级组燃电缆配合供电组成。

（5）录音棚系统

该工程内有大小录音棚各一个，录音棚内用电为工艺配电线路供电，由地下二层UPS机柜引出。进出录音棚的所有配电线路均作隔音防火处理。录音棚内所有电源引出点需要与录音棚内声学结构有机的结合，尽量小地影响录音棚内的声学效果。

本部分调试范围包括动力系统、普通照明系统、应急照明系统、外景照明系统。

2.2 调试准备工作及人员组织机构

为了确保调试质量，稳、准、可靠、安全、一次性送电调试、试运行的成功，要求各电气专业技术人员、工长，根据图纸设计要求和有关操作规范或验收规范，每部分都要仔细检查并落实，才能保证送电试车一次成功。

（1）低压配电室的剩余土建施工工作必须全部完成，门窗全部安装好，门能上锁，防鼠、防虫，进户套管全部封填好，室内干净、干燥。

（2）所有配电箱、配电柜等安装完毕，且配电箱柜内无尘土、杂物。

（3）所有EPS电池安装完成。

（4）检查所有配电柜、箱及EPS电池内的导线与母线连接的螺栓是否拧紧，开关动作是否灵活，导线插头连接部位是否紧固可靠。

（5）自低压开关柜至各用电设备电缆敷设、接线完成。

（6）重新核查箱柜内主要电气元件是否经相关部门检测合格。

（7）检查接地、接零是否完成、可靠；务必确保没有漏接、不牢靠等现象。

（8）检查试验仪器是否完好，仪表是否在有效周期内。

（9）各种记录表格齐备。

（10）变电所电源进线安装、调试结束，上级变电所具备送电条件。

（11）站内设备安装完毕，包括二次配线及清洁完毕，业主和监理确认，设备所需的仪器、仪表、二次系统图及厂家提供的配线图齐全。

（12）按设计图纸和设备生产厂家提供的接线图，对接线进行仔细检查。检查接线端子是否有松动的现象。

（13）将开关柜内的二次回路所有熔断器拔下，将所有电源开关分断，对直流控制回路、电源回路、信号回路、电极储能回路和交流回路进行正负之间、正负对地、相间和各相对地的绝缘测量，绝缘电阻应大于0.5MΩ。

（14）检查各保险管是否导通。

2.3 电气调试流程图

电气调试流程图见下图：

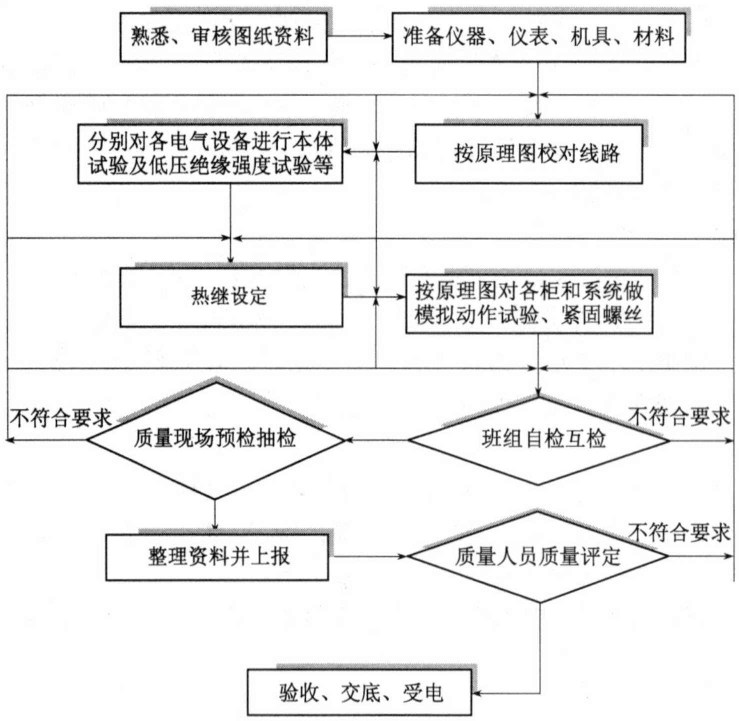

2.4 调试内容

2.4.1 变压器调试

（1）送电前的检查

1）变压器应清理、擦拭干净，顶盖上无遗留杂物。

2）变压器一、二次引线相位、相色标识正确，绝缘良好。

3）变压器外壳和其他非带电金属部件均应接地良好、可靠。

4）有中性点接地的变压器在进行冲击合闸前，中性点必须接地。

5）消防设施齐备。

6）保护装置整定值符合规定要求，操作及联动试验正常。

7）干式变压器护栏安装完毕，各种标志牌、门锁齐全。

8）轮子的制动装置固定牢固。

（2）试运行验收

1）变压器空载投入冲击试验：变压器不带负荷投入，所有负荷侧开关应全部断开。按规定在变压器试运行前，必须进行全电压冲击试验，以考验变压器的绝缘和保护装置。全电压冲击合闸，第一次投入时由高压侧投入，受电后，持续时间不少于10min，经检查无异常情况后，每隔5min再冲击一次，连续进行3～5次全电压冲击合闸，励磁涌流不应引起保护装置误动作，最后一次进行空载试运行24h。

2）变压器空载运行检查方法主要是听声音。正常时发出嗡嗡声，而异常时有以下几种情况发生：声音比较大而均匀时，可能是外加电压比较高；声音比较大而嘈杂时，可能是芯部有松动；有“嗞嗞”放电声音，可能是芯部和套管有表面闪络；有爆裂声响，可能是芯部有击穿现象，应严加注意，并检查出原因及时处理。

3）在冲击试验中操作人员应注意观察冲击电流、空载电流及一、二次侧电压等，做好详细记录。

4）变压器空载运行24h，无异常情况后，方可投入负荷运行。

2.4.2 成套配电柜、控制柜（屏、台）调试

本节调试包括高低压开关柜、直流屏、动力配电箱及照明配电箱的调整试验。

（1）成套配电柜的调整

1）调整配电柜机械连锁，重点检查5种防止误操作功能，应符合产品安装使用技术说明书的规定。

2）二次控制线调整。将所有的接线端子螺丝再紧一次；用兆欧表测试配电柜间线路的线间和线对地间绝缘电阻值，馈电线路必须大于0.5 MΩ，二次回路必须大于1 MΩ；二次回路如有晶体管，集成电路、电子元件时，该部位的检查不准使用兆欧表，应使用万用表测试回路接线是否正确。

3）模拟试验。将柜（盘）内的控制、操作电源回路熔断器上端相线拆除，将临时电源线压接在熔断器上端，接通临时控制电源和操作电源。

4）按图纸要求，分别模拟试验控制、连锁、继电保护和信号动作，操作动作正确无误，灵敏可靠；音响信号指示正确。

（2）成套配电柜的试验

1）高压试验。高压试验应由当地供电部门认可的试验部门进行，试验标准应符合现行国家施工及验收规范，同时符合当地供电部门的相关规定和产品技术文件中的产品特性要求。主要试验包括：柜内母线的绝缘、耐压试验，PT、CT柜的变比、极性试验，避雷器试验等。

2）定值整定。定值整定工作应由供电部门完成，定值严格按供电部门的定值计算输入。对于继电器控制的配电柜，分别对电流继电器、时间继电器进行定值调整；对于微机操作的配电柜直接将各参数输入至各配电柜控制单元。

3）直流屏的试验。将直流屏内的电子器件从线路上退出，检测主回路线间和线对地间绝缘电阻值应大于0.5MΩ，直流屏所附蓄电池组的充、放电应符合技术文件的要求；整流器的控制调整和输出特性试验应符合技术文件的要求。

4）低压成套配电柜耐压试验。电气装置的交流工频耐压试验电压为1kV，当绝缘电阻值大于10MΩ时，可采用2500V兆欧表摇测，试验持续时间1min，无击穿闪络现象。

5）低压配电箱（柜）交流工频耐压试验。当绝缘电阻值大于10 MΩ时，用2500V兆欧表摇测1min，应无击穿闪络现象；当绝缘电阻值在1～10MΩ时，用1000V兆欧表摇测1min，应无击穿闪络现象。

（3）送电试运行前的准备工作

1）由业主备齐经过检验合格的验电器、绝缘靴、绝缘手套、临时接地编制铜线、绝缘垫、粉末灭火器等。

2）对设置固定式灭火系统及自动报警装置的变配电室，其消防设施应经当地消防部门验收后，才能正式运行使用。如未经消防部门验收，须经消防部门同意，并办理同意运行手续后，才能进行高压运行。

3）再次清扫设备，并检查母线、配电柜上有无遗留的工具、材料和其他物件。

4）试运行的安全组织措施到位，明确试运行指挥者、操作者和监护者。明确操作程序和安全操作应注意的事项；填写工作票，实行唱票操作。

（4）空载送电试运行

1）由供电部门检查合格后，检查电压是否正常，然后对进线电源进行核相，确认相序无误后，按操作程序进行合闸操作。先合高压进线柜开关，并检查 PT 柜的三相电压指示是否正常。再合变压器柜开关，观察电流指示是否正常；再依次将各高压开关柜合闸，并观察电压、电流指示是否正常。

2）合低压柜进线开关，在低压联络柜内，在开关的上下侧（开关未合状态）进行核相。观察低压进线柜上电压指示是否正常。

3）经过空载试运行试验 24h 无误后，进行带负载运行试验，并观察电压、电流等指示正常，高、低压开关柜内无异常声响，运行正常，即可交付使用。同时提交变更洽商记录、产品合格证、说明书、试验报告等技术资料。

2.4.3 UPS、EPS 装置调试

（1）调试前的检查

1）检查各电子元件及配线是否牢固；检查蓄电池有无裂纹、鼓肚等损伤。

2）检查系统电压和电池的正负极方向，确保安装正确；并用肥皂水和软布清洁蓄电池表面和线缆。

3）检查接地和通风是否符合要求。

（2）调试试验

1）对 UPS、EPS 的各功能单元进行试验测试，全部合格后方可进行 UPS 的综合试验和检测。

2）测试 UPS、EPS 输入、输出连线的线间、线对地间的绝缘电阻，其绝缘阻值应大于 0.5 MΩ。

3）根据厂家技术资料，正确设定均充电压和浮充电压，对 UPS、EPS 进行通电带负载测试。

4）按照 UPS、EPS 使用说明书的要求，按顺序启动和关闭 UPS、EPS。

5）对 UPS、EPS 进行稳态测试和动态测试。稳态测试时，检测 UPS、EPS 的输入、输出、各级保护系统；测量输出电压的稳定性、波形畸变系数、频率、相位、效率、静态开关的动作是否符合技术文件和设计要求。动态测试时，测试系统合上或断开负载时的瞬间工作状态，包括突加或突减负载、转移特性测试；测试输入电压的过压和欠压保护。

6）对 UPS 的噪声进行测试：输出额定电流为 5A 及以下的小型 UPS，其噪声不大于 30dB（A 声级）；大型 UPS 的噪声不大于 45dB（A 声级）。对 EPS 的噪声进行测试：其噪声在 1m 处不大于 55dB。

7）正常电源与 UPS 电源的切换：当正常电源故障或其电压降到额定值的 70% 以下时，计时器开始计时，如超过设定的延时时间（0～15s）故障仍存在，且 UPS 电源电压已达到其额定值的 90% 的前提下，转换开关开始动作，由 UPS 电源供电；一旦正常电源恢复供电，经延时后确认电压已稳定，转换开关必须能够自动切换到正常电源供电，同时通过手动切换恢复正常供电的功能也必须具备。

8）正常电源与 EPS 电源的切换：当控制器检测到主电源电压低于 70% 而停电，延时时间长于进线主电源恢复时，控制器断开蓄电池电源，静态开关动作，恢复由主电源向负荷供电，该切换时间不大于 0.1s。当任一单体电池放电至额定最低电池电压时，系统自动停机以保护电池，并发出报警信号。交流进线电源从故障状态恢复正常时，逆变器自动退出运行，应急照明负荷和疏散标志由交流市电供电，同时整流/充电器向电池组充电，电池组充电完成后，整流/充电器应自动调整电压向蓄电池浮充电状态。

9）对 EPS 监控系统进行测试：检测 EPS 监控系统对 EPS 装置主备电源运行状况、电池工作状态以及输入电源故障、逆变器故障、充电器故障、电池故障、输出开路或短路、监控装置故障等的监视情况。

（3）试运行验收

不间断电源设备经过调试试验合格后，按操作程序进行合闸操作。先合引入电源的主回路开关，并检查电源电压指示是否正常。再合充电回路开关，观察充电电流指示是否正常，随着电压上升，当达到其浮充电压时，充电器改为恒流工作。然后闭合逆变回路，测量输出的电压是否正常。经过空载试运行试验 24h 无误后，进行带负载运行试验，并观察电压、电流等指示正常后，可交付使用。

2.4.4 电机调试

（1）电动机的试验

1）绝缘电阻测试

① 1kV 以下电动机使用 1kV 或 500V 兆欧表测试，绝缘电阻值不小于 0.5 MΩ。

② 1kV 及以上电动机，使用 2.5kV 兆欧表测试，绝缘电阻值在 75℃时，定子绕组不低于 1MΩ/kV，转子绕组不低于 0.5MΩ/kV。

2）直流电阻测试

① 1kV 以上或 100kW 以上的电动机各相绕组直流电阻的相互差别不应超过最小值的 2%，中性点未引出的电动机可测量线间直流电阻，其相互差别不应超过其最小值的 1%。

② 对于多速或有两种工作电压的电动机，如 6/3kV，则应分相分组来测试定子绕组的直流电阻。

3）直流耐压测试

1kV 以上或 1000kW 以上、中性点连线已引出至出线端子板的定子绕组，应分相作直流耐压试验，并测试泄漏电流。

4）交流耐压测试

1kV 及以上电动机应做交流耐压试验。

（2）控制保护设备调试试验

1）控制保护设备调试

① 二次控制线调整。将所有的接线端子螺丝再紧固一次；用兆欧表测试配电柜间线路的线间和线对地间绝缘电阻值，馈电线路必须大于 0.5 MΩ，二次回路必须大于 1 MΩ；二次小线回路如有晶体管，集成电路、电子元件，该部位的检查不准使用兆欧表，应使用万用表测试回路是否接通；将柜（盘）内的控制、操作电源回路熔断器上端相线拆除，将临时电源线压接在熔断器上端，接通临时控制电源和操作电源。

② 模拟试验。按图纸要求，分别模拟试验控制、保护、操作、测量和信号动作，应正确无误，灵敏可靠。

2）控制保护设备试验

对于控制高压电动机的配电柜，应进行高压试验。高压试验应由当地供电部门认可的试验部门进行，试验标准应符合现行国家施工及验收规范，并符合当地供电部门的相关规定和产品技术文件中的产品特性要求。

（3）试运行验收

1）试运行前的检查

① 电刷与换向器或滑环的接触应良好；电动机外壳油漆完整，保护接地良好。

② 盘动电机转子应转动灵活，无碰卡现象；电动机引出线相位正确、固定牢固、连接紧密。

2）电动机试运行首先在空载的情况下进行，空载运行时间为 2h，并做好电动机空载电流、电压记录。

3）电动机试运行接通电源时，如发现电动机不能启动和启动时转速很低或声音不正常等现象，应立即切断电源检查原因。

4）多台电动机启动时，应按容量从大到小逐台启动，不能同时启动。

5）电动机试运行中应检查下列项目：

① 电动机的旋转方向正确，换向器、滑环及电刷的工作正常；

② 电动机的温升在要求范围内，不应出现过热现象；

③ 滑动轴承温升不超过80℃，滚动轴承温升不超过95℃；

④ 电动机的振动符合规范要求。

6）交流电动机带负荷启动次数应尽量减少，如产品无规定时，按在冷态时可连续启动2次；在热态时，可启动1次。

7）按程序运行多台电动机，应分别按设计程序进行手动、自动试验，电动机动作顺序准确无误，信号指示正确。

8）对于远程控制的电动机，应分别进行远程启、停操作，设备启停应准确，同时在远程控制中心反馈信号正确，各参数测试结果准确。

2.4.5 电气动力系统调试

（1）动力线路的绝缘值测试，符合要求并做好测试记录。

（2）送电前检查动力箱（柜）与箱（柜）之间的连接线；检查各电器元件是否符合图纸要求，清理箱（柜）内杂物，紧固螺丝和接线端子。

（3）箱（柜）上挂“禁止合闸”或“有人工作”的警告牌。警告牌的挂、取应有专人负责。

（4）送电前按层或系统对每个动力箱（柜）开关进行空载分、合操作，检查每个动作机构是否灵活，用万用表测量开关输入输出接点是否接触可靠。

（5）送电时先由变电室低压开关柜开关合闸，逐级至末端动力配电箱（柜）开关合闸。停电时与送电要求反序分闸断电。动力箱（柜）调试完毕后及时把门锁好。

（6）测量各动力箱（柜）相序与电网是否一致。

（7）成套配电（控制）柜、台、箱、盘的运行电压、电流应正常，各种仪表指示正常。

（8）模拟消防断电试验和连锁控制试验。根据设计图纸和技术资料的相关要求，分别模拟试验控制系统、连锁和操作系统、继电保护和信号动作，应正确无误、灵敏可靠。反馈至消防控制室和中央监控的运行信号及故障信号应正确无误。

（9）模拟设备的运行状态、故障报警和手/自动状态；连锁和操作系统、继电保护和信号动作应正确无误、灵敏可靠。反馈至中央监控运行信号和故障信号及手、自动信号应正确无误。

2.4.6 电气照明系统调试

（1）系统要求

1）电气管线敷设完毕，穿线完毕。

2）各种灯具接线完毕，各种开关面板接线完成。

3）管线经过绝缘电阻测试合格。

4）配电箱安装完毕，且经过绝缘测试合格。

5）桥架、电缆敷设完毕，电缆绝缘测试合格。

6）母线敷设完毕，绝缘测试合格。

7）配电箱、柜安装完毕，绝缘测试合格。

（2）调试方法

1）先检查各种照明配电箱（柜）是否已全部切断电源。

2）再检查各灯具是否测试合格及其接线是否准确。

3）按系统、照明配电箱控制的区域分成各自独立的调试区域，调试从上到下，逐层逐区域进行。

4）照明配电箱送上电源，先打开箱内一路照明控制开关，再开启相关的照明灯具，检查灯具照明是否正常；然后打开另一路照明控制开关，进行检查。接着逐步打开照明配电箱内的全部开关。

5）采用相同的方法进行调试第二个照明配电箱，逐步调试完顶层的所有照明配电箱，再往下层调试，采用相同的方法直至所有的照明配电箱全部调试完成。

6）所有分段、分区域、分系统调试完后，进行总体送电运行调试，先切断各区的照明控制箱开关，配电间上锁；然后对照明主干线电缆、封闭母线空载送电，运行24h后作一次全面的检查发现问题及时解决；由上往下逐层开始各回路送电，边送边查看，发现问题及时解决；有双电源作切换系统调试，以确保双电源切换正常。

7）在调试的同时作好调试记录，并填写竣工资料。

2.5 防雷接地系统测试

（1）接地电阻测试要求：采用联合接地，接地电阻不应大于0.5Ω。

（2）接地电阻测试仪：ZC-8型接地电阻测试仪适用于测量各种电力系统、电气设备、避雷针等接地装置的电阻值，亦可测量低电阻导体的电阻值和土壤电阻率。

（3）仪表由手摇发电机、电流互感器、滑线电阻及检流计等组成，全部机构装在塑料壳内，外有皮壳便于携带。附件有辅助探棒导线等，装于附件袋内，其工作原理采用基准电压比较式。

（4）使用前检查测试仪是否完整，测试仪包括如下器件。

1）ZC-8型接地电阻测试仪1台；

2）辅助接地棒2根；

3）导线5m、20m、40m各1根。

（5）使用与操作

1）测量接地电阻值时接线方式的要求

仪表上的EV端钮接5m导线，*P*端钮接20m线，C端钮接40m线，导线的另一端分别接被测物接地极*E*′，电位探棒*P*′和电流探棒*C*′，且*E*′、*P*′、*C*′应保持直线，其间距为20m，测量小于1Ω，测量接地电阻接线如图6-2-1所示。

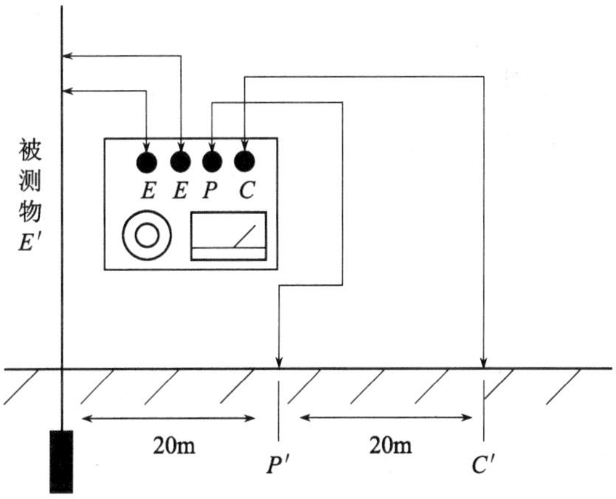

图6-2-1 测量接地电阻接线图

将仪表上两个*E*端钮导线分别连接到被测接地体上，以消除测量时连接导线电阻对测量结果引入的附加差。

2）操作步骤

① 仪表端所有接线应正确无误。

② 仪表连线与接地极*E*′、电位探棒*P*′和电流探棒*C*′应牢固接触。

③ 仪表放置水平后，调整检流计的机械零位，归零。

④ 将“倍率开关”置于最大倍率，逐渐加快摇柄转速，使其达到120r/min。当检流计指针向某一方向偏转时，旋动刻度盘，使检流计指针恢复到“0”点。此时刻度盘上读数乘上倍率档即为被测电阻值。

⑤ 如果刻度盘读数小于1时，检流计指针仍未取得平衡，可将倍率开关置于小一档的倍率，直至调节到完全平衡为止。

⑥ 如果发现仪表检流计指针有抖动现象，可变化摇柄转速，以消除抖动现象。

（6）注意事项

1）禁止在有雷电或被测物带电时进行测量。

2）仪表携带、使用时须小心轻放，避免剧烈振动。

2.6 电气专业调试安全技术措施

参加调试人员应有明确的分工，必须在不少于两个人的情况下进行操作调试，其中一人操作，一人监护；进入电气室调试现场的相关人员严禁吸烟；操作人员必须穿戴劳动防护用品（绝缘鞋、绝缘手套），并作好安全防范措施。在调试的具体操作中应主要注意以下几点：

（1）建立流畅的受电联络体制。

（2）在同一供电系统中不得同时采用接零和接地，即不得将一部分电气设备作保护接地，而将另一部分电气设备作保护接零。

（3）电气设备的额定工作电压必须与电源电压等级相符。

（4）清洗电机设备时，不得将水冲洗到电气设备上。

（5）发生人身触电时，应立即切断电源，然后及时对触电者作紧急救护，严禁在未切断电源之前与触电者直接接触。

（6）送电必须两人以上进行，确认所要通电的开关后，一人操作，一人记录监护，在得到操作指令，操作人员对要操作的指令明确无误后，方可进行操作；操作、监护人员应对低压设备运行有一定的经验。

（7）参加调试的工作人员始终要佩带好各类防护用具，确保安全；对即将受电设备设置标志牌、围栏、警告牌；调试中出现问题，要先切断电源，再检查设备情况。

（8）严禁带电作业或采用预约送电时间的方式进行电气调整或检修；调整、检修前必须先切断电源并在电源开关上挂“禁止合闸”或“有人工作”的警告牌。警告牌的挂、取应有专人负责。

（9）电气装置遇到跳闸时，不得强行合闸，以免导致接零或接地失去保护作用烧坏电气设备。应查明其原因，排除故障后方可再合闸。

（10）在送电和调试工作中，严禁非调试人员在设备附近施工；调试完毕的设备应加强保护，无关人员不得随意乱动。

（11）配电室送电要按供电值班制度进行操作，各种工具安全性能良好。

（12）设备通电调试前，室内要设置相应的消防器材。

3 首都机场 T3A 消防系统调试技术

3.1 系统概况

T3A 航站楼为一类建筑，其耐火等级为一级；防雷等级为二级。T3A 航站楼是一个高智能的现代化机场并具有高度的防火及自救功能。

该工程消防系统主要有：防排烟系统、消防水系统、消防报警系统、疏散诱导及应急照明系统、消防电梯和防火卷帘及防火门等隔离系统。

3.1.1 防排烟系统概况

（1）T3A 航站楼防排烟系统包括封闭舱、开放舱排烟系统和大空间烟气清除系统、火灾控制区、地下安全走廊的正压送风系统、行李输送隧道和处理机房排烟系统、装卸运输区域排烟系统等。

（2）火灾控制区：地下层部分和机坪层按防火分区确定。二层及二层以上部分公共、零售、办公区域分成东西两翼、南北直指廊和中央 5 个火灾控制区。火灾时该火灾控制区应切断与消防无关的为该火灾控制区服务的通风空调设备电源，与防排烟有关的空气处理机组的送风机和回风机的连锁关系解除，合用设备和各种风阀转为火灾控制状态。

3.1.2 消防水系统概况

T3A 航站楼消防水系统设有自动喷水灭火系统、室内（外）消火栓系统。室内消火栓及自动喷淋系统均由地下二层消防水池供水，消防水池总有效容积为 $600m^3$。消防泵均设在地下二层消防泵房，设备双路供电，并配有应急电源。

（1）消火栓系统：T3A 航站楼室外消火栓系统由机坪消防给水管供给，室外消火栓系统属于飞行区、站坪消防管线系统。室内消火栓管在地下一层呈水平环状管网，环状管网在首层外墙设有水泵接合器。

（2）喷淋系统报警阀集中设在 4 处，阀前干管在地下一层呈水平环状管网，环状管网在首层外墙设有水泵接合器。每个报警阀所控制的喷头数量不超过 800 个，湿式或预作用系统在每层或每个分区的管路始终都设有信号阀及水流指示器。在管道最不利点设有末端放水装置。

3.1.3 消防报警系统概况

该工程主要设置有火灾自动报警系统、消防联动控制系统、空气采样烟雾报警子系统。消防中心设置在 L1 层 08 区，负责 T3A 的综合管理。

（1）火灾自动报警及消防联动系统

1）根据图纸及规范要求，设置感烟或感温探测器，其中气体灭火、水喷雾防护区、防火卷帘门两侧同时设置感烟和感温探测器。

2）变配电室、封闭电缆桥架和线槽内、大空间下自动扶梯机坑、自动步道机坑设置线缆式感温探测器。

3）捷运系统维护区域、电气管廊行李隧道、行李服务通道、行李处理机房、功能控制中心、T3 屋顶顶棚设置空气采样探测器。

4）厨房及燃气表间设置燃气泄漏探测器。

5）在明显部位按规范设置手动火灾报警器。

6）每个消火栓箱内设碎玻璃按钮及启泵信号指示灯。

7）水流指示器及检修阀、70℃、150℃和 280℃防火阀、湿式报警阀、压力开关等均附地址模块接入报警总线；消防水池设置超低水位报警信号。

8）在分区的主要出入通道及重点疏散楼梯间前室设置重复显示屏；在每层楼梯间出入口明显部位装设识别火灾层的声光报警楼层显示器；在机房内装设火灾报警发声器，面积大于 $500m^2$ 时设置声光报警装置；残疾人卫生间及通道设发声器及频闪指示灯。

(2) 火灾通信系统

1) 消防控制中心设置119专用报警电话。

2) 消防中心、公安办公室、机场消防站、功能管理中心、楼宇管理室、灭火控制系统操作装置处、消防泵房、电梯机房、开闭站、变电室、空调机房、控制器和重复显示屏等处设置实装专用对讲电话，在变配电室、电梯机房、水泵房及风机房等重要场所设固定式消防专用电话分机。

3) 在手动报警按钮处设置专用对讲电话插孔或电话分机。

(3) 空气采样烟雾探测报警系统

1) 空气采样烟雾探测报警系统是一个相对独立的子系统。有自己的网络及管理服务器工作站，通过模块接入火灾自动报警及联动控制系统。

2) 本系统由空气采样管网、空气采样探测装置、网络节点模块、管理服务器工作站及附属设备等组成。

3.2 准备工作

根据国家规定，T3A航站楼工程竣工验收前，应先进行消防工程验收，消防工程验收合格后方可进行竣工验收。

3.2.1 消防工程验收前阶段划分

消防工程验收前根据时间和任务不同可划分为验收前的工程调试、验收前消防检测、消防验收三个阶段。

(1) 工程调试阶段：是指验收前，施工单位要进行消防专业系统的调试及报警系统调试（点动、联动）。系统调试是按消防规范和施工验收规范，对系统的消防设施和施工质量进行检查和系统测试；模拟消防检测和消防验收功能的调试，修改在调试中发现的问题。

(2) 消防检测阶段：由公安消防监督检测机构对消防专业的系统功能进行检查和模拟检测，检测中提出的问题和意见进行修改（消检、电检、卫检、电梯安全检查等）。

(3) 消防验收阶段：由消防局对消防工程进行检查验收。

消防检测和消防验收是消防检测机构和消防局对消防有关的工程项目进行功能检测和检查验收，只是检测和检查的角度、方位、深度不同。

消防工程调试是机电设备安装工程调试中最重要、技术最复杂、涉及专业最多的综合调试，是工程竣工交验前必须进行的程序；是对消防工程各专业系统的功能与施工质量的检验；是对T3A航站楼工程在使用过程中是否安全、可靠的重要保证；是集探测智能、监察智能、联动智能为一体的综合调试。

3.2.2 现场必备条件

(1) 工程调试、检测阶段现场必须达到以下条件：

1) 结构施工全部完毕。

2) 消防控制中心及设备机房装修完毕并撤场，门、窗正式锁可以使用，达到正式办公使用条件。

3) 楼内装修基本结束，楼内各房间编号、标识已到位。

4) 各专业的消防系统安装全部施工完毕，并达到系统调试运转条件。其专业系统管线、阀件和设备经检查，符合设计图纸、变更洽商及施工验收规范要求。各系统的安装检查合格并经监理确认。

5) 消防水管道水压试验及冲洗完毕，经监理检查合格并签认。消防水各系统管道在第一次充水，要经专业组长同意后方可进行，不得擅自行动；重要部位的管线（如行李区域）在充水前需再进行气压检查，无问题后经专业组长同意后方可进行充水。充水前要通知相关的单位或专业做好防护。

6) 机电设备单机运转，其参数及技术指标符合规定，经监理检查合格并签认。

7) 排烟及正压送风系统的风管清理干净。

8) 楼内给水系统可以正式启用，消防水池达到正式蓄水条件并已蓄满水。

9) 排水系统与室外市政系统相接，楼内排水系统可以正式启用。

10）供电系统正式启用，达到分区域安全供电的条件。

11）调试的区域、机房、通道等部位，照明系统可正常使用。

12）设备厂商技术支持到位，并带齐所供设备的备件。

13）调试区域的卫生间，上下水系统可正常使用。

14）调试所需仪表、机具、物资准备齐全。

15）调试所需纪录表格准备齐全。

16）调试区域的卫生清理干净。

（2）消防验收阶段的现场应达到以下条件：

1）消防检测完毕，其检测出的问题已全部整改并经复查合格。

2）供电系统正式启用，全楼达到安全供电的条件。

3）全楼照明系统可正常使用。

4）全楼卫生间、上下水系统可正常使用。

5）装修全部结束，楼内各房间编号，已正式标识到位。

6）楼内卫生全部清理干净。

3.2.3　岗位教育、持证上岗

参加调试及消防检测、验收的人员须经过专业技术、安全文明等教育，应达到以下要求：

（1）调试小组的操作和测试人员须经技术和安全教育，均做到持证上岗。

（2）调试小组人员应分工明确，各司其职。调试组长应对施工图纸、现场、本专业调试方案及调试过程熟悉。在调试中应认真负责做好本调试小组的工作，对调试过程中发现的问题要及时汇报。

（3）参加调试的操作测试人员应对施工图纸、现场熟悉，了解自己所负责调试任务的步骤和过程，做好本职工作。

（4）记录人员要熟悉记录调试表格的填写项目和内容，填写要真实、正确、清楚。当天调试完成后及时整理调试记录表格，调试完毕汇总整理调试记录，认真填写调试报告。

3.2.4　成立消防联动调试小组及检测、验收小组

3.3　室内消火栓系统调试

3.3.1　室内消火栓系统概况

（1）消火栓系统由地下二层消防泵2台（一备一用）供水，每台水泵出水管均与室内消火栓环状管网相连。

（2）室内消火栓水管在地下一层构成水平主环状管网，环状管网在首层设有墙壁式水泵接合器2个。

（3）消火栓系统采用带气压罐的增压稳压装置定压。

（4）室内消火栓采用单阀单出口型，配置消防自救卷盘。消火栓枪最小流量为5L/s其规格为ϕ65/19，水龙带长25m；自救卷盘规格为ϕ25，胶管内径为19mm，长25m，喷嘴直径为6mm。

3.3.2　消火栓系统工程数量

（1）消火栓系统工程数量见表6-3-1所示

消火栓系统工程数量　　　　**表6-3-1**

序	名　称	型　号	数　量	生　产　厂　家
1	消火栓泵	XBD/8/30-HY	2台	上海连成
2	稳压泵	40DL6-12X9	1台	上海连成
3	气压装置	QLC10/20-12	1套	上海连成
4	水泵接合器	SQB100-1.6	2个	郑州市柳城消防器材有限公司
5	减压阀			江都市国泰消火栓厂
6	消火栓箱		1379个	江都市国泰消火栓厂
7	管网		50000m	

（2）T3A 航站搂室内消火栓共有 1379 个，分布在不同的区段和楼层，见表 6-3-2 所示。

室内消火栓分布　　表 6-3-2

名　称	材　质	规　格	部　位	数　量
卧式明装箱	不锈钢发丝	1350×300×900	登机桥、钢连桥、旅客公共区	210
立式明装箱	不锈钢发丝	700×240×1900	F2 层行李大厅	18
立式明装箱	钢板喷塑	700×240×1900	非公共区	482
立式明装箱	钢板喷塑	800×200×1800	登机桥	11
立式暗装箱	钢板喷塑	700×240×1800	非公共区、幕墙、登机桥	517
立式暗装箱	钢板喷塑	700×160×1800	电梯前室	33
罗盘箱暗装箱	钢板喷塑	1100×240×1145	罗盘箱 ABCE	108

3.3.3　室内消火栓系统调试

消火栓系统调试主要内容有：消火栓系统安装质量检查、消火栓泵调试、消火栓功能试验及联动试验等。

（1）安装质量检查

1）消火栓箱及系统检查

① 消火栓箱安装牢靠，箱体安装垂直偏差小于 3mm。检查方法：采用目测和吊线尺量。

② 消火栓箱附件齐备完好，箱门标识正确、美观。

③ 栓口中心距地面 1.1m，栓口朝外且安装在门轴对侧。检查方法：采用目测和吊线尺量。

④ 阀门中心距箱侧面大于 140mm，距箱后面大于 100mm，偏差 +5mm。检查方法：采用目测和吊线尺量。

⑤ 水龙带与水枪和快速接头绑扎牢靠，摆放整齐。

2）消防泵安装质量检查

① 根据设计要求核对水泵规格、型号。

② 泵体安装要牢固。

③ 检查水泵安装位置及坐标与设计图纸是否一致。

④ 水泵运转，检查叶轮与泵壳有无摩擦声和其他不正常现象，核对水泵旋转方向是否正确。

3）管网系统检查

① 对系统连接方式、管线走向进行核对，检查支吊架构造、设置位置。

② 在每个消火栓箱自救卷盘处放水，检查各层系统是否畅通。

（2）消火栓泵调试

消火栓泵调试必须在单机运转合格，并经监理工程师检查签认后进行。消火栓泵调试按施工验收规范进行。

1）消防水池要注满水，关闭水泵出口阀门，打开水泵进口阀门，开启试验水阀。

2）手动启泵，水泵应在 60s 内投入正常运行。水泵运转时检查电机运转是否正常、轴温是否正常、有无异常声音；水泵运转是否正常、有无漏水及测试运转电压、启动电流等。

3）手动启泵，关闭试验水阀，给系统内充满水，手动开启稳压泵（稳压泵打到自动工作状态），并逐渐升压，当远传压力表表压升至规定值后停泵。

4）开启水泵试验水阀，系统降压，当压力降到规定值时稳压泵应自动启泵补水，此时应关闭水泵试验水阀，系统压力升高，当压力升至规定值后稳压泵应自动停泵。

以上水泵调试合格后填写调试记录（按施工验收规定执行）。

（3）互投试验

在消防泵房内直接启动水泵，泵运转正常后进行互投试验（水泵进行互投切换调试时，必须由两名正式电工操作。操作电工必须按规定穿戴绝缘鞋、手套等物品和用具）。

1）模拟故障进行主、备泵互投试验。

2）模拟故障进行主、备电源互投切换。

（4）静压测试

在管网系统压力正常后进行静压测试。在管最高点（五层）及二层以下分别测压，其栓口压力小于或等于0.5MPa，如图6-3-1所示。

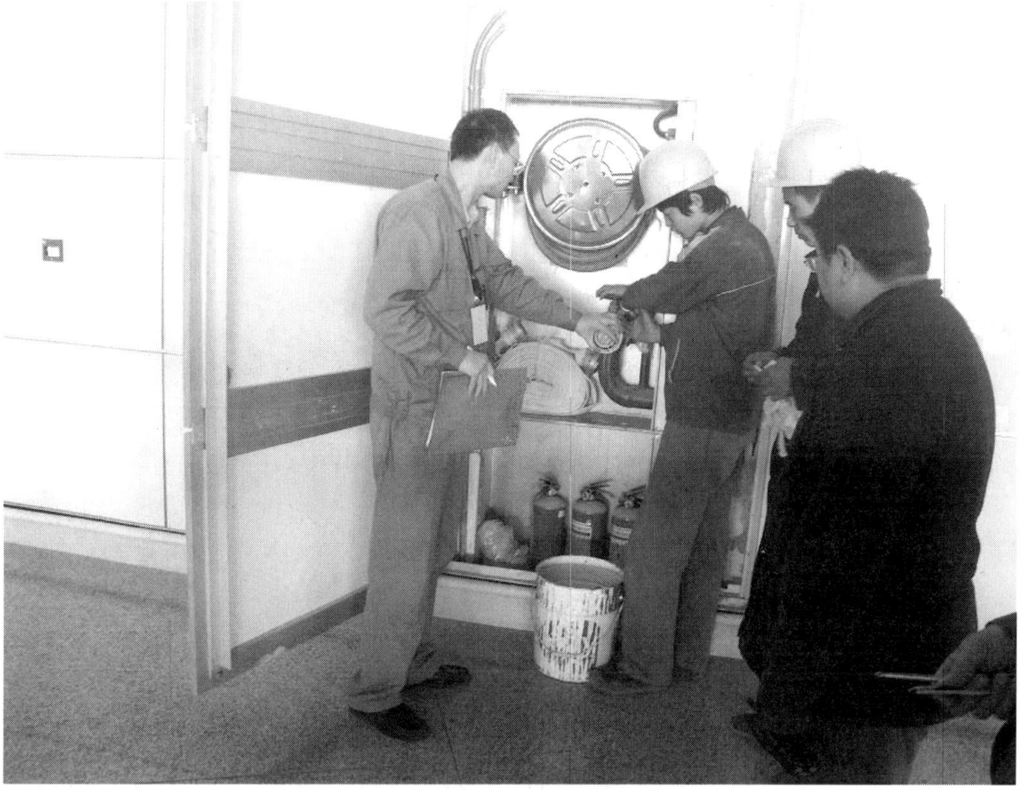

图6-3-1　消火栓静压测试

（5）消火栓喷射试验

在系统正常运转后采用分层、分段进行喷射试验

1）各单位分别在本单位施工的区域（00～17区）一层和顶层最不利点各取2处消火栓做实际喷射试验。喷射要求：水枪喷射的充实水柱距离要大于或等于10m。检查方法：尺量或目测喷射水柱距离。喷出的水要有组织排放。一层的水喷射到室外，在室外要选择场地，不得损坏其他成品。顶层水喷射地点根据现场情况待定。

2）消防供水能力试验根据设计确定，每段可同时满足6个消火栓的水流量。为验知系统在这种全负荷下的水力情况，需在各段同时使用6枪同时试验，水柱充实长度同样以大于或等于10m为准。

3）在试验过程中检查消火栓开关，其开关应灵活，关闭后严密不漏水，快速接口完好无损，不随操作发生转动。

4）调试时消火栓以各施工区段编号，做好记录。

（6）消火栓系统联动

1）系统联动关系

① 接收消火栓箱内手动启泵按钮信号，同时消火栓水泵运行状态信号返送至消火栓箱内指示灯

显示。

② 在消防控制中心能手动/自动控制消火栓泵的启/停，同时显示其工作和故障状态。

③ 消火栓泵启泵方式为4种：消火栓箱内启泵按钮直接启泵，直接硬线控制；报警控制器收到消火栓启泵按钮报警信号或火灾确认信号后，通过模块控制自动启泵；消防控制中心联动控制台手动远程启泵，直接硬线控制；消防泵房就地手动启泵。

④ 每个消火栓箱内设有手动控制按钮，并附水泵启动后的信号指示（24V）。

2）启泵试验

① 在消火栓箱内按消火栓按钮，可直接联动启动消火栓泵，消火栓泵运行后将信号反馈到消防控制中心。

② 在消防控制中心通过硬线启动消火栓泵，消火栓泵运行后将信号反馈到消防控制中心。

③ 在消防泵房直接启动消火栓泵，消火栓泵运行后将信号反馈到消防控制中心。

④ 控制器接受信号自动启动消火栓泵，消火栓泵运行后将信号反馈到消防控制中心。

以上消防泵运转后，要在消防中心监视信号回馈情况，在泵房观察水泵运转情况，并打开水泵试验阀放水。水泵运转试验后，在泵房内就地停泵。

消火栓联调，一是检查消火栓报警按钮启泵电气控制电路；二是检查水泵接到控制信号能否自动启泵及水泵运转信号是否能及时反馈到消防控制中心。

（7）水泵接合器（消火栓系统、喷淋系统、水炮系统）试验

在系统的水泵接合器接口处，用临时泵将水压提升到0.6MPa，送入水泵接合器（可利用室外地下消火栓作水源），观察系统上的压力表是否升压。一方面是检查接合器的止回阀安装方向是否正确，检查有无漏水；另一方面是检查接合器的流量，图6-3-2和图6-3-3所示。

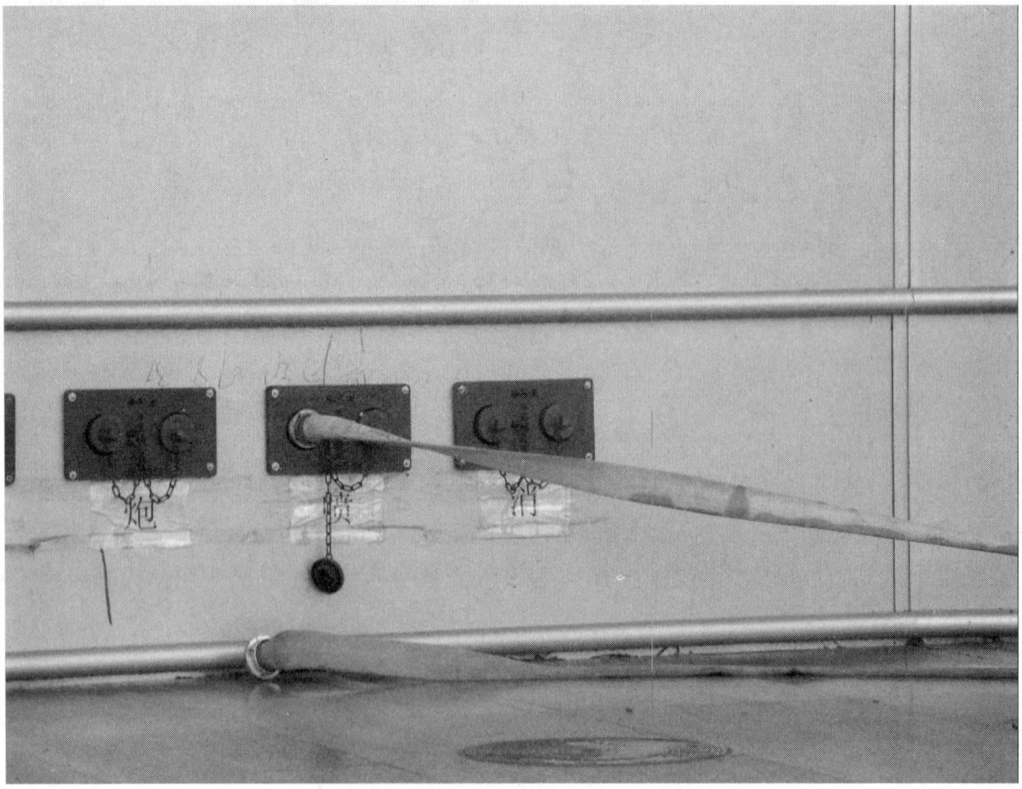

图6-3-2　水泵接合器测试

图 6-3-3　水泵接合器测试

另外要检查水泵结合器的永久性标志牌是否设在附近而且明显便于观察。

3.4　消防喷淋系统调试

3.4.1　喷淋系统概况

（1）T3A 消防喷淋系统由地下二层 2 台消防泵（一备一用）供水，每台水泵出水管均与环状管喷淋干管相连。

（2）喷淋阀前干管在地下一层构成水平环状管网，环状管网在首层设有墙壁式水泵接合器 2 个。

（3）喷淋系统采用带气压罐的增压稳压装置定压，系统定压管与阀前干管相连。

（4）喷淋系统报警阀集中在 4 处，见表 6-3-3 所示。

报警阀安装位置　　**表 6-3-3**

序　号	地　址	湿式报警阀	预作用报警阀
1	地下二层消防泵房	8 组	2 组
2	地下一层报警阀间	8 组	—
3	一层东侧报警阀间	12 组	1 组
4	一层西侧报警阀间	12 组	1 组
总　计		40 组	4 组

（5）水流指示器和信号阀设在每层或防火分区的管路始端。

（6）由于 T3A 航站楼各区域的使用功能不同，其设置不同的喷淋头，见表 6-3-4。

喷淋头区域设置　　**表 6-3-4**

序	喷淋头名称	适　用　地　点	温　度
1	普通喷头	办公区、卫生间、走道、通往 T3B 行李隧道	68℃
2	快速响应喷头	其余部位	68℃
3	直立型喷头	梁间	68℃

续表

序	喷淋头名称	适用地点	温度
4	下垂型喷头	大于1200mm的风管或桥架	68℃
5	下垂型喷头	厨房	93℃
6	直立型易熔合金喷头	预作用系统	72℃
7	水平边墙型干式喷头	二层旅客捷运（APM）站台下	68℃

3.4.2 工程数量表

（1）消防喷淋系统主要工程数量见表6-3-5。

喷淋系统主要工程数量 **表6-3-5**

序	名称	型号	数量	生产厂家
1	消防喷淋泵	XBD/10/40-HY	2台	上海连成
2	稳压泵	40DL6-12X9	1台	上海连成
3	气压装置	QLC10/20-12	1套	上海连成
4	湿式报警阀	ZSFZ	40个	北京时代威盾
5	预作用报警阀		4个	北京时代威盾
6	水流指示器	ZSJZ	136个	北京时代威盾
7	喷头	T-ZSTZ15/℃	约40000个	北京时代威盾
8	水泵接合器	SQB100-1.6		郑州市柳城消防器材有限公司
9	消防喷淋管网		148000m	

（2）报警阀及水流指示器编号、位置见表6-3-6所示。

报警阀及水流指示编号、位置 **表6-3-6**

序	阀组编号	防护区域	机房位置	指示器（个）
1	W1/SP	西侧B2层空调机房	B1层西侧	4
2	W2/SP	西侧B2层空调机房		6
3	W3/SP	西侧B1层仓储用房		6
4	W4/SP	西侧中央		4
5	W5/SP	西侧中央		3
6	W6/SP	西侧翼廊		4
7	W7/SP	西侧翼廊		2
8	W8/SP	西侧翼廊		4
9	3/PSP（予）	西侧车道入口区域	L1层西侧	
10	W9/SP	西侧B1层行李系统		4
11	W10/SP	西侧直指廊		5
12	W11/SP	西侧直指廊		4
13	W12/SP	西侧直指廊		6
14	W13/SP	T3A B2层行李隧道		2
15	W14/SP	T3A B2层行李隧道		3
16	W15/SP	西侧B1层行李系统		—
17	W16/SP	西侧B1层行李系统		—
18	W17/SP	西侧一至三层用房		—
19	W18/SP	西侧首层行李大厅		—
20	W19/SP	西侧首层行李大厅		10
21	W20/SP	西侧B1层行李系统		—

续表

序	阀组编号	防护区域	机房位置	指示器（个）
22	1/PSP	西侧 B1 卸货区	B2 消防泵房	
23	2/PSP	东侧 B1 卸货区		—
24	E1/SP	东侧 B2 层		4
25	E2/SP	东侧 B2 层空调机房		6
26	E3/SP	东侧 B1 层仓储用房		9
27	E4/SP	东侧中央		4
28	E5/SP	东侧中央		2
29	E6/SP	东侧翼廊		4
30	E7/SP	东侧翼廊		2
31	E8/SP	东侧翼廊		4
32	4/PSP	东侧车道入口区域	L1 层东侧	
33	E9/SP	东侧 B1 层行李系统		4
34	E10/SP	东侧直指廊		4
35	E11/SP	东侧直指廊		4
36	E12/SP	东侧直指廊		6
37	E13/SP	T3A B2 层行李隧道		3
38	E14/SP	T3A B2 层行李隧道		2
39	E15/SP	东侧 B1 层行李系统		—
40	E16/SP	东侧 B1 层行李系统		—
41	E17/SP	东侧一至三层用房		11
42	E18/SP	东侧首层行李大厅		—
43	E19/SP	东侧首层行李大厅		—
44	E20/SP	东侧 B1 层行李系统		—
报警阀总计：40 + 4 = 44				

3.4.3 消防喷淋系统调试

消防喷淋系统调试的主要内容有：消防喷淋泵及系统安装质量检查，消防喷淋泵及稳压泵调试，报警阀、水流指示器功能试验及系统联动等。

（1）安装质量检查

1）消防喷淋泵安装质量检查

① 检查消防喷淋泵及稳压泵规格、型号是否正确，安装是否符合设计图纸及规范要求。

② 泵体安装要牢固。

③ 检查水泵安装位置、标高与设计图纸是否一致。

④ 检查叶轮与泵壳有无摩擦及其他不正常现象，核对水泵旋转方向是否正确。

⑤ 检查水泵单机试运转及稳压泵自动功能调试情况是否合格

2）系统安装质量检查

① 检查各系统的湿式报警阀和水流指示器前的阀门规格、型号及安装数量是否正确，以及末端检验装置处的阀门安装位置是否正确，是否符合设计图纸及规范要求。报警阀组的压力表、排水管、试验阀、水源控制阀要便于观察和操作，水源控制阀要有明显的开启标志和可靠的锁定设施。

② 喷淋系统管路检查。确保喷头全部装上，喷头无损坏，无跑水隐患，对支吊架构造、设置位置进行校核。管道支、吊架，防晃支架齐全可靠，符合规范要求。

③ 检查水流指示器、湿式报警阀的压力开关接线是否正确。

3）喷淋系统充水与检查

为避免系统在第一次充水时发生跑水，采取分区、分段充水。以湿式报警阀、水流指示器为单元区域，根据现场情况逐个对具备条件的水流指示器区域进行充水。

① 当某一水流指示器分区具备充水条件后，开启该区域的末端检验装置阀门，以便放水放气。

② 手动启动喷淋系统稳压泵，将每个湿式报警阀前的主干管充满水，然后关闭稳压泵。

③ 将该分区湿式报警阀上的各试验阀门和水力警铃阀门关闭，然后开启该湿式报警阀前的阀门，同时手动启动稳压泵补水，将该区域水流指示器前充满水。

④ 开启该水流指示器前的阀门，同时手动启动稳压泵补水，一边放气，一边补水。待该系统充满水后，将末端检验装置处的阀门关闭。

⑤ 继续加压，使系统压力等于水泵扬程，然后关闭稳压泵，并将其调至自动工作状态，保持系统压力，对该系统再进行严密性试验，检查系统确保无渗漏。

（2）消防喷淋泵调试

消防喷淋泵调试必须在单机运转合格，并经监理工程师检查签认后进行。消防喷淋泵调试按施工验收规范进行。

1）消防水池要注满水，关闭水泵出口阀门，打开水泵进口阀门，开启试验水阀。

2）手动启泵，水泵应在60s内投入正常运行。水泵运转时检查电机运转是否正常，轴温是否正常，有无异常声音；水泵运转是否正常、有无漏水；测试运转电压、启动电流等。

3）手动启泵，关闭试验水阀，给系统内充满水，手动启稳压泵（稳压泵打到自动工作状态），并逐渐升压，当远传压力表表压升至规定数值后停泵。

4）开启水泵试验水阀，系统降压，当压力降到规定数值时，稳压泵应自动启泵补水，此时应关闭水泵试验水阀，系统压力升高，当压力到规定数值后稳压泵应自动停泵。

5）稳压泵自动启、停泵试验。系统充满水后，在泵房内打开检验装置放水（或开启任一个末端检验装置放水），稳压泵应能根据系统压力变化，自动启泵对系统补水；当系统水补满后，稳压泵应能自动停泵。

以上水泵调试合格后填写调试记录（按施工验收规范执行）。

（3）互投试验

在消防泵房内直接启动水泵，泵运转正常后进行互投试验（水泵进行互投切换调试时，必须由两名正式电工操作。操作电工必须按规定穿戴绝缘鞋、手套等物品和用具）。

1）模拟故障进行主、备泵互投试验。

2）模拟故障进行主、备电源互投切换。

（4）喷淋系统联动

1）联动关系

① 接收水流指示器、检修阀阀位、湿式报警阀压力开关及湿式报警阀阀位的报警信号。

② 探测器报警火灾确认后，启动预作用系统相应区域的喷淋管道末端排气阀，开启预作用阀，启动喷淋泵。

③ 在消防控制中心能手动/自动控制各自喷淋泵的启/停，同时显示其工作和故障状态。

④ 喷淋泵启泵方式分为3种：报警控制器收到湿式报警阀压力开关动作，系统压力变化，低压启泵；消防控制中心联动控制台手动“硬线控制”远程启泵；消防泵房就地手动启泵。

2）报警阀功能试验，见图6-3-4。

报警阀功能试验时，系统应保持在正常工作状态。

① 逐个开启报警阀的试验阀放水。对其所放的水，要有组织地排放到附近的地漏里。在消防控制中心接收反馈信号，此时现场水力警铃鸣铃报警，其声音应响亮。

② 手动关闭检修阀，在消防控制中心接收反馈信号。此时现场水力警铃鸣铃报警，其声音应响亮。然后恢复接点信号。

图 6-3-4　湿式报警阀功能试验

3）水流指示器功能试验

① 水流指示器功能试验时，系统应保持在工作状态。逐个开启每个水流指示器的末端试验阀门放水。对其所放的水，要有组织地排放到附近的地漏里。

② 在消防控制中心接收反馈信号，此时现场水力警铃鸣铃报警，其声音应响亮。其报警信号回馈到消防控制中心后，关闭阀门，停止放水。

各区段调试完成后，应将整个系统恢复至设计要求的正常工作状态，待消防检测。

3.5　水炮系统调试

3.5.1　概况

T3A 航站楼大空间共设 73 台手动消防水炮，分为座装消防炮和吊装消防炮两种。分别设在二层、四层和五层。其中二层 27 台设在 01 ~ 09 区，吊装消防炮 10 台（编号为 A-02-XX-D，XX 为 01 ~ 10）；南端清水楼板下，座装消防炮 17 台（编号为 A-02-YY-Z，YY 为 11 ~ 27），安装在公共区行李提取转盘中间。四层 36 台座装消防炮设在 01 ~ 09 区（编号为 A-04-XX-Z，XX 为 01 ~ 20）；座装消防炮 20 台安装在值机岛上部两端（编号为 A-04-YY-Z，YY 为 21，22，29，30）；座装消防炮 4 台，安装在观景台两侧的四个罗盘箱上（编号为 A-04-ZZ-Z，ZZ 为 23 ~ 28，31 ~ 36）；座装消防炮 12 台，安装于四层钢浮岛上。五层座装消防炮 10 台，分别设在 07，09 区（编号为 A-05-XX-Z，XX 为 01 ~ 10），安装于五层钢浮岛上。

手动炮不具备自动灭火功能，必须人工操作灭火。当大空间发现火情后，通过现场手动报警按钮或水炮控制盘的报警按钮通知中控室，中控室开启现场控制盘的操作按钮，可以通过现场或中控室对水炮操作完成灭火，报警系统在现场水炮控制盘处通过模块接收水炮控制盘的报警和故障信号，并把报警信号按照水炮划分区域在中控室通过 RS－232 方式传送给水炮管理器。水炮系统调试时，各消防水施工单位要和水炮施工单位配合。

消防水炮的控制系统采用总线控制方式，视频监控采用共缆传输方式，大大降低了工程布线的难度，提高了系统的稳定性。

3.5.2　主要工程数量（表 6-3-7）

主要工程数量　　　　**表 6-3-7**

序	类　别	数　量	部　位	备　　注
1	消防炮水泵	2 台	地下二层泵房	
2	水泵结合器	3 个	首层外墙壁	
3	吊装消防水炮	10 台	二层	
4	座装消防水炮	63 台	二至五层	
5	系统管网	6300m		
6	阀门	219 个		水炮供水控制：减压（稳压）、手动阀（常开），电动阀（常闭）

3.5.3　水炮系统调试

水炮系统调试的主要内容有：水炮系统及水炮泵、水炮等安装质量检查；水炮泵调试；水炮功能试验及联动试验等。

（1）消防炮水泵调试

消防炮水泵调试及联动试验同前。

（2）消防水炮调试

由于 T3A 航站楼消防水炮全部为手动炮，不具备自动灭火功能，必须人工操作灭火。

1）现场手动，如图 6-3-5 和图 6-3-6 所示。

图 6-3-5　水炮测试（一）

图 6-3-6　水炮测试（二）

打开消防炮控制箱，拿下手动控制盒。由于甲方要求消防水炮控制系统在未发火灾时，系统处于“休眠”状态，在火灾发生有人操作消防水炮时才处于联动控制状态。所以首先按“报警”按钮 2s 以上，消防炮即刻处于联动控制状态。此信号会立刻通过模块和控制总线传至控制中心。按手控盒上的“上”、“下”、“左”、“右”、“柱”、“雾”按钮，对应的指示灯亮，消防炮应对应做“仰”“俯”“左”“右”旋转和柱雾变换喷射，在此期间消防炮不能出现卡死不转或水柱不变换等情况。由于机场属于 24h 人流不断的场合，且现场均为贵重物品，能够极早发现火情，为防止现场旅客乱操作消防水炮造成误喷射损坏物品，甲方要求现场在未经控制中心同意情况下，不能启动水泵和打开阀门，因此在现场人员将炮口对准火源方向后，需长按“开阀”按钮，控制中心在收到上传的报警和现场请求启泵和开阀信号后，会做出是否同意开阀的命令，如果同意，控制中心会手动启泵。并点击“允许”按钮，此时手控盒“关阀”按钮上方的绿色指示灯会点亮，阀门即可打开，此时现场操作人员方可松开手，等水喷出后，按手控盒上的“上”、“下”、“左”、“右”等按钮，调整水流的喷射位置，使水流喷射在火源根部。火扑灭后，再按手控盒上的“上”、“下”、“左”、“右”等按钮，使水炮恢复为初始状态，放回手控盒。现场验收结束，消防炮能够达到以上要求为合格。

2）消防控制中心远程控制

消防控制中心远程控制在消防水炮控制主机上进行。在调试好后，主机的界面如图 6-3-7 所示（此界面仅作参考，由于不同设置，画面会有变化）。

在现场画面的左上角，会显示该画面来自于哪台消防水炮。点击某编号的画面，画面四周会变红（见图 6-3-7 的左上角画面），然后点击界面左侧的水炮控制按钮，对应编号的消防炮开始作相应的动作，此时画面会作相应的变化，待画面上看到火源后，调整使火源落入

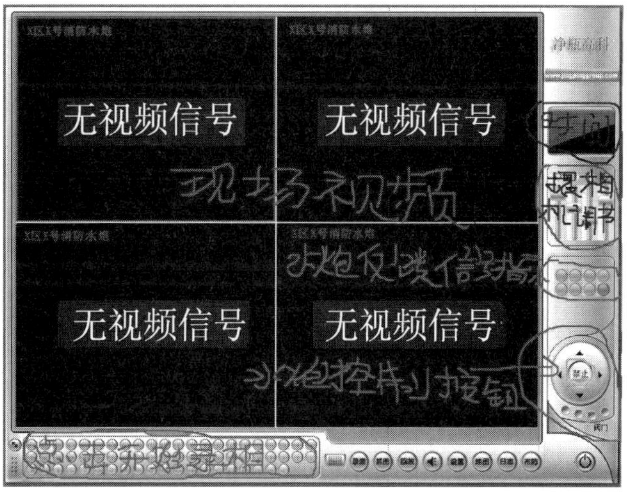

图 6-3-7　主机界面

画面正中心，按控制台上的启泵按钮，消防泵启动。点击阀门上方的“开”按钮，稍后即可在画面上看到有水流喷出，再按界面右侧的控制按钮，使水流喷射到火源根部。火扑灭后，点击阀门上方的“关”按钮，阀门会关闭，待水流停止流出后恢复消防炮至初始状态即可。控制中心验收完毕。在此验收过程中，点击任何一个画面，然后点击右侧的控制按钮，对应编号的消防水炮均应完成相应指令，并且将消防水炮动作的反馈信号显示在控制按钮上方的指示灯上。不出现控制不住或不反馈信号现象为合格。

3.6 气体自动灭火及水喷雾灭火系统调试

3.6.1 气体自动灭火系统概况

首都机场 T3A 航站楼气体灭火系统主要包括强电变电室、通信小间、捷通机房、指挥中心、通信机房、行李机房等共 25 个有管网系统和 44 个无管网系统。分别分布在地下二层到地上四层，有管网系统主要在地上一层到地下二层。

气体灭火系统主要由储气钢瓶组、集流管、区域分配阀、压力开关、启动装置、管网、喷头等装置组成。

3.6.2 主要工程数量（表 6-3-8）

气体自动灭火系统主要工程数量 表 6-3-8

序	名称	产品型号	数量	生产厂家
1	喷头	ZQQP	506 个	上海金盾
2	瓶头阀	CQ	119 个	上海金盾
3	选择阀	—	119 个	上海金盾
4	压力表	ZSMPa	234 个	上海金盾
5	管网		2500m	

3.6.3 气体自动灭火系统调试

气体自动灭火系统调试，按照先有管网、后无管网的顺序进行；有管网系统又按照先地下再地上的顺序进行。

（1）检测设备安装的完整情况及外观

1）检查设备的规格、型号是否符合设计要求和图纸一致。

2）对于已经安装的设备要保持外观完好，各种瓶、罐要按规定关闭，不得有渗漏现象。

（2）在上述系统检查完成后，进行设备通电试验。

通电后观察控制器的指示灯是否工作正常，各联动设备是否有异常情况

（3）通电试验后进行系统调试

1）自动状态

首先把气体灭火控制器设置在自动状态，给控制器一个模拟感烟探测器报警信号，报警控制器应该启动保护区内警铃鸣响，然后再给控制器一个模拟感温探测器的报警信号，控制器应该立刻启动室内外的声光报警器，在 30s 延时后控制器应发出气体灭火信号，启动钢瓶间（雨淋阀）的电磁阀，调试人员应在瓶头阀观察启动情况，如果正常，应按下压力开关，模拟气体（水喷雾）喷放，此时室外的放气指示灯（只有气体灭火系统有）应点亮。

2）手动状态

① 在声光报警器启动后 30s 内按下室外紧急停止按钮，灭火控制器应停止气体灭火启动程序，中止发出灭火的命令。

② 在设备处于正常工作状态下，按下室外紧急启动按钮，此时控制器应立即启动气体灭火程序。

调试人员应在上述两种情况下观察灭火钢瓶电磁阀的动作情况，在符合要求的情况下才可以进行下

一步的调试工作。

（4）气体灭火系统联动关系

1）系统在报警或释放灭火剂时，在消防中心有显示信号。

2）系统应有自动控制、手动控制和机械应急操作3种启动方式，而自动控制应在接收到2个独立的火灾信号后才能启动。

3）机房出入口外门框上方设放气灯并有明显标志，机房内门上方设声光报警器；同时门外设手动紧急控制按钮并有防误操作措施和特殊标志。

4）控制装置应具有30s可调的延时功能。机房内设有在释放气体前30s内人员疏散的声警报器。在报警、喷射各阶段控制室及机房外应有相应的报警信号，并能切除信号。

5）在释放气体前，自动切断与该区域有关的所有风机，关闭该区域内的所有风阀、门窗；灭火剂释放灭火后，能启动专用设施（风机）排出灭火剂。

（5）报警系统的联动调试

1）首先将灭火控制器设置在自动状态，消防控制中心应显示灭火控制器的工作状态，包括手/自动状态、正常/故障等。

2）消防控制中心发出气体灭火信号后，灭火控制器应能接收设备启动情况信号。

3）在气体灭火控制器处于手动状态下，消防控制中心发出的灭火控制信号不被气体灭火控制器执行。

3.7 防排烟系统调试

3.7.1 T3A航站楼防排烟系统概况

T3A航站楼防排烟系统主要有：

1）开放舱烟雾控制系统、封闭舱排烟系统、大空间烟气清除系统、行李通道排烟系统、装卸平台排烟系统、行李处理机房排烟系统、内走道排烟系统、防烟楼梯间和前室的正压送风系统及排烟系统共7个。

2）在防烟楼梯间、合用前室、安全走廊有正压送风系统及防超压措施。

3）在系统中排烟风机入口、竖向风管与各层水平风道交接处及穿越防火分区的排烟管道上设280℃熔断的防火阀。排烟风机入口处防火阀与排烟风机连锁，防火阀的电信号引至消防控制中心；通风空调风道穿越防火墙、机房、变配电室等重要房间，以及垂直风道与每层水平风道交接处，设70℃防火阀。穿越防火分区的防火阀的电信号引至消防控制室。

3.7.2 防排烟系统主要工程量

防排烟系统中主要设备有排烟系统、正压送风系统中的消防风机及系统中的排烟阀、防火排烟阀。各系统工程量见表6-3-9。

防排烟系统主要工程数量 **表6-3-9**

序	名称	型号	数量	生产厂家
1	正压送风机	SWF-Ⅲ-6.5（等）	58台	浙江上风
2	排烟风机	HTF-Ⅰ-12（等）	113台	浙江上风
3	70℃防火阀		2550个	德通实业有限公司
4	70℃电动防火阀		350个	德通实业有限公司
5	150℃防火阀		71个	德通实业有限公司
6	280℃防火阀		826个	京特鼓风机制造有限公司
7	280℃排烟防火阀		354个	京特鼓风机制造有限公司
8	排烟口		845个	华通嘉业空调设备公司
9	正压送风口		—	上风实业股份有限公司

3.7.3 消防排烟系统调试

消防排烟调试的主要内容有：消防风机、防火阀及系统管道的质量检查；排烟系统、加压送风系统的性能测试及联动调试等。

（1）排烟风机、正压送风风机、阀门及系统管网安装质量检查

1）风机安装质量检查

① 核对通风机、电动机的型号、规格是否设计相符；

② 检查排烟风机安装的系统、位置、方向是否符合设计要求；

③ 检查所有风管阀门安装是否符合设计要求，位置是否正确；

④ 检查紧固部位是否牢固，减振底座应调平，皮带轮或联轴器、轴承处的润滑油应足够；

⑤ 电气部位应有防护、保护安全措施；

⑥ 清理风机及系统管道内垃圾，确保系统清洁并无阻碍物影响正常运行。

2）排烟阀、防火阀质量检查

① 检查风阀技术资料，主要有生产厂家的资质、国家消防检测的检测报告、产品合格证明文件等。

② 检查现场安装的排烟阀、防火阀等数量和施工图纸各系统设计及变更洽商的数量是否相符。

③ 检查系统中防火阀、排烟阀的规格、型号与施工图纸所要求的规格、型号是否相符。

④ 排烟阀、防火阀的技术性能、使用功能检查：

（a）多叶片防烟排风阀的手轮或扳手应以顺时针方向转动为关闭，其开闭范围及开启角度应与叶片开启角度相一致，关闭时应能密封；

（b）防排烟风阀驱动装置的动作应可靠，在设计工作压力下工作正常；

（c）防排烟风阀的手柄及固定件可靠，活动件应灵活；阀体的法兰与风管法兰连接牢固可靠，并且密封严密；

（d）排烟阀远距离控制机构的钢丝绳不得超过规定，固定拉绳的预埋钢管不超过 3 个弯；

（e）防排烟风阀接线应正确、可靠，软管接线长度不大于 1m；

（f）防排烟风阀外观整洁，手柄及执行机构完好；

（g）防排烟风阀安装位置、方向正确。

以上项目均应在现场逐个核对，并进行手动或电动操作，试验阀门开启或关闭的功能。

（2）排烟系统调试

排烟系统调试必须在排烟风机单机运转合格，并经监理工程师检查签认后进行。排烟风机调试按施工验收规范进行。

1）排烟风机性能的测定

排烟风机性能测定，一般主要测定风机的转速、风压、风量。

① 排烟风机转速测定。用转速表测量，重复测定 3 次，取其平均值。

② 排烟风机风压测定。风机的压力通常以全压表示，测定风机全压必须分别测出压出端和吸入端测定截面上的全压平均值。通风机的风压为风机进出口处的全压差。测定压力时，风机吸入端的测定截面位置应尽可能靠近风机吸入口处。

2）系统风量测定

系统风量的测定和调整，应在通风管网及风机运转正常后进行。

① 在开放舱烟雾控制系统及封闭舱排烟系统中风量的测定内容包括：机组的总送风量，各排风、排烟机的总排风量，各新风口、送风口、排风（烟）口的风量。

② 一般排烟系统，只测定排烟机的总排风量及排风（烟）口的风量：

（a）风管内风量的测定，按一般常规方法测定。

（b）排风（烟）口的风量，按一般常规方法测定，排烟口的风速不大于 10m/s，每层的排烟风量应符合设计及规范要求，见图 6-3-8。

图 6-3-8　排烟口风量测试

3）风机启动、关闭试验

风机进行主备电源互投切换调试时，必须由两名正式电工操作，操作电工必须按规定穿戴绝缘鞋、手套等物品和用具。

① 风机运转正常后，进行电源切换调试。模拟故障进行主、备电源互投切换，切换信号反馈到消防控制中心。

② 在机房内直接启动风机，风机的启动信号反馈到消防控制中心。风机运转正常后，在距离排烟风口 10cm 处测风速，其风速不大于 10m/s。

③ 在消防控制中心（硬线）启动风机，风机的启动信号反馈到消防控制中心。

（3）加压送风系统调试

本工程在每部防烟楼梯间和合用前室及地下一层和地下二层设置安全走廊安装专用正压送风。开启地下一层和地下二层安全走廊的加压送风，维持与疏散楼梯间的合用前室相同压力。正压送风量按火灾时从火灾区域向安全走廊疏散，同时开启四扇防火门，加压送风系统在楼梯间及前室门关闭的情况下，采用补偿式微压计，测出楼梯对室外的压力及楼梯前室及消防电梯前室对内走廊的压力。

加压送风系统调试必须在加压风机单机运转合格，并经监理工程师检查签认后进行。加压风机调试按施工验收规范进行。

1）排烟风机性能的测定

排烟风机风压、风量等性能的测定同前。

2）加压送风系统调试

① 直接启动风机，风机的启动信号反馈到消防控制中心。风机运转正常后，进行测量。

（a）在距离送风口 10cm 处测风速，其风速不大于 7m/s，见图 6-3-9。

（b）测正压值。把电梯前室及楼梯间的门全部关闭，然后启动正压送风系统风机，当系统稳定后，使用补偿式微压计进行测量，把微压计放在楼梯间，微压计的一端接好橡胶管，把橡胶管的另一端经门缝拉到电梯前室，从微压计上读取的静压值即是楼梯间保持的正压值。按消防规范要求防烟楼梯间正压值为 40 ~ 50Pa，消防电梯间前室正压值为 25 ~ 30Pa，见图 6-3-10。

图 6-3-9　楼梯间正压送风口测试

图 6-3-10　楼梯间前室风压测试

② 在消防控制中心（硬线）启动风机，风机的启动信号反馈到消防控制中心。

（4）排烟阀、防火阀调试（检查、试验、联动）

防排烟风阀数量多、设计变更多、施工时间长、现场安装分散，个别防排烟风阀安装位置比较隐蔽，要按系统、分类逐个进行检查。检查要认真负责，发现问题及时处理。在检查期间，供货厂商要配合现场修理。检查后要填表登记，并将检查数量标识在房间编号图上。各单位根据安装情况尽量提前安排检查。检查应和利华消防公司成立检查小组，小组由利华、城建、厂商三人组成，联合共同检查。

1）调试主要分为排烟阀、防火排烟阀。70℃电动防火阀、70℃防火阀、150℃防火阀、280℃防火阀等分别进行，其调试检测要100%进行试验。

2）对280℃、70℃防火阀进行手动或电动开启或关闭，信号反馈到消防控制中心。手动复位。风阀正常动作，反馈信号。

① 280℃排烟防火阀（常开）

在排烟风机入口处的280℃防火阀，不做控制，熔断关闭后，联动关闭排烟风机。

（a）控制要求：温度熔断关闭风阀，且风阀状态信号反馈到火灾报警控制中心，风阀手动弹簧复位。排烟风机前280℃排烟防火阀联动，排烟风机停止。

（b）方法：手动关闭防火阀输出电信号，在控制中心观察防火阀是否有关闭信号反馈及能否联动关闭排烟风机（在试验前开启排烟风机）。确认信号返回及排烟风机可以关闭后，手动复位，开启防火阀。

② 280℃电动防火排烟阀（FSV）（常闭）

火灾时由报警联动系统自动或就地手动机械开启280℃电动防火排烟阀，熔断关闭后，联动停排烟风机。

（a）控制要求：火灾报警控制中心控制FSV自动开启或就地手动开启。风阀手动弹簧复位，280℃熔断关闭风阀，且风阀状态信号回馈火灾报警控制中心。

（b）方法：手动开启排烟阀，输出电信号。在火灾报警控制中心检查防火阀是否有开启电信号反馈，确认信号反馈后，手动复位关闭防火阀。模拟火灾探测器报警，输出电信号，在火灾报警控制中心检查防火阀是否有开启信号反馈。确认信号反馈后，手动复位，关闭防火阀。

③ 70℃防火阀、150℃防火阀（常开）

当防火阀的易熔片达到规定温度时，易熔片熔断，自动将阀门关闭，且风阀状态信号反馈到火灾报警控制中心。风阀可以手动弹簧复位。

控制要求：温度熔断关闭风阀，且风阀状态信号反馈到火灾报警控制中心，风阀手动弹簧复位。有关闭信号返回，确认信号返回后，手动复位，开启防火阀。

④ 70℃电动防火阀（MFV1、MFV2）（常开）

70℃电动防火阀与排烟系统联动，控制火灾时非排烟区的70℃电动防火阀关闭，并输出电信号。但排烟区的70℃电动防火阀仍然开启保持补风。

（a）控制要求：火灾报警控制中心控制非排烟区域的MFV1关闭及控制MFV2关闭。排烟区域的MFV1保持开启补风。70℃熔断关闭风阀，且风阀状态信号反馈到火灾报警控制中心。风阀手动弹簧复位。

（b）方法：手动关闭防火阀（模拟70℃温度）、输出电信号，在控制器上检查防火阀是否有关闭信号返回。试验后手动复位，开启防火阀。模拟火灾探测器报警，相关区域的70℃电动防火阀关闭，其余（排烟区）的70℃电动防火阀开启保持补风或回风（在试验前开启送风、补风或回风系统），试验后手动复位，开启防火阀。

⑤ 正压送风口（常闭）

楼梯间的加压送风系统，风口每隔2～3层布置，送风口形式为带调节阀的常开风口。合用前室的加压送风系统，风口每层布置，送风口形式为常闭风口。

（a）控制要求：就地手动或火灾报警控制器控制正压送风口开启，开启信号反馈给火灾报警控制器；联动打开对应的正压送风机，手动弹簧复位。

（b）方法：手动开启送风口。输出电信号，在控制器上检查送风口是否有开启信号反馈。试验后手动复位，关闭正压送风口。模拟火灾探测器报警，输出电信号，在现场检查送风口是否开启，在控制器上检查送风口是否有开启信号反馈。试验后手动复位关闭正压送风口。

⑥ 排烟（口）阀 SEL（SEV）（常闭）

排烟（口）阀设在排烟支管上，是常闭状态。

（a）控制要求：就地手动或火灾报警控制器控制排烟（口）阀开启，开启信号反馈给火灾报警控制器；联动打开对应排烟风机和 MFV1 补风阀；手动弹簧复位。

（b）方法：手动开启排烟（口）阀、输出电信号，在现场检查排烟（口）阀是否开启，在控制器上检查是否有排烟（口）阀开启信号反馈。试验完成后，手动复位关闭排烟（口）阀。模拟火灾探测器报警，输出电信号，在现场检查是否开启，在控制器上检查送风口是否有开启信号反馈。试验后手动复位关闭排烟（口）阀。

⑦ 电动排烟阀 MSV（常开）

（a）控制要求：火灾报警控制器控制非火灾排烟区域 MSV 关闭，火灾控制区域内 MSV 保持开启。火灾后控制器控制自动复位。

（b）方法：模拟火灾探测器报警，输出电信号，在现场检查电动排烟阀是否关闭。在控制器上检查电动排烟阀是否有关闭信号反馈。试验完成后，控制器控制复位关闭电动排烟阀。

以上各种防火阀、排烟阀测试后，要将测试的结果记录填表。

（5）防排烟系统联动（含正压送风）

1）防排烟系统联动关系

① 疏散楼梯间的正压送风阀（常开），开启相对应的正压送风机。楼梯间的压力传感器，控制调节正压送风机出口处的电动旁通泄压阀，防止楼梯间的余压值超压。

② 消防电梯或疏散楼梯间前室或合用前室的电动（常闭）正压送风阀，开启本层及相邻层的正压送风阀，联动正压送风机；就地手动操作开启联动正压送风机（直接硬线控制）。每层前室的压力传感器控制调节正压送风机出口处的电动旁通泄压阀，防止前室超压。

③ 系统上的 70℃、150℃或 280℃易熔合金防火阀及风机入口处的防火阀动作后，应联动停风机。

④ 排烟分区内的 2 个以上火灾探测器报警后，联动控制开启该区域内的排烟阀（防火），排烟阀动作信号传至报警控制器。

⑤ 排烟风机前的 280℃易熔防火阀有常开式和常闭式两种，常开式联动停风机；常闭式需在火灾时由报警联动系统或就地手动机械开启。两种防火阀均要求带双微动开关（AC 250V，5A），当微动开关动作后，一个动作信号接入报警系统，另一个动作信号接入风机启停回路（直接硬线控制），由强电连锁停排烟风机。

⑥ 排烟阀动作后，停止相关范围的空调机（兼作排烟送风的除外）及其他排风机，关闭相关范围的排风阀，启动相关的排烟风机、排烟补风/送风阀和补风/送风机（空调机）、正压送风阀和正压送风机，同时动作信号传至报警控制器。

⑦ 在消防控制中心联动控制台能直接启动、手动启/停排烟风机和正压送风机。

2）联动试验

① 模拟火灾信号烟感报警或启动手报按钮，启动风机及相关的排烟口、排烟阀打开或关闭。风机的启动信号反馈到消防控制中心。

② 打开常闭风口，启动风机，风机的启动信号反馈到消防控制中心。

3.8 非消防电源切断、应急照明及疏散诱导系统调试

3.8.1 概况与工程数量

该工程在出入口、走廊、疏散楼梯间及前室、VIP 及 CIP 休息室、大型机房、大厅及捷运站台等人

员密集的公共场所均设电光源型疏散照明及疏散指示标志，最小平均照度不低于0.5lx；疏散指示标志由电光源型和蓄光型相结合。电光源型安全出口及疏散指示标志24h点亮，安全出口及疏散通道门上方0.2m均设置电光源型安全出口指示标志；通道疏散指示标志安装在墙壁或柱上时距地0.3m、顶棚吊装距地2.5m；设置间距小于或等于20m，个别区域设置埋地电光源型疏散指示标志。

该工程在地下走道、行李隧道、管廊、设备机房、前室的应急照明平时常明；行李处理机房、行李分拣大厅、卸货平台等设碘钨灯的应急照明平时不亮；大面积金卤灯（2×26W、18W）照明的区域节能灯作应急照明，平时不亮。

除此之外，应急照明作为正常照明的一部分可控点亮，平时利用应急照明作为值班照明、警卫照明。

备用照明最小平均亮度一般不低于正常照明平均亮度的10%；电气机房（变配电室、主通信间、强弱电小间）不低于100lx；管理控制室不低于150lx；消防泵房、气瓶间等不低于25lx，其他设备机房不低于20lx。

安全照明最小平均照度一般不低于正常照明平均照度的5%；电梯轿箱、自动扶梯及自动人行道不低于5lx。

安全照明、备用照明、疏散照明及安全疏散指示标志均为不间断供电，其电源在应急照明箱柜内集中设置免维护蓄电池组直流逆变应急电源（EPS）供电；市电停止供电后，按额定负荷持续供电时间不少于90min，，供电转换时间小于0.5s。

该工程的非消防电源分为一般照明、空调电源、水泵电源、厨房电源、商业电源、电梯、扶梯及自动步道等，其非消防电源工程数量见表6-3-10。

非消防电源工程数量 **表6-3-10**

序号	名称	型号	数量	生产厂家
1	疏散诱导指示（内发光）	KWXYB	2600套	中科知创电器有限公司
2	应急照明		3300套	上海非利浦有限公司

3.8.2 安全疏散诱导系统调试

（1）安装质量检查

1）对照施工图纸、设备安装说明，检查各系统接线的正确与否，并进行电缆线路的绝缘测试，需达到0.5MΩ以上。

2）应急疏散指示明敷管，其管外层的防火涂料涂抹应均匀，不遗漏；对应急疏散电源采用的耐火电线（电缆）进行抽检。

3）应急疏散照明灯具应符合国家制造标准，由不燃材料制作。

4）按设计图纸核对安装位置、标高（应符合建筑专业定位要求）。

5）重复接地的检查。不间断电源输出端的中性（N极）必须与由接地装置直接引来的接地干线相连接，做重复接地。

（2）调试内容与方法

1）应急疏散灯具测试

直接接入220V交流电源，逐个对应急疏散灯具进行测试。因为应急疏散灯具的电源是由直流逆变电源（EPS电源）提供的，所以不自带蓄电池。

2）EPS电源的测试

应急疏散电源处于主电和被电工作状态，检查主电电压、电池电压、输出电压和输出电流的显示及指示灯颜色。

① 手动开启EPS柜内按钮，应急疏散电源转入电池工作状态。检查应急疏散电源的主电（输入）和被电（输出）情况、转化时间（应小于0.5s）。

② 同时应使消防应急疏散灯具转入应急状态，指示灯开通；并直至放电终止。检查应急疏散电源

的放电保护情况、应急故障时间（不小于90min）。其放电检查可以抽检。

（3）联动调试

模拟信号（烟、温感探测器或手报）方式，使应急疏散电源转入电池工作状态，其转化时间应小于0.5s。在消防控制中心观察疏散指示开通信号，在现场检查各疏散指示的开通情况。

3.8.3 事故照明系统调试

（1）系统调试前的检查

1）依据设备安装使用说明书的操作提示进行送电调试。

2）送电前应注意检查设备散热风扇处的保护薄膜是否取掉，以免造成机柜通风散热困难。

3）应在系统内各设备运转正常的情况下调整设备，使系统各项指标都满足设计要求。

4）不间断电源首次使用时应根据设备使用说明书的规定进行充电，在满足使用要求前不得带负载运行。

（2）对应急照明灯具通电调试运行

1）灯具配电箱柜安装完毕，且各支路的绝缘电阻摇测合格后，方允许通电试运行。

2）通电后应仔细检查和巡视，检查灯具的控制是否灵活、准确；开关与灯具控制顺序相对应；

3）如果发现问题必须先断电，再查找原因进行修复。

（3）联动调试

模拟火灾报警，报警控制器控制应急电源，自动接通相关区域的应急照明系统，同时联动切除相关区域的非消防电源。

在消防控制中心接收反馈信号，在现场检查应急照明系统开通情况。

3.8.4 强切和强启系统调试

（1）安装质量检查

1）在试切调试前各路送电正常，均已达到安全送电的条件。

2）各专业设备均已达到正常运转。

3）各回路的照明、动力箱柜经检查合格，其进线和馈出、接地等均符合规定。

（2）联动调试

消防中心在确认火灾后，应能手动（或自动）按顺序切断相关区域的非消防电源（相关区指着火的防火分区或楼层）。

消防控制中心接收反馈信号，在现场检查应急照明系统开通情况。

3.9 电梯、扶梯、自动步道调试

3.9.1 概况与工程数量

该工程电梯、扶梯、自动步道均由消防系统监控，其工程数量见表6-3-11所示。

电梯、扶梯、自动步的工程数量 表6-3-11

序	名称	数量	备注
1	垂直梯	95	含观光梯、登机桥
2	扶梯	97	含登机桥
3	步道	48	含钢连桥

3.9.2 主要调试内容与要求

（1）安装质量检查

按电梯施工验收规范检查，尤其是有关安全运行的条款。

（2）电梯消防调试

电梯消防调试必须在电梯的单机运转合格后，并经监理工程师签字确认后进行。

1）就地手动开梯检查电梯运行情况及信号的反馈情况。

2）在消防控制中心对电梯进行手动开启，并在现场检查电梯运行情况，在控制中心检查信号的反馈情况。

3）模拟报警信号，消防控制中心发出信号，强制电梯追降。电梯降首层后，在消防控制中心检查电梯到位反馈信号。

4）消防梯降首层，消防控制中心发出信号，转入消防工作状态。

（3）扶梯、自动步道调试

扶梯、自动步道消防调试必须在电梯的单机运转合格，并经监理工程师签字确认后进行。

1）就地手动开启，检查扶梯、自动步道运行情况及信号的反馈情况。

2）在消防控制中心，进行手动开启，并在现场检查扶梯、自动步道运行情况，在控制中心检查信号的反馈情况。

3）模拟报警信号，消防控制中心发出信号，强制扶梯、自动步道停止运行。在消防控制中心检查扶梯、自动步道停止的反馈信号。

3.10 防火卷帘门和电动防火门调试

3.10.1 概况与工程数量

该工程防火卷帘门是属于分隔防火区类型，主要安装在空调机房新风入口，其工程数量见表6-3-12。

防火卷帘门工程数量 **表6-3-12**

序	名　称	型　号	数　量	设备供应商
1	防火卷帘	特级	34	北京御火兴安消防有限公司
2	防火门	钢质 甲级	399	天明兴业防火门公司
3	防火门	木质 甲级	90	北京新兴丰业有限公司

3.10.2 主要调试内容与要求

（1）安装质量检查

在调试前应检查以下内容：

1）卷帘门与地面的间隙是否符合规定要求；

2）按钮开关距地面距离是否符合规定、其标志是否明显、是否便于操作、位置是否合理；

3）限位开关高度是否正确；

4）操作按钮开关应灵敏可靠，运行中无卡阻；

5）电机温度正常。

（2）卷帘门调试

卷帘门调试须在单机运转完成并经监理工程师签字确认后进行。

1）在现场手动方式启动卷帘门，在消防控制中心接收运行反馈信号，现场观察卷帘门运行状况。

2）在消防控制中心以手动方式启动卷帘门，卷帘门运行信号反馈到消防控制中心，并在现场观察卷帘门运行状况。

（3）防火门调试

在现场手动方式关闭防火门，在消防控制中心接收关闭信号。现场观察防火门关闭状况，然后开启复位。

（4）联动调试

1）联动关系

① 对于仅用作分隔防火区的电动防火卷帘，采用直落到底的方式。

② 防火卷帘门及防火门的动作信号返回消防中心。

③ 对于门禁系统控制的门，探测器报警确认后，应能联动将其打开。

2）卷帘门调试

① 在卷帘门两侧，烟感和温感探测器模拟报警，卷帘直落到底。

② 消防控制中心收到卷帘动作及落底反馈信号，在现场观察卷帘运行情况。

3）电动防火门调试

门任一侧的火灾探测器模拟报警后，按程序要求联动相应区域的防火门（常开）自动关闭，并且现场防火门两侧设手动就地控制装置。

3.10.3　调试注意事项

（1）卷帘调试时，卷帘下方不得堆放任何物品。

（2）调试中出现卷帘门启、停不到位，要做好防护；并尽快处理，防止卷帘门突然降落，造成损伤。

3.11　燃气系统调试

该工程中在厨房或者燃气表间等有可能会发生可燃气体泄漏的地方安装燃气探测器，当燃气探测器报警后，发出开关量报警信号，火灾报警控制器通过监视模块接收报警信号，并联动切断燃气阀。

燃气表间、厨房天然气探测器报警后，将信号送回消防中心，联动启动相应排风机，切断天然气总开关，感温探测器动作后切断排风机。

3.12　消防广播系统调试

消防监控系统在消防中控室根据应急广播分区数量，通过控制模块提供广播系统相应数量的24VDC信号，通过此方式与广播系统实现消防联动。消防监控系统只负责提供火警信号到消防中控室内广播系统指定接线端子，音源、功放、切换器等设备由广播系统承包商负责。

当有火警并确认后，对应不同区域的火灾报警信号，相应的控制模块输出（24VDC），告知公共广播系统，公共广播系统将对应区域的公共广播切换到火灾广播状态。

3.13　火灾报警系统调试

3.13.1　消防报警系统概况

（1）火灾自动报警及消防联动系统介绍

1）系统设置

① T3A-L1层08区消防中心负责T3A的综合管理。

② 该工程主要设置火灾自动报警系统、消防联动控制系统、空气采样烟雾报警子系统、气体灭火子系统。另外，消防中心为其他专业相关系统提供接口。

③ 根据图纸及规范要求设置感烟或感温探测器，其中气体灭火、水喷雾防护区、防火卷帘门两侧同时设置感烟和感温探测器。

④ 变配电室、封闭电缆桥架和线槽内、T3大空间下自动扶梯机坑、自动步道机坑等处设置线缆式感温探测器。

⑤ 捷运系统维护区域、电气管廊行李隧道、行李服务通道、行李处理机房、功能控制中心、T3屋顶顶棚设置空气采样探测器。

⑥ 厨房及燃气表间设置燃气泄漏探测器。

⑦ 按规范设置手动火灾报警器，安装在明显部位。

⑧ 每个消火栓内设破玻璃按钮附启泵信号指示灯，按钮中一触点接入地址模块，另一触点接入消防泵房用于直接启泵；指示灯采用LED（点亮电源DC24V）。

⑨ 水流指示器及检修阀、70℃、150℃和280℃易熔防火阀、湿式报警阀、压力开关等均附地址模块接入报警总线。

⑩ 消防水池均设置超低水位报警信号，配地址模块接入报警总线。

⑪在建筑分区的主要出入通道及重点疏散楼梯间前室设置重复显示屏；在每层楼梯间出入口明显部位装设识别火灾层的声光报警楼层显示器；在机房内装设火灾报警发声器，面积大于500m^2 时设置声光报警装置；残疾人卫生间及通道设发声器及频闪指示灯。

⑫与消防有关的联动设备均配置相应控制模块。

2）系统性能特点

① 火灾报警和记忆功能：当收到火灾信号时，应能发出声光报警信号，显示火灾发生的区域及部位，自动记忆各报警点及时间，并具有打印功能。

② 故障报警记忆功能：当系统出现断电、开路、接地、接线或元件的任何差错，均应能发出故障声光报警信号，且能显示故障发生区域并自动记录。

③ 火灾优先功能：当同时出现火灾和故障信号时，应首先转入火灾声光报警，火灾信号消失后再发出故障声光报警。

④ 短路隔离功能：尽量使故障影响面降低到最低程度，从而提高了系统的安全性。

⑤ 自动测试、自动管理、自身诊断功能：在预定的时间内自动执行全部探测器测试，测试各探测器的故障状况，浓度值是否正常等，且能自动显示和打印。

⑥ 时钟功能：时钟能显示年、月、日、时、分，当火灾发生时显示暂停，显示火灾信号首次报警时间，内部自动连续记忆，并能记忆所有火灾发生的时间。消防系统应通过网络连接，接收机场时钟系统的校时信号，以保证整个系统的时间与标准时间同步。

（2）火灾通信系统介绍

1）系统设置

① 消防控制中心设置119 专用报警电话。

② 消防中心、公安办公室、机场消防站、功能管理中心、楼宇管理室、灭火控制系统操作装置处、消防泵房、电梯机房、开闭站、变电室、空调机房、控制器和重复显示屏等处设置专用对讲电话。在变配电室、电梯机房、水泵房及风机房等重要场所设置固定式消防专用电话分机。

③ 在手动报警按钮处设置专用对讲电话插孔或电话分机。

2）系统功能

① 电话主机有专用的市话用户线，经接线端子连至市话通讯网络中，可用于火灾时自动呼叫火警电话。

② 现场电话分机要求主机接通时，主机发出报警声响，对应的分机指示灯闪亮。

（3）空气采样烟雾探测报警系统介绍

1）系统设置

① 空气采样烟雾探测报警系统是一个相对独立的子系统，T3B 有自己的网络及管理服务器工作站，通过模块接入火灾自动报警及联动控制系统。

② 该系统由空气采样管网、空气采样探测装置、网络节点模块、管理服务器工作站及附属设备等组成。

2）系统功能

① 空气采样探测装置灵敏度阈值不能低于0.005%遮光率/m。

② 空气采样探测装置具备环境自适应功能，且探测灵敏度线性可调（0.005% ~20%遮光率/m）。

③ 空气采样探测装置根据该工程使用环境，采样环节采取有效增强过滤措施，方便维护，减少误报。为防止灰尘对探测效果的影响，空气采样探测装置具有灰尘过滤功能且其过滤装置应受到监视。

④ 空气采样火灾探测装置采样气管网设计必须经过系统模拟验证，并应出具相应的验证报告，以确保采样管网与采样孔的性能一致性。系统需配有气流监测功能，能监测采样气管爆裂、采样孔阻塞等采样管网异常状况。另外探测器的吸气泵、探测部件状态，均应处于监控之下，发生故障时，能将这些状态信号送至消防中心，在火灾报警控制器或彩色图形显示装置屏幕上显示状态信号并记录打印。

⑤ 空气采样火灾探测装置连接成网络，并与火灾报警控制器网络互联，确保在消防中心系统管理服务器工作站上，空气采样火灾探测装置的响应时间小于3s。

3.13.2　消防系统逻辑联动关系

在消防控制室设置联动控制台，控制方式分为自动控制和手动控制两种。通过联动控制台，可以实现对消火栓、自动喷洒灭火系统、防烟、排烟、加压送风系统的监视和控制，火灾确定后自动切断火灾区域的一般照明及空调机组、通风机、电力电源。消防联动控制采用控制模块控制，对于消防风机、泵等设直接起泵线，控制模块安装在被控设备就近。

（1）消火栓灭火系统

1）接收消火栓内手动启泵按钮信号，同时消火栓水泵运行状态信号返送至消火栓内指示灯显示。

2）在消防控制中心能手动/自动控制各消火栓泵的启/停，同时显示其工作和故障状态。

3）消火栓泵启泵方式为4种：消火栓内启泵按钮直接启泵，硬线控制；报警控制器收到消火栓启泵按钮报警信号，火灾确认信号后，通过模块控制自动启泵；消防控制中心联动控制台手动远程启泵，直接硬线控制；消防泵房就地手动启泵。

4）每个消火栓内设有手动控制按钮，并附水泵启动后的信号指示（DC24V）。

（2）自动喷淋灭火系统

1）接收水流指示器、检修阀阀位、湿式报警阀压力开关及湿式报警阀阀位的报警信号。

2）探测器报警火灾确认后，启动预作用系统相应区域的喷淋管道末端排气阀，开启预作用阀，启动喷淋泵。

3）在消防控制中心能手动/自动控制各喷淋泵的启停，同时显示其工作和故障状态。

4）喷淋泵启泵方式分为3种：报警控制器收到湿式报警阀压力开关；消防控制中心联动控制台手动“硬线控制”远程启泵；消防泵房就地手动启泵。

（3）气体自动灭火系统

1）系统在报警或释放灭火剂时，在消防中心有显示信号。

2）系统应有自动控制、手动控制和机械应急操作3种启动方式，而自动控制应在接到2个独立的火灾信号后才能启动。

3）机房出入口外门框上方设放气灯并有明显标志，机房内门上方设声光报警器；同时门外设手动紧急控制按钮并有防误操作措施和特殊标识。

4）控制装置应具有30s可调的延时功能。机房内设有在释放气体前30s内人员疏散的声警报器。在报警、喷射各阶段控制室及机房外应有相应的报警信号，并能切除信号。

5）在释放气体前，自动切断与该区域有关的所有风机，关闭该区域内的所有风阀、门窗；灭火剂释放灭火后，能启动专用设施（风机），排出灭火剂。

（4）防排烟系统（含正压送风）

1）疏散楼梯间的正压送风阀为常开式（自垂百叶），在火灾时只需开启相对应的正压送风机。在楼梯间下约1/3高度处设压力传感器（由建筑定位），控制调节正压送风机出口处的电动旁通泄压阀，防止楼梯间的余压值超压。

2）消防电梯或疏散楼梯间前室或合用前室每层设电动常闭正压送风阀，火灾时开启火灾层及相邻层的正压送风阀，联动正压送风机；就地手动操作开启联动正压送风机（直接硬线控制）。在每层前室设压力传感器（由建筑定位），控制调节正压送风机出口处的电动旁通泄压阀，防止前室超压。

3）70℃、150℃或280℃易熔合金防火阀可看作定温式报警器接入报警系统；另位于风机入口处的防火阀动作后，应联动停止风机。

4）当某一排烟分区内的2个以上火灾探测器报警后，联动控制开启该区域内的排烟阀（防火），排烟阀动作信号传至报警控制器。

5）设于排烟风机前的280℃易熔防火阀有常开式和常闭式两种。常开式联动停风机；常闭式需在火灾时由报警联动系统或就地手动机械开启。两种防火阀均要求带双微动开关（AC 250V，5A），当微动开关动作后，一个动作信号接入报警系统，另一个动作信号接入风机启停回路（直接硬线控制），由强电连锁停排烟风机。

6）排烟阀动作后，停止相关范围的空调机（兼作排烟送风的除外）及其他排风机，关闭相关范围的排风阀，启动相关的排烟风机、排烟补风/送风阀和补风/送风机（空调机）、正压送风阀和正压送风机，同时动作信号传至报警控制器。

7）在消防控制中心联动控制台能手动直接启/停排烟风机和正压送风机。

（5）电动防火卷帘门及电动防火门

1）对于仅用作分隔防火区的电动防火卷帘（如行李通道等），可采用直落到底的方式。

2）对于兼有部分疏散用途的电动防火卷帘，采用两次控制下落方式。首先相邻防火分区内远离卷帘的一组火灾探测器报警，报警联动控制装置控制卷帘下落至距地 1.8m，待接近卷帘的火灾探测器报警，控制卷帘直落到底；对于某些部位的电动防火卷帘，采用卷帘两侧设专用的感烟及感温两种探测器，控制如前所述，两次下落方式，第一次由感烟探测器控制，第二次由感温探测器控制。

3）防火卷帘门及防火门的动作信号返回消防中心。

4）在相应 SCR 安装控制模块，对于门禁系统控制的门，探测器报警确认后，应能联动将其打开。

（6）启动应急照明及停非消防电源

1）火灾确认后，报警控制器控制应急电源，自动接通相关区域的应急照明灯，同时联动切除相关区域的非消防电源。

2）消防中心在确认火灾后，应能手动（或自动）按顺序切断相关区域的非消防电源（相关区指着火的防火分区或楼层）。

（7）电梯、自动扶梯及自动人行道消防操作

火灾发生时，报警控制器向各电梯、自动扶梯及自动人行道的控制装置发送控制信号（DC 24V 1A），使所有电梯依次迅速降到首层（或指定疏散层），缓速停自动扶梯及自动人行道，进而关闭非消防用电梯、自动扶梯及自动人行道，消防电梯转入消防工作状态。

（8）通风系统

在空调送风和排风系统中设置控制模块，火灾发生后由消防中心自动控制分区切断空调电源并返回状态信号。

（9）可燃气体浓度报警联动控制

燃气表间、厨房等处天然气探测器报警后，将信号送回消防中心，联动启动相应排风机，切断天然气总开关，感温探测器动作后切断排风机。

（10）行李系统火灾停机控制

行李隧道火灾探测器报警确认后，应向行李系统发出停机控制信号，接受其状态返回信号。确认行李系统停机后，控制器应联动关闭相应的防火隔断（防火卷帘门）。

3.13.3 调试内容及方法

（1）280℃、70℃防火阀：手动动作，信号反馈到主机，手动复位，风阀正常动作，反馈信号恢复。

（2）VAV BOX、正压送风口、排烟口：主机点动模块送出 DC24V 电压，风阀正常动作，并反馈干接点信号。取消 24V 输出，风阀可手动复位，反馈信号恢复。

（3）电动调节阀（独立控制）。

（4）电动调节阀（与楼控共控）：先楼控控制动作正常后，消防系统由模块输出 DC24V 电压信号，风阀关闭，关闭后，反馈到位信号，再次由消防系统发出打开 DC24V 电压信号，风阀自动打开，到位后反馈到位信号，消防系统取消信号输出，风阀自动转为楼控控制。

（5）AL、AP、AK：消防输出 DC24V 电压信号，配电箱脱扣器动作，切断相应对外输出并反馈干接点信号。

（6）ALE：消防系统输出DC24V电压信号，配电箱脱扣器动作，启动相应对外输出并反馈干接点信号。

（7）APE，AKE：

1）消防模块输出DC24V电压信号，配电柜启动相应受控风机，并反馈启动信号。消防模块停止DC24V电压信号，配电柜恢复相应受控风机，并撤销反馈信号。

2）消防系统采用硬线输出DC24V电压信号，配电柜启动相应受控风机，并反馈启动信号。消防系统撤销硬线输出，配电柜停止相应受控风机，并撤销反馈信号。

（8）电梯：消防模块输出DC24V电压信号，电梯自动归首层，并反馈干接点信号，消防模块停止输出DC24V电压信号，电梯恢复正常运行，并撤销反馈信号。

（9）扶梯、步行梯：消防模块输出DC24V电压信号，扶梯、步行梯自动停止运行，并反馈干接点信号。

（10）空调、风机：根据其功能受AK、AP、AKE、APE控制。

（11）喷淋、检修阀：手动关闭，反馈干接点信号。

（12）水流指示器：末端放水，水流指示器报警，停止放水，信号恢复。

（13）气体灭火：模块输出烟感报警（DC24V电压）信号，气体灭火控制盘接收信号并按规范进行动作；模块输出温度报警（DC24V电压）信号，气体灭火控制盘接收信号并按规范进行动作；模块输出泄压口测试（DC24V电压）信号，泄压口接收信号并按规范进行动作。

（14）水喷雾：模块输出烟感报警（DC24V电压）信号，控制盘接收信号并按规范进行动作；模块输出温度报警（DC24V电压）信号，控制盘接收信号并按规范进行动作。

（15）广播模块：输出启动（DC24V电压）信号，广播系统收到信号，启动对应分区广播。取消（DC24V电压）信号，广播系统收到信号，恢复对应分区正常广播。与广播系统通过DC24V继电器进行信号转换。

（16）水泵：

1）消防模块输出DC24V电压信号，配电柜启动相应受控水泵，并反馈启动干接点信号。消防模块停止DC24V电压信号，配电柜恢复相应受控水泵，并撤销反馈信号。

2）采用硬线输出DC24V电压信号，配电柜启动相应受控水泵，并反馈启动干接点信号。消防撤销硬线输出，配电柜停止相应受控水泵，并撤销反馈信号。

（17）水炮：接收水炮火警信号，故障信号。

（18）消防水池：液位信号。

（19）室内消火栓：应在出水压力符合现行国家有关建筑设计防火规范的条件下进行，并应符合下列要求：

1）工作泵、备用泵转换运行1～3次；

2）消防控制室内操作启、停泵1～3次。

以上控制功能应正常，信号应正确。

（20）自动喷水灭火系统：应在符合现行国家标准《自动喷水灭火系统设计规范》的条件下，抽检下列控制功能：

1）工作泵与备用泵转换运行1～3次；

2）消防控制室内操作启、停泵1～3次；

上述控制功能、信号均应正常。